· *The Nature of the Chemical Bond* ·

鲍林一生对化学的贡献很多，对年轻一代化学家的影响巨大。他把一个以现象学描述为主的学科，转变为一个以扎实的结构和量子力学原理为基础的学科。我们尊鲍林为 20 世纪最伟大的化学家。

——佩鲁茨（M. F. Perutz, 1914—2002），

英国著名晶体学家和分子生物学家，1962 年诺贝尔化学奖得主。

在过去的 100 年，化学和其他科学的发明创造，改变了世界的性质，发展了我们的现代文明。我希望在今后的 100 年内的发展，可以使我们更接近于达到这样一个世界，在那里每一个人都能过着幸福的生活，并尽可能地摆脱痛苦。

——鲍林（Linus Pauling, 1901—1994），

1954 年诺贝尔化学奖得主，1962 年诺贝尔和平奖得主。

鲍林曾被英国 *New Scientist* 评为人类有史以来 20 位最杰出的科学家之一，与牛顿、居里夫人及爱因斯坦齐名。

# 科学元典丛书

The Series of the Great Classics in Science

主　　编　　任定成

执行主编　　周雁翎

策　　划　　周雁翎

丛书主持　　陈　静

　　　科学元典是科学史和人类文明史上划时代的丰碑，是人类文化的优秀遗产，是历经时间考验的不朽之作。它们不仅是伟大的科学创造的结晶，而且是科学精神、科学思想和科学方法的载体，具有永恒的意义和价值。

科学元典丛书

# 化学键的本质

## The Nature of the Chemical Bond

[美] 鲍林（Linus Pauling）著

卢嘉锡　黄耀曾　曾广植　陈元柱　等 译校

北京大学出版社
PEKING UNIVERSITY PRESS

著作权合同登记号　图字：01-2020-1624

图书在版编目(CIP)数据

化学键的本质 /(美) 莱纳斯·鲍林著;卢嘉锡等译.—北京:北京大学出版社,2024.12
(科学元典丛书)
ISBN 978-7-301-35075-1

Ⅰ.①化…　Ⅱ.①莱…②卢…　Ⅲ.①化学键　Ⅳ.①0641.1

中国国家版本馆 CIP 数据核字(2024)第 106568 号

The Nature of the Chemical Bond and the Structure of Molecules and Crystals：An Introduction to Modern Structural Chemistry，Third Edition by Linus Pauling, originally published by Cornell University Press.
Copyright © 1939 and 1940, third edition © 1960 by Cornell University
This edition is a translation authorized by the original publisher.
Simplified Chinese edition © 2020 Peking University Press
All rights reserved.

| | |
|---|---|
| 书　　　　名 | 化学键的本质 |
| | HUAXUEJIAN DE BENZHI |
| 著作责任者 | ［美］鲍林（Linus Pauling）著　卢嘉锡　黄耀曾　曾广植　陈元柱 等 译校 |
| 丛书策划 | 周雁翎 |
| 丛书主持 | 陈　静 |
| 责任编辑 | 陈　静 |
| 特约编辑 | 杨智纲　毛著波 |
| 标准书号 | ISBN 978-7-301-35075-1 |
| 出版发行 | 北京大学出版社 |
| 地　　　址 | 北京市海淀区成府路 205 号　100871 |
| 网　　　址 | http://www.pup.cn　　新浪微博：@ 北京大学出版社 |
| 微信公众号 | 通识书苑（微信号：sartspku）　科学元典（微信号：kexueyuandian） |
| 电子邮箱 | 编辑部 jyzx@ pup.cn　　总编室 zpup@ pup.cn |
| 电　　　话 | 邮购部 010-62752015　发行部 010-62750672　编辑部 010-62707542 |
| 印　刷　者 | 北京中科印刷有限公司 |
| 经　销　者 | 新华书店 |
| | 787 毫米×1092 毫米　16 开本　36.5 印张　彩插 8　770 千字 |
| | 2024 年 12 月第 1 版　2024 年 12 月第 1 次印刷 |
| 定　　　价 | 139.00 元 |

# 弁　言

　　这套丛书中收入的著作，是自古希腊以来，主要是自文艺复兴时期现代科学诞生以来，经过足够长的历史检验的科学经典。为了区别于时下被广泛使用的"经典"一词，我们称之为"科学元典"。

　　我们这里所说的"经典"，不同于歌迷们所说的"经典"，也不同于表演艺术家们朗诵的"科学经典名篇"。受歌迷欢迎的流行歌曲属于"当代经典"，实际上是时尚的东西，其含义与我们所说的代表传统的经典恰恰相反。表演艺术家们朗诵的"科学经典名篇"多是表现科学家们的情感和生活态度的散文，甚至反映科学家生活的话剧台词，它们可能脍炙人口，是否属于人文领域里的经典姑且不论，但基本上没有科学内容。并非著名科学大师的一切言论或者是广为流传的作品都是科学经典。

　　这里所谓的科学元典，是指科学经典中最基本、最重要的著作，是在人类智识史和人类文明史上划时代的丰碑，是理性精神的载体，具有永恒的价值。

## 一

　　科学元典或者是一场深刻的科学革命的丰碑，或者是一个严密的科学体系的构架，或者是一个生机勃勃的科学领域的基石，或者是一座传播科学文明的灯塔。它们既是昔日科学成就的创造性总结，又是未来科学探索的理性依托。

　　哥白尼的《天体运行论》是人类历史上最具革命性的震撼心灵的著作，它向统治西方思想千余年的地心说发出了挑战，动摇了"正统宗教"学说的天文学基础。伽利略《关于托勒密和哥白尼两大世界体系的对话》以确凿的证据进一步论证了哥白尼学说，更直接地动摇了教会所庇护的托勒密学说。哈维的《心血运动论》以对人类躯体和心灵的双重关怀，满怀真挚的宗教情感，阐述了血液循环理论，推翻了同样统治西方思想千余年、被"正统宗教"所庇护的盖伦学说。笛卡儿的《几何》不仅创立了为后来诞生的微积分提供了工具的解析几何，而且折射出影响万世的思想方法论。牛顿的《自然哲学之数学原理》标志着17世纪科学革命的顶点，为后来的工业革命奠定了科学基础。分别以惠更斯的《光论》与牛顿的《光学》为代表的波动说与微粒说之间展开了长达200余年的论战。拉瓦锡在《化学基础论》中详尽论述了氧化理论，推翻了统治化学百余年之久的燃素理论，这一智识壮举被公认为历史上最自觉的科学革命。道尔顿的《化学哲学新体系》奠定了物质结构理论的基础，开创了科学中的新时代，使19世纪的化学家们有计划地向未知领域前进。傅立叶的《热的解析理论》以其对热传导问题的精湛处理，突破了牛顿的《自然哲学之数学原理》所规定的理论力学范围，开创了数学物理学的崭新领域。达尔文《物种起源》中的进化论思想不仅在生物学发展到分子水平的今天仍然是科学家们阐释的对象，而且100多年来几乎在科学、社会和人文的所有领域都在施展它有形和无形的影响。《基因论》揭示了孟德尔式遗传性状传递机理的物质基础，把生命科学推进到基因水平。爱因斯坦的《狭义与广义相对论浅说》和薛定谔的《关于波动力学的四次演讲》分别阐述了物质世界在高速和微观领域的运动规律，完全改变了自牛顿以来的世界观。魏格纳的《海陆的起源》提出了大陆漂移的猜想，为当代地球科学提供了新的发展基点。维纳的《控制论》揭示了控制系统的反馈过程，普里戈金的《从存在到演化》发现了系统可能从原来无序向新的有序态转化的机制，二者的思想在今天的影响已经远远超越了自然科学领域，影响到经济学、社会学、政治学等领域。

科学元典的永恒魅力令后人特别是后来的思想家为之倾倒。欧几里得的《几何原本》以手抄本形式流传了1800余年，又以印刷本用各种文字出了1000版以上。阿基米德写了大量的科学著作，达·芬奇把他当作偶像崇拜，热切搜求他的手稿。伽利略以他的继承人自居。莱布尼兹则说，了解他的人对后代杰出人物的成就就不会那么赞赏了。为捍卫《天体运行论》中的学说，布鲁诺被教会处以火刑。伽利略因为其《关于托勒密和哥白尼两大世界体系的对话》一书，遭教会的终身监禁，备受折磨。伽利略说吉尔伯特的《论磁》一书伟大得令人嫉妒。拉普拉斯说，牛顿的《自然哲学之数学原理》揭示了宇宙的最伟大定律，它将永远成为深邃智慧的纪念碑。拉瓦锡在他的《化学基础论》出版后5年被法国革命法庭处死，传说拉格朗日悲愤地说，砍掉这颗头颅只要一瞬间，再长出这样的头颅 100 年也不够。《化学哲学新体系》的作者道尔顿应邀访法，当他走进法国科学院会议厅时，院长和全体院士起立致敬，得到拿破仑未曾享有的殊荣。傅立叶在《热的解析理论》中阐述的强有力的数学工具深深影响了整个现代物理学，推动数学分析的发展达一个多世纪，麦克斯韦称赞该书是"一首美妙的诗"。当人们咒骂《物种起源》是"魔鬼的经典""禽兽的哲学"的时候，赫胥黎甘做"达尔文的斗犬"，挺身捍卫进化论，撰写了《进化论与伦理学》和《人类在自然界的位置》，阐发达尔文的学说。经过严复的译述，赫胥黎的著作成为维新领袖、辛亥精英、"五四"斗士改造中国的思想武器。爱因斯坦说法拉第在《电学实验研究》中论证的磁场和电场的思想是自牛顿以来物理学基础所经历的最深刻变化。

在科学元典里，有讲述不完的传奇故事，有颠覆思想的心智波涛，有激动人心的理性思考，有万世不竭的精神甘泉。

## 二

按照科学计量学先驱普赖斯等人的研究，现代科学文献在多数时间里呈指数增长趋势。现代科学界，相当多的科学文献发表之后，并没有任何人引用。就是一时被引用过的科学文献，很多没过多久就被新的文献所淹没了。科学注重的是创造出新的实在知识。从这个意义上说，科学是向前看的。但是，我们也可以看到，这么多文献被淹没，也表明划时代的科学文献数量是很少的。大多数科学元典不被现代科学文献所引用，那是因为其中的知识早已成为科学中无须证明的常识了。即使这样，科学经典也会因为其中思想的恒久意义，而像人文领域里的经典一样，具有永恒的阅读价值。于是，科学经典就被一编再编、一印再印。

早期诺贝尔奖得主奥斯特瓦尔德编的物理学和化学经典丛书"精密自然科学经典"从 1889 年开始出版，后来以"奥斯特瓦尔德经典著作"为名一直在编辑出版，有资料说目前已经出版了 250 余卷。祖德霍夫编辑的"医学经典"丛书从 1910 年就开始陆续出版了。也是这一年，蒸馏器俱乐部编辑出版了 20 卷"蒸馏器俱乐部再版本"丛书，丛书中全是化学经典，这个版本甚至被化学家在 20 世纪的科学刊物上发表的论文所引用。一般把 1789 年拉瓦锡的化学革命当作现代化学诞生的标志，把 1914 年爆发的第一次世界大战称为化学家之战。奈特把反映这个时期化学的重大进展的文章编成一卷，把这个时期的其他 9 部总结性化学著作各编为一卷，辑为 10 卷"1789—1914 年的化学发展"丛书，于 1998 年出版。像这样的某一科学领域的经典丛书还有很多很多。

科学领域里的经典，与人文领域里的经典一样，是经得起反复咀嚼的。两个领域里的经典一起，就可以勾勒出人类智识的发展轨迹。正因为如此，在发达国家出版的很多经典丛书中，就包含了这两个领域的重要著作。1924年起，沃尔科特开始主编一套包括人文与科学两个领域的原始文献丛书。这个计划先后得到了美国哲学协会、美国科学促进会、美国科学史学会、美国人类学协会、美国数学协会、美国数学学会以及美国天文学学会的支持。1925年，这套丛书中的《天文学原始文献》和《数学原始文献》出版，这两本书出版后的25年内市场情况一直很好。1950年，沃尔科特把这套丛书中的科学经典部分发展成为"科学史原始文献"丛书出版。其中有《希腊科学原始文献》《中世纪科学原始文献》和《20世纪（1900—1950年）科学原始文献》，文艺复兴至19世纪则按科学学科（天文学、数学、物理学、地质学、动物生物学以及化学诸卷）编辑出版。约翰逊、米利肯和威瑟斯庞三人主编的"大师杰作丛书"中，包括了小尼德勒编的3卷"科学大师杰作"，后者于1947年初版，后来多次重印。

在综合性的经典丛书中，影响最为广泛的当推哈钦斯和艾德勒1943年开始主持编译的"西方世界伟大著作丛书"。这套书耗资200万美元，于1952年完成。丛书根据独创性、文献价值、历史地位和现存意义等标准，选择出74位西方历史文化巨人的443部作品，加上丛书导言和综合索引，辑为54卷，篇幅2500万单词，共32000页。丛书中收入不少科学著作。购买丛书的不仅有"大款"和学者，而且还有屠夫、面包师和烛台匠。迄1965年，丛书已重印30次左右，此后还多次重印，任何国家稍微像样的大学图书馆都将其列入必藏图书之列。这套丛书是20世纪上半叶在美国大学兴起而后扩展到全社会的经典著作研读运动的产物。这个时期，美国一些大学的寓所、校园和酒吧里都能听到学生讨论古典佳作的声音。有的大学要求学生必须深研100多部名著，甚至在教学中不得使用最新的实验设备，而是借助历史上的科学大师所使用的方法和仪器复制品去再现划时代的著名实验。至20世纪40年代末，美国举办古典名著学习班的城市达300个，学员50000余众。

相比之下，国人眼中的经典，往往多指人文而少有科学。一部公元前300年左右古希腊人写就的《几何原本》，从1592年到1605年的13年间先后3次汉译而未果，经17世纪初和19世纪50年代的两次努力才分别译刊出全书来。近几百年来移译的西学典籍中，成系统者甚多，但皆系人文领域。汉译科学著作，多为应景之需，所见典籍寥若晨星。借20世纪70年代末举国欢庆"科学春天"到来之良机，有好尚者发出组译出版"自然科学世界名著丛书"的呼声，但最终结果却是好尚者抱憾而终。20世纪90年代初出版的"科学名著文库"，虽使科学元典的汉译初见系统，但以10卷之小的容量投放于偌大的中国读书界，与具有悠久文化传统的泱泱大国实不相称。

我们不得不问：一个民族只重视人文经典而忽视科学经典，何以自立于当代世界民族之林呢？

# 三

科学元典是科学进一步发展的灯塔和坐标。它们标识的重大突破，往往导致的是常规科学的快速发展。在常规科学时期，人们发现的多数现象和提出的多数理论，都要用科学元典中的思想来解释。而在常规科学中发现的旧范型中看似不能得到解释的现象，其重要性往往也要通过与科学元典中的思想的比较显示出来。

在常规科学时期，不仅有专注于狭窄领域常规研究的科学家，也有一些从事着常规研究但又关注着科学基础、科学思想以及科学划时代变化的科学家。随着科学发展中发现的新现象，这些科学家的头脑里自然而然地就会浮现历史上相应的划时代成就。他们会对科学元典中的相应思想，重新加以诠释，以期从中得出对新现象的说明，并有可能产生新的理念。百余年来，达尔文在《物种起源》中提出的思想，被不同的人解读出不同的信息。古脊椎动物学、古人类学、进化生物学、遗传学、动物行为学、社会生物学等领域的几乎所有重大发现，都要拿出来与《物种起源》中的思想进行比较和说明。玻尔在揭示氢光谱的结构时，提出的原子结构就类似于哥白尼等人的太阳系模型。现代量子力学揭示的微观物质的波粒二象性，就是对光的波粒二象性的拓展，而爱因斯坦揭示的光的波粒二象性就是在光的波动说和微粒说的基础上，针对光电效应，提出的全新理论。而正是与光的波动说和微粒说二者的困难的比较，我们才可以看出光的波粒二象性学说的意义。可以说，科学元典是时读时新的。

除了具体的科学思想之外，科学元典还以其方法学上的创造性而彪炳史册。这些方法学思想，永远值得后人学习和研究。当代诸多研究人的创造性的前沿领域，如认知心理学、科学哲学、人工智能、认知科学等，都涉及对科学大师的研究方法的研究。一些科学史学家以科学元典为基点，把触角延伸到科学家的信件、实验室记录、所属机构的档案等原始材料中去，揭示出许多新的历史现象。近二十多年兴起的机器发现，首先就是对科学史学家提供的材料，编制程序，在机器中重新做出历史上的伟大发现。借助于人工智能手段，人们已经在机器上重新发现了波义耳定律、开普勒行星运动第三定律，提出了燃素理论。萨伽德甚至用机器研究科学理论的竞争与接受，系统研究了拉瓦锡氧化理论、达尔文进化学说、魏格纳大陆漂移说、哥白尼日心说、牛顿力学、爱因斯坦相对论、量子论以及心理学中的行为主义和认知主义形成的革命过程和接受过程。

除了这些对于科学元典标识的重大科学成就中的创造力的研究之外，人们还曾经大规模地把这些成就的创造过程运用于基础教育之中。美国几十年前兴起的发现法教学，就是在这方面的尝试。近二十多年来，兴起了基础教育改革的全球浪潮，其目标就是提高学生的科学素养，改变片面灌输科学知识的状况。其中的一个重要举措，就是在教学中加强科学探究过程的理解和训练。因为，单就科学本身而言，它不仅外化为工艺、流程、技术及其产物等器物形态，直接表现为概念、定律和理论等知识形态，更深蕴于其特有的思想、观念和方法等精神形态之中。没有人怀疑，我们通过阅读今天的教科书就可以方便地学到科学元典著作中的科学知识，而且由于科学的进步，我们从现代教科书上所学的知识甚至比经典著作中的更完善。但是，教科书所提供的只是结晶状态的凝固知识，而科学本是历史的、创造的、流动的，在这历史、创造和流动过程之中，一些东西蒸发了，另一些东西积淀了，只有科学思想、科学观念和科学方法保持着永恒的活力。

然而，遗憾的是，我们的基础教育课本和科普读物中讲的许多科学史故事不少都是误讹相传的东西。比如，把血液循环的发现归于哈维，指责道尔顿提出二元化合物的元素原子数最简比是当时的错误，讲伽利略在比萨斜塔上做过落体实验，宣称牛顿提出了牛顿定律的诸数学表达式，等等。好像科学史就像网络上传播的八卦那样简单和耸人听闻。为避免这样的误讹，我们不妨读一读科学元典，看看历史上的伟人当时到底是如何思考的。

现在，我们的大学正处在席卷全球的通识教育浪潮之中。就我的理解，通识教育固然要对理工农医专业的学生开设一些人文社会科学的导论性课程，要对人文社会科学专业的学生开设一些理工农医的导论性课程，但是，我们也可以考虑适当跳出专与博、文与理的关系的思考路数，对所有专业的学生开设一些真正通而识之的综合性课程，或者倡导这样的阅读活动、讨论活动、交流活动甚至跨学科的研究活动，发掘文化遗产、分享古典智慧、继承高雅传统，把经典与前沿、传统与现代、创造与继承、现实与永恒等事关全民素质、民族命运和世界使命的问题联合起来进行思索。

我们面对不朽的理性群碑，也就是面对永恒的科学灵魂。在这些灵魂面前，我们不是要顶礼膜拜，而是要认真研习解读，读出历史的价值，读出时代的精神，把握科学的灵魂。我们要不断吸取深蕴其中的科学精神、科学思想和科学方法，并使之成为推动我们前进的伟大精神力量。

任定成

2005 年 8 月 6 日

北京大学承泽园迪吉轩

莱纳斯·鲍林（Linus Pauling，1901—1994）（王静/绘）

1901年2月28日，莱纳斯·鲍林出生在美国俄勒冈州波特兰市，父亲赫尔曼是一位勤奋上进的药剂师。不幸的是，1910年6月，莱纳斯·鲍林9岁时，父亲却英年早逝。母亲贝莉独自抚养三个子女，后来贝莉长年被病痛折磨，精神状态也不好。

▲ 赫尔曼·鲍林（Herman Pauling，1876—1910）（摄于1899年）

▲ 贝莉（Belle Pauling）（摄于1900年之前）

▲ 1901年，婴儿莱纳斯·鲍林在妈妈的怀抱里。

▼ 1904年，莱纳斯·鲍林和妹妹波林（Pauline）。

▲ 1906年，5岁的莱纳斯·鲍林。

鲍林从小好学，很小就注意到父亲的药柜里的各种制剂或瓶瓶罐罐；少年时他常常到同学林杰弗里斯家中的实验室玩耍，两人一起做一些简单的化学实验。后来鲍林将自己对化学的兴趣归因于这位同学。

▲ 鲍林父亲在波特兰市康敦区经营的药店。

▲ 杰弗里斯（L. A. Jeffress，1900—1986），美国得克萨斯大学实验心理学教授。

　　小学毕业后，经过一段时间强化训练，鲍林直接进入了高中。从 16 岁开始，鲍林开始养成写日记的习惯。

　　高中毕业后，鲍林考取了俄勒冈农学院（Oregon Agricultural College，现为俄勒冈州立大学）化学工程系，并在这里遇到了后来的妻子艾娃·米勒（Ava Helen Miller）。

　　鲍林大学期间经济捉襟见肘，一度辍学。考虑到鲍林是个化学天才，学院请他给定量分析课老师当助教。

▶ 1917 年，鲍林在俄勒冈农学院。
▶▶ 1922 年，鲍林在俄勒冈农学院毕业时与艾娃·米勒的合影。

1922年，鲍林来到加州理工学院（California Institute of Technology）读研究生，诺伊斯（A. A. Noyes，1866—1936）教授慧眼识珠，将他推荐给知识渊博、治学严谨的迪金森（R. G. Dickinson，1894—1945）。鲍林后又得益于物理化学家托尔曼（R. C. Tolman，1881—1948）教授的指导。

▲ 诺伊斯（大约1920年），中国化学家张子高就是他培养出来的学生。

▲ 鲍林在迪金森的指导下用X射线研究晶体结构。图为鲍林当时使用的实验设备。

▲ 托尔曼

▲ 1925年，鲍林以优异的成绩获得加州理工学院博士学位。

1926 年 2 月，鲍林前往欧洲游学，先后师从慕尼黑大学索末菲（A. J. W. Sommerfeld, 1868—1951），哥本哈根大学玻尔（N. Bohr, 1885—1962），苏黎世大学薛定谔（E. Schrödinger, 1887—1961）和德拜（P. Debye, 1884—1971），英国戴维－法拉第研究实验室布拉格（W. L. Bragg, 1862—1942）等名家。

名师出高徒，鲍林正是在这些大科学家的指点下，学到了科学研究工作的思想方式和工作方法，摸清了当时科学发展的脉络，找到了化学所面临的突破口。这为他后来把量子力学运用到化学中去解决分子结构和化学键本质中的重大难题奠定了基础。

◀ 1926 年，鲍林在欧洲游学期间，和库恩（Werner Kuhn, 1899—1963）、泡利（Wolfgang Pauli, 1900—1958）一同乘船出游。

1927—1963 年鲍林在加州理工学院工作，他最辉煌的人生阶段是在这里度过的。1937 年，鲍林接替诺伊斯担任化学系主任；1954 年，鲍林获得诺贝尔化学奖；1962 年，鲍林获得诺贝尔和平奖。晚年的鲍林称加州理工学院为自己的学术故乡。

▶ 1935 年鲍林在加州理工学院讲课。

▼ 1957 年鲍林在加州理工学院实验室。

◀ 1967—1969年鲍林担任圣地亚哥加州大学访问教授，图为当时《帕沙迪纳星报》（*Pasadena Star-News*）对此事的报道。鲍林在圣地亚哥加州大学的任期虽然很短暂，但却为他提供了一个机会——去追求将科学和医学研究应用于政治和社会问题。

▶ 1969—1973年鲍林就职于斯坦福大学。图为1973年鲍林与斯坦福大学的同事们。前排左二的科恩伯格（Arthur Kornberg）和前排右一的霍夫施塔特（Robert Hofstadter）也是诺贝尔奖获得者。

◀ 1969年5月，鲍林夫妇在离斯坦福大学不远的波托拉谷（Portola Valley）买了一栋房子。图为1977年鲍林在波托拉谷家中的书房兼办公室。鲍林头上这顶标志性的贝雷帽如今还在诺贝尔奖博物馆（Nobel Prize Museum）展出。

1973 年鲍林在加利福尼亚州门罗公园（Menlo Park）成立了以自己名字命名的研究所，取名为正分子医学研究所（Institute of Orthomolecular Medicine）。1974 年更名为鲍林科学与医学研究所（Linus Pauling Institute of Science and Medicine，简称 LPISM）。在鲍林去世后，该所于 1996 年迁至俄勒冈州立大学并更名为鲍林研究所（Linus Pauling Institute）。

▲ 位于门罗公园的正分子研究所（摄于 1974 年）。研究所的最大捐助来源为 Hoffmann-LaRoche 药业集团，而该集团是当时世界最大的维生素 C 生产商。

▲ 1980 年底，因资金紧张，LPISM 被迫从门罗公园迁至帕洛阿托（Palo Alto）的 Page Mill 路 440 号。图为 1989 年 LPISM 工作人员合影。

▼ 2000 年之后，俄勒冈州立大学耗资 7700 万美元建成了占地 9300 平方米的莱纳斯·鲍林科学中心，容纳了俄勒冈州立大学的大部分化学教室、实验室和仪器。

◀ 早在 1956 年，鲍林和妻子就购买了位于大苏尔地区（Big Sur）的鹿滩牧场（Deer Flat Ranch）。此后的许多年里，这座牧场不仅是鲍林的一个避难所，也逐渐成为他们家人团聚和度假的天堂。他们乐此不疲地设计牧场的房子、布置景观、享受大自然的馈赠。

◀ 鲍林生命的最后几年里大部分时间都在牧场度过。在被确诊为癌症后，鲍林也拿自己做实验以研究维生素 C 与癌症的关系。

◀ 1994 年 8 月 19 日，鲍林在大苏尔牧场逝世。妹妹波林（Pauline）在俄勒冈州奥斯威戈先锋公墓为他竖立了墓碑。但直到 2005 年，鲍林夫妇的骨灰才正式埋葬于此。

# 目　录

# 导读(一)

# 在科学与和平的道路上

金吾伦　邢润川

(中国社会科学院哲学研究所 研究员)(山西大学科学技术哲学研究中心 教授)

*• Introduction to Chinese Version •*

现代化学奠基人之一,美国著名的化学家莱纳斯·鲍林(Linus Pauling),曾两次荣获诺贝尔奖,一次是 1954 年化学奖,一次是 1962 年和平奖。

在科学上,他把量子力学运用于分子结构和化学键特性的研究,获得了重大成就,成为量子化学的创始人之一。他在蛋白质结构的研究中,提出了分子模型方法,解决了蛋白质多肽链构型的测定问题,对分子生物学和生物化学的发展做出了划时代的贡献。他的科学成就不仅推动着化学的发展,而且也促进着生物学和物理学的发展。

鲍林还是一位坚强的和平战士。第二次世界大战后,他为在世界范围内结束战争,谋求和平,唤起公众对大气层核试验所释放的放射物质危险的注意,并为促使科学技术成就造福于人类而进行了持久的斗争。

# 从小立志献身化学

莱纳斯·鲍林(Linus Pauling)，1901 年 2 月 28 日出生在美国俄勒冈州波特兰市。父亲是一位药剂师。小鲍林年幼好学、聪颖机敏，他很小就注意到父亲的药柜里的那些药粉、药膏等制剂，父亲告诉他这些都是化学药品。鲍林惊叹于化学药品的魔力，竟能治愈病人。父亲在向他介绍药物知识时，并没有意识到自己的儿子将成为一位伟大的化学家。他在鲍林 9 岁时就不幸去世了，但他对鲍林后来走上化学研究的道路起到了潜移默化的作用。

11 岁那年的一天，鲍林到他的同学杰弗里斯(L. A. Jeffress)家去玩。杰弗里斯在自己家中的实验室里做一些化学实验给鲍林看。他把氯酸钾与糖混合，然后加入几滴浓硫酸。这个反应会产生水蒸气和碳，并且作用极其强烈。这个实验在今天看来是十分简单、十分平常的。然而，在那时却给鲍林留下极为深刻的印象，使他惊奇得出了神。几种物质放在一起，竟会出现这样奇特的现象：一种化学物质能变成另一种性质明显不同的物质。"它使我意识到在我周围的世界还有另一类变化存在。"鲍林在回忆当时的情景时说道。自此以后，鲍林那幼小的心灵中就萌生了对化学的热爱。

鲍林还得到过一位实验室仪器保管员的帮助。这位保管员给他提供了一些简单的仪器和药品。鲍林父亲的朋友又给他一些化学药品，并教给他用药杀死昆虫制作标本的知识。鲍林这时已经知道可以用硫酸处理某些化学药品。这样，鲍林很小就具备了一些初步的化学知识。

当鲍林升入高中时，他经常到实验室去做实验。他那时已经深深地爱上了化学，决心献身于化学事业。此外，他对物理、数学也很感兴趣。他关心周围的事物，细心观察各种现象。13 岁时，有一天鲍林打着伞在路上走，突然他通过伞看到一条弧形的彩色光带，并注意到通过伞面上的线缝衍射产生的光谱。之后他还注意到光线通过玻璃的折射现象，但并不了解这些现象背后的原因。这些现象都使他产生了兴趣，试图寻找光谱的起源。

1917 年，鲍林考取了俄勒冈农学院（现俄勒冈州立大学）化学系。他认为，学工程正是他实现梦想成为化学家的理想途径。但那时，鲍林的家境不佳，母亲生着病，把家里所有的钱都花光了。鲍林只得通过各种办法谋生，一度辍学。当再回俄勒冈农学院后，他

◀ 1954 年的鲍林。

一边读书,一边当定量分析教师的助手,最后的两个学期还教化学系二年级一个班的化学课。尽管条件这样困难,鲍林还是如饥似渴地读化学书籍和最新出版的化学杂志,深入钻研路易斯(G. N. Lewis)和朗缪尔(I. Langmuir)发表的关于分子的电子结构的论文。如果说少年时期他还只是迷惑于神秘的现象,现在他已开始思考起隐藏在化学反应背后的本质、思考起物质结构的奥秘了。路易斯和朗缪尔的论文,提出了化学键的电子理论,解释了共价键的饱和性,明确了共价键的特点,在化学发展史上具有重要作用,把化学结构理论推向了一个新阶段。

另外,鲍林还留心原子物理学的发展,他试图了解物质的物理和化学性质与组成它们的原子和分子结构的关系。他从深入思考颜色、磁等方面的性质中,逐渐感觉到有可能用化学键来解释物质的结构和性质。

1922年,鲍林从俄勒冈农学院毕业,获化学工程理学学士学位。

## 打下坚实的基础

加州理工学院盖茨化学实验室主任诺伊斯(A. A. Noyers)教授,特别重视人才的培养。诺伊斯教授是当时物理化学和分析化学领域的权威,曾培养出许多著名的化学家,在教学上被誉为"在美国没有哪位化学教师能像他那样鼓励学生去热爱化学"。中国著名化学家张子高就是他培养出来的学生。才气横溢的鲍林于1922年进入加州理工学院当研究生时,诺伊斯教授立即就发现了这棵破土而出的壮苗。

诺伊斯教授告诉鲍林,不能满足于教科书上的简单知识,除了学习指定的物理化学课程外,还应当大量阅读补充读物。诺伊斯把他与人合写的《化学原理》一书在出版前的校样给鲍林,要求鲍林把第一章到第九章的全部习题都做一遍。鲍林利用假期按诺伊斯的要求做了,从书中学到了许多物理化学的基本知识,为日后开展相关研究工作打下了深厚的基础。

诺伊斯教授又把鲍林推荐给学识渊博的著名科学家迪金森(R. G. Dickinson)。迪金森曾在卡文迪什实验室学习过放射化学技术,回美国后,在帕萨迪那(Pasadena,加州理工学院所在地)从事X射线测定晶体结构的研究,于1920年获加州理工学院的第一个哲学博士学位。诺伊斯建议鲍林在迪金森指导下做晶体结构测定。当时,X射线衍射法已提供了大量关于结构和关于原子间距离及键角等的资料,人们甚至已经开始讨论原子为什么会以这样一些方式结合在一起的问题。鲍林由于早年读过朗缪尔关于分子结构的论文,也读过布拉格(W. L. Bragg)论X射线与晶体结构的文章,彼时正在思考这个问题,所以,这个研究课题正合鲍林的心意。鲍林就在迪金森指导下利用X射线做结构测定的研究工作。几经挫折和失败,他终于通过各个步骤而胜利完成了辉钼矿 $MoS_2$ 晶体的全测定工作。

第一次研究的成功,给了鲍林巨大的信心和力量,也使鲍林受到了严格的技术训练和全面的基础知识培养。迪金森头脑清晰,思想深邃,治学态度严谨,非常厌恶粗心和浅薄。他对鲍林严格要求。迪金森在培养鲍林做结构测定过程中,教给他许多书本上学不到的知识。研究微观世界与研究宏观世界的方法不同,研究对象见不到、摸不着,需要借助理论思维,需要靠一系列的逻辑论证,这使鲍林了解到科学方法和逻辑思维的力量,认识到在经验事实材料基础上做出理论概括、揭示物质世界的内在本质的重要性。

后来,鲍林又得益于物理化学和数学物理学教授托尔曼(R. C. Tolman)的指导。托尔曼教授知识渊博,对物理学的新进展有透彻的了解,他相信可以应用物理方法来解决许多复杂的化学问题。他特别重视基本原理,并应用先进的热力学和统计力学理论来解决物理学和化学问题。他把数学物理学课程介绍给物理化学研讨班,鲍林正好在这个研究班学习。这帮助鲍林弥补了物理学和数学知识的不足,从而为他后来运用量子力学新成就来解决复杂的化学结构问题提供了重要条件。

1925 年,鲍林以出色的成绩获得加州理工学院化学哲学博士学位。在学习期间,鲍林还做了一些化学问题的研究,他试图建立起一种化学理论,建立一种与经验事实相符并能用以解释经验事实的关于物质本性的理论。他在晶体结构研究中还创立了一种科学研究方法,按鲍林的解释,就是通过猜测而求得真理的方法。他指出,我们可以而且应该运用逻辑推理方法从晶体的性质推断它的结构,依据晶体的结构又可预见晶体的其他性质。应该说,这是鲍林在自己的科学实践中总结出来的科学方法,具有重要的方法论意义。

鲍林崭露头角,赢得了老师们的赞誉。迪金森就认为,他自己在晶体结构研究方面也许不会有多大成就,但他肯定鲍林的工作是有更大价值的。

## 赴欧洲深造,名师指点

20 世纪第一个年头,普朗克(M. Planck)提出了革命性的量子假说。没过多久,爱因斯坦(A. Einstein)运用量子理论成功地解释了光电效应。玻尔(N. Bohr)在 1913 年把量子理论运用于解释原子结构,提出了著名的玻尔原子模型。在此期间,劳厄(Max V. Laue)和布拉格父子使 X 射线成了研究晶体结构的有力的实验工具,用 X 射线衍射方法测定晶体结构工作获得巨大成功。索末菲(A. Sommerfeld)在 X 射线线谱的精细结构研究方面做出了许多重要贡献。到了 20 世纪 20 年代,德布罗意(L. de Broglie)提出了物质波假说,指出微观粒子具有波粒二象性。海森堡(W. Heisenberg)和薛定谔

(E. Schrödinger)分别利用不同的数学形式表达微观粒子的运动,从而创立了新的量子力学。上述这些重要科学成就,预示着为应用量子理论和量子力学攻破复杂的化学结构问题打开大门的条件日益成熟了。鲍林正是在这个不平常的科学大变革时期,渴望解决物质结构和化学键的本质问题而赴欧洲向名师求教的。1925 年他获得博士学位以后曾给玻尔写信,请求玻尔同意他到哥本哈根跟随玻尔做研究工作,玻尔没有给他答复。接着,鲍林给在慕尼黑的索末菲写信,索末菲教授很快复信同意鲍林去慕尼黑。于是鲍林于1926 年 2 月前往欧洲。他在索末菲那里度过了紧张而愉快的一年。索末菲的出色讲演,深深地吸引了鲍林,为鲍林的研究展示了更为宽广的道路。随后,鲍林又到玻尔实验室工作了几个月,接着又到瑞士苏黎世,跟随薛定谔和德拜(P. Debye)做研究工作,听他们的讲演,并且开始研究用量子力学解决化学键问题的可能性。

1927 年,鲍林从欧洲返回加州理工学院,担任理论化学助理教授,除了讲授量子力学及其在化学中的应用外,还教晶体结构、化学键的本质和物质电磁性质理论等课程。1930 年春夏,鲍林再度赴欧,到布拉格实验室学习 X 射线技术,随后又到慕尼黑学习电子衍射技术。回美国后不久,鲍林就被加州理工学院任命为教授。

玻尔、薛定谔、布拉格、德拜和索末菲这些大科学家都是当时站在科学前沿的人,他们具有高深的科学素养,同时又能洞察科学发展的趋势和规律,了解并熟悉科学发展的生长点。名师出高徒,鲍林正是在这些名师指点下,摸清了当时科学发展的脉络,找到了化学所面临的突破口。加之,他在求学期间受到了严格的科学训练,学到了这些大科学家搞研究工作的思想方法和工作方法,这就使他后来有可能把量子力学运用到化学中去,解决分子结构和化学键本质中的重大难题。此外,他还掌握了 X 射线衍射、电子衍射等先进技术,这帮助他后来在蛋白质结构研究中做出了卓越的贡献。

## 化学上的杰出贡献

19 世纪关于物质的组成所提出的经典结构理论,只是定性地解释了化学现象和经验事实。随着电子的发现,量子力学的创立以及像 X 射线衍射等先进物理方法被应用于化学研究,现代结构化学理论逐步建立了起来,并且得到了很快的发展。到了 20 世纪 30年代初期,关于化学键的新理论被提出来了,其中之一就是价键理论。

价键理论是在处理氢分子成键的基础上建立起来的。这个理论认为,原子在化合前有未成对的电子,这些未成对电子,如果自旋是反平行的,则可两两结合成电子对,这时原子轨道重叠交盖,就生成一个共价键;一个电子与另一个电子配对以后就不能再与第三个电子配对;原子轨道的重叠愈多,则形成的共价键就愈稳定。这种价键理论解决了基态分子的饱和性问题,但对有些实验事实却不能解释。例如,在 $CH_4$ 中,碳原子基态的电子层结构有两个未成对的电子,按照价键理论只能生成两个共价键,但实验结果表明 $CH_4$ 却是正四面体结构。

为了解释 $CH_4$ 是正四面体结构,说明碳原子 4 个键的等价问题,鲍林提出了杂化轨道理论。杂化轨道理论是从电子具有波动性,波可以叠加的观点出发,认为碳原子和周围电子成键时,所用的轨道不是原来纯粹的 $s$ 轨道或 $p$ 轨道,而是 $s$ 轨道和 $p$ 轨道经过叠加混杂而得到的"杂化轨道"。根据他的杂化轨道理论,就可以很好地解释 $CH_4$ 中碳四面体结构的事实,同时还满意地解释其他事实,包括解释络离子的结构。鲍林提出的杂化轨道理论对化学的发展起了很大的作用。

鲍林在 20 世纪 30 年代初期所提出的共振论在现代分子结构理论发展中曾起过重要的作用,在化学界有着重要的地位。价键理论对于用一个价键结构式来表示的分子是很合适的,但对于用一个结构式不能表示其物理化学性质的某些分子时,价键理论就不行了,例如共轭分子。像苯分子,若用经典的凯库勒(Kekulé)结构式表示就出现了困难。按凯库勒结构式,苯环中应有 3 个双键,应该可以起典型的双键加成作用,但实际却起取代作用,这说明苯环中并不存在典型的双键,它具有"额外"的稳定性。为了解决价键理论与上述实验事实不相符的困难,鲍林用了海森堡在研究氦原子(最简单的多电子原子)问题时对量子力学交换积分所作的共振解释,用了海特勒(Heitler)和伦敦(London)在研究氢分子(最简单的多电子分子)问题时从单电子波函数线性变分法所得到的近似解法,用电子在键连原子核间的交换,即"电子共振"来阐明电子在化学键生成过程中的具体成键作用,利用键在若干价键结构之间的"共振"来解释共轭现象和新结构类型,如苯分子是共振于五个价键结构之间的。

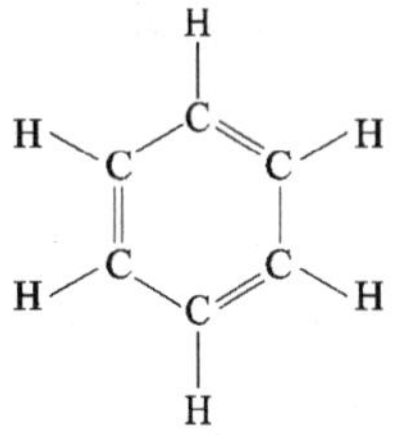

鲍林认为苯分子的真实基态不能用五个结构的任何一个表示,却可以用这些结构的组合来描述。这一理论解释了苯分子的稳定性,与实验事实很好地相符。

鲍林的共振论,在认识分子和晶体的结构和性质以及化学键的本质方面,曾起过相当重要的作用。由于它直观易懂,一目了然,在化学教学中易被接受,所以受到化学工作者的欢迎。在 20 世纪三四十年代,它在化学中居于统治地位,至今仍在化学教材中被采用。共振论把原有的价键理论向前推进了一步。

共振论出现在化学从经典结构理论研究向现代结构理论研究转变的时期,具有把二者融合在一起的特点,虽然它未能正确揭示出化学键的本质,却是化学结构理论在一定历史发展阶段中提出的一种有进步意义的学术观点和理论。

作为一种科学假说,它的是非问题完全可以通过实践检验和学术上的自由讨论来解决。但是,20 世纪 50 年代初期,苏联学术界却对共振论大加鞭挞,把共振论称作马赫主义和机械主义。苏联科学院还召开规模较大的全国化学结构理论讨论会,对之进行讨伐。在苏联曾经赞同过共振论的化学工作者均受到批判,相关图书被禁止出版。这场批判也波及中国,曾经有一段时期,人们把共振论当作有机化学中的唯心论加以批判。

然而,作为化学家的鲍林,一方面认为共振论与经典结构理论一样都是假设性的,因此说明有机结构是有其局限性的;另一方面,他坚信自然科学上的是非必然会由自然科学自身的发展作出判决,对不适当地使用行政手段粗暴干预自然科学的做法,抱鄙视态度。他在《结构化学和分子生物学五十年的进展》一文中回顾了苏联对他的共振论的批判。他认为,这种出于"意识形态或哲学领域里的强烈批判"是步李森科的后尘。李森科为了满足个人的欲望,而提倡抛弃现代遗传学。苏联化学家为了某种意识形态的需要企图抛弃现代化学。然而正如他在结尾中所指出的:"过去五十年的全部经验,包括在合理的原则基础上关于对世界的不断加深的理解,已经使我们抛弃一切教义、天启和独断主义。从科学的进步中得出的新世界观的最大贡献将是由理性代替教义、天启和独断主义,这种贡献甚至比对医学或对技术的贡献更大。"历史的发展已经证明鲍林所持的态度是正确的。苏联科学院的领导人后来也承认,过去对鲍林及其共振论的粗暴批评"没有促进工作的进展,反而使科学家比较快地离开了这个科学领域",那种批判是"没有根据地给现代化学发展中有巨大意义的量子论概念和量子力学方法投上了阴影""不公平地怀疑共振论创始人的全部研究的科学价值"。共振论是一种科学理论,绝不是哲学上的唯心主义流派,那种给自然科学理论武断地扣上政治的或哲学的帽子,并施之以棍棒的做法是极端有害于科学的发展的。

鲍林除了上述成就以外,还独创性地提出了一系列的原子参数和键参数概念,如共价半径、金属半径、电负性标度、离子性等。这些概念的应用不仅对化学,而且对固体物理等领域都起到了重要作用。他在科学研究中所运用的科学方法也具有同样的价值。此外,鲍林还在 1932 年就预言了惰性气体可以与其他元素化合而形成新化合物。这一预言在当时是非常大胆、非常出色的。因为根据玻尔等人的原子模型,惰性气体原子最外层电子恰好被八个电子所填满,已形成了稳固的电子壳层,不能再与别的元素化合。然而,鲍林根据量子力学理论指出,较重的惰性气体可能会和那些特别容易接受电子的元素形成化合物。这一预言到 1962 年被加拿大化学家柏特勒特(N. Bartlett)制成的第一个惰性元素化合物六氟合铂酸氙所证实。它推翻了长期在化学中流行的惰性气体不能生成化合物的形而上学观点,推动了惰性气体化学的发展。

鲍林并没有在这些杰出成就面前停步,而是运用自己有关物质结构的丰富知识进一步研究分子生物学,特别是蛋白质的分子结构。20 世纪 40 年代,他对包含在免疫反应中的蛋白质感兴趣,从而发展了在抗体-抗原反应中分子互补的概念。1951 年起,他与美国化学家柯里(R. B. Corey)合作研究氨基酸和多肽链。他们发现,在多肽链分子内可能形成两种螺旋体,一种是 α-螺旋体,一种是 γ-螺旋体,这纠正了前人按旋转轴次为简单整数而提出的螺旋体模型。鲍林进一步揭示出一个螺旋是依靠氢键连接而保持其形状的,也就是长长的肽链的缠绕是由于氨基酸长链中某些氢原子形成氢键的结果。作为蛋白质二级结构的一种重要形式的 α-螺旋体已在晶体衍射图上得到了证实。这一发现为蛋白质空间构象打下了理论基础,成为蛋白质化学发展史上的一个重要里程碑。鲍林由于对化学键本质的研究以及把它们应用于复杂物质结构的研究而荣获 1954 年诺贝尔化学奖。

## 在科学前沿的生涯

在 1954 年瑞典皇家科学院授予鲍林诺贝尔化学奖的典礼上,瑞典皇家科学院的代表亨格教授盛赞鲍林的成就时说道:"鲍林教授……你已经选择了在科学前沿的生涯,我们化学家们强烈地意识到你的拓荒工作的影响和促进作用。"

的确,鲍林始终生活在科学的前沿。

在 1953 年 1 月,当鲍林提出蛋白质 α-螺旋结构之后不久,英国生物学家克里克(F. H. Crick)从与他同一办公室工作的鲍林的儿子彼得(Peter Pauling)那里得知,鲍林在美国加州理工学院也在建立脱氧核糖核酸(DNA)分子的模型,所得结果和他与沃森(J. D. Watson)第一次建立起来的错误模型相似。他们在接受了鲍林和他们自己模型的教训基础上,加以改正,从而提出了一个新的 DNA 分子模型。这就是沃森-克里克 DNA 双螺旋模型,后来为实验所证实,他们因此荣获了 1962 年诺贝尔生理学或医学奖。

沃森和克里克的 DNA 双螺旋结构的发现,大大推动了生物大分子核酸和蛋白质结构与功能关系的研究,建立起了分子遗传学这一新兴学科,使生物学进入分子生物学的新阶段。在这个重大的发现中,鲍林是有积极贡献的。因为沃森和克里克使用了鲍林在发现蛋白质 α-螺旋分子结构所使用的原理,鲍林的 DNA 分子模型对他们也有启示作用。而且在沃森和克里克建立了 DNA 双螺旋模型以后,鲍林和柯里又指出,在胞嘧啶和鸟嘌呤之间是 3 个氢键,这一发现立即被沃森和克里克所接受。

1954 年,鲍林开始转向对大脑结构与功能的研究,并提出一个一般麻醉的分子理论以及精神病的分子基础问题。对精神病分子基础的了解,有助于对精神病的治疗。

鲍林第一次提出了"分子病"的概念。他在对疾病的分子基础研究中,了解到"镰状细胞贫血"是一种分子病,包括了由突变基因决定的血红蛋白分子的变态。即在血红蛋白中总共有将近 600 个氨基酸,如果将其中的一个谷氨酸用缬氨酸替换,便会导致血红蛋白分子变形,造成致命的疾病——镰状细胞贫血。他发表了《镰状细胞贫血——一种分子病》的研究论文,并进而研究分子医学,完成了《矫形分子的精神病学》的论文。他指出,分子医学的研究对于了解生命有机体的本质,特别是对记忆与意识的本质的理解极有意义。可以说,鲍林的这些重要工作,在科学上已经开辟了一个全新的领域——对分子水平疾病的研究。

鲍林在自然科学领域内兴趣非常广泛,自然科学的许多前沿问题都在他的视野之内。晚年的鲍林从事化学-古生物遗传学的研究,想要揭示生命起源的秘密。从原始生物阿米巴(一种变形虫)起,到人的不同进化阶段中,生物在核酸、蛋白质和多肽结构中还保留下它们原有的信息,这种信息反映了生物的发展史,研究其中的一种分子就可以了解生物进化的过程。鲍林通过核酸、蛋白质和多肽的研究,来了解分子产生的历史。鲍林认为,这项工作虽然刚开始,还只是在拟订一些原则,但他相信,通过分子研究来获得生物的进化史方面的知识,必将做出许多有意义的发现。

此外,鲍林还于1965年提出了一个新的原子核模型。有些科学家认为,他的模型在若干方面比起某些核模型来有不少优点。

## 坚强的和平战士

鲍林反对战争,特别是核战争,主张用和平方式解决国际的一切争端和冲突,并为实现"让科学技术的成就造福于人类"的信念而进行了顽强的斗争。

1945年,第一颗原子弹在日本上空爆炸后,核武器不断地被制造出来。许多科学家预感到人类智慧的结晶——科学技术发明有可能给人类带来毁灭性的结果。他们出于善良的愿望,把制止战争看成自己道义上的责任,希望以掀起和平主义运动为手段来实现这一目标。鲍林就是其中有代表性的一位。鲍林曾指出:"科学与和平是有联系的。特别是在最近一个世纪,世界已被科学家的发明大大地改变了。"同时鲍林又认为,"现代人类所有的愚蠢举动中,最大的蠢事就是年复一年地在战争和军事上浪费掉了世界财富的十分之一。如果成功地解决这一问题,人类会得到最大的利益"。他为此而致力于和平运动,从事战争与和平问题的研究。他还因此而遭受了许多的威胁和打击。

20世纪50年代初,美国的麦卡锡主义曾对鲍林进行审查,怀疑他是"亲共分子",禁止他出国旅行、访问和讲学。1952年,原定在英国召开一次有关DNA分子结构的讨论会并打算邀请鲍林出席,英国科学家还安排他去访问威尔金斯实验室。在此之前,威尔金斯(M. H. F. Wilkins)关于DNA的X射线衍射照片还没有公开发表,鲍林曾建议威尔金斯能公布出来,威尔金斯表示同意鲍林去他实验室参观,给鲍林看DNA的X射线衍射照片。设想一下,如果鲍林能见到威尔金斯的照片,或许有可能赶在沃森和克里克之前建立起DNA的双螺旋结构来。然而鲍林终于未能在这个划时代的发现中做出更为重要的贡献。那不是他的过错，因为美国政府在鲍林即将出国前一分钟宣布取消他的出国护照。鲍林由于从事和平运动，不仅人身自由受到限制，还直接影响到他的学术研究活动。直到鲍林获得诺贝尔化学奖之后，美国政府才不得不取消限制鲍林出国的禁令。

1955 年，鲍林和世界闻名的科学家爱因斯坦、罗素、约里奥-居里、玻恩等签署了一个呼吁科学家应当集会来评价发展毁灭性武器所带来危险的宣言。在这个宣言影响下，不久就成立了"帕格沃什科学与国际事务会议"组织，从事宣传反对战争、主张科学为和平服务的活动。鲍林积极参加了这项活动。

1957 年 5 月 15 日，鲍林起草了《科学家反对核试验宣言》。这个宣言在两星期内，就有 2000 多位美国科学家签名；在短短几个月内，就有 49 个国家的 11000 多名科学家签名。1958 年，鲍林把这个宣言提交给了当时的联合国秘书长达格·哈马舍尔德（Dag Hammarskjöld），向联合国请愿。同年，他写了《不要再有战争》一书，书中简明地讲述了核能和放射性的基础知识，并提出和回答了我们这个时代最迫切和危害最大的问题，揭示了核武器对人类的严重威胁。此书于 1962 年增订再版。

1959 年，鲍林与罗素等人在美国创办《一人少数派》（*The Minority of One*）月刊，宣传和平理念。同年 8 月，他参加日本广岛举行的第五届禁止原子弹氢弹世界大会。

由于鲍林对和平事业做出一系列的贡献，1962 年，他获得了诺贝尔和平奖。次年，他以"科学与和平"为题在挪威的奥斯陆大学发表了获奖演说。他在演说中指出：在我们这个世界历史的新时代，"世界问题不是用战争或暴力来解决，而是按照对一切国家都公平，对所有人民都有利的方式，根据世界法律来解决"。鲍林追述了科学家们为和平而斗争的历程后指出，"我们有权在这个非常时代活下去，这是世界史上独一无二的时代，这是过去几千年战争和痛苦的时代同和平、正义、道德和人类幸福的伟大未来交界的时代"。他坚信，"由于能够更好地使用地球上的资源，科学家的发明，人类的努力，也将解决饥饿、疾病、失业和恐惧等问题，并且，我们将能够逐步建立起一个对全人类在经济、政治和社会方面都是公正合理的世界，建立起一种同人的智慧相称的文化"。

鲍林为和平事业所做的努力，在世界上有着广泛的影响。西方 76 位著名科学家和社会活动家在他荣获诺贝尔和平奖以后，于 1964 年在纽约为他举行庆祝会，表彰他为和平事业所作的贡献。

## 他没有在荣誉面前止步

鲍林发表过 400 余篇科学论文和大约 100 篇关于社会和政治，特别是关于和平问题的文章，还出版了十几本科学专著。他培养了许多杰出的化学家，其中包括几位中国著名化学家。中国科学界对鲍林教授是熟悉的。20 世纪 60 年代，鲍林的代表性著作《化学键的本质,兼论分子和晶体的结构:现代结构化学导论》(简称《化学键的本质》)一书也由卢嘉锡教授等人译校出版。

除了两次获得诺贝尔奖以外,鲍林还多次获得各种类型的化学奖。1975 年,他获得福特(G. R. Ford)总统授予的 1974 年度国家科学奖章;1978 年,苏联科学院主席团授予他 1977 年罗蒙诺索夫金质奖章;1979 年 4 月,他又接受了美国国家科学院的化学奖。

鲍林教授被国外许多研究机构和大学聘请为教授和研究员,有 30 所大学授予他荣誉博士学位。他曾任 1949 年美国化学会主席,1951 年到 1954 年还担任过美国哲学会副主席。他还是英国皇家学会的外国会员,法国科学院的外籍院士,是挪威、苏联、印度、意大利、比利时、波兰、南斯拉夫、罗马尼亚等许多国家科学院的荣誉院士。

鲍林教授有四个孩子。长子是位精神病理学家;次子是伦敦学院的化学教授,与鲍林合著了《普通化学》一书;小儿子是加州大学生物学教授;女儿是一位蛋白质化学家;女婿原是鲍林的学生,后来是加州理工学院地质地球系主任。鲍林的经济状况是优裕的,但荣誉和优裕的生活并没有使他放弃科学工作而去安享晚年。他晚年一直在以他的名字命名的科学和医学研究所从事分子医学方面的研究工作。

鲍林特别强调化学工作者应当讨论化学与人类进步的关系。他不仅关心化学对人类健康福利方面的贡献,还非常重视化学发展的社会因素。他在美国化学会成立 100 周年纪念会上说:"在未来 100 年内,化学对人类进步的贡献大小,不但取决于化学家,而且还取决于其他人,特别是政治家。"他指出,美国的奋斗目标应当是建设一个使每个人都能过幸福生活的国家。他认为,要实现这样的目标,光靠科学家是远远不够的。只有政府和人民、科学家、政治家的共同合作才能达到。

鲍林教授为科学与和平事业做出的贡献,值得钦佩,值得尊敬,同时他的思想活动和精神风貌也发人深思,令人从中大受教益。他生活在一种复杂的社会环境中,但他从不随波逐流,而是敢于提出自己独到的见解。英国出版的百科全书在介绍鲍林教授的工作和成就时写道:"他作为一位科学家的成功之处在于对新问题具有敏锐的洞察力,在于他认识事物间相互关系的能力和敢于提出异端思想的胆识和勇气。尽管他提出的概念并非全是正确的,却总能促进人们对问题的深入思考和进一步的探讨。"这是对鲍林教授思想活动和思想方法的一个恰如其分的评价。

# 导读（二）

# 化学键的本质是怎样被揭示的

向义和

（清华大学物理系 教授）

· *Introduction to Chinese Version* ·

　　20世纪20年代末至30年代中是量子力学和化学结合的初期，其发展状况及特点可通过考察化学键理论中价键理论的形成而得到初步的了解。近代价键理论是在价键电子理论的基础上发展起来的。价键理论的主要创立者、美国化学家鲍林一开始就力图将量子力学和化学结构问题紧密结合，用了德国物理学家海森堡在研究氦原子问题时引进的量子共振概念，用了海特勒和伦敦在研究氢分子时所使用的近似解法，从而阐明了电子在化学键生成过程中的具体成键作用，揭示了化学键的本质，为近代结构化学的建立做出了重要的贡献。

　　20 世纪 20 年代末至 30 年代中是量子力学和化学结合的初期,其发展状况及特点可通过考察化学键理论中价键理论的形成而得到初步的了解。近代价键理论是在价键电子理论的基础上发展起来的。价键理论的主要创立者、美国化学家鲍林一开始就力图将量子力学和化学结构问题紧密结合,用了德国物理学家海森堡在研究氦原子问题时引进的量子共振概念,用了海特勒和伦敦在研究氢分子时所使用的近似解法,从而阐明了电子在化学键生成过程中的具体成键作用,揭示了化学键的本质,为近代结构化学的建立做出了重要的贡献。1954 年 11 月鲍林获得了诺贝尔化学奖。在谈到他自己的贡献时,他说:"我本人的最主要成果是在 1928 年到 1932 年间获得的,其中涉及化学键的本质和分子结构基本原理的揭示。"本文将依据原始文献来探讨鲍林价键理论的思想起源及其形成过程。

## 接受化学键的电子理论

　　鲍林 1901 年出生于美国俄勒冈州波特兰市,16 岁时就进入了俄勒冈农学院化学工程系读书。由于他学习优秀,成绩突出,在他进入大学三年级时,系里就破格让他做助教,给大学二年级学生讲定量化学分析,而这门课他上学年才刚学完。鲍林还通过阅读期刊来满足自己求知的欲望,他阅读了美国化学家、加利福尼亚大学化学系主任路易斯写的论文《原子和分子》。这篇论文引起了他特别的兴趣,促使他去探究原子和原子之间结合的奥秘。他写道:"那时,我产生了一种强烈的愿望,要去了解物质的物理和化学性质与其原子和分子结构之间的关系。"

　　路易斯在这篇论文中谈到物质的分类,他把物质分为极性的和非极性的两类。他认为在极性分子中,电子被微弱的力束缚着,以致它们可以离开在原子中原来的位置移动到另一个原子中去,使这个分子被分离成带正电和带负电的两部分,于是在分子中产生一个电偶极矩。在非极性分子中,属于单个原子的电子被强力束缚着,不能移动到远离它们正常位置的地方。这两类化合物分别对应于两种类型的化学键,即离子键和共价键。离子键是由电荷相反的离子通过其过剩电荷的静电引力所形成的。金属元素的原子易于失去其外层电子,而非金属元素的原子则倾向于加上额外的电子;通过这种方式就可形成稳定的正离子和负离子,而且在它们相互接近以形成稳定的分子时,基本上仍

---

◀ 1960 年的鲍林。

能保持着各自的电子结构。

按照路易斯的理论,共价键可以看成是在两个键合原子间共有一对电子所形成的。他说:"所有原子核都是互相排斥的,分子是靠电子对把化合物中的原子连接在一起。"他解释说:"每一个电子对有一个把它们拉在一起的趋向,这或许是磁力,或许是其他的力。"他认为电子对形成了一个稳定的基团。

在路易斯的电子式中,元素的符号表示原子实,它是由原子核和价电子层以外的内层电子所组成的;点则用来表示价电子层上的电子。路易斯说:"为了用符号表示化学结合的思想,我建议使用冒号,或以某种其他方式排列的两个点来表示两个电子,作为两个原子之间连接的键。于是,我们可以把 $Cl_2$ 写为 Cl:Cl 。如果在某种情形下我们希望表示在分子中的一个原子具有负的电荷,我们可以把这个冒号移向靠近负元素处。于是,我们可以写 Na:I 和 I:Cl 。"路易斯还指出,电子对为两个原子所共有。虽然它包含两个电子,但是它对应于在图式中通常用于表示单键的一条线。与此相应,他用两对电子表示双键,用三对电子表示三键 。

1938 年 6 月,鲍林在他写的《化学键的本质》一书中对路易斯写的这篇论文做了如下的评述:"路易斯在 1916 年发表的论文奠定了现代价键电子理论的基础。这篇论文不仅论述了通过满填电子稳定壳层的实现来形成离子的过程,也提出了通过两个原子间两个电子的共享形成现在所谓的共价键的概念。"

## 走向物理与化学相结合之路

1922 年秋,鲍林进入加州理工学院攻读博士研究生。第一学年,鲍林选修了几乎所有重要的化学课程,同时还选修了许多数学和物理课程。他还参加物理化学研讨班,经常去听外籍访问学者如玻尔、索末菲、爱因斯坦、德拜等人所做的学术讲座。接受了玻尔-索末菲的原子模型,这是一个电子绕核运动的动态原子模型,完全不同于路易斯的静态的立方体原子模型。

当时,X 射线晶体学已成为加州理工学院最重要的研究工具,路易斯的老师化学系主任诺伊斯对这一技术抱有很大的期望。他认为化学研究 的是分子的行为,而分子的行为取决于分子的结构,因此有可能通过 X 射线衍射分析"看见"分子的结构。于是诺伊斯把鲍林分配到 X 射线实验室,他与迪金森合作测定辉钼矿的结构。辉钼矿的分子式是 $MoS_2$,代表了一种简单的晶体结构。不到一个月,他们发现了辉钼矿为三棱镜结构,6 个硫原子位于 6 个角上,包围着钼原子。1923 年 4 月在《美国化学会学报》上发表了他们共同署名的题为"辉钼矿的晶体结构"一文。从 X 射线的研究中他积累了原子大小、化学键

距离和晶体结构的资料。1925 年 6 月他获得了化学哲学博士学位,博士论文题为"用 X
射线确定晶体结构"。在读博士期间,鲍林还独立地或者与别人合作发表了 6 篇晶体结
构的论文。

从 1925 年夏天开始,鲍林的注意力集中到一个重大的命题上:化学键的本质。他试
图撰写一篇论文,直接把量子理论和化学键的问题联系起来,通过收集到的大量晶体学
和其他化学数据来批驳路易斯的静态原子模型,支持玻尔的动态原子模型。鲍林步入科
学界时,正是新量子物理学分娩的时期。这一时期物理化学家主要关注并努力解决的问
题是同种元素的原子如何结合。同年 12 月份,鲍林向古根海姆基金提出奖学金申请,以
便到欧洲量子物理中心去学习。

1926 年 4 月,鲍林进入慕尼黑理论物理研究院。在索末菲的引导下,他把波动力学
看作是一个更容易使用、更便于想象的工具加以利用。他在给同事的一封信中写道:"我
发现他(薛定谔)的方法比矩阵运算简便得多;而且根本思想更能令人满意,因为在数学
公式背后至少还有一些物理学图案的影子 。"他说,与矩阵力学相比,原子波动图"非常清
楚,十分诱人"。

新量子力学的矩阵理论和波动理论都比玻尔-索末菲的原子模型,即旧的量子理论更
具优势,两者都能以较少的矛盾解释更多的实验结果。1926 年 6 月,在苏黎世举行的一
次有关磁场的会议上,鲍林宣讲了他的一篇关于磁场对氯化氢气体介电常数的影响的报
告。泡利(W. E. Pauli)告诉鲍林,他在双原子分子上的辛苦工作是白费力气,因为支持的
不过是一个过时的体系,确实没有意义。同时,泡利也意识到,鲍林跨学科的体系为新的
量子力学提供了一个极好的试验。鲍林的理论提出,旧的量子理论预测磁场对氯化氢的
介电常数会产生可测得的效果。泡利告诉他,这很可能是错误的;新的量子力学的预测
结果是没有影响。实验的结果进一步否定鲍林关于磁场效应的预测。在此后几个星期,
鲍林又运用新的量子力学重新进行了运算。他说,计算的结果显示,"旧的量子理论显然
不成立,而新的量子理论成功了"。

苏黎世会议结束后两星期,鲍林在给诺伊斯的一封信中写道:"我现在正埋头于新
的量子力学,因为我觉得原子和分子化学需要它 。"对鲍林和每一个物理学界人士来
说,新体系的明显优越性很快就体现出来。不久之后,鲍林说:"旧的量子理论与实验
结果不符,而新力学与自然十分和谐。在旧的量子理论无言以对之际,新力学雄辩地
说明了真相。"

# 吸取量子力学的思想方法

1928 年 3 月,鲍林在他写的《共用电子化学键》一文中谈到了他的价键思想的来源。在该文一开始,他就写道:"随着量子力学的发展,显然,泡利的不相容原理和海森堡、狄拉克的共振现象是造成化学键的主要因素。"

## 海森堡的量子共振观念

量子共振观念是海森堡在讨论氦原子的量子态时引入量子力学的。1926 年 6 月,海森堡发表了《量子力学中的多体问题和共振》一文,计算了氦原子的能量态,确立了氦谱线的正氦与仲氦之间的能量差。氦原子有两个电子,他把这个简单的多体问题设想为一个连接两个振子的系统,在原子中电子的运动由给定频率的简谐振动来描写:假定两个振子的振动是相同的,每个具有相同的质量 $m$ 和频率 $\nu(=\omega/2\pi)$。用 $q_1$ 和 $q_2$ 分别表示振子 1 和振子 2 的位置变量,$p_1$ 和 $p_2$ 分别表示动量,$\lambda$ 表示相互作用恒量。这个系统的哈密尔顿函数确定为:

$$H = \frac{1}{2m}(p_1^2 + m^2 w^2 q_1^2) + \frac{1}{2m}(p_2^2 + m^2 w^2 q_2^2) + m\lambda q_1 q_2 \tag{1}$$

式中 $m\lambda q_1 q_2$ 表示相互作用能。海森堡很快认识到在量子力学中耦合振动的这个经典例子将产生一个与经典力学类似的结果。在经典力学中,这个系统将产生共振和拍频。由原始频率引起的两个改变了频率的新的振动将引起干涉。

于是人们能够做出像在经典理论中相同的坐标变换。通过对动量 $p_1$ 和 $p_2$ 与位置变量 $q_1$ 和 $q_2$ 进行正则变换,可以很容易地证明这个效应。因为相互作用能 $m\lambda q_1 q_2$ 是一个二次坐标函数,因而允许将这个系统拆开成两个不连接的振子。借助于下面的变换式:

$$q_1' = \frac{1}{\sqrt{2}}(q_1 + q_2) \quad q_2' = \frac{1}{\sqrt{2}}(q_1 - q_2) \tag{2}$$

将(2)式代入(1)式得:

$$H = \frac{1}{2m}(p_1'^2 + m^2 \omega_1'^2 q_1'^2) + \frac{1}{2m}(p_2'^2 + m^2 \omega_2'^2 q_2'^2) \tag{3}$$

新的频率 $\nu_1'$ 和 $\nu_2'$ 由下式给出:

$$2\pi\nu_1' = \omega_1' = \sqrt{\omega^2 + \lambda} \text{ ,和 } 2\pi\nu_2' = \omega_2' = \sqrt{\omega^2 - \lambda} \tag{4}$$

现在 $H$ 分解成两个振子能量相加,与两个特殊的振动相适应。一个具有频率 $\nu'_1$,两个振子以这一频率同相位振动;而另一个具有较低的频率 $\nu'_2$,两个振子以这一频率反相位振动。如图 1 所示。

整个系统稳定态的能量通过下式表示

$$Hn'_1 n'_2 = \left(n'_1 + \frac{1}{2}\right) h\nu'_1 + \left(n'_2 + \frac{1}{2}\right) h\nu'_2 \tag{5}$$

在(5)式中 $n'_1$ 和 $n'_2$ 具有整数值 $0, 1, 2, \cdots$,而 $\nu'_1$ 和 $\nu'_2$ 是由方程(4)给出的频率。从而人们得到图 2 中所示的能量项。

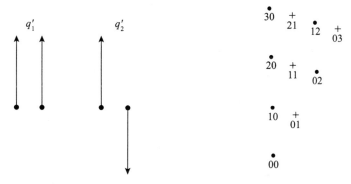

图 1　两个特殊的相位振动　　　图 2　两个分离的能量项

这些能量项可以分成两个分离的部分(• 和 +),以致跃迁只出现在 • 系统或 + 系统内,绝不从 • 系统到 + 系统。在 • 系统内能级之间的跃迁所产生的光谱项是仲氦,在 + 系统内能级之间的跃迁所产生的光谱项是正氦。考虑到自旋的作用,可知仲氦是 $S=0$ 的单态,正氦是 $S=1$ 的三重态。氦谱线的确具有类似于人们在两个耦合的、具有相同频率的线性振子情形下推导出的许多特征。

海森堡把仲氦和正氦两个相应项之间的能量差,归因于两个电子之间的相互作用,他认为库仑斥力使系统处于这两种状态,产生共振。他设想两个电子不断地、定时地交换位置。这个交换能就是仲氦和正氦两个相应项之间的能量差。

### 海特勒和伦敦对氢分子的近似处理

1927 年 6 月,海特勒和伦敦发表了论文《中性原子的相互作用和按照量子力学的单向结合》,讨论了两个氢原子的相互作用,给出了氢分子结构的令人满意的处理。他们用 a 和 b 表示两个核,其间固定不变的距离用 $R$ 表示。用 1 和 2 表示两个电子,电子与核的距离分别用 $r_{a1}, r_{a2}, r_{b1}, r_{b2}$ 表示,电子之间的距离用 $r_{12}$ 表示。

于是,他们写下了氢分子的薛定谔方程:

$$H\psi = E\psi \tag{6}$$

式中哈密尔顿函数 $H$ 为:

$$H = -\frac{h^2}{8m\pi^2}(\nabla_1^2 + \nabla_2^2) - e^2\left(\frac{1}{r_{a1}} + \frac{1}{r_{a2}} + \frac{1}{r_{b1}} - \frac{1}{r_{b2}} - \frac{1}{R}\right) \tag{7}$$

他们用变分法近似地解此方程,变分函数选择的好坏有关整个问题的解决。他们认为波函数 $\psi$ 与基态中两个中性氢原子相适应,因此他们依据众所周知的氢基态的本征函数

$$\psi = \frac{1}{\sqrt{\pi}}\left(\frac{1}{a_0}\right)^{3/2}e^{-\sigma} \tag{8}$$

(式中 $a_0$ 是玻尔半径, $\sigma = r/a_0$ ),分别写下了电子 1 和电子 2 在核 a 附近的波函数 $\varphi_{a1}$ 和 $\varphi_{a2}$ 以及电子 1 和电子 2 在 b 核附近的波函数 $\varphi_{b1}$ 和 $\varphi_{b2}$ 。

如果人们把这两个原子连接为一体,统一起来考虑,就会把这两个本征函数的乘积看为共同的本征函数。从而得到电子 1 在 a 核附近、电子 2 在 b 核附近的波函数 $\varphi_{a1}\varphi_{b2}$ ,或者电子 2 在 a 核附近、电子 1 在 b 核附近的波函数 $\varphi_{a2}\varphi_{b1}$ 。这是属于全系统具有相同能量的两种可能性。 $\varphi_{a1}\varphi_{b2}$ 和 $\varphi_{a2}\varphi_{b1}$ 都可作为变分函数,比较合理的办法应该选择它俩的组合作为变分函数。

$$\psi = c_1\varphi_{a1}\varphi_{b2} + c_2\varphi_{a2}\varphi_{b1} \tag{9}$$

令

$$\varphi_1 = \varphi_{a1}\varphi_{b2}; \quad \varphi_2 = \varphi_{a2}\varphi_{b1}$$

可简写成:

$$\psi = c_1\varphi_1 + c_2\varphi_2 \tag{10}$$

海特勒和伦敦就是以 $\varphi_{a1}\varphi_{b2}$ 和 $\varphi_{a2}\varphi_{b1}$ 的线性组合作为变分函数 $\psi$ 代入波动方程以求解的。最后求得一个对称的本征函数 $\psi_+$ 与能量 $E_+$

$$\psi_+ = \frac{1}{\sqrt{2+2S}}(\varphi_1 + \varphi_2) \tag{11}$$

$$E_+ = \frac{E_{11} + E_{12}}{1+S} \tag{12}$$

和一个反对称的本征函数 $\psi_-$ 与能量 $E_-$

$$\psi_- = \frac{1}{\sqrt{2-2S}}(\varphi_1 - \varphi_2) \tag{13}$$

$$E_- = \frac{E_{11} - E_{12}}{1-S} \tag{14}$$

式中 $S = \int\varphi_1\varphi_2 d\tau, E_{11} = \int\varphi_1 H\varphi_1 d\tau, E_{12} = \int\varphi_1 H\varphi_2 d\tau$

这样得出来的相互作用能曲线具有明显的极小点,这相当于稳定分子的形成。根据能量 $E_+$ 公式计算的结果, $H_2$ 分子的能量以核距 $R = 0.86$ 埃(Å, $10^{-10}$ m)时为最低, $E_+ = 2E_H$[①] —

---

① $E_H$ 为基态氢原子的能量,此处将其视为 0。

302.7 千焦/摩尔,即电子结合能是 302.7 千焦/摩尔,这与实验值 456.4 千焦/摩尔,已比较接近。从图 3 中可以看出,$E_-$ 曲线与 $E_+$ 曲线不同,不呈现一最低点。能量始终高于 $2E_H$,表示此种分子状态是不稳定的,称为推斥态。平常的 $H_2$ 分子是处于 $E_+$ 状态(或 $\psi_+$ 状态),亦即基态,而 $\psi_-$ 的 $H_2$ 分子是处于激发态。从光谱的研究知道处于激发态的 $H_2$ 分子,其二电子自旋是平行的。而处于基态 $\psi_+$ 的 $H_2$ 分子,其二电子自旋是反平行的。因而可以得到一个结论,即两个 $H$ 原子结合成稳定的 $H_2$ 分子时,两个电子的自旋必须相反。

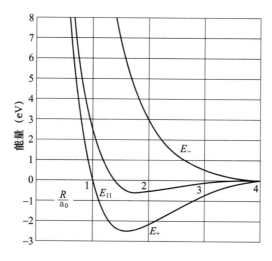

图 3　相互作用能曲线

对于海特勒和伦敦对氢分子处理,1931 年鲍林在他写的《化学键的本质》中评述道:"由此可以看到对两个氢原子体系进行这样一个非常简单的处理,能使稳定分子的生成得到解释,那就是电子对键的能量主要是相对于两个电子在两个原子轨道之间相互交换的共振。"又说:"键的共振能等于两个结构的相互作用能。"

图 4 表示出 $\psi^2$ 等于常数时的轨迹,即等密度线。图中线上所注的数字只表示电子云密度的相对大小。从图中可以看出,基态电子云密度 $\psi_+^2$ 在核间比较密集,推斥态电子云密度 $\psi_-^2$ 在核间则较小。也就是说,二电子结合成稳定的分子时,电子云在核间发生重叠。

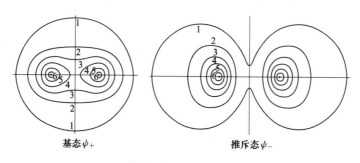

图 4　基态和推斥态电子云密度线

1927 年 6 月,鲍林到苏黎世参加薛定谔的为期三个月的夏季研讨班时,就得知海特勒和伦敦成功地将波动力学运用到氢分子的电子对化学键上。鲍林来到苏黎世后拜访了他俩,三人展开了热烈的讨论。他了解到海特勒和伦敦成功的关键在于采用了一年前海森堡提出的电子交换共振观点,海特勒和伦敦对这一概念做了一些修改来解释化学键:他们想象两个带有自己电子的相同的氢原子互相接近。当它们靠近时,一个电子越来越被另一原子的原子核所吸引。在某一点上,一个电子会跳向另一个原子,随后电子交换就以每秒数十亿次的频率发生了。在一定的意义上,我们无法确认某一个电子是某一个原子的。海特勒和伦敦发现,正是这种电子交换产生了把两个原子联结在一起的能量。他们的计算结果表明,电子密度在两个原子核之间最大,这样就降低了两个带正电的原子核之间的静电斥力。在某一点上,正电之间的斥力正好与其对电子云密集处的引力相平衡,这样就建立了一定长度的化学键。

电子交换在化学里是个全新的概念。基于氢分子性质的计算值与实验值大致上相等,而且海特勒-伦敦模型在别的方面也成立。泡利的不相容原理提出,两个电子只有在自旋方向相反时才能在同一轨道上共存,而海特勒和伦敦发现他们的化学键如果要在氢分子中存在,以上状态是必要的。成对电子形成了原子间的黏合剂:这就是路易斯的共用电子对化学键,现在被赋予了牢固的量子力学基础和数学解释。

鲍林对海特勒和伦敦的成果感到非常振奋,他在苏黎世的大部分时间里都在试图推广他们的概念。他与海特勒和伦敦进行了大量的讨论,不过在计算方面,一般都是他独立完成的。那段时间他没有写一篇论文。但是在 9 月 1 日起程返回美国的时候,他已经决定运用海特勒和伦敦对于化学键的共振解释来解决所有的化学结构问题。这将成为他以后工作的基础。

## 完善价键理论

1927 年 9 月,鲍林回到加州理工学院,被聘为理论化学助理教授。赴欧洲学习量子力学给他开辟了一个新天地,为量子力学在化学领域的应用展现了一个巨大的新空间,他开设的第一门课程是"波动力学及其在化学上的应用"。1928 年年初,鲍林在《化学评论》第 5 期上发表一篇长文,题为"量子力学对氢分子和氢分子离子结构以及有关问题的应用",文中介绍了海特勒和伦敦用微扰法对氢分子结构的处理。他说:"海特勒和伦敦已经给出了氢分子结构的最令人满意的处理。"但又指出对微扰能的计算只给出了一个近似,他又用新的方法得出了一个比较符合实验值的结果。

1928 年 3 月,鲍林在《国家科学院学报》上发表了一篇题为"共用电子化学键"的短文。该文一开始就指出："引起化学键的主要因素是泡利的不相容原理和海森堡、狄拉克的共振现象。事实已经表明在正常态中在两个氢原子的情况下,使它们彼此靠近的本征函数是对称的,对应于两个原子结合成一个分子的势。这个势主要归因于共振效应。它可以解释为两个电子在位置上的交换形成了这个键,以致每个电子部分地与一个核联系在一起,部分地与另一个核联系在一起。"文中把海特勒和伦敦关于化学键的理论称作"简单的理论",并说"在简单的情况下,这个理论完全等效于路易斯在 1916 年在纯粹化学证据基础上提出的共用电子对的成功的理论。现在路易斯的电子对是由两个电子组成,除了它们的自旋相反以外,它们处在完全相同的状态。"又说:"然而,与'老的图画'相比,量子力学对键的解释是更加细致也更为有力"。

1931 年 4 月,鲍林在《美国化学学会学报》上发表了长篇论文《化学键的本质》。文中全面阐述了电子对键的性质,完善了价键理论。鲍林在文章一开始首先阐述简单原子的相互作用,他说:"由海特勒和伦敦对氢分子波动方程的讨论,表明两个正常的氢原子能够以两种方式中的任一种相互作用,其一是引起排斥,不能组成分子;其二是引起吸引,形成稳定的分子。这两种相互作用的模型是两个电子同一性的结果。这个量子力学的特殊的共振现象,在氢分子中产生了总是以两个电子出现的稳定的键。即使两个电子附着的核是不同的,在一个核上带有一个电子而在另一个核上带有另一个电子,这个非扰动系统的能量是与电子的交换能相同的。因此我们可以预期找到通常出现的电子对键。"

接着,鲍林又指出:"带有超过一个电子的原子间的相互作用,通常并不导致分子的形成。一个正常的氦原子和一个正常的氢原子只能以排斥的方式相互作用,而两个正常的氦原子,除了在很大的距离处有很微弱的吸引力以外,只有相互的排斥。另一方面,两个锂原子能够以两种方式相互作用,给出了一个排斥势和一个吸引势,后者相应于一个稳定分子的形成。在这些情况下,可以看出,只有当两个原子的每一个开始具有一个不配对的电子,才能形成一个稳定的分子。这个由海特勒和伦敦已经获得的一般结论是,电子对键是由在两个原子的每个原子上的一个不配对电子的相互作用形成的。这个键能主要是共振能或两个电子的交换能。虽然,电子自旋决定了是出现吸引势,还是排斥势,或者二者兼而有之,但是,这个键能主要取决于电子和核之间的静电力,而不是由于磁的相互作用。"

鲍林从上述的讨论中提出了电子对键的六条规则:

(1) 相互结合的两个原子,各贡献一个不配对电子(即未成对电子),它们相互作用,形成电子对键。

(2) 两个电子形成键时,其自旋方向必定相反,以至于它们对物质的磁性没有贡献。

(3) 两个形成共用电子对的电子,不能参加别的电子对的形成。

（4）单电子对键的主要的共振项只涉及每个原子的一个本征函数。

（5）在同样依赖于 $r$ 的两个本征函数中，在键的方向上具有较大的值的一个将产生强键，而对于一个给定的本征函数，这个键将趋于在具有本征函数的最大值的方向上形成。

（6）在同样依赖于 $\theta$ 和 $\varphi$ 的两个本征函数中，具有较小的 $r$ 平均值的一个，也就是说，对应于这个原子的较低能级的一个将产生强键。

这里提到的本征函数是在原子中一个电子的本征函数，$r,\theta$ 和 $\varphi$ 是这个电子的极坐标，原子核处在坐标系的原点。这六条规则体现了电子对键的基本性质，前三条规则是对路易斯、海特勒、伦敦和他自己早期工作的重申，是直接从量子力学对氢分子的应用中推导出来的。后三条规则是新的，是鲍林在研究碳原子的四面体构型，原子中电子的杂化轨道中推测出来的。

鲍林关于电子对键的六条规则，首次向人们显示，量子力学是理解物质的分子结构的基础。他从量子力学中最大限度地获取精确的信息，再加上他那简单的、具有想象力的观点，解决了大量的实际的问题，取得了大量的成果。

## 建立杂化轨道理论

鲍林在《化学键的本质》一文中还把量子力学对简单分子结构的处理，推广到对复杂分子结构的处理，建立了杂化轨道理论。

### $s$ 和 $p$ 的本征函数

鲍林为了运用电子对键的规则解释正常原子的化合物，首先讨论了电子处于 $s$ 态和 $p$ 态的本征函数。他在文中假设波函数 $\psi_s,\psi_{px},\psi_{py},\psi_{pz}$ 的径向部分极为相近，可以略去它们之间的差别，只剩下包含角度的部分的本征函数 $s,p_x,p_y,p_z$。根据由氢原子的薛定谔方程推导出的类氢原子波函数的角度部分，再把这些函数归一化成 $4\pi$ 的情况下，可以得到：

$$s = 1 \tag{15}$$

$$p_x = \sqrt{3}\sin\theta\cos\varphi \tag{16}$$

$$p_y = \sqrt{3}\sin\theta\sin\varphi \tag{17}$$

$$p_z = \sqrt{3}\cos\theta \tag{18}$$

在图 5 中的 $XZ$ 平面内表示了 $s$ 的本征函数。$s$ 是球形对称的，在各个方向上具有的值为 1。图 6 表示了 $p_x$ 的本征函数。$p_x$ 是由两个球面组成的,沿着 $x$ 轴具有最大的值为 $\sqrt{3}$。$p_y$ 和 $p_z$ 是相似的,沿着 $y$ 轴和 $z$ 轴具有的最大值都为 $\sqrt{3}$。从规则(5)我们可以得出结论,$p$ 电子将形成比 $s$ 电子更强的键,而且由一个原子中的几个 $p$ 电子形成的键趋向于彼此成直角的方向。

图 5　$s$ 的本征函数　　　　　　　　图 6　$p_x$ 的本征函数

上述结论解释了一些有趣的事实。例如,硫原子的最外层电子结构为 $3s^2, 3p_z^2,$ $3p_x^1, 3p_y^1$ 当形成 $H_2S$ 时,两个氢原子的 1s 轨道只能分别沿 $x$ 轴和 $y$ 轴方向同硫的 $p_x$, $p_y$ 轨道重叠才能达到最大重叠(见图 7)。重叠结果,在 $H_2S$ 分子中两个 S—H 键的夹角应为 $90°$,而实验值为 $92°$,这一微小差别可能是由于两个氢原子核之间以及 S—H 键的电子云之间的排斥力所造成的。

鲍林指出,在上面的讨论中,已经假设量子化作用类型没有改变,而 $s$ 和 $p$ 的本征函数保持着它们的等同性。下面将讨论量子化作用的改变对键角的影响。

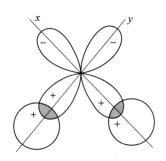

图 7　$p_x, p_y$ 的轨道

### 碳原子四面体构型提出的问题

长期以来,在碳原子的结构问题上物理学家和化学家难以取得一致的意见。早在 19 世纪后期,荷兰科学家范特霍夫(J. Van't Hoff)和法国科学家拉贝尔(J. LeBel)各自独立提出:碳原子以正四面体的构型形成四根键。化学家都知道这点并从实验上证实,这些化学键保持几乎相同的长度和强度,并指向四面体的四个角上。这是向三维分子结构观点迈出的第一步。

但是，物理学家认为，这种情况不可能发生。最近的光谱研究显示，碳的四个成键的电子处于两个不同的能级或亚层中。一个正常的碳原子，其外层电子组态是 $2s^2 2p^2$，两个 $s$ 态电子彼此成对，只有两个不配对的 $p$ 电子，这样就只有 $p$ 电子能够与别的原子成键。物理学家认为，碳的原子价应该是 2，只能形成两个单键或一个双键，而实际上这种情况极少，只有在一氧化碳的情况下，碳与一个氧原子组成了双键。

协调物理学家的碳原子和化学家的碳原子是一个巨大的挑战，而鲍林决心迎接这一挑战。物理学家的光谱结果不容置疑，而化学家的四面体同样证据确凿，两大阵营都应该是正确的。

化学家们根据价键理论推断，把碳原子中的一个 $2s$ 电子激发到 $2p$ 状态，成为具有四个不配对电子，能形成四条键的 $2s2p^3$ 态。其成键情况应为，碳原子中的三个 $p$ 电子分别与一个氢原子中的一个不配对电子形成 3 个共价键，这些键的方向彼此成 $90°$ 角，而 $s$ 电子与氢原子形成一条弱键，与其他每条键形成大约 $125°$ 的角。这将给出一个具有不同键的不对称的结构。由价键理论所得的这一推论与实验所得的 4 个 C—H 完全相同的事实相矛盾，这说明价键理论在解释分子的空间结构方面有局限性。

为了解释多原子分子的空间结构，鲍林开始了新的思考。在他 1928 年的《共用电子化学键》的短文中，鲍林基于海特勒和伦敦的能量交换说提出了一种解释。每次形成一个新的化学键时，都要涉及新的能量交换。他写道："形成四个四面体化学键所产生的能量交换足以打破物理学家亚层中的四个成对电子，并使它们组成新的形式。"

1928 年，他进行了许多复杂的运算，至少初步能让他确信自己的想法是正确的，但是他说："运算太复杂了，我担心人们不会相信，而且我也可能不相信。……谁都可以看到，量子力学必将走向四面体原子，因为这是我们已经掌握的事实。但是公式太复杂了，我怎么也不敢肯定自己的论点能够说服别人。"

1930 年 12 月的一天，他终于想出了一种解决数学难题的方法。采用简化处理，很容易就得到答案。他说："我为之兴奋不已，高兴极了。我熬了个通宵，反反复复地建立方程，写出方程，并解方程。这些方程是如此的简单，我几分钟就能解决。解一个方程，得到一个答案，于是再解另一个方程……随着时间的推移，我越来越兴奋，好像得了欣快症一样。没花多少时间，一篇关于化学键本质的长篇论文就写出来了。这是人生中难得的一次经历。"

## 杂化键轨道波函数的确立

鲍林在他写的《化学键的本质》一文中叙述了他对四面体型波函数的推导过程。他认为，在两个原子的相互作用能是大于 $s$ 电子和 $p$ 电子能量差的情况下（或者，像在正常的碳原子中,原来具有两个 $s$ 电子,两个 $p$ 电子,存在两倍 $s$ 电子和 $p$ 电子能量差情况下),原来的 $s-p$ 量子化作用会被破坏,类氢原子的 $s$ 和 $p$ 的本征函数重新组合,将会形成四面体构型的本征函数。他假定这个本征函数的表示式是:

$$\psi = as + bp_x + cp_y + dp_z \tag{19}$$

在上式中这些系数满足归一化的要求,即

$$\int \psi^2 \mathrm{d}\tau = 1 \text{ 或 } a^2 + b^2 + c^2 + d^2 = 1 \tag{20}$$

从规则(5)知这个最好的键本征函数将是在键的方向上有最大值的本征函数。因为键的方向是可以任意选择的,选取这个方向沿 $x$ 轴。可以证明 $p_y$ 和 $p_z$ 不是增加而是减弱这个方向上的键强度,所以可以不用考虑它们。根据归一化条件可用 $\sqrt{1-a^2}$ 来代替 $b$,因此假设函数的形式是

$$\psi_1 = as + \sqrt{1-a^2}\, p_x \tag{21}$$

这个函数在 $\theta = 90°$,$\varphi = 0$(即 $x$ 轴)的成键方向上的数值可在代入 $s$ 和 $p_x$ 表示式后得出

$$\psi_1 = a + \sqrt{3(1-a^2)} \tag{22}$$

把它对 $a$ 进行微分并令结果为零,即能解得使 $\psi_1$ 为极大的 $a$ 值为 $\dfrac{1}{2}$。因此在 $x$ 方向上最优键波函数是

$$\psi_1 = \frac{1}{2}s + \frac{\sqrt{3}}{2}p_x = \frac{1}{2} + \frac{3}{2}\sin\theta\cos\varphi \tag{23}$$

把 $\theta = 90°$,$\varphi = 0$ 代入,得知它的键强度为 2,显著地大于 $p$ 的本征函数最大值 1.732。在 $XZ$ 平面上这个函数的图形显示在图 8 中。

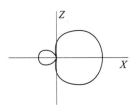

**图 8   $p$ 的本征函数在 $XZ$ 平面上的图形**

可把第二条键引入 $XZ$ 平面,假设其函数的形式是

$$\psi_2 = as + bp_x + dp_z \tag{24}$$

它要和 $\psi_1$ 相互正交,即必须满足下列条件:

$$\int_0^{2\pi} \int_0^{\pi} \psi_1 \psi_2 \sin\theta\, \mathrm{d}\theta\, \mathrm{d}\varphi = 0 \tag{25}$$

并且它在某个方向上具有极大值。求解后得出这函数是

$$\psi_2 = \frac{1}{2}s - \frac{1}{2\sqrt{3}}p_x + \frac{\sqrt{2}}{\sqrt{3}}p_z \tag{26}$$

考察这个函数即可看出，它和 $\psi_1$ 完全等效，在 $\theta = 19°28'$，$\varphi = 180°$ 具有 2 的最大值，也就是在 $XZ$ 平面内沿逆时针方向把 $\psi_1$ 转动 $109°28'$。用同样的方式可再构成两个函数，它们除了取向以外，都和 $\psi_1$ 完全一样。

于是，鲍林导出了四面体碳原子这个结果，在原子内只有 $s$ 和 $p$ 本征函数对键的形成有贡献，在量子化作用被破坏的情况下，$s$ 和 $p$ 重新组合，形成四条等同的键，这些键指向四面体的四个角，图 9 中显示出四个四面体本征函数最大值的方向在空间的相对方向。这个计算给化学家的四面体碳原子提供了量子力学的证明。

**图 9　四个四面体本征函数最大值的方向在空间的相对方向**

鲍林在该文中讨论了四面体碳原子后，又讨论了由 1 个 $s$ 电子和 2 个 $p$ 电子组成的 3 个杂化轨道，形成彼此成 $120°$ 夹角的三条等同的键。键的强度为 1.991，比四面体键的强度 2.000 稍小一点。三条键分别伸向三角形的三个顶点。

1938 年 6 月，鲍林完成了《化学键的本质》一书，对杂化键轨道，四面体碳原子的理论做了总结。他写道："在碳的价电子层上有四个轨道。我们曾把它描述为一个 $2s$ 和三个 $2p$ 轨道，键的强度分别为 1 和 1.732。不过这些并不是原子直接用来成键的轨道。一般说来，一个物系的波函数可通过其他一些函数的叠加来构成，使物系能量为最小的波函数就将是这个物系的基态波函数。对于由碳原子和与之结合的四个 $H$ 原子所构成的物系来说，当键的强度为最大时，物系的能量就是最小。我们发现当取用 $s$ 和 $p$ 轨道的线性组合作为键轨道，其中的系数取用某种比值时，这种叠加轨道的键强度要比单个 $s$ 或 $p$ 轨道的大些。最好的 $s-p$ 杂化键轨道的强度可以大到等于 2。这种轨道的角度分布示于图 9 中。可以看出，轨道是大大集中于成键的方向（也就是它的旋转对称轴）；这样就能理解，这个轨道将能更多地和其他原子的轨道相叠合并形成更强的键。我们预料到这种杂化作用的发生正是为了使键能为最大。"

该书中还指出，量子力学的结果和有机化学的实验事实相当一致，而且比经典立体化学的结果更为精确。他写道："在经典立体化学中，四面体型碳原子的假定要求原子具有四面体构型，但并不一定是正四面体的构型；只要这四个键指向一般四面体的四个顶点,旋光现象就能得到解释,因此 $CR_1R_2R_3R_4$ 中 $R_1$—$C$—$R_2$ 的键角并不需要接近于 $109°28'$,它可以是 $150°$或者更大些。但是上述的键轨道的处理结果要求碳的键角要接近于正四面体的键角,因为离开了这个数值,就会带来碳轨道的键合强度的损失,从而降低这个物系的稳定性。非常值得注意的是在数以万计的碳原子通过四个单键与不同原子相结合的有机物分子中,键角的实验值与相当于正四面体轨道的 $109°28'$ 的偏差几乎毫无例外地是在 $2°$以内。"他在表中列出了 48 种碳化物说明了这一问题。

价键理论(包括杂化轨道理论),能很好地说明共价键的本质和特性,但它把成键后的电子运动定域在两成键原子间,把共价键的形成归因于成键原子的价电子配对,因而有一定的局限性。1931 年美国化学家穆利肯(R. S. Mulliken)提出了分子轨道理论。该理论认为当两个能级相近的原子轨道组合成分子轨道时,能级低于原子轨道的就是成键分子轨道。分子轨道理论的出发点是分子的整体性,重视分子中电子运动状况,以分子轨道的概念来克服价键理论中强调电子配对所造成的电子波函数难于进行数学计算的缺点。穆利肯把原子轨道线性组合成分子轨道,可用数学计算并程序化。分子轨道法处理分子结构的结果与分子光谱数据吻合,因此从 20 世纪 50 年代开始,价键理论逐渐被分子轨道理论所代替。由于计算科学的高速发展给价键理论的定量化带来了新希望,现代价键理论正处于复兴阶段。所以,在现代的化学教科书中是把这两个理论并列介绍的。

青年时期的鲍林。

# 第三版序

· *Third edition Preface* ·

在本书第一版和第二版问世以来的 20 年间,分子和晶体结构的测定工作和化学键理论的发展都有了很大的进步。现在已不再可能在一本小书中讨论当今关于分子和晶体结构的全部知识。在本书第三版中,我只能满足于叙述一般性的原理和讨论相当少数的物质作为例子。书中有些老的例子仍然保留了下来,而有些则被新的例子所代替。

对于化学键理论的讨论,在这个版本中所作出的主要改进,是广泛地运用了电中性原理和引用了一个经验方程式(第 7 章第 10 节),以便从键长的观测值来计算分数键的键数。书中陈述了有关缺电子物质结构的一种新理论,即共振价键理论,并用之以讨论硼烷、二茂铁和其他一些物质;也陈述了有关金属和金属间化合物的电子结构的价键理论方面的详细讨论。

关于本书以前两版中所介绍的分子在不同价键结构中进行共振的处理,各方面曾对它的唯心性质和任意性性质提出一些措辞颇为激烈的批评。注意到这一点乃增加一节(第 6 章第 5 节),以作答复。在这一节里指出,共振论所包含的唯心观点和任意性同经典的价键理论比较起来,并没有明显增多。

我认为,学化学的人在他的事业初期(例如在当大学生的时候)就学习近代结构化学,是会有所获益的。我觉得最好将本书的性质略加改变,以增加它对这种学生的价值。主要的改变是在第二章和附录Ⅳ中相当详细地介绍了原子的电子结构、原子能级、电子自旋、罗素-桑德斯耦合方式、泡利不相容原理和原子的磁矩。有关原子和分子结构理论以及结构测定实验方法的其他一些问题则在其余的附录中予以介绍。

本书所介绍的化学键理论远非完善。就已发展的各种原理来说,大部分还是粗略的,罕有能用作精密的定量的预测。但是它们却是我们迄今所有的最有用的东西,我同意庞加莱(Poincaré)讲的:"即使是不准确的预见总比完全不能预见要好得多。"

在本书新修订版的编写工作中,我很感谢许多朋友,特别是加州理工学院的同事们给我提供了意见和帮助。对比特利斯·沃尔夫(Beatrice Wulf)夫人、琼·哈里斯(Joan Harris)夫人、罗丝·休斯(Ruth Hughes)夫人和克林·鲍林(Crellin Pauling)先生的帮助,我同样是感谢的。

**鲍林**

1959 年 4 月 6 日

# 第二版序

## • Second edition Preface •

　　过去一年中在近代结构化学的领域内的进展主要体现在对许多特别有意义的分子和晶体结构的测定工作中。因此我乐于利用本书第一版销完的机会进行修订，以便列入这些研究的文献和这些新结构的讨论。第二版作了少数几个更正；有些地方的论证也予以扩充，以便论述得更加清楚。另外还加入了两节，围绕着单键的被阻旋转和键的等价或非等价的条件进行讨论。

　　我要再一次谢谢朋友们的意见和帮助，我特别感谢加州理工学院化学研究员休斯（E. W. Hughes）博士和康奈尔大学出版社的谢弗（W. S. Schaefer）先生的帮助。

鲍林

1940 年 2 月 28 日

# 第一版序

## · *First edition Preface* ·

很久以来,我一直在计划写一本有关分子和晶体的结构以及化学键的性质的书。随着量子力学理论及其在化学问题上的应用的发展,显然有必要对这本书里将要包含多少量子理论的数学方法作一决定。我的看法是,即使结构化学的诸多晚近进展要归功于量子力学,仍然应该有可能全面而又令人满意地介绍这些新的发展而无须使用高等数学。就量子力学对化学的贡献来说,其中只有一小部分是纯属量子力学的性质,例如,只是在少数的情况下,薛定谔波动方程的精确求解才得出具有直接化学意义的结果。已经取得的进展主要还是基本上得自属于化学性质的论证,那就是提出一个简单的假设,从而通过与已有的化学资料作经验性的对比验证,然后再用来预测新的现象。量子力学对化学的主要贡献一向是提出新的概念,诸如分子通过在若干个电子结构间的共振而提高了稳定性等。

现代结构化学中所包含的概念,并不比人们已熟悉的化学概念更难一些,要理解它们也不需要更多的或者至多只需要稍多一些的数学准备。其中有一些概念初看起来也许显得陌生;但是经过实践,就能够养成一种充实的化学直观能力,那就能将新的概念有信心地加以运用,恰像运用旧的价键概念、四面体构型碳原子等构成经典结构化学基础的那些较老的概念一样。

路易斯在 1916 年发表的一篇论文[1]中奠定了现代化学价理论的基础。随后在他的论著《化学价与原子和分子的结构》(*Valence and the Structure of Atoms and Molecules*),塞奇威克(N. V. Sidgwick)所著的数卷《化学价的电子理论》(*The Electronic Theory*)和《化学中的共价结合》(*The Covalent Link in Chemistry*)以及朗缪尔(Irving Langmuir)、拉蒂默(W. M. Latimer)、罗德布什(W. H. Rodebush)、哈金(M. L. Huggins)、诺伊斯、拉普沃斯(A. Lapworth)、罗宾逊(Robert Robinson)、英戈尔德(C. K. Ingold)和许多其他研究工作者的大量著作中,这个理论又得到了发挥。本书各章的详细讨论大部分取材于在 1931—1933 年三年中总题目为"化学键的本质"的七篇论文[发表于《美国化学

---

[1]  G. N. Lewis, *J. A. C. S.* **38**, 762(1916)。

会会志》(*Journal of the American Chemical Society*)和《化学物理学报》(*Journal of Chemical Physics*)两种期刊中]以及我的同事们和我本人合写的其他论文。

我觉得在介绍这样一个复杂的课题时，我的首要职责应该是尽可能开门见山地按照我的观点介绍化学键理论，将有关的历史发展放到次要的地位。我收入了许多在这个领域内的早期研究的文献；不过最近 20 年发表的关于化学键电子理论的论文，数量是如此之多，而往往其观点的差别又是如此微小，要对所有这些都加以讨论是没有必要的，甚至是不足取的。

1937—1938 学年秋季我在康奈尔大学客座讲席教授的任期，乔治·费舍尔·贝克 (George Fisher Baker)给我提供了编写出版本书的机会和鼓励。对于该校化学系帕比西(Papish)教授和他的同事们邀请我作贝克讲学的盛情以及我在伊萨卡(Ithaca)讲学期间贝克化学馆所提供的各种方便，我要表示由衷的谢意。在手稿编写过程中，许多朋友，其中包括休斯(E. W. Hughes)博士、科耶尔(C. D. Coryell)博士、斯普林加尔 (H. D. Springall)博士、斯瓦辛巴赫(G. Schwarzenbach)博士、斯特迪文特(J. H. Sturdivant)博士、汉普森(G. C. Hampson)博士、小谢弗(P. A. Shaffer Jr.)先生、布赫曼 (E. R. Buchman)博士、温鲍姆(S. Weinbaum)博士、斯蒂特(Fred Stitt)博士、谢尔曼 (J. Sherman)博士、厄文(F. J. Ewing)博士，给我提供了许多意见和帮助，我表示感谢。我的妻子愿意和我一道，对我们在伊萨卡居住期间的主人——康奈尔大学特路莱德 (Telluride)宿舍楼的青年朋友们表示我们的谢意。

**鲍林**

1938 年 6 月

# 第一章

# 共振和化学键

*• Resonance and the Chemical Bond •*

　　大多数有关分子结构和化学键本质的一般规律是长期以来由化学家从大量的化学经验中总结出来的。近几十年来，通过现代物理学的强有力的实验方法和理论的应用，不仅使这些原理更为精确和有用，并且还发现一些新的结构化学的原理。因此，现在结构化学不仅对化学的各个部门，而且对生物学和医学都有重大的意义。

　　有关分子结构和化学键本质的知识现在是极其丰富的。在本书中我只打算对这个课题做些初步介绍，着重讨论那些最重要的一般性的原理。

## 1-1 价键理论的发展

分子结构的研究原是由化学家进行的,当时所用的方法例如研究物质的化学组成、异构物的存在、物质所参与的反应的性质等基本上还算是化学方法。通过这些化学事实的分析,弗兰克兰(Frankland)、凯库勒(Kekulé)、库珀(Couper)和布特列洛夫(But-lerov)[1]等人在一个世纪前提出了价键的理论,并写出了最初的分子结构式;接着,范特霍夫(J. van't Hoff)和拉贝尔(J. le Bel)[2]提出了关于碳原子的4个价键朝着正四面体顶点取向的假设,从而建立了古典有机立体化学的公认形式;维尔纳(Werner)[3]又在此基础上发展了无机络合物的立体化学理论。

现代结构化学有别于古典结构化学,因为它给分子和晶体的结构提供了足够细致的描述。通过各种物理方法(包括应用X射线衍射方法来研究晶体结构和电子衍射来研究分子结构;电和磁偶极矩的测定;带光谱、联合散射光谱、微波谱和核磁共振波谱的解释,以及熵值的测定等方法)的应用,曾积累了大量有关分子和晶体中的原子构型,有的甚至是它们的电子结构等方面的知识,因而现在要讨论化学键以及原子价,除了需要考虑化学事实以外,还必须把这些新的知识考虑进去。

在19世纪中,就用在两个化学元素符号之间画一短线来表示价键,它虽能扼要地概括了许多化学事实,但对于分子结构却只有定性的意义。至于键的本质则是一无所知的。电子发现以后,曾经有过许多的努力来发展化学键的电子理论,而由路易斯(G. N. Lewis)总括其成。他在1916年发表的论文[4]奠定了现代价键理论的基础;这篇论文不仅论述了通过满填电子稳定壳层的实现来形成离子的过程,[5]还提出了通过两个原子间两个电子的共享形成现在所谓的共价键[6]的概念。路易斯还进一步强调必须重视未共享电子和共享电子的配对现象,以及在较轻的原子中八电子组(不管是共享的或未共享的)的稳定性。这些概念随后又由许多人进一步予以发展;其中朗缪尔(I. Langmuir)[7]的工作,在表明应用新观念能广泛地把各种化学事实加以概括和阐明这样一个情况,特别有意义。本书中所要详加陈述的理论,有许多要点是在朗缪尔和其他一些科学工作者在1916年以后十年间所发表的论文或路易斯在1923年所著的《化学价与原子和分子的结构》一书中便已露出苗头的。

◀ 1955年鲍林与他的诺贝尔化学奖证书。

这里值得指出，在所有这些早期的研究工作中，除了一些建议已纳入现代理论之外，还有许多其他想法却已被抛弃。应该说，把价键的电子理论修整成现在的精确形式，几乎全部得力于量子力学理论的发展，它不仅提供了简单分子性质的计算方法，使我们能对两个原子之间形成共价键的现象给予完全的解释，并清除了在估计出共价键存在的可能性以后的数十年间一直笼罩着它的神秘感，而且把一个新的概念即共振概念，引进了化学理论，这个概念尽管在化学的应用中不是完全没有意料到的，可是肯定从来没有这么明确地认识和理解过。

在本章的下列各节中，在初步地介绍化学键的类型以后，即着手讨论共振的概念以及单电子键和电子对键的本质。

## 1-2　化学键的类型

就化学键的三种普遍极限类型：静电型键、共价键和金属键来考虑是方便的。这种分类法并不严格，因为尽管每种极限键型各有其明确的属性，可是从一种极限类型出发却能逐渐地向另一种过渡，因而也存在中间键型（见第三章及以后各章）。

**化学键的定义**　就两个原子或原子团而言，如果作用于它们之间的力能够导致聚集体的形成，这个聚集体的稳定性又是大到可让化学家方便地作为一个独立的分子品种来看待，则我们说在这些原子或原子团之间存在着化学键。

根据这样的定义，我们不但能把有机化学家的定向价键，并且也可以把诸如氯化钠晶体中钠正离子和氯负离子间的键，在水合铝离子的溶液或晶体中铝离子和围绕着它的6个水分子间的键，以及甚至在 $O_4$ 中联系两个 $O_2$ 分子的弱键等都归属于化学键的范畴里。一般说来，我们并不把微弱的分子间的范德华力[①]看成化学键的形成；但在特殊情况下，例如在上述的 $O_4$ 分子中，这种力已足够强大，是可以把相应的分子间相互作用方便地作为化学键的形成来描述的。

**离子键和其他的静电型键**　若两个原子或原子团中每一个都可以有确定的、基本上与其他原子或原子团的存在无关的电子结构，同时其间建立的静电相互作用能导致强烈的吸力而形成化学键时，我们就说这个键是静电型键。

最重要的静电型键是离子键，它是由电荷相反的离子通过其过剩电荷的库仑引力所形成的。金属元素的原子易于失去其外层电子，而非金属元素的原子则倾向于加上额外的电子；通过这种方式就可形成稳定的正离子和负离子，而且在它们相互接近以形成稳

---

① 　也译为范德瓦尔斯力。——编辑注

定的分子或晶体时,基本上仍能保持着各自的电子结构。在原子的排列情况有如图 1-1
所示的氯化钠晶体中并无独立的 NaCl 分子存在。相反地,这个晶体是由钠正离子
($Na^+$)和氯负离子($Cl^-$)所组成的,每一个离子都被围绕着它成八面体排列的 6 个电荷
相反的离子所强烈地吸引和紧扣着。要描述这晶体中的相互作用,我们说这里的每个离
子和相邻近的 6 个离子之间形成了离子键,这些键把晶体中的所有离子连接成一个巨大
分子。离子晶体将在第十三章中详加讨论。

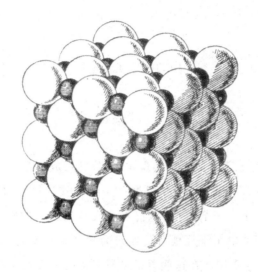

**图 1-1　氯化钠晶体中的原子排列**

此图转载自 W. Barlow, $Z, Krist. 29, 433(1898)$,参阅 11-5 节

在$[Fe(H_2O)_6]^{3+}$、$[Ni(H_2O)_6]^{2+}$和许多其他络离子中,中心离子和环绕于它的分子之
间的键在很大程度上是由于中心离子的过剩电荷和外围分子的永久电偶极之间的静电引
力[8]所形成的,这种类型的静电型键可称为离子—偶极键。静电型键也可以是由于离子与
可极化分子的诱导偶极间的吸引,或两个分子的永久电偶极间的相互作用所促成的。

**共价键**[9]　　按照路易斯的理论,我们可把

$$H—H \quad Cl—Cl \quad H—Cl \quad H—\overset{\displaystyle H}{\underset{\displaystyle H}{C}}—H$$

等图式中的普通价键看成是在两个键合原子间共有一对电子所形成的,从而可以写出下
列的相应电子结构,如

$$H:H \quad :\ddot{C}l:\ddot{C}l: \quad H:\ddot{C}l: \quad H:\overset{\displaystyle H}{\underset{\displaystyle H}{C}}:H$$

等。在这些路易斯电子式中,元素的符号表示原子实,它是由原子核和价电子层以外的内
层电子所组成;点则用来表示价电子层上的电子对。在某种意义上说,这些电子对是具有

双重职能的,它们在完成每个原子的稳定电子构型中都起着作用。例如在甲烷中的碳原子,内层有 2 个电子,外层有 8 个共享电子,因而获得和氖一样的 10 个电子的稳定构型;在上述各个结构中,每一个原子也都取得了惰性气体分子的电子构型。

两个原子间的双键和叁键可以分别用 4 个和 6 个共享电子来表示,例如:

$$\begin{array}{cc} \text{H} & \text{H} \\ \text{C::C} \\ \text{H} & \text{H} \end{array} \qquad \begin{array}{c} \text{H} \quad \text{H} \\ \text{H:C::C:H} \\ \text{H} \quad \text{H} \end{array}$$

$$\text{H—C⋮C—H} \qquad \text{H:C⋮⋮C:H}$$

$$\text{N⋮⋮N} \qquad \text{:N⋮⋮:N:}$$

为了使氧化三甲胺$(CH_3)_3NO$ 中的氮原子也取得具有完全八隅体的氖结构,路易斯把它的电子结构写作

$$\begin{array}{c} \text{R} \\ \text{R:N:O:} \\ \text{R} \end{array}$$

(这里 $R=CH_3$),其中氮原子形成 4 个共价单键,氧则形成一个。如果假定共享电子对分属于由它们连接起来的那两个原子,并根据这个结构式计算,氮原子的电荷就该是 +1(电荷单位,在数量上等于电子的电荷,但符号相反),氧原子的电荷则为 -1。我们把这种按电子结构式将共享的电子平均地分配给键合原子而计算出来的电荷称为相应结构中原子的形式电荷,[10] 通常用注在这些原子符号旁边的正负号来表示,例如:

$$\begin{array}{ccc} \text{R} & \text{:O:} & \text{H} \\ \text{R—N—O:} & \text{:O—S—O:} & \text{H—N—H} \\ \text{R} & \text{:O:} & \text{H} \end{array}$$

这种形式电荷,正像它的名称所指出的那样,只具有形式上的意义。一般说来,它们并不表示分子或络离子中电荷在各原子上的实际分布。例如铵离子所带的单位正电荷不应认为被氮原子所独占。由于在第三章中将予讨论的 N—H 键的部分离子性,可以认为这个多余正电荷被部分地转移到各个氢原子上。

从前面写的电子式可以看出,在氧化三甲胺中,氮和氧之间的键可以认为是一种双键,由一个共价单键和一个单位强度的离子键所组成。这种类型的键有时称为半极性双键;[11] 也称它为配位键,并用一个特殊的符号──→来表示电荷从一个原子向另一个原子的转移。[12] 还有人用这样的电子式,那就是把原来认为是属于不同原子的电子用不同的符号(例如点和叉等)来标明。我们觉得用这些名称或符号并不见得方便。

在少数分子中,也出现共价键不是由共享电子对而是由一个电子或三个电子所构成的情况。这种单电子键和三电子键将在 1-4 节中和第十章中讨论。

金属键；分数键　在金属聚集体中，把这些原子连接起来的键的最显著的特点是成键电子的流动性，它使金属表现出高度的导电性和导热性。关于金属键及其与共价键的关系将在第十一章中讨论。金属中的键可作为分数键来描述。其他含有分数键的、被称为缺电子化合物的物质将在第十章中讨论。

## 1-3　共振的概念[13]

量子力学理论，在处理分子基态问题的主要化学应用中，有一条基本原则，这条原则是共振概念的依据。

在量子力学中，一个体系的结构是用通常称为 $\psi$ 的波函数来描述的。这个 $\psi$ 是经典理论中与共轭动量配合在一起用来描述这个体系的坐标的函数。求解体系在指定状态下的波函数的方法可参考量子力学专著。在我们关于化学键本质的讨论中，主要将限于研究分子的基态。分子或其他体系的量子定态是以体系总能量所具有的定值来标明的。这些状态是由一个量子数（例如 $n$）或一组量子数来标记，每一量子数可以取某些整数值。处于第 $n$ 个量子定态的体系，具有确定的能量值 $W_n$，并由波函数 $\psi_n$ 来描述。这个处于第 $n$ 个量子态的体系的行为，可通过它的波函数来进行预测。不过这些预期值，尽管和对这个体系进行的试验的预期结果有关，但一般说来，关系并不是直截了当，而是具有统计性质的。例如在基态氢原子中，对电子相对于核的位置不可能给出确定的推断，而只能求出相应的概率分布函数。

体系总能量为最低也就是稳定度为最高的量子定态，被称为基态。这个基态的量子数常被指定为 1 或 0。

设 $\psi_0$ 是讨论中的体系在基态情况下的正确波函数。我们所感兴趣的量子力学基本原则指出：按照量子力学方程用体系的正确基态波函数 $\psi_0$ 计算出来的能量值 $W_0$，要比用任何其他提得出的波函数 $\psi$ 所算出的能量值低些[14]；因而在所有可能构想得出的结构中，那个给予体系以最大稳定度的结构正是这个体系的真正基态结构。

现在设结构 Ⅰ 和 Ⅱ 可以合理地或者想象得出地表示考虑中的体系的基态。根据这个量子理论的方法，利用任意系数 $a$、$b$ 乘上 $\psi_{\text{I}}$、$\psi_{\text{II}}$ 后再相加所得的更加普遍的函数

$$\psi = a\psi_{\text{I}} + b\psi_{\text{II}} \tag{1-1}$$

仍是体系的可能波函数。这里只有比值 $b/a$ 有意义，因为函数 $\psi$ 的性质不因乘以常数而有所改变。把相应于 $\psi$ 的能量值表为比值 $b/a$ 的函数，便能找出使能量值为极小的 $b/a$ 值。在这个 $b/a$ 值相应的波函数，对这个体系的基态来说，便是用这样组合方法所能造出来的最优波函数近似式。假如 $b/a$ 的最优值很小，那么最优波函数 $\psi$ 基本上就等于 $\psi_{\text{I}}$，而用结构 Ⅰ 来表示基态就比任何其他所考虑的结构更为接近些；如果 $b/a$ 的最优值

很大,最优波函数 $\psi$ 则将和 $\psi_{II}$ 差不多。可是也有可能 $b/a$ 的最优值既不很小,也不很大,和 1 差不多。在这种情况下,最优波函数 $\psi$ 将由 $\psi_I$ 和 $\psi_{II}$ 共同组成,从而体系的基态将被认为是既包含结构Ⅰ又包含结构Ⅱ。在这个情况下,已经习惯于说体系是共振于结构Ⅰ和结构Ⅱ之间,或者说体系是结构Ⅰ和Ⅱ的共振杂合物。

可是这个体系的结构本质上并不恰好介于结构Ⅰ和Ⅱ之间;因为由于共振的结果,这样的体系由于能量值的降低(即共振能)得到进一步稳定化。$b/a$ 的最优值就是使得体系总能量取得它的最低值的数值,这个最低能量值要比相应于 $\psi_I$ 或 $\psi_{II}$ 的能量值为低;低下来的数量决定于结构Ⅰ和Ⅱ间的相互作用的大小以及它们的能量差(见 1-4 节)。相对于结构Ⅰ或结构Ⅱ(稳定度不相同时取其中比较稳定的那一个)而言,这个体系的额外稳定性称为共振能。[15]

以上的有关体系基态的讨论并不限于共振结构只有两个的情况。一般来说,可将相应于那些按照具体情况能够提得出来供考虑的结构Ⅰ,Ⅱ,Ⅲ,Ⅳ,…的波函数 $\psi_I$,$\psi_{II}$,$\psi_{III}$,$\psi_{IV}$,…通过线性组合形成如下的波函数

$$\psi = a\psi_I + b\psi_{II} + c\psi_{III} + d\psi_{IV} + \cdots \tag{1-2}$$

在这个波函数中,系数 $a,b,c,d,\cdots$ 的最优相对值可通过求取能量的最低值而找出来。

共振观念是海森堡(Heisenberg)[16]在讨论氦原子的量子态时引入量子力学的。他指出:在许多体系中,可应用这样一种量子力学处理方法,它和经典力学中对共振的耦合谐振子的处理有些相类似。举例来说,两个具有同一特征振动频率而又安装在同一基座上(这样使它们之间能发生相互作用)的音叉,可能观察到经典力学的共振现象。当敲动一个音叉以后,它的振动将逐渐停止,而把它的能量转移给另一个音叉,使它开始振动;以后这过程又倒转进行,这样能量就在这两个音叉之间往复共振着,直到它被摩擦及其他损耗耗尽为止。两个由软弹簧连接起来的相类似的摆也出现同样的现象。定性地说,这些经典的共振现象和本节上面所描述的量子力学共振现象之间明显类似;但是这种相似并不能对量子力学共振在化学应用中的最主要特点(即体系因共振能而得到稳定这样一个情况)提供简单的非数学的解释,所以我们也就不再谈下去了。我相信,学化学的人在看过了本书中到处所讨论的在不同问题上的应用之后,能给自己找到一个可靠而又有用的直观看法。

必须指出,在共振观念的应用中,作为体系基态讨论基础的起始结构Ⅰ,Ⅱ,Ⅲ,Ⅳ,…的选择是存在着一些任意性因素的。不过就许多体系说,我们会发现,某些非常适用的结构将能立即被提出来作为讨论的基础;同时,在一些例如分子的复杂体系中,利用一些有关的简单体系的结构作为出发点也能使讨论取得较快的进展。已经发现的共振现象在化学上的最重要应用即分子共振于好几个价键结构之间的情况,提供了一个明显的例子:人们发现了许多物质的性质不能用单一的价键型的电子结构来描述;但若认为它存在着两个或更多的价键结构之间的共振,则仍能套用价键的经典理论。

在化学问题的讨论中,共振观念的便利和价值是如此巨大,以致这种任意性因素的缺点显得无关紧要了。这种因素在经典的共振现象中也是存在的。应用单摆的运动来讨论用弹簧连接起来的摆的联合运动,显然也是存在着任意性因素的;如果改用体系的正则坐标来描述,数学上就会简化得多,可是共振概念的方便和有用,却使它仍然获得广泛的应用。

此外不应该忘记,在有机化合物的简单结构理论中也存在着本质上与共振论相类似的任意性因素,这里也同样地使用了理想化的、假想的结构要素。例如丙烷分子 $C_3H_8$ 有它本身的结构,它不能用得自其他分子的结构要素来精确地描述;不可能从丙烷分子中孤立出这样一个部分,其中包含两个碳原子和其间的两个电子,而说丙烷分子的这一部分就是和乙烷分子的一部分完全一样的碳—碳单键。把丙烷分子描述成包含碳—碳单键和碳—氢单键是有它的任意性因素的;这些概念本身便是理想化的结果。但是尽管它们都使用了一些理想化的概念,也包含着一定程度的任意性因素,[17]化学家已经发现有机化学的简单结构理论和共振理论都是有价值的。

## 1-4 氢分子离子和单电子键

本节中我们将就最简单的分子氢分子离子 $H_2^+$ 以及最简单的化学键单电子键(即一个电子被两个原子所共有的键)的结构问题进行讨论,作为共振概念在化学上的第一个应用。

**基态氢原子** 按照玻尔(N. Bohr)的理论,[18]基态氢原子中的电子是沿着半径为 $a_0 = 0.530$ 埃的圆形轨道、以恒定速率 $v_0 = 2.182 \times 10^8$ 厘米/秒绕核运动。用量子力学来描述,情况与此是类似的,但比较不确定些。图 1-2 示出这个原子中电子的轨道运动波函数 $\psi_{1s}$,可以看到其数值仅在接近核的范围内是大的;在离核 1~2 埃以外,它就迅速降低至零。$\psi$ 的平方表示电子位置的概率分布函数,所以 $\psi^2 dV$ 就是电子在体积元 $dV$ 中的概率,$4\pi r^2 \psi^2 dr$ 则是和核的距离介于 $r$ 和 $r + dr$ 之间的概率。从图中可以看到,最

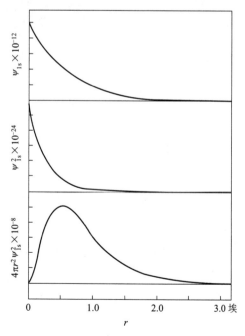

**图 1-2** 基态氢原子的波函数 $\psi_{1s}$,它的平方及径向概率分布函数 $4\pi r^2 \psi_{1s}^2$

后这个函数在 $r=a_0$ 时有其最大值。所以电子离核的最概述距离正是玻尔半径 $a_0$；但是电子显然并不局限于这一距离。电子的速率也不是恒定的，而要用分布函数表示，其方均根速度恰好就是玻尔值 $v_0$。据此我们可以这样来描述基态氢原子：电子以数量级为 $v_0$ 的可变速率在核的附近进行进进出出的运动，比较经常的是出现在离核为 0.5 埃的距离之内；如果时间足够长允许电子完成许多圈数的运动，则原子可以被描述是由一个被球形对称的负电荷球体包围着的原子核所构成；这里电子的图像，将会由于自己的迅速运动出现感光后模糊不清的情况，如图 1-3 所示。

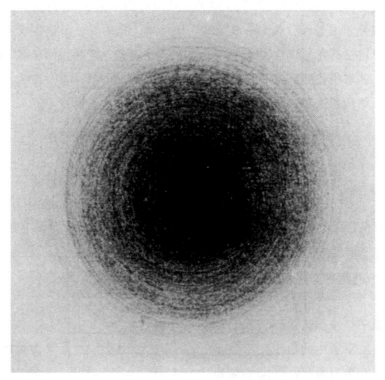

**图 1-3  在基态氢原子中，电子密度随离核距离的增加而减少的示意**

**氢分子离子**  从理论上探讨氢分子离子的结构时，正如讨论任何一个分子一样，总是首先考虑一个被固定在确定构型[19]中的原子核排列，分析电子（在有好几个电子的情况下就是所有的电子）在这个核力场中的运动。这样分子的电子能就可作为原子核构型的函数。分子在基态时的构型便是相当于这个能量函数极小值的构型，从而给予分子以最大的稳定性。

对于氢分子离子，问题在于计算能量和两个原子核 A、B 的核间距 $r_{AB}$ 的函数关系。当 $r_{AB}$ 的值很大时，体系的基态就是由相互作用十分微弱的一个基态氢原子（譬如说是电子和核 A）和一个氢离子（核 B）所构成。假定在两个核彼此接近时，仍旧保持着 H＋H＋这样的结构，则算得的相互作用能就如图 1-4 中的虚线那样，没有极小值。根据这个计算,我们可以说氢原子和氢离子是彼此相斥的,而不是相互吸引以形成稳定的分子离子。

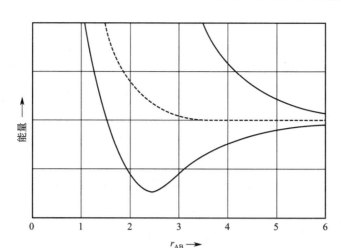

**图 1-4　氢原子和质子间的相互作用能曲线**

最下面的曲线相当于稳定基态氢分子离子的形成。核间距 $r_{AB}$ 的标度以 $a_0 = 0.530$ 埃为单位

不过上面所假设的结构过分简单,不可能满意地描述这个体系。我们假定过电子与核 A 形成基态氢原子:

$$结构 \text{I} \qquad H_A \cdot \qquad H_B^+$$

电子与核 B 形成基态氢原子(它再和核 A 相作用)的结构具有和第一结构同样的稳定性:

$$结构 \text{II} \qquad H_A^+ \qquad \cdot H_B$$

所以我们必须考虑在这两个结构间共振的可能性。这两个结构是等效的,具有的能量也是一样的。在这种情况下,量子力学的基本原则要求这两个结构对体系的基态做出均等的贡献。把对应于结构 I 和 II 的波函数叠加起来,重新计算能量曲线,可得到如图 1-4 中最下面的那条实线。[20]它在 $r_{AB} = 1.06$ 埃附近呈现出明显的极小,这表示由于电子在两个核间共振,形成了稳定的单电子键,键能大约是 50 千卡[①]/摩尔。这种由于结构 I 和 II 的组合而带来的体系的额外稳定性以及键的形成,很难给予简单解释;它是量子力学的共振现象的结果。键的稳定性,可以说是电子在两核间往复共振的结果,共振频率等于共振能 50 千卡/摩尔除以普朗克常数 $h$。对于基态氢分子离子,这个频率为 $7 \times 10^{14}$ 秒$^{-1}$,约为基态氢原子中电子绕核 wdt 轨道运动的频率的五分之一。

在图 1-4 上中上面一条实线表示基态氢原子和氢离子间相互作用的另一方式。这里结构 I 和 II 也有均等的贡献;在这种情况下,共振能使体系更不稳定,而不是更为稳定。当氢原子和氢离子彼此接近时,出现像这条曲线那样彼此相斥,或者像另一条曲线那样

---

① 国际标准能量单位是焦耳,1 卡＝4.1868 焦。——编辑注

彼此相吸而形成基态分子离子的机会,是均等的。

在这个讨论中,我们忽略了氢原子和离子间的另一类型的相互作用,即在离子的电场中原子的变形(极化)。迪金森(R. Dickinson)曾考虑到这一点,[21]他证明了变形要对键能另加 10 千卡/摩尔的贡献。因此我们可以说在 $H_2^+$ 的单电子键的总能量(61 千卡/摩尔)中,约 80%(50 千卡/摩尔)系来自电子在两个核之间的共振,余下的则是来自变形。

非常精确的计算[22]给出了从一个氢原子和一个氢离子形成基态氢分子离子时的能量为

$$D_0(H_2^+) = 60.95 \pm 0.10 \text{ 千卡/摩尔}$$

这和已知的但还不够精确的实验值符合。平衡核间距的计算值是 1.06 埃,振动频率是 2250 厘米$^{-1}$,这在计算和实验测定的精确度范围内也都与实验值相符。[23]

图 1-5 示出氢分子离子的电子分布函数。可以看出,电子大部分的时间是存在于两核之间的很小区域内,难得走到远离两核的外侧去;同时我们感觉到电子存在于两核之间,因而将两个核拉拢在一起,这对于键的稳定性提供了一些解释。相对于氢原子而言,电子分布函数表现得比较集中,由图 1-5 所示的最外一个等高面(相当于分布函数极大值的 1/10)所围起来的体积仅是氢原子的相应体积的 31%。

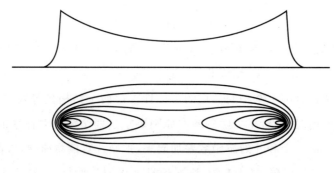

**图 1-5　氢分子离子的电子分布函数**

上面的曲线表示两核连线上的函数值,下面的是等高线图,从最外面的 0.1 逐步地增加到核上的 1

为方便起见,我们可在被键合原子的符号之间加个点来表示单电子键,所以氢分子离子具有结构式(H・H)$^+$。

**位力(virial)定理**　我们可用另一种方法来讨论氢分子离子,以便对单电子键的本质问题提供一些新的看法。这里可以应用在量子力学和经典力学中都一样正确的位力定理。根据这个定理,在由电子和原子核所构成的任何体系(任何原子、分子、晶体)中,当其处在定态(基态或任何一个激发态)时,平均动能一定等于平均势能的 $-\frac{1}{2}$;因为体系的总能量等于动能和势能之和,所以平均动能就等于换过符号的总能量,而平均势能则等于总能量的两倍,即

$$\bar{V} = -2\bar{K}$$

$$W = -\bar{K}$$

$$\bar{V} = 2W$$

在这些式中，$\bar{K}$ 是平均动能(总是正的)，$\bar{V}$ 是平均势能，$W$ 则为总能量，它是个常数。

例如，相对于彼此相距无限远的一个质子和一个电子而言，基态氢原子的总能量是 $-13.60$ 电子伏或 $-313.6$ 千卡/摩尔。因此这体系的平均动能必是 $+313.6$ 千卡/摩尔，这个值正相当于上文所讲的方均根速度 $v_0$。在基态氢原子中，电子和原子核的平均势能是 $-627.2$ 千卡/摩尔，它相当于 $r = 0.530$ 埃(Bohr 半径)时的库仑能 $-e^2/r$。氢分子离子在其基态时的能量(相对于两个质子和一个电子)是 $-313.6-60.9=-374.5$ 千卡/摩尔。因而在这个分子离子中，电子的平均动能约为 $374.5$ 千卡/摩尔(因为两个核基本上是静止的，体系的大部分动能就是电子的动能)。在这个分子离子中，电子的运动比在基态氢原子中来得快。

氢分子离子的平均势能为 $-749$ 千卡/摩尔。这个平均势能是由下列三项所组成的：两个质子间的平均势能，电子和第一个质子间的平均势能和电子与第二个质子间的平均势能，后两项是彼此相等的。从总的平均势能中减去两个质子在相距为 $1.06$ 埃(氢分子离子的平衡核间距)时的相互作用势能，即得后面两项之和。质子间的库仑作用是相斥的，所以它的势能是正的，等于 $e^2/r$；在 $r=1.06$ 埃时，其值为 $314$ 千卡/摩尔。由此得电子和两个质子的平均势能是($-749-314=-1063$)千卡/摩尔。电子和每一个质子相互作用的平均势能就是此值的一半，即 $-532$ 千卡/摩尔；这可和氢原子中的 $-627.2$ 千卡/摩尔作比较。

我们可以说，氢分子离子相对于一个氢原子和一个质子的稳定性是电子分布函数在两个质子间的区域内高度集中的结果。这种集中使得电子和任一质子间的稳定化库仑作用($-e^2/r$)，几乎与基态氢原子中电子和质子的相互作用一样大。所以在氢分子离子中单电子键的稳定性可归结为电子在这区域中的集中。对氢分子离子的波函数进一步分析，可以看出分布函数在两核之间的集中在很大程度上可被解释为相应于结构 I : H・H$^+$ 和结构 II : H$^+$・H 的两个波函数相加起来的结果。因此，我们可以说共振现象使得电子能够在电子与两核的相互作用最为强烈的区域内集中，从而给出了键能。

**赫尔曼-费曼(Hellmann-Feynman)定理** 赫尔曼(Hellmann)[24]和费曼(Feynman)[25]各自独立地发现了一个有趣的量子力学定理。这个定理指出，在分子中作用于每个核上的力恰等于根据经典静电理论从其他各个核以及各个电子的位置和电荷计算出来的值。在这个计算中，电子的空间分布，可按照电子波函数的平方来推求。在分子的平衡构型中,作用于每个核上的净力等于零。因此,就这个构型来说,一个核从其他各个核受到的推斥力恰好被它从各个电子受到的吸引力所抵消。

例如当氢分子离子在其平衡构型时,我们可以说电子的分布相当于:电子的 3/7 球形地分布于每个核的周围,其余分布于两核连线上的中心。这种分布使每个核受电子的吸力正好被它受另一核的斥力所平衡。

**单电子键形成的条件**　在氢分子离子中,单电子键的共振能决定于结构 I 和结构 II($H \cdot H^+$ 和 $H^+ \cdot H$)间的相互作用的大小,这可以用量子力学方法计算出来。这两个结构具有相同的能量,因而相互作用能就完全表现为共振能,即其间发生了完全的共振。但是如果 A、B 两核是不相同的,则结构

$$\text{I} \qquad \text{A} \cdot \qquad \text{B}^+$$

和结构

$$\text{II} \qquad \text{A}^+ \qquad \cdot \text{B}$$

对应于不同的能量值,不可能满足完全共振的条件。这两个结构中,比较稳定的那个结构(譬如说是结构 I)对体系基态将有较大的贡献,同时把这个体系稳定下来的共振能(相对于结构 I 而言)的数量将比相互作用能小些。图 1-6 中的曲线示出两个共振结构的能量差对于共振的阻碍的影响。这条曲线的计算方法见附录 V。相对于结构 II 而言,结构 I 愈稳定,它对于体系基态的贡献也愈大,由结构 II 参与共振以稳定体系的作用也就愈小。由于这个原因,我们估计只有在相同的原子间,或者是有可能使结构 I 和 II 具有近于相等的能量的不同原子(即电负性相近的原子)间才能形成单电子键。

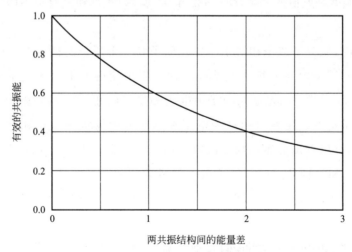

**图 1-6　对于有两个共振结构的基态体系,稳定它的**

**能量和两个结构间的能量差的关系**

(相对于两个共振结构中最稳定的那个而言)

图中所用的能量单位是两个结构的作用能(共振积分)

# 1-5　氢分子和电子对键

在 1927 年以前,不存在满意的共价键理论。化学家曾经假定在原子间有价键存在,并围绕着这个概念建立了整套的经验事实。但进一步追究价键的结构,却没有取得什么结果。路易斯采取了把两个电子和一个键联系起来的步骤,很难说是建立了理论,因为他对这种相互作用的本质以及键能的来源等基本问题都没有给出答案。直到 1927 年,通过康登(Condon)[26]以及海特勒(Heitler)和伦敦(London)[27]等在氢分子方面的工作,共价键的理论才开始发展。下面将就这些工作做一些介绍。

**康登对氢分子的处理**　康登根据布劳(Burrau)对氢分子离子的处理方法讨论了氢分子。他把两个电子导入布劳对 $H_2^+$ 的单电子所给出的基态轨道中。具有这种结构的氢分子,其总能量由四部分组成:两个原子核的排斥能,布劳计算过的第一个电子在两个核的力场中运动的能量,与此相等的第二个电子运动的能量以及两个电子间的相互静电排斥能。康登并未通过具体积分来算出最后一项,他只假定它和两个电子对核的作用能的比值是和基态氦原子中的一样,因为氦原子正相当于氢分子中的两个质子融合成一个核的极限情况。

利用这种处理方法,他得到 $H_2$ 的能量曲线的极小点位于 $r_{AB}=0.73$ 埃处,键能为 100 千卡/摩尔,这与实验非常符合。不过这种符合不可赋予很大的意义,因为对于电子排斥能的估计值的精确度,实在是相当难说的。

康登的处理方法正是讨论分子的电子结构的分子轨道法的雏形。在这个方法中,我们要安排出这样一个波函数,把一对电子引进一个运动范围伸展到两个或更多原子核的电子轨道中去。

讨论分子的电子结构的第二个方法通常称为价键法,它所用的波函数有这样的性质,即在两个原子间的电子对键的两个电子倾向于逗留在这两个不同的原子上。这种方法的雏形是海特勒和伦敦处理氢分子的方法。我们现在就来讨论这个方法。

**氢分子的海特勒-伦敦(Heitler-London)处理法**　氢分子是由可标记为 A 和 B 的两个核以及可标记为 1 和 2 的两个电子所组成的。就像在氢分子离子的处理那样,我们要计算不同核间距 $r_{AB}$ 情况下的相互作用能。当两个核彼此远离时,体系的基态就是两个基态氢原子。我们可以假定电子 1 和核 A 相结合,另一个电子 2 和核 B 相结合。把相互作用能作为核间距的函数来计算时,我们发现在远距离时存在着微弱的吸引;但是当 $r_{AB}$ 进一步缩小时,它迅速地变为强烈的排斥(参见图 1-7 中的虚线)。根据这个计算看来,这两个原子不会结合成稳定的分子。

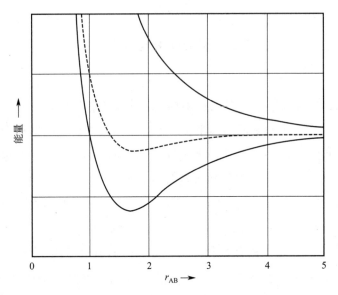

**图 1-7　表示两个基态氢原子相互作用能的曲线**

核间距 $r_{AB}$ 的标度以 $a_0 = 0.530$ 埃为单位

　　不过这里我们忽略了可能的共振现象。因为电子 2 和核 A 结合、电子 1 和核 B 结合的结构,与上面所假定的等价结构具有完全一样的稳定性。按照量子力学原则,我们不该认为其中某一单独结构可以描述这个体系的基态,相反地我们要采用一个这两种结构做出同样贡献的组合,即计算时我们必须考虑到这两个电子有如下交换位置的可能性:

结构Ⅰ　　　　$H_A \cdot 1$　　　$2 \cdot H_B$

结构Ⅱ　　　　$H_A \cdot 2$　　　$1 \cdot H_B$

这样得出来的相互作用能曲线具有明显的极小点(参见图 1-7 中下面的实曲线),这相当于稳定分子的形成。由海特勒、伦敦和杉浦义胜(Sugiura)算得的从分开的原子生成分子时的生成能约为实验值 102.6 千卡/摩尔的 67%,平衡核间距的计算值比观察值 0.74 埃大 0.05 埃。

　　此外,海特勒-伦敦波函数并不满足位力定理的要求(它不能使平均势能等于动能平均值的负两倍),因此作为分子正确波函数的近似,它是相当差的。

　　王守竞[28]对波函数作了简单的改进。他用有效核电荷为 $Z'$ 的 $1s$ 波函数来代替对分别围绕着核 A 和核 B 而波函数径向部分相应于单位核电荷的基态氢原子 $1s$ 波函数,而且允许 $Z'$ 变动到能量取得极小值。这样的处理给出符合位力定理要求的结果。利用这个波函数算得的平衡核间距为 0.75 埃,与实验值相符;算得的键能为正确值的 80%。有效核电荷 $Z'$ 是 1.17,这正像把电子分布函数适当地收缩到靠近两个核的区域内去。

　　由此可以看到,对两个氢原子的体系进行这样一个非常简单的处理,能使稳定分子的生成得到解释,那就是电子对键的能量主要是相当于两个电子在两个原子轨道之间相互交换的共振能。

**部分离子性和变形作用** 在以上的讨论中,都只考虑氢分子的两个电子在运动中分别靠近不同的核的结构。不过两个离子型结构Ⅲ及Ⅳ为

$$结构Ⅲ \qquad H_A^- : \qquad\qquad H_B^+$$

$$结构Ⅳ \qquad H_A^+ \qquad\qquad : H_B^-$$

即两个电子和同一个核结合在一起的结构也应该予以考虑。这类结构包含一个正的氢离子 $H^+$ 和一个具有氦结构($K$ 层满填)的负的氢离子 $H:^-$。

共振最重要的规则之一是仅在具有同样多的未配对电子的结构之间才能发生共振。因为在负的氢离子中,两个电子占有同一轨道,因而它们是配对的,同时结构Ⅰ和Ⅱ中的成键电子也是配对的,所以上述条件是满足了,因而可以预料到在基态氢分子中,结构Ⅲ、Ⅳ是和结构Ⅰ、Ⅱ具有同样重要性的。

当核间距离较大时,离子型结构Ⅲ和Ⅳ便不重要了。这是因为

$$H + H \longrightarrow H^+ + H^-$$

的反应热是 $-295.6$ 千卡/摩尔,它是氢的电子亲和能

$$H + e^- \longrightarrow H^- + 16.4 \text{ 千卡/摩尔}$$

和氢的电离能

$$H^+ + e^- \longrightarrow H + 312.0 \text{ 千卡/摩尔}$$

之差;这个差值大到使得结构Ⅲ、Ⅳ远不及Ⅰ、Ⅱ稳定,以致前者不能有什么贡献。但当 $r_{AB}$ 减小时,$H^+$ 和 $H^-$ 的库仑引力稳定了结构Ⅲ和Ⅳ;在平衡距离 $r_{AB} = 0.74$ 埃时,每一离子结构对分子基态的贡献约为 $2\%$,相应的额外离子共振能约为 $5.5$ 千卡/摩尔,或总能量的 $5\%$。[29]

实测键能中余下的 $15\%$ 可能是由变形作用而来;这项指的便是包括所有在前面简单处理中被忽略了的复杂的相互作用。经过多方面的努力,终于由詹姆斯(James)和柯立芝(Coolidge)[30]做出了对基态氢分子的彻底满意而又精确的理论处理。经过他们仔细而费功夫的研究,获得的分子键能值是

$$D_g(H_2) = 102.62 \text{ 千卡/摩尔}$$

这与实验完全一致;平衡核间距和振动频率也表现出同样的符合。对基态氢分子的其他性质——抗磁性磁化率、电极化率及其各向异性现象、范德华力等,也都做过理论计算,并获得满意的结果。所以这个简单的共价分子的结构现在已经得到很好的解释。

将上述结果归纳起来,氢分子中的键可描述为主要是两个电子在两个核间共振的结果,这种现象贡献出总能量的 $80\%$,另外 $5\%$ 是由同样重要的两个离子型结构 $H^- H^+$ 和 $H^+ H^-$ 所分担;键能中余下的 $15\%$ 可算到称为变形作用的各种复杂相互作用[31]上面去。

**生成电子对键的条件** 在 1-4 节中已经指出,在两个原子之间导致稳定单电子键生成的共振作用,在两个原子不相同的情况下,一般受到很大的妨碍,结果这种键就很少出现。我们看到对于电子对键则没有这种限制;即使两个原子不同,由两个电子 1 和 2 在两个原子 A 和 B 间交换而成的两个结构 I 和 II 也仍是等效的。因而不管两个原子是否相同,都存在完整的共振作用,键的共振能等于两个结构的相互作用能。所以在形成电子对键时,对于各原子的性质方面并无什么必须满足的特殊条件,这样我们也就不必为电子对键如此广泛出现和特别重要而感到费解了。

对不相同原子来说,也正如相同原子一样地存在着离子型结构 $A^+ B^-$ 和 $A^- B^+$ 之间的共振。事实上,如果原子 A 和 B 的电负性相差很大,这样的共振就更加重要,特别是其中比较适合电负性倾向的那个离子型结构贡献尤其大。关于共价键的这一方面将在第三章中加以探讨。

下一章中将对原子的电子结构进行详尽的讨论,以便为这一章最后一段介绍形成共价键的形式规则做好准备。

## 参考文献和注

[1] E. Frankland[*Phil. Trans. Roy. Soc. London* **142**, 417, (1852)]在 1852 年提出了价键的概念,指明每种元素在形成化合物时,总是和一定数量的其他元素相结合。之后,F. A. Kekulé[*Ann. Chem.* **104**, 129, (1857)]和 A. W. H. Kolbe[*ibid.* **101**, 257, (1857)]把价键概念推广到碳元素,指出碳通常为四价。再过一年,Kekulé[*ibid.* **106**, 129, (1858)]提出碳原子能够和不限数目的其他碳原子相结合而形成长链。英国化学家 A. S. Couper 也曾经独立地讨论了碳的四价性以及碳原子形成碳链的能力[*Compt. Rend.* **46**, 1157, (1858); *Ann. Chim. Phys.* **53**, 469, (1858)]. A. S. Couper 的化学式非常接近现代的结构式;他是第一个用放在元素符号之间的一条短线来表示价键的化学家。

1861 年,俄国化学家 A. M. Butlerov[*Z. Chem. Pharm.* **4**, 549, (1861)]第一次使用"化学结构"这个名词,并认为必须用单个结构式来表达结构,这种结构式应当表明在物质的分子中每个原子与别的原子是怎样地结合起来的。他明确地指出,化合物的所有性质决定于该物质的分子结构,同时认为通过物质合成方法的研究应当有可能找出它的正确结构式。

上述化学家都没有谈到这些化学式还可以用来表示出原子在空间的结合方式,因此这些结构式不过是用来指明物质是如何参与化学反应的。至于下一步骤,那就是确定分子在三维空间的结构,却是由 van't Hoff 和 le Bel 提出的。在 H. M. Leicester and H. S. Klickstein, *A Source Book in Chemistry*（《化学集成》）(McGraw-Hill Book Co., New York, 1952)的书中有上述这些文章的摘录。

[2] J. H. van't Hoff, *Arch, Neerland. Sci.* **9**, 445(1874); J. A. Ie Bel, *Bull. Soc. Chim. France* **22**, 337(1874).

[3] A. Werner, *Z. Anorg. Chem.* **3**, 267(1893).

[4] G. N. Lewis, *The Atom and the Molecule*(《原子与分子》),J. A. C. S. **38**,762(1916).

[5] 大约在同时,W. Kossel,*Ann. Physik* **49**,229(1916)也独立地提出了这论点。

[6] 在更早些的时期里,W. Ramsay,J. J. Thomson,J. Stark,A. L. Parson 等人也曾打算利用原子间共享电子的想法来发展价键理论。

[7] I. Langmuir,*J. A. C. S.* **41**,868,1543(1919).

[8] I. Langmuir 前文中[7],868,特别是第 930~931 页。

[9] 在这本书中,我们经常用 Langmuir{见前文[7],868}所提出的共价键这个方便的名称来代替共有电子对键或电子对键等较为繁杂的名称。Lewis 则偏于用化学键这样一个名词来指明一些比较特殊的原子间作用力。他说,不论什么时候,什么分子,化学键不过是两个原子间共同持有的电子对,这样的说法显然比我们这里所用的定义狭隘了一些(Lewis,op,cit,p. 78)。

[10] 形式电荷(当时被称为剩余原子电荷)是由 I. Langmuir 首先论述的,见 *Science* **54**,59(1921).

[11] T. M. Lowry,*Trans. Faraday Soc.* **18**,285(1923);*J. Chem. Soc.* **123**,822(1923).

[12] N. V. Sidgwick,*The Electronic Theory of Valency*(《化学价的电子理论》),Clarendon Press,Oxford,1927.

[13] 在进行这个基本上属于量子力学范畴的现象的讨论时,我根据量子力学理论直接提出了讨论中所必需的观念和原理,可是不打算从基本假设的理论基础出发讨论问题,也不打算在讨论过程中保证理论的逻辑完整性。

在本书中的论点,可与 Linus Pauling, E. Bright Wilson, Jr., and Martin Karplus, *Introduction to Quantum Mechanics with Applications to Chemistry*(《量子力学导论及化学中的应用》),2nd ed.,McGraw-Hill Book Co.,New York and London,1960)一书介绍的理论配合阅读。以后引证此书时简称《量子力学导论》。

George Willard Wheland,*Resonance in Organic Chemistry*(《有机化学中的共振》),John Wiley and Sons,New York,1955. 此书对共振理论作了全面而又深入的讨论。其他如 Y. K. Syrkin and M. E. Dyatkina,*Structure of Molecules and the Chemical Bond*(《分子结构与化学键》)(Interscience Publishers,New York,1950)和 C. A. Coulson,*Valence*(《化学价》)(Clarendon Press,Oxford,1952)也有参考价值。

[14] 关于这个原则的详细讨论,参见 *Introduction to Quantum Mechanics*(《量子力学导论》)一书。

[15] 因为共振体系并不具有介于各个共振结构之间的中间结构,而是一种通过共振的稳定化产生进一步改变的结构,所以我不愿使用 1933 年 Ingold 所提出的 mesomerism 即中介作用的字眼(C. K. Ingold,*J. Chem. Soc.*,1933,1120).

[16] W. Heisenberg,*Z. Physik* **39**,499(1926).

[17] 关于这些的更详细讨论可参考 6-5 节。

[18] 在第二章以及附录Ⅱ和Ⅲ中,将更为详细地介绍 Bohr 的氢原子理论。

[19]  M. Born and J. R. Oppenheimer, *Ann. Physik* **84**, 457(1927).

[20]  L. Pauling, *Chem. Revs.* **5**, 173(1928); B. N. Finkelstein and G. E. Horowitz, *Z. Physik* **48**, 118(1928).

[21]  B. N. Dickinson, *J. Chem. Phys.* **1**, 317(1933).

[22]  Ø. Burrau, *Kgl. Danske Videnskab. Selskab.* **7**, 1(1927); E. A. Hylleraas, *Z. Physik* **71**, 739 (1931); G. Jaffé, *ibid.* **87**, 535(1934), 以及后来的研究。

[23]  对氢分子离子波函数的进一步讨论可参考 *Introduction to Quantum Mechanics*(《量子力学导论》)一书。

[24]  H. Hellmann, *Einführung in die Quantenchemie*(《量子化学导论》), Franz Deuticke, Leipzig, 1937, 第 285 页。

[25]  R. P. Feynman, *Phys. Rev.* **56**, 340(1939).

[26]  E. U. Condon, *Proc. Nat. Acad. Sci. U. S.* **13**, 466(1927).

[27]  W. Heitler and F. London, *Z. Physik* **44**, 455(1927). Y. Sugiura(*ibid.* **45**, 484, 1927)对这项工作做了一些数学上的改进。

[28]  S. C. Wang, *Phys. Rev.* **31**, 579(1928).

[29]  S. Weinbaum, *J. Chem. Phys.* **1**, 593(1933).

[30]  H. M. James and A. S. Coolidge, *J. Chem. Phys.* **1**, 825(1933); C. L. Pekeris(*Phys. Rev.* **112**, 1649, 1958)也对从 $H^-$ 到 $Ne^{8+}$ 的双电子原子的基态作了高度精确的计算。

[31]  关于氢分子波函数的进一步讨论可参考《量子力学导论》和 H. Shull 即将在 *J. A. C. S.* 发表的论文。

［朱平仇  译］

# 第二章

# 原子的电子结构和形成共价键的形式规则

*The Electronic Structure of Atoms and the Formal Rules for the Formation of Covalent Bonds*

　　为了研究分子的电子结构和化学键的本质,有必要了解一下原子的电子结构。关于原子里电子结构的知识几乎都是来自气体光谱的分析。在本章中我们将讨论光谱的性质以及由此导出的一些关于原子里电子结构的知识,来为本书的后几章做准备。在本章的结尾将介绍形成共价键的形式规则。

## 2-1 线光谱的解释

当我们把从光源发射出来的辐射用棱镜或光栅分解成为光谱时,我们会发现它的强度按波长的分布是和光源的性质有关的。由炽热固体所发射的光,它的强度随着光谱的位置产生逐渐的变化,这个变化主要决定于这一物体的温度。受热的气体或者通过放电或其他方法激发发光的气体,能发射出一个由许多细线条所组成的发射光谱,其中每条谱线各有确定的波长。这种光谱称为线光谱。有时许多线靠得很近而又大约等距离地彼此分开。我们说这样的谱线组成一个光带,这种光谱称为带状光谱。当连续波长的辐射通过气体时,也会观察到吸收谱线和吸收谱带。这样的在亮的背景上呈现出来的黑暗的线状或带状光谱称为吸收光谱。

双原子或多原子分子在发射或吸收辐射能时生成带光谱,线光谱则是由原子或单原子离子所生成。带的结构与分子内原子核的振动和分子的转动有着一定的关系。

谱线的强度和波长是由发射辐射的原子或分子所决定的。图 2-1 示出一个有代表性的光谱——氢的原子发射光谱,让电火花通过含氢气的放电管就能获得这个光谱。在光谱照片的下面列出了各谱线的所在位置。标记谱线的位置可用其波长 $\lambda$(通常用埃为量度单位)、频率 $\nu=c/\lambda$(其中 $c$ 为光速,频率则以秒$^{-1}$ 为量度单位)或波数亦即波长的倒数 $\nu=1/\lambda$(以厘米$^{-1}$ 为量度单位)(注意 $\nu$ 这个符号常常既用以代表频率,又用以代表波数,它的含义要看上下文的具体情况决定;有时也用 $\nu$ 表示频率,而用 $\omega$ 表示波数)。光谱的可见区大概是从 $\lambda=7700$ 埃(红色)到 $\lambda=3800$ 埃(紫色)。为了书写的方便,对例如 $\lambda=2536$ 埃的谱线记为 $\lambda2536$。

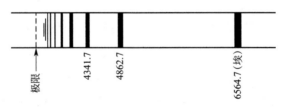

**图 2-1 氢原子谱线的巴尔末系**

右端波长最长的那条线就是 $H_\alpha$ 线,它相当于从 $n=3$ 的状态向 $n=2$ 状态过渡的跃迁;

其他的谱线各相当于从 $n=4,5,6\cdots$ 的状态向 $n=2$ 的状态过渡的跃迁

◀鲍林夫妇。

简单线光谱的一个特色是这些谱线可以组成谱系。在每个谱系中,相邻谱线之间的距离朝紫色方向[1]逐渐缩小(图 2-1),这样的波长序列使得有可能用外推法定出这个谱系的极限波长。

"原子是由一个核和一个或较多的电子所构成的体系"这样一种概念是为着解释莱纳德(Lenard)和卢瑟福(Rutherford)关于阳极射线(迅速运动着的正离子)和 α 粒子(由放射性物质放出的氦核)通过物体的实验而发展起来的。和原子相比较,电子和核都是非常之小——它们的直径在 $10^{-13} \sim 10^{-12}$ 厘米之间,亦即在 $10^{-5} \sim 10^{-4}$ 埃之间,而原子的直径则在 $2 \sim 5$ 埃的数量级。核电荷的大小总是电子电荷的整数倍,符号是正的,因而可写成 $Ze$,这里 $Z$ 便是该元素的原子序数。一个电中性的原子,核外有 $Z$ 个电子。

按照经典力学的定律,组成原子的原子核和电子这样一个体系,只有在电子都落入原子核里时才能达到最终的平衡。根据经典力学可以预期:电子是沿着轨道绕核旋转的,由于带电质点即电子在轨道上的加速,将以辐射形式不断地放出能量。在光辐射过程中,电子运动的频率将逐渐改变。这样的原子结构和所观察到的谱线具有完全确定的频率这个事实不符。此外,谱线也没有像经典理论所预期的那样有倍频现象,即频率为基频的两倍、三倍等的谱线并不一定出现。原子中存在着电子肯定没有落到原子核里的不辐射能量的基态,这又是和经典理论不符的另一点。指出了发展一种与处理宏观体系的经典力学不同的新的原子力学是必要的,这个新的原子力学称为量子力学。

解释光谱的两个基本假定是定态的存在和玻尔的频率规则,这些假定都是 1913 年玻尔在他有名的论文[2]中提出的,在不过几年之内,它导致光谱现象的全部阐明。普朗克(Planck)[3]已经在 1900 年提出,在与温度为 $T$ 的物体相平衡的真空空间中每单位体积(1 厘米$^3$)所含有而频率在 $\nu$ 到 $\nu + d\nu$ 的范围内的能量 $dW$,根据实验测定的结果,可以用下式表示:

$$dW = \frac{8\pi h\nu^3}{c^3(e^{h\nu/kT}-1)}d\nu \tag{2-1}$$

其中 $\nu$ 为光的频率,$k$ 为玻尔兹曼(Boltzmann)常数,$T$ 为绝对温度,$h$ 是个自然常数,命名为普朗克常量。这是一个不能通过经典统计力学得出的方程式;普朗克指出,如果假定原子或分子发射出来的辐射能,不是任意大小的而是整份的,每一份带有能量 $h\nu$,就可以导出这个方程式。爱因斯坦(Einstein)[4]进一步提出,这样的整份能量不是由辐射原子均匀地向各个方向发射出来,而是像粒子那样朝一个方向发射。这样的整份辐射能被称为光子或光量子。

可以用量子概念阐明的第二个现象是光电效应,这是爱因斯坦在 1908 年予以解释的。当光照射到金属板上面时,板的表面就发射出电子,但是逸出电子的速度,并不如经典理论所预期的那样和光的强度有关。相反地,射出电子(光电子)的最大速度决定于光的频率,它恰好相当于一个光量子的能量 $h\nu$ 转变为把电子赶出金属板所需的能量加上射出电子的动能。爱因斯坦同时也提出了他的光化学当量定律,按照这个定律,一个能量为 $h\nu$ 的光量子被吸收时,能活化一个分子使之进行化学反应。在所有这些情况下,以量子形式发射或吸收辐射的体系(原子、分子或晶体),都是从具有一定能量的某一状态不连续地转变到能量少了或多了 $h\nu$ 的另一状态。

## 2-2　定态;玻尔频率原理

以上一些事实以及谱线频率的观测结果引出了玻尔的两个假定,现在分别介绍如下:

**Ⅰ.定态的存在**　一个原子体系具有一系列的定态,每一定态相当于体系能量 $W$ 的一个确定值;从一个定态到另一定态的跃迁,将伴随着辐射的发射或吸收,或者它和别的原子或分子体系之间的能量转移,这个能量的变化正等于两个定态的能量差。

**Ⅱ.玻尔频率原理**　体系从其能量为 $W_1$ 的始态迁移到能量为 $W_2$ 的终态时所吸收的辐射的频率应是:

$$\nu = \frac{W_2 - W_1}{h} \tag{2-2}$$

(负的 $\nu$ 值相当于发射的情况)。

这两个假定是和原子发射光谱的谱线频率可以表示为整组频率值中两项之差这样的实验事实相符的。这些频率值称为原子的项值或光谱项。现在看来,这些项值就是各个定态的能值被 $h$ 除(从而得出频率,单位为秒$^{-1}$)或 $hc$ 除(从而得出波数,单位为厘米$^{-1}$,项值表中通常是这样列出的)的结果。

在下一节中指出,巴尔末(Balmer)在 1885 年发现氢光谱的某些谱线频率可以表示为项值之差。瑞典的光谱学家里德伯(Rydberg)在 1889 年对钠的谱线提出了类似的表示法。[5] 1908 年,里兹(W. Ritz)才把光谱项值的观念加以普遍化。1901 年,美国学者施奈德(C. P. Snyder)发表了关于铑的复杂光谱的分析,通过一组项值对 476 条谱线[6]进行了解释。在其后的 25 年间,特别是在玻尔正式提出他的假定以后,在光谱的分析以及随着发展起来的原子结构的近代理论方面进展迅速。

## 2-3　氢原子的定态

图 2-2 示出了氢原子的能级图,能量选定为零的参考状态是质子和电子分离得无限远亦即氢原子电离化时的状态。相对于这个电离化的状态,氢原子的各个定态的能量都

是负值。玻尔方程给出了各个定态的能值：

$$W_n = -\frac{R_H hc}{n^2} \qquad (2\text{-}3)$$

式中的 $R_H$ 称为氢的里德伯常量，它的数值为 109,677.76 厘米$^{-1}$。$h$ 是普朗克常量，$c$ 是光速，$n$ 是主量子数，它可取 $1,2,3,4,\cdots$ 整数值。

氢原子从一个定态向另一定态跃迁时发射的光谱线的频率，可根据玻尔频率规则结合着上述表示定态能值的式子加以计算。例如，对应于图 2-2 中箭头所指出的跃迁，即相当于从 $n=3,4,5,\cdots$ 的状态到 $n=2$ 的状态的跃迁，其谱线的频率由下式给出：

$$\nu = R_H h \left( \frac{1}{2^2} - \frac{1}{n^2} \right) \qquad (2\text{-}4)$$

这个方程是巴尔末在 1885 年发现的。[7] 这些谱线构成巴尔末线系。氢的其他线系相当于从各个高态到 $n=1$ 的状态（赖曼线系），到 $n=3$ 的状态（帕森线系）等等的跃迁。

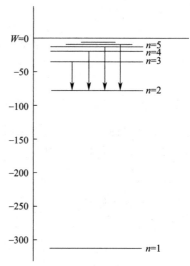

**图 2-2　氢原子的能级**

箭头指出发射光谱中巴尔末线系的前四条谱线

从氢原子的赖曼线系和其他线系各个谱线的波长测定出来的里德伯常量 $R_H$ 的数值，可知氢原子在基态（即 $n=1$）时的能量为 $-313.6$ 千卡/摩尔（$-13.60$ 电子伏特，所以使基态氢原子电离所需要的能量为 313.6 千卡/摩尔，这个值称为氢原子的电离能。光谱研究提供了大多数元素的原子电离能的数值。

玻尔在他 1913 年的一系列论文中发展了关于氢原子定态的理论。按照他的理论，电子是沿着圆形轨道绕着质子运动。他假定定态中的角动量必须等于 $nh/2\pi$，其中 $n=1,2,3\cdots$。在附录 Ⅱ 中推导出玻尔圆形轨道的能量值。对于绕着带有 $Ze$ 电荷（对于氢原子 $Z=1$；氦离子 $He^+$，$Z=2$，等等）的原子核旋转的电子，玻尔理论导出各定态能量的表示式为

$$W = -\frac{2\pi^2 m_0 Z^2 e^4}{n^2 h^2} \qquad (2\text{-}5)$$

玻尔把已知的电子的质量 $m_0$、电子的电荷 $e$ 和普朗克常量 $h$ 的数值代入 $2\pi^2 m_0 e^4 c h^3$，得出的数值正和氢的里德伯常量的实验值相符，因此他的理论立即为其他物理学家所接受。

按照玻尔理论，在基态氢原子的圆形轨道上运动的电子，其速度是 $v_0 = 2\pi e^2 / h =$

$2.18 \times 10^8$ 厘米/秒。在激发中,速度随 $n$ 作反比变化;在类氢离子(如 $He^+$ 等)中则随 $Z$ 正比地增加。基态氢原子的玻尔轨道半径为 $a_0 = h^2/4\pi^2 m_0 e^2$,它等于 0.530 埃。各激发态的玻尔半径与 $n^2$ 成正比,即 $n=2$ 时四倍于 $a_0$,$n=3$ 时九倍于 $a_0$,等等。对于类氢离子,半径与 $Z$ 成反比。

量子力学发现的结果使这种原子的图画发生了某些改变。按照量子力学,电子在氢原子中的运动是用在第一章介绍过的波函数 $\psi$ 来描述的。氢原子在基态以及各个激发态中的波函数 $\psi$ 的表示式列于附录Ⅲ中。这些波函数是由三个量子数来标明的:主量子数 $n$,其数值为 $1,2\cdots$;角量子数 $l$,其数值为 $0,1,2,\cdots,n-1$;磁量子数 $m_l$,其数值为 $-l,-l+1\cdots,0,\cdots+l$。对于氢原子和类氢离子;能量仅由主量子数 $n$ 决定(其他量子数所引起的非常小的能量变更不计在内)。氢原子在 $n=1$ 时的基态是由下列单一组的量子数来描述的:$n=1,l=0,m_l=0$。

角量子数 $l$ 是用来量度电子在其轨道上的角动量的。轨道角动量等于 $\sqrt{l(l+1)}\,h/2\pi$。氢原子中,基态氢原子的电子($l=0$)没有任何角动量,因而我们对于基态氢原子的看法应和玻尔所假定的有些不同。图 2-3 的左边示出了氢的玻尔圆形轨道,电子在半径为 $a_0$ 的圆形轨道上运动。这个图像是不够令人满意的,因为在这样运动情况下原子应该有轨道角动量,但实验已经表明基态氢原子是没有任何轨道角动量的。图 2-3 的右边是椭圆轨道的极端情况,即短轴为零的情况,与这种轨道相应的角动量为零。这个图像代表一种由于质点绕引力中心做经典运动的类型,它相当于把电子描述为从原子核出发,走出距离 $2a_0$ 之后又返回到核的运动。与表示基态氢原子中电子分布的图 1-3 进行比较,可以看出电子是朝着空间的所有方向对核做进出运动,因而形成了原子的球形对称性,而且电子离核的距离并不严格地被限制在小于 $2a_0$ 的范围内。根据量子力学中的海森堡不确定原理,质点的动量和位置不可能同时被准确地测定,因此我们不应该希望像图 2-3 那样能用确定的轨道来描述基态氢原子中的电子运动;然而这种类型的经典运动相当接近于量子力学对常态氢原子所给出的描述,因而讨论它仍有一定的作用。

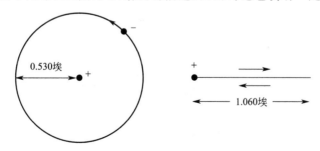

**图 2-3　左边示出一个玻尔原子的圆形轨道,右边示出一个极为偏心的没有角动量的轨道**(线形轨道)

这样的描述略为接近于量子力学所描述的基态氢原子的情况

图 2-4 中画出了氢原子在各激发态如 $n=2,n=3$ 和 $n=4$ 时的玻尔轨道,按量子力学

的要求,它们的角动量等于 $\sqrt{l(l+1)}\,h/2\pi$。

$l=0$ 的电子称为 $s$ 电子,$l=1$ 的称为 $p$ 电子,以下依次为 $d$、$f$、$g$、$h$,…。$s$ 电子没有任何角动量,而 $p$、$d$、$f$,…电子则具有依次增大的角动量。

主量子数 $n$ 相同的电子组成一个电子层。$n=1,2,3,4,5,\cdots$ 的各个电子层分别用符号 $K,L,M,N,O,\cdots$ 标记。化学上特别有用的另一种电子层分类法(分别称为氦层、氖层、氩层,等等)将在第 2-7 节中加以讨论。

每一层中只有 1 个 $s$ 轨道(见附录Ⅲ);相应的量子数是 $l=0,m_l=0$。从 $L$ 层开始,每一层中有 3 个 $p$ 轨道($l=1$),相应的磁量子数 $m_l$ 的数值是 $-1,0$ 和 $+1$。同样地,$M$ 层以后每一层中有 5 个 $d$ 轨道

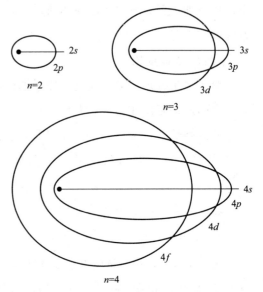

图 2-4　主量子数为 2,3 和 4 的
氢原子的玻尔轨道

这些轨道是根据量子力学所要求的角动量值来绘画的

($m_l=-2,-1,0,+1,+2$),$N$ 层以后每一层有 7 个 $f$ 轨道($m_l=-3,-2,-1,0,+1,+2,+3$)。$n$ 和 $l$ 值都相同的轨道称为属于同一亚层。

不同的磁量子数 $m_l$ 值相当于电子的角动量向量在空间的不同取向。一个体系的角动量通常用一个向量来表示,例如圆形玻尔轨道的角动量向量是朝着垂直于轨道平面的

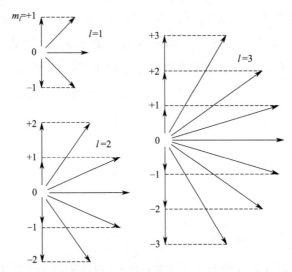

图 2-5　角动量量子数 $l$ 等于 1,2 和 3 时轨道角动量向量的取向

方向,其大小和角动量的大小成正比。磁量子数 $m_l$ 表示角动量在空间的某一个指定方向,特别是在磁场方向上的分量。图 2-5 中的各个图示出了各个 $p$ 轨道、$d$ 轨道和 $f$ 轨道的角动量向量和场的方向间的夹角。在每个情况下,$m_l=0$ 都相当于角动量在场的方向上的分量等于零;$m_l=+1$ 时则分量为 $h/2\pi$;$m_l=+2$ 时,则分量为 $2h/2\pi$,等等。

量子力学所给出的基态氢原子的电子分布函数 $\psi^2$ 已在第一章中简单地讨论过了。其余轨道上的电子分布函数将在下一章中加以讨论。

## 2-4　碱金属原子的电子结构

基态的锂原子在 $K$ 层有着两个电子,它们的 $n=1$,还有一个电子在 $L$ 层的 $2s$ 轨道中。表 2-1 中列出了所有碱金属原子的电子构型;这样的原子在最外层中都有着一个电子。

**表 2-1　碱金属原子的电子构型**

| 原子 | $Z$ | 电子构型 |
|------|-----|----------|
| Li | 3 | $1s^2 2s^1$ |
| Na | 11 | $1s^2 2s^2 2p^6 3s^1$ |
| K | 19 | $1s^2 2s^2 2p^6 3s^2 3p^6 4s^1$ |
| Rb | 37 | $1s^2 2s^2 2p^6 3s^2 3p^6 3d^{10} 4s^2 4p^6 5s^1$ |
| Cs | 55 | $1s^2 2s^2 2p^6 3s^2 3p^6 3d^{10} 4s^2 4p^6 4d^{10} 5s^2 5p^6 6s^1$ |
| Fr | 87 | $1s^2 2s^2 2p^6 3s^2 3p^6 3d^{10} 4s^2 4p^6 4d^{10} 4f^{14} 5s^2 5p^6 5d^{10} 6s^2 6p^6 7s^1$ |

图 2-6 示出通过锂谱线的分析得出的锂原子的一些能级,可以看到这和氢的能级图有显著的差别:对于氢来说,$2s$ 和 $2p$ 的能级有相同的能量,$3s$,$3p$ 和 $3d$ 也是如此,等等;而在锂原子中,这些能级就分裂了,它们既与主量子数有关,也和角量子数 $l$ 有关。

氢的能级也列在图 2-6 中的右面,$4f$,$5f$ 和 $6f$ 的能值与氢的非常接近,$3d$,$4d$,…的能值比氢的略低,对于各 $p$ 态更低了些,对于各 $s$ 态则更低。在量子力学发展以前,薛定谔(Schrödinger)在 1921 年就已对这种情况提出了解释。[8] 这个解释可用图 2-7 和2-8 表明出来。薛定谔建议,锂的内电子层可以用一个均匀分布于适当半径的球面的等效电荷来代替,对锂来说半径约为 0.28 埃。在这一层外面的价电子将在具有电荷 $+3e$ 的核加上具有电荷 $-2e$ 的两个 $K$ 电子的电场(也就是净电荷为 $+e$ 电场)中运动。当电子在 $K$ 层外时,可以预期其运动情况相应于类氢电子。图 2-7 画出了一个这种类型的轨道,它可称为非贯穿轨道。与图 2-4 比较可以看出,激发态锂原子的 $f$ 电子或 $d$ 电子基本上将是非贯穿的;但轨道伸展到核的 $s$ 电子肯定将要穿过 $K$ 层,$p$ 电子也可能在某种程度上会贯穿 $K$ 层。贯穿轨道上的电子(图 2-8)将在运动过程中进入具有电荷 $+3e$ 的

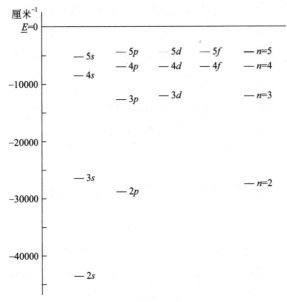

**图 2-6　锂原子的能级**

符号 $2s$ 等给出一个电子的量子数；另两个电子在 $1s$ 轨道中；最右边是氢的能级

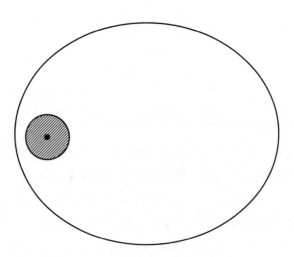

**图 2-7　碱金属原子中的非贯穿轨道**

那些内层的电子用绕核的阴影区域表示

核而只有部分在被 $K$ 电子屏蔽的引力场中运动，因而这样的电子大为稳定下来。

　　近年来，对于锂原子和其他原子的能级进行了许多细致的量子力学计算，所得的结果很好地与实验相符，因而薛定谔波动方程无疑为原子和分子的电子结构提供了一个满意的理论。但是对于含有几个电子的原子和分子来说，要获得可靠的能值，就需要进行工作量非常繁重的计算工作，因此关于原子和分子的电子结构的知识，绝大部分还是来自实验而不是出自理论计算。

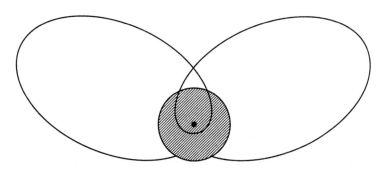

图 2-8 类碱金属原子中的贯穿轨道

***l* 的选择定则** 图 2-6 是通过锂原子光谱的分析得出的锂的能级图。在锂的光谱中观察到的谱线相当于能级图所示出的从一个状态到另一个状态的跃迁。但是被观察到的谱线并不等于各能级的所有可能的组合;相反地,这里只出现量子数 $l$ 的变化是 $+1$ 或 $-1$ 的组合。这个规律称为 $l$ 的选择定则。例如,一个在 $p$ 轨道中的电子可以向能量较低的 $s$ 轨道或 $d$ 轨道跃迁并发射出相应的谱线,但不能向 $f$ 轨道跃迁。

当光通过含有基态锂原子因而价电子就在 $2s$ 轨道中运动的锂蒸气时,伴随着辐射能的吸收而发生的跃迁仅限于到 $2p$、$3p$、$4p$ 等能级的跃迁。图 2-6 示出了这些跃迁,它们构成了锂的吸收光谱。

由这种光谱系中谱线的频率可以外推得到相应的电离能。应用这个方法已经从光谱数据测定了许多原子和离子的电离能值。表 2-2 中列出了一些碱金属的电离能。

表 2-2 碱金属原子的电离能

| 原 子 | 第一级电离能(焓)/千卡·摩尔$^{-1}$ | |
|---|---|---|
| | 0K | 298.16K(25℃) |
| Li | 124.21 | 125.79 |
| Na | 118.48 | 120.04 |
| K | 100.08 | 101.56 |
| Rb | 96.29 | 97.79 |
| Cs | 89.75 | 91.25 |

## 2-5 自旋的电子和谱线的精细结构

在前面各节所讨论的原子模型给简单的光谱做了相当好的说明,但它还不够全面。例如,对锂来说,从 $2p$ 状态到 $2s$ 状态的跃迁,从图 2-6 来看是一条单线(波长为 6707.8

埃），但事实上它是由波长相差 0.15 埃的双重线组成的。同样，钠从 $3p$ 到 $3s$ 的跃迁也是双重线，它是由波长分别为 5889.95 埃和 5895.92 埃的两条谱线构成；这就是熟知的钠的双重黄线，在钠光灯中可以见到。

这些谱线和其他一些显示精细结构的谱线的分裂可用图 2-9 所示的锂原子的能级图来解释。这个图示出了 $2p,3p,3d$ 等能级都分裂为彼此间略为分开的两个能级，而 $2s$，$3s,4s$ 等能级则没有这种分裂。

能级的这种复杂性，可由每个电子本身具有自转运动即自旋[9]的事实得到解释。每个电子的自旋角动量为 $\sqrt{s(s+1)}h/2\pi$，这里 $s$ 是自旋量子数，它的值总是 1/2。这个电子也具有和这种自旋联系在一起的磁矩；根据测定电子性质的一些实验表明电子的磁矩是

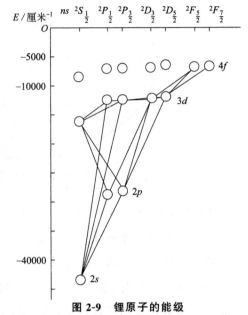

**图 2-9　锂原子的能级**

图中示出了双重能级的分裂以及伴随着
辐射能吸收或发射的跃迁

$$2 \cdot \frac{e}{2m_0c} \cdot \frac{\sqrt{3}}{2} \cdot \frac{h}{2\pi}$$

因此电子有如下一些性质：

电荷　$-e = -4.803 \times 10^{-10}$ 静电库仑；

质量　$m_0 = 9.11 \times 10^{-28}$ 克；

角动量　$\frac{\sqrt{3}}{2} \cdot \frac{h}{2\pi} = 0.913 \times 10^{-27}$ 尔格[①]·秒；

磁矩　$\frac{\sqrt{3}}{2} \cdot \frac{h}{2\pi} \cdot \frac{e}{m_0c} = 1.608 \times 10^{-20}$ 尔格·高斯[-1②]。

特别值得注意的是：电子自旋的磁矩和其自旋角动量之比 $(2e/2m_0c)$ 恰好是轨道磁矩（即电子在轨道上运动时的磁矩）和其轨道角动量之比 $(e/2m_0c)$ 的两倍。

图 2-9 中的那些能级是用所谓罗素-桑德斯（Russell-Saunders）谱项符号表示的。例如锂原子的基态用符号 $2s\,^2S_{\frac{1}{2}}$ 表示，符号 $2s$ 是指价电子占有 $2s$ 轨道。余下的部分 $^2S_{\frac{1}{2}}$ 则表示原子中的各种角动量，像 $^2S_{\frac{1}{2}}$ 这样的罗素-桑德斯符号给出这个原子的 3 个量子

①　能量单位，1 尔格 $=10^{-7}$ 焦。——编辑注
②　高斯为非国际通用的磁感应强度的单位。——编辑注

数:量子数 $S$ 是表示原子中所有电子总自旋的量子数;量子数 $L$ 是表示原子中所有电子总轨道角动量的量子数;量子数 $J$ 则是代表由于各个电子的自旋运动和轨道运动而产生的原子总角动量的量子数,因而是由 $S$ 和 $L$ 合起来的。[10] 当原子中只有一个价电子时,原子的自旋量子数 $S$ 为 1/2。在谱项左上角的上标等于 $2S+1$(当 $S=1/2$ 时,就等于 2);它表示能级的多重度,相当于量子数 $S$ 在空间可能取向的数目。符号中大写的字母给出轨道角动量量子数的值;字母 $S,P,D,F,G,\cdots$ 依次代表 $L=0,1,2,3,4,\cdots$ 的情况。对于只有一个价电子的原子(如图 2-9 所表示的各个状态)而言,大写的字母和用来表示价电子轨道的小写字母是相同的。右下角的下标给出了量子数 $J$,也就是表示了自旋角动量和轨道角动量的合成值。

在只有一个价电子的情况下,$S$ 等于 1/2,因而 $J$ 只有两个可能的值,即 $L+\dfrac{1}{2}$ 和 $L-\dfrac{1}{2}$。图 2-10 是 $^2D_{\frac{5}{2}}$ 和 $^2D_{\frac{3}{2}}$ 两个状态中自旋角动量和轨道角动量耦合的向量图。

从观察中发现,在伴随着光发射或吸收的量子跃迁中,$J$ 值的改变只能是 $+1,0$ 或 $-1$,这便是 $J$ 的选择法则。图 2-9 示出了由 $L$ 和 $J$ 的选择法则所允许的跃迁。可以看到,只有牵涉 $S$ 状态的跃迁才产生双重谱线,其余的都是三重线。双重态这个名词并不是指多重谱线中有几条分谱线,而是指着能级的多重度。图 2-10 中,谱项符号左上角的"2"通常读为"双重态",因此基态也被说成为双重态,即使它并不分裂成为两个能级。

从图中可以看出,电子的自旋运动和轨道运动间的相互作用能并不很大。这个作用能随着元素原子序数的增大而迅速增加,对于重原子来说就变得很大。

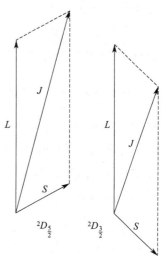

**图 2-10** $^2D_{\frac{5}{2}}$ 和 $^2D_{\frac{3}{2}}$ 状态中,通过自旋角动量和轨道角动量的相互作用形成总角动量的示意

## 2-6 多价电子原子的电子结构

含有两个或更多个电子的原子的能量与电子和核的好几种相互作用有关。首先是各个电子和核之间有相互作用,在简化的理论中这些作用引起了和 2-4 节中所描述的单电子情况相类似的能量项;一般说来,所有这些电子可以说是占有贯穿的轨道的。另外的相互作用是与这些电子的自旋和它们的轨道角动量有联系的。应用光谱学家提出的

原子向量模型能够简单地描述原子的定态。在以下各节中,我们将讨论罗素和桑德斯的向量模型;[11]正如在上节中所提到的那样,在这个模型中,表示各个电子自旋的向量相加而形成由量子数 $S$ 表示的总自旋向量,表示轨道角动量的向量相加而形成由量子数 $L$ 表示的总轨道角动量向量,这两个总向量又相加而形成由量子数 $J$ 表示的原子总角动量向量。现在知道这种描述对于原子序数较小的轻原子是很好的;重原子的电子结构通常要复杂得多,虽然还常用罗素-桑德斯符号来描述它们的定态,但适用于这些符号的规则一般是不能很好地用于重元素的。

让我们看看含有两个 $s$ 电子的原子,这两个 $s$ 电子的主量子数假定是不同的,例如除在 $K$ 层上有两个电子之外,在 $2s$ 轨道和 $3s$ 轨道又各有一个价电子的铍原子。这两个价电子的轨道角动量为零($l_1=0, l_2=0$),因此总的角动量也是零($L=0$)。又,两个电子的自旋量子数都是 $1/2(s_1=1/2, s_2=1/2)$,因此每个自旋角动量向量的大小都是 $\sqrt{\frac{1}{2} \cdot \frac{3}{2}} \cdot h/2\pi$。这样两个向量相加能形成总自旋量子数 $S$ 为 0 和 1 的两个和向量,有如图 2-11 所示。$S=1$ 的状态通常说成是这两个自旋向量相互平行的状态(在图上看来,它们并不真是平行的,但是在可能允许的范围内尽量接近于平行);$S=0$ 的状态则说是反平行。因为 $L$ 等于零,所以当 $S$ 等于 0 时原子的总角动量量子数 $J$ 要等于 0,当 $S$ 等于 1 时则等于 1。

经验表明,这两个状态在能量上差异很大。这两个电子自旋的磁矩间的相互作用能是很小的,因此所观察到的能量差不是直接由于自旋-自旋的磁性相互作用所引起的。海森堡[12]曾经证明,$S=0$ 的状态(称为单重态)和 $S=1$ 的状态(称为三重态)之间的差别是由于共振现象产生的,这在第一章中已简明地讨论过了。

共振能对原子能量提供贡献的方式与电子自旋的相对取向有关。事实上共振能是电子间静电斥力的结果,而并非直接的自旋-自旋相互作用,不过它与自旋的相对取向有关,所以仍可看成自旋-自旋的相互作用来加以讨论。

现在让我们来讨论铍原子的另一种状态,其中一个价电子占有 $2p$ 轨道,另一个则占有 $3p$ 轨道。如图 2-11 所示出的那样,两个电子自旋可以组合成总自旋 $S$ 等于 0 或 1 的两种情况。$l_1=1$ 和 $l_2=1$ 的两个轨道角动量,则可以如图 2-12 所示出的那样按三种方式组合,得出 $L=0(S$ 状态),$L=1(P$ 状态)和 $L=2(D$ 状态)三种不同情况。在这个基础上向量 $S$ 和 $L$ 又可以不同方式组合,生成了 $^3D_1, ^3D_2, ^3D_3, ^3P_0, ^3P_1, ^3P_2, ^3S_1, ^1D_2, ^1P_1$ 和 $^1S_0$ 等不同状态(参见图

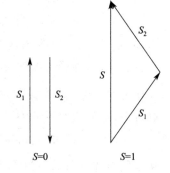

**图 2-11　两个电子的自旋角动量向量间的相互作用**

在这个作用中出现总自旋量子数 $S$ 等于 0 和 1 的两种可能情况

2-14；上述各种状态是从右到左排列的）。

在图 2-14 中可看到铍的所有这些状态的能值，这个能级图是通过它的光谱得出来的；另外，它也列出了这两个价电子占有其他轨道时的其他各个能级。在下一节中将介绍泡利不相容原理，并就这些能级加以讨论。

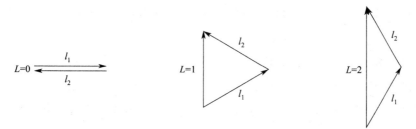

**图 2-12　两个 $p$ 电子（$l_1=1, l_2=1$）的轨道角动量向量间的相互作用**

在这样的作用中出现总的角动量向量 $L$ 等于 0、1 和 2 的三种可能情况

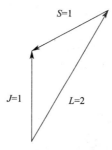

**图 2-13　$^3D_1$ 状态中角动量向量的排列**

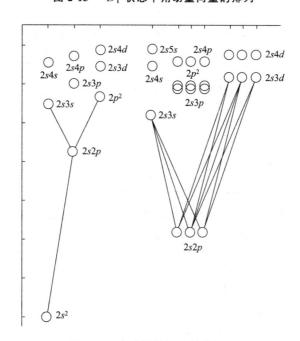

**图 2-14　电中性铍原子的能级图**

## 2-7  泡利不相容原理和元素周期表

泡利在 1925 年发现的不相容原理[13]不论是在光谱学,还是在物理学和化学的其他方面,都是极其重要的一个原理。

让我们考虑把原子放在外加磁场中,这个外加磁场的强度大到足以使各电子间的所有耦合全部破裂,因而各个电子都将在磁场中独立取向。这样每个电子的状态可由一组量子数来决定:对于每一电子我们可以给定轨道的主量子数 $n$、角量子数 $l$、轨道磁量子数 $m_l$(这个量子数标记着轨道角动量在场方向上的分量)、自旋量子数 $s$(对每个电子来说,它都等于 $\frac{1}{2}$)和自旋磁量子数 $m_s$(它可以等于 $+\frac{1}{2}$,相当于自旋基本上沿着磁场的方向取向;也可以是 $-\frac{1}{2}$,相当于自旋大致沿着磁场的反方向取向)。泡利不相容原理就是这样说的:原子中任何两个电子具有整组完全相同量子数的量子状态,是不可能允许原子存在的。

泡利不相容原理使元素周期表的主要特点以及如图 2-14 所示的原子能级图立即得到解释。

先看氦原子吧。氦原子中,最稳定的轨道是 $n=1, l=0, m_l=0$ 的 $1s$ 轨道。电中性的氦原子有 2 个电子,我们要把它们放在 $1s$ 轨道上。前面讨论铍原子时曾经指出,两个 $s$ 电子可以构成 $^3S_1$ 和 $^1S_0$ 的两个罗素-桑德斯状态。但是在那里讨论的是一个 $2s$ 电子和一个 $3s$ 电子;这两个电子的主量子数 $n$ 各不相同。对氦原子来说,两个电子都在 $1s$ 轨道中;根据泡利不相容原理,这两个电子的量子数至少要有一个不相同。它们的 $n$、$l$ 和 $m_l$ 值都是相同的;而且还有相同的自旋量子数,即 $s=\frac{1}{2}$。因此它们的 $m_s$ 值不一定不相同,也就是一个电子的值是 $+\frac{1}{2}$,另一个电子则是 $-\frac{1}{2}$。所以这两个电子的总自旋必定是 0,即在 $1s$ 轨道上的两个电子只能存在于一单重态 $^1S_0$ 中。据此,氦原子的基态就是 $1s^2{}^1S_0$;对于 $1s^2$ 这种电子构型,不可能存在其他状态。

锂原子有 3 个电子,$1s$ 轨道只能容纳两个电子,并且这两个电子的自旋必定相反。在任何原子中这样的两个电子便构成一个满填的 $K$ 层。第三个电子不能不占用外层轨道。下一个最稳定的轨道是 $2s$ 轨道,它深入地贯穿了内电子层,因此比 $2p$ 稳定得多,所以锂原子在基态时的构型是 $1s^2 2s^2 S_{1/2}$。

一般说来,两个自旋相反的电子可以占有一个原子轨道。每个主量子数 $n$ 具有给定值的电子层中都有一个 $s$ 轨道;从 $L$ 层开始,每一层中都有相当于 $m_l=-1, 0$ 和 $+1$ 的 3

个 $p$ 轨道；从 $M$ 层开始，每一层中都有 5 个 $d$ 轨道，等等。原子中在满填的电子层和副层中所容纳的电子数见于表 2-3 中。必须指出，对这些电子层还有其他命名方式。

表 2-3　电子层的名称

| 光谱学家采用的名称 | 化学家采用的名称 |
|---|---|
| $K\ 1s^2$ | 氦 $1s^2$ |
| $L\ 2s^2 2p^6$ | 氖 $2s^2 2p^6$ |
| $M\ 3s^2 3p^6 3d^{10}$ | 氩 $3s^2 3p^6$ |
| $N\ 4s^2 4p^6 4d^{10} 4f^{14}$ | 氪 $3d^{10} 4s^2 4p^6$ |
| | 氙 $4d^{10} 5s^2 5p^6$ |
| | 氡 $4f^{14} 5d^{10} 6s^2 6p^6$ |
| | 超氡 $5f^{14} 6d^{10} 7s^2 7p^6$ |

所有原子在基态时的性质都可以用前面各章节中所介绍的原理加以讨论。原子的基态便是具有最低能量的状态。对原子的能量提供主要贡献的是各个电子的能值，这些能值由其所在的轨道来决定。在所有原子中，$K$ 层的 $1s$ 轨道是最稳定的轨道。往下就是 $L$ 层中的 $2s$ 轨道，接着是 3 个 $2p$ 轨道。后面的电子层相互间略有重叠，这取决于元素的原子序数及其电离程度。在 $2p$ 轨道之后是 $3s$ 轨道最稳定，随后是 3 个 $3p$ 轨道；但对于轻元素（例如钾）来说，$N$ 层的 $4s$ 轨道要比 $M$ 层的 5 个 $3d$ 轨道稳定一些，各轨道的相对稳定性可以用图 2-15 来相当近似地表示。这个图只是近似的；例如原子序数为 29 的铜，它的基态电子构型为 $1s^2 2s^2 2p^6 3s^2 3p^6 3d^{10} 4s$，其中有 10 个 $3d$ 电子和一个 $4s$ 电

图 2-15　各原子轨道能值的近似序列

最下面的圆圈表示最稳定的轨道($1s$)；每个圆圈表示一个原子轨道，

它可以容纳一个电子或两个自旋相反的电子

子,而不像图 2-15 中所指出的 9 个 3d 电子和两个 4s 电子的那样。

**表 2-4　各原子在其基态时的电子构型**

| | | 氦 | 氖 | | 氩 | | 氪 | | | 氙 | | | 氡 | | | | 超氡 | | | | 谱项符号 |
|---|---|---|---|---|---|---|---|---|---|---|---|---|---|---|---|---|---|---|---|---|---|
| | | 1s | 2s | 2p | 3s | 3p | 3d | 4s | 4p | 4d | 5s | 5p | 4f | 5d | 6s | 6p | 5f | 6d | 7s | 7p | |
| H | 1 | 1 | | | | | | | | | | | | | | | | | | | $^2S_{1/2}$ |
| He | 2 | 2 | | | | | | | | | | | | | | | | | | | $^1S_0$ |
| Li | 3 | 2 | 1 | | | | | | | | | | | | | | | | | | $^2S_{1/2}$ |
| Be | 4 | 2 | 2 | | | | | | | | | | | | | | | | | | $^1S_0$ |
| B | 5 | 2 | 2 | 1 | | | | | | | | | | | | | | | | | $^2S_{1/2}$ |
| C | 6 | 2 | 2 | 2 | | | | | | | | | | | | | | | | | $^3P_0$ |
| N | 7 | 2 | 2 | 3 | | | | | | | | | | | | | | | | | $^4S_{3/2}$ |
| O | 8 | 2 | 2 | 4 | | | | | | | | | | | | | | | | | $^3P_2$ |
| F | 9 | 2 | 2 | 5 | | | | | | | | | | | | | | | | | $^2P_{3/2}$ |
| Ne | 10 | 2 | 2 | 6 | | | | | | | | | | | | | | | | | $^1S_0$ |
| Na | 11 | | | | 1 | | | | | | | | | | | | | | | | $^2S_{1/2}$ |
| Mg | 12 | | | | 2 | | | | | | | | | | | | | | | | $^1S_0$ |
| Al | 13 | | | | 2 | 1 | | | | | | | | | | | | | | | $^2S_{1/2}$ |
| Si | 14 | 10 氖原子实 | | | 2 | 2 | | | | | | | | | | | | | | | $^3P_0$ |
| P | 15 | | | | 2 | 3 | | | | | | | | | | | | | | | $^4S_{3/2}$ |
| S | 16 | | | | 2 | 4 | | | | | | | | | | | | | | | $^3P_2$ |
| Cl | 17 | | | | 2 | 5 | | | | | | | | | | | | | | | $^2P_{3/2}$ |
| Ar | 18 | 2 | 2 | 6 | 2 | 6 | | | | | | | | | | | | | | | $^1S_0$ |
| K | 19 | | | | | | | 1 | | | | | | | | | | | | | $^2S_{1/2}$ |
| Ca | 20 | | | | | | | 2 | | | | | | | | | | | | | $^1S_0$ |
| Sc | 21 | | | | | | 1 | 2 | | | | | | | | | | | | | $^2D_{3/2}$ |
| Ti | 22 | | | | | | 2 | 2 | | | | | | | | | | | | | $^3F_2$ |
| V | 23 | | | | | | 3 | 2 | | | | | | | | | | | | | $^4F_{3/2}$ |
| Cr | 24 | | | | | | 5 | 1 | | | | | | | | | | | | | $^7S_3$ |
| Mn | 25 | | | | | | 5 | 2 | | | | | | | | | | | | | $^6S_{5/2}$ |
| Fe | 26 | | | | | | 6 | 2 | | | | | | | | | | | | | $^5D_4$ |
| Co | 27 | 18 氩原子实 | | | | | 7 | 2 | | | | | | | | | | | | | $^4F_{3/2}$ |
| Ni | 28 | | | | | | 8 | 2 | | | | | | | | | | | | | $^3F_4$ |
| Cu | 29 | | | | | | 10 | 1 | | | | | | | | | | | | | $^2S_{1/2}$ |
| Zn | 30 | | | | | | 10 | 2 | | | | | | | | | | | | | $^1S_0$ |
| Ga | 31 | | | | | | 10 | 2 | 1 | | | | | | | | | | | | $^3P_{1/2}$ |
| Ge | 32 | | | | | | 10 | 2 | 2 | | | | | | | | | | | | $^3P_0$ |
| As | 33 | | | | | | 10 | 2 | 3 | | | | | | | | | | | | $^4S_{3/2}$ |
| Se | 34 | | | | | | 10 | 2 | 4 | | | | | | | | | | | | $^3P_2$ |
| Br | 35 | | | | | | 10 | 2 | 5 | | | | | | | | | | | | $^2P_{3/2}$ |
| Kr | 36 | 2 | 2 | 6 | 2 | 6 | 10 | 2 | 6 | | | | | | | | | | | | $^1S_0$ |
| Rb | 37 | | | | | | | | | | 1 | | | | | | | | | | $^2S_{1/2}$ |
| Sr | 38 | | | | | | | | | | 2 | | | | | | | | | | $1S_0$ |
| Y | 39 | | | | | | | | | 1 | 2 | | | | | | | | | | $^2D_{3/2}$ |
| Zr | 40 | | | | | | | | | 2 | 2 | | | | | | | | | | $^3F_2$ |
| Nb | 41 | 36 氪原子实 | | | | | | | | 4 | 1 | | | | | | | | | | $^6D_{1/2}$ |
| Mo | 42 | | | | | | | | | 5 | 1 | | | | | | | | | | $^7S_4$ |
| Tc | 43 | | | | | | | | | 5 | 2 | | | | | | | | | | $^6S_{5/2}$ |
| Ru | 44 | | | | | | | | | 7 | 1 | | | | | | | | | | $^5F_5$ |
| Rh | 45 | | | | | | | | | 8 | 1 | | | | | | | | | | $^4F_{3/2}$ |

续表

| | 氦 | 氖 | | 氩 | | 氪 | | | 氙 | | | 氡 | | | | 超氡 | | | | 谱项符号 |
|---|---|---|---|---|---|---|---|---|---|---|---|---|---|---|---|---|---|---|---|---|
| | 1s | 2s | 2p | 3s | 3p | 3d | 4s | 4p | 4d | 5s | 5p | 4f | 5d | 6s | 6p | 5f | 6d | 7s | 7p | |
| Kr 36 | 2 | 2 | 6 | 2 | 6 | 10 | 2 | 6 | | | | | | | | | | | | |
| Pd 46 | 36 氪原子实 | | | | | | | | 10 | | | | | | | | | | | $^1S_0$ |
| Ag 47 | | | | | | | | | 10 | 1 | | | | | | | | | | $^2S_{1/2}$ |
| Cd 48 | | | | | | | | | 10 | 2 | | | | | | | | | | $^1S_0$ |
| In 49 | | | | | | | | | 10 | 2 | 1 | | | | | | | | | $^2P_{1/2}$ |
| Sn 50 | | | | | | | | | 10 | 2 | 2 | | | | | | | | | $^3P_0$ |
| Sb 51 | | | | | | | | | 10 | 2 | 3 | | | | | | | | | $^4S_{3/2}$ |
| Te 52 | | | | | | | | | 10 | 2 | 4 | | | | | | | | | $^3P_2$ |
| I 53 | | | | | | | | | 10 | 2 | 5 | | | | | | | | | $^2P_{3/2}$ |
| Xe 54 | 2 | 2 | 6 | 2 | 6 | 10 | 2 | 6 | 10 | 2 | 6 | | | | | | | | | $^1S_0$ |
| Cs 55 | 54 氙原子实 | | | | | | | | | | | | | 1 | | | | | | $^2S_{1/2}$ |
| Ba 56 | | | | | | | | | | | | | | 2 | | | | | | $^1S_0$ |
| La 57 | | | | | | | | | | | | | 1 | 2 | | | | | | $^2D_{3/2}$ |
| Ce 58 | | | | | | | | | | | | 1 | 1 | 2 | | | | | | $^3H_4$ |
| Pr 59 | | | | | | | | | | | | 2 | 1 | 2 | | | | | | $^4K_{11/2}$ |
| Nd 60 | | | | | | | | | | | | 3 | 1 | 2 | | | | | | $^5L_6$ |
| Pm 61 | | | | | | | | | | | | 4 | 1 | 2 | | | | | | $^6L_{9/2}$ |
| Sm 62 | | | | | | | | | | | | 5 | 1 | 2 | | | | | | $^7K_4$ |
| Eu 63 | | | | | | | | | | | | 6 | 1 | 2 | | | | | | $^8H_{3/2}$ |
| Gd 64 | | | | | | | | | | | | 7 | 1 | 2 | | | | | | $^9D_2$ |
| Tb 65 | | | | | | | | | | | | 8 | 1 | 2 | | | | | | $^8H_{17/2}$ |
| Dy 66 | | | | | | | | | | | | 9 | 1 | 2 | | | | | | $^7K_{10}$ |
| Ho 67 | | | | | | | | | | | | 10 | 1 | 2 | | | | | | $^6K_{19/2}$ |
| Er 68 | | | | | | | | | | | | 11 | 1 | 2 | | | | | | $^5L_{10}$ |
| Tm 69 | | | | | | | | | | | | 12 | 1 | 2 | | | | | | $^4K_{17/2}$ |
| Yb 70 | | | | | | | | | | | | 13 | 1 | 2 | | | | | | $^3H_6$ |
| Lu 71 | | | | | | | | | | | | 14 | 1 | 2 | | | | | | $^2D_{3/2}$ |
| Hf 72 | | | | | | | | | | | | 14 | 2 | 2 | | | | | | $^3F_2$ |
| Ta 73 | | | | | | | | | | | | 14 | 3 | 2 | | | | | | $^4F_{3/2}$ |
| W 74 | | | | | | | | | | | | 14 | 4 | 2 | | | | | | $^5D_0$ |
| Re 75 | | | | | | | | | | | | 14 | 5 | 2 | | | | | | $^6S_{5/2}$ |
| Os 76 | | | | | | | | | | | | 14 | 6 | 2 | | | | | | $^5D_4$ |
| Ir 77 | | | | | | | | | | | | 14 | 7 | 2 | | | | | | $^4F_{9/2}$ |
| Pt 78 | | | | | | | | | | | | 14 | 9 | 1 | | | | | | $^3D_3$ |
| Au 79 | | | | | | | | | | | | 14 | 10 | 1 | | | | | | $^2S_{1/2}$ |
| Hg 80 | | | | | | | | | | | | 14 | 10 | 2 | | | | | | $^1S_0$ |
| Tl 81 | | | | | | | | | | | | 14 | 10 | 2 | 1 | | | | | $^2P_{1/2}$ |
| Pb 82 | | | | | | | | | | | | 14 | 10 | 2 | 2 | | | | | $^3P_0$ |
| Bi 83 | | | | | | | | | | | | 14 | 10 | 2 | 3 | | | | | $^4S_{3/2}$ |
| Po 84 | | | | | | | | | | | | 14 | 10 | 2 | 4 | | | | | $^3P_2$ |
| At 85 | | | | | | | | | | | | 14 | 10 | 2 | 5 | | | | | $^2P_{3/2}$ |
| Rn 86 | 2 | 2 | 6 | 2 | 6 | 10 | 2 | 6 | 10 | 2 | 6 | 14 | 10 | 2 | 6 | | | | | $^1S_0$ |
| Fr 87 | 80 氡原子实 | | | | | | | | | | | | | | | | | 1 | | $^2S_{1/2}$ |
| Ra 88 | | | | | | | | | | | | | | | | | | 2 | | $^1S_0$ |
| Ac 89 | | | | | | | | | | | | | | | | | 1 | 2 | | $^2D_{3/2}$ |
| Th 90 | | | | | | | | | | | | | | | | | 2 | 2 | | $^3F_2$ |
| Pa 91 | | | | | | | | | | | | | | | | | 3 | 2 | | $^4F_{3/2}$ |
| U 92 | | | | | | | | | | | | | | | | | 4 | 2 | | $^5D_0$ |
| 超氡 118 | 2 | 2 | 6 | 2 | 6 | 10 | 2 | 6 | 10 | 2 | 6 | 14 | 10 | 2 | 6 | 14 | 10 | 2 | 6 | $^1S_0$ |

表 2-4 列出了通过光谱测定或者应用理论推测的元素的电子构型及其罗素-桑德斯谱项符号。必须着重指出,这些电子构型没有多大的化学意义,因为对大多数的原子来说,存在着能量和基态的能量相差很小的激发态,而用这样的一个激发态来描述分子中这个原子的电子结构比用它的基态描述可能更为接近些。或者,就像通常遇到的那样,分子或晶体中的电子结构一般可用独立原子的一些低能阶状态的共振杂化体来描述。例如铜的 $1s^2 2s^2 2p^6 3s^2 3p^6 3d^9 4s^2 {}^2D_{5/2}$ 状态的能量比基态只高了 11202 厘米$^{-1}$(31.9 千卡/摩尔)。

前面已经指出,在 $1s$ 轨道中的两个电子一定具有相反的自旋,因此只能生成 ${}^1S_0$ 单重态,没有自旋或轨道角动量,因此也就没有磁矩。同样我们也发现:一个满填的电子副层,例如 6 个电子占满了 3 个 $2p$ 轨道时,也一定生成 $S=0$ 和 $L=0$,这相当于罗素-桑德斯谱项符号 ${}^1S_0$;这种满填的副层具有球形对称性,但没有磁矩。至于在同一副层中存在着几个电子的情况,这时可应用泡利不相容原理来探讨它的电子构型问题,这将在附录 Ⅳ 中加以讨论。

同一电子构型(即电子在轨道中有同样的分布)情况下的各种罗素-桑德斯状态的稳定性可用一组通称为洪德(Hund)定则[14]的规律来描述。这些规律可叙述如下:

1. 在由给定的电子构型所产生的各个罗素-桑德斯状态中,$S$ 值最大的能量最低,次大的次低,以此类推;换句话说,多重度最大的状态最稳定。

2. 在具有给定的 $S$ 值的各个谱项中,$L$ 值最大的能量最低。

3. 在具有给定的 $S$ 和 $L$ 值的各个状态中,对于副层中电子数少于满填的一半的构型来说,$J$ 值最小的通常是最稳定;而对于副层中电子数多于满填的一半的构型来说,$J$ 值最大的最稳定。第一类(即 $J$ 值最小时为最稳定)的多重态称为正常的多重态,而第二类则称为反常多重态。

这些定则的应用可以碳原子和氧原子为例来加以说明。它们最稳定的光谱状态列于图 2-16 和 2-17 中。碳的稳定电子构型是 $1s^2 2s^2 2p^2$,它生成 ${}^1S$、${}^2D$ 和 ${}^3P$ 等罗素-桑德斯状态。对氧来说,稳定的构型是 $1s^2 2s^2 2p^4$,它给出同样的一组罗素-桑德斯状态(必须注意,由一个满填副层中缺少 $x$ 个电子的构型和另一个在同一副层中占据着 $x$ 个电子的构型,将会生成相同的一组罗素-桑德斯状态)。正像在图 2-16 中所看到的那样,对上述两种原子来说都是 ${}^3P$ 状态最稳定,其次是 ${}^1D$,再次是 ${}^1S$,这是和头两条洪德定则一致的。碳在 $2p$ 副层(它可以装满 6 个电子)有 2 个电子,按照第三条定则是 $J$ 值最小的最稳定,因此它是正常多重态;而氧有 4 个 $2p$ 电子,应该生成反常多重态,从图中可以看出,这些定则和光谱学观察的结果是相符的。

就图 2-15 所示的能级图和图 2-18 所示的元素周期表加以比较,可以看出原子的电子结构和元素的周期表之间的联系。每种惰性气体在其最外电子层中有 8 个电子,即 2 个

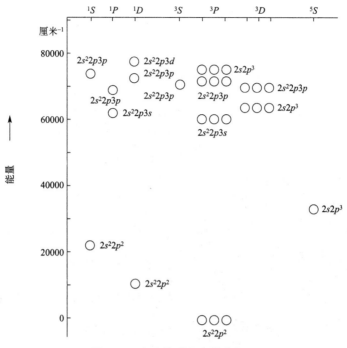

图 2-16 电中性碳原子的能级图

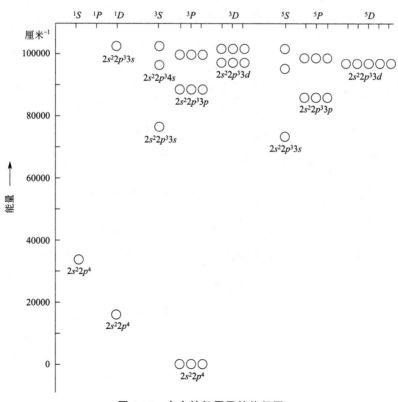

图 2-17 电中性氧原子的能级图

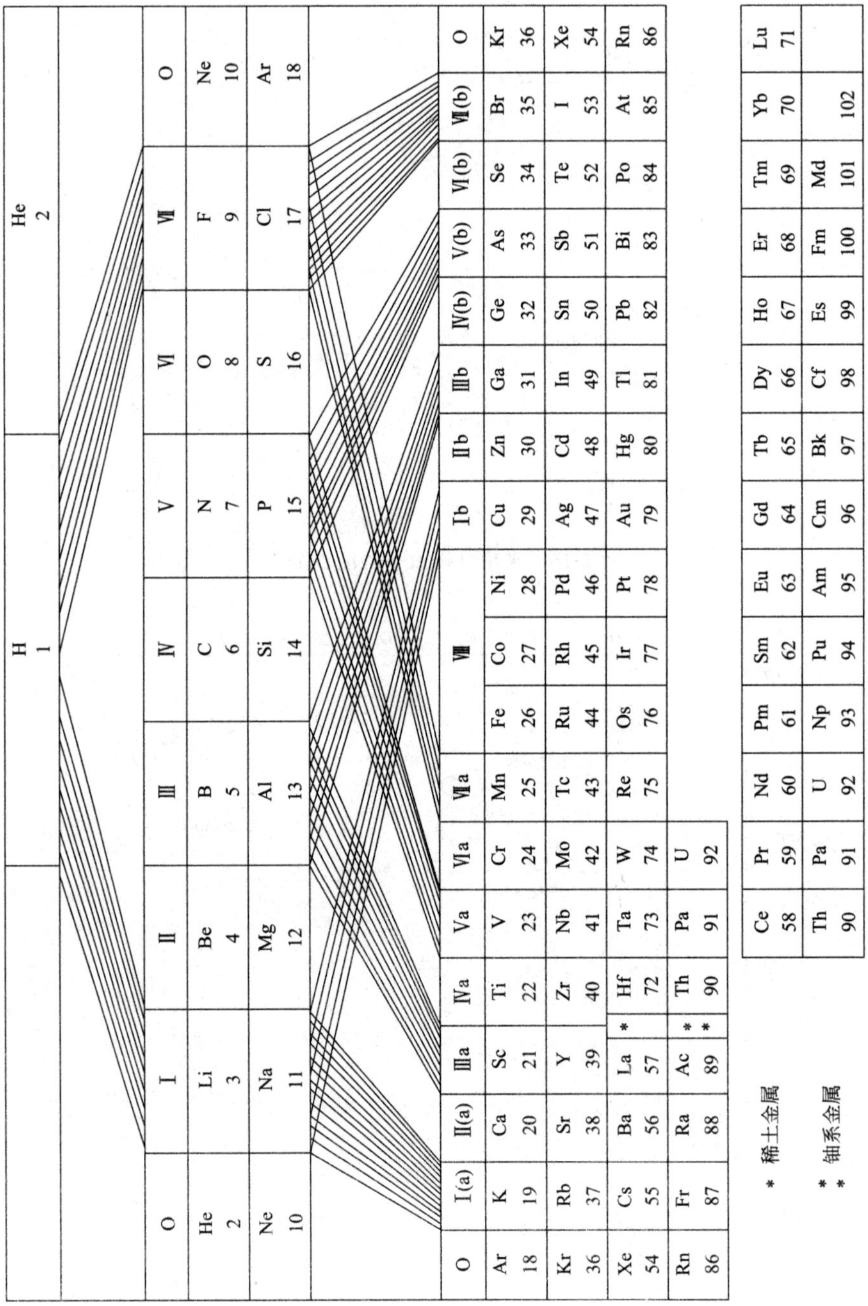

| | O | I | II | III | IV | V | VI | VII | O |
|---|---|---|---|---|---|---|---|---|---|
| | He 2 | | | | | | | | |
| | Ne 10 | Li 3 | Be 4 | B 5 | C 6 | N 7 | O 8 | F 9 | Ne 10 |
| | Ar 18 | Na 11 | Mg 12 | Al 13 | Si 14 | P 15 | S 16 | Cl 17 | Ar 18 |

| O | I(a) | II(a) | IIIa | IVa | Va | VIa | VIIa | VIII | | Ib | IIb | IIIb | IVb | V(b) | VI(b) | VII(b) | O |
|---|---|---|---|---|---|---|---|---|---|---|---|---|---|---|---|---|---|
| Ar 18 | K 19 | Ca 20 | Sc 21 | Ti 22 | V 23 | Cr 24 | Mn 25 | Fe 26 | Co 27 | Ni 28 | Cu 29 | Zn 30 | Ga 31 | Ge 32 | As 33 | Se 34 | Br 35 | Kr 36 |
| Kr 36 | Rb 37 | Sr 38 | Y 39 | Zr 40 | Nb 41 | Mo 42 | Tc 43 | Ru 44 | Rh 45 | Pd 46 | Ag 47 | Cd 48 | In 49 | Sn 50 | Sb 51 | Te 52 | I 53 | Xe 54 |
| Xe 54 | Cs 55 | Ba 56 | La 57 * | Hf 72 | Ta 73 | W 74 | Re 75 | Os 76 | Ir 77 | Pt 78 | Au 79 | Hg 80 | Tl 81 | Pb 82 | Bi 83 | Po 84 | At 85 | Rn 86 |
| Rn 86 | Fr 87 | Ra 88 | Ac 89 ** | Th 90 | Pa 91 | U 92 | | | | | | | | | | | |

| Ce 58 | Pr 59 | Nd 60 | Pm 61 | Sm 62 | Eu 63 | Gd 64 | Tb 65 | Dy 66 | Ho 67 | Er 68 | Tm 69 | Yb 70 | Lu 71 |
|---|---|---|---|---|---|---|---|---|---|---|---|---|---|
| Th 90 | Pa 91 | U 92 | Np 93 | Pu 94 | Am 95 | Cm 96 | Bk 97 | Cf 98 | Es 99 | Fm 100 | Md 101 | 102 | |

\* 稀土金属

\*\* 铀系金属

图 2-18 元素周期表

$s$ 电子和 6 个 $p$ 电子。这种电子构型具有特殊的稳定性。把 10 个电子引入 5 个 $3d$ 轨道和五个 $4d$ 轨道,另外引入 8 个电子来形成相应的惰性气体原子的外电子层中,这样就分别形成第一长周期和第二长周期。第一更长周期是在添加 18 个电子到 $5d$,$6s$ 和 $6p$ 轨道以后,又引进 14 个电子到 7 个 $4f$ 轨道形成的。已经发现的或制备出的最重的元素是在第二个更长周期中,这里电子占有了 $5f$、$6d$、$7s$ 和 $7p$ 等轨道。

　　把薛定谔方程看成是元素周期表的基础,这种看法的确切程度可用按托马斯-费米-狄拉克(Thomas-Fermi-Dirac)方法[15]求波动方程的近似解而获得的电子能值来说明问题。目前多电子原子的波动方程的最优近似解方法是哈特里-福克(Hartree-Fock)的自洽场法。[16]不过这个方法非常复杂,还只能用于少数原子,而不能作为讨论所有元素的基础。托马斯-费米-狄拉克的统计原子势能法[17]可以有系统地加以应用,图 2-19 所示的曲线就是用此方法得到的。[18]每条曲线表示在球形场的轨道($1s$、$2s$、$2p$ 等)中电子的能量和电中性原子的原子序数(从 1～100)间的函数关系。

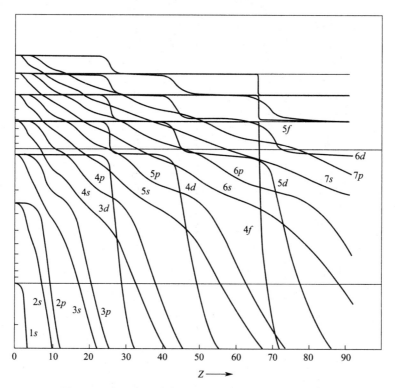

**图 2-19　表示电子能量与原子序数的函数关系的曲线**

这些曲线是应用托马斯-费米-狄拉克方法求波动方程的近似解而获得的

　　周期表以及表 2-4 示出的电子分布序列的主要特点都可从这些曲线获得解释。从图中可看到,对于原子序数小于 27 的元素,$3d$ 电子没有 $4p$ 或 $4s$ 电子稳定;在 $Z=28$ 时 $3d$ 的曲线穿越过 $4p$ 曲线。事实上,$3d$ 和 $4p$ 的交点应当发生在 $Z=21$ 附近。同样地,在

$Z=45$ 处的 $4d$ 和 $5p$ 的交点事实上应该出现在 39 或 40 处，即在第二列过渡金属组的开始；在 67 处的 $4f$ 和 $6p$ 的交点应该是在 57 处，即稀土金属组开始的时候，图 2-19 中曲

表 2-5　元素的第一和第二电离能[a]

| Z | | $I_1$ | $I_2$ | Z | | $I_1$ | $I_2$ |
|---|---|---|---|---|---|---|---|
| 1 | H | 313.4[a] | | 39 | Y | 147 | 282 |
| 2 | He | 566.7 | 1254.2 | 40 | Zr | 158 | 303 |
| 3 | Li | 124.3 | 1743.2 | 41 | Nb | 159 | 330 |
| 4 | Be | 214.9 | 419.7 | 42 | Mo | 164 | 372 |
| 5 | B | 191.2 | 579.8 | 43 | Tc | 168 | 352 |
| 6 | C | 259.5 | 561.9 | 44 | Ru | 169.8 | 386.4 |
| 7 | N | 335 | 682.2 | 45 | Rh | 172 | 417 |
| 8 | O | 313.8 | 809.3 | 46 | Pd | 192 | 448 |
| 9 | F | 401.5 | 806 | 47 | Sg | 174.6 | 495 |
| 10 | Ne | 497.0 | 947 | 48 | Cd | 207.3 | 389.7 |
| 11 | Na | 118.4 | 1090 | 49 | In | 133.4 | 434.8 |
| 12 | Mg | 176.2 | 346.5 | 50 | Sn | 169.3 | 337.2 |
| 13 | Al | 137.9 | 433.9 | 51 | Sb | 199.2 | 380.4 |
| 14 | Si | 187.9 | 377 | 52 | Te | 208 | 429 |
| 15 | P | 241.7 | 455 | 53 | I | 241.0 | 440.0 |
| 16 | S | 238.8 | 539 | 54 | Xe | 279.6 | 488.7 |
| 17 | Cl | 300 | 548.7 | 55 | Cs | 89.7 | 578.6 |
| 18 | Ar | 363.2 | 636.7 | 56 | Ba | 120.1 | 230.6 |
| 19 | K | 100.0 | 733.3 | 57 | La | 129 | 263 |
| 20 | Ca | 140.9 | 273.6 | | | | |
| 21 | Sc | 151 | 295 | 72 | Hf | 160 | 343 |
| 22 | Ti | 157 | 313 | 73 | Ta | 182 | 373 |
| 23 | V | 155 | 338 | 74 | W | 184 | 408 |
| 24 | Cr | 155.9 | 380.1 | 75 | Re | 181 | 383 |
| 25 | Mn | 171.3 | 360.5 | 76 | Os | 200 | 390 |
| 26 | Fe | 181 | 373 | 77 | Ir | 210 | |
| 27 | Co | 181 | 393 | 78 | Pt | 210 | 427.9 |
| 28 | Ni | 176.0 | 418.4 | 79 | Au | 213 | 473 |
| 29 | Cu | 178.1 | 467.7 | 80 | Hg | 240 | 432.3 |
| 30 | Zn | 216.5 | 414.0 | 81 | Tl | 140.8 | 470.7 |
| 31 | Ga | 138 | 473 | 82 | Pb | 170.9 | 346.4 |
| 32 | Ge | 182 | 367 | 83 | Bi | 168.0 | 384.5 |
| 33 | As | 226 | 429 | 84 | Po | 194 | — |
| 34 | Se | 225 | 495.6 | 85 | At | — | — |
| 35 | Br | 272.9 | 497.9 | 86 | Rn | 247.7 | — |
| 36 | Kr | 322.6 | 566.2 | 87 | Fr | | — |
| 37 | Rb | 96.3 | 634.0 | 88 | Ra | 121.7 | 233.8 |
| 38 | Sr | 131.2 | 254.2 | 89 | Ac | 160 | 280 |

　　a. 这些数值以千卡/摩尔为单位。这些数值是根据摩尔(O. E. Moore)的 *Atomic Energy Levels as Derived from the Analysis of Optical Spectra*（根据光学光谱分析推导出来的原子能级）（Circular of the National Bureau of Standards 467，Government Printing Office，Washington，D. C. 1949—1958 vol. Ⅲ）的电离势乘以从电子伏转变为千卡/摩尔的转换因子 23.053 而得的。

线的形状看来基本上是正确的,但由于波动方程近似解所给出的 $d$ 和 $f$ 电子稳定性迅速增加时的原子序数总是过大了一些(对 $d$ 轨道而言大 6 个单位左右,$4f$ 大 10 个单位左右;可能 $5f$ 也是如此,它大致应该在 $Z=93$ 处显示稳定性的增加)。由光谱法测得的元素的第一和第二电离能值列于表 2-5 中。

## 2-8 塞曼效应与原子和单原子离子的磁学性质

1896 年荷兰物理学家塞曼(P. Zeeman)发现:对发射辐射的原子加上外加磁场,一般能使光谱的谱线条分裂成几条分线。在某些情况下,这种分裂属于简单的类型,即洛伦兹(H. A. Lorentz)指出可用经典理论给予解释的类型,这种现象就称为正常塞曼效应。但一般说来,这种分裂却较为复杂,这便是反常塞曼效应。反常塞曼效应是因为原子具有两种不同的角动量,因而附带着两种不同的磁矩所造成的。这两种角动量,一个是由于电子绕核的轨道运动所产生的角动量,另一个是由于电子自旋所产生的角动量。只有在自旋对原子的角动量及其磁矩没有贡献时才会出现正常塞曼效应。

按照拉莫尔(Larmor)的经典力学理论,在略去磁场 $H$ 的高于一次的高次项作用不计时,外加磁场于一个原子所产生的效应是在绕磁场方向上另加了一个旋转作用,这个旋转作用称为拉莫尔进动。这个进动的角速度 $\omega$ 等于场强 $H$ 和磁矩与角动量之比值的乘积:

$$\omega = Hge/2m_0c$$

在这个方程中所引进的符号 $g$ 称为 $g$ 因子,或称为朗德 $g$ 因子,因为是朗德(A. Landé)引进来的。对于电子的轨道运动而言,$g$ 因子的值为 1,即磁矩和角动量之比值为 $e/2m_0c$。但对于电子的自旋而言,$g$ 因子的数值则为 2。$g$ 因子的这些数值不能用任何简单的方式加以解释,它必须认为是电子的一部分本质。

当原子的角动量完全来自各电子的轨道运动时,$g$ 因子的值为 1;而当完全来自电子的自旋时,$g$ 因子的值则为 2。例如氮原子的基态为 $^4S_{3/2}$,因而它的 $g$ 因子是 2。

在一般情况下,$g$ 因子既不等于 1 也不等于 2,而是等于一些其他的数值。当原子的电子态极为接近于罗素-桑德斯耦合方式时,$g$ 因子的值可用简单的方法来计算。原子的总角动量向量是表示原子中所有电子的轨道角动量的向量与表示所有电子的自旋角动量的向量之和。这三个向量的大小分别是 $\sqrt{J(J+1)}$、$\sqrt{L(L+1)}$ 和 $\sqrt{S(S+1)}$。轨道角动量向量与自旋角动量向量之间以及它们与合成的总角动量向量之间的夹角余弦可以通过这些向量的大小进行计算,同时总的磁矩也可以通过求出轨道磁矩(此时用 $g=1$)和自旋磁矩(此时用 $g=2$)在沿着总角动量向量方向上的分量和计算出来,根据这样计算,

$g$ 的数值可用如下的方程表示出来：

$$g = 1 + \frac{J(J+1) + S(S+1) - L(L+1)}{2J(J+1)}$$

$g$ 的值列于附录的表 IV-3 中。

磁矩的现代单位为 $he/4\pi m_0 c$，这个单位称为玻尔磁子($\mu_B$)，它的数值是 $0.9273 \times 10^{-20}$ 尔格·高斯$^{-1}$。总角动量量子数为 $J$ 的原子，它的磁矩用玻尔磁子单位表示时是 $\sqrt{g(J(J+1)}$。当原子在磁场中时，它的角动量向量对磁场的取向是：角动量沿磁场方向的分量是由量子数 $M$ 决定的，其数值为 $Mh/2\pi$。当以玻尔磁子为单位时，磁矩在磁场方向上的分量就等于 $Mg$，因而原子在磁场中所获得的磁能就等于这个分量和场强的乘积。因此在磁场中能级被分裂成 $(2J+1)$ 个等距离的子能级，相当于 $M$ 所能具有的 $(2J+1)$ 个数值。通过谱线塞曼分裂实验观测值的分析，就可分别计算出每条谱线的高能态和低能态的 $g$ 值。

例如符号为 $4d^{10}5s^2 S_{1/2}$ 的电中性基态银原子，$g$ 因子的观测值为 1.998，前两个激发态 $4d^{10}5p^2 P_{1/2}$ 和 $^2P_{3/2}$ 的 $g$ 值则分别是 0.666 和 1.330。这三个状态的 $g$ 的理论值分别是 2.000、0.667 和 1.333，和实验值非常符合，因而可以断定这些状态的谱项是正确的。

**杂化的原子状态**　就许多原子状态来说，观测到的性质并不十分符合于单一的罗素-桑德斯结构。例如电中性锡原子的 4 个最稳定的状态如下：

| 构型 | 符号 | $J$ | 能量值 | $g$ 观察值 | $g$ 计算值 |
|------|------|-----|--------|-----------|-----------|
| $5s^2 5p^2$ | $^3P$ | 0 | 0.0 | — | — |
| | | 1 | 1691.8 | 1.502 | 1.500 |
| | | 2 | 3427.7 | 1.452 | 1.500 |
| $5s^2 5p^2$ | $^1D$ | 2 | 8613.0 | 1.052 | 1.000 |

不难看出，$g$ 的观察值和计算值之间的符合在 $^3P_1$ 状态是很好的，但对 $^3P_2$ 和 $^1D_2$ 两个状态则很差。这种 $g$ 因子欠符合的情况意味着这些状态并不接近于由罗素-桑德斯谱项符号所描述的结构。例如在 $^3P$ 状态中轨道角动量向量和自旋角动量向量大小是相同的，所以它的 $g$ 因子必定等于 1.500，即轨道值和自旋值的平均值。观察到的 $g$ 因子却略为小些，这一事实可以简单地给予如下的解释。对于原子来说，量子数 $J$ 是个严格正确的量子数，但量子数 $S$ 和 $L$ 则不是那么严格正确的；实际上 $S$ 和 $L$ 不过相当于某种类型的相互作用，即各个电子的轨道角动量和自旋角动量分别进行耦合，这样的耦合方式显然只是原子中电子间相互作用的许多不同耦合方式中的一种极端情况。不过我们不妨继续用罗素-桑德斯结构来描述这两个 $J=2$ 的状态。可以说 $g=1.452$ 的状态是 $^3P_2$ 和 $^1D_2$ 两个结构的杂化态，其中前一个结构的贡献较大而第二个的较小；从 $g$ 因子的数值所指出的近似情况来看，我们也许可以说这种状态大约是相当于含有 90% 的 $^3P_2$ 性质和 10% $^1D_2$ 性质的杂化态。同样，$J=2$ 而 $g$ 的观测值为 1.052 的第二个状态的结构可

以认为是 $^1D_2$ 约为 $90\%$ 和 $^3P_2$ 约为 $10\%$ 的杂化态。

把这样两个状态描述成 $^3P_2$ 和 $^1D_2$ 两个状态的共振杂化态是有其任意性成分的,但是有其用处,因为对于许多原子状态来说,罗素-桑德斯结构相当接近于实际的性质,而对于那些不能用单一的罗素-桑德斯结构来满意地描述其观察到的性质的状态,继续使用这样的结构来描述还是比较方便的。

甚至电子构型也只代表理想化的情况,用它表示某些原子状态也是不一定满意的。例如电中性的铱原子通常是将 $5d^6 6s^2$ 描述为它的最稳定的电子构型。由这种构型所确定的最低的状态的罗素-桑德斯符号为 $^5D$,$J$ 值分别为 $4,3,2,1$ 和 $0$。前四个状态的 $g$ 因子的观测值在 $1.44\sim1.47$ 之间,这和理论值 $1.500$ 有一定的偏离。较为稳定的而且可能参与杂化的状态是具有相同 $J$ 值而构型为 $5d^7 6s^1$ 的状态。我们可以说,电中性铱原子的最稳定状态可用杂化的构型来描述,其中 $5d^6 6s^2$ 构型有较大的贡献,而 $5d^7 6s$ 构型的贡献则较小。

这种类型的杂化状态可以由具有相同 $J$ 值和相同宇称性的一些结构来结合。构型的宇称性,在 $l$ 值为奇数(例如 $p$、$f$ 等等)的轨道上有偶数个电子的时候规定为偶数,在 $l$ 值为奇数的轨道上有奇数个电子的时候则规定为奇数。在光谱项的表中,常在状态符号的上角标以记号"。"以表示奇数的宇称性。在上述的电中性铱原子的例子中所讨论的两个构型都具有偶数宇称性。

## 2-9　关于共价键形成的形式规则

价键的量子力学处理是由海特勒、伦敦、玻恩(Born)、外尔(Weyl)、斯莱特(Slater)和其他一些研究者所发展起来的。处理的形式结果可以简述如下:原子可以利用一个稳定的轨道生成一个电子对键。这个键是属于以前介绍过的氢分子那样的类型,它的稳定性也是由于同样的共振现象所产生的。换句话说,要形成一个电子对键,需要有两个自旋相反的电子,而且这两个键合原子各有一个稳定的轨道。

氢原子只有一个稳定的轨道($1s$),所以只能形成一个共价键;有人曾经为氢键(参见第十二章)提出氢具有两个共价的结构,肯定是不能接受的。[19]

碳原子、氮原子以及其他第一周期的原子只能使用 $L$ 层的 $4$ 个轨道来生成 $4$ 个共价键;这种限制为路易斯和朗缪尔所假定八隅体的重要性提供了主要的论证。

量子力学的处理也引出这样的结论,即一般来说,在分子内每形成一个电子对键总是使分子更为稳定。因此分子的最稳定的电子结构是其中每个原子的所有稳定轨道或者用于成键或者为未共享电子对所占有。一般说来,含有第一周期原子的分子,其稳定的电子结构将是所有 4 个 L 层轨道都被用上了;其中电子对的共享总是在电子个数能够允许的条件下达到尽可能多的地步。[20] 例如像 :N⋮N: 这样的电子结构中,每个氮原子在其最外层只有 6 个电子,占有它的 3 个 L 层轨道;这样的结构总不如 :N⋮⋮N: 的结构稳定,在后者的情况下,所有的 L 层轨道都用上了。[21]

因为 3s 和 3p 轨道较 3d 轨道稳定,所以八隅体对于第二周期的原子依然有一定程度的意义。例如在磷化氢这样一个分子的结构中

$$
\begin{array}{c} H \\ :\!P\!:\!H \\ H \end{array}
$$

3 个 M 层轨道用于成键,另一个轨道则被未共享电子对所占据。在磷离子中

$$
\left[ \begin{array}{c} H \\ H\!:\!P\!:\!H \\ H \end{array} \right]^{+}
$$

4 个 M 轨道都用于成键,但 M 层中的 5 个 3d 轨道则未被用于成键。另一方面,五氯化磷的结构可以写成

$$
\begin{array}{c} Cl\;Cl \\ Cl\!-\!P \\ Cl\;Cl \end{array}
$$

这时除了 3s 和 3p 轨道以外,还用上了一个 3d 轨道(或者是 4s 轨道)。而在六氟化磷离子中,为要形成 6 个共价键

$$
\left[ \begin{array}{c} F\;\;F \\ F\!-\!P\!-\!F \\ F\;\;F \end{array} \right]^{-}
$$

就还需要用 2 个额外的轨道。

使用 M 层的轨道,最多可以形成 9 个共价键。但是这个限度并没有多大意义,因为在本书后面讨论的其他因素,将对与中心原子相键合的原子个数提供更为严格的限制。[22]

对于第三周期的原子,还有那些过渡元素以外的更重的原子,八隅体规则仍然具有一定程度的意义。例如我们可以确定砷化氢和锑化氢具有类似于磷化氢的结构,那就是使用中心原子的价电子层上的 4 个 s 和 p 轨道来成键的。

对于过渡元素,在形成共价键时,常常是既使用价电子层上的 s 和 p 轨道,也使用了恰在价电子层之内的某些 d 轨道。例如六氯化钯离子的结构可以写作:

$$
\left[ \begin{array}{c} Cl\;\;\;Cl \\ Cl\!-\!Pd\!-\!Cl \\ Cl\;\;\;Cl \end{array} \right]^{2-}
$$

这里钯和围绕它的 6 个氯原子形成 6 个共价键。这时在钯原子上,除了 6 个键合的电子对以外,还有 42 个电子。这些电子成对地占据着 1s、2s,3 个 2p、3s,3 个 3p,5 个 3d、4s,

3个$4p$和3个$4d$轨道。这六个键的形成是用了余下的两个$4d$轨道、$5s$轨道和3个$5p$轨道。在以后几章将详细地讨论在成键时原子轨道的选择和使用。

## 参考文献和注

[1] 所谓"朝紫色方向"是指朝着光的频率较高（即波长较短）的方向变化，而"朝红色方向"则意味着朝频率较低的方向变化。

[2] N. Bohr, *Phil. Mag.* **26**, 1, 476, 857(1913).

[3] M. Planck, *Ann. Physik* **4**, 553(1901).

[4] A. Einstein, *Ann. Physik* **22**, 180(1907).

[5] J. R. Rydberg, *K. Svenska, Akad. Handl.* **1889**, 23.

[6] C. P. Snyder, *Astrophys. J.* **14**, 179(1901). 这是Snyder发表的唯一的一篇论文。

[7] J. J. Balmer, *Wied. Ann.* **25**, 80(1885).

[8] E. Schrödinger, *Z. Physik* **4**, 347(1921).

[9] G. E. Uhlenbeck and S. Goudsmit, *Naturwissenschaften* **13**, 953(1925); *Nature* **117**, 264(1926).

[10] 注意：大写的符号$S$有两种用法（它被用来表示自旋量子数，也被用来表示$L=0$），这种用法一般不会引起混淆。

[11] Russell-Saunders耦合方式是H. N. Russell和F. A. Saunders发现的(*Astrophys, J.* **61**, 38 1925).

[12] W. Heisenberg, *Z. Physik* **38**, 411(1926); **39**, 499(1926); **41**, 239(1927). 这样的共振现象也独立地为P. A. M. Dirac所发现(*Proc. Roy. Soc. London* **A112**, 661[1926]), 关于此现象的详细讨论, 可参阅量子力学的书籍, 例如 *Introducion to Quantum Mechanics*(《量子力学导论》)或G. W. Wheland, *The Theory of Resonance and Its Application to Organic Chemistry*(《共振理论及其在有机化学中的应用》)(John Wiley and Sons, New York, 1955).

[13] W. Pauli, *Z, Physik* **31**, 765(1925).

[14] F. Hund, *Z, Physik* **33**, 345(1925)

[15] R. Latter, *Phys. Rev.* **99**, 510(1955).

[16] D. R. Hartree, *Proc. Cambridge Phil. Soc.* **24**, 89(1928); V. Fock, *Z, Physik* **61**, 126(1930).

[17] L. H. Thomas, *Proc. Cambridge Phil. Soc.* **23**, 542(1927); E. Fermi, *Atti Acad. Nazl. Lincei* **6**, 602(1927); **7**, 342, 726(1928); P. A. M. Dirac, *Proc. Cambridge Phil. Soc*, **26**, 376(1930).

[18] Latter, loc. *cit.* [15].

[19] L. Pauling, *Proc. Nat. Acad. Sci. U. S.* **14**, 359(1928).

[20] I. Langmuir(*J. A. C. S.* **41**, 868, 1919)曾经提出一些简单的代数方程来计算具有满占八隅体和其他满填电子层的结构中共享电子的个数。这些方程通常并不必要, 因为只要取得不多的经验即

能写出所需的电子式。

[21] 结构 :N:̈N:̈ 和 :N:::N: 在稳定性上的差别就是单键和叁键的键能之差。后者要比前者大 146* 千卡/摩尔。从未饱和物质的化学性质看来,可能是双键和叁键弱于单键,这些性质包括比较双键和两个单键的键能以及比较叁键和三个单键的键能;但在上面的讨论中,仅是比较叁键和一个单键的键能。

[22] 必须明确区别与中心原子相键合的原子个数(即中心原子的向心配合数或配位数)和中心原子生成的共价键数(中心原子的共价能力)。因为除了单价的共价键之外,周围的原子和中心原子之间还可借助于双键或电价键来键合,所以这两个数目可以而且经常是不完全相同的。

[朱平仇 译]

---

* N≡N 键能为 226 千卡/摩尔,N—N 键能则为 38,差值应为 188。这里 146 似有误,是否计算时误用 C—C 键能(约 83 卡)所致。——译者注

# 第三章

# 共价键的部分离子性和原子的相对电负性

*The Partial Ionic Character of Covalent Bonds and the Relative Electronegativity of Atoms*

在19世纪发展起来的化学结构理论,既不简单又不准确。通常在描述分子时,不但用到单键(每个单键含有由两个原子所共有的一对电子),而且也用到双键和叁键(还没有人找到足够的证明论证在分子中的原子对间可能有肆键存在)。此外,还有一些分子和晶体,不可能只用单一个在原子对间的位置上指定单键、双键和叁键的价键结构来满意地表示出该物质的性质;正像后文将要看到的那样,为了扩展化学结构理论来包括这些物质,最好引入一些新的观念,例如认为分子是在两个或更多个价键结构之间共振,或者采用分数键的做法。

在本章和下一章里,我们将致力于讨论单键以及那些能用一个只含单键的价键结构来满意地描述的物质。

我们将首先讨论由一价元素所形成的双原子分子,在这些分子中,两个原子是通过一个单键连接起来的。在这类分子中,只有氢分子的薛定谔方程曾经获得精确解。对更复杂的分子所进行的量子力学近似处理曾为它们的电子结构提供了一些有意义的情况,但是这类工作还没有足够充分地开展,不可能允许单从理论上做出有关单键本质的精确论断。

不过,已经有可能从物质的性质引出有关单键的性质与被键合的两原子的性质之间的相互关系的一些普遍规律。这些规律一般还只是定性的或仅是粗略定量的。例如在下一节中我们将谈到单键的部分离子性,并将提出一个估计两种原子间键的部分离子性的方法,但是估计值不能肯定是很精确的。通过键的部分离子性的讨论使得有可能对仅含单键的物质的生成热加以预测,但是这样的预测只能提供粗略的生成热,可靠到几个千卡/摩尔。尽管生成热实验测定的精确度可达 0.01 或 0.001 千卡/摩尔,现在还没有什么化学理论能预测到这样的精确度。不过虽然它们只是近似,有局限性,但在本章和下一章所要介绍的规律将能帮助读者把化学中的许多事实联系成完整的体系,并对那些还没有合成的物质的性质做出预测。

## 3-1　从一种极端键型向另一种极端键型的过渡

自从离子键和共价键的近代观念在数十年前发展以后,就有人提出如下的问题,并对它进行过剧烈的争论:如果可能连续变动一个或几个决定分子或晶体性质的参数(例如原子的有效核电荷),那么从一种极限键型向另一种极限键型的过渡究竟是连续地发生的呢? 还是会出现某些不连续性? 随着我们对化学键性质的了解得到了扩展,我们现在已能回答这个问题。从下面所提到的有关论证可以得出这样的结论,那就是在某些情况下这种过渡是连续的,而在另一些情况下,则会出现实际的不连续性。[1]

**键型的连续变化**　让我们先来考虑在含有单键的双原子分子 A—B 中的情况。当分子的结构参数取某些数值时,这个单键是属于 1-5 节和 2-10 节中所讨论的、由相同原子所形成的正常共价键类型。当这些参数取另一些数值时,它是离子键 $A^+ B^-$,即一对电子是由电负性较大的原子所持有,成为占据在该原子的一个最外层轨道上的未共享电子

---

◀1931 年,鲍林与长子 Peter Pauling。

---

对。当分子的这些结构参数取一些中间数值时,分子的结构可用波函数 $a\psi_{A:B} + b\psi_{A^+B^-}$ 来表示,它是描述正常共价结构 A:B 的波函数和描述离子结构 $A^+B^-$ 的波函数的线性组合,其系数为 $a$ 与 $b$,对于每一组结构参数,系数的比值 $b/a$ 应该是恰好使键能为最大。[2] 随着分子的各个参数(特别是 A 和 B 的相对电负性)的变化,比值 $b/a$ 就可由零变到无限大,这样键型就将会没有间断地通过所有中间阶段从极端共价型变到极端离子型。在所讨论的情况下,这两个极端结构可以满足允许共振的要求(因为每个结构都只有配对的电子,同时原子核的构型基本上是相同的),因此从一个极端键型向另一个极端键型的过渡会是连续的。

当 A 和 B 的相对电负性具有中间数值,使波函数 $a\psi_{A:B} + b\psi_{A^+B^-}$ 中的系数 $a$ 和 $b$ 是差不多一样大小时,该个 A—B 键就可被描述为共振于极端共价型和极端离子型之间,两者的贡献各由 $a^2$ 和 $b^2$ 的值决定。[3] 如果相应于极端的共价结构 A:B 和极端的离子结构 $A^+B^-$ 的键能值彼此相等,则这个结构将对这个分子的实际状态做出相同的贡献,同时实际的键能将比任一个单独结构的键能为大,其数量差就等于这两个结构的相互作用能;也就是说,两个结构间的共振将把这个分子稳定下来。如果这两个极端结构中有一个结构所对应的键能大于另一个,则比较稳定的结构将对分子的实际状态做出较大的贡献,而实际的键能将因共振而比那较稳定的一个还要大些。把这个键稳定下来的额外共振能、这两个结构的相互作用能和这两个结构的键能间的关系和 1-4 节中所讨论的类似情况一样。

对于像氯化氢这样的分子,我们可写出两个合理的电子式如 H:C̈l: 和 H⁺:C̈l:⁻(由于氢的电负性比氯小,所以第三个结构 H:⁻ C̈l:⁺ 并不重要;关于这样的结构究竟对分子的基态做出多大贡献的问题将在 3-3 节中予以讨论)。根据前面的论述,分子的实际状态可以描述为共振于这两个结构之间。在氯化氢以及其他分子中,每种结构对这样一个键赋予的性质的程度将在本章的以下各节中加以详细的讨论。

在氯化氢分子中,如果不说键是在极端的共价键 H:C̈l: 和极端的离子键 H⁺Cl⁻ 之间共振,也可改说这个键是有着部分离子性的共价键,并使用价键连线把它写成 H—Cl(或 H—:C̈l:)以代替表示它是共振于两个极端结构之间的符号{H:C̈l:,H⁺Cl⁻}(或诸如此类的复杂表示法)。这另一种的描述法应该认为和前一种描述法是等效的。只要在预测带有部分离子性的共价键的性质时发生问题,就要通过相应的共振结构的讨论来回答。

分子中键的离子性的大小不应该和分子在适当溶剂中的电离倾向有所混淆。键的离子性是由当两个核在其平衡距离(例如 HCl 就是 1.275 埃)时离子性结构($A^+B^-$)的重要性来决定,而在溶液中的电离倾向则取决于在溶液中实际分子和分开了的离子的相对稳定性。不过可以完全合理地想象溶液中的电离倾向一般是会随着键的较大离子性而来的,因为这两者都是键合原子的电负性相差较大的结果。[4]

在其他一些极端键型之间(由共价键到金属键,由共价键到离子偶极键等)的过渡也可以是连续的,并可按共价-离子键一样的方式,用介于极端键型的结构之间的共振来讨论那些具有中间性质的键。

**键型的不连续变化**[5]　在某些类型的分子和络离子中,不可能从一种极端的键型连续地过渡到另一种极端。要使两种极端键型间的连续过渡成为可能,在相应的结构间必须满足共振的条件。这些条件中最重要的是两个结构必须含有相同数目的未配对电子。如果所考虑的两个结构有着不同数目的未配对电子,则在两者之间的过渡必定是不连续的,不连续性是和电子的配对或不配对相联系的。[6]

存在这种现象的最重要分子和络离子是那些含有过渡族原子的分子和络离子。以铁(Ⅲ)的八面体型络合物 $FeX_6$ 为例。在某些络合物(如 $[FeF_6]^{3-}$,$[Fe(H_2O)_6]^{3+}$)中的键,将使铁核周围的电子结构和 $Fe^{3+}$ 离子一样;就像在 2-7 节中说过的那样,这个离子的 23 个电子中,有 18 个是成对地占据 $1s$、$2s$、3 个 $2p$、$3s$ 和 3 个 $3p$ 轨道,余下的 5 个则未成对地占据在 5 个 $3d$ 轨道上。但是如果像在铁氰离子 $[Fe(CN)_6]^{3-}$ 中那样,是用 2 个 $3d$ 轨道(另外动用其他一些轨道——参阅第五章)来形成共价键 Fe—X,则 5 个未成对的 $3d$ 电子必定被挤入余下的 3 个 $3d$ 轨道中形成两个电子对。这种络离子仅含有一个未成对电子,而前一类络离子则含有 5 个未成对电子。这两类结构之间的过渡就不能是连续的了。

当然,在 $FeX_6$ 的共价结构中,如果仅使用外层的 $4s$、$4p$、$4d$ 等轨道来成键,则它就可能和由 $Fe^{3+}$ 离子及其周围的负离子所组成的离子型 $FeX_6$ 结构进行共振。这种具有 5 个未成对电子的共价结构在性质上自然与使用了两个 $3d$ 轨道的共价结构有所不同,所以在它们之间也不可发生连续的过渡。

上面讨论的不连续性可用图 3-1 表示。图中示出络合物 $FeX_6$ 的两种状态,一个有着 5 个未配对电子,另一个则仅有一个。在 X 为某些原子或基团时,其中某一个状态是比较稳定的,它就代表络合物的基态;而对另一些 X 则又是另一种较为稳定。在络合物基态的性质跨过不连续点时,这两个状态的能量曲线就恰好相交。一个实际体系总是同时含有这两个状态的络合物,两者的浓度由它们的能量差来决定;但仅在曲线交点附近的区域中,不稳定状态络合物的数量才不致太少。

这些以及其他一些有类似性质的络合物将在第五章中进一步的讨论,在那里将要介绍适用于过渡元素络合物的键型磁性判据。

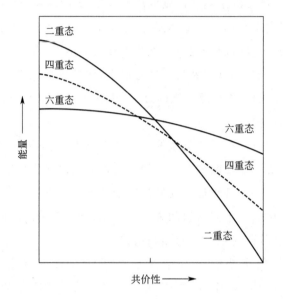

**图 3-1　铁(Ⅲ)\*络合物 FeX₆ 的三个状态的能量曲线**

六重态曲线表示极端离子型中一个稳定态的结构和极端共价型中一个激发态的结构,它有 5 个自旋未配对的电子;

二重态曲线表示极端离子型中一个激发态的结构和极端共价型中一个稳定态的结构,它有一个自旋未配对的电子;

虚线代表一个四重态,它有 3 个自旋未配对的电子;

参数表示决定键型的坐标

## 3-2　键型和原子排列

　　物质的性质一部分决定于该物质所含原子之间的键型,另一部分决定于原子的排列和键的分布。原子排列本身在很大的程度上又取决于键的性质:共价键的方向性(例如四面体型碳原子)对决定分子和晶体的构型起了特别重要的作用;原子间的斥力也起着重要作用,它给出原子和离子的大小(详见第七、十三章)。

　　从 1913 年以来,已积累了大量的有关分子和晶体中原子排列的知识。[7]这些知识经常可用键的性质和分布来阐明。有关原子间距离和键角对键型的关系将在后面各章中给出详细的讨论。

　　在一系列化合物中,性质上的突变(例如金属卤化物的熔点或沸点)曾经被认为是键型突变的标志。就像第二周期各元素的氟化物:

---

　　\*　原文笔误为铁(Ⅱ),已改正。——译者注

|  | NaF | MgF$_2$ | AlF$_3$[8] | SiF$_4$ | PF$_5$ | SF$_6$ |
|---|---|---|---|---|---|---|
| 熔点/℃ | 995 | 1263 | 1257 | −90 | −94 | −51 |

那些高熔点的被认为是盐,其他一些则被认为是共价化合物;在氟化铝和氟化硅之间熔点的巨大改变曾经被解释为是化学键从极端的离子型突变为极端共价型的反映。[9]我认为氟化铝中的键在性质上和氟化硅中的只有微小差异,我把性质上的突变归结于原子排列的改变。[10]在 NaF、MgF$_2$ 和 AlF$_3$ 中,金属和非金属原子的相对大小使得金属原子的配位数为6;每个金属原子被 6 个氟原子的八面体所包围,同时计量关系要求每个氟原子在 NaF 中是和 6 个钠原子相连接(有和氯化钠一样的结构,参见图 1-1),在 MgF$_2$ 中和 3 个镁原子相连接(有如金红石的结构,参见图 3-2),在 AlF$_3$ 中和两个铝原子相连接。因此,在每个这样的晶体中,各分子结合成为巨大的高聚体,只有在金属和非金属原子间的强的化学键破裂之后才能出现熔化和蒸发的过程,结果这些物质就有高的熔点和沸点。另一方面,硅对氟的配位数是 4,因此氟化硅分子形成聚合体的倾向就很小。[11]所以 SiF$_4$ 分子便堆积起来构成氟化硅晶体,如图 3-3 所示,这些 SiF$_4$ 分子是借微弱的范德华力相连接。这个物质的分子在熔化和蒸发时只有不大的改变;强的 Si—F 键并未破裂,破裂的只是弱的分子间键,因此它有较低的熔点和沸点。在五氟化磷和六氟化硫中,中心原子的配位数都没有通过聚合增加的趋势,因而这些物质的物理性质和氟化硅的相似。在很多年以

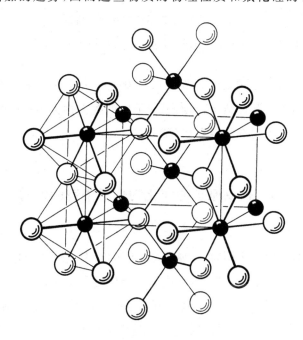

**图 3-2　金红石 TiO$_2$ 四方晶体中的原子排列**

大圆圈代表氧原子,小圆圈代表钛原子。

每个钛原子被位于八面体顶点上的氧原子所包围,每个八面体与邻接的八面体

共用两条相对的棱边,它沿晶体的 $c$ 轴(即图中的竖直方向)扩展,形成成串的八面体

前,柯塞尔(Kossel)就已经指出,对于中心正离子被几个负离子所包围的离子型分子,也可能易于熔化和挥发,所以容易熔化和挥发并不是共价键存在的证据。[12] 挥发性和许多其他性质如硬度和解理性等与键型的关系还不如与原子的排列和键的分布的关系那么密切。

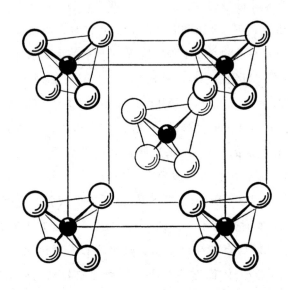

**图 3-3  SiF₄ 立方晶体中的原子排列**

4 个氟原子围绕一个硅原子,形成四面体型分子,分子排布在体心立方晶格的格点上

在键型和原子排列的方式之间的确是存在着某些关系的。离子型晶体常具有使离子键扩展遍及整个晶体的配位结构,因而出现了低的挥发性。另一个使晶体有高熔点和高硬度的结构因素是分子间有氢键存在(第十二章)。

## 3-3  在双原子的卤化物分子中键的性质

氢分子的量子力学处理表明,两个离子型结构 $H^+H^-$ 和 $H^-H^+$ 只以很小的程度和极端共价结构 H:H 一起参与共振,每个离子型结构对分子基态的贡献只有 2% 左右(见 1-5 节)。离子型结构贡献这样小的原因是由于这些结构不及共价结构稳定,电子从一个原子转移到另一个以形成正、负离子时所需要的巨大能量(295 千卡/摩尔),不能从离子间的相互库仑作用能中得到完全补偿。对于由相同原子形成的单键(例如在氯分子 $Cl_2$ 中的单键)究竟有多大的离子性还没有多少论证。不过从能量值方面考虑,[13] 在这个分子中离子型结构 $Cl^+Cl^-$,$Cl^-Cl^+$ 很可能以小于氢分子中相应结构的比例参与到基态去。一般我们可用符号 Cl—Cl 或 :C̈l—C̈l: 来表示那种存在于两个相同原子之间的共价单键,同时也把那两个离子型结构的很小但是相等的贡献包括在内。

现在我们来考察一下电负性相差不大的两个不同原子例如氯和溴之间的键。从原子 Br 和 Cl 形成 $Br^+$ 和 $Cl^-$ 离子只需要 186 千卡/摩尔的能量,而形成 $Br^-$ 和 $Cl^+$ 离子时则需要 218 千卡/摩尔;因此离子型结构 $Br^-Cl^+$ 对 BrCl 分子基态的共振贡献只能是非常之小(比在 $Br_2$ 和 $Cl_2$ 中的离子型结构的贡献还小),而 $Br^+Cl^-$ 的离子结构贡献则比对称分子中的略为大些。

在氯化氢中,从原子形成 $H^+$ 和 $Cl^-$ 离子的生成能量为 226 千卡/摩尔,而形成 $H^-$ 和 $Cl^+$ 的则是 283 千卡/摩尔。因此,像 $H^-Cl^+$ 这样的离子结构远不及结构 $H^+Cl^-$ 重要。考察一下能量曲线可以定性地估计出离子型结构 $H^+X^-$ 和极端共价结构 $H:\ddot{X}:$ 对 4 个卤化氢基态的贡献程度。在图 3-4 中给出了 HF、HCl、HBr 和 HI 四种分子的相应于结构 $H^+X^-$ 和结构 $H:\ddot{X}:$ 的能量计算值曲线。可以看到,在平衡核间距离(曲线的极小点)附近,HCl、HBr 和 HI 的共价曲线都在离子曲线之下,两线的距离从 HCl 向 HI 逐渐增加。这表示在这些分子中的键基本上是共价键,但也有少许离子性,估计在 HCl 中的离子性最大而在 HI 中的为最小(此处作了一个合理的假设,即在这 3 个分子中结构 $H^+X^-$ 和 HX 之间的相互作用能积分大约相同;但是正如在 1-4 节中讨论的那样,这种相互作用在共振能中的表现是随着共振结构的能量差的增大而减少的)。图中通过代表分子实际状态(基态和激发态)的实曲线表示了共振效应对能量所起的作用。

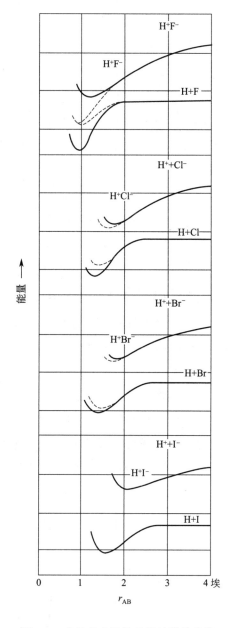

**图 3-4 卤化氢分子的能量计算值曲线**

每个分子的两条虚曲线分别表示极端的离子结构和共价结构,两条实曲线则表示共振于这些极端结构间的真实结构。对于 HI 来说,虚曲线非常接近于实曲线在氟化氢中情况则不同,其分子的离子曲线和共价曲线在平衡核间距离附近几乎重合。这结果表示,离子型结构 $H^+F^-$ 和共价型结构 $H\!:\!\ddot{F}\!:$ 对于分子的基态做出大致相等的贡献;因而氢—氟键约有 50% 的离子性。[14] 因为这两条能量曲线相互靠近,共振达到近于完全共振的程度,所以这两个结构间的相互作用能几乎全是共振能。[15]

图 3-4 中的曲线是用下述方法作出的。极端共价曲线是取以原子共价半径(见 7-1 节)之和作为平衡距离的莫尔斯(Morse)曲线,[16] 曲率应用巴杰尔(Badger)规则(见 7-4 节)计算,键能则应用算术平均方法(见 3-4 节)计算。离子结构 $H^+X^-$ 的曲线表示质子与负离子间的相互作用,这个负离子的电子分布函数是用有适当屏蔽常数的类氢波函数计算的,计算中略去了极化作用。[17] 代表基态的曲线是根据实验测定的参数值而作的莫尔斯曲线。

碱金属卤化物气体分子 MX 表现出更为极端的情况,这里的键基本上是离子键,只有很小的共价性。例如氯化铯,包含一个电正性最大的金属原子和一个电负性最大的非金属原子,非金属的电子亲和能(86 千卡/摩尔)和金属的电离能(89 千卡/摩尔)近于相同,因而在核间距离较大时,离子型结构 $Cs^+Cl^-$ 和共价结构 $Cs\!:\!\ddot{Cl}\!:$ 具有差不多同样的稳定性。随着核间距离的减小,离子间的库仑能的增加使得离子结构比共价结构更加有利,到平衡距离时,两者的能量差达到 100 千卡/摩尔。这分子中的键几乎完全是离子性的;共价贡献非常之小,只有百分之几。

其他的碱金属卤化物分子也都是高离子性的。图 3-5 示出一个典型分子氯化钠的能量曲线。在核间距离很大时,共价型结构比离子型结构稳定;但在约 10.5 埃时,库仑引力使得两曲线相交,在核间距离更小时,只有离子型结构是较稳定的。所有这些分子中

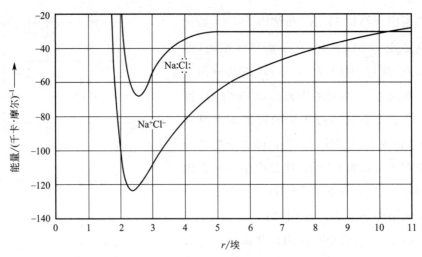

**图 3-5 氯化钠分子的能量曲线**

在核间距离很大时,离子型结构曲线位于共价型结构曲线之上。两条曲线在 10.5 埃处相交,

在核间距离较小时是离子型结构较为稳定

的键基本上都是离子型的,只有少许共价性。

图 3-5 中的共价曲线是以和 HX 曲线相同的方法画出来的。离子曲线表示库仑吸引势和排斥势 $b/R^9$ 两者之和,其中常数 $b$ 的选定是在结合马德隆(Madelung)常数及其相应排斥势能常数进行计算时恰能给出相应晶体的正确原子间距离(参见第十三章)。这里仍略去了极化作用不计。

在上面讨论的分子中,化学键都是介于共价型极端 M ∶ X̤ 和离子型极端 $M^+X^-$ 之间,从一些只有少许离子性而基本上是共价型的键(如碘化氢),经过离子性和共价性大致相等的键(氟化氢),变异到只有少许共价性而基本上是离子性的键(如氯化铯)。

我们可以引用偶极矩的数值来对这些分子中的键型做出粗略的定量估计。对于卤化氢而言,假如是纯共价性的键,那么估计只具有很小的电偶极矩。另一方面,对于离子型结构 $H^+X^-$ 而言,它的偶极矩应该接近于电荷与核间距离的乘积(由于正离子对负离子的极化作用,会使结果有所减低,这点我们未予考虑)。在表 3-1 中列出了平衡核间距离 $r_0$,根据离子型结构 $H^+X^-$ 所算得的偶极矩 $er_0$,偶极矩的实验值 $\mu$,以及它和 $er_0$ 的比值。[18] 这些比值可作如下的简单解释,那就是它能近似地表示离子结构对分子基态的贡献,也就是各键的离子性的大小。在这个基础上可以看出,氟化氢中的键的离子性是 45%,氯化氢中是 17%,溴化氢中是 12%,而碘化氢中只有 5%。

表 3-1　卤化氢分子的电偶极矩和离子性

|  | $r_0$/埃 | $er_0$/D[a] | $\mu$/D[a] | $\mu/er_0$ |
|---|---|---|---|---|
| HF | 0.92 | 4.42 | 1.98 | 0.45 |
| HCl | 1.28 | 6.07 | 1.03 | 0.17 |
| HBr | 1.43 | 6.82 | 0.79 | 0.12 |
| HI | 1.62 | 7.74 | 0.38 | 0.05 |

a. 所用单位 D(德拜),等于 $1 \times 10^{-18}$ 静电库仑·厘米。

碱金属卤化物气体分子的偶极矩值大约是 $er_0$ 的 80%。例如 KCl 的 $r_0$ 值为 2.671 埃,$\mu$ 为 10.48D,它是 $er_0$ 值的 82%。$\mu$ 和 $er_0$ 之间的偏差和从一种离子在另一种离子的电场中的极化作用所推测的大小差不多,不过极化校正的理论计算不够准确,所以只能说实测的矩值与从完全是离子型结构所做的推测值大致相符。

关于单键的部分离子性将在 3-9 节中继续加以讨论。

必须说明,用这种不经完整量子力学处理、直接对分子键型做粗略定量讨论的尝试是不可能严格地准确的。我们所采用的讨论分子结构和化学键本质的方法是尽可能只使用最稳定的原子轨道;依据这个做法,我们不能不在一些简单结构 M ∶ X、$M^+X^-$、$M^-X^+$ 的基础上进行讨论。另一方面,有可能[19](至少在理论上是如此)从纯粹的离子观点(结合着离子的极端极化或变形)或共价观点展开分子结构的完全讨论,只要我们在讨论中把所有不稳定的原子轨道都用上去。不过,这两种处理方法都未曾在任何复杂分子中进行过,因而成为我们讨论基础的上述合理方法都在结构化学问题中找到了广泛的应用。

## 3-4 卤化物分子的键能;正常共价键的能量[20]

对于对称的分子 A—A,表示它的单键的波函数可以写成如下形式:

$$a\psi_{A:A}+b\psi_{A^+A^-}+b\psi_{A^-A^+} \tag{3-1}$$

对另一个对称的分子 B—B 也可写出类似的表示式。决定离子型结构贡献大小的比值 $b/a$ 是很小的,可能对于所有相同原子间的键来说都是大致相同。

现在让我们来考虑分子 A—B,它包含了在两个不同原子之间的一个单键。如果这两个原子在性质上极相类似,这个分子中的键可以由如(3-1)式的波函数来表示,那就是对称分子 A—A 和 B—B 的波函数的平均式。我们把这种键称为正常共价键。

如果所考虑的分子 A—B 中 A 和 B 是不相类似的原子,其中一个的电负性比另一个的大得多,这对我们必须用更为一般的波函数来表示这个键:

$$a\psi_{A:B}+c\psi_{A^+B^-}+d\psi_{A^-B^+} \tag{3-2}$$

这里 $c/a$ 和 $d/a$ 的最优值是使键能值为极大(也就是使分子的总能量为极小)。这些值一般与(3-1)式中的 $b/a$ 值不同,其中一个比较小,另一个则比较大。因为它们使键能成为极大,所以在不同原子间的实际键的能量是大于(或等于)相应的正常共价键的能量。这个额外的键能来自键的额外离子性,这也就是与相同原子间的键相比较时这种键所具有的额外离子性共振能。在后面再要提到这些量时,我们将省去"额外"两个字,而说"键的离子性"和"离子共振能"。

为了检验这个结论,我们需要不同原子间的正常共价键的能值。这些数值可用量子力学方法计算;不过更简便的是先提出一个假设,然后根据实验事实加以检验。因为 A—B 的正常共价键在性质上和 A—A、B—B 两个键相类似,可以预期它的键能值是介于 A—A 和 B—B 键的能值之间。这个结果来自正常共价键加和性的假设。也就是说,我们假设 $D(A—A)$ 和 $D(B—B)$ 这两个键能值的算术平均就是不相同原子 A 和 B 之间的正常共价键的能值。

如果这假设是正确的话,则不相同原子间键的实际键能 $D(A—B)$ 将总是比相应对称键的键能的算术平均值大,至少也是相等,若把差值 $\Delta$ 定义为

$$\Delta=D(A—B)-\frac{1}{2}\{D(A—A)+D(B—B)\} \tag{3-3}$$

则 $\Delta$ 总不会是负值,表 3-2 给出了卤化氢和卤化卤的键能及其 $\Delta$ 值。[21]可以看到这 8 个

分子的 Δ 值都是正数,此外,这些可用来量度不对称键的离子共振能的 Δ 值大小也和我们以前从这些分子的键的性质所获得的概念相一致。在 HI、HBr、HCl、HF 的系列中,我们曾经估计过这些键的离子性各为 5％、12％、17％ 和 45％。相应的 Δ 值为 1.2、12.3、22.1 和 64.2 千卡/摩尔,不仅按照同样的顺序增加,而且也是在 HCl 和 HF 之间有较大的改变(唯一没有意料到的只是 HI 的 Δ 值非常小)。BrCl 分子中的键更加接近正常共价键,它的 Δ 值只有 0.2 千卡/摩尔。这对于彼此非常相类似的氯和溴来说也是预期中的结果。IBr 和 ICl 的 Δ 值也是很小的,但 ClF 的 Δ 则大致和 HBr 的差不多,这表明氟化氯的离子性大约和溴化氢相接近。氯、溴和碘的电负性差别不大,其中以氢和溴之间比溴和碘之间更为相近,在其他方面也是如此,但氟的电负性则比其他各卤素的都要大得多;它应该被看成是超卤素,自成一类。

表 3-2 卤化氢和卤化卤分子的键能 (单位:千卡/摩尔)

| | H—H | F—F | Cl—Cl | Br—Br | I—I |
|---|---|---|---|---|---|
| 键 能 | 104.2 | 36.6 | 58.0 | 46.1 | 36.1 |
| 键 能 | | H—F | H—Cl | H—Br | H—I |
| | | 134.6 | 103.2 | 87.5 | 71.4 |
| $\frac{1}{2}\{D(H—H)+D(X—X)\}$ | | 70.4 | 81.1 | 75.2 | 70.2 |
| Δ | | 64.2 | 22.1 | 12.3 | 1.2 |
| 键 能 | | Cl—F | Br—Cl | I—Cl | I—Br |
| | | 60.6 | 52.3 | 50.3 | 42.5 |
| $\frac{1}{2}\{D(X—X)+D(X'—X')\}$ | | 47.3 | 52.1 | 47.1 | 41.1 |
| Δ | | 13.3 | 0.2 | 3.2 | 1.4 |

可以看出,Δ 恰好就是在下列反应中放出的热量:

$$\frac{1}{2}A_2(g)+\frac{1}{2}B_2(g)\longrightarrow AB(g) \tag{3-4}$$

而我们要求 Δ 大于或等于零就相当于要求这类反应不是吸热反应。

在下节中可以看到,加和性的假设对大多数单键来说是正确的,而且 Δ 值可以作为广泛建立元素电负性标度的基础。但在少数情况下,加和性假设却不能成立。下一节就要来讨论这种情况。

**几何平均的假设** 在碱金属的蒸气中,存在着小量的双原子分子 $M_2$。这些分子中的键是由两原子的价电子所形成的共价键,例如在 Li:Li 分子中,两个锂原子各用其 $2s$ 电子来成键。因为这些轨道分布在较大范围的空间,这些价电子的结合能又较小,所以这些碱金属双原子分子中的键是弱的,其键能在 $26.5(Li_2) \sim 10.7(Cs_2)$ 千卡/摩尔之间。碱金属也可形成氢化物分子 MH,在它的晶体中原子作如氯化钠晶体一样的排列,其中氢形成负离子 $H^-$,碱金属则形成正离子。由此可以预期碱金属氢化物气体分子中的键带有某些离子性,使它具有离子共振能和正的 Δ 值。但从表 3-3 看到的 Δ 值却是负的。

表 3-3　碱金属氢化物分子的键能值　　　　（单位：千卡/摩尔）

| | H—H | Li—Li | Na—Na | K—K | Rb—Rb | Cs—Cs |
|---|---|---|---|---|---|---|
| 键　能 | 104.2 | 28.5 | 18.0 | 13.2 | 12.4 | 10.7 |
| | | Li—H | Na—H | K—H | Rb—H | Cs—H |
| 键　能 | | 58.5 | 48.2 | 43.6 | 40 | 41.9 |
| $\frac{1}{2}\{D(M—M)+D(H—H)\}$ | | 65.4 | 61.1 | 58.7 | 58.3 | 57.5 |
| $\Delta$ | | −6.9 | −12.9 | −15.1 | −18 | −15.6 |
| $\{D(M—M)D(H—H)\}^{\frac{1}{2}}$ | | 52.6 | 43.4 | 37.1 | 36.0 | 33.4 |
| $\Delta'$ | | 5.9 | 4.8 | 6.5 | 4 | 8.5 |

　　这个结果表明，对于这些分子，正常共价键的能量的加和性假设是不适用的。从单电子键所进行的量子力学处理[22]得出这样的结论，那就是加和性假设应代之以另一类似的假设——几何平均假设，即用键能 $D(A—A)$ 和 $D(B—B)$ 的几何平均值（即它们乘积的平方根）来代替它们的算术平均值。也就是说，几何平均假设是将 $\{D(A—A)\cdot D(B—B)\}^{\frac{1}{2}}$ 作为原子 A、B 间的正常共价键的能量。据此，可另定义下面差值 $\Delta'$：

$$\Delta'=D(A—B)-\{D(A—A)\cdot D(B—B)\}^{\frac{1}{2}} \tag{3-5}$$

应该总是大于或等于零。按照新的假设，不对称键的离子共振能是 $\Delta'$ 而不是 $\Delta$。

　　当键能 $D(A—A)$ 和 $D(B—B)$ 在数值上差别不大时，它们的几何平均值和算术平均值之间仅有很小的差别（例如对于 30 和 40，几何平均值和算术平均值分别为 34.6 和 35.0）。由于这个原因，根据算术平均假设而得的论断在新的假设下依然是正确的。但是对于碱金属氢化物而言，由新假设所得出的结论和根据以前的假设得出的迥然不同，这是因为氢分子的键能远比碱金属分子的为大，所以几何平均值和算术平均值之间相差很大。从表 3-3 中可看到所列的 $\Delta'$ 值都是正的，如果几何平均假设是正确的话，这就恰好是基本共振理论所要求的。

　　一般来说，对于不相同原子间的正常共价键，与加和性假设相比较，几何平均假设可能给出较满意的键能值。不过，在具体应用时，几何平均假设却比加和假设困难，因为 $\Delta$ 值可以直接从反应热获得，而在计算 $\Delta'$ 时却需要许多种键能的数据，所以在本章的以后各节中，有时我们仍使用加和性假设。

## 3-5　单键键能的经验值

　　双原子分子中键能的经验值直接由它离解为原子时的离解能给出，离解能可应用热化学或光谱学方法测定。在多原子分子中，热化学数据所提供的是它离解为原子时的总能值，即分子中各键能之和，而不是单个键的能量。例如根据由元素形成气态水时的生成焓(57.80 千卡/摩尔)以及氢和氧的离解焓(分别为 104.18 和 118.32 千卡/摩尔),我们可以算出反应

$$2H+O \longrightarrow H_2O(g)$$

的反应焓是 221.14 千卡/摩尔。这等于从水分子除去第一个氢原子即破裂一个 O—H 键所需的能量,以及再除去第二个氢原子即破裂另一个 O—H 键所需的能量之和。这两个能值在数量上虽然差得不多但却不相等。我们可以方便地取它们的平均值 110.6 千卡/摩尔定义为水分子中 O—H 键的能量。按照同样的方法,可以求出那些所有键都是同样的多原子分子中的键能。必须着重指出的是每个这样的键能值并不代表破裂分子中某一个键所需的能量,而只代表所有各键均被破裂时所需能量的平均值。[23]

我们可以按照这个方法求出这样定义的单键的键能值——例如从 $S_8$ 分子(含有 8 个 S—S 键的八元环)可求得 S—S 键的键能,从 $NH_3$、$PH_3$、$H_2S$ 等又可分别求得 N—H、P—H、S—H 等键的键能值。这些值列于表 3-4 中。

表 3-4　一些单键的键能[a]　　　　　　　　　　　　(单位:千卡/摩尔)

| 键 | 键 能 | 键 | 键 能 | 键 | 键 能 |
|---|---|---|---|---|---|
| H—H | 104.2 | P—H | 76.4 | Si—Cl | 85.7 |
| C—C | 83.1 | As—H | 58.6 | Si—Br | 69.1 |
| Si—Si | 42.2 | O—H | 110.6 | Si—I | 50.9 |
| Ge—Ge | 37.6 | S—H | 81.1 | Ge—Cl | 97.5 |
| Sn—Sn | 34.2 | Se—H | 66.1 | N—F | 64.5 |
| N—N | 38.4 | Te—H | 57.5 | N—Cl | 47.7 |
| P—P | 51.3 | H—F | 134.6 | P—Cl | 79.1 |
| As—As | 32.1 | H—Cl | 103.2 | P—Br | 65.4 |
| Sb—Sb | 30.2 | H—Br | 87.5 | P—I | 51.4 |
| Bi—Bi | 25 | H—I | 71.4 | As—F | 111.3 |
| O—O | 33.2 | C—Si | 69.3 | As—Cl | 68.9 |
| S—S | 50.0 | C—N | 69.7 | As—Br | 56.5 |
| Se—Se | 44.0 | C—O | 84.0 | As—I | 41.6 |
| Te—Te | 33 | C—S | 62.0 | O—F | 44.2 |
| F—F | 36.6 | C—F | 105.4 | O—Cl | 48.5 |
| Cl—Cl | 58.0 | C—Cl | 78.5 | S—Cl | 59.7 |
| Br—Br | 46.1 | C—Br | 65.9 | S—Br | 50.7 |
| I—I | 36.1 | C—I | 57.4 | Cl—F | 60.6 |
| C—H | 98.8 | Si—O | 88.2 | Br—Cl | 52.3 |
| Si—H | 70.4 | Si—S | 54.2 | I—Cl | 50.3 |
| N—H | 93.4 | Si—F | 129.3 | I—Br | 42.5 |

a. 碱金属双原子分子和碱金属氢化物的键能值已列于表 3-3 中。

氧没有借 O—O 单键把两原子连在一起的同素异形体;表中所列的 O—O 键的键能值来自过氧化氢的生成热,计算时假定 $H_2O_2$ 中 H—O 键能与 $H_2O$ 中的一样。这样的计算是从热化学数据计算键能的典型方法。具体步骤如下:从标准状态下的单质形成 $H_2O_2(g)$ 的生成焓是 31.83 千卡/摩尔,加上 $H_2$ 和 $O_2$ 的 104.2 和 118.3 之后得到从两

个 H 和两个 O 原子形成 $H_2O_2(g)$ 时的生成热为 254.3 千卡/摩尔。从中减去两个 O—H 键的键能 221.1 后剩下的 33.2 千卡/摩尔就是 O—O 键的能量；表 3-4 中所列出的就是这个数值。

求得表 3-4 中其他数值所用的方法将在下面叙述。

本书中所用的热化学数据大部分取自罗西尼（F. D. Rossini）、瓦格曼（D. D. Wagman）、埃文斯（W. H. Evans）、莱文（S. Levine）和杰费（I. Jaffe）所编的《化学热力学性质的选用值》（*Selected Values of Chemical Thermodymamic Properties*），编入国家标准局通告第 500 号），Printing Office，Washington，D. C.，1952。选定键能值时规定它们的和等于 25℃时从原子形成分子（都在气体状态下）时的焓变化（$-\Delta H$）。将原子和分子的振动、转动和平动能包括于键能之内并没有什么意义；不过这样做比起将热化学数据都校正到 0K 要方便一些，因为进行这种校正所需的数据是往往难以得到的；同时上述做法也不致引起任何显著不利之处。

表 3-5 列出了以单质的标准态（这是标准局[*]生成焓数值列表中所采用的参考状态）为准的各气态原子在其正常态（这是键能值列表中所采用的参考状态）时的相对焓值。表 3-5 中大多数的数值都是取自标准局[*]所编的资料；氮的数值是个重要的例外，因为近年来光谱学和热化学的研究表明 N—N 键能是表中所列的较高值，而不是该资料中所列的较低值。

在讨论燃烧热时下列各反应在 25℃的焓值是很有用的：

**表 3-5 以单质的标准态为准的各元素单原子气体的焓值** （单位：千卡/摩尔）

| | | | |
|---|---|---|---|
| H | 52.09 | P | 75.18 |
| Li | 37.07 | As | 60.64 |
| Na | 25.98 | Sb | 60.8 |
| K | 21.51 | Bi | 49.7 |
| Rb | 20.51 | O | 59.16 |
| Cs | 18.83 | S | 53.25 |
| C | 171.70 | Se | 48.37 |
| Si | 88.04 | Te | 47.6 |
| Ge | 78.44 | F | 18.3 |
| Sn | 72 | Cl | 29.01 |
| Pb | 46.34 | Br | 26.71 |
| N | 113.0 | I | 25.48 |

$$H_2(g) + \frac{1}{2}O_2(g) \longrightarrow H_2O(g)$$

$$-\Delta H^{\ominus} = 57.7979 \text{ 千卡/摩尔} \tag{3-6}$$

$$H_2(g) + \frac{1}{2}O_2(g) \longrightarrow H_2O(l)$$

---

[*] 指美国国家标准局。——译者注

$$-\Delta H^{\ominus} = 68.3174 \text{ 千卡/摩尔} \tag{3-7}$$

$$C(\text{石墨}) + O_2(g) \longrightarrow CO_2(g)$$

$$-\Delta H^{\ominus} = 94.0518 \text{ 千卡/摩尔} \tag{3-8}$$

$$C(\text{石墨}) + \frac{1}{2}O_2(g) \longrightarrow CO(g)$$

$$-\Delta H^{\ominus} = 26.4157 \text{ 千卡/摩尔} \tag{3-9}$$

H—H、F—F、Cl—Cl、Br—Br、I—I、H—F、H—Cl、H—Br、H—I、Cl—F、Br—Cl、I—Cl 和 I—Br 各键的键能值都是由光谱法或热化学法测定相应双原子分子的解离焓而得的。Si—Si 和 Ge—Ge 的键能值则是相应晶体的升华热的一半,这些晶体具有和金刚石相同的结构。

原来有关碳的键能值都是假定气态碳原子的焓比石墨的大 176 千卡/摩尔。[24] 在本书的第一版中,曾把这个值改为 124.3 千卡/摩尔,在当时看来似乎这是正确值。[25] 在这之后才清楚,[26] 石墨升华热的正确值接近于 171.70 千卡/摩尔,因此现在我把碳的键能值作了相应的改正,不过新的值和原来的相差还是很小的。

在确定和使用表 3-4 中的键能值时采用的基本假设是这样的:对于那些能肯定地指定出单一的价键结构的分子,其能量极为接近相应各键的常数能项之和。经验证明这一假设在相当大的范围内是符合实际情况的,几乎对所有的分子来说,由各键的能值相加而算得的生成焓和实测值相差都在几个千卡/摩尔之内。随便选个例子来看,从标准状态下的单质生成 $CH_2FCH_2OH(g)$ 的生成焓是 95.7 千卡/摩尔;把它加上相应的各单原子气体的生成焓(表 3-5),得到 777.0 千卡/摩尔。根据表 3-4 计算,四个 C—H 键、一个 C—F 键、一个 C—C 键、一个 C—O 键和一个 O—H 键的键能值的总和是 778.3 千卡/摩尔,在这个例子里符合得非常好。

这样安排的键能值只能用在各个原子都表现出正常共价(例如碳为四价,氮为三价等)的分子。铵盐或像氧化三甲胺之类的物质就不能这样处理。把键能用于像五氯化磷这种分子也不能期望有正确的结果。有趣的是 $PCl_3(g) + 2Cl(g) \longrightarrow PCl_5(g)$ 的反应热是 80.2 千卡/摩尔,这相当于两个新的 P—Cl 键的键能为 40.1 千卡/摩尔,它比正常的 P—Cl 键的键能 79.1 千卡/摩尔小得多。

键能可用来讨论分子的结构。例如,在 1933 年作者曾经指出,[27] 如果臭氧的结构为

$\overset{\ddot{O}}{\underset{:\ddot{O}\diagdown\diagup\ddot{O}:}{\diagup\diagdown}}$ ,则它从分子态氧形成时的生成焓预计将是 $-77.9$ 千卡/摩尔(若对三元环的张力

加以校正,则要小些),但实测值只有 $-34.0$ 千卡/摩尔,两者相差之大足够否定这种结

构。$O_4$ 分子也是如此,按照 $\begin{matrix} :\ddot{O}\!-\!\ddot{O}: \\ |\quad\quad| \\ :\ddot{O}\!-\!\ddot{O}: \end{matrix}$ 结构计算的生成焓是 $-103.8$ 千卡/摩尔,而实测值

却是 0.16 千卡/摩尔,两者之差异也足以否定 $O_4$ 的这种结构。现在从光谱、电子衍射和 X 射线衍射等获得的证据也表明 $O_3$ 和 $O_4$ 的这种单键式结构是不正确的。

应用键能来讨论含有重键的分子以及那些不能用单键结构满意地表示的分子的问题将在第六章和第八章中加以叙述。

单质本身所含单键(如 C—C、N—N 等)的键能值图示于图 3-6 中。在 Li、Na、K、Rb、Cs 和 C、Si、Ge、Sn 序列中,各键能值是随原子序数的增大而合理地降低。在这个基础上我们可以估计这种情形也存在于其他各族的相类似的键之间,即最小的原子具有最大的键能,而随着原子体积的增大键能则逐渐减小。但 N、O 和 F 的数值在与其同族元素的相比较时,显示出相当大的偏离。匹兹对这种特殊性所提出的解释,将在下一章中论述(见 4-10 节)。

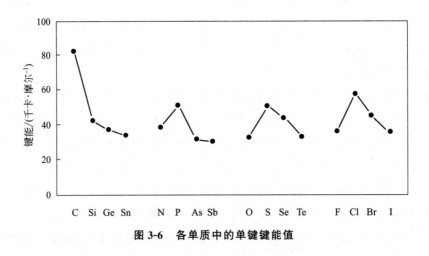

图 3-6 各单质中的单键键能值

# 3-6 元素的电负性标度

**电负性标度的订立** 在 3-4 节中曾经指出,两个原子 A 和 B 愈不相似(这里所谓相似与否是指化学家所谓的电负性这种定性性质而言,它指的是分子中原子吸引电子的能力),则 A—B 键的键能值 $D(A—B)$ 和预期的正常共价键的能值(假设它是键能 $D(A—A)$ 和 $D(B—B)$ 的算术平均值或几何平均值)之差便愈大。例如在 HI、HBr、HCl 和 HF 的序列中,卤素的变化是从在一般化学性质上电负性仅稍高于氢的碘变到在所有元素中电性最大的氟,而键能对算术平均值的偏差 $\Delta$ 和对几何平均值的偏差 $\Delta'$ 则是迅速地顺序递增的。

分子中原子的电负性不同于元素的电极电势,后者取决于元素在其标准状态和在离子溶液中的自由能之差;它也不同于原子的电离能或其电子亲和能,虽然它们之间是有其一般性的联系。

已经发现有可能通过得自单键键能的 $\Delta$ 或 $\Delta'$ 值的分析来订立各元素的电负性标度。在表 3-6 中列出了一些非金属原子间的键的 $\Delta'$ 值,相应的原子能量已在表 3-5 中给出。求取这些 $\Delta'$ 值的方法和表 3-3 中的相同。检查表 3-6 就可看出,这些 $\Delta'$ 值是不满足加和关系的,即它们不能表为键中两原子的特征项之差。但 $\Delta'$ 值的平方根则近于满足这种加和性关系。表中列出了 $0.18\sqrt{\Delta'}$ 的值,它是以 30 千卡/摩尔为单位的 $\Delta'$ 值的平方根,即 $\sqrt{\Delta'/30}$。在早先订立的电负性标度[28]中,曾用电子伏特即 23 千卡/摩尔作为能量单位,同时取用算术平均值,这个在本书的第一版和第二版中采用的方法把电负性的数值安排在一个相当方便的范围内。现在改用几何平均假设和 30 千卡/摩尔为单位也能获得同样的数值。

表 3-7 给出了从表 3-6 选出的一些元素的电负性数值。它们之间的差是由表 3-6 中的 $0.18\sqrt{\Delta'}$ 值来决定的,另外加上一个常数以便使第一行元素从 C 到 F 的电负性数值安排在 2.5～4.0。

**表 3-6　键的额外离子能和键合原子间的电负性差**

| 键 | $\Delta'$ | $0.18\sqrt{\Delta'}$ | $x_A - x_B$ | 键 | $\Delta'$ | $0.18\sqrt{\Delta'}$ | $x_A - x_B$ |
|---|---|---|---|---|---|---|---|
| C—H | 5.8 | 0.4 | 0.4 | Si—F | 90.0 | 1.7 | 2.2 |
| Si—H | 4.0 | 0.4 | 0.3 | Si—Cl | 36.2 | 1.1 | 1.2 |
| N—H | 30.1 | 1.0 | 0.9 | Si—Br | 25.0 | 0.9 | 1.0 |
| P—H | 3.3 | 0.3 | 0.0 | Si—I | 11.8 | 0.6 | 0.7 |
| As—H | 0.8 | 0.2 | 0.1 | Ge—Cl | 50.8 | 1.3 | 1.2 |
| O—H | 41.8 | 1.2 | 1.4 | N—F | 27.0 | 0.9 | 1.0 |
| S—H | 8.3 | 0.5 | 0.4 | N—Cl | 0.5 | 0.1 | 0.0 |
| Se—H | −1.6 | — | 0.3 | P—Cl | 24.5 | 0.9 | 0.9 |
| Te—H | −1.9 | — | 0.0 | P—Br | 16.7 | 0.7 | 0.7 |
| H—F | 72.9 | 1.5 | 1.9 | P—I | 8.3 | 0.5 | 0.4 |
| H—Cl | 25.4 | 0.9 | 0.9 | As—F | 77.0 | 1.6 | 2.0 |
| H—Br | 18.2 | 0.8 | 0.7 | As—Cl | 25.8 | 0.9 | 1.0 |
| H—I | 10.1 | 0.6 | 0.4 | As—Br | 18.0 | 0.8 | 0.8 |
| C—Si | 10.0 | 0.6 | 0.7 | As—I | 7.5 | 0.5 | 0.5 |
| C—N | 13.2 | 0.7 | 0.5 | O—F | 9.3 | 0.5 | 0.5 |
| C—O | 31.5 | 1.0 | 1.0 | O—Cl | 4.6 | 0.4 | 0.5 |
| C—S | −2.4 | — | 0.0 | S—Cl | 5.3 | 0.4 | 0.5 |
| C—F | 50.2 | 1.3 | 1.5 | S—Br | 2.2 | 0.3 | 0.3 |
| C—Cl | 9.1 | 0.5 | 0.5 | Cl—F | 14.5 | 0.7 | 1.0 |
| C—Br | 4.0 | 0.4 | 0.3 | Br—Cl | 0.6 | 0.1 | 0.2 |
| C—I | 2.6 | 0.3 | 0.0 | I—Cl | 4.5 | 0.4 | 0.5 |
| Si—O | 50.7 | 1.3 | 1.7 | I—Br | 1.7 | 0.3 | 0.3 |
| Si—S | 7.8 | 0.6 | 0.7 | | | | |

表 3-7　某些元素的电负性数值

| H 2.1 | | | |
|---|---|---|---|
| C 2.5 | N 3.0 | O 3.5 | F 4.0 |
| Si 1.8 | P 2.1 | S 2.5 | Cl 3.0 |
| Ge 1.8 | As 2.0 | Se 2.4 | Br 2.8 |
| | | | I 2.5 |

在编制表 3-7 时曾考虑了所有可用的数据，$x$ 值($x$＝电负性)的选择是以能最一般地适合每个原子的数据为准的。表中这些数值都只取到小数点后一位；在我看来，它们的可靠性也只限于这样的程度。

原定电负性标度表中所载的电负性数值列在下面的各元素符号之后：

| | | | | | | | |
|---|---|---|---|---|---|---|---|
| H | 0.00 | 2.05 | 2.1 | Br | 0.75 | 2.80 | 2.8 |
| P | 0.10 | 2.15 | 2.1 | Cl | 0.94 | 2.99 | 3.0 |
| I | 0.40 | 2.45 | 2.5 | N | 0.95 | 3.00 | 3.0 |
| S | 0.43 | 2.48 | 2.5 | O | 1.40 | 3.45 | 3.5 |
| C | 0.55 | 2.60 | 2.5 | F | 2.00 | 4.05 | 4.0 |

把它们加以 2.05 就得到第二列数值，这两列数值之差仅在于标度的原点有所移动，即从 $x_H＝0.00$ 移到 $x_H＝2.05$。可以看出新值和旧值之差都在 0.05 以内，只有碳是个例外，它在新标度中被减掉 0.10。

在表 3-6 中，键联原子的电负性差列于 $x_A－x_B$ 标明的那一栏里。若额外离子能 $\Delta'(A—B)$ 由下式准确地给出：

$$\Delta'(A—B)＝30(x_A－x_B)^2, \tag{3-10}$$

而键能(千卡/摩尔)由下式准确地给出：

$$D(A—B)＝\{D(A—A)\cdot D(B—B)\}^{\frac{1}{2}}＋30(x_A－x_B)^2, \tag{3-11}$$

则 $0.18\sqrt{\Delta'}$ 和 $x_A－x_B$ 标明的两栏里的数值应该两两对应相等。从表中可以看出这是近似正确的，在 42 对数值中，这两者的平均偏离只有 0.1。

在所列 45 个键中只有 Se—H、Te—H 和 C—S 3 个键的 $\Delta'$ 是负值。出现这些负值的原因可能一部分在于我们的假设和实际情况的偏离，因为这些假设只可能是近似正确的；另一部分或者在于键能值中的小误差。

表 3-7 所列的电负性值和周期表的联系也正是我们所预期的：氟和氧是所有原子中电负性最大的，而氟又比氧大得多。有趣的是，氮和氯具有相同电负性；碳、硫和碘也是

如此。电负性的等值线是从左上方向右下方斜跨过周期表的。

## 3-7　化合物在标准状态下的生成热；完整的电负性标度

刚才所介绍的确定电负性标度的方法不能普遍地用于其余的元素，因为缺少它们的气态化合物的生成焓以及这些单质本身的单键键能值等的完整数据。但下述的方法的推广是可资应用的。

除了将在以后另加讨论的氮和氧以外，标准状态下的单质和在原子间有着正常共价单键的状态，在能量上没有多大差别。已经知道标准状态下的溴、碘、硫、碳（金刚石）以及其他许多非金属元素中，相邻原子间是以单键相联系的；此外，各金属的标准状态也可能和含有单键的状态相差不远，因为金属键和共价键在性质上是相当类似的（第十一章）。

不过许多单质在标准状态下是液体或晶体而不是气体，许多我们感兴趣的化合物又都是液体或晶体。我们认为液体和晶体的能量不仅只是键能而且还包括相邻非键合原子间的范德华相互作用能。作为一种近似，我们可以假定在标准状态下物质的范德华稳定能和构成该物质的有关单质在其标准状态时的范德华稳定能大致相等，因而以标准状态为准的生成焓就要和从气态单质形成气态化合物的生成焓大致相等。此外，除第二周期的原子以外，都很少能形成稳定的双键和叁键，所以我们能够相当有信心地假设，在键型未知的化合物中不会出现足够强的重键，强到它的能量能超过相应数目的单键的能量，以致在电负性计算中有可能引入很大的误差。

在缺乏单质的键能数据的时候，几何平均法显然不能应用。但对大多数的键来说，几何平均值和算术平均值之间没有多大差别——只有在像碱金属氢化物之类的物质中，$H—H$ 和 $M—M$ 的键能大不相同，这两个平均值才有很大差别。所以我们可以用算术平均值，并假定键能是由下式给出的：

$$D(A—B) = \frac{1}{2}\{D(A—A) + D(B—B)\} + 23(x_A - x_B)^2 \tag{3-12}$$

由此可知，这个键对物质生成热的贡献就等于 $23(x_A - x_B)^2$。除了下面就要谈到的、对氮和氧所需要的校正以外，把分子中所有各键的这种能项相加就得到生成热。

标准状态下的氮 $N_2(g)$ 远比假定分子中只含有 $N—N$ 单键的情况要稳定得多。从 $N—N$ 的键能值 38.4 卡/摩尔和 $2N \longrightarrow N_2 + 226.0$ 千卡/摩尔的数据来看，标准状态的 $N_2$ 的额外稳定性是 110.8 千卡/摩尔，或单个氮原子为 55.4 千卡/摩尔。同样，从 $O—O$ 键能值 33.2 千卡/摩尔和 $2O \longrightarrow O_2 + 118.3$ 千卡/摩尔的数据可得标准状态的 $O_2$ 的额外稳定性为 52.0 千卡/摩尔，或每摩尔原子氧为 26.0 千卡。对氮和氧要加上这样的校正项,正因为氮中含有这远比三个单键稳定得多的叁键,氧中也含有远比两个单键稳定得多的特殊的键(第十章)。因此在标准状态下物质的生成焓可用(3-13)式进行近似计算:

$$Q = 23 \sum (x_A - x_B)^2 - 55.4 n_N - 26.0 n_O \qquad (3\text{-}13)$$

式中 $n_N$ 表示分子中所含氮原子的数目, $n_O$ 是氧原子的数目,右方第一项是对分子中所有的键求和;$Q$ 值的单位是千卡/摩尔。这个式子不能用于含有双键或叁键的物质。

由于氧气和氮气的分子中把它们的基态稳定下来的重键所具有的特殊稳定性,常常使一些物质的生成焓变成负值。一个氮原子通过单键与电负性相同的其他原子相连接的分子,其生成热应该大约是 $-55.4$ 千卡/摩尔;因此,相对于单质来说,这个化合物是极不稳定的。三氯化氮就是这样的一个化合物,在这个分子中各个键都是和 N—N、Cl—Cl 单键相类似的正常共价键;三氯化氮之所以不稳定,并不是因为 N—Cl 键很弱,而是因为 $N_2$ 的叁键特别强。在四氯化碳溶液中,它的生成焓的实测值是 $-54.7$ 千卡/摩尔,这与预期值极为接近。在三氟化氮中,N—F 键的离子共振能高到足以克服这个不利因素,因而 $NF_3$ 分子具有正的生成焓(27.2 千卡/摩尔)。在 $OF_2$ 和 $Cl_2O$(这里 $x_A - x_B = 0.5$)分子中键的离子性尚不足抵消氧原子的相应项 $-26.0$ 千卡/摩尔,因而这些物质的生成焓都是负值,但其他正常氧化物的生成焓则都是正值。

应用(3-13)式,可以从两元素形成化合物时的生成焓计算它们的电负性差值;依据这种方法,便可通过某一元素与电负性值为已知(表 3-7)的各元素所生成的化合物的研究来

**表 3-8　完整的电负性标度[a]**

| Li | Be | B | | | | | | | | | | C | N | O | F |
|---|---|---|---|---|---|---|---|---|---|---|---|---|---|---|---|
| 1.0 | 1.5 | 2.0 | | | | | | | | | | 2.5 | 3.0 | 3.5 | 4.0 |
| Na | Mg | Al | | | | | | | | | | Si | P | S | Cl |
| 0.9 | 1.2 | 1.5 | | | | | | | | | | 1.8 | 2.1 | 2.5 | 3.0 |
| K | Ca | Sc | Ti | V | Cr | Mn | Fe | Co | Ni | Cu | Zn | Ga | Ge | As | Se | Br |
| 0.8 | 1.0 | 1.3 | 1.5 | 1.6 | 1.6 | 1.5 | 1.8 | 1.8 | 1.8 | 1.9 | 1.6 | 1.6 | 1.8 | 2.0 | 2.4 | 2.8 |
| Rb | Sr | Y | Zr | Nb | Mo | Tc | Ru | Rh | Pd | Ag | Cd | In | Sn | Sb | Te | I |
| 0.8 | 1.0 | 1.2 | 1.4 | 1.6 | 1.8 | 1.9 | 2.2 | 2.2 | 2.2 | 1.9 | 1.7 | 1.7 | 1.8 | 1.9 | 2.1 | 2.5 |
| Cs | Ba | La-Lu | Hf | Ta | W | Re | Os | Ir | Pt | Au | Hg | Tl | Pb | Bi | Po | At |
| 0.7 | 0.9 | 1.1-1.2 | 1.3 | 1.5 | 1.7 | 1.9 | 2.2 | 2.2 | 1.8[a] | 2.4 | 1.9 | 1.8 | 1.8 | 1.9 | 2.0 | 2.2 |
| Fr | Ra | Ac | Th | Pa | U | Np-No | | | | | | | | | | |
| 0.7 | 0.9 | 1.1 | 1.3 | 1.5 | 1.7 | 1.3 | | | | | | | | | | |

a. 表中所列数值系指元素的通常氧化态。对某些元素来说,曾经观察到其电负性随氧化数而变;例如 $Fe^{II}$ 1.8, $Fe^{III}$ 1.9,$Cu^{I}$ 1.9,$Cu^{II}$ 2.0;$Sn^{II}$ 1.8,$Sn^{IV}$ 1.9。对于其他元素,可以参考 W. Gordy 和 W. J. O. Thomas,*J. Chem. Phys.* **24**,439(1956).

定出该元素的电负性值。例如,从标准状态下的单质形成 $BeCl_2$、$BeBr_2$、$BeI_2$ 和 BeS 的生成焓各为 122.3、88.4、50.6 和 55.9 千卡/摩尔。由此得到相应电负性的差值是 1.56、1.33、1.03 和 1.06,从而得到铍的电负性值为 1.44、1.47、1.47 和 1.44,因而 Be 的电负性可定为 1.5。表 3-8(除了表 3-7 已有的以外)中所列的数值就是这样获得的。[29]

电负性与周期表的关系示于图 3-7 中。在从 Li 到 F 的第一短周期中电负性依次相差一个常量 0.5。在以下各周期中,金属间的差别看来比非金属间的小;在周期表的同一族中,也是金属区中的差别比非金属区中的为小。

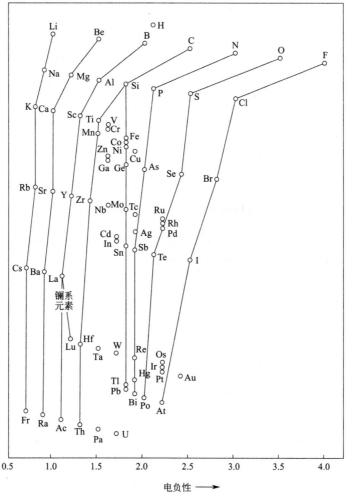

图 3-7 元素的电负性数值

电负性标度给无机物热化学的领域带来了一定程度的系统化,这里骤看起来是难于找出什么规律。应用表 3-7 中的电负性数据,可以粗略地预测各化合物的生成焓。这些生成焓按照元素在周期表上的位置作有规则的变化,可以说从单质形成化合物时的反应焓主要应归因于不同原子间键的离子性所引起的额外离子共振能,而且原子越不相似,这个额外离子共振能也就越加增大。氧和氮这两个单质在元素中具有这样的特点,那就是它们的标准状态远比它们在其单键状态时稳定得多。正是通过对这两个元素进行的校正,才使热化学数据的规律性从表面上看来毫无规律的情况下得到揭露。

## 3-8 与其他性质间的关系

上面所讨论的电负性衡量着稳定分子中电中性原子对电子的吸引力。原子的第一电离能,即反应 $X^+ + e^- \longrightarrow X$ 的能量,可以认为是原子和正离子分别吸引电子的平均量度;而电子亲和能,即反应 $X + e^- \longrightarrow X^-$ 的能量,则可同样设想是原子和负离子分别吸引电子的平均量度。马利肯[30]曾经指出,原子的第一电离能和电子亲和能的平均值应该是电中性原子对电子吸引的量度,因而也就是它的电负性的量度。对于多价原子来说,这些能量的含义将被原子和离子的状态的性质所复杂化,同时还必须对我们这里所不打算讨论的一些因素加以校正。但对单价原子(如氢、卤素、碱金属等)来说,处理就可以直截了当。表 3-9 列出了有关的一些能量值,其中假定碱金属的电子亲和能为零。[31]可以看出:除氢以外,所有的 $x$ 值都差不多与两种能量之和成正比;氢有它的独特电子结构,因而可以预期它有反常的行为。这种比较以及其他各种比较办法都曾用来确定电负性标度的原点。

表 3-9 电离能与电子亲和能的平均值及其与电负性的比较[a]

|  | 电离能 | 电子亲和能 | 和/125 | $x$ |
|---|---|---|---|---|
| F | 403.3 | 83.5 | 3.90 | 4.0 |
| Cl | 300.3 | 87.3 | 3.10 | 3.0 |
| Br | 274.6 | 82.0 | 2.86 | 2.8 |
| I | 242.2 | 75.7 | 2.54 | 2.5 |
| H | 315.0 | 17.8 | 2.66 | 2.1 |
| Li | 125.8 | 0 | 1.01 | 1.0 |
| Na | 120.0 | 0 | 0.96 | 0.9 |
| K | 101.6 | 0 | 0.81 | 0.8 |
| Rb | 97.8 | 0 | 0.78 | 0.8 |
| Cs | 91.3 | 0 | 0.73 | 0.7 |

a. 所有的 $(-\Delta H^{\ominus})$ 数值都是指 25℃ 的。

另一个估计和电负性有密切关联的性质是金属的功函数——即从金属移出一个电子所需要的能量,它可由光电效应中光的极限频率测定出来,或者通过热离子发射理论公式的玻尔兹曼因子中的能项计算出来。戈迪和托马斯[32]曾经指出,在元素的功函数和其电负性之间存在着相当好的直线关系,当功函数 $\psi$ 以电子伏为单位时,这种关系可表为

$$\psi = 2.27x + 0.34 \tag{3-14}$$

元素的电负性标度和一般化学性质之间的最明显联系在于金属和非金属元素的划分。

看来 $x=2$ 就近似地标志着这个分界点,金属元素的电负性小于 2,而非金属的则大于 2。

核磁共振的研究指明,把核的磁矩从一种取向改变到另一种取向所需要的能量在某种程度上决定于由原子所形成的键的性质;这种改变可以说是由于接近核的电子所引起的核磁矩的抗磁屏蔽。古托夫斯基(Gutowsky)及其合作者[33]曾把氟化合物中氟核的核磁屏蔽和连到氟键上的原子的电负性联系起来。含氢化合物中质子抗磁屏蔽和电负性之间的关系也曾由古托夫斯基及其合作者[34]进行了讨论。舒里(Shoolery)[35]曾经证明了取代乙烷中质子的磁矩屏蔽效应和连到碳上的基团中各原子的电负性之间的联系。核自旋耦合常数与键的部分离子性以及与键轨道的杂化性之间的关系也曾由卡普拉斯(Karplus)和格兰特(Grant)[35a]加以讨论。

与电负性有关系的另一效应是核的电四极矩和在核附近由电子所产生的电四极场之间的相互作用。汤斯(Townes)和戴利(Dailey)[36]以及戈迪[37]曾经指出:四极相互作用能与由各键合原子间的电负性差所决定的键的部分离子性有一定关系,戴利和汤斯[38]对这种关系做过详细的讨论。这些考虑将在下节中加以简略的介绍,在那里我们将研究键的部分离子性和各键合原子的电负性差之间的关系问题。

## 3-9　原子的电负性和键的部分离子性

在讨论键时,如果能对它的性质进行定量的描述该是很方便的——譬如就某些键基本上是共价型的,只有 5% 或 10% 离子性;另一些键是离子性和共价性大致相等;还有些键则基本上是离子型的。但是在键的部分离子性和两个成键原子的电负性之差,或键的额外离子共振能之间很难找出可靠的关系。困难主要在于以下的事实:把键描述成是正常共价键和极端离子键之间的杂化体只是粗略的近似。因此不可能希望对键的部分离子性提出准确的表示式。

在本书的第一版中,曾对 A—B 键(原子 A 和 B 的电负性分别为 $x_A$ 和 $x_B$)的离子性大小提出下列方程式:

$$离子性占比 = 1 - e^{-\frac{1}{4}(x_A - x_B)^2} \tag{3-15}$$

这个方程的曲线相应于 HI、HBr、HCl 和 HF 这四分子中的键分别具有 4、11、19 和 60% 的部分离子性。前三个卤化氢的数值与这些分子的电偶极矩所指出的数值(表 3-1)近于相等。在提出此式时,HF 的偶极矩值还不知道,当时估计它的部分离子性是 60%。现在从表 3-1 可以看到,HF 的偶极矩仅相应于 45% 的部分离子性。

根据(3-15)式可算出相应于各种电负性差值的离子性大小,结果列于表 3-10。图 3-8 绘出了该函数的图解,图中的点是一些由一价元素所组成的双原子分子的偶极矩的观测值和电子电荷与核间距离的乘积之比,其中包括卤化氢、卤化卤和碱金属卤化物。碱金属的偶极矩的实验值是用微波谱或分子射线谱方法测定的,看来曲线仅粗略地与实验点符合。

**表 3-10　单键的电负性差值与其部分离子性大小间的关系**

| $x_A - x_B$ | 离子性大小/% | $x_A - x_B$ | 离子性大小/% |
|---|---|---|---|
| 0.2 | 1 | 1.8 | 55 |
| 0.4 | 4 | 2.0 | 63 |
| 0.6 | 9 | 2.2 | 70 |
| 0.8 | 15 | 2.4 | 76 |
| 1.0 | 22 | 2.6 | 82 |
| 1.2 | 30 | 2.8 | 86 |
| 1.4 | 39 | 3.0 | 89 |
| 1.6 | 47 | 3.2 | 92 |

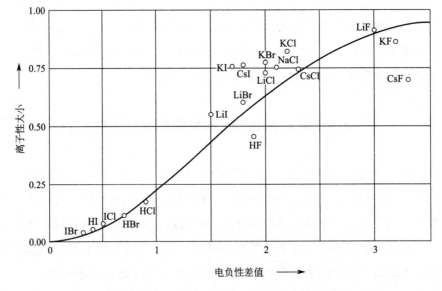

**图 3-8　键的离子性大小与两个原子的电负性差值间的关系曲线**

图中的 18 个实验点得自双原子分子的电偶极矩的观测值

曾经做出一些努力,想办法从原子核的电四极矩和在分子中邻近于核的电子所产生的电四极场之间的相互作用能的实验值来测定键的部分离子性。但是观测到的四极耦合常数不能给予简易的解释,因为这里必须同时考虑键的部分离子性和键轨道的杂化作用(见第四章)。对双原子分子来说,由四极耦合常数所指出的离子性程度比得自电偶极矩的要稍大一些。[39]

在单键的离子性大小和键的生成熵之间也存在着一定的关系。用百分数表示的离子性在数值上大致等于用千卡/摩尔所表示的生成热。当然,在使用这条规则时,必须像(3-13)式那样,对氧和氮在标准状态下的特殊稳定性进行校正。展开(3-15)式中的指数函数可以导出这个关系。展开式中的第一项 $\frac{1}{4}(x_A-x_B)^2$ 是可以与 (3-13) 式中的 $23(x_A-x_B)^2$ 相比较的。

下面我们将在 3-15 式的基础上讨论单键的性质。不过必须记住,由此式所给出、同时也列入表 3-10 中的数值只是近似的。

按照 (3-15) 式,当两键合原子的电负性差值为 1.7 时,这样的键的离子性和共价性各为 50%。所以氟和任何金属或和其他电负性接近于 2 的元素如 H、B、P、As 和 Te 等相结合时,所成之键都有很大的离子性;氧和任何金属之间的键都有不低于 50% 的离子性。像 HF 这种只含一个单键的分子,我们曾用共振于两个结构 $H^+F^-$ 和 $H\!:\!\ddot{F}\!:$ 之间的说法来讨论其键型。对于含有好几个键的分子,讨论就要复杂得多。例如,水中的 O—H 键估计具有 39% 的离子性,相当于 $x_O-x_H=1.4$;因而水分子可描述为共振于 4 个电子结构之间,其中一个结构是完全的共价,另外两个结构中是一个离子键和一个共价键,最后一个结构则有两个离子键。如果各键是彼此无关的,则 4 个结构的贡献将分别是 37%、24%、24% 和 15%。这里需要指出,24% 和 15%(相应于有一个键是离子性的两个结构)之和等于 39%,正好是键的离子性大小的预测值。但是完全离子型结构中,由含有带双电荷的氧离子所引起的静电相互作用将使其贡献有所减低,而使其他 3 个结构的贡献有相应的增加。若完全离子型结构没有贡献而其余 3 个的贡献仍按照原来的分配比,则它们的贡献就分别是 44%、28% 和 28%。

我们可以分别计算包含完全离子结构和略去完全离子结构时水分子的偶极矩。取 O—H 原子间距离为 0.965 埃,H—O—H 间键角为 104.5°,可以获得包括完全离子结构的电偶极矩为 2.21D,略去它时则是 1.36D。实验值 1.86D,介于这两个值之间;因此包含完全离子结构的程度将使得每个键有 33% 的部分离子性而不是 39%。

必须记住,像上面这样的计算只有近似意义,所以也不用精确地进行计算。

对于其他含有不止一个中间型键的分子,也可用共振于几个电子结构之间的办法作类似的描述。例如就铵离子 $[NH_4]^+$ 而言,我们要考虑 16 个结构:一个完全共价结构,4 个有一根离子键的结构,6 个有两根离子键的结构,4 个有三根离子键的结构和一个完全离子型的结构。在下面的讨论中,我们一般将不明显地说明分子是在这些结构间共振,而只要记住分子中各键的离子性大小是要作这样的解释的。在本书的以下各章中,单键将规定用符号 A—B 表示,这符号就表示着共价-离子共振,例如对铵离子的结构式

$$\left[\begin{array}{c} \text{H} \\ | \\ \text{H—N—H} \\ | \\ \text{H} \end{array}\right]^{+}$$

就包括了上面讲过的所有 16 个结构,而且这些结构的贡献要给每个 N—H 键以一适当

大小的离子性。氮和氢的电负性差值为 0.9,因此我们估计每个键的部分离子性为 18%,相当于每个氢原子上的正电荷约为 0.18 单位,氮原子上约为 0.28 单位。由此可得出如下结论:铵离子的单位正电荷几乎是平均地分布在所有 5 个原子上的。

现在我们可以把从各元素所形成的单键的部分离子性得出的结论归纳如下:

碱金属——除了 Li—I、Li—C 和 Li—S 约为 43% 的离子性以外,碱金属与所有非金属间的键基本上都是离子型的(离子性超过 50%——即电负性差值大于 1.7)。

碱土金属——镁、钙、锶和钡与非金属性较强的元素形成基本上是离子型的键。铍键的离子性大小如下:Be—F,79%;Be—O,63%;Be—Cl,44%;Be—Br,35%;Be—I,22%。

第三族元素——B—F 键约有 63% 离子性;B—O,44%;B—Cl,22%;等等。硼与氢形成正常共价键。铝的各种键的离子性和铍的相类似。

第四族元素——具有 44% 离子性的 C—F 键是碳和非金属元素间离子性最强的一个键。Si—F 键有 70% 离子性,Si—Cl 为 30%。Si—O 键由于它在硅酸盐中的重要性而特别值得注意。$x_O - x_{Si}$ 的值为 1.7,因而它大约有 50% 离子性。

其余的非金属元素——由氟和所有金属形成的键基本上都是离子型的;和中间元素(如 H、B、P 等)形成的键,其离子性略高于 50%。C—F、S—F 和 I—F 间的键估计有 44% 离子性;在 $CF_4$、$SF_6$、$IF_5$ 和 $IF_7$ 中,各键的离子性可能小于此值,这是因为正电荷向中心原子的转移提高了它的 $x$ 值,从而减小了键的离子性。

氧与所有金属间的键都是强离子型的。

因为在周期表的每一列内非金属元素的电负性大致都以 0.5 的间隔递变,所以在同一列内,非金属原子与其近邻间形成的键约有 6% 离子性,与其次近邻间形成的键约有 22% 的离子性。

# 3-10 有机物重排反应中的焓变化和电负性标度

对于一些仅有单键破裂和生成的反应有可能用电负性标度和(3-12)式来预测它们的反应焓变化的近似值,因而有可能简便地用电负性标度讨论某些有机反应(特别是有机物重排反应)的放热或吸热性质。我们将在下面几节中举出一些例子来说明。[40]

在本章前面几节中,我们曾经讨论一些简单反应,例如

$$H_2 + Cl_2 \longrightarrow 2HCl$$

这个反应放出热 44.12 千卡/摩尔。用(3-12)式以及 H 和 Cl 的电负性之差可以粗略地讨论它的反应焓。按照(3-12)式估计,HCl 的生成热是 $23(3.0-2.1)^2$ 千卡/摩尔,即 19 千卡/摩尔,这和实测值 22 千卡/摩尔相当接近。

我们可用简单的图解来表示这个反应。先把各有关元素的符号按照表示电负性数值的位置排在一条水平线上,在各符号上面画出圆弧以表示反应物中的单键,在符号下面画出圆弧以表示生成物中的单键:

从这个图解可以看出,氯和氢产生反应生成氯化氢,就相当于长度为零的两个拱架(即 H—H 和 Cl—Cl 键)转化为两个较长的拱架(两个 H—Cl 键)("拱架"这个字眼是用来表示两原子的电负性之差)。应用(3-12)式便可估计出这样一个反应是放热的。

一般说来,在电负性键图解中最长的拱架表示反应的放热方向,理由在于键的额外离子共振能是和拱架长度的平方成比例的,而最长拱架的平方一般就大到足以有决定性。这个原理可用来讨论仅含单键而共振能(第七章)的改变又不大的分子重排反应。

我们取亚硝胺重排反应作为第一个例子,反应式如下:

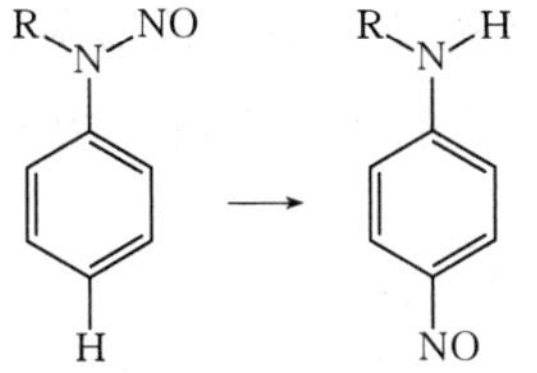

这个重排反应的图解是这样的:,从它可以估计出重排反应热是 21 千卡/摩尔。硝胺重排为硝基苯胺的反应:

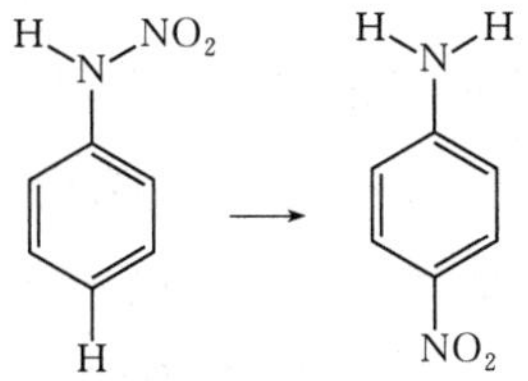

也可适用同样的图解,因而估计也有同样的重排热。

在这个重排中,共振能是有些变化的,但和由于单键性质的改变而引起的焓变化比较起来,前者估计是微小的。

另一个例子是 N-烷基苯胺转化为对-烷基苯胺的霍夫曼(Hoffmann)重排:

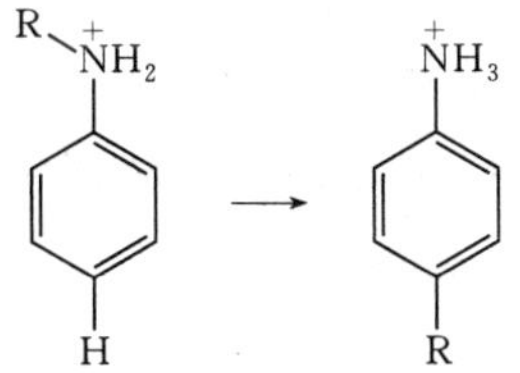

这个重排作用的图解为,从而可估计出重排热约为 9 千卡/摩尔。

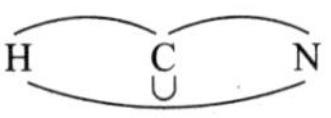

苯基烯丙基醚按下式发生重排作用:

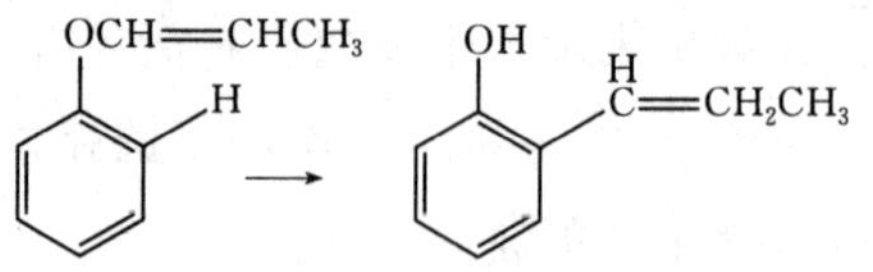

图解应为  H $\underset{\cup}{\overset{\frown}{C}}$ O，从而可估计出重排热约为 18 千卡/摩尔。

作为最后一个例子，我们可以提一下芳基羟胺的重排作用，例如取 N-苯基羟胺和硫酸共热时它就转变为对-氨基酚：

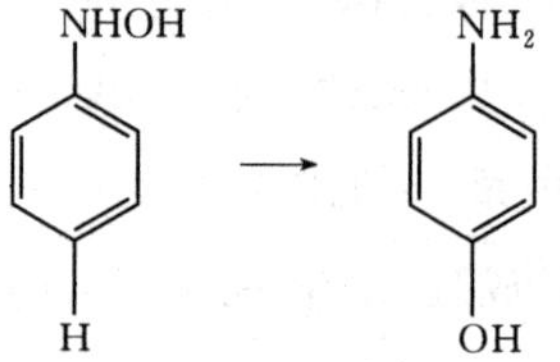

这个重排作用的图解为 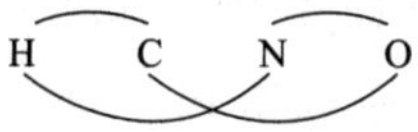 H $\overset{\frown}{C}$ $\overset{\frown}{N}$ O，从而可估计出重排焓约为 32 千卡/摩尔。

必须记住，一个反应的平衡常数是取决于该反应的自由能改变，而不是焓的改变。不过对于一些类似的反应来说，熵值的改变常可认为基本上是相同的，这时就可以直接利用焓的变化来比较平衡常数。

## 3-11  颜色和价键性质的联系

一个化合物的颜色常常不同于它所解离出的离子的颜色；例如虽然铅离子和碘离子都是无色，碘化铅却是黄色的。1918 年，比霍夫斯基（Bichowsky）[41]在论及原子的"价键颜色"的论文中，提出这种颜色上的变化是键合原子间电子共有的结果。这个观念以后由匹兹（Pitzer）和希尔德布兰（Hildebrand）[42]加以推广，他们提出这样的假定：化合物的颜色和由它解离而成的离子的颜色之间的偏离程度可以作为键对纯离子型键的偏离的量度。

物质的颜色是由它的吸收光谱决定的。表 3-11 列出在光谱的可见区域中，相应于各种颜色的光波波长及其补色。所有无色的离子的吸收带都是在紫外区域；假如在受了扰动影响（例如形成了共价性较强的键）之后，离子的单一吸收带的波长就会增大而进入可见区域，由透射光所决定的离子颜色就依次表现出柠檬黄、黄、橙、红、紫等颜色。如果匹兹和希尔德布兰的假定是正确的话，则此种颜色的顺序就可用来作为由无色离子的原子所形成的化合物中键的共价性大小的量度。

（物质的颜色当然可以是由于几个吸收带所引起，特别是在红色和蓝色的光谱区域中都存在着吸收带，结果将是绿色的。）

表 3-11　光谱色和补色

| 波长/埃 | 光谱色 | 它们的补色 | 波长/埃 | 光谱色 | 它们的补色 |
|---|---|---|---|---|---|
| 3900 | | | 5800 | 黄 | 靛青 |
| 4000 | | | 5900 | | |
| 4100 | 紫 | 柠檬黄 | 6000 | | |
| 4200 | | | 6100 | 橙 | 蓝 |
| 4300 | 靛青 | 黄 | 6200 | | |
| 4400 | | | 6300 | | |
| 4500 | | | 6400 | | |
| 4600 | | | 6500 | | |
| 4700 | | | 6600 | | |
| 4800 | 蓝 | 橙 | 6700 | | |
| 4900 | | | 6800 | 红 | 蓝绿 |
| 5000 | 蓝绿 | 红 | 6900 | | |
| 5100 | | | 7000 | | |
| 5200 | | | 7100 | | |
| 5300 | 绿 | 紫红 | 7200 | | |
| 5400 | | | 7300 | | |
| 5500 | | | 7400 | | |
| 5600 | 柠檬黄 | 紫 | 7500 | | |
| 5700 | | | | | |

表 3-12　通过生成焓（千卡/摩尔）数据看物质颜色和

键的共价性间的关系（未标出颜色的化合物是无色的）

| 电负性→<br>↓ | | 3.0<br>Cl | 2.8<br>Br | 2.5<br>I | 2.5<br>S |
|---|---|---|---|---|---|
| 0.9 | Na$^I$ | 98 | 86 | 69 | 45 |
| 1.2 | Mg$^{II}$ | 77 | 62 | 43 | 42 |
| 1.5 | Al$^{III}$ | 55 | 42 | 25 | 20 |
| 1.6 | Zn$^{II}$ | 50 | 39 | 25 | 24 |
| 1.7 | Cd$^{II}$ | 47 | 38 | 24 | 17 黄 |
| 1.8 | Sn$^{II}$ | 41 | 31 | 19 黄 | 6 棕 |
| 1.8 | Pb$^{II}$ | 43 | 33 | 20 黄 | 11 黑 |
| 1.9 | Ag$^I$ | 30 | 24 淡黄 | 15 黄 | 4 黑 |
| 1.9 | Sb$^{III}$ | 30 | 21 黄 | 8 红 | 7 橙,黑 |
| 2.0 | As$^{III}$ | 27 | 16 黄 | 5 红 | 6 红,黄 |
| 2.2 | Pt$^{IV}$ | 16 红 | 10 红 | 5 棕 | 7 黑 |

表 3-12 很像匹兹和希尔德布兰所提出来的表;这个表提供有关硫和卤素与已知能生成无色离子的原子,或与已知能与氟形成类似的无色化合物的原子所能生成的化合物的情况。表中数字给出了每一个 M—X 键的生成焓(以千卡/摩尔为单位),因而正如本章前面所说的,这些数值也近似地等于键的离子性的百分数。可以看出,键的离子性大小和该物质的颜色之间有着密切的联系;除少数例子以外,无色化合物的离子性都是大于20%;而且化合物的颜色是随着离子性的减小从黄(20%～10%)、橙到红、黑而逐步加深的。

前面所讨论的都是电负性原子的颜色;随着共价键性质的增加,它们的吸收带从紫外向可见区域移动。对于电正性原子而言,共价键的形成过程中这样的原子将从给主那里取得电子而不是失去电子,因而可观察到相反的效应:随着共价键性质的增加,吸收带向紫色区域移动。无色的铜离子的吸收带在红外区域,水合成$[Cu(H_2O)_4]^{2+}$后变为蓝色;这从比较无水硫酸铜(无色)和 $CuSO_4 \cdot 5H_2O$ 或铜离子溶液(蓝色)就可看出;在形成共价性更强的络合物$[Cu(NH_3)_4]^{2+}$后颜色就更为加深(深蓝色)。同样,黄色的亚镍离子(在紫和远红区域都有吸收带)水合后变为绿色,形成络合物$[Ni(NH_3)_4(H_2O)_2]^{2+}$后变为蓝色,在 15 摩尔/升氢氧化铵溶液中转化成$[Ni(NH_3)_6]^{2+}$后则呈紫色。

## 参考文献和注

[1]  Lewis 在 1916 及其后几年中曾经支持过过渡是连续的想法,并认为在两个不相同的键合原子间的共享电子对,一般总是被其中某一个原子较强烈地吸引着,因而这个键就有了相应的离子性或极性。N. V. Sidgwick 在 *Some Physical Properties of the Covalent Link in Chemistry*(《化学中共价键的某些物理性质》)(Cornell University Press,1933,第 42 页起一段)和 F. London(*Naturwissenschaften* **17**,525[1929])认为,虽然在两个极端键型间的过渡可以是连续的,在这两种类型的键间都存在着本质上的差别,只有在极少数的分子中含有中间类型的键。后一意见与将在本章内讨论和形成的看法是相反的。

[2]  即使体系的能量为极小(参见 1-3 节)。

[3]  在一个线性组合的波函数中,系数的平方一般可用来衡量相应结构贡献的大小。

[4]  关于氢卤酸在水溶液中电离作用的讨论见附录Ⅺ.

[5]  L. Pauling,*J. A. C. S.* **53**,1367(1931);**54**,988(1932).

[6]  这种说法是在自旋-轨道和自旋-自旋两种相互作用可以忽略的情况下(如对所有的轻原子)才严格地正确,一般情况下则不过是实际上正确的。

[7]  应用 X 射线衍射法曾获得大量有关晶体结构的知识。X 射线被晶体衍射的现象是 Max von Laue 在 1912 年发现的。不久 W. L. Bragg 发现了 Bragg 方程,在 1913 年他和他的父亲 W. H. Bragg 发表了第一个晶体的结构测定工作。

已经用 X 射线研究过数以千计的晶体,研究的结果发表在许多期刊上;现在 *Acta Crystallographica* 是这领域中起主导作用的刊物。关于晶体结构的主要参考书有 *Strukturbericht*(《结构报告》)(Ⅰ～Ⅶ 七卷概括 1913～1939 时期内的工作)和 *Structure Reports*(《结构报告》)(从第Ⅷ卷开始概括以后的工作)。[译注:第 8 到 15 卷已出版,概括了 1940 到 1951 时期间的工作。]另一本很有用的参考书是 R. W. G. Wyckoff,*Crystal Structures*(《晶体结构》)(Interscience Publishers Now York,第Ⅰ卷,1948;第 Ⅱ卷,1951;第Ⅲ卷,1953;第Ⅳ卷,1951—1960;第Ⅴ卷,1954—1960,以及第Ⅰ卷和第Ⅱ卷的补编)。

已经发现晶体的中子衍射在氢原子位置(特别是同位素氘原子,因为它强烈地散射中子)的测定、磁矩排列的研究以及其他特定目的的工作等方面都很有价值。G. E Bacon,*Neutron Diffraction*(《中子衍射》)(Clarendon Press,Oxford 1955)一书中对这方面给予了概括性的介绍。

关于气体分子结构的知识已经应用好几种方法加以研究。在红外、可见和紫外区域所进行的光谱研究提供了许多关于最简单分子(特别是双原子分子)和少数多原子分子的知识。微波谱和分子射线的研究也非常精确地给出了许多分子(其中包括中等复杂性的分子)的原子间距离和其他结构知识。在 G. Herzberg,*Spectra of Diatomic Molecules*(《双原子分子的光谱》)(1950)和 *Infrared and Raman Spectra*(《红外与联合散射光谱》)(1945,Van Nostrand Co.,New York)两书中,载有应用光谱法所测得的分子性质。由微波谱得出的有关分子的知识已被 C. H. Townes 和 A. L. Schawlow 收集在他们所著的 *Microwave Spectroscopy of Gases*(《气体的微波谱学》)(McGraw-Hill Book Co.,New York 1955)一书中。

大多数关于复杂气体分子的结构知识是通过电子衍射法获得的。在 1950 年以前应用此法测定的键角和原子间距离的数值,已收集在 P. W,Allen and L. E. Sutton,*Acta Cryst.* **3**,46(1950)的评介性论文中。应用晶体的 X 射线衍射法和气体分子的电子衍射法测定的有机分子的原子间距离和键角数值已收集在 G. W. Wheland 的 *Resonance in Organic Chemistry*(《有机化学中的共振》),(John Wiley and Sons,Now York,1955)一书里长达 90 页的附表以及 L. E. Sutton 的 *Tables of Interatomic Distances and Configurations in Molecules and Ions*(《分子与离子中原子间距离和构型列表》)(*Chemical Society*,London,1958)一书中(以后引证此书时将简称为 Sutton,*Interatomic Distances*).

[8]  在这个温度升华。

[9]  N. V. Sidgwick,*The Electronic Theory of Valency*(《化学价的电子理论》),Clarendon Press,Oxford,1927,p. 88;*The Covalent Link in Chemistry*(《化学中的共价键》),p. 52.

[10]  L. Pauling,*J. A. C. S.* **54**,988(1932).

[11]  在氟硅酸离子中,硅也有 6 个氟作为 6 个向心配位基。

[12]  W. Kossel,*Z. Physik* **1**,395(1920).

[13]  氯的电离能为 299 千卡/摩尔,它的电子亲和能是 86 千卡/摩尔,这使分开的离子 $Cl^+$ 和 $Cl^-$ 的稳定性比原子的低 213 千卡/摩尔(见第十三章)。两个离子在 Cl—Cl 平衡距离 $R=1.988$ 埃时的库仑能 $-e^2/R$ 是 $-166$ 千卡/摩尔,极端共价键的键能则约为 55 千卡/摩尔。所以在平衡构型情况下,离子型结构 $Cl^+Cl^-$ 和 $Cl^-Cl^+$ 的稳定性至少要比共价结构的低 102 千卡/摩尔(这里略去了两个离子的特征排斥力不计)。这个能量差相当大,因而离子型结构只能以极小的程度和共价结构一起参与

共振。

[14] 这结论是根据下面这个普遍性定理得来的：能量相同的两个结构共振时，将对物系的基态做出相等的贡献。

[15] 在本节中对氟化氢的讨论与本书前两版中的说法稍有不同。在前两版中，极端离子型结构的能量计算值曲线是安排在正常共价结构曲线之下的，由此得出的结论是，在这分子中，氢原子和氟原子间的键的离子性略高于50％。在发现了$F_2$分子的解离能值比以前所用的值小27千卡/摩尔之后，曲线和讨论都有些小变动。这个改变使得氟的电子亲和能的变动只有从前的一半，同时也使离子型曲线对共价型曲线的相对位置发生了相应的移动。计算的不确定程度使其中任一条曲线可能比另一条低达10千卡/摩尔，而离子性的数值就可能显著地不同于（或者可达百分之十）上述的50％。

[16] 见附录Ⅶ。

[17] L. Pauling, *Proc. Roy. Soc. London* **A114**, 181(1927); *loc. cit.* [10]; L. Pauling and J. Sherman, *Z. Krist.* **81**, 1(1932); 同时可参阅 F. T. Wall, *J. A. C. S.* **61**, 1051(1939). 对碳—氢和碳—卤键的类似讨论，见 E. C. Baughan, M. G. Evans, and M. Polanyi, *Trans. Faraday Soc.* **37**, 377(1941).

[18] 关于分子电偶极矩的讨论参阅附录Ⅸ. 在表3-1中 HF 的数值包含了一种特别的处理，可参考 R. A. Oriani and C. P. Smyth, *J. Chem. Phys.* **16**, 1167(1948).

[19] J. C. Slater, *Phys. Rev.* **41**, 255(1932).

[20] L. Pauling and D. M. Yost, *Proc. Nat. Acad. Sci. U. S.* **18**, 414(1932); L. Pauling, *J. A. C. S.* **54**, 3570(1932).

[21] 在表3-2、3-3、3-4和3-5中，都是用25℃时的焓作为键能计算的基础。因此它不仅包括了分子的离解能$D_0$，而且还包括一些较小的相当于分子的转动、振动和平动以及$p$-$V$等能量项在内。在我们的讨论中这些小能项并不重要。不用能值，改用焓，是为着与3-5节的讨论取得一致。

[22] L. Pauling and J. Sherman, *J. A. C. S.* **59**, 1450(1937).

[23] 关于破裂分子中一个键所需的能量即所谓键离解能的讨论，见附录Ⅻ.

[24] Pauling. *loc. cit.* [20].

[25] G. Herzberg, *Chem. Revs.* **20**, 145(1937).

[26] J. U. White, *J. Chem. Phys.* **8**, 459(1940); E. C. Baughan, *Nature* **147**, 542(1941); G. J. Kynch and W. G. Penney, *Proc. Roy. Soc. London* **A179**, 214(1941); L. Brewer, P. W. Gilles, and F. A. Jenkins, *J. Chem. Phys.* **16**, 797(1948); G. B. Kistiakowsky, H. T. Knight, and M. E. Malin, *ibid.*, **20**, 876(1952); J. M. Hendrie, *ibid.* **22**, 1503(1954): R. I. Reed and W. Snedden, *Trans. Faraday Soc.* **54**, 301(1958); 及其他论文。

[27] Pauling, *loc. cit.* [20].

[28] Pauling, *loc. cit.* [20].

[29] 和表3-8所列数值极为接近的数值也曾由下列作者报道过：M. Haissinsky, *J. Phys. Radium* **7**, 7(1946); H. A. Skinner, *Trans. Faraday Soc.* **41**, 645(1945); W. Gordy, *J. Chem. Phys.* **14**, 305(1946); W. Gordy, *Phys. Rev.* **69**, 604(1946); K. S. Pitzer, *J. A. C. S.* **70**, 2140(1948); M. L. Huggins, *ibid.* **75**,

4123(1953)；Gordy and Thomas,*loc.cit*.(T3-8).Huggins 在其论文中详细地讨论了非金属元素的键能值和电负性差值的关系。在他的第二篇论文(*J.A.C.S.* **75**,4126,1953)中,曾就键能和原子间距离的关系进行了详细的讨论。在 Gordy 和 Thomas 的论文中曾就 1956 年以前所提出的一些电负性数值加以评介。

[30]　R. S. Mulliken,*J.Chem.Phys.* **2**,782(1934)；**3**,573(1935).

[31]　关于电子亲和能数值的资料载于第十三章中。

[32]　Gordy and Thomas,*loc,cit*.[T3-8].

[33]　H. S. Gutowsky and C. J. Hoffman,*J.Chem.Phys.* **19**,1259(1951)；H. S. Gutowsky, D. W. McCall, B. R. McGarvey, and L. H. Meyer,*ibid*.**19**,1328；A. Saika and C. P. Slichter,*ibid*.**22**,26 (1954).

[34]　H. S. Gutowsky,*J.Chem.Phys.* **19**,1266(1951)；L. H. Meyer, A. Saika, and H. S. Gutowsky,*J.A.C.S.* **75**,4567(1953).

[35]　J. N. Shoolery,*J.Chem.Phys.* **21**,1899(1953).

[35a]　M. Karplus and D. M. Grant,*Proc.Nat.Ac.Sci.U.S.* **45**,1269(1959).

[36]　C. H. Townes and B. P. Dailey,*Phys.Rev.* **78**,346 A(1950).

[37]　W. Gordy,*J.Chem.Phys.* **19**,792(1951).

[38]　B. P. Dailey and C. H. Townes,*J.Chem.Phys.* **23**,118(1955).

[39]　关于这个问题的讨论可参考 Dailey and Townes(*loc.cit*.[38]).Townes and Schawlow 也对此进行了总结(见附注 7)。

[40]　L. Pauling,*Biochemistry of Nitrogen*(《氮的生物化学》),载于 *A Collection of Papers on Biochemistry of Nitrogen and Related Subjects Dedicated to Artturi Ilmari Virtanen*(Suomalainen Tiedeakatemia,Helsinki,1955)的第 428～432 页。

[41]　F. R. Bichowsky,*J.A.C.S.* **40**,500(1918).

[42]　K. S. Pitzer and J. H. Hildebrand,*J.A.C.S.* **63**,2472(1941).

[朱平仇　译]

关于本书英文版的宣传广告。

# 第四章

# 定向的共价键；键的强度和键角[1]

## • *The Directed Covalent Bond；Bond Strengths and Bond Angles* •

　　由于认识到原子轨道（键轨道）可以用来作为量子力学处理化学键的基础，在共价键性质的详细理解方面已经取得了巨大的进展。

## 4-1 原子轨道的性质和成键能力

共价键的能量主要是两个电子在两个原子间的共振能(1-5 节)。对共振积分形式的考察表明,共振能的大小是随着和成键有关的两个原子轨道的重合的增加而增加,所谓"重合"是指两个轨道波函数都有较大数值的空间区域重叠的程度(由于轨道波函数的平方表示电子的概率分布函数,所以重叠基本上就可以衡量两个原子中成键电子分布相互渗透的程度)。因此可以预期,若一个原子的两个轨道都能和另一原子的一个轨道相叠合,则叠合较多的将与那个原子形成较强的键,而且这个给定轨道所成的键将倾向于排布在这个轨道集中的方向上。

原子轨道间的相互差别在于它们和电子离核的距离 $r$(径向分布)有关,和极角 $\theta$ 与 $\phi$(角度分布)也有关。在 1-4 节中已经讨论了氢原子的轨道与 $r$ 的依赖关系。正是这种依赖关系主要地决定了原子轨道的稳定性,且成键时轨道的首要意义可以从稳定性来讨论。只有用稳定的原子轨道才能形成稳定的键——如氢的 $1s$ 轨道、第二周期原子的 $2s$ 和 $2p$ 轨道,等等。

原子的那些可用来成键的不同稳定轨道和 $r$ 的依赖关系彼此间差别不大,但它们的角度分布可能表现出相当大的差别。这从图 4-1 中可以看出,其中示出一个 $s$ 轨道和 3 个 $p$ 轨道的角度分布。[2] $s$ 轨道是球形对称的,因此可以在任何一个方向上成键;而 3 个 $p$ 轨道则是分别指向着 3 个笛卡儿坐标轴,因而倾向于在这些方向上成键。[3] 仅就角度分布而论,各 $p$ 轨道是集中在这些方向上,且其大小为 $s$ 轨道的 $\sqrt{3}$ 倍。因为在同一层中 $s$ 轨道和 $p$ 轨道的径向部分差别不大,$p$ 轨道能比同一层的 $s$ 轨道更为有效地和另一原子的轨道叠合;因此 $p$ 键强于 $s$ 键。通过这类简单问题[4]的定量研究,发现从角度依赖关系的角度来说,键能大致与两个原子的键轨道大小的乘积成正比;所以 $s$—$p$ 键的键能约为 $s$—$s$ 键的 $\sqrt{3}$ 倍,而 $p$—$p$ 键则大约为 $s$—$s$ 键强度的三倍。所以我们可以方便地把键轨道在角度分布部分的大小称为键轨道的强度,因此 $s$ 轨道的强度是 1,$p$ 轨道的则为 1.732。

$p$ 键倾向于彼此互成直角的结论[5]在某种程度上已为实验所证实(表 4-1)。在结构为 :Ö:H 的水中,键角为 $104.5°$。由于以下的理由我们推定这些键是 $p$ 键而不是 $s$ 键:氧的 $2s$ 电子比 $2p$ 电子约稳定 200 千卡/摩尔;如果不是使用未共享的一对轨道而是使

---

◀ 1925 年,年仅 24 岁的鲍林以优异的成绩获得加州理工学院博士学位。

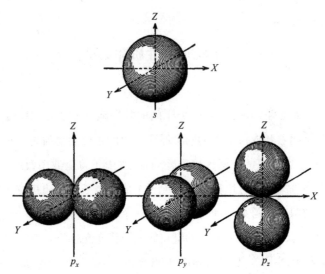

图 4-1  *sp* 轨道的相对大小和角度的关系

用 *s* 轨道来成键（这时 *s* 轨道将只被一个电子有效地占据），则分子的能量就要高出 200 千卡/摩尔，因而不稳定得多。键角的实测值所以和预期的 90°相差 14.5°可能主要是由于两个 O—H 键的部分离子性（前一章中曾估计它为 39%）而使两个氢原子带些正电荷，这样就会相互排斥，从而增加了键角。这个效应将在 4-3 节更详尽地处理键角时加以讨论。氨中键角大到 107°，也可归之于同样的原因。

表 4-1  氢化物中键角的实测值

| 物　质 | 方　法[a] | 键　角 | 实测值/(°) | 参考文献 |
|---|---|---|---|---|
| $H_2O$ | I,M | HOH | $104.45 \pm 0.10$ | ① |
| $H_3N$ | I | HNH | $107.3 \pm 0.2$ | ② |
| $H_2S$ | Sp,M | HSH | $92.2 \pm 0.1$ | ③ |
| $H_3P$ | M | HPH | $93.3 \pm 0.2$ | ④ |
| $H_2Se$ | M | HSeH | $91.0 \pm 1$ | ⑤ |
| $H_3As$ | M | HAsH | $91.8 \pm 0.3$ | ⑥ |
| $H_2Te$ | I | HTeH | $89.5 \pm 1$ | ⑦ |
| $H_3Sb$ | M | HSbH | $91.3 \pm 0.3$ | ⑧ |

a  I=红外光谱，M=微波谱。

① R. Mecke and W. Baumann，*Physik. Z.* **33**，833(1932)；B. T. Darling and D. M. Dennison，*Phys. Rev.* **57**，128 (1940)；D. W. Posener and M. W. P. Strandberg，*ibid.* **95**，374（1954）. $D_2O$ 中具有同样的键角：W. S. Benedict，N. Gailor，and E. K. Plyler，*J. Chem. Phys.* **24**，1139(1956)．

② G. Herzberg，*Infrared and Raman Spectra*（《红外与联合散射光谱》）(Van Nostrand Co.，New York，1945；微波谱测定值为 107.3°±0.2°；M. T. Weiss and M. W. P. Strandberg，*Phys. Rev.* **83**，567(1951)．

③ B. L. Crawford，Jr.，and P. C. Cross，*J. Chem. Phys.* **5**，371（1937）；C. A. Burrus，Jr.，and W. Gordy，*Phys. Rev.* **92**，274(1953)；H. C. Allen，Jr.，and E. K. Plyler，*J. Chem. Phys.* **25**，1132(1956)．

④ C. C. Loomis and M. W. P. Strandberg，*Phys. Rev.* **81**，798(1951)．

⑤ A. W. Jache，P. W. Moser，and W. Gordy，*J. Chem. Phys.* **25**，209(1956)．

⑥ 参见文献 4 以及 G. S. Blevins，A. W. Jache，and W. Gordy，*Phys. Rev.* **97**，684(1956)．

⑦ K. Rossman and J. W. Straley，*J. Chem. Phys.* **24**，1276(1956)．

⑧ 参见文献 4 以及 A. W. Jache，G. S. Blevins，and W. Gordy，*Phys. Rev.* **97**；680(1955)．

在硫化氢、磷化氢以及其他较重同族元素的氢化物中,键型接近于正常共价键,观察到的键角也都近于 $90°$(见表 4-1)。表中所列出的数值也适合于相应的重氢化合物。

当中心原子和较大的一些原子相结合时,键角值一般在 $94°\sim111°$ 之间(见表 4-2)。这个超过 $90°$ 的情况可归因于这些较大原子的空间排斥(见 4-3 节)。

**表 4-2　键角的观察值**

| 物　质[a] | 方　法[b] | 键　角 | 实测值/(°) |
|:---:|:---:|:---:|:---:|
| $OF_2$ | E | FOF | $103.2\pm1$ |
| $Cl_2O$ | E | ClOCl | $110.8\pm1$ |
| $(CH_3)_2O$ | E | COC | $111\pm3$ |
| $(CH_3)_3N$ | E | CNC | $108\pm4$ |
| $(CH_3)_2NCl$ | E | CNCl | $107\pm2$ |
| $CH_3NCl_2$ | E | CNCl | $109\pm2$ |
| | | ClNCl | $108\pm2$ |
| $S_8$ | X | SSS | $107.6\pm1$ |
| $S_8$ | E | SSS | $105\pm2$ |
| $SCl_2$ | E | ClSCl | $102\pm3$ |
| $(CH_3)_2S$ | E | CSC | $105\pm3$ |
| P(黑) | X | PPP | $99\pm1$ |
| | | | $102\pm1$ |
| $P(CH_3)_3$ | M | CPC | $99.1\pm0.2$ |
| $PF_3$ | E | FPF | $104\pm4$ |
| $PCl_2F$ | E | ClPCl | $102\pm3$ |
| $PCl_3$ | M | ClPCl | $100.0\pm0.3$ |
| $PBr_3$ | E | BrPBr | $101.5\pm1.5$ |
| $PI_3$ | E | IPI | $102\pm2$ |
| Se | X | SeSeSe | $104\pm2$ |
| $Se_8$ | X | SeSeSe | $105\pm1$ |
| As | X | AsAsAs | $97\pm2$ |
| $As(CH_3)_3$ | E | CAsC | $96\pm5$ |
| $AsF_3$ | M | FAsF | $102\pm2$ |
| $AsCl_3$ | M | ClAsCl | $98.4\pm0.5$ |
| $AsBr_3$ | E | BrAsBr | $100.5\pm1.5$ |
| $AsI_3$ | E | IAsI | $101\pm1.5$ |
| Te | X | TeTeTe | $104\pm2$ |
| $TeBr_2$ | E | BrTeBr | $98\pm3$ |
| Sb | X | SbSbSb | $96\pm2$ |
| $SbCl_3$ | M | ClSbCl | $99.5\pm1.5$ |
| $SbBr_3$ | E | BrSbBr | $97\pm2$ |
| $SbI_3$ | E | ISbI | $99\pm1$ |
| Bi | X | BiBiBi | $94\pm2$ |
| $BiCl_3$ | E | ClBiCl | $100\pm6$ |
| $BiBr_3$ | E | BrBiBr | $100\pm4$ |

a. 参考文献可参阅 Sutton, *Interatomic Distances*. $P(CH_3)_3$ 的数值来自 D. R. Lide, Jr., and D. E. Mann, *J. Chem. Phys.* **28**, 572(1958).

b. E、M 和 X 分别表示气体分子电子衍射法,气体分子微波谱法和晶体 X 射线衍射法。

## 4-2　杂化键轨道；四面体型碳原子

前面的讨论似乎意味着四价碳原子会生成 3 个互成直角的键，另外在一个任意方向上用 s 轨道生成第四个较弱的键。事实上当然并不如此；用量子力学研究这问题时发现，碳的 4 个价键是等效的，并且指向正四面体的 4 个顶点，[6]这个结果正和有机化学的实验事实所要求的相一致。

任何复杂分子的薛定谔方程都还没有严格地解出过，所以定向价键也还没有严格的量子力学处理。不过已经进行过的几种近似的处理，都能合理地导出如下的一些结果。在这些处理方法中，我们将只讲其中最简单的、也是事实上最强有力的一种方法，因为应用这个方法可以直接引导出最大数量的满意结果。

我们所用的简单理论是根据在本章开始所说的那个合理的假定，即键轨道的成键能力（强度）取决于它的角度分布。根据它，再应用一般的量子力学原理，就能导出关于定向价键的全部结果。其中不仅包括碳原子的 4 个单键的正四面体型排列，而且还有键的八面体和正方形构型（以及其他构型），以及关于这些构型出现的规律、键的强度和构型与磁性的联系等规则。就这样，一条合理的假设成为许多立体化学规则的基础，并且还能从中引出一些新的立体化学结果。

在碳的价电子层上有 4 个轨道。我们曾把它们描述是 1 个 2s 和 3 个 2p 轨道，键的强度分别为 1 和 1.732。不过这些并不是原子直接用来成键的轨道（这些轨道特别适合于描述游离的碳原子；如果量子理论不是由光谱学家而是由化学家所发展，则在理论中起主要作用的，可能是下述的四面体型轨道而不是 s 和 p 轨道）。一般来说，一个物系的波函数可以通过其他一些函数的叠加来构成，使物系能量为最小的波函数就将是这个物系的基态波函数。对于由碳原子和与之结合的 4 个原子所构成的物系来说，当键能为极大时，它的能量就是极小。我们发现当取用 s 和 p 轨道的线性组合作为键轨道，其中的系数取用某种比值时，这种叠加轨道的键强度要比单个 s 和 p 轨道的大些。最好的 s—p 杂化键轨道的强度可以大到等于 2。这种轨道的角度分布如图 4-2 所示。可以看出，轨道是大大地集中于成键的方向（也就是它的旋转对称轴）；这样就能理解，这个轨道将能更多地和其他原子的轨道相叠合并形成更强的键。我们可以预料到这种杂化作用的发生正是为了使键能最大。

从这些计算引出如下的出人意料并有重大化学意义的结果，那就是当我们设法造出另外一个具有最大成键能力的杂化轨道，而且要这第二个键实现尽可能大的键能，则这第二个最好的键轨道和第一个是等效的，强度也是 2，同时它的成键方向和第一个的构成

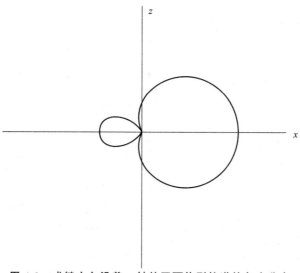

**图 4-2　成键方向沿着 $x$ 轴的四面体型轨道的角度分布**

一个四面体角，即 $109°28'$。不仅如此，我们还能够造出第三个和第四个等效轨道，这 4 个轨道指向正四面体的 4 个顶点；这样价电子层就不再留下多余的轨道了。为方便起见，可把这样 4 个最优的 $s—p$ 键轨道称为四面体型轨道。

　　在经典立体化学中，四面体型碳原子的假设要求原子具有四面体构型，但并不一定是正四面体的构型；只要这 4 个键指着一般四面体的 4 个顶点，旋光现象就能得到解释，因此 $CR_1R_2R_3R_4$ 中 $R_1—C—R_2$ 的键角并不需要接近 $109°28'$，它可以是 $150°$ 或者更大些。但是上述的键轨道的处理结果要求碳的键角要接近于正四面体的键角，因为离开了这个数值，就会带来碳轨道的键合强度的损失，从而降低了系统的稳定性。非常值得注意的是在数以万计的碳原子通过 4 个单键与不同原子相结合的有机物分子中，键角的实验值和相当于正四面体轨道的 $109°28'$ 的偏差几乎毫无例外地是在 $2°$ 以内。表 4-3 列出了其中的一小部分数值。

**表 4-3　四价原子的键角的观测值[a]**

| 物　质[b] | 方　法[c] | 键　角[d] | 实测值/(°) | 物　质[b] | 方　法[c] | 键　角[d] | 实测值/(°) |
|---|---|---|---|---|---|---|---|
| $CH_3Cl$ | M | HCH | $110.5\pm0.5$ | $CH_2ClF$ | M | ClCF | $110.0\pm0.1$ |
| $CH_2Cl_2$ | M | HCH | $112.0\pm0.3$ | | | HCCl | $109.1\pm0.2$ |
| | | ClCCl | $111.8\pm0.3$ | | | HCH | $111.9\pm0.5$ |
| $CHCl_3$ | M | ClCCl | $110.4\pm1$ | $CHClF_2$ | E | FCF | $110.5\pm1$ |
| $CH_3Br$ | M | HCH | $111.2\pm0.5$ | | | ClCF | $110.5\pm1$ |
| $CHBr_3$ | M | BrCBr | $110.8\pm0.3$ | $CClF_3$ | E | FCF | $108.6\pm0.4$ |
| $CH_3I$ | M | HCH | $111.4\pm0.1$ | $CCl_3F$ | E | ClCCl | $111.5\pm1$ |
| $CHI_3$ | E | ICI | $113.0\pm1$ | $CBrCl_3$ | E | ClCCl | $111.2\pm1$ |
| $CH_2F_2$ | M | FCF | $108.3\pm0.1$ | $CH_3OH$ | M | HCH | $109.3\pm0.8$ |
| | | HCH | $111.9\pm0.4$ | $CH_3SH$ | M | HCH | $110.3\pm0.2$ |
| $CHF_3$ | M | FCF | $108.8\pm0.8$ | $CH_3NH_2$ | M | HCH | $109.5\pm1$ |
| | E | FCF | $108.5\pm0.5$ | $CH_3CHF_2$ | M | FCF | $109.2\pm0.1$ |

| 物　质[b] | 方　法[c] | 键　角[d] | 实测值/(°) | 物　质[b] | 方　法[c] | 键　角[d] | 实测值/(°) |
|---|---|---|---|---|---|---|---|
| | | CCF | 109.4±0.1 | SiHBr₃ | E | BrSiBr | 110.5±1.5 |
| | | HCC | 109.8±0.2 | SiH₃I | I | HSiH | 109.9±0.4 |
| C₂H₆ | M,E | HCH | 109.3±0.5 | SiClF₃ | E | FSiF | 108.5±1 |
| C₂Cl₆ | E | ClCCl | 109.3±0.5 | Si₂Cl₆ | E | ClSiCl | 109.5±1 |
| F₃CCCCF₃ | E | FCF | 107.5±1 | CH₃SiHF₂ | M[f] | FSiF | 106.7±0.5 |
| Glycine | X[e] | CCN | 111.8±0.3 | | | HSiC | 116.2±1 |
| SiH₃F | M | HSiH | 109.3±0.3 | | | CSiF | 109.8±0.5 |
| SiHF₃ | M | FSiF | 108.2±0.5 | GeH₃Cl | M | HGeH | 110.9±1.5 |
| SiH₃Cl | M+I | HSiH | 110.2±0.3 | GeHCl₃ | M | ClGeCl | 108.3±0.2 |
| SiH₂Cl₂ | E | ClSiCl | 110±1 | GeClF₃ | M | FGeF | 107.7±1.5 |
| SiHCl₃ | M | ClSiCl | 109.4±0.3 | CH₃GeH₃ | M[g] | HCH | 108.2±0.5 |
| SiH₃Br | M | HSiH | 111.3±1 | | | HGeH | 108.6±0.5 |

a. 除下面另有注明外，表中所列数据见 Sutton，*Interatomic Distances*.

b. 本表列出了所有由 Sutton 所整理而标准偏差在 1° 以下的碳的键角。

c. E、M、I 和 X 分别表示电子衍射、微波谱、红外光谱和 X 射线衍射各种实验方法。

d. 四价原子的其他各键角可用如下的近似方法进行计算：在键角不等于四面体值 109.47° 但偏差不大时，6 个键角的平均值仍等于 109.47°。

e. R. E. Marsh，*Acta Cryst.* **11**，654(1958)。从晶体的 X 射线研究报道出更多的键角值。

f. J. D. Swaien and B. P. Stoicheff，*J. Chem. Phys.* **28**，671(1958)。

g. V. W. Lanrie，*Bull. Am. Phys. Soc.* **3**，213(1958)。

这些数据的一个有趣之点是 HCH 角的数值意外地大。除这个例外以外，这些键角都很明显地反映出各取代基的范德华半径的差异。例如，三卤甲烷 HCF₃、HCCl₃、HCBr₃ 和 HCI₃ 中 XCX 键角值（X＝卤素）分别是 108.8°、110.4°、110.8° 和 113.0°；这里键角随着卤素原子大小的增大而增大，和从范德华排斥作用所预期的一样，正因为这个原因，两个卤原子间的排斥力是大于一个卤原子和一个氢原子之间的排斥力。虽然氢原子比任何一个卤原子都小，HCH 键角却一般总是大于 HCX 键角；表中 6 个甲基和亚甲基卤化物的 HCH 键角的平均值为 111.5°，而 HCX 键角的平均值则为 108.4°。如果把 C—X 和 C—H 在键长上的差别也加以考虑，这个差别可以解释为原子大小不同的结果。

对于四价的硅、锗和锡（以及像在取代铵离子中的氮原子等），可以推测它们的键也存在着同样的四面体取向，这是因为 3s—3p、4s—4p 和 5s—5p 的杂化和 2s—2p 体系的是一样的。这些元素的不对称化合物中键角的观测值也列于表 4-3 中。

已知许多对称的取代化合物 [CH₄、C(CH₃)₄、CCl₄、Si(CH₃)₄、Ge(CH₃)₄、Sn(CH₃)₄ 等] 中的键角都是四面体型的；因为它们并不对理论提供严格的考验，所以表 4-3 中未予列入。

甲基取代的烯类对正四面体型碳原子概念的含义提供了更为惊人的结果。把碳—碳双键看成是两个正四面体共棱，根据这个简单的图像，可以得出单键：双键间的键角将是 125°16′。用电子衍射法测得在异丁烯和四甲基乙烯中这个角是 124°20′±1°；

用微波法测定光气 $Cl_2C=O$ 分子中的这个键角是 124.3°。

**关于四面体型轨道的一些结果的推导** 上述的关于四面体型键轨道的一些结果是按下述方法推导出来的。我们假设波函数 $\psi_s$ 和 $\psi_{p_x}$、$\psi_{p_y}$、$\psi_{p_z}$ 的径向部分极为相近,可以略去它们之间的差别；它们的角度部分分别为

$$\left.\begin{aligned} s &= 1 \\ p_x &= \sqrt{3}\sin\theta\cos\phi \\ p_y &= \sqrt{3}\sin\theta\sin\phi \\ p_z &= \sqrt{3}\cos\theta \end{aligned}\right\} \tag{4-1}$$

这里 $\theta$ 和 $\phi$ 是球面极坐标中的角度。这些函数被归一化成 $4\pi$,也就是函数的平方对整个球面的积分

$$\int_0^{2\pi}\int_0^\pi f^2\sin\theta\,\mathrm{d}\theta\,\mathrm{d}\phi$$

等于 $4\pi$。这些函数又是相互正交的,即把其中任意两个函数的乘积(譬如说是 $sp_z$)对整个球面积分,其值都恰好是零。

现在我们要问,是否能构成一个新函数：

$$f = as + bp_x + cp_y + dp_z \tag{4-2}$$

它能被归一化成 $4\pi$(这要求 $a^2+b^2+c^2+d^2=1$),且键强度要大于 1.732；如果能够构成,这个函数又应具有怎样的形式才能有最大的键强度。因为键的方向是可以任意选择的,让我们选用 $z$ 轴。容易证明,$p_x$ 和 $p_y$ 不是增加而是减弱这个方向上的键强度,所以可以不用考虑它们,因此假设函数的形式是

$$f_1 = as + \sqrt{1-a^2}\,p_z \tag{4-3}$$

这里根据归一化条件可用 $\sqrt{1-a^2}$ 来代替 $d$。这个函数在 $\theta=0$ 的成键方向上的数值可在代入 $s$ 和 $p_z$ 表示式后得出

$$f_1(\theta=0) = a + \sqrt{3(1-a^2)}$$

把它对 $a$ 进行微分并令结果为零,即能解得使 $f_1$ 为极大的 $a$ 值为 $\dfrac{1}{2}$。因此在 $z$ 方向上的最优键轨道是

$$f_1 = \frac{1}{2}s + \frac{\sqrt{3}}{2}p_z = \frac{1}{2} + \frac{3}{2}\cos\theta \tag{4-4}$$

这轨道的形象有如图 4-2 所示。把 $\theta=0$(即 $\cos\theta=1$)代入,得知它的强度为 2。

现在我们来考虑函数

$$f_2 = as + bp_x + dp_z$$

它要和 $f_1$ 相互正交,即必须满足下列条件:

$$\int_0^{2\pi}\int_0^{\pi} f_1 f_2 \sin\theta \mathrm{d}\theta \mathrm{d}\phi = 0,$$

并且它在某个方向上具有极大值(因为 $p_y$ 未予考虑,所以这个方向将位于 $xz$ 平面上,即 $\theta = 0$)。求解后得出这函数是

$$f_2 = \frac{1}{2}s + \frac{\sqrt{2}}{\sqrt{3}}p_x - \frac{1}{2\sqrt{3}}p_z \tag{4-5}$$

考查这个函数即可看出,这和 $f_1$ 是完全等效的,不过是把 $f_1$ 转动了 $109°28'$。用同样的方式可再构成两个函数,它们除了取向以外都和 $f_1$ 完全一样。

下面一组等效的四面体型键轨道和上面一组很相类似,不过取向有所不同:

$$t_{111} = \frac{1}{2}(s + p_x + p_y + p_z)$$

$$t_{1\bar{1}\bar{1}} = \frac{1}{2}(s + p_x - p_y - p_z)$$

$$t_{\bar{1}1\bar{1}} = \frac{1}{2}(s - p_x + p_y - p_z)$$

$$t_{\bar{1}\bar{1}1} = \frac{1}{2}(s - p_x - p_y + p_z)$$

随着所含 $p$ 轨道分量的增加,$s$—$p$ 杂化轨道的强度从 1(纯粹的 $s$)增加到极大值 2(四面体型轨道),然后又减到 1.732(纯粹的 $p$),有如图 4-3 中所示的虚线那样;这个图是以键强度的平方(即两个键合原子等效轨道的强度的乘积)作为轨道性质的函数来作图的。图中的实线表示作为键轨道性质的函数时单电子键能量的计算值,虚线和实线很接近,表明轨道的强度是其成键能力的量度。[7]

**四价碳原子的量子力学描述**　像上面那样的把四价碳原子看成可以形成 4 个 $sp^3$ 键的描述无疑是有点过于理想化。下面(4-5 节)将要指出,键轨道具有一些 $d$ 和 $f$ 的性质;而且,即使撇开 $d$ 和 $f$ 轨道的贡献不计,也不能用 $sp^3$ 构型完全地描述这 4 个价电子。

图 4-4 示出了碳原子的最稳定原子能级。罗素-桑德斯符号 $^3P$,$^1D$ 和 $^1S$ 所标记的 3 个最低能级,相应于 $2s^2 2p^2$ 电子构型。这个构型有两个未配对的电子,可以作为碳原子二价状态的基础。四价碳原子要求有 $2s2p^3$ 构型,图中示出属于这个构型的 6 个原子能级,它们的升级能(即相对于最低状态时的能量)是在 100 千卡/摩尔到 345 千卡/摩尔的范围内,平均值为 208 千卡/摩尔。在斯莱特所编列的单电子能值中,碳的 $2s$ 电子和 $2p$ 电子的能量差[8]是 199 千卡/摩尔;这就是 $2s2p^3$ 构型的升级能。

伏格(Voge)[9]曾对甲烷进行过详尽的量子力学处理。他考虑了 $2s^2 2p^2$、$2s2p^3$ 和 $2p^4$ 构型,并使分子能量为极小,以便找出以这些构型为基础的最优波函数。他发现在他的最优波函数中 $2s2p^3$ 构型的贡献仅约 60%,余下的是另外两个构型的贡献。相对于

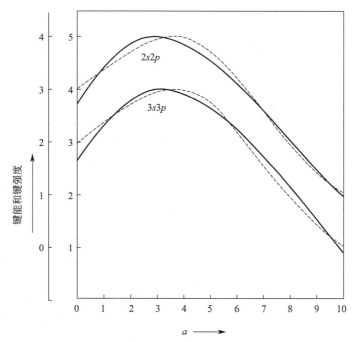

**图 4-3　表示杂化 $sp$ 轨道从纯 $p$ 轨道($a=0$,左端)朝向纯 $s$ 轨道($a=10$,右端)**

**变化时的键强度的平方(虚线)和键能的计算值(实线)**

上面的一对曲线是 $L$ 轨道($2s$ 和 $2p$)的,下面的一对曲线(注意:改用移下来的纵标)是 $M$ 轨道($3s$ 和 $3p$)的

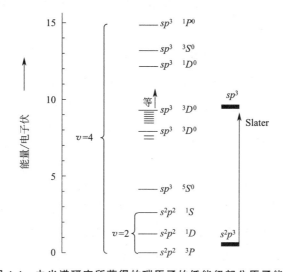

**图 4-4　由光谱研究所获得的碳原子的低能级部分原子能级**

独立碳原子的基态而言,其价键状态的能量的计算值约为 100 千卡/摩尔,而纯四价状态的则为 162 千卡/摩尔。

$2s^2 2p^2$ 和 $2p^4$ 的贡献可看成是一些两价结构(例如 $\overset{\text{H}}{\underset{\text{H}}{|}} :C\overset{\text{H}}{\underset{\text{H}}{\langle}}$)参与了共振。不过我的

意见是,在讨论简单分子的结构时,引入这种复杂因素一般是没有多大价值的。

## 4-3  未共享电子对对于杂化作用的影响

四面体型轨道能形成比其他的 $s—p$ 轨道较强的键,因而可以认为在成键时总是要杂化成四面体型轨道。但是在原子具有一对(或不止一对)未共享电子对的情况下,因为电子倾向于保留在比 $p$ 轨道较为稳定的 $s$ 轨道上,这种使用最好轨道的倾向将会受到阻碍。例如在 $OF_2$ 中,若使用四面体型轨道成键,就要求半个 $s$ 轨道(它被均匀地分散在四个四面体型轨道中)用于共享电子对,仅有余下的一半用于未共享对。因为一个共享电子对对每个原子只作为一个电子计数,所以使用四面体型轨道的结果将使一对 $s$ 电子所有的额外稳定度损失 1/4,可是原子当然将尽力避免这样的损失。另一方面,每个键又要力求尽可能地强。结果是采取一个折中的做法来保证整个分子实现最低的能量;这时键轨道将具有小量的 $s$ 性质,它介于 $p$ 轨道和四面体型轨道之间,从而使未共享电子对能最大限度地使用 $s$ 轨道。这种键的强度将介于 1.732 和 2 之间,各键之间的夹角也将从 $p$ 轨道的 $90°$ 向四面体型的 $109°28'$ 增大一些。

对这类键轨道的杂化分量,不难通过简单的定量处理进行如下的估计。让我们把键轨道表示为

$$\psi = \alpha s + \sqrt{1-\alpha^2}\, p_z \tag{4-6}$$

为方便起见,这里假设键是指向着 $z$ 轴。$s$ 和 $p_z$ 的系数值要满足 $\psi$ 的归一化条件,因而平方和要等于 1。这样的轨道含有 $\alpha^2$ 的 $s$ 性和 $(1-\alpha^2)$ 的 $p$ 性。

键轨道的强度 $S$ 是

$$S = \alpha + \sqrt{1-\alpha^2}\,\sqrt{3} \tag{4-7}$$

键能假定正比于 $S^2$,我们可用 $b$ 来表示这个比例常数。

但是还有另一个能项即未共享电子对的能量必须加以考虑。若键轨道是 $p$ 轨道,则未共享电子对将占有 $s$ 轨道,而只有单电子(两个成键电子中之一)占有 $p$ 轨道;假如键轨道是 $s$ 轨道,则有两个电子占有 $p$ 轨道而仅有一个在 $s$ 轨道上。所以原子本身的能量和成键轨道的杂化程度有关;由于杂化将增加 $\alpha^2(E_p - E_s)$ 这么多的能量,这里 $E_p - E_s$ 是原子中 $p$ 电子和 $s$ 电子的能量差,也就是 $s—p$ 升级能。因为这能项与主要键能项 $bS$ 的符号相反,所以有效键能将是

$$B = b(\alpha + \sqrt{1-\alpha^2}\,\sqrt{3})^2 - \alpha^2(E_p - E_s) \tag{4-8}$$

杂化参数 $\alpha$ 的选择,必须做到使分子的能量为最低,也就是使键能 $B$ 达到其最大值。

因此我们把 $B$ 对 $\alpha$ 进行微分并使之等于零,即得方程式

$$2b\left(\alpha+\sqrt{1-\alpha^2}\sqrt{3}\right)\left(1-\frac{\sqrt{3}\alpha}{\sqrt{1-\alpha}}\right)-2\alpha\left(E_p-E_s\right)=0 \qquad (4\text{-}9)$$

从(4-8)式和(4-9)式中消去键能系数 $b$,并略去高于 $\alpha^2$ 的高次项就得到下式:

$$B=\left(E_p-E_s\right)\left(\sqrt{3}\alpha+3\alpha^2\right) \qquad (4\text{-}10)$$

在 $\alpha$ 值不大于 0.25 时,此式的精确度可达 1%。

$s$—$p$ 升级能可以从原子能级的光谱数据中获得。就所有原子的价电子层来说,它的值大约是 180 千卡/摩尔。

把 O—H 键的键能 110.6 千卡/摩尔和 N—H 的 93.4 千卡/摩尔代入(4-10)式后,分别得 $\alpha=0.247$ 和 0.219。$\alpha^2$ 的数值给出键轨道中 $s$ 性的分量;所以根据这种计算可以估计出在水和氨中键轨道约有 5% 或 6% 的 $s$ 性。

如果进而求这个相互正交的键轨道在实现最大强度时的取向,便可以推测出相应的键角。为方便起见,让我们取轨道之一指向 $z$ 轴,而另一个在 $xz$ 平面上。于是它们将取如下的形式:

$$\psi_1=\alpha s+\beta_1 p_z$$

$$\psi_2=\alpha s+\beta_2 p_z+\gamma_2 p_x$$

这两个函数都要各自归一化;因而得到 $\alpha^2+\beta_1^2=1$ 和 $\alpha^2+\beta_2^2+\gamma_2^2=1$。两个函数正交的条件是 $\alpha^2+\beta_1\beta_2=0$。由此得 $\beta_1=\sqrt{1-\alpha^2}$,$\beta_2=-\alpha^2/\sqrt{1-\alpha^2}$ 和 $\gamma_2=\sqrt{1-2\alpha^2}/\sqrt{1-\alpha^2}$。考查 $\psi_2$ 后即可看出,它的极大值是在 $\beta_2$ 和 $\gamma_2$ 与相对于 $z$ 轴和 $x$ 轴的方向余弦成正比的方向上,所以键角的余弦应为 $-\alpha^2/(1-\alpha^2)$;在 $\alpha^2$ 值不大时,键角本身大约等于 $90°+57°\alpha^2$。

表 4-4 比较了键角的计算值和观测值;两者之间仅有大致的符合。不能更好地符合的一部分原因可能是处理方法过于简化,特别是略去了键轨道的 $d$ 性和 $f$ 性,这一点将在 4-5 节中加以讨论。

表 4-4 键角计算值和观测值的比较

| 分　子 | $\alpha$ 的数值 | 键　角 | |
|:---:|:---:|:---:|:---:|
| | | 计算值/(°) | 观测值/(°) |
| $H_2O$ | 0.247 | 93.5 | 104.45 |
| $H_2S$ | 0.194 | 92.1 | 92.2 |

| 分　　子 | $\alpha$ 的数值 | 键　　角 | |
|---|---|---|---|
| | | 计算值/(°) | 观测值/(°) |
| $H_2Se$ | 0.164 | 91.5 | 91.0 |
| $H_2Te$ | 0.146 | 91.2 | 89.5 |
| $NH_3$ | 0.219 | 92.7 | 107.3 |
| $PH_3$ | 0.185 | 91.9 | 93.3 |
| $AsH_3$ | 0.148 | 91.2 | 91.8 |

最大偏离出现在水和氨中,这些分子中的键都有较大分量的离子性。这种偏离的一部分可能解释为氢原子上的电荷的相互排斥引起键角增大。[10] 其他一些分子中氧的键角值较小,例如在 $H_2O_2$ 中为 $101.5°\pm0.5°$(晶体的中子衍射[11]),在 $OF_2$ 中为 $103°$(电子衍射[12]);这些的事实,也在一定程度内支持了这样的想法。

**未共享电子对对分子电偶极矩的贡献**　在前一章中我们讨论了分子的偶极矩和键的部分离子性的关系,而没有考虑未共享电子对的可能贡献。在杂化轨道的基础上作个简单的处理,可以说明这样做法是有一定道理的。

我们取水分子来作为例子。根据前面的处理,已经算得氧原子的两个键轨道各有 $6\%\ s$ 性和 $94\%\ p$ 性。因而两个未共享对轨道各有 $44\%\ s$ 性和 $56\%\ p$ 性。未共享对轨道的极大位于彼此间交角为 $142°$ 的方向上,且其总矩与两个键轨道的相反,后者的极大位于彼此间交角为 $93.5°$ 的方向上。4 个未共享对的电子的分量取决于方向余弦 $-0.34$,而氧原子的 2 个成键电子的分量则取决于方向余弦 $0.68$;因此 4 个未共享对的电子对于偶极矩的贡献恰好被 2 个成键电子的所抵消。[13]

对其他分子如氨等做相似的处理后,也可得到未共享电子对和键合电子的电矩大都相互抵消的结论。

# 4-4　不完全 *s-p* 层的轨道

在三甲基硼 $B(CH_3)_3$ 中,价电子层的 4 个轨道中只用了 3 个。如果用的是最优键轨道,则 C—B—C 键角将接近 $109°28'$。不过这个分子可通过尽可能完全地使用 $s$ 轨道而获得额外的稳定性,这个稳定性使得 $s$ 轨道有被分散在 3 个键轨道上的倾向;经过简单的理论处理知道这 3 个轨道是共面的,彼此间交角为 $120°$。[14] 不可能预测这种效应能否完全实现,或者这些键是否在一定程度上有抗拒这种削弱的趋向;不过从实验得知,[15] 三甲硼分子是平面型的,键角为 $120°$,这指出各键轨道是 $s$ 轨道平均分散在 3 个轨道之间的。

如果硼能形成第四个键,将会加强这些键(这样所有键轨道都变为四面体型的),并把

分子稳定下来;因此我们能够理解三甲硼的加氨而成化合物 $H_3C{-}\underset{H_3C}{\overset{H_3C}{B}}{\to}N{\overset{H}{\underset{H}{\leftarrow}}}H$ 的能力。结

构将在 9-5 节加以讨论的硼卤化物,也可同样地加上含有未共享电子对的分子而形成例如

三氯化硼加和乙腈而得 $Cl{-}\underset{Cl}{\overset{Cl}{B}}{\to}N{\equiv}C{-}CH_3$ 的生成物。氨-甲硼烷 $H_3BNH_3$ 的电偶极矩

为 4.9D(在二氧杂环己烷中测定的),[16] 对于结构

$$H{-}\underset{H}{\overset{H}{B}}{\overset{-}{\,}}{-}\underset{H}{\overset{+}{N}}{\overset{H}{\,}}{-}H$$

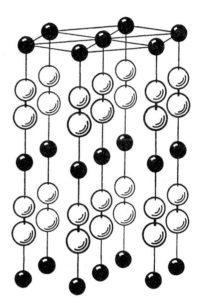

来讲,这个数值是合理的。像在二甲基汞这样的分
子中,可以估计这两个键轨道都用上了 $s$ 轨道。[17]
简单的处理指明这两个键是相互反向的。这种看
法又被以下的事实所证实:$HgCl_2$,$HgBr_2$,$HgI_2$,
$CH_3HgCl$,$CH_3HgBr$ 和 $Hg(CH_3)_2$ 等气体分子都
是具有直线构型的;在晶体中的 $Hg_2Cl_2$、$Hg_2Br_2$
和 $Hg_2I_2$ 等 分 子 (它们的电子结构为
$\overset{..}{\underset{..}{X}}{-}Hg{-}Hg{-}\overset{..}{\underset{..}{X}}$)也是直线构型的。一价的铜、银和
金等的双共价络合物估计也具有同样的直线构型。这
在[$AuCl_2$]$^-$ 离子[18]、[$Ag(CN)_2$]$^-$ 离子[19] 以及 AuCN
晶体[20](图 4-5)中都已被证实了。在 AuCN 晶体中,

图 4-5 在 AuCN 六方晶体中金
(小球)、碳和氮原子的排列

氰基内的氮原子和碳原子都与金原子生成共价键,因而形成很长的分子—Au—C≡N—
Au—C≡N—Au—…,这样的长分子又堆积成六方晶格。

## 4-5 键轨道的集中

把碳原子的键轨描述为 $sp^3$ 四面体型杂化轨道在许多方面是很满意的,但它还可加以
改进。改进的一个办法是引入一些 $d$ 性和 $f$ 性,[21]使轨道能朝成键方向更加集中。

早在应用最小能量原理计算 $H_2^+$ 和 $H_2$ 分子中氢原子的键轨道时就已认识了键轨
道集中[22]的情况(1-4 和 1-5 节)。那里已经看到,最好的 $1s$ 轨道并不是自由氢原子中的

那个轨道；而是缩向氢原子核、相当于 $H_2^+$ 和 $H_2$ 的有效核电荷分别为 1.23 和 1.17 的轨道。此外，加进一些 $2p$ 轨道（在 $H_2^+$ 为 2%，在 $H_2$ 为 1%）可获得更多的改进，这样就能把轨道进一步集中于两核之间对电子来说是低势能的区域。

因此我们可以期望，在仔细考察之后会发现碳原子的键轨道在其主要的 $sp^3$ 性之外，还杂有一些 $d$ 性和 $f$ 性。通过简单的计算可以粗略地估计出 $d$ 性和 $f$ 性的分量。

让我们考虑一个指向 $z$ 轴的键，能在这个方向上有所伸展的仅有的一些轨道，具有如下的径向波函数，所有其他的轨道都是有节面通过 $z$ 轴的。

$$s=1$$
$$p_z=\sqrt{3}\cos\theta$$
$$d_z=\sqrt{5/4}(3\cos^2\theta-1)$$
$$f_z=\sqrt{7/4}(5\cos^3\theta-3\cos\theta)$$
$$g_z=(3/8)(35\cos^4\theta-30\cos^2\theta+3)$$
$$\cdots$$

（这些函数都归一化成 $4\pi$）。

若杂化键轨道

$$\psi=\alpha s+\beta p_z+\gamma d_y+\delta f_z \tag{4-11}$$

中各项的径向部分都相同，则其成键能力可用如下的键强度函数表示：

$$S=\alpha+\sqrt{3}\beta+\sqrt{5}\gamma+\sqrt{7}\delta \tag{4-12}$$

事实上，各径向部分是有些不同，但我们仍可用这个函数来进行粗略的计算。

在 4-11 轨道中，$\gamma^2$ 和 $\delta^2$ 分别表示 $d$ 性和 $f$ 性的分量。设 $P_d$ 为 $d$ 轨道的升级能（即一个电子从 $sp^3$ 轨道升级到 $d$ 轨道时所需的能量），$P_f$ 是 $f$ 轨道的升级能，则键能应该加上这个有效升级能 $\gamma^2 P_d+\delta^2 P_f$ 的校正。我们可假定键能本身正比于 $S$（即等于 $bS$；$b=36$ 千卡/摩尔恰好可以导致正确的 C—C 单键能），则有效键能将由下式给出

$$\text{有效键能}=bS-\gamma^2 P_d-\delta^2 P_f \tag{4-13}$$

升级能的数值可按下法予以估计。在 $H_2^+$ 和 $H_2$ 中，与 $1s$ 轨道组合在一起并使能量满足极小要求的 $2p$ 轨道所具有的有效核电荷，相应于使电子离核的距离的平均值 $\bar{r}$ 比基态氢原子中的约大 40%。这个有效核电荷 $z'=2.4$ 的 $2p$ 轨道可看成氢原子中真正的 $2p,3p,4p,\cdots$ 轨道，甚至包括具有连续能（即大于电离能的能量）的 $p$ 轨道的杂化轨道。我们假定对碳原子的键轨道有贡献的 $d$、$f$ 和 $g$ 轨道是 $3d$、$4f$ 和 $5g$，而其有效核电荷则相当于使 $\bar{r}$ 值等于 $sp^3$ 轨道的 4/3 通过简单的计算可以得出升级能为 $P_d=0.67I$，$P_f=1.37I$ 和 $P_g=2.21I$，其中 $I$ 是碳原子中 $sp^3$ 电子的电离能。取 $I$ 值为 260 千卡/摩尔

时,则这些升级能分别为 174、356 和 575 千卡/摩尔。

当有效键能[式(4-13)]对 $\gamma$ 和 $\delta$ 为极小时,可分别求出 $\gamma=0.20$,$\delta=0.14$(在这个计算中,假定 $\alpha$ 保持等于 0.50 不变,则 $\beta$ 值按归一化方程 $\alpha^2+\beta^2+\gamma^2+\delta^2=1$ 的要求应为 0.83)。因此根据这个计算得出最优键轨道具有约 4% 的 $d$ 性和 2% 的 $f$ 性。[23]

图 4-6 中的实线示出这个最优键轨道:$\psi=0.50s+0.83p_z+0.20d_z+0.14f_z$。这里可以看到,虽然 $d$ 性和 $f$ 性的分量很小(总共是 6%),但这个轨道却比 $sp^3$ 轨道(虚线所表示的)显著地更朝成键方向集中。它的强度为 2.76,比 $sp^3$ 轨道的大了 38%。

由两个这样轨道形成的键,如果能量正比于 $S^2$,则键能大约为由两个 $sp^3$ 轨道形成的键的两倍(1.9 倍)。$d$ 性和 $f$ 性显然会对键的许多性质(例如键角)发生一定的影响,特别值得

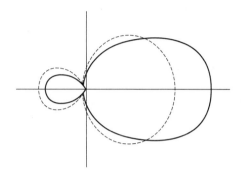

**图 4-6　具有 4% $d$ 性和 2% $f$ 性的四面体型键轨道**

注意的是它对绕单键旋转所产生的阻力,这将在 4-7 节中予以讨论。

## 4-6　满填电子层中的电子分布

具有惰性气体般的电子构型的原子或离子通常可看成是具有球形对称性的。在某些考虑中,这种描述是够满意的;但在另一些时候,最好认为这些原子或离子具有非球形的形状——例如氦原子可以看成长椭球体,氖原子和其他惰性气体原子则具有立方对称性的形状。

假如氦和氖原子的结构可分别精确地由符号 $1s^2$ 和 $1s^2 2s^2 2p^6$ 来描述,则这些原子将有球形对称的电子分布。[24]但是原子中两个电子的相互排斥将使它们彼此回避;因而这个原子的波函数相当于这两个电子在核的相反两边的概率要比在同一边更大(也就是当这两个电子与核有同样距离的情况下,从核到这两个电子的向量的交角大于 90° 的概率要比小于 90° 的大些)。这个效应常称为电子的相关性,它使氦原子获得 26 千卡/摩尔的额外稳定性。[25]可以说这些电子是因为有了一些 $p$ 性(以及更小量的 $d$ 性、$f$ 性等等)而获得这种相关性的。

在无场的空间中氦原子的电子分布当然是球形对称的。但这个原子在四极电场中有相当大的极化率,我们可把这样的极化看成是扁长椭圆球分取向的结果。

从泡利不相容原理可以得出这样的结论:具有平行自旋的电子倾向于彼此回避;有

人说在每个电子的周围存在着一个其他电子不愿接近的费米空穴,因此,原子中占有 4 个 $sp^3$ 轨道且有平行自旋的 4 个电子倾向于占有围着核的四面体 4 个顶点的相对位置上。[26] 所以在 $1s^2 2s 2p^3 \, 5S$ 状态下的碳原子可看成是四面体型的。相关性的影响就是使各个轨道取得一些 $d$ 性、$f$ 性……等,这样可以促进这些轨道更加向四面体方向集中,来增加它们的四面体性。

曾经有人假定[26,27]氖和其他具有 $s^2 p^6$ 外层的原子也可描述为四面体型的。但是 4 个正向自旋的 $sp^3$ 电子和 4 个反向自旋的 $sp^3$ 电子是彼此独立的,相应的两个四面体可以有任意的相对取向。[28] 按照相关性的要求,最稳定的相对取向应该是反式取向;因此氖和其他 $s^2 p^6$ 原子可以看成是立方体型的。它们在立方多极电场中的极化率很大,但在四面体场中则是较小的。[29]

卡斯伯特(Cuthbert)和林奈特(Linnett)[30]曾经建议,在氖、氩、氪和氙的晶体中,原子的立方密堆积排列(氦晶体是六方密堆积排列[31]的稳定性可用最外层 4 对未共享电子的四面体型电子分布来说明,前面讨论过的大的立方极化率也可提供解释。

在氟甲烷中,有两个自旋相反的电子沿着 C—F 键集中。由于相关性的结果,猜想氟原子不是沿键的方向表现出柱对称性,而是有些呈六叶形。在水和二甲醚中,尽管有相关性效应存在,氧原子的两对未共享电子仍指向四面体的其中两个顶点,这个四面体的其他两个顶点则由两个键来决定。


## 4-7  单键的受阻旋转


上面所讨论的单键轨道是沿成键方向表现出柱形对称性的,因此,主要由键轨道来决定的分子能量,和分子在单键两端的两个部分的相对取向无关。譬如像乙烷这样的分子中,两部分之间的这个作用以及其他各种相互作用估计是和取向没有多大关系,因此这个分子可能绕着单键作基本上自由的旋转。这也符合于化学的经验事实,因为从来没有人报告过由于纯粹单键进行受阻旋转而产生异构现象的情况。

但是已经发现,限制单键旋转的阻力虽然不至于大到足以允许把异构体分离出来,但是已经大到在结构化学中显得足够重要的地步;根据结构数据计算熵值就是这样一个例子。肯普(Kemp)和匹兹[32]曾经证明乙烷的熵值十分显明地指出:当两个甲基绕碳—碳单键作相对旋转时,分子的势能大约改变 3 千卡/摩尔,在一次完全的转动中,势能函数要表现出 3 个极大和 3 个极小,它相应于甲基的三方对称性。基斯佳科夫斯基(Kistia-kowsky)、拉哈(Lacher)和斯蒂特(Stitt)[33]也提出了支持受阻旋转的其他证据。据报道,其他几个烷烃的势能值改变也接近于 3 千卡/摩尔。

艾林(Eyring)[34]首先对这样的势垒进行发展理论的努力，他对两个甲基的氢原子之间的相互作用进行了近似的量子力学计算。威尔逊(Wilson)[35]对所连基团间的范德华斥力的重要性、在两个碳原子和所连基团间形成的键上电荷分布的静电相互作用、以及轴向化学键本身本来缺少柱对称性的情况进行了总结，并用一些通过试验测定出来的势垒数据对各种有关假设进行过比较和检验。

看来在乙烷以及类似的分子中，势垒有可能是来自单键上的两个原子所形成的其他各键(邻键)间电子的交换作用(相互排斥作用)。[36]在计算甲基和其他基团间的相互作用时发现，如果各个键轨道是 $sp$ 杂化的，则能量应该与甲基和其他基团绕着这个键轴的相对取向无关。但是，如果像在上一节所讲的那样，各键轨道有着某些 $d$ 性和 $f$ 性时，则会产生出一个具有三个极大和三个极小的势能函数。势垒的高度与 $d$ 性和 $f$ 性的分量以及连到所讨论的单键上两个键合原子的邻键(具有集中键轨道的键)的数目成正比。对于碳—碳单键来说，估计这个效应要产生 3 千卡/摩尔左右的势能极大值，就如在乙烷以及类似的分子中所观察到的那样。

应用微波谱，特别是通过小威尔逊(E. B. Wilson, Jr.)和其同事们的努力，已经获得许多势极大值的精确值。$CH_3CH_2F$ 的势垒值为 3.30 千卡/摩尔，$CH_3CHF_2$[37]为 3.18 千卡/摩尔，这些都与乙烷的大致相符。

根据这个理论推测，势能函数的极小值相当于交叉构型(这样可尽量避免邻键间的相斥作用)而不是重叠构型；在许多 X 射线衍射的研究工作中也发现，在晶体中许多烃链都是具有交叉构型的。此外，肖马克(V. Schomaker)[38]还指出，不饱和环烃的氢化热数值的变动可以令人信服地用沿单键的交叉取向是稳定取向的假设来解释。微波研究也证实了 $CH_3CH_2Cl$[39]，$CH_3CF_3$[40]，$CH_3SiH_3$[41]，$CH_3SiH_2F$[42]，$(CH_3)_2O$[43]以及其他一些分子都是具有交叉构型的。

此外，势垒高度随分子的变动也和预测的相一致。势垒的相互作用和轴形键本身一样，包含了对波函数径向部分的积分，因此可以推测键轨道具有相似杂化程度的分子，势垒高度和键能的比值将是一样的；特别是对各种取代乙烷，只要取代基没有大到足以引起空间效应(这将会增大势垒的高度)，则基本上会有同样的势垒。正如上面所说那样，在乙烷和取代乙烷中观察到的势垒是近于恒定的。

碳—硅键和碳—锗键的能量只有碳—碳键的四分之三左右那么大，因而可以推想在含有这些键的分子中，其势垒的高度约为 2.3 千卡/摩尔；实验值比这略为小些：$CH_3SiH_3$ 是 1.70 千卡/摩尔，$(CH_3)_2SiH_2$ 是 1.56 千卡/摩尔，$CH_3SiH_2F$ 是 1.32 千卡/摩尔，$CH_3GeH_3$ 则是 1.2 千卡/摩尔。

只是键轨道而不是未共享电子对的轨道(除了少量因相关性导致的偏差)具有 $d$ 性和 $f$ 性，因此可以推测一个 OH 基与甲基的相互作用只有两个甲基间相互作用的 1/3 那么强,而 $NH_2$ 则只有 2/3 那么强。所以 $CH_3OH$ 和 $CH_3NH_2$ 势垒高度的推测值分别为 1.0 和 2.0 千卡/摩尔左右;甲醇的实验值是 1.07 千卡/摩尔[44],甲胺的实验值则是 1.90 千卡/摩尔[45]。

氧化丙烯 $CH_3CH{-}CH_2$（下方为 O）有个甲基邻接于三元环。与甲基成键的碳原子的两个键轨道可看成是彼此相向弯曲,这样就降低了一些限制甲基旋转的相互作用能。势垒高度的观测值[46]是 2.56 千卡/摩尔,它比各取代乙烷的要小一些,正如从这种考虑所预期的那样。

对于硝基甲烷 $CH_3NO_2$ 和甲基二氟甲硼烷 $CH_3BF_2$,对称性要求其势能曲线具有 6 个极大。势垒高度的实验值很小,分别为 0.006 和 0.014 千卡/摩尔[47,48],和乙烷这类分子的势垒相比较,这样小的势垒是由于较高阶的相互作用。

乙烷若被较大的原子像氯和溴等取代,则范德华排斥作用的空间效应可使其势能的极大比起乙烷本身以及各氟代乙烷的要提高一些。由红外光谱法[49]测得 1,1,1-三氯乙烷的极大值为 2.91 千卡/摩尔,这并不比氟乙烷的大,因而可得出结论是:氯原子和相邻碳原子上的氢原子之间的空间效应是相当小的。另一方面,根据微波谱研究[50]的结果,$CH_3CH_2Cl$ 的极大值是 $3.560\pm0.012$ 千卡/摩尔,$CH_3CH_2Br$ 的是 $3.567\pm0.030$ 千卡/摩尔,这些数值很可能比得自红外光谱的数值更为可靠,因而在卤原子和相邻碳原子上的氢原子之间是有一些增加势垒高度的空间排斥作用的。此外,用电子衍射法研究 1,2-二氯乙烷[51]、1,2-二溴乙烷[52]、1-氯-2-溴乙烷[52]和 2,3-二溴丁烷[53]的结果都表明这些分子的稳定取向是两个卤原子分别位于碳—碳轴的相反两侧。1,1,2-三氯乙烷[54]也有相似的稳定取向,即 2 位氯原子近于一个 1 位氯原子的反面。1,1,2,2-四氯乙烷[55]存在两个交叉结构。根据偶极矩研究的结果[56],这两种异构体的焓相差 $0.0\pm0.2$ 千卡/摩尔;而在 1,1,2-三氯乙烷中,反式构型至少比顺式构型(即 2 位氯原子交叉在两个 1 位氯原子之间)稳定 4 千卡/摩尔。曾经报道过[57],氯乙烷在溶液中的旋转异构化作用的能值在 1.5 到 2.0 千卡/摩尔之间。已经知道六氯乙烷[58]中势能极大值的高度至少为 7 千卡/摩尔;这个值和乙烷值(3 千卡/摩尔)之差是由氯原子中的空间排斥而来的。梅森(Mason)和克里沃(Kreevoy)[59]曾经计算过由空间排斥作用所引起的势垒。

**具有未共享电子对的原子间绕单键的受阻旋转** 在像 $H_2O_2$ 这样的分子中,两个氧原子的未共享电子对的相斥作用可以在很大程度上决定各基团绕键轴的相向取向。彭尼(Penney)和萨瑟兰(Sutherland)[60]指出,如果每个原子的这两个未共享对是占有由一个 $s$ 轨道和一个 $p$ 轨道杂化而成的两个相反定向轨道,则它们的相斥作用将使一个氧原子的含有这些轨道的平面和另一个氧原子的相垂直,因而由 H—O—O 和 O—O—H 键所形成的二面角将是 90°。假如像 4-3 节中所描述的那样,每个未共享电子对轨道有 44% s 性和 56% p 性，且其极大间形成 142° 的交角，则可以预期这个双面角要比 90° 大出几度。用中子衍射法能确定过氧化氢晶体中氢原子的位置，通过这样的研究得出这个二面角的实验值是 89°±2°。[61] 晶体中有氢键存在，由氢键键合的氧原子所决定的二面角则是 93.8°。

在许多含有 S—S、Se—Se 和 Te—Te 键的分子中，二面角的实验值都在 100° 和 106° 之间。斜方硫[62] 和硫蒸气[63] 含有 $S_8$ 分子，它是交叉的八元环，其键角为 105°，二面角为 102°。硒的两种晶型[64] 也含有相类似的分子，键角为 106°，双面角为 101°。另一种形式的硒是由无限长的螺旋状分子组成的，每转一周有 3 个原子，其键角为 105°，二面角为 102°。与此相类似的晶体碲中键角为 102°，双面角是 100°。其他一些已报道过的二面角数据是二甲基三硫中的 S—S—S—C 二面角为 106°[65]，二碘二乙基三硫[66] 中的 S—S—S—C 二面角为 82°。

三方硫含有 $S_6$ 分子，在硫蒸气中也发现有些 $S_6$ 与 $S_8$ 和 $S_2$ 成平衡。$S_6$ 中的二面角为 71°（这里假定键角为 104°；与 $S_8$ 相比较，有小量张力存在）。$S_6$ 和 $S_8$ 的焓差[67] 为每个 S—S 键平均 1.10 千卡/摩尔。假定能值作为二面角 δ 的函数具有 $A\cos\delta + B\cos^2\delta$ 的简单形式，则从焓之差和极小时的 δ 值 102° 可导出 $A = 3.9$ 千卡/摩尔和 $B = 1.6$ 千卡/摩尔，因而势垒的高度在 $\delta = 0°$（顺式构型）时为 5.6 千卡/摩尔，在 $\delta = 180°$（反式构型）时为 2.5 千卡/摩尔。

从 350℃ 左右把黏滞状硫骤冷下来并加以拉长，即得纤维状硫。X 射线衍射图指出，[68] 它是由每转一周有 $3\frac{1}{2}$ 个原子的螺旋状链组成的，键角为 106°，二面角为 85°（图 4-7）。用溶剂处理可转化成为更稳定的另一种纤维状硫，[69] 这里每转一周有 $3\frac{1}{3}$ 个原子，键角为 106°，二面角为 85°。这样的二面角相当于每个键约有 0.5 千卡/摩尔的张力能，这个数值相对于 $S_8$（这里没有张力）和 $S_6$（这里每个键的张力能为 1.1 千卡/摩尔）来说，是符合于它自己的稳定性的要求的。三方硫（$S_6$）在放置一段时间之后能自动转变为纤维状硫，以后又将变成斜方硫（$S_8$）。

有可能在第六族元素中二面角的稳定值一般在 102° 左右，势垒（在 180° 时）约为 2 千卡/摩尔或 3 千卡/摩尔。通过微波谱[70] 测定出来的 $H_2O_2$ 的数值为 0.32 千卡/摩尔，这和上面讨论的数值相比较似乎是小了一些，虽然由于 O—H 键的部分离子性预计该会有所减小（可能达到 50%）。

很难对肼做出预测，虽然从前面的考虑可以期望它会具有交叉构型，它的两个未共享电子对要占用反式位置。它的气体分子的构型仍未测定过；在晶体中，氮原子的排列曾经认为是倾向于重叠构型的。[71] 羟胺的稳定构型可能是氨基的未共享电子对位于

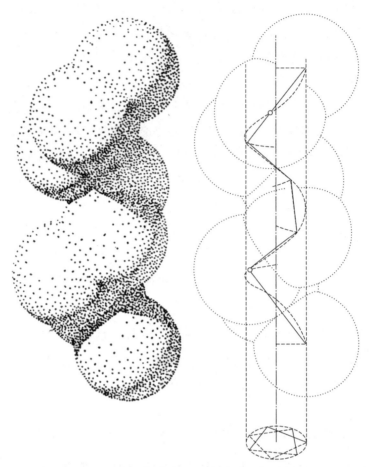

图 4-7　在纤维状硫的链中可能作为结构单元的每转两周有 7 个原子的螺旋体

O— H 键之上的重叠构型，这里已经有一些支持这样构型的实验证据。[72]

## 4-8　重键的轨道和键角

　　对于像在乙烯中那样的双键，要求两个键合原子各出两个轨道。通常有两种不同的方法用来描述这些轨道。第一种方法[73]是将每个原子的两个轨道都假定为基本上是四面体型轨道，它们伸向四面体的两个顶点，并与形成双键的另一个原子的四面体构成一条共有的棱边。这样，双键就可描述为是包含两个弯曲的单键，这和有机化学家几十年来沿用的双键概念极相类似（图 4-8）。例如，贝耶尔（Baeyer）[74]就曾把碳—碳双键相对于两个单键的不稳定性解释为是由于构成双键的两个键被弯曲时的张力能。

　　另一种描述双键的方法[75]是它含有一个由每个原子指向着另一个原子的 σ 轨道所

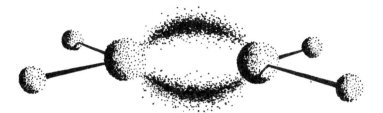

**图 4-8　把双键看成是两个弯曲单键的乙烯分子的形象**

形成的 $\sigma$ 键，加上一个由每个原子的 $\pi$ 轨道形成的 $\pi$ 键，有如图 4-9 所示的那样。

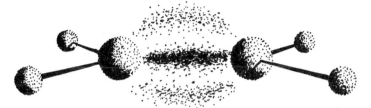

**图 4-9　把双键看成是一个 $\sigma$ 键加上一个 $\pi$ 键的乙烯分子的形象**

考查量子力学方程时发现，在根据 $s-p$ 杂化的分子轨道处理法[76]中，双键的这两种描述是一样的。但在价键处理法中，特别是在像 4-5 节中所说的，假设键轨道取上一些 $d$ 性和 $f$ 性，以致更加集中到成键方向时，这种描述法就不一样。在弯键轨道的情况下，$d$ 性和 $f$ 性增加核间轴两边（接近决定共有棱边的两个四面体顶点）的电子密度；在采用 $\sigma-\pi$ 描述方式的情况下；$d$ 性和 $f$ 性增加了 3 个区域中的电子密度，一个在核间轴上，另外两个是在核间轴的两边。看来具有集中键轨道的弯键结构，电子的分离大于 $\sigma-\pi$ 结构的，这足以把弯键结构更加稳定下来，而使它在重键的一般讨论中实现更好的近似程度。[77]此外，还有一个优点是它与性质已被充分了解的单键有更密切的联系。

弯键结构能简易地解释双键和叁键的某些性质。以键长为例，碳—碳单键、双键和叁键的长度分别为 1.54、1.33 和 1.20 埃。如果将重键表示为朝着四面体方向出发、具有恒定曲率而长度为 1.54 埃的弧线，则计算的长度在双键为 1.32 埃，在叁键是 1.18 埃，和实验值是近似地符合的。采用 $\sigma-\pi$ 结构时就不存在着这种简便的讨论键长的方法。

既然从键强度的标准看来，四面体型轨道全是最优键轨道，可以期望把碳原子的键描绘为指向正四面体的 4 个顶点的说法，应用于形成两个单键和一个双键的碳原子该是和应用于形成 4 个单键的碳原子时会是一样地好。因此根据弯键结构来预测，碳的双键和单键间的键角应该是 125.27°。根据 $\sigma-\pi$ 结构所预测的键角要小些。例如科尔森（Coulson）[78]会把 $\sigma$ 键和两个单键描述成如 4-4 节中所说的三角形轨道，这样键角值将是 120°。从实验得出许多分子中的键角值接近于 125.27°，表 4-5 列出一部分最可靠的实验值。其他一些不饱和分子中的 C—C＝C、许多其他羧酸中的 O—C＝O 以及许多其他酰胺和肽中的 N—C＝O，报道的键角为 125°±3°。[79]

## 表 4-5 四价原子的单键∶双键间键角的实验值

| 化合物 | 方法[a] | 所测角 | 数 值/(°) | 参考文献 |
|---|---|---|---|---|
| 丙烯 | M | C—C=C | $124.75\pm0.3$ | ① |
| $F_2C=CH_2$ | M | F—C=C | $125.2\pm0.2$ | ② |
| $CCl_2O$ | M | Cl—C=O | $124.3\pm0.1$ | ③ |
| $Cl_2C=CH_2$ | M | Cl—C=O | $123.2\pm0.5$ | ④ |
| $CH_3CHO$ | M | C—C=O | $123.9\pm0.3$ | ⑤ |
| 丙炔醛,HCCCHO | M | C—C=O | $123.8\pm0.2$ | ⑤a |
| HCOOH | M | O—C=O | $124.5\pm0.5$ | ⑥ |
| 甘氨酸 | X | O—C=O | $125.5\pm0.3$ | ⑦ |
| 丙氨酸 | X | O—C=O | $125.6\pm0.5$ | ⑧ |
| 草酰胺 | X | N—C=O | $125.7\pm0.3$ | ⑨ |
| 甲酰胺 | M | N—C=O | $123.58\pm0.35$ | ⑩ |
| $\alpha$-甘氨酰甘氨酸 | X | N—C=O | $124.2\pm1.0$ | ⑪ |
| $N,N'$-二甘氨酰胱氨酸 | X | N—C=O | $125.3\pm1.0$ | ⑫ |
| OHCNHNHCHO | X | N—C=O | $124.9\pm0.4$ | ⑬ |
| 二硫代草酰胺 | X | N—C=S | $124.8\pm0.5$ | ⑭ |
| $CH_3NO_2$ | M | O—N=O | $127\pm4$ | ⑮ |
| $O_2NNHC_2H_4NHNO_2$ | X | O—N=O | $125\pm3$ | ⑯ |
| 对二硝基苯 | X | O—N=O | $124\pm3$ | ⑰ |

a. M∶气体分子微波谱方法;X∶晶体的 X 射线衍射方法。

① D. R. Lide,Jr. ,and D. E. Mann,*J . Chem. Phys.* **27**,868(1957).

② W. F. Edgell,P. A. Kinsey,and J. W. Amy,*J . A. C. S.* **79**,2691(1957).

③ G. W. Robinson,*J . Chem. Phys.* **21**,1741(1953).

④ S. Sekino and T. Nishikawa,*J . Phys. Soc. Japan* **12**,43(1957).

⑤ R. W. Kilb,C. C. Lin,and E. B. Wilson,Jr. ,*J . Chem. Phys.* **26**,1695(1957).

⑤a C. C. Costain and J. R. Morton,*J . Chem. Phys.* **31**,389(1959).

⑥ R. Trambarulo and P. M. Moser,*J . Chem. Phys.* **22**,1622(1954);R. G. Lerner,J. P. Friend,and B. P. Dailey,*ibid.* **23**. 210(1955).

⑦ R. E. Marsh;*Acta Cryst.* **11**,654(1958).

⑧ J,Donohue,*J . A. C. S.* **72**,949(1950).

⑨ E. M. Ayerst and J. R. C. Duke,*Acta Cryst.* **7**,588(1954).

⑩ R. J. Kurland,*J . Chem. Phys.* **23**,2202(1955).

⑪ E. W. Hughes,A. B. Biswas,and J. N. Wilson,未发表的研究工作,Calif. Inst. Tech.

⑫ H. L. Yakel,Jr. ,and E. W. Hughes,*Acta Cryst.* **7**,291(1954).

⑬ Y. Tomiie,C. H. Koo,and I. Nitta,*Acta Cryst.* **11**,774(1958).

⑭ B. Long,P. Markey,and P. J. Wheatley,*Acta Cryst.* **7**,140(1954).

⑮ Tannenbaum,Johnson,Myers,and Gwinn,*loc. cit.* [47].

⑯ F. J. Llewellyn and F. E. Whitmore,*J . Chem. Soc.* **1948**,1316.

⑰ F. J. Llewellyn,*J . Chem. Soc.* **1947**,884.

乙烯是个例外;C═C—H 键角的电子衍射值[80]是 122.0°,红外光谱值[81]是 121.3°;它们接近于采用三角型量子化方式的数值,而不接近于四面体型量子化方式的数值。C═C—H 键角的这种低值以及其相应的 HCH 角的较高值(116°,117.4°),可能是由于氢原子间较大的范德华排斥作用所致(7-12 节)。甲醛也表现出相类似的情况,它的 H—C═O 角[82]为 119.2°±1.0°。甲醛的这个非常低的数值可能是和碳—氧键的较高的离子性(总共约 44%)有关。

曾经有人指出,[83]在嘧啶类中,—N̈═角比—C═角约小 11°。同样地,在均三嗪 $C_3N_3H_3$ 这个具有三方对称性的平面型分子中,两个角的数值[84]分别是 113.2°±0.4° 和 126.8°±0.4°,差值为 -13.6°;在均四嗪 $C_2N_4H_2$ 中,键角值[85]分别是 115.9°±0.7° 和 127.4°±0.7°,差值为 -11.5°(在所有这些平面形六元环中,键角的平均值都是 120°,因此这些差值是值得注意的)。我们可以断定,—N̈═角要比—C═角(125.27°)小 12°左右,因此前者的正常值是 113°。

关于—N̈═角的其他实验数据列于表 4-6 中。看来它们和上面提出的 113° 正常值一般是符合的。

表 4-6 三价氮原子的单键:双键键角的实验值

| 物 质 | 方法[a] | 所测角 | 数 值/(°) | 参考文献 |
|---|---|---|---|---|
| NOF | M | F—N═O | 110±5 | ① |
| NClO | M | Cl—N═O | 113±2 | ② |
| NBrO | E | Br—N═O | 117±3 | ③ |
| 顺-NO(OH) | I | O—N═O | 114±2 | ④ |
| 反-NO(OH) | I | O—N═O | 118±2 | ④ |
| $NO_2^-$ | X | O—N═O | 115.4±1.7 | ⑤ |
| $N_2F_2$ | E | F—N═N | 115±5 | ⑥ |
| $(CH_3)_2N_2$ | E | C—N═N | 110±10 | ⑦ |
| 氰尿酰三叠氮化物,$C_3N_{12}$ | X | C—N═C | 113±5 | ⑧ |

a. M:微波谱;E:电子衍射;I:红外光谱;X:X 射线衍射。

① D. W. Magnuson,*J. Chem. Phys.* **19**,1071(1951).

② J. D. Rogers,W. J. Pietenpol, and Williams,*Phys. Rev.* **83**,431(1951).

③ J. A. A. Kefelaar and K. J. Palmer,*J. A. C. S.* **59**,2629(1937). 这些作者也指出在 NClO 中 Cl—N═O 键角为 116°±2°。

④ L. H. Jones,R. M. Badger, and G. E. Moore,*J. Chem. Phys.* **19**,1599(1951).

⑤ G. B. Carpenter,*Acta Cryst.* **8**,852(1955).

⑥ S. H. Bauer,*J. A. C. S.* **69**,3104(1947).

⑦ H. Boersch,*Sitzber. Akad. Wiss. Wien* **144**,1(1935).

⑧ I. E. Knaggs,*Proc. Roy. Soc. London* **A150**,576(1935);E. W. Hughes,*J. Chem. Phys.* **3**,1,650(1935).

—N̈ ═的键角值和 125.27°（四面体型数值）的偏离，可解释为三价氮原子的键轨道并不是四面体型轨道，而是大约只含 5% 为 $s$ 性加上少许 $d$ 性与 $f$ 性的轨道（4-3 和 4-5 节）。对于这种轨道，可以预测其单键：双键的键角值是介于纯 $p$ 轨道的 90° 和四面体型轨道的 125.27° 之间。

另一类支持双键的弯键结构的证据是由有关受阻旋转的知识所提供的。根据丙烯的弯键结构，可推测甲基的受阻旋转势能函数大致和乙烷的一样，不过由于相邻碳原子的两个键（弯键）是扭曲的，所以势垒要略小于乙烷的；稳定的取向将是交叉取向——即对连接到氢的键（以及那两个弯键）是交叉的，对双键键轴则是重叠的。$\sigma$—$\pi$ 结构所预测的势垒要低得多，因为 $\sigma$ 键将抵消掉连接于氢的键，而伸展在平面两边的 $\pi$ 键则将对交叉的和重叠的取向产生几乎相同的相互作用。事实上，丙烯[86]的势垒高度为 1.98 千卡/摩尔，1-甲基-2 氟乙烯[87]的是 2.15 千卡/摩尔，而且按弯键结构所预测的构型也已经在丙烯[88]和乙酰氰[89]中被证实。在醛类和有关物质中，势垒高度比丙烯的略小：乙醛是 1.15 千卡/摩尔[90]；$CH_3COF$ 为 $1.08$[91]；$CH_3COCl$ 为 $1.35$[92]；$CH_3COCN$ 为 $1.27$[93]；由于 C═O 键的部分离子性（这些数值反映出部分离子性约为 40%），这些低值都正是所预期的。前三个物质的构型，也都被证实与预期的一样。

叁键的弯键模型使它具有一个三重对称轴，同时可以预计在二甲基乙炔中两个甲基的相互旋转应该受到某些阻碍，而且重叠构型应该较为稳定。在共轭体系中，也可预期绕单键的旋转是受到阻碍的，而且稳定构型的形式也可由上述理论加以推测。这些体系将在第六章和第八章中加以讨论。

# 4-9 重键的部分离子性

从重键的弯键描述方法可以推想到，两个原子间的重键中，每条弯曲单键将和无张力单键具有相同分量的部分离子性。这个推想已为实验相当好地予以验证。例如就甲醛 $H_2CO$ 来说，从原子的电负性差值可以估计这个 H—C 键具有 4% 离子性，每个 C—O 键则具有 22% 离子性。根据 H—C 键长为 1.09 埃、C═O 键长为 1.28 埃、键角为 120° 来计算电偶极矩，得值 2.70D，这比实验值 2.27D 略为大些。如果加上下述的合理假定，那就是每条 C—O 键的离子——共价比为 22/78，但含有两条离子性 C—O 键的结构不做贡献，则偶极矩的计算值就是 2.16D，就与实验值符合得很好。对其他分子也发现有相似的符合；不过就像在本书以后各章中将要讨论的那样，必须注意共振结构做出显著贡献的可能性。

## 4-10　未共享电子对对键能和键长的影响[94]

N—N、O—O 和 F—F 键的键能显示强烈的反常性;它们的数值远小于从同族物的相应值加以外推的预期值;然而 Li—Li 和 C—C(以及在第三章中未列出的 Be—Be 和 B—B)的键能值却大致和预期的一样(3-5 节)。和其同族物质相比较,这些键的键长也大于相应的预期值(第七章)。这种反常性可归结于键合原子的未共享电子对之间的强烈排斥作用(在 N—N 和 O—O 中还要包括其他各键的电子间的相互排斥作用)。

从价键的量子力学理论可以得出如下的结果:在相邻原子上的两个未共享电子对的作用能等于占有相同轨道的共享电子对所成的键的键共振能的 $-2$ 倍;因此前者应该是一种削弱稳定性的相互作用(一个原子的共享对和另一个原子的成键电子间的相互作用因数为 $-1$;而每一个原子上与其他键合原子的成键电子则各为 $-\frac{1}{2}$)。当然这种削弱稳定性的可能会随着像图 4-10 所示的那种杂化作用而有所减少,这样的杂化作用也将把被未共享电子对占有的轨道间的叠合拉低了一些;与此相反,对于键轨道来说;杂化作用是只会促进叠合的。

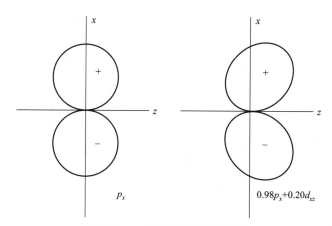

**图 4-10　π 轨道杂化作用的影响**

左边是个纯 $p\pi$ 轨道 $p_x$($X$ 轴为纵轴)的轨道强度与角度的关系。

右边是含有 $4.5\%d$ 性的 π 轨道。

可以看出,$d$ 性增加了这个轨道与位于右边的同样轨道的叠合(成键叠合),

却减少了它与位于左边的同样轨道的叠合(非成键叠合)

例如参照 Sn—Sn、Ge—Ge、Si—Si、C—C 键能值的递变,从 I—I、Br—Br、Cl—Cl 序列进行外推,F—F 的键能值将是 100 千卡/摩尔,这个数值比实验值 36.6 千卡/摩尔大了 66 千卡/摩尔。它相当于氟原子的未共享电子对间排斥能;与键能值比较,这个排斥能数值是合理的。

较重原子并不表现出类似的影响。似乎被这些原子的未共享电子对所占有的轨道具有较多分量的 $d$ 性和 $f$ 性,因而它们的叠合比第二周期元素的要少得很多。例如就氯来说,它的 $3d$ 轨道可以与 $3s$ 和 $3p$ 杂化,所需的升级能要比氟的 $2s$ 和 $2p$ 轨道具有 $d$ 性时所需的升级能小很多,因为后者的 $d$ 性是必须向价电子层以外($3d$)去争取的。

## 参考文献和注

[1]　本章和下一章所论述的内容大部分取自我的论文"*The Nature of the Chemical Bond :Application of Results Obtained from the Quanturm Mechanics and from a Theory of Paramagnetic Susceptibility to the Structure of Molecules* ,"(《化学键的本质:得自量子力学和顺磁磁化率理论的成果在分子结构上的应用》)(*J. A. C. S.* **53**,1367,1931),和早期的一篇研究简报[*Proc. Nat. Acad. Sci. U. S.* **14**,359(1928)].

[2]　这个图只给出占有这种轨道的电子在空间取向上分布的一般情况;它并未示出分布和 $r$ 的依赖关系。

[3]　原子中轨道参考轴的取向当然是任意的,我们应该只说 3 个 $p$ 轨道的成键方向是彼此互相垂直的。

[4]　L. Pauling and J. Sherman,*J. A. C. S.* **59**,1450(1937).

[5]　这结论首先由 Slater 提出[J. C. Slater,*Phys. Rev.* **37**;481(1931)].

[6]　Pauling,*loc. cit.* [1];Slater,*loc. cit.* [5];J. H. Van Vleck,*J. Chem. Phys.* **1**,177,219(1933);**2**,20(1934);R. S. Mulliken,*ibid.* 492;H. H. Voge,*ibid.* **4**,581(1936);**16**,984(1948);等等。

[7]　Pauling and Sherman,*loc. cit.* [4]. R. S. Mulliken[*J. Chem. Phys* ,**19**;900,912,(1951)]也报告过 $2s—2p$ 杂化轨道的键合能力的计算工作。C. A. Coulson and G. R. Lester[*Trans. Faraday Soc.* **51**,1605,(1955)]曾经对氢分子的激发态进行过计算,所得结果相当符合于轨道的成键能力取决于它的强度 $S$ 这样一个假定。

[8]　J. C. Slater,*Phys. Rev.* **98**,1093(1955).

[9]　Voge,*loc. cit* ,[6].

[10]　根据中心原子电子分布来讨论这些键角,可参考 J. W. Linnett and,A. J. Poë,*Trans. Faraday Soc.* **47**,1033(1951).

[11]　W. R,Busing and H. A. Levy,*Am. Cryst. Ass'n Meeting* ,Milwaukee,June,1958.

[12]　J. A. Ibers and V. Schomaker,*J. Phys. Chem.* **57**,699,(1953).

[13]　在这讨论中,曾经假定键轨道和未共享对轨道在沿轨道轴方向上有相等的轨矩。但按照 $sp$ 杂化轨道计算轨矩(与键轴交角的余弦平均值),得到的结果是键轨道的矩值只有未共享对轨道的一半。不过当把键轨道的 $d$ 性(4%)和 $f$ 性(2%)一起考虑进去之后(4-5 节),就会发现两者是相等的。

[14]　这三个键轨道(假定在 $xy$ 平面上)是

$$\frac{1}{\sqrt{3}}s+\frac{\sqrt{2}}{\sqrt{3}}p_x, \quad \frac{1}{\sqrt{3}}s-\frac{1}{\sqrt{6}}p_x+\frac{1}{\sqrt{2}}p_y, \quad 和\frac{1}{\sqrt{3}}s-\frac{1}{\sqrt{6}}p_x-\frac{1}{\sqrt{2}}p_y.$$

它们的键强度为 1.991,仅稍弱于四面体型轨道。

[15] H. A. Lévy and L. O. Brockway, *J. A. C. S.* **59**, 2085(1937).

[16] J. R. Weaver, S. G. Shore, and R. W. Parry, *J. Chem. Phys.* **29**, 1(1958).

[17] 这两个相应的键轨道(假如键指向着 $x$ 轴)如下:

$$\frac{1}{\sqrt{2}}(s+p_x) \quad 和 \quad \frac{1}{\sqrt{2}}(s-p_x);$$

它们的键强度是 1.932.

[18] N. Elliott and L. Pauling, *J. A. C. S.* **60**, 1846(1938).

[19] J. L. Hoard, *Z. Krist.* **84**, 231(1932).

[20] G. S. Zhdanov and E. A. Shugam, *Zhur. Fiz. Khim.* **19**, 519（1945）; *Acta Physico-chim. U. R. S. S.* **20**, 253(1945).

[21] L. Pauling, *Proc. Nat, Acad. Sci. U. S.* **44**, 211(1958).

[22] L. Pauling, *J. A. C. S.* **53**, 1367(1931).

[23] 在早期的计算[Pauling, *loc. cit.* (21)]中,对 $p_d$ 用了较大的估计值,因而得出 2% 的 $d$ 性。$g$ 性可以略去(计算值为 0.8%)。

[24] A. Unsöld(*Ann. Physik* **82**, 355 [1927])曾经证明,一个副层的所有波函数(例如 3 个 $2p$ 轨道)的平方和与 $\theta$ 和 $\phi$ 无关,因此它是球形对称的。

[25] H. Shull and P. -O. Löwdin, *J. Chem. Phys.* **25**, 1035(1950). $H_2$、$H^-$、$Li^+$ 等的相关能大致和 He 的相同。可同时参阅 P. G. Dickens and J. W. Linnett, *Quart. Rev. Chem. Soc.* **11**, 291(1957).

[26] K. Artmann, *Z. Naturforsch.* **1**, 426（1946）; H. K. Zimmerman, Jr., and P. Van Ryssol-berghe, *J. Chem. Phys.* **17**, 598(1949); J. E. Lennard-Jones, *ibid.* **20**, 1024(1952); J. Lennard-Jones and J. A. Pople, *Discussions Faraday Soc.* **1951**, 9.

[27] Linnett and Poë, *loc. cit.* [10].

[28] Lennard-Jones, *loc. cit.* [26].

[29] 当两个电子(主要是具 $2s$ 性的)很接近于核时,相位可描述为八面体型的;其他 6 个较外面的电子(主要是具 $2p$ 性的)倾向于接近八面体的 6 个顶点。原子的这样立方体型和八面体型两种看法都对它的立方极化率有贡献。

[30] J. Cuthbert and J. W. Linnett, *Trans. Paraday Soc.* **54**, 617(1958).

[31] 氦 3 晶体另外还具有立方体心同质异晶排列;参阅 A. F. Schuch, E. R. Grilly, and R. L. Mills, *Phys. Rev.* **110**, 775(1958).

[32] J. D. Kemp and K. S. Pitzer, *J. A. C. S.* **59**, 276(1937).

[33] G. B. Kistiakowsky, J. R. Lacher, and F. Stitt, *J. Chem. Phys.* **7**, 289(1939).

[34] H. Eyring, *J. A. C. S.* **54**, 3191(1932).

[35] E. B. Wilson, Jr., *Proc. Nat. Acad. Sci. U. S.* **43**, 816(1957).

［36］　Pauling, *loc. cit.* ［21］. 这理论与下列作者的早期建议相类似, 见 G. B. Kisfiakowsky, J. R. Lacher, and W. W. Ransom, *J. Chem. Phys*, **6**, 900(1938); K. S. Pitzer, *Quantum Chemistry*(《量子化学》)(Prentice-Hall, New York, 1953), 第 168 页。

［37］　D. R. Herschbach, *J. Chem. Phys.* **25**, 358(1956).

［38］　参阅 L. Pauling, "*The Nature of the Chemical Bond*"(Cornell University Press, 1940)第二版, 第 91 页。

［39］　R. S. Wagner and B. P. Dailey, *J. Chem. Phys.* **23**, 1355(1955); **26**, 1588(1957).

［40］　W. F. Edgell, G. B. Muller, and J. W. Amy, *J. A. C. S.* **79**, 2391(1957).

［41］　R. W. Kilb and L. Pierce, *J. Chem. Phys.* **27**, 108(1957); D. Kivelson, *ibid.* **22**, 1733(1954)。

［42］　L. Pierce, 被 E. B. Wilson, Jr., *Proc. Nat. Acad. Sci. U. S.* **43**, 816(1957)所引用。

［43］　电子衍射研究, K. Kimura and M. Kubo, *Nature*, **183**, 533(1959).

［44］　E. V. Ivash and D. M. Dennison, *J. Chem. Phys.* **21**, 1804(1953).

［45］　D. R. Lide, Jr., *J. Chem. Phys.* **22**, 1613 (1954); K. Shimoda, T. Nishikawa, and T. Itoh, *J. Phys. Soc. Japan* **9**, 974(1954).

［46］　J. D. Swalen and D. R. Herschbach, *J. Chem. Phys.* **27**, 100(1957).

［47］　E. Tannenbaum, R. D. Johnson, R. J. Myers, and W. D. Gwinn, *J. Chem. Phys.* **22**, 949(1954); E. Tannenbaum, R. J. Myers, and W. D. Gwinn, *ibid.* **25**, 42(1956).

［48］　R. E. Naylor, Jr., and E. B. Wilson, Jr., *J. Chem. Phys.* **26**, 1057(1957).

［49］　K. S. Pitzer and J. L. Hollenberg, *J. A. C. S.* **75**, 2219(1953).

［50］　D. R. Lide, Jr., *J. Chem. Phys.* **30**, 37(1959).

［51］　J. Y. Beach and K. J. Palmer, *J. Chem. Phys.* **6**, 639(1938).

［52］　J. Y. Beach and A. Turkevich, *J. A. C. S.* **61**, 303(1939).

［53］　D. P. Stevenson and V. Schomaker, *J. A. C. S.* **61**, 3173(1939).

［54］　A. Turkevich and J. Y. Beach, *J. A. C. S.* **61**, 3127(1939).

［55］　V. Schomaker and D. P. Stevenson, *J. Chem. Phys.* **8**, 637(1940).

［56］　J. R. Thomas and W. D. Gwinn, *J. A. C. S.* **71**, 2785(1949).

［57］　J. Powling and H. J. Bernstein, *J. A. C. S.* **73**, 1816(1951).

［58］　D. A. Swick, I. L. Karle, and J. Karle, *J. Chem. Phys.* **22**, 1242(1954).

［59］　E. A. Mason and M. M. Kreevoy, *J. A. C. S.* **77**, 5808(1955).

［60］　W. G. Penney and G. B. B. M. Sutherland, *J. Chem. Phys.* **2**, 492(1934).

［61］　Busing and Levy, *loc, cit.* ［11］.

［62］　B. E. Warren and J. T Burwell, *J. Chem. Phys.* **3**, 6(1935).

［63］　C. S. Lu and J. Donohue, *J. A. C. S.* **66**, 818(1944).

［64］　R. D. Burbank, *Acta Cryst.* **4**, 140(1951); **5**, 236(1952); R. E. Marsh, L. Pauling, and J. D. McCullough, *ibid.* **6**, 71(1953).

［65］ J. Donohue and V. Schomaker,*J. Chem. Phys.* **16**,92(1948).

［66］ J. Donohue,*J. A. C. S.* **72**,2701(1950).

［67］ 美国国家标准局数据表。

［68］ J. J. Trillat and H. Forestier, *Bull. Soc. Chim. France* **51**,248(1932);K. H. Meyer and Y. Go, *Helv. Chim. Acta* **17**, 1081 ( 1934 ); M. L. Huggins, *J*, *Chem. Phys.* **13**, 37 ( 1945 ); L. Pauling, *Proc. Nat. Acad. Sci. U. S.* **35**,495(1949).

［69］ J. A. Prins,J. Schenk,and P. A. M. Hospel,*Physica* **22**,770(1956);J. Schenk,*ibid.* **23**,325(1957).

［70］ J. T. Massey and D. R. Bianco,*J. Chem ,Phys ,* **22**,442(1954).

［71］ R. L. Collin and W. N. Lipscomb,*Acta Cryst.* **4**,10(1951).

［72］ P. A. Giguère and I. D. Liu,*Can. J. Chem.* **30**,948(1952);E. A. Meyers and W. N. Lipscomb, *Acta Cryst.* **8**,583(1955).

［73］ L. Pauling,*J. A. C. S.* **53**,1367(1931);Slater,*loc. cit.*［5］.

［74］ A. Baeyer,*Ber.* **18**,2269(1885).

［75］ E. Hückel,*Z. Physik* **60**, 423(1930);W. G. Penney,*Proc. Roy. Soc. London* **A144**,166(1934); **A146**,223(1934).

［76］ G. G. Hall and J. Lennard-Jones,*Proc. Roy. Soc. London* **A205**,357(1951).

［77］ L. Pauling,Kekulé Address,London;Sept. 15,1958.

［78］ C. A. Coulson,*Valence*(《化学价》)(Clarendon Press,Oxford 1952),第 195 页。

［79］ 关于这方面的综合报告,可参阅 R. B. Corey, Fortschr. *Chem. Org. Naturstoff* **8**,310 (1951);L. Pauling and R. B. Corey,*ibid.* **11**,180(1954).

［80］ L. S. Bartell and R. A. Bonham,*J. Chem. Phys.* **27**,1414(1957).

［81］ H. C. Allen,Jr,and E. K. Plyler,*J. A. C. S.* **80**,2673(1958).

［82］ 由沿对称轴的惯量矩的光谱值并假定 O—H 间距离为 1.08±0.01 埃计算而得。

［83］ L. Pauling and R. B. Corey,*Arch. Biochem. Biophys.* **65**;164(1956).

［84］ P. J,Wheatley,*Acta Cryst.* **8**,224(1955).

［85］ F. Pertinotti,G. Giacomello,and A. M. Liquori,*Acta Cryst.* **9**,510(1956).

［86］ Lide and Mann,*loc. cit.*［T4-5］.

［87］ S. Siegel,*J. Chem. Phys.* **27**,989(1957).

［88］ D. R. Herschbach and L. C. Krisher,*J. Chem. Phys.* **28**,728(1958).

［89］ L. C. Krisher and E. B. Wilson,Jr.,*Am. Chem. Soc. Meeting*,Boston,April 1959.

［90］ K. T,Hccht and D. M. Dennison,*J. Chem. Phys.* **26**,31(1957).

［91］ Kilb,Lin,and Wilson,*loc. cit.*［T4-5］.

［92］ J. D. Swalen,*J. Chem. Phys.* **24**,1072(1956).

［93］ Krisher and Wilson,*loc. cit.*［89］.

［94］ K. S. Pitzer,*J. A. C. S.* **70**,2140(1947);R. S. Mulliken,*ibid.* **72**,4493(1950);**77**,884(1955).

［朱平仇　译］

索末菲　玻尔

薛定谔

德拜

1926年2月,鲍林获得古根海姆奖学金(Guggenheim Fellowship)前往欧洲游学。他先是在德国慕尼黑大学索末菲(A. J. W. Sommerfeld,1868—1951)那里度过了紧张而愉快的一年;之后到丹麦哥本哈根大学玻尔(N. Bohr, 1885—1962)的实验室工作了几个月;接着又到瑞士苏黎世大学跟随薛定谔(E. Schrödinger,1887—1961)和德拜(P. Debye,1884—1971)做研究工作。

# 第五章

# 络合键<sup>①</sup>轨道；键型的磁性判据

• *Complex Bond Orbitals; The Magnetic Criterion for Bond Type* •

第四章中所讨论的杂化键轨只有少量的 $d$ 性和 $f$ 性。在许多分子和络离子，特别是包括过渡元素的分子和络离子中的键常可用有大量 $d$ 性（在少数情况下还有 $f$ 性）的杂化轨道来简单地加以讨论。下面各节中将讨论这些键以及键型的磁性判据。

---

① 当下更多译为配位键。——编者注

## 5-1 包含 $d$ 轨道的键

第二周期的原子不能形成 4 个以上的稳定键轨道。对第三周期的原子来说，$M$ 层的 $s$ 和 $p$ 轨道要比 $d$ 轨道稳定得多，所以一般也是前者对键轨道有较大的贡献；但是 $d$ 轨道（它也在 $M$ 层中）的升级能很小，足够允许它们在成键时所起的作用要比在第二周期原子中的大些。

像 $PF_6$、$PF_3Cl_2$、$PCl_5$、$[PF_6]^-$ 和 $SF_6$ 等这类化合物的存在反映出在使用 $3s$ 轨道和 3 个 $3p$ 轨道成键的同时，也用了一个或两个 $3d$ 轨道（所有轨道都杂化成键轨道）。不过，对于氟化物来说，像 $\begin{matrix} & F & F \\ & \diagdown | \diagup \\ F & \!\!-\!\! P & \\ & \diagup | \diagdown \\ & F & F \end{matrix}$ 的完全共价结构可能并不重要，这样的分子主要是共振于一些例如 $\begin{matrix} :\!F:\!^- & F \\ & \diagup \\ F\!-\!P^+ & \\ & \diagdown \\ F & F \end{matrix}$，和其他最多只有 4 个共价键的结构之间（4 个共价键在 5 个可能的位置间共振，使分子中所有的键在键型上几乎都是等效的）。根据已经进行的 $PCl_5$ 的理论处理可以看出，分子的基态不但包括这些结构，而且还有分量相当大的 5 个共价结构，其中的磷原子有 5 个 $sp^3d$ 轨道（5-9 节）。

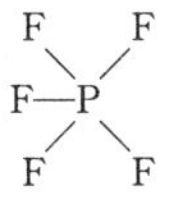

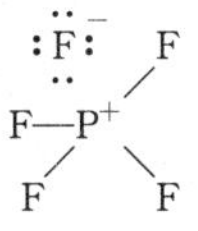

像锡这样的较重原子，能与氯、溴甚至碘形成 $[MX_6]^{2-}$ 型的络合物；在这些络合物中可能已经用到中心原子价电子层上的一些 $d$ 轨道。

不过，成键时具有巨大意义的还是主量子数比价电子层小 1 的那一层上的 $d$ 轨道。在过渡元素中，内层上的 $d$ 轨道具有和价电子层的 $s$ 和 $p$ 轨道大约相同的能量，假如它们没有完全被未共享电子对所占有，则它们将在成键时起着非常重要的作用。例如六氨合钴（Ⅲ）离子可写出如下的结构式：

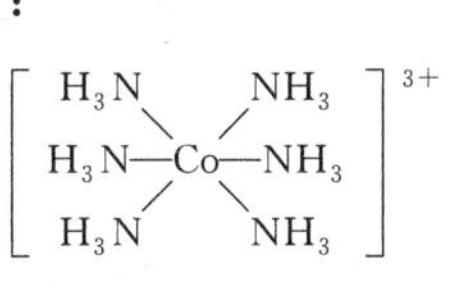

$$\left[ \begin{matrix} H_3N & & NH_3 \\ & \diagdown & \diagup \\ H_3N & \!\!-\!\!Co\!\!-\!\! & NH_3 \\ & \diagup & \diagdown \\ H_3N & & NH_3 \end{matrix} \right]^{3+}$$

数一数电子就可看到，钴原子（原子序数为 27）除与氮共用 6 对电子外，还有 24 个未共享电子。在可用的轨道中，有 6 个稳定轨道（氪壳层的稳定轨道）可用来成键，余下的足够安置未共享电子对，这可从下图中看到：

---

◀ 1926 年，艾娃·米勒带着孩子。

---

| $1s$ | $2s$ | $2p$ | $3s$ | $3p$ | $3d$ | $4s$ | $4p$ |
|---|---|---|---|---|---|---|---|

这 24 个未共享电子占有 $1s$、$2s$、3 个 $2p$、$3s$、3 个 $3p$ 和 3 个 $3d$ 轨道,余下的 2 个 $3d$ 轨道、$4s$ 轨道和 3 个 $4p$ 轨道则用来作为键轨道。

在第一过渡族(铁族)的原子中,$3d$ 轨道与 $4s$、$4p$ 轨道的能量差得很小(见图 2-19),所以这些轨道能怎样组合以形成良好的键轨道就成为很有意义的问题。同样,钯族原子的 $4d$、$5s$ 和 $5p$ 轨道,铂族原子的 $5d$、$6s$ 和 $6p$ 轨道都分别具有大约相同的能量。下面所讨论的 $dsp$ 杂化作用可以用于所有这三个过渡族中。

## 5-2 八面体型键轨道

在分析上面这个问题时发现,当只有 2 个 $d$ 轨道可用来和 $s$ 及 $p$ 轨道相组合时,它们能形成 6 个强度为 2.923(接近于最好的 $spd$ 杂化时的极大值 3)的等效键轨道,这 6 个键轨道是指向着正八面体的 6 个顶点。因此我们断定:像 $[Co(NH_3)_6]^{3+}$、$[PdCl_6]^{2-}$ 和 $[PtCl_6]^{2-}$ 这类络合物应有八面体型的构型,这个结论和维尔纳(Werner)为了解释在含有不同取代基团的络合物中出现异构现象而作出的假设[1]是完全一样的,也被 $Co(NH_3)_6I_3$、$(NH_4)_2PdCl_6$、$(NH_4)_2PtCl_6$ 和其他一些晶体的 X 射线研究所证实(见图 5-1)。

图 5-2 示出了一个八面体型键轨道的极坐标图,可以看到,这些键轨道充分地集中在成键方向上,因而有可能实现很大的叠合和形成非常强的键。

值得注意的是,正如几年前 J. L. Hoard 向我所指出的那样,这些考虑可以用来解释在共价的八面体型络合物中钴(Ⅱ)和钴(Ⅲ)以及铁(Ⅱ)和铁(Ⅲ)相比时在稳定性上的差异。从氧化还原电势的数值看来,共价络合物的形成并不过多地改变正二价铁和正三价铁间的平衡;[2]而在正二价钴和正三价钴的情况下,却会引起平衡的很大变化:

$$
\begin{aligned}
&\text{电势}\\
Fe^{2+} = Fe^{3+} + e^-, \qquad &-0.77 \text{ 伏}\\
&\qquad\qquad\qquad\qquad\qquad\qquad \Big\rangle -0.41 \text{ 伏}\\
[Fe(CN)_6]^{4-} = [Fe(CN)_6]^{3-} + e^-, \qquad &-0.36 \text{ 伏}\\
\\
Co^{2+} = Co^{3+} + e^- \qquad &-1.84 \text{ 伏}\\
&\qquad\qquad\qquad\qquad\qquad\qquad \Big\rangle -2.67 \text{ 伏}\\
[Co(CN)_6]^{4-} = [Co(CN)_6]^{3-} + e^-, \qquad &+0.83 \text{ 伏}
\end{aligned}
$$

这种效应是如此显著,以致钴(Ⅱ)的共价化合物可把水分解而放出氢气;而钴(Ⅲ)离子则把水分解而放出氧气,它是已知的最强氧化剂之一。从图 5-3 可以找到它们的解释。在

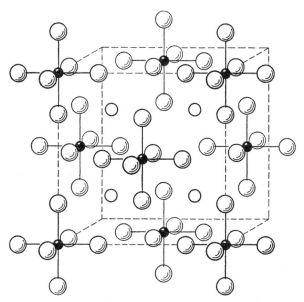

**图 5-1　$K_2PtCl_6$ 立方晶体的结构**

八面体型络离子 $PtCl_6^{2-}$ 的中心位于立方晶胞的各个顶点和面心上。

钾离子在 $\left(\frac{1}{4}, \frac{1}{4}, \frac{1}{4}\right)$ 等位置上；即位于边长为单胞边长的一半的 8 个小立方体的中心。

在图中只画出立方单胞内所应有的 8 个钾离子中的 4 个。

氯原子的坐标为 $(u00)$、$(0u0)$、$(00u)$ 等等，其中 $u$ 是决定 Pt—Cl 键长的参数。它的数值可通过晶体 X 射线照相的分析来测定，大多数这类物质的参数值接近于 $0.25$。对应于这个参数值，氯原子和钾离子所占的位置相当于球的立方密堆积（参考 11-5 节）

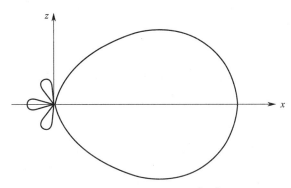

**图 5-2　价键方向指向着 $x$ 轴的八面体型 $d^2sp^3$ 键轨道的角度分布**

$Co^{2+}$、$Co^{3+}$、$Fe^{2+}$ 和 $Fe^{3+}$ 离子中的 $3d$ 以及内层的各轨道上有足够空间来容纳所有的未共享电子。当在共价络合物中用 2 个 $3d$ 轨道来形成八面体型键轨道时，只剩下 3 个 $3d$ 轨道来安置未共享电子。对于正二价和正三价的铁以及正三价的钴来说，3 个 $3d$ 轨道就已足够容纳所有未共享电子了；但对正二价钴来说，7 个外层的未共享电子中只能安置 6 个，因此第七个电子就只能占据外层的不稳定的轨道，这就使得络合物不稳定。

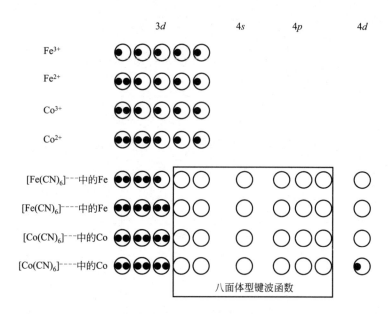

**图 5-3** 在正两价和正三价铁与钴的弱配位和强配位八面体型络合物中电子占有轨道的情况

5 个 $d$ 轨道的角度函数如下：

$$
\left.
\begin{aligned}
d_{z^2} &= \sqrt{5/4}\,(3\cos^2\theta - 1) \\
d_{yz} &= \sqrt{15}\,\sin\theta\cos\theta\cos\phi \\
d_{xz} &= \sqrt{15}\,\sin\theta\cos\theta\sin\phi \\
d_{xy} &= \sqrt{15/4}\,\sin^2\theta\sin2\phi \\
d_{x^2-y^2} &= \sqrt{15/4}\,\sin^2\theta\cos2\phi
\end{aligned}
\right\}
\tag{5-1}
$$

由 2 个 $d$ 轨道、$s$ 轨道和 3 个 $p$ 轨道所形成的 6 个等效八面体型轨道组如下：

$$
\left.
\begin{aligned}
\psi_1 &= \frac{1}{\sqrt{6}}s + \frac{1}{\sqrt{2}}p_z + \frac{1}{\sqrt{3}}d_{z^2} \\
\psi_2 &= \frac{1}{\sqrt{6}}s - \frac{1}{\sqrt{2}}p_z + \frac{1}{\sqrt{3}}d_{z^2} \\
\psi_3 &= \frac{1}{\sqrt{6}}s + \frac{1}{\sqrt{2}}p_x + \frac{1}{\sqrt{12}}d_{z^2} + \frac{1}{2}d_{x^2+y^2} \\
\psi_4 &= \frac{1}{\sqrt{6}}s - \frac{1}{\sqrt{2}}p_x + \frac{1}{\sqrt{12}}d_{z^2} + \frac{1}{2}d_{x^2+y^2} \\
\psi_5 &= \frac{1}{\sqrt{6}}s + \frac{1}{\sqrt{2}}p_{xy} + \frac{1}{\sqrt{12}}d_{z^2} - \frac{1}{2}d_{x^2+y^2} \\
\psi_6 &= \frac{1}{\sqrt{6}}s - \frac{1}{\sqrt{2}}p_y + \frac{1}{\sqrt{12}}d_{z^2} - \frac{1}{2}d_{x^2+y^2}
\end{aligned}
\right\}
\tag{5-2}
$$

图 5-4 示出了 $d_{z^2}{}^*$ 轨道的角度分布。它对 $z$ 轴具有柱形对称性的,由伸展在 $+z$ 和 $-z$ 方向的两个正花瓣和在 $xy$ 平面附近的一条负腰带所组成。两个节带与 $z$ 轴的交角分别是 $54°44'$ 和 $125°16'$。轨道的强度为 $\sqrt{5}$,即 2.236。

哈特格林(Hultgren)[3]对 $spd$ 杂化轨道进行过深入的讨论,并证明了许多有意义的定理。其中之一是由构成一个或一个以上满填亚层的轨道杂化所生成的最好键轨道的强度等于轨道数目的平方根,即在 $s$ 为 $\sqrt{1}$,在 $p$ 为 $\sqrt{3}$,在 $d$ 为 $\sqrt{5}$,在 $sp^3$ 为 $\sqrt{4}$,在 $sp^3d^5$ 为 $\sqrt{9}$,等等。他还证明,只要每一轨道的极大方向和其他轨道的节面相重合,则能形成等效的正交最优键轨道。

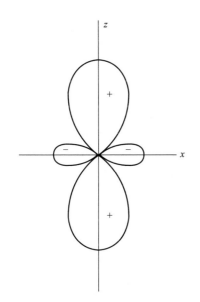

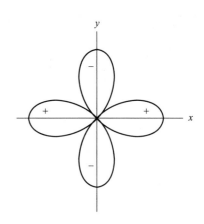

图 5-4　$d_{z^2}{}^*$ 轨道的角度分布

图 5-5　$d_{x^2-y^2}$ 轨道的角度分布 **

(5-1)式中所述的其他 4 个 $d$ 轨道的形象和 $d_{z^2}$ 的不同。除在空间的取向以外,这四个轨道都是等同的。图 5-5 示出其中之一($d_{x^2-y^2}$)的角度分布。它有 4 个等同的花瓣,极大方向分别指向着 $+x$ 和 $-x$(正的两瓣)、$+y$ 和 $-y$(负的两瓣)。强度(在这些方向上的数值)为 1.936。因此这五个 $d$ 轨道在形象方面不是等同的(这和 3 个 $p$ 轨道的不同)。通过线性组合可以形成 3 个(但不能更多的)等效于 $d_{z^2}$ 的轨道,它们的柱形对称轴与节面间的交角是 $54°44'$ 或 $125°16'$。介于 $d_{z^2}$ 和 $d_{x^2-y^2}$ 之间的轨道也可通过线性组合得到 $\left(\text{例如 } \frac{2}{3}\sqrt{2}d_{z^2}+\frac{1}{3}d_{x^2-y^2} \text{ 沿}\pm z \text{ 轴的值为 } 2.108,\text{沿}\pm x \text{ 轴为}-0.409,\text{沿}\pm y \text{ 轴为}-1.699\right)$。

---

\* 　原书误为 $d_z$,已改正。——译者注

\*\* 　原书的图($d_{xz}$)错了,改为 $d_{x^2-y^2}$ 的角度分布图,已改正。——译者注

由 $spd$ 杂化所能获得的最好键轨道(决定系数的方法见 4-5 节)具有如下的形式:

$$\frac{1}{3}s+\frac{1}{\sqrt{3}}p_z+\frac{\sqrt{5}}{3}dz^2 \tag{5-3}$$

这个轨道沿 $z$ 轴有其极大值(强度为 3.000)。它的节面与成键方向间的夹角是 73°9′或 133°37′。可以构成 3 个这样的相互正交的最优键轨道;它们的成键方向彼此间为 73°9′或 133°37′,3 个键角可以在这两个数值中独立选择(但不能 3 个键角都是 133°37′)。

把方程 5-2 中 5 个 $d$ 轨道的角度函数变换为 $x/r$、$y/r$ 和 $z/r$ 的函数以后,即可看出它们与八面体的 6 个方向±$x$、±$y$ 和±$z$ 之间的简单联系。可以看出,在这 6 个方向上 $d_{xy}$、$d_{yz}$ 和 $d_{zx}$ 都等于零,所以把它们纳入这个方向的键轨道,将会减低轨道的强度。因而能有效地用来在八面体方向上形成单键的是另外 2 个 $d$ 轨道,即 $d_{z^2}$ 和 $d_{x^2-y^2}$。

不过在络合物的中心原子能与配位基形成重键的情况下,轨道 $d_{xy}$、$d_{yz}$ 和 $d_{xz}$ 仍可使用。某些过渡金属的八面体型络合物含有相当分量双键性的键。这些络合物将在第九章中予以讨论。

八面体型络合物的磁矩常被用来区别其中究竟是 $d^2sp^3$ 八面体型的键还是其他电子结构,区别方法将在 5-5 节中论述。处理这些络合物的另一种方法将在 5-8 节提到。

## 5-3  正方构型键轨道

在两价镍的共价络合物如氰化镍离子$[Ni(CN)_4]^{2-}$ 中,镍离子的 26 个内层电子可以成对地安置在 $1s$、$2s$、3 个 $2p$ 和 4 个 $3d$ 轨道中。留下来适于成键的就是第五个 $3d$ 轨道以及 $4s$ 和 3 个 $4p$ 轨道。就这些轨道进行杂化时看出,可以形成 4 个强的键轨道,指向正方形的四个顶点。[4] 这 4 个轨道(键向依次指向着+$x$、-$x$、+$y$ 和-$y$)如下:

$$\left.\begin{aligned}
\psi_1 &= \frac{1}{2}s+\frac{1}{\sqrt{2}}p_x+\frac{1}{2}d_{xy} \\
\psi_2 &= \frac{1}{2}s-\frac{1}{\sqrt{2}}p_x+\frac{1}{2}d_{xy} \\
\psi_3 &= \frac{1}{2}s+\frac{1}{\sqrt{2}}p_y-\frac{1}{2}d_{xy} \\
\psi_4 &= \frac{1}{2}s-\frac{1}{\sqrt{2}}p_y-\frac{1}{2}d_{xy}
\end{aligned}\right\} \tag{5-4}$$

它们的强度比四面体型轨道的(2.000)大了很多。这样 4 个正方型键轨道的形成只用了 2 个 $4p$ 轨道;所以还有一个 $4p$ 轨道和它上面的电子用来形成另一个(相当弱的)键。

根据这个说法可以预期镍络合物应该具有平面正方构型，而不像通常对于围绕中心原子的 4 个基团所假设的那种四面体构型。1931 年当这个意见首次被提出时，[5]还未认识到镍的某些络合物是会具有这种构型的。在适当地变换原子轨道的主量子数后，上述讨论也可用于钯（Ⅱ）和铂（Ⅱ）的配位络合物中。关于这些络合物，维尔纳在许多年以前就已从观察到的异构体的存在提出正方构型，以后又被迪金森[6]在用 X 射线研究氯亚钯酸盐和氯亚铂酸晶体的工作中所证实（图 5-6）。

1931 年，$[Ni(CN)_4]^{2-}$ 和其他四配位镍（Ⅱ）络合物的正方构型，只能由含有这些离子的盐类的磁学性质以及所观察到的 $K_2Ni(CN)_4 \cdot H_2O$ 和 $K_2Pd(CN)_4 \cdot H_2O$ 的异质

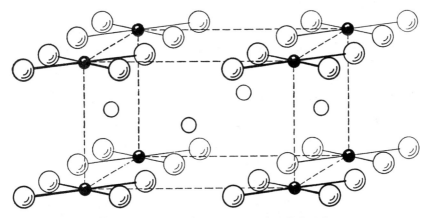

**图 5-6　$K_2PdCl_4$ 和 $K_2PtCl_4$ 四方晶体的结构**

小圆圈代表钯或铂原子，中等大小的（不加阴影的）圆圈为钾原子，最大的圆圈是氯原子。

每个钯或铂原子被 4 个位于正方形顶点上的氯原子所围绕

同晶现象提供证据。其后几年中进行了许多研究工作，证明在镍络合物中存在着这样的构型。其中第一个是萨格登（Sugden）[7]的工作，他合成了顺式和反式的苯基丁二酮二肟的镍化合物，其构型如下：

顺式　　　　　　　　　　反式

也曾获得镍、钯和铂与其他基团结合的络合物的同样异构体。[8]用 X 射线研究二硫代草酸合镍（Ⅱ）的钾盐晶体，[9]证明它与钯、铂的相应化合物存在着异质同晶现象，并且为这

个络离子的平面结构

$$\left[\begin{array}{ccc} O=C & S & S & C=O \\ & \diagdown & \diagup \\ & Ni & \\ & \diagup & \diagdown \\ O=C & S & S & C=O \end{array}\right]^{2-}$$

提供了详细的证明。许多组其他化合物也证明有异质同晶现象,[10] 例如 $BaM(CN)_4 \cdot 4H_2O$(其中 M＝Ni、Pd 和 Pt)以及 $Na_2M(CN)_4 \cdot 3H_2O$(其中 M＝Ni 和 Pd);对后一类晶体的结构还进行了详细的 X 射线研究,并证实其中有平面型的 $[M(CN)_4]^{2-}$ 离子存在。[11] 这个离子的平面构型也在 $Sr[Ni(CN)_4] \cdot 5H_2O$ 和 $Ni(CN)_2 \cdot NH_3 \cdot C_6H_6$ 晶体中得到证实。[12]

关于镍(Ⅱ)的 $dsp^2$ 四共价状态的磁性证据将在 5-6 节中给予综合性的介绍。

$KAuBr_4 \cdot H_2O$ 中的 $[AuBr_4]^-$ 离子、在下一段将要谈到的化合物 $Cs_2AgAuCl_6$ 和 $Cs_2Au_2Cl_6$ 中的 $[AuCl_4]^-$ 离子[13]以及 $(CH_3)_3PAuBr_3$ 分子[14]都有平面正方构型。氯化金(Ⅲ)的二聚物也已证明[15]具有如下式所示的平面结构:

$$\begin{array}{ccccc} :\ddot{C}l: & & :\ddot{C}l: & & :\ddot{C}l: \\ & \diagdown & & \diagdown & \\ & Au & & Au & \\ & \diagup & & \diagup & \\ :\ddot{C}l: & & :\ddot{C}l: & & :\ddot{C}l: \end{array}$$

溴化二乙基金的二聚体 $(C_2H_5)_4Au_2Br_2$ 具有类似的结构,[16]其中 2 个溴原子处于联桥的位置,乙基则在两端的位置上。氰化二正丙基金 $[Au(C_3H_7)_2CN]_4$ 也已证明具有如下的平面结构:[17]

$$\begin{array}{c}
R \qquad\qquad R \\
| \qquad\qquad | \\
R-Au-C\equiv N-Au-R \\
| \qquad\qquad\quad | \\
N \qquad\qquad C \\
\| \qquad\qquad\quad \| \\
C \qquad\qquad N \\
| \qquad\qquad\quad | \\
R-Au-N\equiv C-Au-R \\
| \qquad\qquad | \\
R \qquad\qquad R
\end{array} \qquad (R=\!-\!C_3H_7)$$

在结构如图 5-7 所示的 $Cs_2AgCl_2AuCl_4$ 和 $Cs_2AuCl_2AuCl_4$ 四方晶体中,[18]含有正三价金的正方型络离子 $[AuCl_4]^-$ 以及正一价金或银的直线型络离子 $[AgCl_2]^-$ 或 $[AuCl_2]^-$。

氯化亚钯提供了一个有趣的无限聚合的例子。这个物质的晶体[19](图 5-8)由无限长的平面键所组成;链的结构为

$$\begin{array}{ccccccc}
& Cl & & Cl & & Cl & \\
\cdots Pd & & Pd & & Pd & & Pd\cdots \\
& Cl & & Cl & & Cl &
\end{array}$$

这些链含有共棱的矩形 $PdCl_4$ 基团,从而使得组成成为 $PdCl_2$。$PdCl_4$ 基团只是略为扭曲的正方构型,Cl—Pd—Cl 键角分别为 $93°$ 和 $87°$。

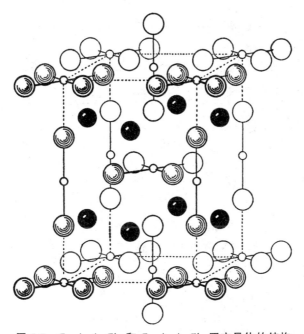

**图 5-7** $Cs_2AgAuCl_6$ 和 $Cs_2AuAuCl_6$ **四方晶体的结构**

大的黑圆圈表示铯原子,大的空白圆圈为氯原子,小圆圈为金或银原子

可以提及的是正四价铂和钯的四价络合物预期为四面体构型而不是正方构型,因为它在形成键轨道时,不是像在正二价络合物中那样只有一个 $d$ 轨道,而是可用 2 个 $d$ 轨道。可以推测四甲基铂 $Pt(CH_3)_4$ 和六甲基二铂 $Pt_2(CH_3)_6$ 等物质分别有与新戊烷和六甲基乙烷相类似的结构,[20] 在 $Pt_2(CH_3)_6$ 中有铂—铂键。但是研究四甲基铂和氯化三甲基铂的晶体结构的结果指明,晶体内存在四聚体 $Pt_4(CH_3)_{16}$ 和 $Pt_4(CH_3)_{12}Cl_4$,其中每个铂原子形成 6 个八面体键。这些物质的结构将在第十章中讨论。

铜(Ⅱ)络合物的构型提出个有趣的问题。分析这个问题后可以看出,铜(Ⅱ)预测为形成 $dsp^2$ 平面型的 4 个共价键而不是 $sp^3$ 四面体型的共价键。因为 $dsp^2$ 键要比 $sp^3$ 键强得多(强度为 2.694,当然大于 2)。不过铜(Ⅱ)比镍(Ⅱ)多一个电子,按照未共享电子占有轨道的一般规则,这个电子应占据第五个 $3d$ 轨道,而使得它不再能用于成键。但另一方面,如果把这未共享电子放在第三个 $4p$ 轨道,而用 $3d$ 轨道成键,铜原子并不损失能量,这是因为所讨论的 5 个轨道(一个 $3d$、一个 $4s$ 和 3 个 $3p$)中的每一轨道,或者被共享对所占有,或者被单个未共享电子所占有(单电子在 $3d$ 则为 $sp^3$ 键,单电子在 $4p$ 则为 $dsp^2$ 键),而当各键都是正常共价键时,共享电子对与铜原子的作用能又和单个未共享电子的一样(如果各键有些离子性,铜原子又带正电荷的话,则要损失一些能量)。所以,

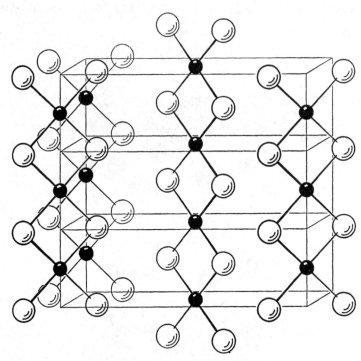

**图 5-8** PdCl$_2$ 晶体的结构

小圆圈代表钯原子,大圆圈为氯原子

$dsp^2$ 键的强度比 $sp^3$ 键的大些的事实就成为决定性因素;而包含 4 个共价键的铜(Ⅱ)络合物的构型将是正方构型而不是四面体型构型。

四共价铜(Ⅱ)的平面构型是由柯克斯(Cox)和韦伯斯特(Webster)[21]在铜与 β-双酮的化合物(如二水杨醛肟合铜、乙酰丙酮合铜、苯甲酰丙酮合铜、二丙酰基甲烷的铜盐等)中以及图内尔(Tunell)、玻斯尼亚(Posnjak)和赛恩达(Ksanda)[22]在黑铜矿 CuO 中发现的。在氯化铜二水物的晶体(图 5-9)中,各分子具有如下的平面构型:[23]

$$
\begin{array}{c}
H_2O \\
| \\
Cl—Cu—Cl \\
| \\
H_2O
\end{array}
$$

在 $K_2CuCl_4 \cdot 2H_2O$ 晶体中也有同样的基团。[24]

已经用能确定氢原子位置的中子衍射法细致地测定了 $CuCl_2 \cdot 2H_2O$ 的结构。[25]测定后发现和分子中的其他原子一样,这些氢原子也位于相同的平面内。其中 O—H 键长为 0.95 埃,H—O—H 键角等于 108°,这基本上与自由水分子中的一样。从这个结果看来,氧原子和铜原子之间不是单键(它将使 Cu—O—H 角为 105°左右),而是双键或单键:双键的共振体。

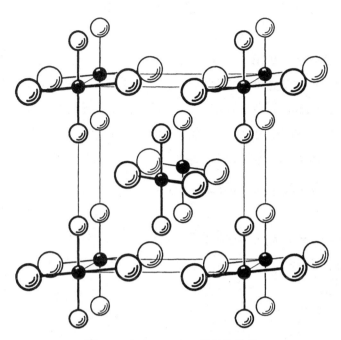

**图 5-9　$CuCl_2 \cdot 2H_2O$ 的晶体结构**

小圈代表铜原子；中等大小的圈代表水分子中的氧原子；大圈代表氯原子

在 $K_2CuCl_4 \cdot 2H_2O$ 中，每个铜原子有 2 个最接近的距离为 2.32 埃的氯原子，和距离为 1.97 埃的 2 个氧原子（属于水分子的），它们具有如上文所说的平面构型。在这个基团平面的上方和下方还有两个相邻的氯原子，相距是 2.95 埃；这个距离比共价键的预测值大得很多。根据 7-10 节的讨论，相应于这个距离的键级约为 0.1；也就是说，它是一种强度约为单键的 10% 的键。$K_2CuCl_4 \cdot 2H_2O$ 晶体可看作是 $CuCl_2 \cdot 2H_2O$ 分子、氯离子和钾离子的紧密堆积体。

用电子自旋磁共振谱证实了双乙酰丙酮合铜（Ⅱ）[26]在双乙酰丙酮合钯（Ⅱ）的浓度为 1/2 摩尔百分数的固溶体中，双水杨醛亚胺合铜（Ⅱ）[27]在双水杨醛亚胺合镍（Ⅱ）的浓度为 1/2 摩尔百分数的固溶体中，由铜原子所形成的四个共面的短键主要是共价型的，而两个长键则只有很少的共价性。

俄吉尔（Orgel）和达尼茨（Dunitz）[28]曾经指出，由瓦因斯坦（Vainstein）[29]所测定的 $CoCl_2 \cdot 2H_2O$ 的结构，除钴原子形成 6 个单键以外，它与 $CuCl_2 \cdot 2H_2O$ 的极为类似。）

在许多其他晶体中也曾发现铜（Ⅱ）具有同样的构型，即 4 个强键在一个平面上，另外常有两个弱键（其距离比相应的强键约大 0.7 埃）在八面体的其他两个方向上。$CuCl_2$[30]和 $CuBr_2$[31]就像 $PdCl_2$（图 5-8）一样，都含有由共有相反棱边的正方形组成的链。$CuF_2 \cdot 2H_2O$ 的结构类似于 $CuCl_2 \cdot 2H_2O$。[32]

在二甲基乙二肟合铜(Ⅱ)[33]和双乙酰丙酮合铜(Ⅱ)[34]中,铜原子和相邻的氮或氧原子形成 4 个 $dsp^2$ 键而没有弱键;八面体的另两个方向指向着碳和氢原子。

一个例外的络合物是 $Cs_2CuCl_4$ 晶体中的$[CuCl_4]^{2-}$。根据文献报道,结构[35]介于平面正方型和正四面体型之间;4 个氯原子以 0.76 埃的高度分别配置在赤道平面的上下方,这和平面构型的情况下高度应为零、正四面体型构型的情况下高度应为 1.80 埃($Cu—Cl$ 键长为 2.22 埃)显然是不一样的。对这络合物也已经进行过理论研究。[36]它与平面构型的偏离可能是由于在晶体中$[CuCl_4]^{2-}$与铯离子的相互作用的结果。在和它极相类似的 $CsCuCl_3$ 中,$CuCl_4$ 基团倒是具有平面构型[37](每个基团和相邻的基团共有两个氯原子)。

银(Ⅱ)的四共价络合物应该和铜(Ⅱ)的四共价络合物具有同样的平面构型。这已在 α-吡啶羧酸的银盐中得到证实,[38]它与相应的铜(Ⅱ)盐是异质同晶的,而且它表现出从平面结构

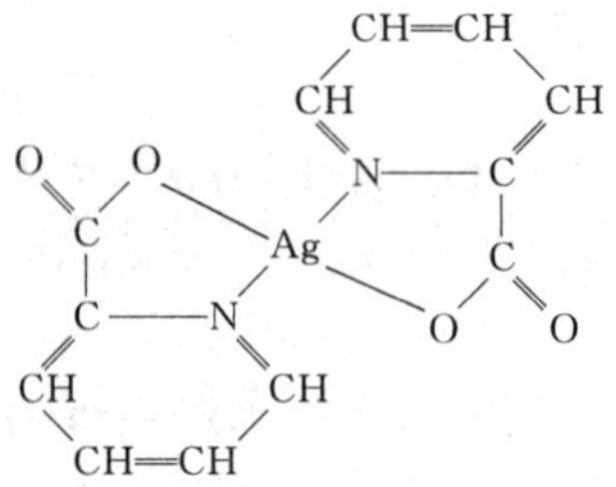

的平行排列所预期的高度双折射现象。

还没有发现金(Ⅱ)的化合物。

## 5-4　键型的磁性判据

在其价键的早期工作中,路易斯就曾强调物质的磁化率在提供它的电子结构信息方面的作用。1925 年沃洛(Welo)和鲍迪施(Baudisch)[39]研究了络离子的磁性,并提出了一个以后被塞奇威克[40]和别的研究者所采用的如下简单规则:络合物的磁矩(可从磁化率的测定计算出来——见附录 Ⅹ)等于这样一个原子的磁矩,这个原子含有与络合物中心原子相同数目的电子;在计算中心原子的电子时,由它所形成的每个共价键都算成两个电子。例如亚铁氰离子$[Fe(CN)_6]^{4-}$的磁矩为零;而亚铁离子 $Fe^{2+}$ 有 24 个电子,再加上键合氰离子的 6 个共价键内的 12 个电子,得总电子数为 36;这相当于具有抗磁性(即 $\mu=0$)的氪的电子数。

这个简单的规则对许多物质来说就是合用的,但也有不少例外。例如,络合物

$[Ni(CN)_4]^{2-}$ 是抗磁性的，虽然按这规则，它应是顺磁性的（它类似于 $Z=34$ 的 Se，磁矩应为 2.8 磁子左右）。

　　已经发现络合物的磁矩可以相当满意地用分配原子型电子（即未用于成键的电子）给各个未用作键轨道的稳定轨道[41]的方法来讨论。电子的这种分配要满足最大稳定性的要求，正如原子中的洪德规则（附录Ⅳ）所给出的那样；特别是在电子被引入一些等效轨道时，必须给出适合于泡利不相容原理的最大数目的未成对电子自旋。磁矩的观测值常可用来在络合物的几个可能的电子结构中进行选择。以下各节将把这个磁性判据用于八面体型和正方型络合物。

## 5-5　八面体型络合物的磁矩

　　对于铁族过渡元素（钯和铂族也是一样）的八面体型络合物 $MX_6$，可预测它们有三类电子结构。

　　第一类是成键时不涉及 $3d$ 轨道；各键的形成可以是使用 $4s$ 轨道和 3 个 $4p$ 轨道（4 个 $sp^3$ 键在 6 个位置中共振），或者使用这 4 个轨道加上 2 个 $4d$ 轨道。对于这种结构，$M$ 层的所有 5 个 $3d$ 轨道都用于安置原子型电子，因而其磁矩的预测值将与单原子离子 $M^{+z}$ 的相近。在过去的讨论中，[42]曾把这种结构描述为基本上是离子型的；不过这样的描述可能会引起误解，所以我们这里将把具有这种结构的络合物称为弱配位型络合物（各配位基被键合得比在其他结构的络合物中为弱）。

　　第二类结构比较罕见，这里有一个 $3d$ 轨道用于成键，留下 4 个 $3d$ 轨道用于安置原子型电子。在本书的前两版中，曾经提到氢氧化正铁血红朊的观测磁矩[43]指明，在这个分子中八面体型配位的铁（Ⅱ）原子具有这样的结构（有 3 个未配对电子）。还有另外两个物质，亚铁酞花青和氯化正铁血红素，可能具有八面体型配位[44]的第二类结构。

　　第三类的八面体型结构是使用两个 $3d$ 轨道形成 $d^2sp^3$ 键，只剩下 3 个 $3d$ 轨道用于安置原子型电子。具有这类结构的络合物过去曾被描述为基本上是共价型的；这里我们将称它为强配位型络合物（具有强键的络合物）。

　　如何用磁性判据来区分弱配位和强配位八面体型络合物，可以铁（Ⅱ）的络合物为例。$Fe^{2+}$ 离子有 6 个电子在氩壳层的外面。在弱配位型络合物中，5 个 $3d$ 轨道可用来安置它们，而且这六个电子在 5 个轨道上的最稳定排布是让 4 个不配对，另一轨道被一对电子所占有；和 4 个电子的自旋相应的磁矩为 $4.90\mu_B$。水合亚铁离子 $[Fe(OH_2)_6]^{2+}$ 的实验值是 $\mu=5.25$，所以这个离子是弱配位型的八面体络合物。至于亚铁的强配位型八面体络合物则必须把这六个电子安置在 3 个轨道上,因而要求 $\mu = 0$;在 $[\mathrm{Fe(CN)_6}]^{4-}$ 中所观察到的就是如此。

对于单原子离子 $\mathrm{Fe^{2+}}$、$\mathrm{Co^{2+}}$ 等的基态,推测的磁矩一部分来自自旋,一部分来自轨道运动。从所预期的稳定的罗素-桑德斯状态(第二章和附录 Ⅳ)可以算出它的磁矩值是 $g\sqrt{J(J+1)}$,这里 $J$ 为总角动量量子数,$g$ 为适应于这个罗素-桑德斯状态的朗德 $g$ 因子(附录 Ⅳ)。例如,$\mathrm{Fe^{2+}}$ 的基态是 $^5D_4$,这时,$g = 1.500$,$\mu = 6.70$。不过在络合物中,其轨道磁矩大部分被淬灭*,因而其矩值接近只是自旋的贡献,数值应为 $\sqrt{n(n+2)}$,其中 $n$ 是自旋未配对的电子个数。正如上面所说的那样,$n = 4$ 时,自旋矩值是 4.90。六水合亚铁离子在溶液中以及在某些晶体中的实验值是 5.25,这表示轨道磁矩的大部分是被淬灭了的。

各铁族离子的自旋矩值列于表 5-1 中。可以看到,矩值先是在上升,过了极大值 5.92(相当于 5 个未配对电子)之后再逐步下降。

表 5-1　各铁族离子在水溶液中的磁矩

| 离　　子 | $3d$ 电子个数 | 未配对电子数 | 自旋磁矩的计算值[a] | 磁矩的观察值[a] |
|---|---|---|---|---|
| $\mathrm{K^+}$,$\mathrm{Ca^{2+}}$,$\mathrm{Sc^{3+}}$,$\mathrm{Ti^{4+}}$ | 0 | 0 | 0.00 | 0.00 |
| $\mathrm{Ti^{3+}}$,$\mathrm{V^{4+}}$ | 1 | 1 | 1.73 | 1.78 |
| $\mathrm{V^{3+}}$ | 2 | 2 | 2.83 | 2.80 |
| $\mathrm{V^{2+}}$,$\mathrm{Cr^{3+}}$,$\mathrm{Mn^{4+}}$ | 3 | 3 | 3.88 | 3.7～4.0 |
| $\mathrm{Cr^{2+}}$,$\mathrm{Mn^{3+}}$ | 4 | 4 | 4.90 | 4.8～5.0 |
| $\mathrm{Mn^{2+}}$,$\mathrm{Fe^{3+}}$ | 5 | 5 | 5.92 | 5.9 |
| $\mathrm{Fe^{2+}}$ | 6 | 4 | 4.90 | 5.2 |
| $\mathrm{Co^{2+}}$ | 7 | 3 | 3.88 | 5.0 |
| $\mathrm{Ni^{2+}}$ | 8 | 2 | 2.83 | 3.2 |
| $\mathrm{Cu^{2+}}$ | 9 | 1 | 1.73 | 1.9 |
| $\mathrm{Cu^{2+}}$,$\mathrm{Zn^{2+}}$ | 10 | 0 | 0.00 | 0.00 |

a. 以 $\mu_{\mathrm{B}}$ 为单位。

从表 5-1 中可看到,铁族离子在水溶液中的观测值与理论值有相当合理的符合。观察到的偏离可解释为电子轨道磁矩的贡献。

在这些元素的许多盐类结晶中,观测的 $\mu$ 值和水溶液中离子的很接近;表 5-2 列出了其中的一部分。当中心原子有 3 个以上的 $3d$ 电子时,这种符合验证了把八面体型络合物归属于弱配位型的做法。

---

* 在分子中沿键轴的方向有很强的内部电场,因而使电子的轨道角动量有固定的取向,不随外加磁场而改变,这种现象称为淬灭。——校者注

表 5-2　铁属离子在固态化合物中的磁矩

| 物　质 | 自旋磁矩的计算值[a] | 磁矩的观测值[a] | 物　质 | 自旋磁矩的计算值[a] | 磁矩的观测值[a] |
|---|---|---|---|---|---|
| $CrCl_3$ | 3.88 | 3.81 | $CoCl_2$ | 3.88 | 5.04 |
| $Cr_2O_3 \cdot 7H_2O$ | | 3.85 | $CoSO_4 \cdot 7H_2O$ | | 5.06 |
| $CrSO_4 \cdot 6H_2O$ | 4.90 | 4.82 | $(NH_4)_2Co(SO_4)_2 \cdot 6H_2O$ | | 5.00 |
| $MnCl_2$ | 5.92 | 5.75 | $Co(N_2H_4)_2SO_3 \cdot H_2O$ | | 4.31 |
| $MnSO_4$ | | 5.87 | $Co(N_2H_4)_2(CH_3COO)_2$ | | 4.56 |
| $MnSO_4 \cdot 4H_2O$ | | 5.87 | $Co(N_2H_4)_2Cl_2$ | | 4.93 |
| $Fe_2(SO_4)_3$ | | 5.86 | | | |
| $NH_4Fe(SO_4)_2$ | | 5.86 | $NiCl_2$ | 2.83 | 3.3 |
| $(NH_4)_3FeF_6$ | | 5.88 | $NiSO_4$ | | 3.42 |
| $(NH_4)_2FeF_5 \cdot H_2O$ | | 5.91 | $Ni(N_2H_4)_2SO_3$ | | 3.20 |
| $FeCl_3$ | | 5.84 | $Ni(N_2H_4)_2(NO_2)_2$ | | 2.80 |
| | | | $Ni(NH_3)_4SO_4$ | | 2.63 |
| $FeCl_2$ | 4.90 | 5.23 | | | |
| $FeCl_2 \cdot 4H_2O$ | | 5.25 | $CuCl_2$ | 1.73 | 2.02 |
| $FeSO_4$ | | 5.26 | $CuSO_4$ | | 2.01 |
| $FeSO_4 \cdot 7H_2O$ | | 5.25 | $Cu(NH_3)_4(NO_3)_2$ | | 1.82 |
| $(NH_4)_2Fe(SO_4)_2 \cdot 6H_2O$ | | 5.25 | $Cu(NH_3)_4SO_4 \cdot H_2O$ | | 1.81 |
| $Fe(N_2H_4)_2Cl_2$ | | 4.87 | | | |

a. 以 $\mu_B$ 为单位。

在观察到亚铁络合物中含有 4 个未配对电子时，并不能说这个络合物中的键是极端离子型的。单纯使用 $4s$ 和 $4p$ 轨道而不必动到 $3d$ 分层，仍可生成几个、最多 4 个弱的共价键，这些键的这样分量的共价性并不改变络合物的磁矩。同样，八面体型的 $d^2sp^3$ 键也可能具有某些离子性而不影响它们对于 2 个 $3d$ 轨道的占有。当键型从极端离子型朝着极端的八面体共价型变到某种程度，在基态的性质方面将会出现不连续性，根据上面的说法，我们可以把有 4 个未配对电子的八面体型络合物称为弱配位型的，而把没有未配对电子的那些称为强配位型的。[45]

络合物是弱配位型还是强配位型的，这取决于两个相互竞争的因素。有利于弱配位型的因素是共振相互作用，这将使未配对电子个数较多的原子态（即多重性较大的状态，像由洪德定则第一条所给出的那样，见 2-7 节）稳定下来。有利于强配位型的因素是键能，它取决于配体的成键能力和中心原子的键轨道的强度。

表 5-3 列出了一些含有八面体型络离子的化合物的磁矩观测值，其中不仅有铁族元素，而且也包括上述讨论一样适用的钯族和铂族元素。可以看出，铁与氟以及与水所形成的八面体型络合物是弱配位型的；而与氰离子、亚硝酸根离子以及二吡啶基所形成的络合物则是强配位型的。[46]在所有已被研究过的钴(Ⅲ)络合物中，除了与氟所成的 $[CoF_6]^{3-}$ 是弱配位型的以外，其余都是强配位型的。有趣的是在 $[Co(NH_3)_6]^{3+}$、$[Co(NH_3)_3F_3]$、$[CoF_6]^{3-}$ 这个序列中，在第二个和第三个络合物之间存在着从强配位型向弱配位型的过渡。

二价钴与水形成弱配位型的键，与亚硝酸根离子形成强配位型的键。[47]

磁性方法不能用于三价铬,因为这里两种极端类型的结构具有相同数目的未配对电子,彼此间能够进行共振。铬络合物的化学性质指明,和其他的铁族元素一样,铬与氰离子等基团形成弱配位型键,与水、氨则形成强配位型键。[48]铁族元素的络合物将在9-7节中进一步讨论。

**表 5-3  过渡元素的八面体型络合物的磁矩观测值[a]**

| 强配位型络合物 | 计算的 $\mu$ 值[b] | 测得的 $\mu$ 值[b] | 弱配位型络合物 | 计算的 $\mu$ 值[b] | 测得的 $\mu$ 值[b] |
|---|---|---|---|---|---|
| $K_4[Cr^{II}(CN)_6]$ | 2.83 | 3.3 | | | |
| $K_3[Mn^{III}(CN)_6]$ | | 3.0 | | | |
| $K_4[Mn^{II}(CN)_6]$ | 1.73 | 2.0 | $Mn^{II}(NH_3)_6Br_2$ | 5.92 | 5.9 |
| $K_3[Fe^{III}(CN)_6]$ | | 2.33 | $(NH_4)_3[Fe^{III}F_6]$ | 5.92 | 5.9 |
| $K_4[Fe^{II}(CN)_6]$ | 0.00 | 0.00 | $(NH_4)_2[Fe^{III}F_5 \cdot H_2O]$ | | 5.9 |
| $Na_3[Fe^{II}(CN)_5 \cdot NH_3]$ | | 0.00 | $[Fe^{II}(H_2O)_6](NH_4SO_4)_2$ | 4.90 | 5.3 |
| $[Fe^{II}(二吡啶基)_3]SO_4$ | | 0.00 | | | |
| $K_3[Co^{III}(CN)_6]$ | | 0.00 | | | |
| $[Co^{III}(NH_3)_3F_3]$ | | 0.00[c] | $K_3[Co^{III}F_6]$ | 4.90 | 5.3[c] |
| $[Co^{III}(NH_3)_6]Cl_3$ | | 0.00 | $[CoF_3(OH_2)_3] \cdot \frac{1}{2}H_2O$ | | 4.47[d] |
| $[Co^{III}(NH_3)_5Cl]Cl_2$ | | 0.00 | | | |
| $[Co^{III}(NH_3)_4Cl_2]Cl_2$ | | 0.00 | | | |
| $[Co^{III}(NH_3)_3(NO_2)_3]$ | | 0.00 | | | |
| $[Co^{III}(NH_3)_5 \cdot H_2O]_2(C_2O_4)_3$ | | 0.00 | | | |
| $[Co^{III}(NH_3)_4CO_3]NO_3 \cdot \frac{3}{2}H_2O$ | | 0.00 | | | |
| $K_2Ca[Co^{II}(NO_2)_6]$ | 1.73 | 1.9 | $[Co^{II}(NH_3)_6]Cl_2$ | 3.88 | 4.96 |
| $K_2[Pd^{IV}Cl_6]$ | 0.00 | 0.00 | | | |
| $[Pd^{IV}Cl_4(NH_3)_2]$ | | 0.00 | | | |
| $Na_3[Ir^{III}Cl_2(NO_2)_4]$ | | 0.00 | | | |
| $[Ir^{III}(NH_3)_5NO_2]Cl_2$ | | 0.00 | | | |
| $[Ir^{III}(NH_3)_4(NO_2)_2]Cl$ | | 0.00 | | | |
| $[Ir^{III}(NH_3)_3(NO_2)_3]$ | | 0.00 | | | |
| $K_2[Pt^{IV}Cl_6]$ | | 0.00 | | | |
| $[Pt^{IV}(NH_3)_3]Cl_4$ | | 0.00 | | | |
| $[Pt^{IV}(NH_3)_5Cl]Cl_3$ | | 0.00 | | | |
| $[Pt^{IV}(NH_3)_4Cl_2]Cl_2$ | | 0.00 | | | |
| $[Pt^{IV}(NH_3)_3Cl_3]Cl$ | | 0.00 | | | |
| $[Pt^{IV}(NH_3)_2Cl_4]$ | | 0.00 | | | |

　　a. 引用数值主要取自 W. Biltz, *Z. anorg. Chem.* **170**, 161(1928); D. M. Bose, *Z. Physik* **65**, 677(1930) 与 *International Critical Tables*(《国际精确数据列表》)。其他络合物的数值则出自 P. W. Selwood, *Magnetochemistry*,(《磁化学》)Intersicence Publishers, New York, 1956.

　　b. 以 $\mu_B$ 为单位。

　　c. 来自 Buffalo 大学 G. H. Garledge 教授的私人通讯。

　　d. H. C. Clark, B. Cox, and A. G. Sharpe, *J. Chem. Soc.* **1957**, 4132.

所有已被研究过的钯族和铂族元素的八面体型络合物都是抗磁性的,说明这些元素有强烈的形成强配位型键的倾向。

普鲁士蓝和一些类似物质的磁性特别地有趣。X 射线研究[49]指明像 $KFeFe(CN)_6 \cdot H_2O$ 这样的物质形成立方晶体,其中铁原子位于简单立方晶格的格点上,每个铁原子在沿立方体各边的方向上和 6 个相邻的 CN 基团相连(图 5-10)。钾离子和水分子则位于由这八个铁原子所形成的小立方体的中心。磁化率表明,有一半铁原子(估计就是和 6 个相邻氰基的碳原子相结合的铁原子)形成强配位型键,而余下的铁原子则形成弱配位型键。[50]

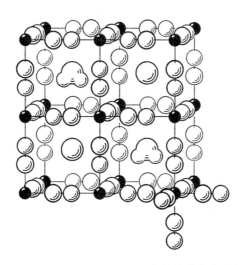

**图 5-10 普鲁士蓝 $KFeFe(CN)_6 \cdot H_2O$ 晶体的前半个立方单胞的示意**

它的结构可以通过构成立方单胞的 8 个小立方体来加以描述。这些小立方体的各个顶点由铁(Ⅱ)和铁(Ⅲ)原子交替地占有。氰基位于这些小立方体的棱边上;每个氰基和两个铁原子形成了位于小立方体棱边的单键。水分子和钾离子交替地位于这些小立方体的中心。这个结构可以看成铁原子和氰基所构成的三维格架,在这个格架中圈出许多的小立方体,水分子和钾离子便是安置在这些小立方体里面

## 5-6 四面体型和正方型配位络合物的磁矩

形成 4 个 $dsp^2$ 共价键的正两价镍原子,只有 4 个 $3d$ 轨道适于安置其 8 个未共享电子,这样的 8 个电子必须配成四对,所以正方型络合物 $NiX_4$ 应该是抗磁性的。如果在正两价镍的络合物中只用了 $4s$ 和 $4p$ 轨道(形成电价键或弱的共价键),它的 8 个 $3d$ 电子分配在 5 个 $3d$ 轨道上,将会留下 2 个未配对电子,这个络合物应该有 2.83 玻尔磁子的磁矩。根据这个论点可以看出,通过磁性测量能够区别镍络合物的四面体型和平面正方型两种构型。

异质同晶现象指明 $K_2Ni(CN)_4$ 和 $K_2Ni(CN)_4 \cdot H_2O$ 晶体都含有平面型的

$[Ni(CN)_4]^{2-}$ 络离子,它们都是抗磁性的。已经发现,许多其他的镍络合物,其中有些已用 5-3 节中所提到的方法证明了它们是平面型的,都满足磁性判据的要求。这些化合物包括乙二肟合镍[51]、二硫代草酸合镍的钾盐[52]、丁二酮肟合镍[53]、黄原酸乙酯合镍[54] $[Ni(C_2H_5O \cdot CS_2)_2]$ 和二硫代氨基甲酸乙酯合镍[54] $[Ni(C_2H_5 \cdot NH \cdot CS_2)_2]$。

另一方面,像 $[Ni(N_2H_2)_2](NO_2)_2$、$[Ni(C_2H_5(NH_2)_2)_2](SCN)_2 \cdot H_2O$、$[Ni(NH_3)_4]SO_3$ 和 $[Ni(C_5H_7O_2)_2]$(乙酰丙酮合镍)等化合物则是顺磁性的,它们的 $\mu$ 值在 2.6 到 3.2 之间。在这些络合物中,连到镍原子上的 4 个原子估计作四面体的排列;不过,这些尚未得到 X 射线研究或异构体合成工作的证明。$[NiCl_4]^{2-}$ 离子的四面体构型已经得到 X 射线衍射工作[55]的证实。

对于组成在 $Ni(CN)_2 \cdot 2H_2O$ 和 $Ni(CN)_2 \cdot 4H_2O$ 之间的氰化镍水合物来说,它们的摩尔顺磁磁化率实验值只有离子型镍化合物的一半左右,表明这些物质含有相等数目的正方型共价络合物 $[Ni(CN)_4]^{2-}$ 和四面体型离子络合物 $[Ni(H_2O)_4]^{2+}$ 或 $[Ni(H_2O)_6]^{2+}$。[56]无水氰化镍也是顺磁性的,其摩尔磁化率大约只有离子镍化合物的10%,且其实验值和样品的制备方法有一些关系。这表明约有90%的镍原子是与氰基的碳或氮原子形成正方型共价键,余下的10%的镍原子则形成弱配位型键。

决定一个镍络合物是抗磁性的正方构型还是顺磁性的四面体型的因素还不很清楚。一些含有硫原子而且具有形成共价键的强烈倾向的基团,形成了正方构型络合物;对于氮和氧来说,究竟属于哪一种,似乎和基团中双键的存在及其位置有关。

钯(II)和铂(II)的络合物都是抗磁性的。都已证明 $PdCl_2 \cdot 2H_2O$、$PdCl_2 \cdot 2NH_3$、$K_2PdCl_4$、$K_2Pd(CN)_4$、$K_2PdI_4$、$K_2Pd(SCN)_4$、$K_2Pd(NO_2)_4$、丁二酮肟合钯,甚至像在溶液中的硝酸亚钯{其中可能含有$[Pd(H_2O)_4]^{2+}$ 离子}等它们是抗磁性的。[57]晶体物质如 $PdCl_2$、$PdI_2$、$Pd(CN)_2$、$Pd(SCN)_2$ 和 $Pd(NO_3)_2$ 等也都是抗磁性的。除了在 5-3 节中已介绍过的 $PdCl_2$ 以外,它们的原子排列情况尚未确定过,可能都是含有正方构型配位的钯原子。就如在氰化物中,可能通过连续聚合形成如下的片状结构而实现钯的正方构型配位。

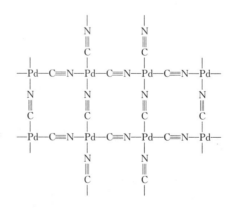

在 PdO 和 PtS（硫铂矿）晶体中[58]也观察到这种连续聚合，其中含有共有 O 或 S 的平面矩形 $PdO_4$ 或 $PtS_4$ 基团，有如图 5-11 所示。硫镍钯铂矿（Pt、Pd、Ni）S 和 PdS 似乎具有相类似但更为复杂的结构，[59]这里可能含有稍受变形的硫铂矿构型。Pd—S 键长的数值为 2.26、2.29、2.34 和 2.43 埃。

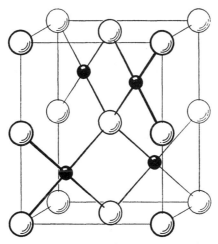

**图 5-11　PdO 四方晶体的结构**

小圆圈代表钯原子，大圆圈代表氧原子；$PdO_4$ 基团是平面型的

与上面所列的钯化合物相类似的铂化合物，以及 $Pt(NH_3)_4SO_4$、$PtCl_2 \cdot 2CO$、$K_2Pt(C_2O_4)_2 \cdot 2H_2O$ 和 $PtCl_2 \cdot CO$ 等，都是抗磁性的；$PtCl_2 \cdot CO$ 可能是四聚物。

正二价铜或银的络合物不易于用磁学方法来区别它们是正方型还是四面体型的构型，因为不论是哪一种构型，估计都有一个未配对电子。不过由于如下的原因，两种构型的磁矩可能存在着微小的差别。铜离子在溶液中的磁矩值为 1.95，它比一个电子的自旋矩 1.73 大了些，这是轨道矩做出的微小贡献。因为所连基团的比较不对称的电场具有比较大的淬灭效应，在正方型络合物中的轨道贡献应该比四面体型络合物中的为小。有些迹象表明这种情况是存在的；根据文献报道，$CuSO_4 \cdot 5H_2O$ 和 $Cu(NO_3)_2 \cdot 6H_2O$ 的 $\mu$ 值在 1.95 至 2.20 之间；而 $CuCl_2 \cdot 2H_2O$，$K_2CuCl_4 \cdot 2H_2O$ 和 $Cu(NH_3)_4(NO_3)_2$ 的观测值则在 1.73 和 1.87 之间。$CuSO_4 \cdot 5H_2O$ 磁化率表现出各向异性；[60]当磁场垂直于络合物的平面时，$[Cu(H_2O)_4]^{2+}$ 的有效磁矩是 $2.12\mu_B$；磁场平行于络合物平面时磁矩值则为 $1.80\mu_B$。

四羰基镍具有四面体的构型；但是这并不导致顺磁性，因为中性镍原子要比正二价镍多两个电子，所以 $3d$ 轨道完全被电子对所占有。$Ni(CO)_4$，正如已用磁性方法研究过的其他金属羰基化合物及其有关化合物[包括 $Co(CO)_3NO$、$Fe(CO)_2(NO)_2$、$Fe(CO)_5$、$Fe_2(CO)_9$、$Fe_3(CO)_{12}$、$Cr_2(CO)_6$ 和 $Mo(CO)_6$]一样，是抗磁性的。

络合物的颜色与其键型和配位型有密切关系。Lifschitz 及其同事们[61] 曾经制备了许多镍和芪二胺(1,2-二苯乙烯二胺)、苯乙烯二胺所生成的络合物,在这些化合物中都是两个二胺分子和一个镍原子相结合。这类物质中,有些是黄色,有些是蓝色。所有黄色物质都是抗磁性的,表明其中每个镍原子都和 2 个二胺的 4 个氮原子形成正方型 $dsp^2$键。另一方面,所有蓝色物质都是顺磁性的,磁化率的数值相当于镍原子的数值(接近于 $3.0\mu_B$)。这表示其中的键是弱配位型的,每个镍原子可能都是八面体型配位的。这样配位的可能性得到如下实验事实的支持:在 $Ni(NH_3)_6X_2$($X=Cl$、$Br$、$I$ 和 $NO_3$)这类物质中,镍都是八面体配位的,它们的颜色也都是紫色的。[62]

## 5-7  电中性原理和八面体型络合物的稳定性

有许多因素影响络合物的稳定性。其中一个重要的是各 M—X 键的重键性,这将在9-1 节中加以讨论。

另一个重要因素是键的部分离子性。一般来说,稳定的络合物是具有这样一种结构的化合物,其中每个原子都只有很小的、接近于零的电荷(也就是在 $-1$ 到 $+1$ 范围之内)。这个电中性原理[63] 将在 8-2 节中作进一步的讨论,上面的说法只是它的一个特例。

让我们来考虑六氨合钴(Ⅱ)离子$[Co(NH_3)_6]^{3+}$。如果 Co—N 键是离子型键,则全部电荷 3＋都将放在钴原子上面;如果它们是极端的共价键,则钴原子将具有 3－的电

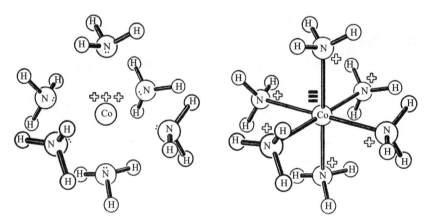

**图 5-12  八面体型络合离子$[Co(NH_3)_6]^{3+}$ 的两种极端型电子结构的示意**

左边表示具有极端离子型键的结构;这里钴原子带正电荷 3＋。

右边表示在钴原子和围绕着它的氮原子之间有正常共价键,在氮原子和与它相连的

3 个氢原子也是如此;在这个结构中,钴原子带电荷 3－,每个氮原子上带电荷 1＋

荷,而每一个氮原子则具有 1+ 的电荷(图 5-12)。事实上这些键都具有部分离子性,这样就使每个原子接近于电中性。如果像图 5-13 那样假定 Co—N 键有 50％ 离子性,N—H 键有 17％ 离子性,则钴和氮原子就都变为电中性,而每个氢原子则带有 +1/6 的电荷。这样络离子的电荷就分布在近于球形甚团的表面上,这正相当于静电的稳定分布;因为从静电学上知道,一个带电的金属球体总是将其电荷全部分布在其表面上。

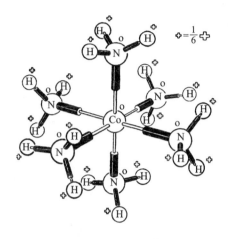

**图 5-13　络离子$[Co(NH_3)_6]^{3+}$中电荷的分布**

这里假定钴—氮键有着 50％ 离子性,氮—氢键有着 16.7％ 离子性。

这样的电子结构使钴原子和氮原子上面都不带电荷,络合物的总电荷 3+,被分散在 18 个氢原子上

所假定的 N—H 键的离子性分量,恰与其电负性差值相当,但 Co—N 键的则较大(假定有 50％,而电负性差值则相当于 30％)。

把上面的讨论加以引申,我们就可以了解为什么稳定的阳离子型络合物(像水合物和氨合物等)都有一层氢原子作为外围原子;而稳定的阴离子络合物(如$[Co(NO_2)_6]^{3-}$、$[Fe(CN)_6]^{4-}$、$[Co(C_2O_4)_3]^{3-}$等)则都有一层电负性较大的原子作为外围原子。

电中性*原理可用来解释氧化数为 +2 或 +3 的铁族过渡元素的水合离子的稳定性。从 Ti 到 Ni,各元素的电负性值介于 1.5～1.8 之间,它们和氧原子的键相当于 52％～63％ 的部分离子性,所以在它们的六水合络合物中,有 2.22～2.88 单位的负电荷要转移到金属原子。若氧化数是 +2 或 +3,这种的电荷的转移将使金属原子近于电中性。

从铁族金属的六水合离子以及别的络合物的其他性质(其中包括顺磁共振和从吸收光谱所算出的自旋轨道耦合常数)的讨论都引出如下的结论:在正二价和正三价的金属离子络合物中,金属原子是接近电中性的。[64]

---

\* 原文为电负性,已改正。——译者注

## 5-8 配位场理论

一个有趣的和有用的关于络合物和晶体的某些性质的理论处理方法称为配位场理论，它已经很成功地应用于八面体型络合物中，特别是用在讨论它们的包含电子跃迁的吸收光谱[65]上面。这个理论是在下述情况下求单电子的薛定谔方程的近似解，那就是在原子的电场加上配位基的微扰电场中，在考虑配位基的微扰作用时要注意络合物或原子在晶体内位置的对称性。

这个理论的一般论点是贝特(Bethe)在其论文[66]中详细地提出的，这篇论文已经成为差不多每个配位场理论研究工作者的工作出发点。彭尼和施拉普(Schlapp)、范·弗莱克(J. Van Vleck)及其他等人[67]很快就把这个理论用于络合物的磁性和光学性质中。在理论的应用中，一般可以设法利用实验数据来计算络合物中表示配位场强度的参数以及 $d$ 电子相互作用的大小；但是要用结构特点来解释这些数值，却存在着困难。

在某些方面，配位场理论和前节所讲的价键理论关系相当密切，至少定性上是如此；关于络合物和晶体基态的结构，可用这两个方法的任一种来加以论述，结果是基本上相同的。[68]

例如已经发现[69] $CrF_2$ 的结晶具有金红石的结构(图 3-2)，但是其中有 4 个键(位于一个平面上)的长度为 $2.00\pm0.02$ 埃，另外 2 个键的长度则为 2.43 埃(因此估计要弱得多)；而在其他晶体($MgF_2$、$TiO_2$)中，6 个配位基则基本上和金属原子相距同样的距离。配位多面体的这种变形可以直接地用配位场理论来加以解释；用键轨道的说法也是同样可以进行解释的。这个物质的磁化率相当于每个铬原子有 4 个未配对的 $3d$ 电子。这些电子占用 5 个 $3d$ 轨道中的 4 个，因此可以预期(见 5-3 节)原子将用余下的 $d$ 轨道来形成 $dsp^2$ 正方型的键(它们当然都有些部分离子性)。

$CrF_3$ 形成含有正八面体型基团 $CrF_6$ 的立方晶体，每个氟原子位于两个邻接八面体所共有的顶点上；Cr—F 键的长度都是 1.90 埃。这些八面体估计应为正八面体；3 个未配对的电子只用了 3 个 $3d$ 轨道，余下的 2 个轨道恰好适于形成 $d^2sp^3$ 八面体型的键。

在具有正八面体型对称性的环境下，5 个 $d$ 轨道可以分为两组。$d_{z^2}$ 和 $d_{x^2+y^2}$ 这两个轨道沿着 $x$、$y$ 和 $z$ 轴与电场产生等效的相互作用；另外 3 个轨道 $d_{xy}$、$d_{yz}$ 和 $d_{xz}$ 也同样与电场产生等效的相互作用，但是作用的方式是不一样的。后面 3 个设法尽量避免八面体型的配位基，代表着一种非键合电子的三重简并态；它比前两个表示二重简并态的轨道要稳定得多。

假如 $d_{xy}$、$d_{yz}$、$d_{xz}$ 3 个轨道中只有一个被占有，其结构就不再保持正八面体的对称性。若像在 $CrF_3$ 中那样是 3 个轨道被占有，则结构保持着正八面体的对称性。在 $CrF_2$ 晶体中第四个 $3d$ 电子可认为是占有 $d_{z^2}$ 轨道，这样就会在 $+z$ 和 $-z$ 的方向上对两个氟原子产生排斥作用。

## 5-9　包含 $d$ 轨道的其他构型

在辉钼矿 $MoS_2$ 中,钼(Ⅳ)原子仅有一对未共享 $4d$ 电子,因而有 4 个 $4d$ 轨道适于成键。在这个晶体中围绕着钼原子的 6 个硫原子的构型[70]并不是八面体型,而是如图 5-14 所示的那样具有轴长比值为 $1:1$ 的三方柱型。S—Mo—S 键角的值为 $82°$ 和 $136°$,这和最强的 $dsp$ 键的键角($73°09'$ 和 $133°37'$)相差不远;理论上是可以找出 6 个等效的、强度为 2.983 而成键方向具有三方柱取向的键轨道的。[71]

这样的构型也存在于辉钨矿 $WS_2$ 中,但还未在任何别的钼和钨的化合物中见过。

正四价和正五价的钼和钨都可以和 8 个氰基形成络合物。在这些络合物中,钼原子有 5 个 $4d$ 轨道、一个 $5s$ 轨道和 3 个 $5p$ 轨道可以使用,它们组合后产生 9 个杂化轨道。其中之一被电子对[在钼(Ⅳ)的情况下]或孤电子[在钼(Ⅴ)的情况下]所占有,留下 8 个轨道用于成键。霍尔德(Hoard)和罗德西克(Nordsieck)[72]用 X 射线研究二水合氰化钼钾 $K_4Mo(CN)_8 \cdot 2H_2O$ 晶体,确定了络离子 $[Mo(CN)_8]^{4-}$ 的构型如图 5-15 所示。有趣的是这

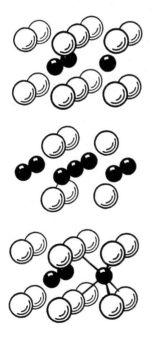

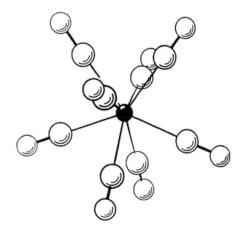

**图 5-14　辉钼矿 $MoS_2$ 六方晶体的结构**

硫原子(大圆圈)排列在围绕着钼原子(小圆圈)的

三方柱的 6 个顶点上

**图 5-15　络离子 $[Mo(CN)_8]^{4-}$ 的结构**

这里氰基的碳原子是和钼原子成键的

个配位多面体既不是从氰基间的空间作用看来较为有利的正方反柱，也不是由直觉得到的像四面体和八面体那样正多面体的立方休，而是有 4 个键与络合物的垂直对称轴构成 34° 的角，另外 4 个则成为 73° 的角。具有最大强度和（4 个强度为 2.995 的，4 个为 2.968 的）的 8 个键轨道的相应角度，分别应该是 34°33′ 和 72°47′。[73]

最近报道，[74]$K_3Re(CN)_8$ 和 $K_2Re(CN)_8$ 中可能含有配位数为 8 的 Re(V) 和 Re(VI)，而它们具有和八氰合钼络离子相同的构型。

在乙酰丙酮合钍(IV)$Th(C_5H_7O_2)_4$ 中，键合于钍原子上的 8 个氧原子的构型已发现[75]是四方反柱体型（图 5-16）。每个双结合配位基把这个多面体中正方形之一的两个相邻顶点连接起来。

在 $PF_5$、$PF_3Cl_2$ 和 $PCl_5$ 等分子中，磷原子能动用一个 $3d$ 轨道来形成 5 个共价键。所有这三个分子都曾用电子衍射法研究过，[76]它们的构型是卤原子构成以磷原子为中心的三角双锥体（图 5-17）。在 $PF_3Cl_2$ 分子中，两个氯原子位于两个三角锥体的顶点，3 个氟原子则位于这两个三角锥体的公底的 3 个顶点上。$PF_5$ 的三角双锥体构型也已由核磁共振[77]所证实；应用同一方法，还证明 $IF_5$ 和 $BrF_5$ 有着下述的正方锥体构型。

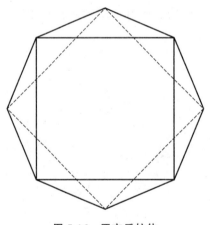

图 5-16　四方反柱体

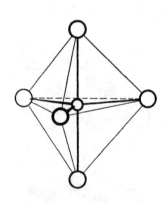

图 5-17　$PCl_5$ 分子的结构

5 个氯原子排列在以磷原子为中心
的三角双锥体的 5 个顶点上

用量子力学近似方法处理 $PCl_5$[78]得出如下的结论：这个分子可看成是在结构 A、B 和 C 的 5 个结构以及 D 的 6 个结构之间共振着，每个结构约有 8% 的贡献：

（D 中所示 Cl—Cl 键是个长键，它对分子的稳定作用无多大贡献。）只有结构 A 中的键轨道才包含较大量的 $d$ 性。

曾经报道五氯化钼 $MoCl_5$[79]、五氯化锑 $SbCl_5$[80] 和二卤化三甲锑 $(CH_3)_3SbX_2$[81] 也都具有相同的构型。五氯化钼在晶体中是以二聚体 $Mo_2Cl_{10}$ 存在的。[82] 每个钼原子有 6 个氯原子与之配位，它们排布在近于正八面体的 6 个顶点上。二聚体中 2 个钼原子的八面体共有一个棱边，这个棱上的 2 个氯原子是和 2 个钼原子都键合的。$Nb_2Cl_{10}$ 也具有同样的构型。

有趣的是 $AsCl_5$，从来没有合成过。第一个长周期中的元素的好些化合物从没有制备出来，虽然在相邻周期中它们的同族元素的相应化合物都是存在的；[83] 其他的例子尚有 $VCl_5$、$CrF_6$、$SeO_3$ 和 $HBrO_4$ 等。

$IF_7$ 分子具有五角双锥体的构型，5 个氟原子围绕着碘原子排列在赤道平面的围带上，另两个则在轴向位置上。[84] I—F 键长约为 1.85 埃。[85] 达菲（Duffey）[86] 曾经提出了这种构型的键轨道。在这样的 $sp^3d^3$ 轨道中，赤道平面上的轨道的强度为 2.976，轴向键轨道的强度则为 2.920。

曾发现在 $K_3UF_7$ 晶体中络离子 $[UF_7]^{3-}$ 也具有五角双锥体的构型。在稀土金属倍半氧化物的 A 体[87] 以及 $[ZrF_7]^{3-}$ 和 $[NbOF_6]^{3-}$ 离子中，每个金属原子都为 7 个氧或氟原子所围绕，它们的构型是一个变形了的八面体[88]，其中一个面被扩大，并在它的中心引入第七个原子。而在 $[NbF_7]^{2-}$ 和 $[TaF_7]^{2-}$ 离子中，7 个氟原子的构型可描述为是在三方柱的一个正方形面的中心[89] 引入第七个原子而成。

曾经发现在 $Na_3TaF_8$ 晶体中，$[TaF_8]^{3-}$ 离子具有四方反柱体的构型[90]（图 5-16）。

应该记住，一个化合物的计量式并不总能指出它的络合物的配位数。例如霍尔德和马丁（Martin）[91] 曾经指出，$K_3HNbOF_7$ 并不含有 $[NbF_7]^{2-}$ 基团（它却的确存在于 $K_2NbF_7$ 中）或 $[NbOF_7]^{4-}$ 基团，而是含有八面体型的 $[NbOF_5]^{2-}$ 基团和二氟合氢离子 $[HF_2]^-$，因此化学式最好写成 $K_3(HF_2)(NbOF_5)$。同样[92]，在 $(NH_4)_3SiF_7$ 晶体中也没有络离子 $[SiF_7]^{3-}$，而只有八面体型络离子 $[SiF_6]^{2-}$ 和氟离子 $F^-$。

## 5-10　具有未共享电子对的原子的构型

由具有一个或几个未共享电子对的原子所形成的键的相对取向问题，已经累积了相当数量的知识。

在少数情况下，一个未共享电子对对于键的方向似乎没有什么影响。例如观察到[93]八面体型络离子$[SeBr_6]^{2-}$中的 Se(Ⅳ)和$[SbBr_6]^{3-}$中的 Sb(Ⅲ)就是如此。

不过,一个未共享电子对似乎常常能够占有配位多面体的一个顶点,替代了一个键的共享电子对。$NH_3$、$PCl_3$ 等分子具有锥形构型,可以认为是它们的键指向着四面体的 3 个顶点,而其第四个顶点则被未共享电子对所占有。对于 $H_2O$、$(CH_3)_2S$ 以及其他相类似的分子也可进行类似的描述。

把这个假设推广到有 5 个键和一个未共享电子对的原子,则意味着这些键应当指向四方锥体的 5 个顶点,加上未共享电子对就形成八面体。$BrF_5$ 会被证明[94]有这种构型,其中溴原子位于锥底面之下约 0.15 埃处,因而 F—Br—F 键角(从顶端的氟原子到底面上的氟原子)约为 86°,所以溴原子的未共享电子对占有比共享对更大的体积。这种和正八面体构型的偏离看来是被求共享电子对所占有的轨道具有大量的 $s$ 性以及键轨道具有较大量的 $d$ 性和 $f$ 性的结果。

在 $KICl_4$ 晶体中,络合物$[ICl_4]^-$的 4 个氯原子位于以碘原子为中心的正方形的 4 个顶点上。[95]我们可以认为加上碘原子的两个未共享电子对就完成了以碘为中心的八面体,其中一个共享对在 $ICl_4$ 平面之上,另一对在平面之下。

我们的假定也意味着像 $TeCl_4$ 等这样的分子应该具有类似于 $PCl_5$ 和有关分子的构型;也就是 4 个键和一个未共享对占据着三角双锥体的 5 个顶点。未共享对可能是占有赤道平面上的一个位置而不是锥端点的位置。事实上在四氯化碲中已经发现这种构型,[96]其中氯原子位于三角双锥体的两个端点和赤道平面上的两个位置,第三个位置则被未共享电子对所占有。$SeBr_2(C_6H_5)_2$ 晶体具有同样的构型,[97]其中溴原子位于端点位置上。还发现 $Te(CH_3)_2Cl_2$ 也有这种构型,[98]就像在具有未共享对的其他分子中那样,其中绕中心原子的未共享对占有着比共享对更大的体积:键角的数值是 Cl—Te—Cl $=(172.3\pm0.3)°$,Cl—Te—C $=(87.5\pm1.0)°$和 C—Te—C $=(98.2\pm1.1)°$。

$KIO_2F_2$ 晶体的 X 射线研究[99]指明,$[IO_2F_2]^-$离子也可描述为具有三角双锥体构型,其中两个氧原子和未共享电子对位于赤道平面上的位置,两个氟原子则在锥端点的位置。

仔细的微波研究[100]指明三氟化溴分子可以同样地描述为三角双锥体,其中氟原子位于两个顶点位置和一个赤道平面上的位置(未共享电子对则占着另两个位置),所以这 4 个原子就在一个平面上。两个小的 F—Br—F 键角值为 86°12.6′;Br—F 键长为 1.721 埃(对位于赤道平面上的一个氟原子而言)和 1.810 埃(对位于锥端点位置的另两个氟原子而言)。$ClF_3$ 也发现有类似的结构[101]:结构参数为键角 F—Cl—F $=87.5°$,Cl—F $=(1.598\pm0.005)$埃(一个键)和$(1.698\pm0.005)$埃(两个键)。

曾经指出,[102]液态 $BrF_3$ 的电导强烈地指明$[BrF_2]^+$(四面体型,其中两个未共享电子对位于四面体的两个顶点上）和 $[BrF_4]^-$（八面体型，其中两个未共享电子对位于两个顶点上）离子的存在。这样的阳离子[103]也存在于 $(BrF_2)SbF_6$ 和 $(BrF_2)SnF_6$ 中，它们在 $BrF_3$ 溶液中是酸；阴离子[104]则存在于 $KBrF_4$、$AgBrF_4$ 和 $Ba(BrF_4)_2$ 中，它们在 $BrF_3$ 溶液中是碱。

从以上的例子我们得出如下的结论：一般说来，具有未共享电子对的分子具有和价电子层上只有共享电子对的分子同样的构型，差别仅在于未共享对占有着比共享对更大的体积，而使键角值有所降低。这种效应已在 4-3 节中就 $sp$ 杂化的简单情况详细讨论过。

## 参考文献和注

[1]　一元取代的八面体型络合物 $MA_5B$ 只有一种异构体。二元取代络合物 $MA_4B_2$ 则能存在顺式和反式两种异构体：

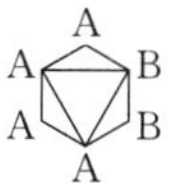

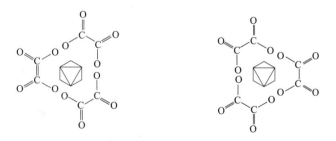

能够证明三元取代络合物 $MA_3B_3$ 也有两种异构体：

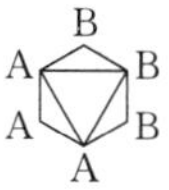

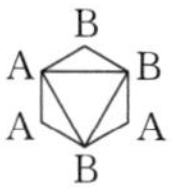

像 $M(C_2O_4)_3$ 这样的络合物，其中草酸根占有八面体上两个相邻的顶点，可以存在旋光性立体异构体：

[2]　W. M. Latimer, *The Oxidation States of the Elements and Their Potentials in Aqueous Solutions*（《元素的氧化态及其在水溶液中的电位》）(Prentice-Hall, New York, 1952).

[3]　R. Hultgren, *Phys. Rev.* **40**, 891(1932). 键轨与对称性的关系的一般讨论曾由 Kimball 提出，G. E. Kimball, *J. Chem. Phys.* **8**, 188(1940)，关于含有 $d$ 轨道的化学键的综述，可看 D. P. Craig,

A. Maccoll，R. S. Nyholm，L. E. Orgel，and L. E. Sutton，*J. Chem. Soc.* **1954**，332.

[4]　指向着正方形 4 个顶点的最佳 $spd$ 轨道是 $d^{14/9} s^{4/9} p^2$ 型杂化轨道，强度为 2.943（H. Kuhn，*J. Chem. Phys.* **16**，727[1948]）。

[5]　L. Pauling，*J. A. C. S.* **53**，1367(1931).

[6]　R. G. Dickinson，*J. A. C. S.* **44**，2404(1922). 以后又由 B. N. Dickinson 发现[Pd(NH$_3$)$_4$]Cl$_2$ · H$_2$O 中的四氨合亚钯正离子的正方构型，见 *Z. Krist.* **88**，281(1934).

[7]　S. Sugden，*J. Chem. Soc.* **1932**，246.

[8]　K. A. Jensen，*Z. Anorg. Chem.* **221**，6(1934).

[9]　E. G. Cox，W. Wardlaw，and K. C. Webster，*J. Chem. Soc.* **1935**，1475；N. Elliott，dissertation，Calif. Inst. Tech.，1938. 又见 E. G. Cox，F. W. Pinkard，W. Wardlaw，and K. C. Webster，*J. Chem. Soc.* **1935**，459；对相关的晶体所做 X 射线研究还可参考 Cox，Wardlaw，and Webster，*loc. cit.* 等。

[10]　H. Brasseur，A. de Rassenfosse，and J. Pierard，*Z. Krist.* **88**，210(1934)，以及其后的论文。

[11]　H. Brasseur and A. de Rassenfosse，*Mem. Soc. Roy. Sci. Liège* **4**，397，447(1941).

[12]　H. Lambot，*Bull. Soc. Roy. Sci. Liège* **12**，439，522(1943)；J. H. Rayner and H. M. Powell，*J. Chem. Soc.* **1952**，319.

[13]　E. G. Cox and K. C. Webster，*J. Chem. Soc.* **1936**，1635.

[14]　M. F. Perutz and O. Weisz，*J. Chem. Soc.* **1946**，438.

[15]　E. S. Clark，*U. Cal. Radiation Lab. Reports* **1955**，3190.

[16]　A. Burawoy，C. S. Gibson，G. C. Hampson，and H. M. Powell，*J. Chem. Soc.* **1937**，1690.

[17]　R. F. Phillips and H. M. Powell，*Proc. Roy. Soc. London* **A173**，147(1939).

[18]　N. Elliott and L. Pauling，*J. A. C. S.* **60**，1846(1938).

[19]　A. F. Wells，*Z. Krist.* **100**，189(1938).

[20]　H. Gilman and M. Lichtenwalter，*J. A. C. S.* **60**，3085(1038).

[21]　E. G. Cox and K. C. Webster，*J. Chem. Soc.* **1935**，781.

[22]　G. Tunell，E. Posnjak，and C. J. Ksanda，*Z. Krist.* **90**，120(1935).

[23]　D. Harker，*Z. Krist.* **93**，136(1936).

[24]　S. B. Hendricks and R. G. Dickinson，*J. A. C. S.* **49**，2149(1927)；L. Chrobak，*Z. Krist.* **88**，35 (1934).

[25]　S. W. Peterson and H. A. Levy，*J. Chem. Phys.* **26**，220(1957).

[26]　A. H. Maki and B. R. McGarvey，*J. Chem. Phys.* **29**，31(1958).

[27]　A. H. Maki and B. R. McGarvey，*J. Chem. Phys.* **29**，35(1958).

[28]　L. E. Orgel and J. D. Dunitz，*Nature* **179**，462(1957).

[29]　B. I. Vainstein，*Doklady Akad. Nauk S. S. S. R.* **68**，301(1949).

[30]　A. F. Wells，*J. Chem. Soc.* **1947**，1670.

[31] L. Helmholz, *J. A. C. S.* **69**, 886(1947).

[32] S. Geller and W. L. Bond, *Am. Cryst. Ass'n Meeting, Milwaukee, June* 1958.

[33] S. Bezzi, E. Bua, and G. Schiavinato, *Gazz. Chim. Ital.* **81**, 856(1951).

[34] Cox and Webster, *loc. cit.* [21]. E. A. Shugam, *Doklady Akad. Nauk S. S. S. R.* **1951**, 853; H. Koyama, Y. Saito, and H. Kuroya, *J. Inst. Polytech. Osaka City Univ.* **4**, 43(1953).

[35] L. Helmholz and R. F. Kruh, *J. A. C. S.* **74**, 1176(1952).

[36] G. Felsenfeld, *Proc. Roy. Soc. London* A**236**, 506(1956).

[37] A. F. Wells, *J. Chem. Soc.* **1947**, 1662.

[38] E. G. Cox, W. Wardlaw, and K. C. Webster, *J. Chem. Soc.* **1936**, 775.

[39] L. A. Welo and O. Baudisch, *Nature* **116**, 606(1925).

[40] N. V. Sidgwick, *The Electronic Theory of Valency*(《价键的电子理论》), Clarendon Press, Oxford, 1927.

[41] Pauling, *loc. cit.* [5].

[42] Pauling, *loc. cit.* [5];同时可参阅本书的以前各版。

[43] C. D. Coryell, F. Stitt, and L. Pauling, *J. A. C. S.* **59**, 633(1937).

[44] J. S. Griffith, *Discussions Faraday Soc.* **26**, 81(1959).

[45] Van Vleck [*J. Chem. Phys.* **3**, 807 (1935)]曾经指出,特别强大的离子型力可能强迫 $3d$ 电子成对。但是即使在铁和电负性最强的氟所形成的络合物中,也没有发生这种现象,所以不能指望在任何络合物中会出现这种现象。

[46] 在某些亚铁血红朊和正铁血红朊的衍生物中,磁矩的观测值表明其中的铁原子(二价或三价)是具有八面体型配位(可能是被卟啉中的 4 个氮原子、球朊的一个氮原子以及所连的基团所围绕),相当于形成 $d^2sp^3$ 八面体型的键(氧化亚铁血红朊, $\mu=0.0$;一氧化碳合亚铁血红朊, $\mu=0.0$;氰化正铁血红朊, $\mu=2.5$;硫化氢合正铁血红朊, $\mu=2.3$)。在其他衍生物中,各键基本上是离子型的(亚铁血红朊, $\mu=5.4$;正铁血红朊, $\mu=5.8$;氟化正铁血红朊, $\mu=5.9$)。氢氧化正铁血红朊的磁矩值 $\mu=4.5$ 反映出它在结构中具有 3 个未配对电子;这样的结构在简单的铁络合物中还未曾见过。至于血红朊辅基衍生物(氯化血红素、亚铁血红素、血色原)的结构一部分是离子型的,一部分是共价型的(L. Pauling and C. D. Coryell, *Proc. Nat. Acad. Sci. U. S.* **22**, 159 [1936]; **22**, 210 [1936]; Coryell, Stitt, and Pauling, *loc. cit.* [43])。

[47] B. N. Figgis and R. S. Nyholm, *J. Chem. Soc.* **1959**, 338. 曾经详细地论述了钴(Ⅲ)络合物的结构和磁矩的关系。

[48] C. H. Johnson[*Trans. Faraday Soc.* **28**, 845, (1932)]认为在 $[Cr(C_2O_4)_2]^{3+}$ 离子中铬与草酸离子形成 $d^2sp^3$ 强配位型的键;他是根据下列事实得到这个推论的:可以三草酸根合铬络合物和三草酸根合钴络合物分出旋光异构体;但三价锰、铁、铝的三草酸根络合物则不能如此。磁矩的观测值 $[K_3Mn(C_2O_4)_3 \cdot 3H_2O, \mu=4.88; K_3Fe(C_2O_4)_3 \cdot 3H_2O, \mu=5.75; K_3Co(C_2O_4)_3 \cdot 3\frac{1}{2}H_2O, \mu=0.00]$ 指明,锰和铁的络合物是弱配位的,钴的络合物则是强配位的。

[49] J. F. Keggin and F. D. Miles, *Nature* **137**, 577(1936); N. Elliott(在 California Institute of Technology 做的未发表的工作)在 KMFe(CN)$_6$ · H$_2$O 晶体(其中 M＝Mn、Co 和 Ni)方面也获得相类似的结果。

[50] 磁化率无法指明以共价结合的铁原子是三价的还是二价的。

[51] Sugden, *loc. cit.* [7]; H. J. Cavell and S. Sugden, *J. Chem. Soc.* **1935**, 621; L. Cambi and L. Szegö, *Ber.* **64**, 2591(1931).

[52] Elliott, *loc. cit.* [49].

[53] W. Klemm, H. Jacobi, and W. Tilk, *Z. Anorg. Chem.* **201**, 1(1931).

[54] Cambi and Szegö, *loc. cit.* [51].

[55] P. Pauling, Ph. D. Dissertation, Univ. London, 1959.

[56] L. Cambi, A. Cagnasso, and E. Tremolada, *Gazz. Chim. Ital.* **64**, 758(1934).

[57] R. B. Janes, *J. A. C. S.* **57**, 471(1935).

[58] L. Pauling and M. L. Huggins, *Z. Krist.* **87**, 205(1934); F. A. Bannister and M. H, Hey, *Mineral. Mag.* **23**, 188(1932).

[59] T. F. Gaskell, *Z. Krist.* **96**, 203(1937); F. A. Bannister, *ibid.* 201.

[60] K. S. Krishnan and A. Mookherji, *Phys. Rev.* **54**, 841(1938).

[61] I. Lifschitz, J. G. Bos, and K. M. Dijkema, *Z. Anorg. Chem.* **242**, 97(1939).

[62] R. W. G. Wyckoff, *J. A. C. S.* **44**, 1239, 1260(1922).

[63] L. Pauling, *J. Chem. Soc.* **1948**, 1461.

[64] T. M. Dunn, *J. Chem. Soc.* **1959**, 623.

[65] 参考"Ions of the Transition Elements", *Discussions Faraday Soc.* **26**, 7~192(1959)中的几篇通讯。

[66] H. Bethe, *Ann. Physik* **3**, 143(1929).

[67] W. G. Penney and R. Schlapp, *Phys. Rev.* **41**, 194(1932); Van Vleck, *loc. cit.* [45]; J. S. Griffith, *Trans. Faraday Soc.* **54**, 1109(1958).

[68] N. S. Gill, R. S. Nyholm, and P. Pauling, *Nature* **182**, 168(1958).

[69] K. H. Jack and R. Maitland, *J. Chem. Soc.* **1957**, 232.

[70] R. G. Dickinson and L. Pauling, *J. A. C. S.* **45**, 1466(1923).

[71] Hultgren. *loc. cit.* [3]; Kuhn, *loc. cit.* [4]; G. H. Duffey, *J. Chem. Phys.* **17**, 1328(1949). Hultgren 提过,观察到的辉钼矿的抗磁性可用如下的事实来解释:只有一个具有较大 $d$ 性的轨道正交于 6 个三方柱键轨道,另外 2 个轨道的 $d$ 性较小(也就是具有较多的 $s$ 性和 $p$ 性),因而在被非键合电子占有时较不稳定。

[72] J. L. Hoard and H. H. Nordsieck, *J. A. C. S.* **61** 2853(1939).

[73] G. Racah, *J. Chem. Phys.* **11**, 214(1943). Racah 发现最好的 8 个等效的 $dsp$ 轨道的强度应为 2.9886;它们指向四面反柱的 8 个顶点,与四次轴间的交角为 60°54′。

[74]　R. Colton, R. D. Peacock, and G. Wilkinson, *Nature* **182**, 393(1958).

[75]　D. Grdenić and B. Matković, *Nature* **182**, 465(1958).

[76]　L. O. Brockway and J. Y. Beach, *J. A. C. S.* **60**, 1836(1938); M. Rouault, *Compt. Rend*, **207**, 620(1938); V. Schomaker, 未发表的研究工作。根据 Brockway 和 Beach 的工作, $PF_3Cl_2$ 中的原子间距离如下: P—F=1.59±0.03 埃, P—Cl=2.05±0.03 埃; $PF_5$ 中 P—F=1.57±0.02 埃。在 $PCl_5$ 中磷原子和锥体顶点上的 2 个氯原子相距 2.11 埃, 和其余 3 个氯原子相距 2.04 埃。

[77]　H. S. Gutowsky and C. J. Hoffman, *J. Chem Phys*, **19** 1259(1951).

[78]　L. Pauling and J. I. Fernandez Alonso, *Proc. Nat. Acad. Sci. U. S.*, in press(1959)。

[79]　应用气体分子的电子衍射法研究; R. V. G. Ewens and M. W. Lister, *Trans. Faraday Soc.* **34**, 1358(1938).

[80]　气体分子(电子衍射法): M. Rouault, *Ann. Phys.* **14**, 78(1940); 晶体(X 射线衍射): S. M. Ohlberg, *J. A. C. S.* **81**, 811(1959).

[81]　A. F. Wells, *Z. Krist.* **99**, 367(1938).

[82]　D. E. Sands and A. Zalkin, *Acta Cryst.*, in press(1959).

[83]　W. E. Dasent, *J. Chem. Educ.* **34**, 535(1957).

[84]　S. H. Bauer and F. A. Keidel, reported by Sutton, *Interatomic Distances*; R. C. Lord, M. A. Lynch, W. C. Schumb, and E. F. Slowinski, *J. A. C. S.* **72**, 522(1950); R. D. Burbank and F. N. Bensey, Jr., *J. Chem. Phys.* **27**, 981(1957).

[85]　G. H. Duffey; *J. Chem. Phys.* **18**, 943(1950); 以及 R. L. Scott, *ibid.* 1420.

[86]　W. H. Zachariasen, *Acta Cryst.* **7**, 792(1954).

[87]　L. Pauling, *Z. Krist.* **69**, 415(1929).

[88]　G. C. Hampson and L. Pauling, *J. A. C. S.* **60**, 2702(1938); M. B. Williams and J. L. Hoard, *ibid.* **64**, 1139(1942).

[89]　J. L. Hoard, *J. A. C. S.* **61**, 1252(1939).

[90]　J. L. Hoard, W. J. Martin, M. E. Smith, and J. F. Whitney, *J. A. C. S.* **76**, 3820(1954).

[91]　J. L. Hoard and W. J. Martin, *J. A. C. S.* **63**, 11(1941).

[92]　J. L. Hoard and M. B. Williams, *J. A. C. S.* **64**, 633(1942).

[93]　J. L. Hoard and B. N. Dickinson, *Z. Krist.* **84**, 436(1933); N. Elliott, *J. Chem. Phys.* **2**, 298(1934).

[94]　R. D. Burbank and F. N. Bensey, Jr, *J. Chem. Phys.* **21**, 602(1953); **27**, 983(1957).

[95]　R. C. L. Mooney, *Z. Krist.* **98**, 377(1938).

[96]　D. P. Stevenson and V. Schomaker, *J. A. C. S.* **62**, 1267(1940).

[97]　J. D. McCullough and G. Hamburger, *J. A. C. S.* **63**, 803(1941).

[98]　G. D. Christofferson, R. A. Sparks, and J. D. McCullough, *Acta Cryst.* **11**, 782(1958).

[99]　L. Helmholz and M. T. Rogers, *J. A. C, S.* **62**, 1537(1940).

［100］ D. W. Magnuson，*J . Chem , Phys .* **27**，223（1957）. Burbank and Bensey，*J . Chem. Phys.* **27**，983（1957）也报道过和这个工作一致的晶体结构研究结果。

［101］ 微波谱：D. F. Smith，*J . Chem. Phys.* **21**，609（1953）；晶 体 结 构：R. D. Burbank and F. N. Bensey，Jr. ，*ibid .* 602.

［102］ A. A. Banks，H. J. Emeléus，and A. A. Woolf，*J . Chem. Soc.* **1949**，2861.

［103］ A. A. Woolf and H. J. Emeléus，*J . Chem. Soc.* **1949**，2865. 以 及 $BrF_2 AuF_4$：A. G. Sharpe，*ibid .* 2901.

［104］ A. G. Sharpe and H. J. Emeléus，*J . Chem. Soc.* **1948**，2135.

［朱平仇 译］

# 第六章

# 分子在几个价键结构间的共振

- *The Resonance of Molecules among*
*Several Valence -Bond Structures* -

　　共振论的最有趣和最有用的应用之一就是讨论那些没有一个价键结构能合适地表达的分子的结构。在以下各节中将初步讨论这个问题。本章将就对这个理论所提出的一些批评意见做个答复。

## 6-1　一氧化二氮和苯中的共振

对许多分子来说,有可能写出其价键结构式,这些结构式是如此合理,在说明物质的性质时又是如此令人满意,以致它能毫不犹豫地被任何人所接受。下面举出的一些结构可以作为这类分子的例证。

$$
\text{氟化氧} \qquad
\begin{array}{c}
:\!\ddot{F}\!: \\
| \\
:\!\ddot{O}\!-\!\ddot{F}\!: \\
\end{array}
$$

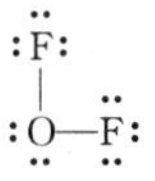

$$
\text{三甲胺} \qquad
\begin{array}{c}
H \\
| \\
H-C-H \quad H \\
| \qquad\quad | \\
:N-C-H \\
| \qquad\quad | \\
H-C-H \quad H \\
| \\
H \\
\end{array}
$$

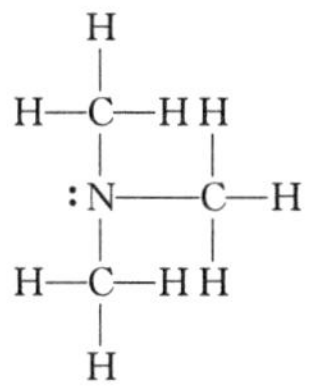

$$
\text{乙烷} \qquad
\begin{array}{c}
H \quad H \\
| \quad\;\; | \\
H-C-C-H \\
| \quad\;\; | \\
H \quad H \\
\end{array}
$$

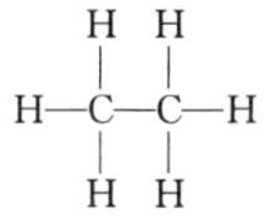

$$
\text{乙烯} \qquad
\begin{array}{c}
H \qquad\quad H \\
\backslash \qquad / \\
C=C \\
/ \qquad \backslash \\
H \qquad\quad H \\
\end{array}
$$

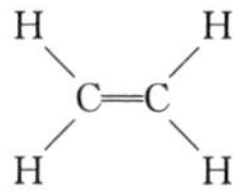

对具有这类结构的物质的物理和化学性质以及分子的构型都已有了明确的了解,这种了解也就成了大部分化学讨论的基础。

不过有时也发现,不可能确切地用单一的价键结构来描述某些分子;有时可能提出两个或更多的差不多一样稳定的结构,但其中没有一个能完全满意地表征这个物质的性质。在这种情况下可以引进某些新的结构概念和符号。例如我们可以用符号 ⟨○⟩ 来表示苯,但不企图用单键和双键来解释这个符号。随着量子力学共振观念的发展,已经发现了解决这种困难的一个富有启发性和有用的途径:分子的真实基态不能用各合理结构中的任何一个来表示,但却可以用这些结构的组合来描述,其中每一结构贡献的大小取决于该结构的性质和稳定性。这时我们就说这个分子是共振于几个价键结构之间。[1]

分子在各种电子结构之间的共振曾在第三章里详细的讨论过,那里共振结构的差别是键的类型(离子键和共价键)。本章所要讨论的共振和前面的没有太大差别,它所包含

---

◀1942 年,鲍林在加州理工学院实验室,手里拿着一块矿石。

的结构之间的差别不是键的类型而是键的分布。

一氧化二氮分子可用来做个例子。这是个直线型分子,氧原子位于分子的一端。它包含 16 个价电子,可以按下列的任何一种合理的方式将这些电子安置在有关原子的稳定轨道上:

$$A \qquad :\overset{-}{N}\!\!=\!\!\overset{+}{N}\!\!=\!\!\overset{\cdot\cdot}{O}:$$

$$B \qquad :\overset{-}{\underset{\cdot\cdot}{N}}\!\!=\!\!\overset{+}{N}\!\!=\!\!\overset{\cdot\cdot}{\underset{\cdot\cdot}{O}}$$

$$C \qquad :N\!\!\equiv\!\!\overset{+}{N}\!\!-\!\!\overset{\cdot\cdot}{\underset{\cdot\cdot}{O}}\overset{-}{\phantom{.}}$$

这三个结构中的每一个都包含 4 个共价键(把双键算成 2 个共价键,叁键则算成 3 个),而且有电荷分开到相邻的原子上(结构 A 和 B 的差别是前者在 N 和 N 之间用 $p_z$ 轨道来形成双键,在 N 和 O 之间是用 $p_y$ 轨道来形成双键;后者的情形恰好相反。见 4-7 节)。其他一些可能写出的结构都是立即可以识别远不及它们稳定的,例如

$$D \qquad \overset{2-}{\underset{\cdot\cdot}{:\!N}}\!\!-\!\!\overset{+}{N}\!\!\equiv\!\!\overset{+}{O}:$$

这里由于电荷的排布赋予了不稳定性;还有下列结构:

$$E \qquad \overset{-}{:\!\overset{\cdot\cdot}{N}}\!\!=\!\!\overset{\cdot\cdot}{N}\!\!-\!\!\overset{\cdot\cdot}{O}\overset{+}{:}$$

$$F \qquad :\overset{\cdot\cdot}{N}\!\!-\!\!\overset{\cdot\cdot}{N}\!\!=\!\!\overset{\cdot\cdot}{O}:$$

这里不稳定性则是由于它们的共价键数目较少。

结构 A、B 和 C 三者的性质的确是如此类似,以致它们之间的能量差别不大,所以我们实在无从做出决定。而且它们都满足共振的其他条件:包含相同数目的不配对电子(这里没有不配对电子),核的平衡构型也差不多相同(都是直线型;中间的四面体型原子或者形成两个双键,或者形成一个单键和一个叁键)。因此我们预期这个分子的基态可以说是在结构 A、B、C 之间共振;其他一些较不稳定的结构对共振虽也有微小的贡献,但在我们的讨论中可以略去。分子比它处在单由结构 A 或 B 或 C 所表示的基态都更为稳定,这个额外的稳定性由这三个结构的共振能来衡量。分子中的原子间距离和力常数也不是相当于某单一结构的数值,而是对应于在这些结构间共振的情况(第七章)。这些结构具有方向彼此相反的偶极矩,它们相互抵消,因而这个分子的偶极矩不大,且接近于零;微波测量的实验值[2]是 0.166±0.002D,但方向则没有定出来。

与互变现象相比较,偶极矩的数值对共振的含义提供了一个很好的说明。如果一氧化二氮气体是 A、B、C 三种分子的互变异构混合物,则因每类分子都有较高的偶极矩,对气体的介电常量将做出较大的贡献,所以气体的介电常量应该是很大的。但是这些结构间共振的频率极大,一般有和电子频率差不多的数量级,所以原子核没有时间在分子内的电子已经经历全部周相变化之前在外加电场中调整自己的取向以对介质的介电常量

做出贡献,结果是平均偶极矩就非常的小。

在对一氧化二氮分子以及其他在本章中被描述为共振于几个价键结构之间的分子进行讨论时,必须回忆一下 1-3 节中所提到的共振概念所含有的任意性成分。用结构 A、B 和 C 作为讨论一氧化二氮分子的基础并不是必要的。我们也可以这样说,分子既然不能用任何单一的价键结构来满意地表示,那就不用想办法来研究这些分子在结构和性质上与其他分子的联系。不过利用价键结构并借助于共振的概念作为讨论的基础,我们就能直接而简单地用其他分子的性质来解释这些分子的性质。由于这个实用的理由,我们认为把分子说成是共振于几个电子结构之间是足够方便的。

这里还要再次着重指出,在写出一氧化二氮分子的 3 个价键结构并说成它是共振于这些价键结构之间时,我们是在设法把价键图像推广到那些不能用它的原有形式来描述的分子。我们本来并不是非这么做不可,但我们终究还是选用了这种做法,为的是希望这些不正常分子能得到满意的描述,允许我们把它们在物理和化学性质方面的实验结果联系起来,加以“理解”。同时也能像对那些具有单一价键结构的分子那样地对这些分子的物理和化学性质加以预测。一氧化二氮并不是由各互变异构分子组成的混合物,即有些是上述结构中的某一个,另一些又是另一个;而是所有分子都具有相同的电子结构;不过这个结构不能用任何一个价键图式来满意地表达,但能相当合理地用 3 个价键结构放在一起来加以描述。除共振能的稳定效应之外,分子的性质基本上与从这三个价键结构的性质的平均值所推算的一样。

我们可以用 $\left\{ :\overset{-}{\underset{\cdot\cdot}{N}}=\overset{+}{N}=\overset{\cdot\cdot}{O}:, \ :\overset{-}{\underset{\cdot\cdot}{N}}=\overset{+}{N}=\overset{\cdot\cdot}{\underset{\cdot\cdot}{O}}:, \ :N\equiv\overset{+}{N}-\overset{\cdot\cdot}{\underset{\cdot\cdot}{O}}:^{-} \right\}$ 这样的符号来表示这个分子,括号内列上参与共振的结构。我不认为再去简化这个符号是明智的,譬如说把它写成 N≡N=O,即使正如以后将要看到的那样,N—N 键和 N—O 键分别有接近于叁键和双键的性质(第八章)。如果用 N≡ N=O 这样的结构式,它将会与没有共振的分子的结构式相混淆。这样的结构式意味着氮原子能形成 5 个共价键,这是不真实的。而且这个结构式也没有带上应有的立体化学含义——我们不能从这样的结构式看出双键和叁键的相对取向,共振结构式则一看就知道这分子是直线型的。[3]

苯提供了一个有趣而又重要的共振分子的实例。苯的两个凯库勒结构 A 和 B 是对这个具有平面正六角形构型的分子所能写出的两个最稳定的价键结构

另外一些结构,例如杜瓦(Dewar)结构:

或克劳斯-阿姆斯特朗-贝耶尔(Claus-Armstrong-Baeyer)中心结构:

因为相隔开的原子之间的键合很弱,只能有较小的稳定性,所以在简单讨论中不用把这些结构考虑进去。单个的凯库勒结构不能满意地表示苯分子;如果它是一个包含 3 个双键的分子,那么与己烯和环己烯比较一下,可以预期它将有高度的不饱和性,但事实上它是异常稳定和不活泼的。正是由于共振作用,使得苯具有芳香性。这两个凯库勒结构是等效的,具有相同的能量,因而它们能够参与完全的共振。这样分子便由于 37 千卡/摩尔左右的共振能(见 6-3 节)被稳定下来。从热力学观点看来,含有双键的化合物的不饱和性是因为双键不及两个单键稳定,不稳定性约为每一双键 17 千卡/摩尔,[4] 即三个双键共有 51 千卡/摩尔。苯的共振能消除了这个不稳定性的大部分而使分子有接近于烷烃的饱和度。

苯分子的立体化学性质可以从它共振于两个凯库勒结构之间的概念中预测出来。共振给每个碳—碳键以很大程度的双键性,当然也要带上应有的立体化学特点。和双键相邻的一些键应该在一个平面上,因而整个苯分子必定是平面的。6 个碳—碳键是等效的;所以这 6 个碳原子必定排成正六角形,且碳—氢键一定采取径向的排列。所有这些推论都在近年内通过苯衍生物偶极矩的研究、苯蒸气的电子衍射图像、苯晶体的 X 射线分析以及苯的红外和联合散射光谱等的实验工作得到证实。

## 6-2　共振能

有时根据理论上的考虑就能够指定分子的共振结构,上面讨论的两个例子就是这种情形。一般说来,这种共振结构的指定必须由实验事实得到支持,诸如由化学性质、共振能、原子间距离、键的弹力常数、键角、电偶极矩等所提供的情况。如果那些合理的价键结构不是等效的,那么从这些数据可以估计各种结构对分子基态贡献的大小。

在这些研究分子内共振作用的方法中,目前最有成效的是下一章中将要讨论的原子间距离的测定和解释,以及根据热化学数据进行的共振能数值的计算。现在我们就来讨论有关后者的一些问题。

**重键的键能值**　在 3-5 节中已经列出了单键的键能表。在制订这个表时,已经注意到只限于选用那些能被一个确定无疑的价键式所描述的分子的数据。表 6-1 列出了用类似于 3-5 节中所叙述的方法所获得的某些重键的数值,在制订这个表时对于键能也做了上述的考虑。

表 6-1 重键的键能值

| 化学键 | 键能/千卡·摩尔$^{-1}$ | 化合物 |
|---|---|---|
| C＝C | 147 | |
| N＝N | 100 | 偶氮异丙烷[a] |
| O＝O | 96 | $O_2$ 的 $^1\Delta$ 状态 |
| C＝N | 147 | 异丁醛缩正丁胺[a][$CH_3CHCH＝NCH_2CH_2CH_3$] |
| | | $\quad\quad\quad\quad\quad\quad\quad\quad |$ |
| | | $\quad\quad\quad\quad\quad\quad\quad CH_3$ |
| C＝O | 164 | 甲醛 |
| | 171 | 其他醛类 |
| | 174 | 酮类 |
| C＝S | 114 | |
| C≡C | 194 | |
| N≡N | 226 | $N_2$ |
| C≡N | 207 | 氰化氢 |
| | 213 | 其他氰化物 |

a. 根据 G. E. Coates and L. E. Sutton($J.\,Chem.\,Soc.$ **1948**,1187)所报道的燃烧热计算的数值。S. N. Foner and R. L. Hudson($J.\,Chem.\,Phys.$ **28**,719,1958)曾根据质谱方面的工作估计 $N_2H_4(g) \longrightarrow N_2H_2(g)+H_2(g)$ 的反应焓为($26\pm5$)千卡/摩尔,在这个基础上得出 N＝N 键能为($95\pm5$)千卡/摩尔。

如果气体分子的基态能很好地被单一的价键型电子结构所描述,那么利用表 3-4 和 6-1 中的一些适当的数据相加起来就可预测它从单原子气体状态下的单质生成气体分子的生成热近似值。例如标准状态下的单质生成乙炔时的生成热是－53.9 千卡/摩尔,因而从原子出发的生成热是 393.7 千卡/摩尔,从键能计算是 393 千卡/摩尔(两个 C—H 键和一个 C ≡ C 键[*]的键能之和)。1 千卡/摩尔的误差表明了从许多物质的热化学数据而来的平均键能值的可靠程度。

**离子共振能和重键的部分离子性** 表 6-1 中所给出的一些不同原子间的键能值,实际上还包括了重键的额外的部分离子共振能在内。在 4-9 节曾经指出,丙酮电偶极矩的实测值表明,像按电负性标度所给出的碳—氧键的部分离子性那样,构成碳—氧双键的每一个键都有约具 22％ 的离子性。所以丙酮分子要用共振结构 $\{(H_3C)_2C::\overset{..}{\underset{..}{O}}:,$ $(H_3C)_2C^+:\overset{..}{\underset{..}{O}}:^-\}$ 表示,其中第二个结构式还表示两个结构,分别相当于双键的这一半或那一半所具有的离子性。

相应于碳—氧键中部分离子性的共振能可计算如下:

---

* 原书将 C≡C 键误为 C＝C 键,且按表 3-4 和 6-1 的计算值是 391.6 千卡/摩尔,与所述不符。——译者注

| | | | |
|---|---|---|---|
| C—O | 81 | C＝O | 164～174 |
| $\frac{1}{2}$(C—C+O—O) | 58 | $\frac{1}{2}$(C＝C+O＝O) | 122 |
| Δ | 23 | Δ | 42～52 |

在这个计算中,我们取氧—氧双键的键能为 96 千卡/摩尔。这个数值是氧气分子在$^1\Delta$ 状态的解离焓,它比基态氧气分子的能量约高 22.4 千卡/摩尔,基态氧气分子的结构将在第十章中予以讨论。可以看出,由于部分离子性所引起的共振能,即这里的 Δ 值,碳—氧双键的是碳—氧单键的两倍。我们在上面说到,双键的每一半都有着由这两个成键原子的电负性标度之差给出的离子性,这个结论在这里也得到证实。

因为电负性差别较大的原子形成的重键具有较大程度的离子共振,可以预期它们和离子性较小的单键相比,将更加强烈地(指离子性分量而言)受相邻各键的影响,我们也观察到从不同化合物定出的重键键能值有所不同。列表时某些键取一个以上的数值,就是在一定程度上考虑到这一点;但是在进行含有重键分子的能量计算时,与那些只含有单键的相比较,仍可能引起较大的误差。

**氮—氮叁键** 在表 6-1 的键能数据中存在一个有趣的规律性,它能对氮分子具有特殊热力学稳定性的问题提供一些解决的线索。对称的双键 C＝C、N＝N 和 O＝O(在$^1\Delta$ 状态下的$O_2$)的键能和相应的单键的键能(表 3-4)之差近于相同(分别是 65、62 和 63千卡/摩尔),表明这些键的性质极其类似。我们可能预料在叁键和相应双键的键能之间也有相似的规律性。事实上 C≡C 和 C＝C 的键能差是 47 千卡/摩尔,但 N≡N 和N＝N 间的键能差却并不是 47 而是 126 千卡/摩尔。所以 $N_2$ 分子似乎要比从考查相关分子的能量所预料的稳定了 79 千卡/摩尔左右。

这个论证可从下面的图表中看出:

| | | | | |
|---|---|---|---|---|
| C—C | 83 | *45* | 38 | N—N |
| | *64* | | *62* | |
| C＝C | 147 | *47* | 100 | N＝N |
| | *47* | | *(47)* | |
| C≡C | 194 | *(47)* | *(147)* | N≡N |

用斜体字所表示的键能差似乎是合理的:双键的能量比相应单键的能量高 62 到 64 千卡/摩尔,叁键的能量则又比相应双键高 47 千卡/摩尔。同样,碳—碳键的能量比相应的氮—氮键的能量高 44～47 千卡/摩尔。不过这种规律性是有虚假成分的,因为它假定N≡N 键的能量为 147 千卡/摩尔,但它的正确值却是 226 千卡/摩尔。

我们断定氮分子具有某种反常的结构,所以 N≡N 的键能才由 147 千卡/摩尔增加到 226 千卡/摩尔,而在 N＝N 键和 N—N 键中看不到这种反常性。反常性的本质仍不明了[*]。它也就是氮气分子具有特殊稳定性的原因,这种特殊稳定性表现在含氮化合物的爆炸性以及单质氮成为大气中主要成分的情况上面。

在亚硝基中也发现有这种反常性(见 10-3 节)。

**共振能的经验值** 那些能用单一的价键结构来描述的分子,可以用键能数据计算其生成热,计算值和实验值间的符合程度在几个千卡/摩尔以内。但对共振分子来说,若根据某一可能写出的价键结构作同样的计算,就会发现在何情况下分子的实际生成能总比计算值高些。这就是说,分子要比计算中所用的那个假定的价键结构更为稳定些。这个结果正是共振概念的基础——基本的量子力学原理所要求的(见 1-3 节),它也对制订键能表时所用到的论证提供了一个可喜的证明。

分子的生成热的实验值和根据某一单一价键结构按键能表示出来的计算值之间有所差别,这个差值就是分子相对于被假定的价键结构而言的共振能的经验值。

在计算共振能时用来作为计算基础的结构要选用那些共振结构中最稳定的一个(或者是最稳定的结构之一)。但由于下述理由,这种选定并不总是那么方便的。表中所列的键能值本来只安排用于不带形式电荷的原子之间的键;对于那些含有带电原子的分子,由于被分离的电荷之间的库仑能所引入的困难,对它们的生成热还没有设计出一个简便的计算方法。基于这个原因,使得一氧化二氮分子的共振能仍没有一个可靠的经验值,因为它的稳定结构中包含了带电荷的原子。

必须记住分子在几个电子结构间共振的条件之一是:在电子共振中,分子的构型(即核的排列)保持不变;正是复合的电子构型提供了决定分子的平衡构型和振动方式的单一势能函数。例如酰胺不可能共振于结构

之间。这个分子我们用结构

来描述。

从分开的原子形成气态苯分子时的生成热,可从它的燃烧热(789.2 千卡/摩尔)和其燃烧产物(水和二氧化碳)的生成热算出来,结果是 1323 千卡/摩尔。6C—H＋

---

* Pauling(*Tetrahedron*,**17**,229,1962)已经在最近提供了一种合理的解释。——校者注

3C—C＋3C ＝C 的键能总和是 1286 千卡/摩尔,这是具有凯库勒结构 ⬡ 或 ⬡ 只包含互不作用的双键的假想苯分子的生成热。两者所相差的 37 千卡/摩尔,就是分子的共振能。

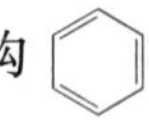

在计算共振能时,我们只是为了简化和方便而把热化学数据转换为从分开的原子生成分子的分子生成能,再将它与键能之和相比较;直接用从标准状态下的单质出发的生成热、或者燃烧热、氢化热或其他的反应热也可以计算共振能,不过仍需要把共振物质和适当的非共振物质做比较。氢化热数据计算苯的共振能可用来作为例子。基斯佳科夫斯基及其合作者们曾经进行过整系列的重要氢化热的直接测定。[5] 按照具有凯库勒结构而只含互不作用的双键的假想苯分子来推算氢化热是环己烯的氢化热

$$C_6H_{10}＋H_2 \longrightarrow C_6H_{12}＋28.59 \text{ 千卡/摩尔}$$

的三倍,即 85.77 千卡/摩尔;这比苯的氢化热的实测值

$$C_6H_6＋3H_2 \longrightarrow C_6H_{12}＋49.80 \text{ 千卡/摩尔}$$

大得很多。两者的差值 35.97 千卡/摩尔就是苯的共振能,它使苯分子比起具有单个凯库勒结构的假想苯分子稳定。这个数值和上面得到的数值 37 千卡/摩尔相符,有力地证实了苯的共振能的数值是可靠的。[6]

我们用一氧化碳分子作为第二个例子。近年来经常在讨论 :C ＝O: 和 :C ≡O: 两种结构中哪一种比较合适。我们说它是共振于这两者之间,若把 C ＝O 分开写,就是共振于

(A) :C̈:Ö: ⁻, (B) :C::Ö:, (C) :C::O: 和(D) ⁻:C:::O:⁺

这 4 个结构之间。根据酮类中的碳—氧双键的讨论可以作出结论,结构 A、B、C 大约做出相等的贡献,尽管 A 中的共价键较少,但它仍有和 B、C 差不多一样的稳定性,这是因为氧的较大的电负性稳定了这个含有带负电荷的氧的结构。第四个结构所以重要,是因为叁键的形成抵消了由于电荷的不利分布所带来的不稳定效果,而使它获得稳定。偶极矩的实测值极小,证明 D 和 A 有近于相同的贡献。结构 B 和 C 的偶极矩不会太大;但 A 和 D 的却是很大,两者大小相同,方向相反;只有 A 和 D 的贡献近于相等时,分子的偶极矩才能很小。

我们可以查问为什么 A、B、C、D 4 个结构的特点很不同,但对分子常态的贡献却近于相等。上面指出的情况实际上做出了回答:共价键的数目和电荷的分离是两个相反的效应,所以这四个结构具有大约相同的能量。A、B(和 C)以及 D 的共价键的数目依次地由 1 增加到 3,这将使 A 的稳定性最小,D 的最大。但是结构 A 中负电荷是有利地分布在电负性较大的原子上,因而稳定了这个结构,使它的能量和 B 的近于相等。D 中电荷的分布最不利,电负性较大的原子带有正电荷,这将抵消共价叁键所带来的额外的稳定

性,因而使它的能量也近于和 B 的相等。

以结构 $:C\!\!=\!\!\overset{..}{\overset{+}{O}}\!\!:\!\!^{-}$（它本身又相应于在 $:C\!:\!\overset{..}{O}\!:,:C\!:\!:\!\overset{..}{O}\!:$ 和 $:C\!:\!:\overset{..}{O}:$ 之间的共振）为准的共振能可从由原子生成分子的生成热（257 千卡/摩尔）和酮型的 C ═O 键的键能值（174 千卡/摩尔）[7] 相比较而计算出来。两者之差有 83 千卡/摩尔之多,它就是结构 $:C\!\!=\!\!\overset{..}{O}:$ 的共振能。尽管一氧化碳分子中碳的原子价并未饱和,它所具有的很大的共振能使它仍是很稳定的物质。

表 6-2　共振能的经验值

| 物　　质 | 共振能/千卡·摩尔$^{-1}$ | 参比结构 |
| --- | --- | --- |
| 苯,$C_6H_6$ | 37 |  |
| 萘,$C_{10}H_8$ | 75 | 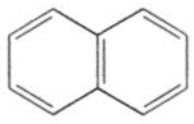 |
| 蒽,$C_{14}H_{10}$ | 105 | 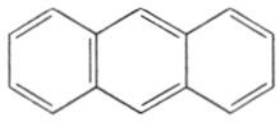 |
| 菲,$C_{14}H_{10}$ | 110 | 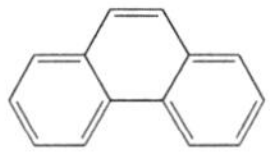 |
| 联苯,$C_{12}H_{10}$ | 5[a] |  |
| 1,2-二氢萘,$C_{10}H_{10}$ | 3[a] | 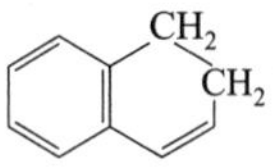 |
| 环戊二烯,$C_5H_6$ | 4 |  |
| 1,3,5-三苯基苯,$C_{24}H_{18}$ | 20[a] | 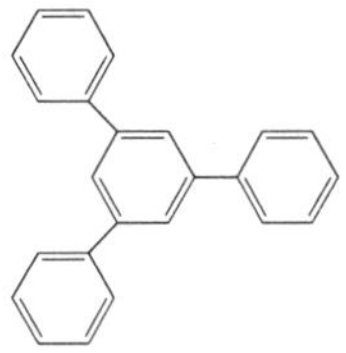 |
| 苯乙烯,$C_8H_8$ | 5[a] | 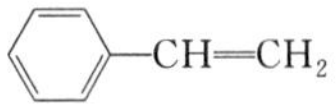 |
| 二苯乙烯,$C_{14}H_{12}$ | 7[a] | 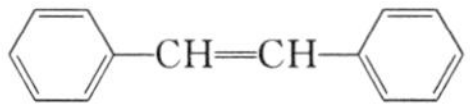 |
| 苯乙炔,$C_6H_5CCH$ | 10[a] | 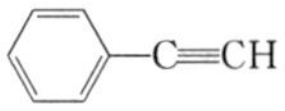 |
| 薁（蓝烃）,$C_{10}H_8$ | 46 | 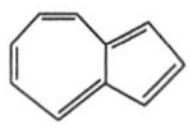 |
| 环辛四烯,$C_8H_8$ | 5 |  |

| 物　　质 | 共振能/千卡·摩尔$^{-1}$ | 参比结构 |
|---|---|---|
| 吡啶，$C_6H_5N$ | 43 | 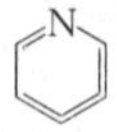 |
| 喹啉，$C_9H_7N$ | 69 | 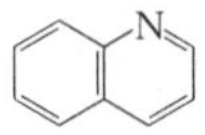 |
| 吡咯，$C_4H_5N$ | 31 | 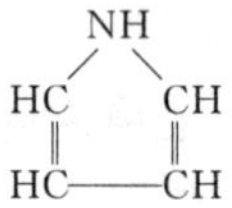 |
| 吲哚，$C_8H_7N$ | 54 | 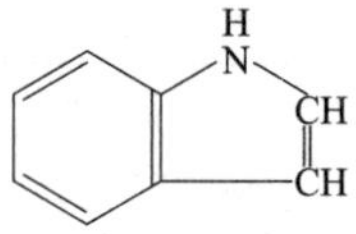 |
| 1,4-二苯基-1,3-丁二烯，$C_{16}H_{14}$ | 11[a] | 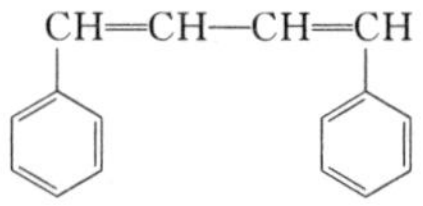 |
| 咔唑，$C_{12}H_9N$ | 91 | 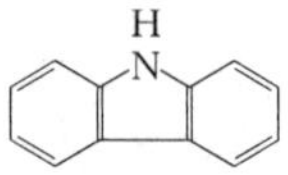 |
| 呋喃，$C_4H_4O$ | 23 | 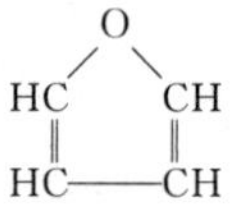 |
| 噻吩，$C_4H_4S$ | 31 | 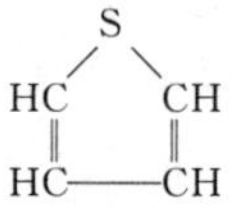 |
| 草酚酮，$C_7H_5OOH$ | 36 | 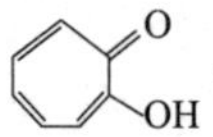 |
| 酸类，RCOOH | 28 | 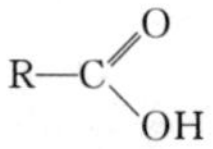 |
| 酯类，RCOOR′ | 24 | 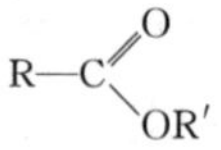 |
| 酰胺类，$RCONH_2$ | 21 | 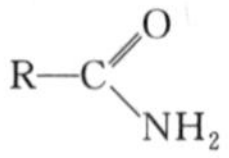 |
| 脲，$CO(NH_2)_2$ | 37 | 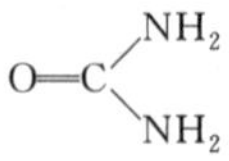 |
| 二烷基碳酸酯，$R_2CO_3$ | 42 | 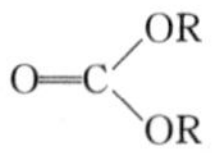 |
| 苯酚，$C_6H_5OH$ | 7[a] | 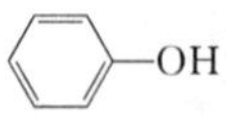 |

| 物　　　质 | 共振能/千卡·摩尔$^{-1}$ | 参比结构 |
|---|---|---|
| 苯胺,$C_6H_5NH_2$ | 6[a] | 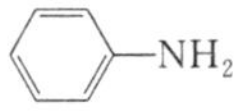 |
| 苯甲醛,$C_6H_5CHO$ | 4[a] | 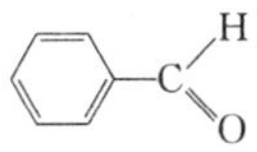 |
| 苯甲腈,$C_6H_5CN$ | 5[a] | 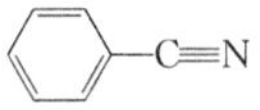 |
| 苯甲酸,$C_6H_5COOH$ | 4[b] | 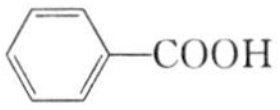 |
| 苯乙酮,$C_6H_5COCH_3$ | 7[a] | 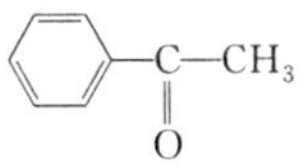 |
| 二苯甲酮,$C_6H_5COC_6H_5$ | 10[a] | 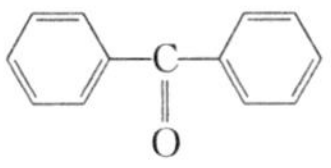 |
| 一氧化碳,CO | 105 | $C \!=\! O$ |
| 二氧化碳,$CO_2$ | 36 | $O \!=\! C \!=\! O$ |
| 氧硫化碳,SCO | 20 | $S \!=\! C \!=\! O$ |
| 二硫化碳,$CS_2$ | 11 | $S \!=\! C \!=\! S$ |
| 氰酸烷基酯,RNCO | 7 | $R \!-\! N \!=\! C \!=\! O$ |

a. 超加的共振能,不包括苯环本身的共振能在内。

b. 超加的共振能,不包括苯环以及羧基本身的共振能在内。

表 6-2 中所列出的各种物质的经验共振能值[8]将在本章的下面各节以及后面各章中加以讨论。

## 6-3　芳香族分子的结构

在前面讨论苯的结构时,曾将苯的稳定性和其芳族特性归因于分子在两个凯库勒结构间的共振。对稠合的多核芳烃也可做同样的处理,从而为它们的主要性质提供同样的解释。

萘的常用的价键结构是厄伦迈尔(Erlenmeyer)结构:

Ⅰ

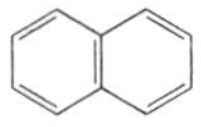

它和另外两个结构

Ⅱ 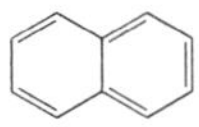 　和　Ⅲ

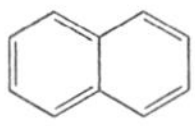

之间的差别仅在于键的不同分布。对萘可能写出的这三个最稳定的价键结构看来具有近乎相同的能量,并且大约相当于同一分子构型。因而可以预料萘分子的基态将由这三

个结构的组合来描述，每一结构差不多应该做出相同的贡献。和共振于两个等价凯库勒结构之间的苯比起来，共振于 3 个稳定结构之间的萘必定更加稳定些。从表 6-2 中可以看到，萘的共振能是 75 千卡/摩尔，确实比苯的共振能大些。

对蒽可写出 4 个稳定的价键结构：

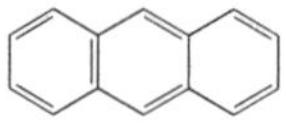

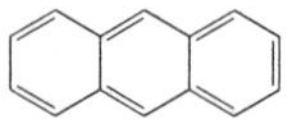

对菲可写出 5 个：

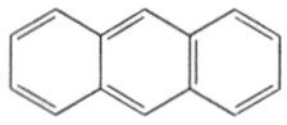

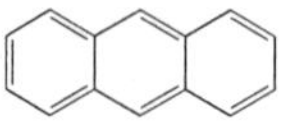

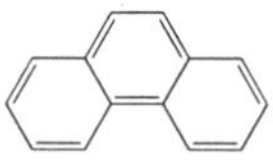

共振能的实测值在蒽是 105 千卡/摩尔，在菲是 110 千卡/摩尔。这些数值与苯和萘的共振能相比较是合理的；这些数值相互比较也还是合理的，由于角环系的稳定的共振结构比线环系的多，因而前者也会有较大的共振能。

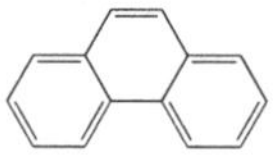

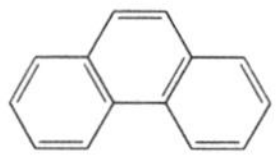

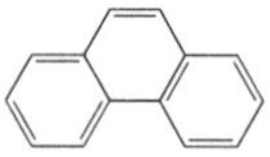

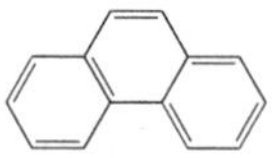

对更高级的稠环系，也可以同样地看成是它共振于许多价键结构之间。共振能的增加大致与体系内正六角环的数目成正比。此外，支环系和角环系的共振能总比相应的线环系的稍大一些，因为和后者相比，前者是共振于更多的稳定价键结构之间（就像在蒽和菲的情形中一样）。

分子的构型也正是从它的共振结构所预测的。通过共振，每一个键取得一些双键性，它使得一些邻近的键尽量设法实现共面。这样就促使分子具有完全平面的、键角为 120°的构型。由 X 射线细致地研究萘、蒽和许多高级芳烃，已确证了这一点。

这些物质的化学通性也能用共振来给予解释。和苯的情形一样，分子通过共振所取得的稳定使它们呈现芳香性。

曾经观察到在这些分子中，不同的碳—碳键表现不同的行为，简单地考虑一下共振结构就能使这个事实得到解释。对于苯，我们可以说其中每一个键有 1/2 的双键性；因为它在一个凯库勒结构中呈现为单键而在另一结构中呈现为双键。但这并不是就这个键有一半时间表现为双键；确切些说，这是个新型的键，它极其不同于双键，其性质是介于双键和单键之间（但又并不是这两种键型性质的平均，必须把共振能的稳定效应也考虑进去）。

下面列出萘、蒽和菲分子中各键双键性的大小，它是就稳定的共振结构进行平均而得的。萘的 1、2 键有 2/3 的双键性，而 2、3 键仅有 1/3。这些数字不能用化学活性给予简单

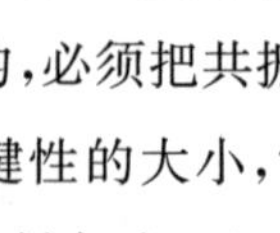

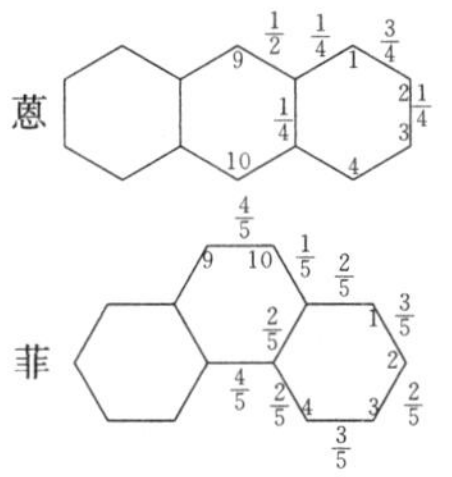

的定量解释;但要求能满足一些定性的关系。萘的 1、2 键在性质上一定比苯中的碳—碳键更接近于通常的双键,苯的碳—碳键又一定比萘的 2、3 键更像双键些,而后者基本上没有双键的性质。这些说法是符合于一般化学经验的。在像

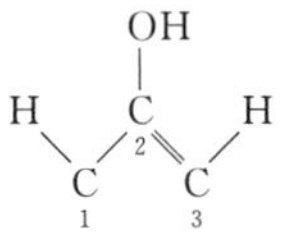

的体系中,位于碳原子 2 上的羟基将诱致碳原子 3 受某些试剂(如溴、重氮甲烷等)的取代,而不诱致碳原子 1 发生作用,这里双键对定位影响起着桥梁作用。这个现象能用来考查不同碳—碳键具有双键性质的程度。曾经发现,[9]2 位上带有羟基的萘,总是 1 位上易于发生反应;即使 1 位已被甲基所占据,反应也不在 3 位上发生。这显示了 1、2 键具有十分强烈的双键性,而 2、3 键的双键性则极微弱,这正是我们预期的结果。此外也还发现,[10]蒽中 1、2 键的双键性要比萘的 1、2 键的双键性强些;菲中 9、10 键的双键性更强,这也和图中双键性的大小相符合。基于这个原因,菲比蒽更易于反应,尽管前者由于较大的共振能是会有更高的热力学稳定性。

　　用同样的看法可以讨论由米尔斯(Mills)和尼克森(Nixon)[11]发现的一个有趣而与此有关的、包括苯环的现象。[12]若在苯分子的两个相邻的碳原子上引进一个不同大小的饱和烃环,则可能使苯环在参加反应时表现得好像双键被固定在某一个凯库勒结构上面。米尔斯和尼克森发现 5-羟基茚满(Ⅰ)

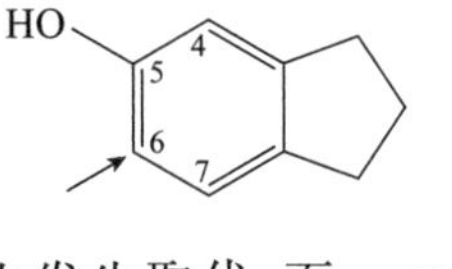

与重氮苯离子反应时,在 6 位上发生取代,而 α,γ-四氢-β-萘酚(Ⅱ)

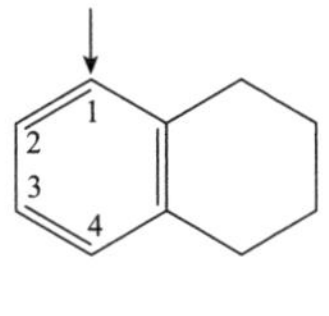

则在 1 位上发生取代。送些结果最初被解释为由于侧环的影响,使得芳环固定于某一个凯库勒结构上面。五元侧环(键角为 108°)的影响是固定一个有 109°28′ 的正常键角的单

键于环内以减小张力能,六元环则有利于大角度,因而发生相反的影响。不过我们看来,某一个凯库勒结构不一定要对另一个凯库勒结构有完全压倒优势的稳定性才能使与被羟基所取代的碳原子相邻接的两个键中,有一个具有充分的双键性从而支配反应。实际上,侧环在使某一个凯库勒结构得到相对稳定的效应可能促使这个凯库勒结构对分子的基态多做出百分之几的贡献,这个微小的优势就足够使其中的一个键在取代作用的定位效应上表现出较强烈的双键性。[13]

**芳香族分子中共振的定量处理**　曾经发现,用如下的简化方法可以定量地讨论芳香族分子中的共振问题。碳原子在杂化前的 4 个价键轨道曾示于图 4-1,其中 3 个轨道位于环的平面上(若取环的平面为 $xy$ 平面,则这三个轨道就是 $s$、$p_x$ 和 $p_y$),它们可以组合而给出 3 个共面的、相互间的夹角为 120° 的成键轨道,[14]因而适宜于分别与环内两个相邻的碳原子和所结合的氢原子形成共价单键。这里是假定分子的单键骨架

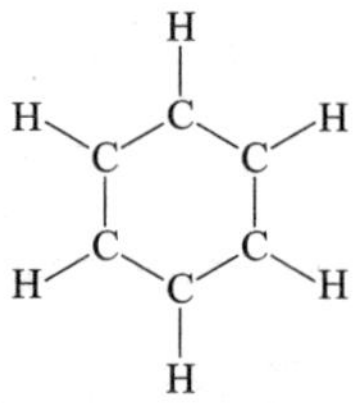

保持不变,那么剩下要考虑的就是每个原子的第四个轨道及其电子。

第四个轨道是示于图 4-1 中的 $p_z$ 轨道。它在环平面的上下方各具一瓣。我们假定这 6 个 $p_z$ 轨道各被一个电子所占有(这里略去了离子结构)。现在的问题就在于计算这六个轨道上 6 个电子的相互作用能。

如果像在氢分子中那样只有两个轨道和两个电子,则相互作用能恰好就是两个电子在两个轨道上交换而具有的共振能。在乙烯中就是这种情形,此处两个 $p_z$ 电子将单键转变为双键。我们用 $\alpha$[15]标记这种 $p_z$ 共振能。

在苯的情形里,若略去非相邻碳原子间的相互作用,则可利用 $\alpha$ 来算出它的两个凯库勒结构的共振能。[16]具体的计算方法见附录 V。根据计算的结果,两个凯库勒结构的共振能是 $0.9\alpha$,这就是苯环相对于一个凯库勒结构的额外稳定性。

在考查这个问题时也还发现,除凯库勒结构 A 和 B 之外,还必须考虑如下的 3 个杜瓦型结构 C、D 和 E:

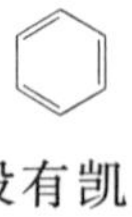

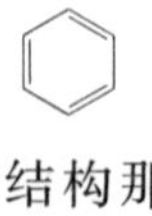

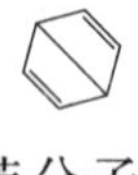

结构 C、D 和 E 没有凯库勒结构那么稳定,因而它对基态苯分子的贡献也小得多。考虑这三个结构后使苯的共振能由 $0.9\alpha$ 增加为 $1.11\alpha$。令这个数值等于苯的经验共振能 37 千卡/摩尔,则 $\alpha$ 就等于 33 千卡/摩尔。

对萘作同样的处理[17]得出共振能为 $2.04\alpha$；用共振能的经验值 75 千卡/摩尔可算得 $\alpha = 37$ 千卡/摩尔，这和苯的结果大约相符。蒽和菲[18]的共振能计算值分别是 $2.95\alpha$ 和 $3.02\alpha$，将它们与经验值比较又分别得出 $\alpha = 36$ 和 35 千卡/摩尔。

第二种用来处理这个问题的方法称为分子轨道法，它不同于上面说的价键处理法[19]。用它来处理苯时，认为 6 个价电子不是配对成键而是各自独立地在这些原子上面运动，由这个原子到另一个原子。计算出来的共振能用能量项 $\beta$ 表示，对于苯和萘，其值分别为 $2.00\beta$ 和 $3.68\beta$。将它们和经验值比较都得出 $\beta = 20$ 千卡/摩尔，两种物质的比值相符的情况是和价键法同样地好。对蒽和菲，这个理论给出共振能的值各为 $5.32\beta$ 和 $5.45\beta$，和相应的经验值比较后仍得出 $\beta = 20$ 千卡/摩尔（偏离在 0.5 千卡/摩尔以内）。

进一步看，$\alpha$ 和 $\beta$ 之间存在着一个合理的联系。$\alpha$ 是两个 $p_z$ 电子的交换能，类似于氢分子的交换能。$\beta$ 是一个电子在两个 $p_z$ 轨道间的共振能，类似于氢分子离子的共振能。$H_2^+$ 和 $H_2$ 两个键能的比值是 0.59，而 $\beta$ 和 $\alpha$ 的比值是 0.57。这两个比值是非常符合的。

上面所说的价键处理法忽略了苯分子中键的部分离子性，而分子轨道处理法则过分强调了这一方面。[20]

两种处理方法的相互符合以及与共振能经验值的符合情况，说明上面所说的关于芳香族分子结构的观点，即使在将来要作进一步的改进，但也不需要做重大的修正。

**芳香族分子中取代基的定位效应** 当把一个取代基引入芳族分子时，它经常能更方便地进入某些合适的位置，而不进入其他位置。这个现象曾经被广泛地研究过，在此基础上曾经提出了一些能很好地描述实验结果的经验规律。

在一元取代苯 $C_6H_5R$ 中，对于由亲电子性试剂引起的取代反应，$R = CH_3$，$F$，$Cl$，$Br$，$I$，$OH$，$NH_2$ 等的取代基是邻-对位定位的，而 $R = COOH$，$CHO$，$NO_2$，$SO_3H$，$[N(CH_3)_3]^+$ 等取代基则是间位定位的。[21]大多数邻-对位定位基团活化了分子，因而使它进行取代作用时比苯本身快得多，而大多数间位定位基团则有着钝化效应。在萘，取代作用发生于 $\alpha$ 位；在呋喃、噻吩和吡咯，也发生于 $\alpha$ 位；在吡啶，则发生于 $\beta$ 位。除吡啶以外，所有这些分子都远比苯更活泼。

在 1940 年以前的 15 年中*，发展出了一个定性的理论，[22]对这个现象的主要特点给出了满意的解释。同时根据量子力学也曾成功地获得了定量的处理，[23]对这个理论提供了有力的支持。

这个理论是基于考虑发生取代作用的分子中电荷分布的情况。在苯分子中，6 个碳原子是等效的，因而电荷的分布并没有使这一个碳原子和另一个碳原子有什么不同。在 $C_6H_5R$ 分子中，电荷分布的情况一般来说将受到基团 R 的影响；设 R 连接于碳原子 1

---

\* 原文为"过去 15 年中"，系抄自旧版，因此译者予以改正。——译者注

上,则在其邻位(2和6)、间位(3和5)和对位(4)碳原子上的电荷就会有所变化。此外,在进行取代作用的试剂 R′ 接近某一碳原子时,电荷分布也将发生一定的变动(这便是试剂 R′ 对分子的"极化作用");在苯中,基团对某一个碳原子的极化作用和它对另一个碳原子的作用将是一样的,但在取代苯中,对这个原子和另一个原子的极化作用一般将是不同的,因而将使不同位置上的行为有所差异。取代基定位理论的基本假定是:在由亲电子性试剂 R′ 引起取代作用的芳族分子中,R′ 取代第 $n$ 个碳原子上的氢原子的速度将依着试剂 R′ 接近该碳原子时它的负电荷的增加而增大。

因此可以认为,亲电子性试剂所进行的取代反应,将在负电荷最多的碳原子上优先地进行。从这些试剂寻求电子的性能上来看,这个假定是合理的。

R 基团可通过两个主要的途径对分子的电荷分布发生影响。对这两个途径都曾认定,邻位和对位碳原子受到大约相同的影响,而间位碳原子受影响的程度就小得多。这个看法也已被量子力学计算所证实。[24]

基团 R 的第一种效应称为诱导效应,只要基团的电子亲和势比氢大或比氢小,都会产生这个效应。在比氢大的情况下,电子被吸引到基团上和与它连接的碳原子 1 上来;从前面讲的理论可以体会到,电子被从邻位和对位碳原子吸引的程度将比从间位碳原子的大。电负性基团从碳原子 1 吸取电子,碳 1 再转而从环上的其他原子吸取电子。这一效应沿着环继续地发生,部分是沿着在环平面上的单键,部分通过 6 个芳香性($p_z$)电子来传递。后者的贡献在性质上有个特点,就是它优先地影响着邻位和对位。通过 6 个芳香性电子,把负电荷从环上其他原子转移到碳原子 1 的过程,可认为是离子型结构参与共振的结果。这里只有 3 个稳定离子型结构:

因而从两个邻位原子和对位原子移去的电子将是一样多,结果使邻位和对位进行取代反应的速度就大为降低,而在间位进行的速度只是稍许降低些;所以基团 R 是间位定位的,而且出现钝化作用。这种基团的一个例子是三甲基苯胺离子中的 $[N(CH_3)_3]^+$,氮原子的电负性本来就比氢大,又因带了正电荷而进一步加强了。在吡啶中也可看到同样的效应:氮原子主要从 $\alpha$ 和 $\gamma$ 碳原子上吸取电子,结果吡啶在 $\beta$ 位上发生取代作用,而且不如苯那样活泼。甲苯则显示相反的效应:偶极矩的测定指明,甲基向苯环释放电子[25];这些电子主要转移到邻和对位的碳原子上,因而把这些部位活化了。最终,甲苯在这些位置上发生取代反应,反应也比苯容易进行。

我们可以估计 F、Cl、Br、I、OH 和 $NH_2$ 将是间位定位的,因为这些基团的电负性都比氢强得多。但实际上它们却是邻-对定位的。在这些情况下,诱导效应是被另一个称为共振效应(有时也称为互变异构效应或电子异构效应)的压倒了。

让我们考虑分子 $C_6H_5X$,这里基团 X 中在和苯环相邻的原子上有未共享电子对。正如苯中的情况一样,在其间共振的稳定结构是如下的凯库勒结构 A 和 B(其他的结构也会做出较小的贡献,这里为简单起见就略去了):

除此以外,对这些苯衍生物(但对苯本身却不是这样)还可写出如下的 3 个结构 F、G 和 H:

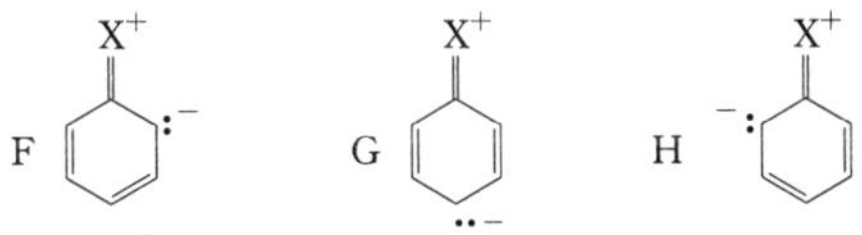

这些结构不如 A 和 B 那么稳定,因为虽然它们有着同样数目的双键,但它们却包含了电荷分离这个不稳定的因素。它们对于分子的基态会有一定(尽管不大)的贡献。由它们参与共振而得的超加共振能约为 6 千卡/摩尔(见表 6-2 中的酚和苯胺)。基团 X 的未共享电子对与苯环发生这样共轭的结果使得在每个邻位碳原子和对位碳原子上累积起负电荷,这种效应就加到基团 X 的诱导效应上面去。对上面所说的基团来说,共振效应比诱导效应强,因而它们都是邻-对定位的。[26]

另一方面,在苯甲醛和许多相类似的其他分子中,共振效应使得它们把试剂引向间位。只要取代基 R 总含有电负性较大的原子以及一个与苯环共轭的双键或叁键(R＝COOH、CHO、$NO_2$、$COCH_3$、$SO_3H$、CN 等等),情况总是这样。导致这个效应的结构 F′、G′ 和 H′ 是属于如下类型的:

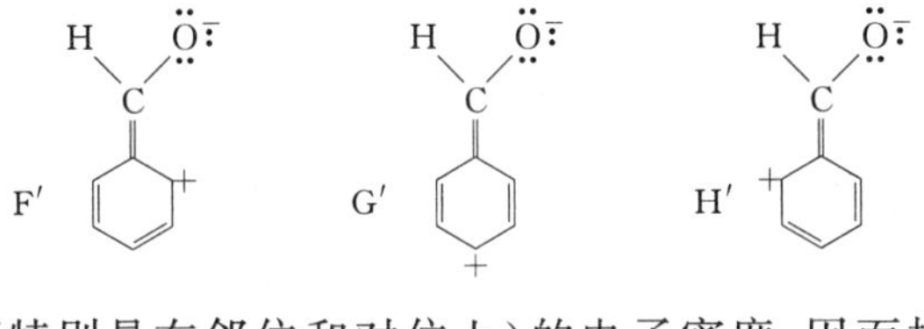

它们降低了芳香环上(特别是在邻位和对位上)的电子密度,因而把反应导向间位,但是反应速度却比苯本身来得慢。由这些结构产生的超加共振能约为 5 千卡/摩尔。

上面关于一元取代苯的讨论可综述如下:在共振作用不存在时,取代作用通常由诱导效应决定;亲电子性基团是间位定位,而给电子性基团则是邻-对位定位的。当共振效应存在时,它一般比诱导效应强,因而在基团含有电负性较大的原子以及一个和苯环共轭的双键时,这个基团是间位定位的,但当基团在连接苯环的原子上含有未共享电子对时,它就是邻-对位定位的。

在少数情况(例如萘)下,还有必要考虑进攻基团对分子的极化作用。对于这个效应虽然已经进行了一些定量的计算,却仍旧没有得出普遍性的定性规律。这个效应可以这样地加以定性处理,即考虑一下需要把未共享电子对置于将要受到进攻的碳原子上的稳定离子型结构的数目。对于萘的 $\alpha$ 位,这种结构有 7 个:

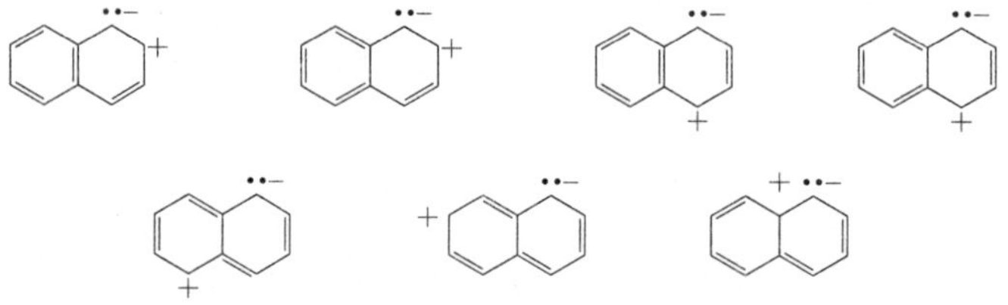

而对于 $\beta$ 位,则仅有 6 个:

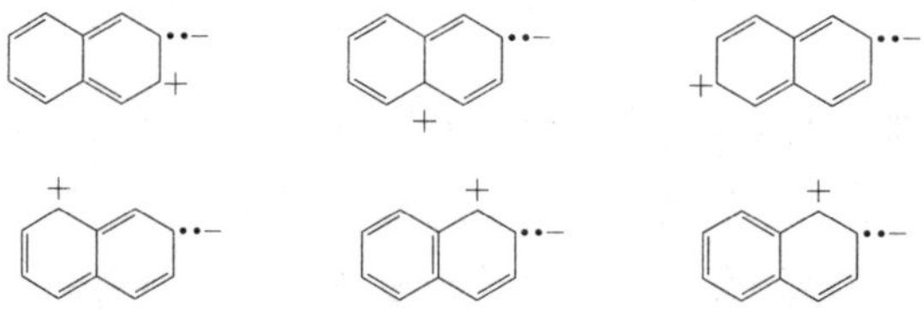

由此可见,进攻基团引起的极化作用在 $\alpha$ 位较大,因而取代作用倾向于在这儿发生。

**共振对分子电偶极矩的影响** 萨顿(Sutton)[27]在 1931 年指出,像上节对氯苯和硝基苯等分子所述的那种类型的共振作用,将使得它们的偶极矩值和其相应烷基衍生物的有所不同,因此就偶极矩数据进行分析,可以检验一下取代基定位效应的共振理论。

在 R—Cl 和 R—NO$_2$(其中 R 为烷基,为了与苯衍生物比较,R 最好取异丙基或叔丁基)中偶极矩向量($+\rightarrow-$)都是沿着 R—Cl 或 R—N 轴取向的。在氯苯的参与共振的结构中,像这样的结构看来将使矩值减小,因为这些次要的结构中偶极向量的取向恰和主要结构中的取向相反。这个想法已为实验所证实:从烷基氯到氯苯,偶极矩值的改变为 $-0.58$D。溴化物和碘化物也显出相似的改变(见表 6-3)。

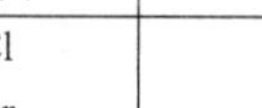

表 6-3　烷基和芳基衍生物的电偶极矩

| 基　团 | —CH(CH$_3$)$_2$ 或—C(CH$_3$)$_3$ 的电偶极矩 $\mu$ | —C$_6$H$_5$ 的电偶极矩 $\mu$ | 差　值 |
|---|---|---|---|
| —Cl | 2.14D | 1.56D | $-0.58$D |
| —Br | 2.15 | 1.54 | $-0.61$ |
| —I | 2.13 | 1.38 | $-0.75$ |
| —NO$_2$ | 3.29 | 3.93 | $+0.64$ |
| —CHO | 2.46 | 2.75 | $+0.29$ |
| —NO | 2.51 | 3.14 | $+0.63$ |

对于间位定位的硝基,可以预测它将引起矩值的增大,因为像这样的结构参与了共振。在这样的共振结构中,硝基接受了一对来自苯环的电子。这一推测也

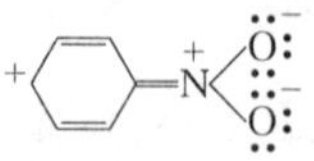

已被实验证实,在矩值上观察到其增量为 0.64D。

如所预期,观察到乙烯基和萘基衍生物有着和苯衍生物近于相等的偶极矩值(氯乙烯为 1.66D,氯萘为 1.59D),证明这三个基团的共轭本领是极其相似的。

偶极矩值和共振作用的关系将在第八章中继续进行讨论。

## 6-4　烃类自由基的结构及其稳定性

自从 1900 年冈伯格(Gomberg)发现六苯乙烷可解离为三苯甲基以后,就一直在寻求着对这个现象的理论解释。芳香族自由基稳定性的现代理论认为这主要是自由价在许多原子上共振的结果。[28]

不能显著解离的六烷基乙烷,其价键结构是

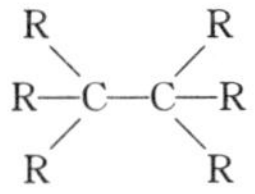

$$\begin{array}{ccc} R & & R \\ & \backslash & / & \\ R - C - C - R \\ & / & \backslash & \\ R & & R \end{array}$$

相应的自由基的结构是

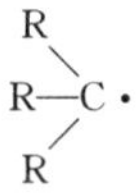

$$\begin{array}{c} R \\ | \\ R - C \cdot \\ | \\ R \end{array}$$

这里的奇电子(自由价)被定位于甲基碳原子上。但若引入芳基,就会使这自由基获得更多的结构;主要就是共振于这些结构间的共振能稳定了这个自由基,同时提高了取代乙烷的解离度。

为了简单起见,我们考虑 1,2-二苯乙烷,$C_6H_5CH_2$—$CH_2C_6H_5$ 这个分子,而且仅限于讨论那些具有最大稳定性的结构(即含有最多的双键)之间的共振。对于未解离的分子,它共振于下列 4 个凯库勒结构之间:

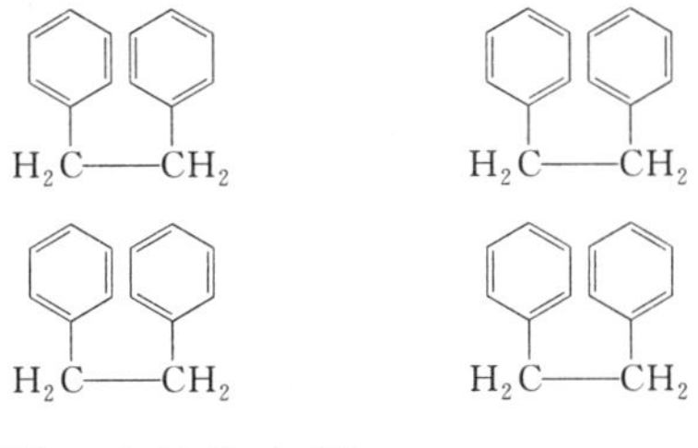

而每个自由基却是共振于下列 5 个结构之间:

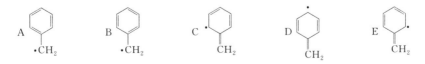

如果自由基仅限于共振在自由价落在甲基上的两个凯库勒结构 A、B 之间,则共振对自由基的稳定作用将恰和未解离分子的相同,1,2-二苯乙烷也就只有和六烷基乙烷差不多大小的解离倾向。事实上 A、B、C、D 和 E 5 个结构(每个都有 3 个双键)对自由基的结构差不多有相等的贡献;这样,自由基不是在两个而是在 5 个结构之间共振,因而它被额外的共振能稳定下来。

苄基自由基的额外共振能还不足以使 1,2-二苯乙烷出现显著的解离。施瓦茨(Szwarc)[29] 从甲苯和甲烷的相对热裂速度测定值的分析中曾经获得共振能的实验值。施瓦茨得出碳—氢键的断裂焓在甲苯是 77.5 千卡/摩尔(这里是生成了 $C_6H_5CH_2 \cdot$ 和 $H \cdot$),在甲烷是 102 千卡/摩尔。两者的差值 24.5 千卡/摩尔是结构 C、D、E 的共振能。用相同方法发现丙烯基自由基($CH_2 = CH—CH_2 \cdot$ 和 $\cdot CH_2—CH = CH_2$)以及其他一些相类似的自由基,共振能大约都是 26 千卡/摩尔。[30]

在三苯甲基自由基中,奇电子除能落在甲基上外还能在芳环的 9 个位置上共振(3 个苯基的邻位和对位)。用 3-3 节中所叙述的两种方法计算这个自由基的超加共振能时发现,它的数值约为碳—碳单键键能的一半;因而这两个自由基的增大了的稳定性将大到足以克服碳—碳键的键能的一大部分,所以六苯乙烷就表现出相当大的解离度。

艾德里安(Adrian)[31] 曾经指出在三苯甲基自由基中存在着空间阻碍,苯基对中心原子的键被扭转了 32°左右。这个扭转使计算的共振能由 35 千卡/摩尔(平面型的共振能)减低到 21 千卡/摩尔。六苯乙烷分子内两个对半部分间的空间排斥能估计约为 36 千卡/摩尔,解离焓则约为 16.5 千卡/摩尔。

对于苯基可以写出 3 个自由价落在芳环上的结构;可是 $\alpha$-萘基就有 7 个结构,$\beta$-萘基有 6 个,这些正和上节末段中所介绍的相类似。这个情况反映出 $\alpha$-萘基应该更能有效地促进解离。定量的处理引出了相同的估计。对六芳基取代乙烷的解离度进行的实验研究也验证了这个预测,解离度实验值的顺序表明:六苯乙烷<四苯基二-$\beta$-萘基乙烷<四苯基二-$\alpha$-萘基乙烷,联苯基促进解离的能力约与 $\beta$-萘基的相同。

近年来,借助于磁性方法曾获得一些有价值的关于六芳基乙烷解离度的数据。三芳基甲基自由基的浓度可通过溶液的磁化率来测定,因为自由基中奇电子的未配对自旋将对顺磁性做出贡献。这个方法在路易斯建议之下被泰勒(Taylor)[32] 首先使用,还曾被穆勒(Müller)[33] 以及马威(Marvel)[34] 和其同事们广泛地加以应用。

曾经发现六(对-烷基苯基)乙烷在溶液中的解离度要比六苯乙烷本身的稍为大些;由于自由基的不稳定性,在对位上引进烷基使解离度增大的数量难以确定。[35] Wheland[36] 建议用自由基中像这样的一些结构(这里在烷基内的单键被断裂了)来解释这个效应。当叔丁基直接作为乙烷的取代基时,也能使解离度增加。这个效应也可引用上面的解释。在这里空间排斥无疑也是重要的。

这类共振使三芳甲基自由基中所有的键都具有部分双键性,因而这些自由基要尽量争取实现完全平面的构型。但是考虑到一些基团的大小,可以看出空间效应将阻碍这种趋势;正像上面所说的那样,三苯甲基中的苯基必须从赤道平面扭转一个角度。在取代乙烷中庞大取代基间的空间相互作用多少将对碳—碳键的强度有所削弱,这也部分说明了这类物质的反常性质。[37]根据报道,六邻甲苯基乙烷[38]有非常大的解离度(和六对甲苯基乙烷相比较),这就是一种空间效应。

最近合成出如下的物质[39](称为 tripycene):

**tripycene(三蝶烯)**

这个化合物并不表现出像三苯甲烷那样能进行钾交换、氯化和氧化的脂族氢活性。这种性能,正如所预期的,是苯环不可能与中心碳原子有近于共面的构型所致。

有趣的是自由基中电子分布通常是将未配对的电子分配在共轭系的每一个碳原子上。[40]相应于结构$\{CH_2\!=\!CH\!-\!CH_2\cdot,\cdot CH_2\!-\!CH\!=\!CH_2\}$的波函数(附录Ⅴ)是$\psi=\left(\dfrac{1}{\sqrt{6}}\right)\{(+-+)-(++-)+(+-+)-(-++)\}$,其平方将是$\psi^2=\dfrac{1}{6}\{4(+-+)^2+(++-)^2+(-++)^2\}$。这使碳原子 1,3 上的自旋密度为$\dfrac{2}{3}\uparrow$,而在碳原子 2 上则为$\dfrac{1}{3}\downarrow$,与磁共振实验的结果大致符合。价键结构不能明显地指出未配对电子的分布是其弱点,这个问题在考虑自由基的化学反应性能时可能是很重要的。将来可能有人会提出一种改进的办法。

# 6-5　共振论的本质[41]

虽然共振论在化学中已有 25 年的历史,可是对它的本质似乎仍有一些误解。特别是,这个理论被批评为虚构的——即按照这个理论,那些对分子(譬如说苯)的基态做出贡献的各个价键结构都是幻想,并不真正独立存在;因此,为了这个理由,这个理论被认为是应该抛弃的。但是事实上,共振论并不比有机化学的经典结构理论来得更虚构些,共振论中的各个参与的价键结构也并不比经典理论中的结构要素(如双键等)来得更唯心些。

共振论和有机化学的经典结构理论在性质上基本上是相同的,这一点在以前[42]只有简单地提起过,现在将在下面几节详细地加以讨论。

共振论曾经被应用到许多化学问题上。除了应用于讨论正常共价键(包括两个原子间自旋相反的两个电子的交换)以及那些不能用一个价键结构满意地描述的分子结构之外,它曾为化学出过力量,引向许多以前未曾认识过的结构特点的发现,包括单电子键、三电子键、不相同原子间的共价键的部分离子性(正常共价键和离子结构间的共振)、键轨道的杂化($s$、$p$、$d$ 轨道所生成的键间的共振)、超共轭效应[无键共振首先由惠兰(Wheland)[43]在 1934 年予以讨论]以及金属中的分数键。值得注意的是:共振论的这些方面并没有受到严重的批评,而批评是集中在将共振论应用于那些不能满意地用一个价键结构描述的分子上;它们的结构,按照共振学说来说,可用几个价键结构间的共振来描述。

苏联关于共振论的批评似乎主要是根据了参与共振的结构并不真正存在的事实。[44]在休克尔(W. Hückel)著的《无机化合物的结构化学》(*Structural Chemistry of Inorganic Compounds*)[45]一书中,也有基本上相同的看法。在该书第一卷的末段,英文版译者龙氏(L. H. Long)所写的一个注解,对共振论的批评体现在如下的一些句子:"前面已经多次指出,针对近年来出现的各种反对共振论的意见,共振论的拥护者是急需加以答复的。因为缺乏令人信服的答复,至少在至目前已被应用的范围内,共振论受到很大程度内不被信任的危险。从最好的角度说,它也仅能提供一幅并不比用其他名词描述得更准确些的图画;从最坏的角度说,则这幅图画是非常错误的。绝对不能忘却共振论到底是依靠极限结构的应用,而这些应该承认是并不真正存在的。"

让我们先看一下环己烯作为例子。许多年来,全世界的化学家对给这个化合物拟定的结构式都完全同意。环己烯分子被描述为含有 6 个碳原子的环,此环中 5 对邻近的碳原子由碳—碳单键连接,一对邻近的碳原子由碳—碳双键连接。除此以外,有 4 个碳原子各自通过碳—氢单键与两个氢原子相连接,另外有 2 个碳原子则各与一个氢原子相连接。这个化合物的性质和这个结构式是可以联系起来的,例如这个化合物的不饱和性是归因于有一个双键存在。

现在让我们来看一看苯。没有一个单独的价键结构能满意地表示苯的性质。共振论对苯的简单的描写是应用两个价键结构,即两个凯库勒结构 ⬡ 和 ⬡ 。这两个结构必须重叠融合在一起来表示苯的分子,并同时考虑到共振效应的稳定作用——即苯的

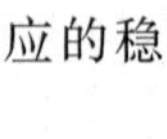

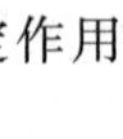

分子并没有一个在两个凯库勒结构正中间的结构,而是一个具有它是朝向能量稳定的方向从中间结构变化而来的结构的。将苯的生成热实验数值和通过键能计算而得来的单个凯库勒结构的生成热数值相比,发现共振所引起的能量稳定约为 39 千卡/摩尔。就是这个稳定效应使得苯比烯类难于氢化而呈现出较小的不饱和性。

应用共振论来描述分子(例如苯)时所用的几个结构是构想出来的,它们并不真正存在。这个事实,正如上面龙氏所说的那样,被提出作为反对共振论的论据。如果接受了这个论点,因而抛弃了共振论,那么,为了一致起见,也必须抛弃有机化学中的整个结构理论,因为经典结构理论中所用的结构要素(如在上面讨论环己烯时提到的),如碳—碳单键、碳—碳双键、碳—氢键等也都是唯心的,并不真正存在。不可能通过一个严格的实验来证明环己烯中有两个碳原子是由一个双键连接起来的。的确,我们可以说环己烯是一个这样的体系,可以用实验来指出它可拆分为 6 个碳原子核、10 个氢原子核和 46 个电子,并可指出它有某些其他的结构性质,如在基态的分子中原子核间的平均距离为 1.33 埃、1.54 埃等;但是用任何实验方法也不能拆分出它有一个碳—碳双键,5 个碳—碳单键和 10 个碳—氢键——这些键是理论上的构想和理想化,可正是借助于它们的帮助,化学家在过去的一百年内创造和发展了一个方便的和极有价值的理论。共振论扩展了有机化学中这个经典的结构理论,它根据同样的构想,如经典结构理论中的原子间的键,而做出了重要的扩展,即用两种而不是一种键的排列来描述苯的分子。

在长期应用经典结构理论的经验中,化学家们在讲到或者甚至在想到碳—碳双键以及理论中的其他结构单元时,就觉得好像它们是真正地存在的一样。但是,经过思辨以后,我们将能够认识到它们并不是真正存在的,而仅是理论上的构想,犹如苯的单个凯库勒结构一样。我们不可能把一个碳—碳双键分离出来而用实验来研究它。事实上,碳—碳双键也没有严格的定义。我们不能接受两个碳原子间包含 4 个电子的一种键的说法作为碳—碳双键的严格的定义,因为没有一个实验方法能够准确地测定一个分子中两个碳原子间的相互作用所包含的电子数目,而且严格地说,相互作用是和整个分子的性质有密切关系的。我们也许可以对双键下这样一个定义:乙烯分子中两个碳原子间的键叫双键;但是这个定义并无用处,因为事实上乙烯分子和任何其他的分子都有差别,并且在任何其他的分子中,两个碳原子的相互关系都不完全和乙烯中的相同。当然,我们知道所有化学家所写的分子结构式中,由双键连接的两个碳原子核间一般的平均距离约为 1.33 埃,叁键连接的约为 1.20 埃;但是各种分子中的这种距离都有些差别。直到现在,还没有方法可以来选择一个范围,如键间距离在这个范围内,则是真正的碳—碳双键,出了这个范围,则是另一种键。虽然化学家们在经典结构理论中所用的结构单元(如碳—碳双键),仅是构想,但是他们努力工作了将近一个世纪,在应用这些结构单元的基础上,不断成功地发展了结构理论,而这个理论已越加壮大起来。共振论并入了化学结构理论正是这个不断进展中的一部分。

共振能的概念受到特别强烈的评论。例如,苯的共振能是用了假定的键能值计算而得的,将它们加起来,得出了单个凯库勒结构的一个假定的分子的能量。键能系统不是很准确的,因此用了它们而得到的共振能的数值也是不大可靠的。但是可以指出,这一点也不是只限于共振论,键能系统也被应用于经典的化学中。1920 年范恩斯(Fa-ians)[46] 应用他自己编的一组键能数值讨论了脂肪族烃类化合物及其他物质(不包含共振的)的燃烧热。很多作者[如卢卡斯(Lucas)[47]]曾提到键能应用于预测物质性质的几种方法,特别是应用了经典结构理论的那些方法。最近还有人[48] 提出应用键能数值来讨论分子重排,特别是对非共振分子。

我感觉到,与其他方法(如分子轨道法)相比较,应用共振论来讨论那些用单个价键结构尚不能描述的分子,其最大优点是它使用了化学家所熟悉的结构要素。不能因为一些不熟练的应用,就将共振论评价为不适合。因为化学家发展了一个愈来愈完善的化学直观方法,共振论已渐渐更趋壮大,犹如经典结构那样。

不能将共振论和对分子波函数与性质使用近似量子力学计算的价键法看成一回事。共振论主要是一个化学的理论(一个经验学说,大部分通过化学实验的结果归纳出来的)。经典结构理论是纯粹根据化学的事实创造和发展出来的,没有利用任何物理的帮助。早在量子力学发现以前,共振论就已处在趋向成形的道路上。在 1899 年,蒂勒(Thiele)就已创造了部分价的理论,这可认为是趋向创造共振论的第一步;在 1924 年,劳里(Lowry)、阿恩特(Arndt)和卢卡斯等人关于反应时分子结构出现变化的建议,也在某种程度上反映了共振论的精神。在 1926 年,C. K. 英戈尔德(C. K. Ingold)和 E. H. 英戈尔德(E. H. Ingold)[49] 提出分子在基态下有着和相当于单个价键结构不相同的结构,这个说法是从化学方面考虑而提出的,主要并不是借助于量子力学。的确,共振能的概念是以后由量子力学提供的,共振论的很多应用(如键轨道的杂化)需要对原子和分子的结构有透彻的了解,而这种了解也是由量子力学所提供的;同时,近似的量子力学计算,如休克尔[50] 用于芳香族分子的那样,很有价值地显示了化学中的共振学说是应当如何地发展。但是化学中的共振理论已远远地超过了任何正确的量子力学计算所作的应用范围,因此它的巨大扩展已几乎完全是经验性的,而只是靠了量子力学基本原理的有价值和有效的指导而已。

化学中的共振论主要是一个定性的学说。和经典结构理论一样,其应用的成功很大程度上是依赖于通过实践所发展出来的化学感觉。也许我们可以相信理论物理学家,他们告诉我们,物质的所有性质都应当用已知的方法(薛定谔方程的解)计算出来。但是事实上,我们可以看到,在发现薛定谔方程之后的 30 年来,对化学家感兴趣的物质的性质,仅做出了很少的准确而又非经验性的量子力学计算。关于物质的性质的极大部分的知识,化学家仍须依靠实验来得到。经验指出,化学家可从简单的化学结构理论得到很大的帮助。共振论是化学结构学说的一部分,它有着一个主要是经验性(归纳性)的基础,它不仅仅是量子力学的一个分支而已。

## 参考文献和注

[1]　分子在几个价键结构之间共振的量子力学观念是在 1931 年发展起来的,见 J. C. Slater, *Phys. Rev.* **37**,481(1931);E. Hückel,*Z. Physik* **70**,204(1931);**72**,310(1931);**76**,628(1932);**83**,632( 1933 );　L. Pauling,　*J. A. C. S.* **53**,　1367,　3225　( 1931 );　**54**,　988,　3570　( 1932 );*Proc. Nat. Acad. Sci. U. S.* **18**,293 ( 1932 );L. Pauling　and　G. W. Wheland,*J. Chem. Phys.* **1**,362(1933);等等。20 世纪中叶,与共振理论有着某些联系的化学理论取得了迅速的进展。Thiele 的余价理论与此有些相似[见 J. Thiele,*Ann. Chem.* **306**,87(1899)];Arndt 的中间状态理论[F. Arndt,E. Scholz,and F. Nachtwey,*Ber.* **57**,1903(1924);F. Arndt,*ibid.* **63**,2963(1930)]以及英国、美国的一些有机化学家发展的中介状态理论[T. M. Lowry,*J. Chem. Soc.* **123**,822,1866(1923);H. J. Lucas and A. Y. Jameson,*J. A. C. S.* **46**,2475(1924);R. Robinson 等,*J. Chem. Soc.* 1926,401;C. K. Ingold and E. H. Ingold,*ibid.* 1310;等等]则更为接近些。

[2]　R. G. Shulman,B. P. Dailey,and C. H. Townes,*Phys. Rev.* **78**,145(1950).

[3]　英国化学家使用如 $:N\equiv N\!-\!\ddot{\ddot{O}}:$ 的结构式,箭号指出电子对在位置上的变动,这样的变动正相当于和 $:\ddot{N}\!=\!N\!=\!\ddot{\ddot{O}}:$ 结构的共振。F. Arndt 与 B. Eistert[*Ber.* **71**,237(1938)]曾经提出用双头箭号来指示共振,把一氧化二氮的基态写成 $:\ddot{N}\!=\!N\!=\!\ddot{\ddot{O}}: \leftrightarrow :N\equiv N\!-\!\ddot{\ddot{O}}:$。

[4]　在 6-2 节和 3-5 节中已给出,C=C 和 C—C 键的能量分别为 148 和 82.3 千卡/摩尔。

[5]　G. B. Kistiakowsky,J. R. Ruhoff,H. A. Smith,and W. E. Vaughan,*J. A. C. S.* **57**,876(1935);**58**,137,146(1936);等等。

[6]　键能值具有异常大的变动性的情况可在不同烯烃的氢化热中看到;这些氢化热数值的变动范围从 26.6 到 30.1 千卡/摩尔。表 6-1 中给出的双键键能值相当于氢化热为 29.8 千卡/摩尔(从 C—C、C—H 和 H—H 键能值算出来的)的平均烯烃。把苯和环己烯相比较显然是合理的。

[7]　键能值并不是设计来用于像一氧化碳这样含有二价碳的不平常分子的。但是看来在这个应用中所引起的误差不致太大。

[8]　L. Pauling and J. Sherman,*J. Chem. Phys.* **1**,606(1933).

[9]　L. F. Fieser and W. C. Lothrop,*J. A. C. S.* **57**,1459(1935),以及他们引用的以前的文献。

[10]　L. F. Fieser and W. C. Lothrop,*J. A. C. S.* **58**,749(1936).

[11]　W. H. Mills and I. G. Nixon,*J. Chem. Soc.* **1930**,2510.

[12]　L. E. Sutton and L. Pauling,*Trans. Faraday Soc.* **31**,939(1935).

［13］　Sutton and Pauling, *loc. cit.* ［12］. 进一步的讨论可以参考 N. V. Sidgwick and H. D. Springall, *Chem. & Ind.*（London）**55**，476（1936）；*J. Chem. Soc.* **1936**，1532；L. F. Fieser and W. C. Lothrop, *J. A. C. S.* **58**，2050（1936）；W. Baker, *Ann. Repts. Chem. Soc.* **33**，281（1936）；*J. Chem. Soc.* **1937**，476；W. C. Lothrop, *J. A. C. S.* **62**，132（1940）；R. T. Arnold and H. E. Zaugg, *ibid.* **63**，1317（1941）.

［14］　在 4-4 节的脚注中给出了这些轨道, 那里 $s$ 轨道是均分于 3 个键中的。在苯中, C—C 键的原子间距离比单键值为小, 这种强的 C—C 键可能用了比 H—C 键较多的 $s$ 轨道。

［15］　在这里, 与一般的习惯相反, $\alpha$ 用来表示两个 $p_z$ 电子共振能的大小, 并取用正号。

［16］　E. Hückel, *loc. cit.* ［1］；Pauling and Wheland, *loc. cit.* ［1］.

［17］　Pauling and Wheland, *loc. cit.* ［1］；J. Sherman, *J. Chem. Phys.* **2**，488（1934）.

［18］　M. B. Oakley and G. E. Kimball, *J. Chem. Phys.* **17**，706（1949）.

［19］　Hückel, *loc. cit.* ［1］.

［20］　在芳香族分子的定量讨论中, 这两种方法曾由 G. W. Wheland［*J. Chem. Phys.* **2**，474（1934）］进行过比较；还可参考 G. W. Wheland, *Resonance in Organic Chemistry*《有机化学中的共振》（John Wiley and Sons, New York, 1955）.

［21］　在 *Outline of an Electrochemical（Electronic）Theory of the Course of Organic Reactions*［《有机反应过程的电化学理论［电子理论]》］（Institute of Chemistry of Great Britain and Ireland, Lan-don, 1932）一文中, R. Robinson 根据 Lapworth 的建议, 把进行取代反应的试剂分为阳离子性和阴离子性两类, 在性能上前者和活泼的阳离子相类似, 后者则和活泼的阴离子相类似。阳离子性（即亲电子性）的试剂包括了酸类以及像重氮阳离子那样的活泼阳离子、烷基卤化合物、季铵化合物等。阴离子性试剂则包括活泼的阴离子（[$NH_2$]⁻、[OH]⁻、[ON]⁻、[OR]⁻ 等）以及含有未共享电子对的分子（氨和胺类中的氮原子）, 等等。

［22］　许多学者, 包括 Fry、Stieglitz、Lapworth、Lewis、Lucas、Lowry、Robinson 和 Ingold 等都曾对这个理论做出贡献。可参阅 C. K. Ingold［*Chem. Revs.* **15**，225（1934）］的一篇评介性论文。

［23］　G. W. Wheland and L. Pauling, *J. A. C. S.* **57**，2086（1935）.

［24］　Wheland and Pauling, *loc. cit.* ［23］. Hückel 曾经首先对诱导效应单独进行讨论, 见 E. Hückel, *Z. Physik* **72**，310（1931）.

［25］　这结果是出乎意外的, 因为从电负性标度来看, 碳的电负性比氢大；这是一种共振效应, 称为超共轭效应, 我们将在 8-9 节中加以讨论。

［26］　这种类型的共振常用箭号来指示, 从下面的例子就可清楚地看出其用法：

［27］　L. E. Sutton, *Proc. Roy. Soc. London* **A133**，668（1931）；*Trans, Faraday Soc.* **30**，789（1934）.

［28］　Pauling and Wheland, *loc. cit.* ［1］；*J. Chem. Phys.* **2**，482（1934）；E. Hückel, *Z. Physik* **83**，632（193）. 这个定量理论已经在 C. K. Ingold, *Ann. Ropts. Chem. Soc.* **25**，152（1928）；H. Burton and

C. K. Ingold，*Proc. Leeds Phil. Lit. Soc.* **1**，421(1929)两篇论文所提出的有些类似的定性理论中出现了苗头。

[29]　M. Szwarc，*J. Chem. Phys.* **16**，128(1948).

[30]　A. Brickstock and J. A. Pople，*Trans. Faraday Soc.* **50**，901(1954)给出了这些自由基共振能的实验值和计算值。

[31]　F. J. Adrian，*J. Chem. Phys.* **28**，608(1958).

[32]　N. W. Taylor，*J. A. C. S.* **48**，854(1926).

[33]　E. Müller，I. Müllre-Rodloff，and W. Bunge，*Ann. Chem.* **520**，235(1935)；E. Müller and I. Müller-Rodloff，*ibid.* **521**，89(1935).

[34]　M. F. Roy and C. S. Marvel，*J. A. C. S.* **59**，2622(1937)；C. S Marvel，E. Ginsberg，and M. B. Mueller，*ibid.* **61**，77(1939)；C. S. Marvel，M. B. Mueller，and E. Ginsberg，*ibid.* 2008；C. S. Marvel，W. H. Rieger，and M. B. Mueller，*ibid.* 2769；C. S. Marvel，M. B. Mueller，C. M. Himel，and J. F. Kaplan，*ibid.* 2771.

[35]　Marvel，Rieger and Mueller，also Marvel，Mueller，Himel and Kaplan，*loc. cit.*[34].

[36]　G. W. Wheland，*loc. cit.*[20].

[37]　H. E. Bent and E. S. Ebers，*J. A. C. S.* **57**，1242(1935)；Wheland，*loc. cit.*[20].

[38]　Marvel，Mueller，Himel，and Kaplan，*loc. cit.*[34].

[39]　P. D. Bartleit，M. J. Ryan，and S. G. Cohen，*J. A. C. S.* **64**，2649(1942).

[40]　H. M. McConnel，*J. Chem. Phys.* **29**，244(1958).

[41]　取自 L. Pauling，*Perspectives in Organic Chemistry*，ed. by A. R. Todd(A. R. Todd 编：《有机化学展望》)(Interscience Publishers，New York，1956)第1～8页。中译本(科学出版社，北京，1959)，第1～6页。

[42]　L. Pauling，*Modern Structural Chemistry*(《现代结构化学》)，*The Nobel Prizes*(《诺贝尔奖受奖演讲集》)，Stockholm，1954).

[43]　Wheland，*loc. cit.*[30].

[44]　D. N. Kursanov（Д. Н. Курсанов），G. Gonikberg（Г. Гоннкбегр），B. M. Dubinin（Б. М. Дубинин），M. I. Kabachnik（М. И. Кабачник），E. D. Kaverzneva（Э. Д. Каврзнева），E. N. Prilezhhaeva（Э. Н. Прилзхаева），N. D. Sokolov（Н. Д. Соколов）and R. K. Freidlina（Р. Э. Фреидлина），*Report of the Commission of the Institute of Organic Chemistry of the Academy of Sciences，U. S. S. R. for the Investigation of the Present State of the Theory of Chemical Structrure*(《苏联科学院有机化学研究所学术委员会关于化学结构理论现状的报告》)，原文见 *Ycnexu Химии.* **19**，529(1950)，英译文(译者系 I. S. Bengelsdorf)见 *J. Chem. Educ.* **29**，2(1952)；V. N. Tatevskii(В. Н. Татевский)and M. I. Shakhparanov(М. И. Шахапаранов)；"About a Machistic Theory in Chemistry and Its Propagandists"(《关于化学中的马赫学说及其宣传者》)，原文见 *Bonpoc Философии* **3**，176(1949)，英译文(译者系 I. S. Bengelsdorf)见 *J. Chem. Educ.* **29**，13(1952)；L. M. Hunsberger，"Theoreti-

cal Chemistry in Russia"(《苏联的理论化学》),*J. Chem. Educ.* **31**,504(1954).

[45]　L. H. Long 英译本(Elsevier,New York,1950),第一卷。

[46]　K. Fajans,*Ber.* **53**,643(1920);**55**,2826(1922);*Z. Physik. Chem.* **99**,395(1921).

[47]　H. J. Lucas,*Organic Chemistry*(《有机化学》)(American Book Co. ,New York,1953;第一版是 1035 年出版的)。

[48]　L. pauling,见 *Biochemistry of Nitrogen*(《氮的生物化学》)(Suomalainen Tiedeakatemia,Helsinki,1955). 参见 3-10 节。

[49]　Ingold and Ingold,*loc. cit.* [1].

[50]　Hückel,*loc. cit.* [1].

[朱平仇　译]

# 第七章

# 原子间距离及其与分子和晶体结构的关系

*• Interatomic Distances and Their Relation to*

*the Structure of Molecules and Crystals •*

在长期应用经典结构理论的经验中,化学家们在讲到或者甚至在想到碳—碳双键以及理论中的其他结构单元时,就觉得好像它们是真正地存在一样。但是,经过思虑以后,我们将能够认识到它们并不是真正存在的,而仅是理论上的构想,犹如苯的单个凯库勒结构一样。

## 7-1  正常共价分子中的原子间距离:共价半径

由于晶体结构的 X 射线研究方法以及气体分子的带光谱和特别是电子衍射研究方法的发展,已搜集了大量的有关分子和晶体中原子间距离的知识。已经发现一些相当于共价键的原子间距离值可以用如下所述的一组原子共价半径值来简单地联系起来。[1]

在大多数情况下,不同的分子和晶体中以固定形式(单键、双键等)的共价键相连接的两个原子 A 和 B 间的平衡距离非常近于相同,因此有可能为 A—B 键的键距指定一个能在含有这个键的任何分子中使用的定值。例如金刚石中碳—碳间距离(代表一个共价单键)是 1.542 埃,而在列于表 7-1 中的 7 个分子以及许多其他分子中的数值都在 1.53 到 1.54 埃之间,这在可能误差的范围之内是和金刚石的数值相等的。考虑到分子的不同性质,这种相当恒定的数值是非常有意义的。

以后(第八章)将要指出,甲基和双键或芳基间的相互作用(超共轭效应)将使单键缩短 0.03 埃左右。和叁键相邻的单键缩短得更多些,约 0.08 埃。处于两个双键或芳香环之间的单键,因为形成共轭体系,也出现有较大的缩短。在小环中也看到有些缩短(环丙烷中为 1.524 埃)。这个效应可以归因于键的弯曲,这在前面已经讨论过了(4-8 节)。

在环丁烷中,发现其碳—碳间距为 $(1.568\pm0.020)$ 埃,它比正常值大些。有人提出而且估计是正确的解释[2]是:由于正方形对角线两端的原子间的相互排斥,使各键被拉长了一些。在另外两个含有四元环的分子双环庚烷和多环烃 $C_{12}H_{14}$ 中也报道过[3]相似的键长(分别为 $(1.555\pm0.010)$ 埃和 $(1.563\pm0.010)$ 埃)。

表 7-1  碳—碳单键距离的实验值[a]

| 物        质 | C—C 距离/埃 | 物        质 | C—C 距离/埃 |
|---|---|---|---|
| 金刚石 | 1.542 | 新戊烷 | 1.54 |
| 乙烷 | 1.533 | 正庚烷 | 1.532 |
| 丙烷 | 1.54 | 环己烷 | 1.53 |
| 正丁烷 | 1.534 | 金刚烷 $C_{10}H_{16}$ | 1.54 |

a. 这些数值的准确度约为 ±0.01 埃。乙烷的数值得自电子衍射和微波研究的综合结果,见 K. Hedberg and V. Schomaker,*J. A. C. S.* **73**,1482(1951)。以下 5 个烃类的数值得自电子衍射的研究,见 L. Pauling and L. O. Brockway,*ibid.* **59**,1223(1937)和 R. A. Bonham and L. S. Bartell,*J. A. C. S.* **81**,3491(1959)。金刚烷的数值来自 W. Nowacki and K. Hedberg,*J. A. C. S.* **70**,1497(1948)和 W. Nowacki,*Helv. Chim. Acta* **28**,1233(1945)。

◀1950 年的鲍林。

其他的共价键距离也显示相类似的恒定性（一些例外将在后面讨论）。例如在甲醇[4]、乙烷、乙二醇、二甲醚、三聚乙醛、四聚乙醛以及许多其他分子中碳—氧单键的键距据报道为 1.43 埃。这个数值已被接受为 C—O 键的标准数值。

同时，各共价键距离间也常表现出加和性的关系；A—B 键长就等于 A—A 和 B—B 键长的算术平均值。例如，金刚石中的 C—C 键长是 1.542 埃，$Cl_2$ 中 Cl—Cl 的键长为 1.988 埃。它们的算术平均值为 1.765 埃，这和从四氯化碳测得的 C—Cl 键长[(1.766±0.003)埃]的符合程度是在实验值可能误差之内。[5]因此有可能定出元素的共价半径，使两个原子的半径之和近似地等于它们以共价单键相连接时的核间平衡距离。

这些共价半径可用于这样一类分子，其中各个原子所形成的共价键的数目取决于它们在周期表中的位置——碳为 4、氮为 3 等。通过实验已经发现，这些半径值也可用于有相当分量离子性的共价键中；不过，对于极端的离子型键，则应当用离子半径（第十三章）。以后各节中将要谈到，在有些分子中，键的部分离子性对核间距离起着重要的决定作用。

在选定这些半径时，要使它们之和能表示室温下分子和晶体中键合原子的平均核间距离。原子总是在热振动，这就使核间距离要在其平均值左右变动。在室温下，这些平均值和相应于势能函数为极小时的数值之间只有很小的差异。

在表 7-2 中列出非金属元素的单键共价半径值。这些数值大都来自晶体的 X 射线衍射研究工作，可以将它们和近年来研究气体分子以及晶体所得的结果比较来加以核对。[6]

表 7-2　原子的共价半径　　　　　　　　（单位：埃）

| | C | N[a] | O[a] | F[a] |
|---|---|---|---|---|
| 单键半径 | 0.772 | 0.70 | 0.66 | 0.64 |
| 双键半径 | 0.667 | | | |
| 叁键半径 | 0.603 | | | |
| | Si | P | S | Cl |
| 单键半径 | 1.17 | 1.10 | 1.04 | 0.99 |
| 双键半径 | 1.07 | 1.00 | 0.94 | 0.89 |
| 叁键半径 | 1.00 | 0.93 | 0.87 | |
| | Ge | As | Se | Br |
| 单键半径 | 1.22 | 1.21 | 1.17 | 1.14 |
| 双键半径 | 1.12 | 1.11 | 1.07 | 1.04 |
| | Sn | Sb | Te | I |
| 单键半径 | 1.40 | 1.41 | 1.37 | 1.33 |
| 双键半径 | 1.30 | 1.31 | 1.27 | 1.23 |

a. 参见表 7-5。

将半径值和含有单键的单质分子或晶体的原子间距离的一半（表 7-3）相比较，可作为对半径的第一个考验。对于结晶成金刚石结构的第四族元素以及卤素（氟除外）完全符合，这是因为表中的半径值正是得自这些原子间距离。P、As、Sb、Se 和 Te 的晶体也符合得相当好。在制定这个数值表以后所获得的 $P_4$、$As_4$ 和 $S_8$ 的电子衍射结果也对相应半径值提供了很好的核对。[7]

**表 7-3　各元素的单键距离和半径**

| 键 | 物　质 | 方　法[a] | 观测距离数值的一半/埃 | 指定的半径/埃 |
|---|---|---|---|---|
| C—C | 金刚石 | X 射线 | 0.772 | 0.772 |
| Si—Si | Si(c) | X 射线 | 1.17 | 1.17 |
| Ge—Ge | Ge(c) | X 射线 | 1.22 | 1.22 |
| Sn—Sn | Sn(c) | X 射线 | 1.40 | 1.40 |
| P—P | $P_4$(g) | ED[b] | 1.10 | 1.10 |
|  | P(c,黑) | X 射线[c] | 1.09,1.10 |  |
| As—As | $As_4$(g) | ED[b] | 1.22 | 1.21 |
|  | As(c) | X 射线 | 1.25 |  |
| Sb—Sb | Sb(c) | X 射线 | 1.43 | 1.41 |
| S—S | $S_8$(g) | ED[d] | 1.04 | 1.04 |
|  | $S_8$(c) | X 射线[e] | 1.05,1.02 |  |
| Se—Se | $Se_8$(c,$\alpha$) | X 射线[f] | 1.17 | 1.17 |
|  | $Se_8$(c,$\beta$) | X 射线[g] | 1.17 |  |
|  | Se(c,灰) | X 射线 | 1.16 |  |
| Te—Te | Te(c) | X 射线 | 1.38 | 1.37 |
| F—F | $F_2$(g) | ED[h] | 0.718 | 0.64 |
|  | $F_2$(g) | 联合散射光谱[i] | 0.709 |  |
| Cl—Cl | $Cl_2$(g) | Sp | 0.994 | 0.99 |
| Br—Br | $Br_2$(g) | Sp | 1.140 | 1.14 |
| I—I | $I_2$(g) | Sp | 1.333 | 1.33 |

a. X 射线指晶体的 X 射线研究方法，ED 指气体分子的电子衍射研究方法，Sp 指气体分子的光谱研究方法。旧的由 X 射线和光谱方法得出的数值没有注出文献；因为它们都可在通用的参考书中查到。

b. L. R. Maxwell, S. B. Hendricks, and V. M. Mosley, *J. Chem. Phys.* **3**, 698(1935).

c. R. Hultgren and B. E. Warren, *Phys. Rev.* **47**, 808(1935)。在无定形红磷、无定形黑磷和液态磷中，也找出大约相同的数值，见 C. D. Thomas and N. S. Gingrich, *J. Chem. Phys.* **6**, 659(1938).

d. C. S. Lu and J. Donohue, *J. A. C. S.* **66**, 818(1944).

e. B. E. Warren and J. T. Burwell, *J. Chem. Phys.* **3**, 6(1935); S. C. Abrahams, *Acta Cryst.* **8**, 661(1955).

f. R. D. Burbank, *Acta Cryst.* **4**, 140(1951).

g. R. E. Marsh, L. Pauling, and J. D. McCullough, *Acta Cryst.* **6**, 71(1953).

h. M. T. Rogers, V. Schomaker, and D. P. Stevenson, *J. A. C. S.* **63**, 2610(1941).

i. D. Andrychuk, *Can. J. Phys.* **29**, 151(1951).

### 表 7-4　氢的共价半径

| 分　子 | 方　法[a] | M—H 的距离/埃 | 氢的半径/埃 |
|---|---|---|---|
| $H_2$ | Sp | 0.74 | 0.37 |
| HF | Sp | 0.918 | 0.28 |
| HCl | Sp，M | 1.27 | 0.28 |
| HBr | Sp，M | 1.42 | 0.28 |
| HI | Sp | 1.61 | 0.28 |
| $H_2O$ | Sp | 0.96 | 0.30 |
| $H_2S$ | Sp | 1.34 | 0.30 |
| $H_2Se$ | Sp | 1.47 | 0.30 |
| $NH_3$ | Sp | 1.01 | 0.31 |
| $PH_3$ | M | 1.42 | 0.32 |
| $AsH_3$ | M | 1.52 | 0.31 |
| $SbH_3$ | M | 1.71 | 0.30 |
| $CH_4$ | Sp | 1.095 | 0.32 |
| $C_2H_6$ | ED | 1.095 | 0.32 |
| $C_2H_4$ | ED，Sp | 1.087 | 0.31 |
| $C_2H_2$ | Sp | 1.065 | 0.29 |
| $C_6H_6$ | Sp | 1.084 | 0.31 |
| HCN | Sp | 1.066 | 0.29 |
| $SiH_4$ | Sp | 1.48 | 0.31 |
| $GeH_4$ | Sp | 1.53 | 0.31 |
| $SnH_4$ | Sp | 1.70 | 0.30 |

a. 这里 Sp 指用红外或紫外光谱，M 指用微波谱。从晶体的 X 射线衍射和中子衍射方法，气体分子的电子衍射（ED）方法以及振动频率的分析等也曾获得许多分子的近于相同的数值，不过一般说来，它们的可靠性都较差。

有些数值来自表 4-1 的脚注中所列的论文。另一些近年来的论文则列于下面：

$CH_4$：D. R. J. Boyd and H. W. Thompson，*Trans. Faraday Soc.* **49**，1281(1958)；H. M. Kaylor and A. H. Nielsen，*J. Chem. Phys.* **23**，2139(1955).

$C_2H_4$：L. S. Bartell and R. A. Bonham，*J. Chem. Phys.* **27**，1414(1957)；W. S. Gallaway and E. F. Barker，*ibid.* **10**，88(1942)；H. C. Allen，Jr.，and E. K. Plyler，*J. A. C. S.* **80**，2673(1958).

$C_2H_2$：B. D. Saksena，*J. Chem. Phys.* **20**，95（1952）；M. T. Christensen，D. R. Eaton，B. A. Green，and H. W. Thompson，*Proc. Roy. Soc. London* **A238**，15(1956).

$C_6H_6$：B. P. Stoicheff，*Can. J. Phys.* **32**，339，635(1954)；G. Herzberg and B. P. Stoicheff，*Nature* **175**，79(1955).

HCN：A. E. Douglas and D. Sharma，*J. Chem. Phys.* **21**，448（1953）；I. R. Dagg and H. W. Thompson，*Trans. Faraday Soc.* **52**，455(1956).

$SiH_4$：S. R. Polo and M. K. Wilson，*J. Chem. Phys.* **22**，1559(1954).

$GeH_4$：L. P. Lindeman and M. K. Wilson，*J. Chem. Phys.* **22**，1723(1954).

$SnH_4$：G. R. Wilkinson and M. K. Wilson，*J. Chem. Phys.* **25**，784(1956).

　　从列于表 7-4 中的氢化物 M—H 距离实测值可以看出，氢原子半径的变动要比其他原子的大得多。这些数值的可靠性约为 0.01 埃。氢原子半径的平均值为 0.30 埃左右。

　　图 7-1 示出元素的共价半径和原子序数间的关系。这关系是简单的，对于第二和第

三周期的元素,通过各点可画出一条平滑曲线,对其他各周期,在四价元素和其邻近的原子之间,稍有不连续性,这可归因于键轨道性质的改变。[8]

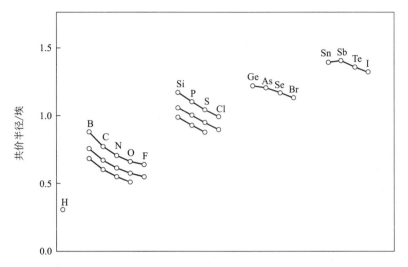

**图 7-1　元素的共价半径的数值**

## 7-2　对电负性差值的校正

列在表 7-2 中的共价半径的第一次数值是在没有可用的 F—F,O—O 和 N—N 等单键的实验值以前制订的。布洛克威(Brockway)[9]用电子衍射方法研究过 $F_2$,得出 F—F 距离为 1.45 埃[这数值也为罗杰斯(Rogers)、肖马克(Schomaker)和史蒂文森(Stevenson)所证实;他们的结果为(1.435±0.010)埃,已列于表 7-3 中],可是当时认为能接受的氟的半径却要求它为 1.28 埃。类似的差异也存在于 O—O 和 N—N 中。吉格尔(Giguere)和肖马克(Schomaker)[10]发现,在 $H_2O_2$ 中的 O—O 距离是(1.47±0.02)埃(根据旧的半径值应为 1.32 埃),在 $N_2H_4$ 中的 N—N 距离是(1.47±0.02)埃(根据旧的半径值应为 1.40 埃)。因为用旧的半径能颇为满意地给出 N、O、F 和其他原子之间所形成的许多键的键长,若应用新的半径数值,键长的加和性就存在着相当大的偏差。

1941 年,肖马克和史蒂文森[11]提出过一个想法,认为这种偏离是不同原子间键的部分离子性的结果。他们建议 N、O 和 F 的半径要采用 N—N、O—O 和 F—F 距离所提供的数值(表 7-5);而一般 A—B 键的原子间距离则等于 A 和 B 的半径之和再加上一个校正项—0.09 埃$|x_A - x_B|$,这里 $|x_A - x_B|$ 是这两个原子电负性之差的绝对值。

表 7-5　第二周期元素的 Schomaker-Stevenson 单键半径值*　　（单位：埃）

|  | B | C | N | O | F |
|---|---|---|---|---|---|
| 单键半径 | 0.81 | 0.772 | 0.74 | 0.74 | 0.72 |
| 双键半径 | 0.71 | 0.667 | 0.62 | 0.62 | 0.60 |
| 叁键半径 | 0.64 | 0.603 | 0.55 | 0.55 | |

\* 其他元素的半径值和表 7-2 中的一样。

例如甲硅烷类中 Si—O 键长的平均值（表 7-6）是 1.87 埃。碳和硅的单键半径之和是 1.94 埃，这比实验值大 0.07 埃。如果将这个值用电负性差值 0.7 加以肖马克-史蒂文森项的校正，它就变为 1.88 埃，和实验值符合得比较好。

但是另一方面，C—Cl 键则不需要加以校正。实验值（$CCl_4$ 中为 1.76 埃，$CHCl_3$ 和 $CH_2Cl_2$ 中为 1.77 埃，$CHCl_3$ 中则是 1.781 埃）和相当于加和值的 1.765 埃相当符合，而和加以校正后所得的 1.720 埃反而不符合了。

表 7-6　键长的计算值[根据(7-1)式]和实测值的比较　　（单位：埃）

| C—N | 1.47 | C—O | 1.43 | C—F | 1.37 | Si—C | 1.88 |
|---|---|---|---|---|---|---|---|
| $(CH_3)_3N$ | 1.47 | $CH_3OH$ | 1.427 | $CH_3F$ | 1.385 | $CH_3SiH_3$ | 1.86 |
| $C_6H_{12}N_4$ | 1.47 | 许多其他化合物 | 1.43 | | | $(CH_3)_2SiH_2$ | 1.86 |
| 许多其他化合物 | 1.47 | | | | | $(CH_3)_3SiH$ | 1.87 |
| | | | | | | $(CH_3)_4Si$ | 1.89 |
| Cl—N | 1.73 | Cl—O | 1.69 | Cl—F | 1.63 | O—F | 1.42 |
| $NCH_3Cl_2$ | 1.73 | $Cl_2O$ | 1.69 | ClF | 1.63 | $OF_2$ | 1.42 |

现在还没有可靠的办法来推测键长。在本书中我们假定，大多数情况下两个原子 A 和 B 之间的单键键长可以相当好地由半径 $r_A$ 和 $r_B$ 根据下式计算

$$D(A-B) = r_A + r_B - c|x_A - x_B| \tag{7-1}$$

其中轻原子的 $r$ 用表 7-5 所列的数值，较重原子则用表 7-2 所列的数值。对于所有包含一个或两个第二周期原子的键，肖马克-史蒂文森系数 $c$ 可取为 0.08 埃；对于 Si、P 或 S 和一个电负性较大的原子（但不是第二周期的）之间的键，$c$ 可取为 0.06 埃；对于 Ge、As 和一个电负性较大的原子（但不是第二周期的）间的键，$c$ 可取为 0.04 埃；对于 Sn、Sb 或 Te 和一个电负性较大的原子（但不是第二周期的）之间的键，则 $c$ 可取为 0.02 埃。对于由碳和第五、第六或第七族（第二周期除外）元素间形成的键不需要加上电负性的校正；这可能是另一效应（双键性，参阅 9-3 节）超过了这种校正。

一些键长计算值和实验值的比较列于表 7-6 中，在其他的键中也发现有类似的符合。

对于某些键，例如 C—N 和 C—O 等，由(7-1)式所算出的键长和在表 7-2 中找出的半径之和（用 N、O 和 F 的较小的半径值）是一致的。但对另一些键，如 Si—C 等，则有较大

的差别。

由较重原子和氟或其他卤素所成的键一般短于(7-1)式的计算值。这些键的性质将在第九章中进一步讨论。

## 7-3　双键和叁键的半径

巴特尔(Bartell)和博纳姆(Bonham)[12]根据电子衍射的研究得出乙烯中碳—碳双键的距离为 1.334±0.003 埃,并说这个值是和惯性距的光谱值相一致。[13]这个值相当于碳的双键半径是 0.667 埃(如表 7-2)。

对于碳—碳叁键的长度,有许多彼此非常相符的可靠数值。其中包括从红外光谱和微波谱研究得出的乙炔的 1.204 埃[14]、丙炔的 1.207 埃[15]、氯乙烯的 1.211 埃[16]、甲基氯乙炔的 1.207 埃[17],以及得自电子衍射研究的一些极其相符的数值。因此在表 7-2 中我们给出碳的叁键半径值为 0.603 埃。从中得自光谱的 N≡N 键长的数值为 1.094 埃,由此导出氮的叁键半径值是 0.547 埃。碳和氮的这两个半径之和是 1.150 埃,这与所报道的 C≡N 键长在 HCN 中为 1.153 埃[18]、乙腈中为 1.156 埃[19]和甲基氰基乙炔中为 1.157 埃[20]的数值又是十分符合的。

列于表 7-2 中的一些其他双键和叁键的半径值有些是来自原子间距离的实验值,有些是估计的。一般说来,双键半径约比相应的单键半径小 0.105 埃,叁键半径则约小 0.17 埃。

重键半径在讨论分子的电子结构时的应用将在以后各节中陈述。

## 7-4　原子间的距离和键的弹力常数

在考查现有的一些简单分子的光谱值时即可看出,和核质量一起共同决定着分子中原子核的振动频率的弹力常数不是和相应的原子间距离无关,而是有密切的联系的。曾经有人提出好几种表示这个联系的方程。在我们的讨论中将选用巴杰尔[21]的方程,它的形式是

$$k^{-1/2} = a_{ij}(D_e - b_{ij}) \tag{7-2}$$

式中 $k$ 为弹力常数,$D_e$ 为核间平衡距离,$a_{ij}$ 和 $b_{ij}$ 都是常数,其数值决定于键合原子的性质(如表 7-7 所示的)。

表 7-7　方程 7-2 用于气体分子时的常数值[*]

| 键的类型 | | 举　　例 | $a_{ij}$ | $b_{ij}$/埃 |
|---|---|---|---|---|
| 原子 $i$ 所在的周期数 | 原子 $j$ 所在的周期数 | | | |
| 1 | 1 | $H_2$ | 2.32 | 0.025 |
| 1 | 2 | HF | 2.32 | 0.335 |
| 1 | 3 | HCl | 2.32 | 0.585 |
| 1 | 4 | HBr | 2.32 | 0.65 |
| 2 | 2 | CO | 1.75 | 0.68 |
| 2 | 3 | PN | 1.87 | 0.94 |
| 2 | 4 | TiO | 2.00 | 1.06 |
| 2 | 5 | SnO | 2.04 | 1.18 |
| 2 | 6 | PbO | 2.04 | 1.26 |
| 3 | 3 | $Cl_2$ | 2.04 | 1.25 |
| 3 | 5 | ICl | 1.98 | 1.48 |
| 4 | 4 | $Br_2$ | 1.98 | 1.48 |
| 5 | 5 | $I_2$ | 2.04 | 1.76 |

\* $D_e$ 以埃为单位，$k$ 以兆达因[①]/厘米为单位。

这方程对于分子的基态和激发态都可以适用。

可用 1938 年艾斯特(Eyster)[22]所做的计算作为应用这个方程的一个示例。当时还没有非常可靠的乙烯中 C═O 距离数值，他根据碳—碳双键的弹力常数的光谱值算得 C═C 距离为(1.325±0.005)埃(现在公认值为 1.334 埃)。

方程 7-2 还可应用到晶体中的键。在讨论金属和准金属元素的压缩性[23]的基础上可以算出表 7-8 所示的常数 $a_{ij}$ 和 $b_{ij}$ 的数值。

表 7-8　方程 7-2 在用于金属和准金属单质晶体中时的常数[*]

| 元　　素 | $a_{ij}$ | $b_{ij}$/埃 | 元　　素 | $a_{ij}$ | $b_{ij}$/埃 |
|---|---|---|---|---|---|
| Li,Be,C | 2.89 | 1.13 | Rb,Sr,Zr,Nb,Mo,Sn | 2.32 | 1.86 |
| Na,Mg,Al,Si | 3.10 | 1.73 | Ru,Rh,Pd,Ag | 4.12 | 2.10 |
| K,Ca,Ti,V,Ge | 2.06 | 1.46 | Ba,Ta,W | 2.03 | 1.80 |
| Or,Fe,Co,Ni,Cu | 13.3 | 2.31 | Ce,Ir,Pt,Au,Tl | 2.96 | 1.99 |

\* $D_e$ 以埃为单位，$k$ 以兆达因/厘米为单位。

## 7-5　原子间的距离和共振[24]

可以认为苯分子在两个凯库勒结构间的共振(略去其他结构的微小贡献)赋予 6 个碳—碳键中的每个键以 50% 单键性和 50% 双键性。我们可以预测碳—碳间距离是介于

---

① 达因主要用于描述表面张力的大小。使质量是 1 克的物体产生 1 厘米/秒[2] 的加速度的力，叫作 1 达因。——编辑注

单键的 1.544 埃和双键的 1.334 埃之间——但又不是它们的平均值而是接近双键的键距。这一方面是由于共振能的额外稳定作用(强键的原子间距离将比弱键的小);另一方面又因为在决定共振分子势能函数的极小位置方面,双键势能函数更加有效(在极小点邻近它有较大的曲率,相应于它具有较大的弹力常数)。苯中的实验值是[25] $1.397 \pm 0.001$ 埃,这只比双键键距长 0.07 埃。

可以预测, $\diagdown C-C \diagup$ 体系中两个双键的弯键在作出离开四面体方向的弯曲时将使它们之间的斥力比在饱和分子中的小些,因此在共轭体系中碳—碳单键的距离将小于其正常值 1.544 埃。考查饱和与不饱和分子中 C—H 键的距离,可以对这种效应的大小做出估计。甲烷、乙烷和其他饱和分子中 C—H 键距为 1.100 埃;乙烯、苯及其他分子中构成双键的碳原子,其中 C—H 键距约为 1.085 埃(表 7-4),这表示键长大约减少了 0.015 埃。在丙二烯 $H_2C = C = CH_2$ 中,碳—碳双键的长度[26]约为 1.310 埃,比其正常值小 0.024 埃;甘氨酸中[27]碳—碳单键(羧酸离子中与连接到氧的双键相邻的)的长度为 1.523 埃,这比正常值小 0.021 埃。这些键长的减少平均为 0.020 埃,因而我们可以概括地说,由于弯键间减少了相斥作用,要形成另一个双键或者在第一个双键之外再形成两个单键,碳原子的有效半径约比其正常半径减小 0.020 埃。

由此我们可以断定:对于在两个分别与其他原子形成双键的碳原子间的单键,例如 1,3-丁二烯 $H_2C = CH-CH = CH_2$ 中的单键,其长度将减少 0.040 埃而成为 1.514 埃。事实上这个分子内居中的碳—碳间距离还要短些,大约是 1.46 埃。长度的进一步减小可归之于这个键的部分重键性,这将在本章以后各节和下一章中讨论。

同样的,丁三烯 $H_2C = C = C = CH_2$ 中居中的双键的预期长度是 1.294 埃,比正常值减小了 0.040 埃来对弯键效应做出必要的校正。这个键长的观察值[28]是 1.284 埃,另两个双键则是 1.309 埃(预期值为 1.314 埃)。这些键长因共轭效应而略有缩短。

乙炔和氰化氢中 C—H 键的长度约比甲烷及其饱和衍生物中的缩短 0.04 埃,从而我们论定形成叁键的碳原子的有效半径的校正值是 $-0.040$ 埃,即两倍于双键的校正值。这不是没有理由的,因为叁键中有 3 个弯键而不是两个,它们的弯曲程度比双键中两个键的要大一些。

对于那些共振于各结构之间的分子,某个键在一些结构中是单键,而在另一些结构中则是双键;在解释这类分子的原子间距离的观测值时,可利用联系碳—碳间距离和单键性、双键性分量的经验曲线来了解关于各键键型的情况。纯的单键键长是 1.504 埃(适用于具有交替单键和双键的共轭体系),纯的双键键长是 1.334 埃,它们构成曲线的两个端点。具有 50% 双键性的第三点是由苯提供的,其值为 1.397 埃;第四点是石墨的 1.420 埃。图 7-2 示出了石墨晶体的结构。它是由六角形的分子层构成的,层与层之间

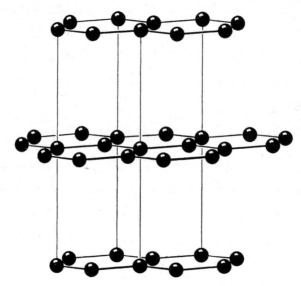

图 7-2　石墨晶体中碳原子的排列

的距离很大(3.40 埃),以致其间不会是共价键;每一层是个巨分子,各重叠层的分子之间只通过弱的范德华力相联系。每个碳的 4 个价键都用来和其邻近的 3 个原子成键;巨分子共振于许多个价键结构之间,例如结构

便是其中之一。这样每个碳—碳键取得三分之一的双键性。

通过这样四点,可作一条如图 7-3 所示的平滑曲线;我们认为这条曲线表示着单键-双键共振中碳—碳间距离和其双键性分量间的依赖关系。在下一章中将说明如何用这条曲线来讨论共振分子中碳—碳键的性质。

考虑到这些原子间距离值的一般合理表现,似乎有可能通过适当的平移垂直坐标标度的变动(以便给出正确的端点),使同样的函数能适用于其他一些原子间的键以及包含叁键的共振中去。这条曲线的进一步应用也将在下一章中举例说明。

有趣的是这条曲线可用下式表示:

$$D_n = D_1 - (D_1 - D_2)\frac{1.84(n-1)}{0.84n + 0.16} \tag{7-3}$$

这个公式与实验点只有很小的偏离。式中的 $D_n$ 是中间类型的键的原子间距离,$D_1$ 和 $D_2$ 分别是单键和双键的键长,$n$ 是键数。这个式子可以用下述简单的方法推导出来。假定共振键的势能函数是表示单键和双键的两个抛物线型势能函数之和,而且其系数分

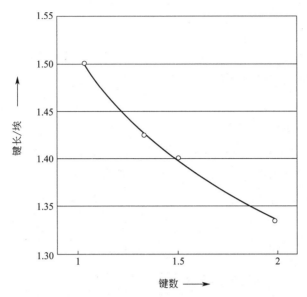

图 7-3 在碳—碳键的单键：双键共振中碳—碳间距离和其双键性分量间的关系

别为 $(2-n)$ 和 $(n-1)$，即

$$V(D) = \frac{1}{2}(2-n)k_1(D-D_1)^2 + \frac{1}{2}(n-1)k_2(D-D_2)^2 \qquad (7\text{-}4)$$

取它对 $D$ 的导数为零，即可得出原子间距离的平衡值（相当于势能函数的极小值）与 $n$ 和弹力常数比值 $k_2/k_1$ 的函数关系。当给定 $k_2/k_1$ 的值是 1.84 时，这个函数就和(7-3)式全等。弹力常数比值的这个数值略大于巴杰尔规则所给出的数值 1.58；可能这个少许的增加是用来抵偿在所假设势能函数中略去了的共振能所必需的。

表 7-9 列出了用 $D_1 = 1.504$ 埃（已经加上邻接弯键效应的校正）和 $D_2 = 1.334$ 埃并根据(7-3)式所算得的单键：双键共振时的碳—碳键长。这些数值可用到单键和双键的共轭系和芳香体系中，这在下一节和以后各章中将举例加以说明。

表 7-9 单键：双键共振时的碳—碳键长　　　　　　　　（单位：埃）

| 键 数 | $D_n$ | $D_1-D_n$ | $D_n-D_2$ | 键 数 | $D_n$ | $D_1-D_n$ | $D_n-D_2$ |
|---|---|---|---|---|---|---|---|
| 1.00 | 1.504 | 0.000 | 0.170 | 1.40 | 1.410 | 0.094 | 0.076 |
| 1.05 | 1.489 | 0.015 | 0.155 | 1.45 | 1.402 | 0.102 | 0.068 |
| 1.10 | 1.475 | 0.029 | 0.141 | 1.50 | 1.394 | 0.110 | 0.060 |
| 1.15 | 1.462 | 0.042 | 0.128 | 1.60 | 1.380 | 0.124 | 0.046 |
| 1.20 | 1.450 | 0.054 | 0.116 | 1.70 | 1.367 | 0.137 | 0.033 |
| 1.25 | 1.439 | 0.065 | 0.105 | 1.80 | 1.355 | 0.149 | 0.021 |
| 1.30 | 1.429 | 0.075 | 0.095 | 1.90 | 1.344 | 0.160 | 0.010 |
| 1.35 | 1.419 | 0.085 | 0.085 | 2.00 | 1.334 | 0.170 | 0.000 |

**芳香烃中的键长** 作为应用原子间距离的单键：双键共振曲线的一个例子，我们可以讨论一下稠合芳香烃中原子间距离的观测值。

一般说来，这些分子中碳—碳间距离的观测值和由单纯考虑凯库勒结构所给出的双键性分量而得出的计算值间有相当好的符合。这些计算值也和用分子轨道法所算得的数值极为接近。[29]

蒽有 5 个不等价的碳—碳键，如果单纯考虑类凯库勒结构，假定给予均等的权重，从而算出各键的双键性分量，则这些键的双键性将从 1/4 变动到 3/4（见第六章）。在表 7-10 中，把对应于图中所标记的各键的键长的计算值和克鲁克山（Cruickshank）[30] 所报道的平均观测值（这些值的可能误差约为 0.005 埃）进行比较。计算值和观测值之间的符合相当好，平均偏差只有 0.008 埃。它与普里查德（Pritchard）和萨姆纳（Sumner）所报道的分子轨道计算也同样符合。

表 7-10 蒽中碳—碳键长的计算值和观测值

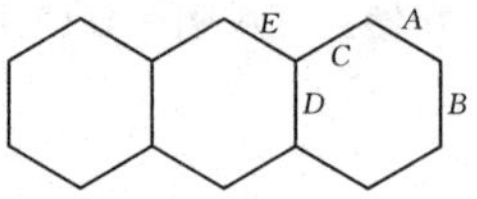

| 键 | 双键性 | $D_{计算}$/埃 | $D_{观测}$/埃 |
|---|---|---|---|
| A | 3/4 | 1.361 | 1.366 |
| B | 1/4 | 1.439 | 1.419 |
| C | 1/4 | 1.439 | 1.433 |
| D | 1/4 | 1.439 | 1.436 |
| E | 1/2 | 1.394 | 1.399 |

在某些大的稠环烃中也发现有类似的符合。我们用 1:14-苯嵌双蒽作为一个例子。表 7-11 列出了根据 30 个权重均等的类凯库勒结构所算得的各键的双键性分量，以及据此所算得的键长和特罗特（Trotter）[31] 所报道的键长的观测值。双键性的分量从 1/30 变到 23/30，观测的键长则变动于 1.49 埃到 1.35 埃之间。键长的计算值和观测值之间的平均偏离为 0.007 埃。

下面列举的是这个分子的 30 个类凯库勒结构，在中心画有圆圈的一些六边形表示相应的一组类凯库勒结构：苯的凯库勒结构个数是 2，萘的是 3，蒽的是 4。标在每个结构式下面的数字就是相应于它的类凯库勒结构的数目。

表 7-11 1,14-苯嵌双蒽中的键长

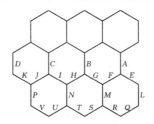

| 键 | 双键性 | $D_{计算}$/埃 | $D_{观测}$/埃 | 键 | 双键性 | $D_{计算}$/埃 | $D_{观测}$/埃 |
|---|---|---|---|---|---|---|---|
| A | 1/30 | 1.494 | 1.49 | L | 1/3 | 1.423 | 1.43 |
| B | 2/15 | 1.466 | 1.47 | M | 3/10 | 1.429 | 1.42 |
| C | 3/10 | 1.429 | 1.44 | N | 7/30 | 1.443 | 1.44 |
| D | 8/15 | 1.389 | 1.40 | P | 2/15 | 1.466 | 1.47 |
| E | 2/3 | 1.371 | 1.36 | Q | 2/3 | 1.371 | 1.37 |
| F | 3/10 | 1.429 | 1.43 | R | 1/3 | 1.423 | 1.43 |
| G | 2/5 | 1.410 | 1.40 | S | 11/30 | 1.416 | 1.40 |
| H | 7/15 | 1.399 | 1.41 | T | 19/30 | 1.376 | 1.37 |
| I | 3/10 | 1.429 | 1.43 | U | 2/15 | 1.466 | 1.47 |
| J | 2/5 | 1.410 | 1.42 | V | 13/15 | 1.348 | 1.35 |
| K | 7/15 | 1.399 | 1.39 | | | | |

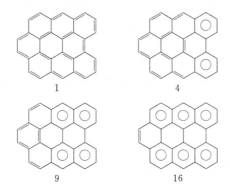

## 7-6 键级和键长;在两个等价结构中共振所引起的键长的改变

通过图中代表 C—C、C═C 和 C≡C 键长的各点,可作出一条平滑的曲线。这条曲线的方程是

$$D(n') = D_1 - 0.71 \times \lg n' \qquad (7-5)$$

式中 $n'$ 是键级;在 $n' = 1$、2 和 3 时,$n'$ 等于键数 $n$,但对具有分数值的 $n'$ 则要给予不同的解释。我们把苯中碳—碳键的键数定为 1½,这样碳的价数依然等于这个原子所形成的

键的键数之和;可是键级的数值则取得略大些来反映分子的额外共振能。由分子轨道理论[32]所标出的 $n'$ 值是 $1\frac{2}{3}$,把苯的键长观测值代入(7-5)式中得 $n'=1.66$,两者是十分符合的。

根据(7-5)式我们算出了键级为 1.5 的碳—碳键的长度为 1.420 埃。可以认为这就是假设没有共振稳定作用(以及由它引起的键缩短)时苯的碳—碳键长。苯中的实际键长是 1.397 埃。所以我们可认为在两个凯库勒结构间的共振使得键长减小了 0.023 埃左右。

在后面的一些讨论中(例如 8-1 节中的二氧化碳等),我们将用 $-0.020$ 埃作为两个等价结构间的共振作用对键长的校正。

## 7-7  单键:叁键共振

苯和石墨的原子核构型恰好允许形成无张力的碳—碳双键,在这里包含双键中两个弯键的平面(也就是包含有关轨道的平面)垂直于分子本身的平面。另一方面,在一氧化碳分子中的双键可以有两种不同的形成方式,即这两个弯键或者位于 $xy$ 平面上,或者位于 $xz$ 平面上(取两核的连接线为 $x$ 轴);这样就有两个双键结构,我们可把它们表示为 $:C = \ddot{O}:$ 和 $:C = O:$。此外,叁键结构 $^-:C \equiv O:^+$ 也需要加以考虑。

这个分子以及其他同样分子的详细讨论将在第八章中进行。在这些讨论中我们需要提出一个联系这类具有重键共振的键长及其键数的方程,这种共振可称之为单键:叁键共振。[33]

用于单键:双键共振的(7-3)式,是在考虑了相当于结构 A—B 和 A $=$ B 的两个势能函数的基础上导出的。按照同样的方法,我们可以就相应于结构 A—$\ddot{B}$、A $=\ddot{B}$、A $=$ B 和 A$\equiv$B(或者 $\ddot{A}$—$\underset{..}{B}$、$\ddot{A}$ $=$ B、A $=$ $\underset{..}{B}$ 和 A$\equiv$B)的 4 个二次势能函数 $\frac{1}{2}k_i(D-D_i)^2$ 求和,来导出相应于这四个结构的方程;这里 $D_i$ 表示键长,$k_i$ 表示弹力常数 $k_1$、$k_2$、$k_3$ 和 $k_4$。根据巴杰尔规则(见 7-4 节)和 7-5 节的讨论我们取 $k_1:k_2:k_3$ 的比值为 $1:2:4$。据此,并假定 4 个结构的权重反映出位于 $xy$ 和 $xz$ 平面上的键能进行独立的共振,我们得出如下的方程[34]:

$$D-D_2=\frac{(3-n)^2(D_1-D_2)-4(n-1)^2(D_2-D_3)}{(n+1)^2} \tag{7-6}$$

取 $D_1-D_2=0.18$ 埃或 0.21 埃,$D_2-D_3=0.09$ 埃或 0.12 埃(在大多数应用的情况下,

这样不同的数值就足够好了），根据上式所算得的 $D-D_1$、$D-D_2$ 和 $D-D_3$ 的各种数值列于表 7-12 中。

表 7-12　单键：叁键共振时的键长　　　　　　　　（单位：埃）

| $n$ | $D-D_1{}^a$ | $D-D_1{}^b$ | $n$ | $D-D_2{}^a$ | $D-D_2{}^b$ | $n$ | $D-D_3{}^a$ | $D-D_3{}^b$ |
|---|---|---|---|---|---|---|---|---|
| 1.00 | 0.000 | 0.000 | 1.35 | 0.080 | 0.108 | 2.4 | 0.034 | 0.045 |
| 1.05 | −0.018 | −0.024 | 1.40 | 0.068 | 0.091 | 2.6 | 0.021 | 0.028 |
| 1.10 | −0.035 | −0.047 | 1.45 | 0.060 | 0.080 | 2.8 | 0.010 | 0.013 |
| 1.15 | −0.050 | −0.067 | 1.50 | 0.050 | 0.067 | 3.0 | 0.000 | 0.000 |
| 1.20 | −0.063 | −0.084 | 1.60 | 0.032 | 0.043 | | | |
| 1.25 | −0.076 | −0.101 | 1.70 | 0.017 | 0.023 | | | |
| 1.30 | −0.088 | −0.117 | 1.80 | 0.004 | 0.005 | | | |
| 1.35 | −0.099 | −0.132 | 1.90 | −0.008 | −0.011 | | | |
| | | | 2.00 | −0.020 | −0.027 | | | |
| | | | 2.10 | −0.030 | −0.040 | | | |
| | | | 2.20 | −0.039 | −0.052 | | | |
| | | | 2.30 | −0.048 | −0.064 | | | |
| | | | 2.40 | −0.056 | −0.075 | | | |
| | | | 2.50 | −0.063 | −0.084 | | | |

a. 假定 $D_1-D_2=0.18$ 埃，$D_2-D_3=0.09$ 埃。

b. 假定 $D_1-D_2=0.24$ 埃，$D_2-D_3=0.12$ 埃。

可以看出，当键数 $n=2$ 时，键距约比双键小 0.02 埃或 0.03 埃；这个减少可归因于额外的共振稳定作用。表 7-12 的应用将在以后各章中举例说明。

# 7-8　键的等价或非等价的条件

经常遇到这样的情况，那就是对一个分子或晶体所能写出的最合理的价键结构并不像已知的或推想的原子核排列那么对称。在这种情况下，一定存在另一个价键结构，它和第一个结构等价，所差的仅在于键的分布（或者另有几个等价结构）。苯就是一个例子。这个分子的最稳定价键结构是两个凯库勒结构。另一个例子是二氧化硫，这里可写出如下的合理结构

许多其他的属于这种类型的分子将在下面各章讨论。

让我们来考虑 $A_2B$ 这样的分子。这里可以写出如下的两个等价结构：A ═B—A(Ⅰ) 和 A—B═A(Ⅱ)，每个结构各含有两个键，其中一个比另一个强。现在我们要问，分子中的这两个 A 原子是否可认为是等价的，这个分子中是否有两种不同的 A—B 键长。

这个问题需要详细的讨论。量子力学原理要求：经过长时间观察的孤立分子的基态具有这样一种共振结构，那就是等价的结构Ⅰ和Ⅱ做出一样多的贡献。这个共振作用的解释依共振能的大小而定。假如共振能很大，就不能设计实验来鉴别结构Ⅰ和Ⅱ。共振频率等于共振能除以普朗克常量 $h$，因而要对结构Ⅰ和Ⅱ进行鉴别，所需的最短实验时间就等于 $h$ 除以共振能。对于像苯和二氧化硫这样的在各个价键结构之间的共振，共振能是如此之大，这个时间仅 $10^{-15}$ 秒左右，所以共振作用将使各键完全等价，键长也只能有一个数值。

另一方面，假如共振积分很小，则可以方便地把这个物质看成是含有互变异构或异构的分子，各异构体的电子结构基本上可以用单纯的Ⅰ或Ⅱ来表示。共振与互变异构间的关系以及互变异构和异构之间的区别将在本书最后一章中加以讨论。

我们可以方便地用共振频率和核运动频率的比值来在共振（即分子在几个不同价键结构之间的共振）和互变异构间画一条粗略界线。如果共振频率远大于核的振动频率，则分子就可用共振结构 {A ═B—A，A—B═A} 表示，而分子中的两个键将是等价的；但当共振频率远小于核的振动频率时，则在某一段时间内两个 A 原子将在相对于 B 是不等价的平衡位置附近振动，而在另一段时间内又将互换它们的平衡位置。

把 B 和与其相连的两个原子间的作用力考虑进去，可以使讨论更加明确些。设单纯的结构Ⅰ相应于一个原子（譬如说分子 A′—B—A 中的 A′）的平衡位置较原子 A 更加接近于 B 的势能函数，而结构Ⅱ则是 A 较 A′更接近于 B 的情况（A 和 A′可以真的是两个同位素原子，因而在实质上可区别开）。如果共振能较小，则这个分子将有一段时间按相应于 A′—B 距离较短而 B—A 距离较长的方式振动，另一段时间又在新的平衡位置附近即按 B—A 较 A′—B 为小的方式振动。这便相当于互变异构现象。但是如果共振能足够大，则核振动的势能函数将有所改变，对每个 A 原子都存在着单一的极小点，而且 A 和 A′两个原子将以等价的样式在对 B 为等距离的平衡位置附近振动，因而分子中的两个键就是等价的。要实现这种情况所需的共振积分的大小，在许多因素中主要取决于各不同结构的平衡构型的差别。例如在苯中，相应于两个凯库勒结构（其中 C—C=1.54 埃，C═C=1.33 埃）的碳核构型都要求碳原子位于离开实际位置（这里 C—C=1.39 埃）约 0.1 埃的位置上。这个距离（0.1 埃）比一般的核振动幅度（约 0.2 埃）为小，所以随着核的每一次振动，分子都将经过各个凯库勒结构所特有的构型。另一方面，当各个稳定构型彼此间差别很大时,就可能期望有互变异构现象,例如复杂分子的 D 和 L 构型就是如此。

多年以前,布芬纳(Braune)和平诺(Pinnow)[35] 报道过 $UF_6$ 和 $WF_6$(可能还有 $MoF_6$)的结构都具有斜方对称性,3 对 M—F 距离的比值为 1:1.12:1.22。当时不能从理论上论定这种结构是不正确的;中心原子也许可能有形成 3 对种类不同的键的倾向,而且 3 个相应结构间的共振能小到足以使势能函数不至从各原有结构的势能函数改变过来,但是这似乎是不可能的。肖马克和格劳伯(Glauber)[36] 也发现布劳纳等的电子衍射研究,因为不适用电子散射的玻尔理论给出了错误的结果;实际上这些结构都是八面体型的,6 个键是等价的。

不能由于上面的说法而对五氯化磷中朝向两极的和赤道平面的 P—Cl 键具有不同键长的情况加以怀疑,因而即使距离相等,这些方向在几何上也是不等价的。

## 7-9  四面体型和八面体型共价半径

**四面体型半径**   在具有和金刚石、闪锌矿和纤维锌矿一样原子排列(图 7-4、7-5 和 7-6)的晶体中,每个原子是四面体型地被 4 个其他原子所环绕。如果这些原子是第四族元素或者这两种元素相对于第四族作对称的安排,则价电子的数目就恰好允许在每个原子及其 4 个相邻原子间形成四面体型的共价键。C、Si、Ge 和 Sn 等具有和金刚石一样的排列;表 7-14 列出了具有和闪锌矿或纤维锌矿一样原子排列(或者两者同时都存在)的化合物。

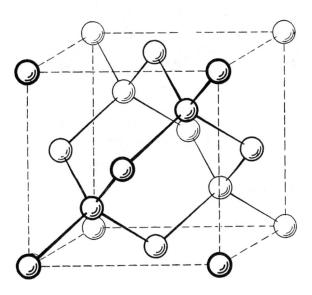

**图 7-4  金刚石晶体中碳原子的排列**

每个原子有 4 个相邻原子,它们排列在以它为中心的正四面体的顶点上

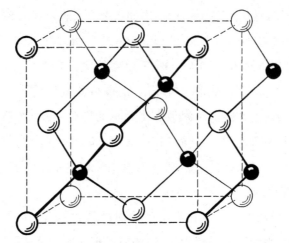

图 7-5　硫化锌的立方晶型即闪锌矿中锌原子(小圆圈)

和硫原子(大圆圈)的排列

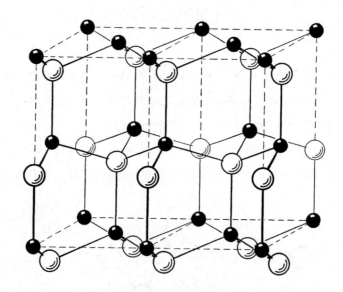

图 7-6　硫化锌的六方晶型即纤维锌矿中锌原子

(小圆圈)和硫原子(大圆圈)的排列

由虚线画出轮廓的单胞是各边互成直角的斜方型六方单胞;

在基底平面上两边边长的比值为$\sqrt{3}$∶1,相当于六方晶型六方单胞中的120°角

在所有这些晶体中,可能所有的键都是具有一些离子性的共价键。例如在 ZnS 中,极端的共价结构

使得锌和硫两种原子上分别有 2－和 2＋ 的形式电荷。这样就有可能在这种晶体以及其他具有同样结构的晶体中,这些键有足够的离子性使得各个原子的实际电荷接近于零;对 ZnS 来说,这大约需要有 50％ 的离子性。

**表 7-13　四面体型共价半径**　　　　　　　　　　　　　　（单位:埃）

| | Be | B | C | N | O | F |
|---|---|---|---|---|---|---|
| | 1.06 | 0.88 | 0.77 | 0.70 | 0.66 | 0.64 |
| | Mg | Al | Si | P | S | Cl |
| | 1.40 | 1.26 | 1.17 | 1.10 | 1.04 | 0.99 |
| Cu | Zn | Ga | Ge | As | Se | Br |
| 1.35 | 1.31 | 1.26 | 1.22 | 1.18 | 1.14 | 1.11 |
| Ag | Cd | In | Sn | Sb | Te | I |
| 1.52 | 1.48 | 1.44 | 1.40 | 1.36 | 1.32 | 1.28 |
| | Hg | | | | | |
| | 1.48 | | | | | |

适用于这类晶体的一组四面体型共价半径的数值,[37] 列于表 7-13 中,并示于图 7-7。这些数值得自这种四面体型晶体以及其他类型晶体的原子间距离的观测值;在后一类型的晶体中,所考虑的原子与四面体型地围绕着的相邻原子形成了 4 个共价键。例如在黄铁矿 $FeS_2$ 中,每个硫原子为 3 个铁原子和一个硫原子四面体型地所围绕着,并且基本上都形成共价键(图 7-8);该物质是二硫化氢 $H_2S_2$ 的衍生物。根据磁性测定证明这里的

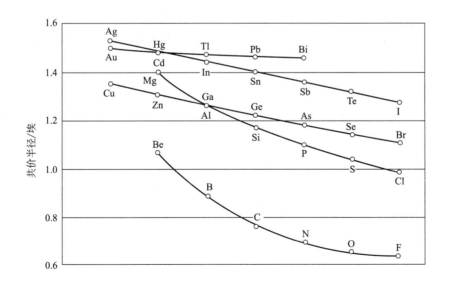

**图 7-7　各原子序数列的四面体型共价半径**

Fe—S键基本上是共价型的;这个物质仅有微弱的顺磁性,相当于亚铁离子形成了八面体型的 $3d^2 4s^1 4p^3$ 键($\mu = 0$)而不是离子型键($\mu = 4.90$)。在这个晶体中硫—硫间的距离是 2.09 埃,与表中的数值 2.08 埃符合得很好。

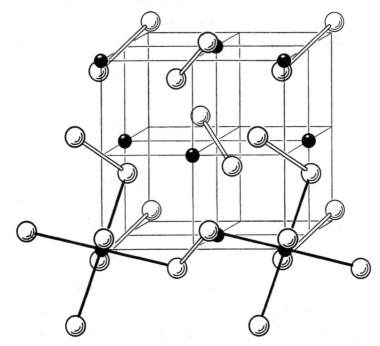

**图 7-8　在黄铁矿 FeS₂ 立方晶体中铁原子(小球)和硫原子(大球)的排列**

每个铁原子被 6 个硫原子以八面体型围绕着,

而每个硫原子则被 1 个硫原子和 3 个铁原子以四面体型围绕着

从表 7-14 看来,四面体型半径之和与原子间距离的观测值非常符合(当然应该指出,在推导四面体型半径数值时用到这些实验值),平均偏差是 0.01 埃。CuF、BeO、AlN 和 SiC 的观测键长显著小于其半径之和;这种差异无多大疑义地反映出部分离子性。半径值的选定使得在其他情况下不用加上这样的校正。

**表 7-14　在 B3 和 B4 晶体[a] 中,原子间距离观测值和四面体型半径之和的比较　(单位:埃)**

| AlN | 1.96 | AlP | 2.36 | AlAs | 2.44 | AlSb | 2.62 |
| B4 | 1.90 | B3 | 2.36 | B3 | 2.44 | B3 | 2.64 |
| GaN | 1.96 | GaP | 2.36 | GaAs | 2.44 | GaSb | 2.62 |
| B4 | 1.95 | B3 | 2.36 | B3 | 2.44 | B3 | 2.63 |
| InN | 2.14 | InP | 2.54 | InAs | 2.62 | InSb | 2.80 |
| B4 | 2.15 | B3 | 2.54 | B3 | 2.62 | B3 | 2.80 |
| BeO | 1.72 | BeS | 2.10 | BeSe | 2.20 | BeTe | 2.38 |

（单位：埃）

| B4 | 1.65 | B3 | 2.10 | B3 | 2.20 | B3 | 2.41 |
|---|---|---|---|---|---|---|---|
| ZnO | 1.97 | ZnS | 2.35 | ZnSe | 2.45 | ZnTe | 2.63 |
| B4 | 1.97 | B3,B4 | 2.35 | B3 | 2.45 | B3 | 2.63 |
| | | CdS | 2.52 | CdSe | 2.62 | CdTe | 2.80 |
| | | B3,B4 | 2.53 | B3,B4 | 2.63 | B3 | 2.80 |
| | | HgS | 2.52 | HgSe | 2.62 | HgTe | 2.80 |
| | | B3 | 2.52 | B3 | 2.63 | B3 | 2.79 |
| CuF | 1.99 | CuCl | 2.34 | CuBr | 2.46 | CuI | 2.63 |
| B3 | 1.85 | B3 | 2.34 | B3 | 2.46 | B3 | 2.62 |
| BN | 1.58 | SiC | 1.94 | MgTe | 2.72 | AgI | 2.80 |
| B3 | 1.57 | B3,B4 | 1.89 | B4 | 2.76 | B3,B4 | 2.80 |

a. B3 是闪锌矿型（立方）结构，B4 是纤维锌矿型（六方）结构。除 BN 的观测值来自 R. H. Wentorf, Jr. , *J. Chem. Phys.* **26**, 956(1957)以外，其余的观测值都是取自 *Strukturbericht* 和 *Structure Reports*。

第二周期和第三周期元素的四面体型半径和表 7-2 中所载的正常单键共价半径一样。对较重的原子则稍有差别，如溴相差为 0.03 埃，碘相差则为 0.05 埃。这种差别可能是由于在四面体型化合物和正常共价化合物中键轨道性质的判别所造成的。

**八面体型半径**　在黄铁矿（图 7-8）中，每个铁原子被 6 个硫原子所围绕，它们位于基本上是正八面体的各个顶点上，相当于铁形成了 $3d^2 4s 4p^3$ 型的键。铁—硫间距离为 2.27 埃，从它减去硫的四面体型半径 1.04 埃，即得两价铁的 $d^2 sp^3$ 八面体型共价半径值是 1.23 埃（表 7-15）。

**表 7-15　八面体型共价半径**　　　　　　（单位：埃）

| Fe(Ⅱ) | 1.23 | Ru(Ⅱ) | 1.33 | Os(Ⅱ) | 1.33 |
|---|---|---|---|---|---|
| Co(Ⅲ) | 1.22 | Rh(Ⅲ) | 1.32 | Ir(Ⅲ) | 1.32 |
| Ni(Ⅳ) | 1.21 | Pd(Ⅳ) | 1.31 | Pt(Ⅳ) | 1.31 |
| Co(Ⅱ) | 1.32 | | | Au(Ⅳ) | 1.40 |
| Ni(Ⅲ) | 1.30 | | | | |
| Ni(Ⅱ) | 1.39 | | | | |
| Fe(Ⅳ) | 1.20 | | | | |

从表 7-16 所列的具有黄铁矿结构或与其密切相关的结构（白铁矿或砷黄铁矿型的结构）的其他晶体的类似数据可以获得其他一些过渡元素的八面体型半径。元素 Fe(Ⅱ)和 Co(Ⅲ)在所示的氧化状态下是等电子的；有趣的是它们的半径值极少差异，原子序数虽增加 1 个单位而半径只减少 0.01 埃。同样在 Ru(Ⅱ)、Rh(Ⅲ)、Pd(Ⅳ)和 Os(Ⅱ)、Ir(Ⅲ)、Pt(Ⅳ)这两个序列中，半径值也只有极小的减低，而且这两个序列表现出相同的数值。

对所有这些原子来说，电子的数目都恰好使全部稳定轨道被未共享对所占有或者被用来成键。在 $CoS_2$、$CoSe_2$、$NiAsS$ 和 $AuSb_2$ 中，原子 Co(Ⅱ)、Ni(Ⅲ)和 Au(Ⅳ)中所含电子都是在所成的键占去了 $d^2 sp^3$ 轨道之后能够填满余下的 3 个 $3d$ 轨道（在 Au 的情况下则是 $5d$）还要多余 1 个电子的。现在还不知道这个多余的电子到底是被推出到外层轨道($4d$)上面,还是这些键撤出一些 $3d$ 轨道让给这个电子,实现某种妥协。这个多余的电子的影响是使得这些原子的八面体型共价半径增加 0.09 或 0.10 埃。Ni(Ⅱ)中的两个多余的电子使得其半径的总增长为上述的两倍,即 0.18 埃。

表 7-16  黄铁矿型晶体中的原子间距离

| 物    质 | M—X 的距离/埃 | M 的半径/埃 | 物    质 | M—X 的距离/埃 | M 的半径/埃 |
|---|---|---|---|---|---|
| FeS$_2$ | 2.27 | 1.23 | PtSb$_2$ | 2.67 | 1.31 |
| CoAsS | 2.40 | 1.24 | CoS$_2$ | 2.37 | 1.33 |
|  | 2.26 | 1.24 | CoSe$_2$ | 2.45 | 1.31 |
| RuS$_2$ | 2.35 | 1.31 | NiAsS | 2.48 | 1.30 |
| RuSe$_2$ | 2.48 | 1.34 |  | 2.34 | 1.30 |
| RuTe$_2$ | 2.64 | 1.32 | NiS$_2$ | 2.42 | 1.38 |
| PdAs$_2$ | 2.49 | 1.31 | NiSe$_2$ | 2.53 | 1.39 |
| PdSb$_2$ | 2.67 | 1.31 | AuSb$_2$ | 2.76 | 1.40 |
| OsS$_2$ | 2.37 | 1.33 | FeP$_2$ | 2.27 | 1.17 |
| OsSe$_2$ | 2.48 | 1.34 | FeAs$_2$ | 2.36 | 1.18 |
| OsTe$_2$ | 2.65 | 1.33 | FeSb$_2$ | 2.60 | 1.24 |
| PtP$_2$ | 2.38 | 1.28 |  |  |  |
| PtAs$_2$ | 2.49 | 1.31 |  |  |  |

另一方面,有如所预期的那样,缺少电子的情况却对半径影响很小。Fe(Ⅳ)的半径值约为 1.20 埃,只比 Fe(Ⅱ)的略小一点。由 $K_2OsCl_6$ 中 Os—Cl 键的键长 2.36 埃和 $K_2OsBr_6$ 中 Os—Br 键的键长[38] 2.51 埃分别得出四价锇的八面体型半径都是 1.37 埃;而由 $K_2OsO_2Cl_4$ 中 Os—Cl 键的 2.28 埃[39]得知六价锇的八面体型半径则为 1.29 埃。它们和二价锇的半径之差均在 0.04 埃之内。

表中的八面体型半径也可用于像 $[PtCl_6]^{2-}$ 一样的络离子。Pt(Ⅳ)—Cl 的半径之和是 2.30 埃,许多氯铂酸盐给出的实验值则是从 2.26~2.35 埃。八面体型半径也可用于四价钯和铂的硫化物、硒化物和碲化物($PdS_2$ 等)中;这些晶体都具有碘化镉结晶结构,其中成层的 MX$_6$ 八面体在堆积时做到每个 X 为 3 个八面体型络合物所共有。对于这些物质,已报道的键长和半径之和间的平均偏差约为 0.02 埃。

但是对于碘化亚铁,观测的原子间距离是 2.88 埃,远大于其半径之和 2.56 埃。这表示在这个八面体型络合物(这个晶体也具有碘化镉结构)中的键并不是 $d^2sp^3$ 型的共价键,所观察到的顺磁性($\mu=5.4$)也支持这里的键基本上属于离子型的结论。在所有的锰、铁、钴和镍的卤化物中,磁性数据和原子间距离都同样地指明,这里的键基本上也是离子性的。

从像 $[SnCl_6]^{2-}$、$[PbBr_6]^{2-}$ 和 $[SeBr_6]^{2-}$ 等那样的络离子以及像 TiS$_2$ 那样具有碘化镉结构的晶体中的原子间距离的观测值得出了如表 7-17 所列的八面体型半径。这些都不是使用价层里面一层的 $d$ 轨道来形成 $d^2sp^3$ 键,而是使用价层本身的不稳定的 $d$ 轨道来形成的 $sp^3d^2$ 轨道。

表 7-17　另一些八面体型半径　　　　　　　　　　（单位:埃）

| Ti(IV) | 1.36 | Sn(IV) | 1.45 | Se(IV) | 1.40 |
|---|---|---|---|---|---|
| Zr(IV) | 1.48 | Pb(IV) | 1.50 | Te(IV) | 1.52 |

对于 Sn(IV) 和 Pb(IV),这些半径是相应的四面体型 $sp^3$ 半径的 1.03 倍。

在 $[SeBr_6]^{2-}$ 离子中的 Se(IV) 有一对占据 $4s$ 轨道的未共享电子,因而不能再用来形成 $4s4p^34d^2$ 键。J. Y. Beach 博士曾经向我提出这样的想法,那就是在这里成键的 $s$ 轨道的作用是由 $5s$ 轨道来担当,因为这些键是 $4p^34d^25s$ 键;根据这种观点,这个半径的数值之大(比硒的四面体型半径大 23%)自在意料之中。Te(IV) 也被证明有类似的效应。

在像 $As(CH_3)_3$ 这样的分子中,价层中的未共享电子对占有 $4s$ 轨道,因而在决定分子的构型时起着重要的作用;As—C 键是 $p$ 型键(可能还有少量 $s$ 性),彼此间的角为 $100°$;但是在 $B(CH_3)_3$ 中,因为 $2s$ 轨道还没有被未共享电子对所占有,形成的 $sp^2$ 型键将是共面的。从立体化学的角度来说,在这类分子中的未共享 $s$ 电子对,不能算是"惰性的电子对"。[40] 另一方面,$[SeBr_6]^{2-}$ 中硒的 $4s$ 电子对则真是惰性的,因为这时为了成键 $5s$ 轨道代替了 $4s$ 轨道,因而络合物的构型(但并非其大小)就和没有这对惰性电子时完全一样。化合物 $(NH_4)_2SbBr_6$ 和 $Rb_2SbBr_6$ 为这种行为提供了一个显著的例子。被观测到的这些物质的抗磁性[41]指明只能含有一个未配对电子的 $[SbBr_6]^{2-}$ 离子并不存在;但是从 X 射线研究却又发现这些晶体的结构类似于氯铂酸钾。因而这些物质含有两种八面体型络离子 $[SbBr_6]^-$ 和 $[SbBr_6]^{3-}$,前者具有 $5s5p^35d^2$ 型的键,后者则含有一个惰性的 $5s$ 电子对,也形成了 $5p^35d^26s$ 型的键。

可能 $[Br(SCN)_6]^{3-}$ 离子是一个确实含有一对惰性电子的八面体型络离子。$SeCl_4$、$[AsCl_4]^-$ 以及一些类似的分子和络合物的构型仍未测定;设法了解一下它们的外层未共享电子对在立体化学上是否惰性,将是很有意思的。

**其他的共价半径**　正二价的镍、钯和铂以及正三价的金都可和其他相连接的原子形成四个共面的 $dsp^2$ 型键,它们指向正方形的各个顶点。考查原子间距离的实测值时发现,原子的正方型 $dsp^2$ 型半径和表 7-15 中所列的八面体型 $d^2sp^3$ 半径具有相同数值,这可从下表的比较看出。

| 物　　质 | 距离的观测值/埃 | 半径之和/埃 |
|---|---|---|
| PdO[42] | 2.00 | 1.98 |
| PdS[43] | 2.26, 2.29, 2.34, 2.43 | 2.36 |
| $PdCl_2$[44] | 2.31 | 2.31 |
| $K_2PdCl_4$ | 2.29 | 2.31 |
| $(NH_4)_2PdCl_4$ | 2.35 | 2.31 |
| PtS | 2.32 | 2.36 |
| $K_2PtCl_4$ | 2.31 | 2.31 |
| 丁二酮肟镍[45] | 1.87, 1.90 | 1.91 |

正二价的铜常形成四个指向正方形顶点的强键。与观测的原子间距离相应的半径值为 1.28 埃，约比正方型络合镍(Ⅱ)的大 0.08 埃；这个增加是因为存在着多余的电子，这个电子可能占据某些具 $3d$ 性的轨道。原子间距离的观测值有 $CuCl_2 \cdot 2H_2O$[46] 中 Cu—Cl 的 2.275 埃和 Cu—O 的 1.925 埃以及双乙酰丙酮合铜中 Cu—O 的 1.95 埃，[47] 可作为例子。

在辉钼矿和辉钨矿中，金属原子为六个硫原子所围绕，这些硫原子位于轴长比值等于 1∶1 的正三方柱的 6 个顶点上(图 5-14)。[48] 从观测的原子间距离得到三方柱型的半径值在 Mo(Ⅳ) 是 1.37 埃，在 W(Ⅳ) 是 1.44 埃。

$K_4Mo(CN)_8 \cdot 2H_2O$ 中 Mo—C 的平均键长是 2.15 埃，[49] 这相当于 Mo(Ⅳ) 的共价半径是 1.38 埃。这个数值与三方柱型半径值极其接近，指明这两种配位形式的键合轨道是近于相同的。

在 $Cu_2O$ 和 $Ag_2O$ 晶体(图 7-9)中，每个氧原子为 4 个金属原子以四面体型围绕着，每个金属原子位于 2 个氧原子连线的中点，可能是形成 2 个 $sp$ 型的共价键。[50] 从这些晶体中的原子间距离导出 Cu(Ⅰ) 的半径值是 1.18 埃，Ag(Ⅰ) 是 1.39 埃，它们比相应的四面体型半径各小 0.17 埃和 0.13 埃。由线型分子 $H_3CHgCl$ 和 $H_3CHgBr$ 的微波谱[51] 分别得出 C—Hg＝2.061 埃和 Hg—Cl＝2.282 埃；C—Hg＝2.074 埃和 Hg—Br＝2.406 埃。相应的二共价 Hg(Ⅱ) 的半径值分别是 1.29、1.29、1.30 和 1.27 埃，平均为 1.29

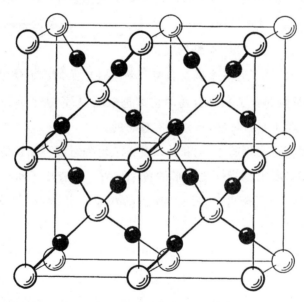

**图 7-9　在赤铜矿 $Cu_2O$ 立方晶体中铜原子(小球)和氧原子(大球)的排列情况**

每个氧原子被 4 个铜原子四面体型地围绕着。每 2 个铜原子则线型地与 2 个氧原子相连接。

注意，这里的键链把原子连接成无限大小的网架，这些网架只是相互穿插而不是连接起来

埃,即比其四面体型半径小 0.19 埃。

关于双原子氢化物中原子间距离将在 7-11 节中加以讨论。

**锰的反常半径** 在制订共价半径表时曾经指出,[52]具有黄铁矿结构的褐硫锰矿 $MnS_2$ 中,锰—硫键意外地长。这个锰—硫键的长度已经得到证实;[53]并且用 X 射线研究具有黄铁矿结构的二硒化锰和二碲化锰,[54]也同样得出略为大些的原子间距离。所得的数值是:Mn—S 为 2.59 埃,Mn—Se 为 2.70 埃,Mn—Te 为 2.90 埃,即相当于二价锰的八面体型半径是 1.55、1.56 和 1.58 埃;但是由表 7-15 的数值推算一价锰的 $d^2sp^3$ 型半径是 1.24 埃,它和二价锰的差别应该小于 0.01 或 0.02 埃。

应用键型的磁性判据可能找出这个难题的解答。埃里奥特(Elliott)曾经证明,就褐硫锰矿来说,用外斯-奎尔(Weiss-Ourie)方程来解释一些可能找到的磁性数据,可以推出锰的磁矩为 6.1 玻尔磁子,这和 $d^2sp^3$ 键的预期值 1.73 相去太远,但接近于离子型键的 5.92,从而指明这个晶体的电子结构和黄铁矿的完全不同,据推想二硒和二碲化物也是如此。锰和其周围原子间的键并不必是极端离子型的;可能存在着与 $4s4p^34d^2$ 型共价键的共振,这样的共价键也具有同样的磁学性质。

这些锰化合物中的硒—硒和碲—碲间距离的观测值为这种结构解释提供了进一步的证明。这些非金属原子的半径是接近于正常共价半径而不是更接近于四面体型半径,说明这些原子并不形成四面体型共价键:

| | $\frac{X-X}{2}$的长度/埃 | 四面体型半径/埃 | 正常共价半径/埃 |
|---|---|---|---|
| 硫 | 1.04 | 1.04 | 1.04 |
| 硒 | 1.19 | 1.14 | 1.17 |
| 碲 | 1.37 | 1.32 | 1.37 |

## 7-10 分数键的原子间距离

早些时候在讨论金属的原子间距离时,曾对于键数小于 1 的键、亦即分数键的原子间距离提出如下的方程[55]:

$$D(n) = D(1) - 0.60 \times \lg n \qquad (7-7)$$

这里 $D(n)$ 是键数为 $n$(小于 1)的键长,$D(1)$ 则是同类型的(即使用同样的键轨道的)单键键长。

这个方程是用下述方法确定出来的。在 7-6 节中曾经指出,在 $n'=1$、2、3 的范围内,键级 $n'$ 与键长间的关系式是 $D(n') = D(1) - 0.71 \times \lg n'$。此式也可用于 $n'$ 值小于 1 的情况中,例如对键级为 1/2 的键,由此式所给出的键长要比单键的大 0.21 埃。

正如 7-6 节中所论述的那样,$n'$ 和 $n$ 之间的关系是使具有给定键数为 $n$ 的键比具有相同的 $n'$ 值的键要略为短些(但 $n'=1$、2 和 3 时除外,因为此时 $n$ 和 $n'$ 是一致的),这是由于共振能的稳定作用。使用(7-7)式时就考虑了这种缩短的效应,其中是用系数 0.60 代替了(7-5)式中的 0.71。

应用(7-7)式可以有效地从金属元素的原子间距离观测值制订出一组金属半径值;用这些半径又可以进而讨论金属间化合物的结构(第十一章)。这些方面都对(7-7)式给予了支持。

我们可选取已在第五章和 7-9 节中所讨论过的 $CuCl_2 \cdot 2H_2O$ 晶体作为应用(7-7)式的例子。在这个晶体中,铜原子形成指向正方形 4 个顶点上的 4 个强键,其中两个键以 2.275 埃的键长和氯原子相连,另两个键以 1.925 埃的键长和氧原子(在水分子中的)相连。这些键可作为单键看待,其中铜的键轨道在性质上接近于 $dsp^2$ 型,但由于奇电子的竞争可能使它的 $d$ 性少于 25%。此外,铜原子还有另两个相靠近的氯原子,这样便完成一个粗略的正规配位八面体。这两个原子和铜相距 2.95 埃,比单键距离大 0.67 埃,由(7-7)式得出的相应键数是 0.07。用铜的八面体型半径 1.35 埃作类似的计算,得出其键数为 0.10。我们可以概括地说,这两个键是极弱的,在这个晶体中(以及在其他一些像 $CuCl_2$ 和 $K_2CuCl_4 \cdot 2H_2O$ 的晶体中,其中铜处于类似的环境)的铜原子是可以恰当地描述为正方四共价型的。

## 7-11　单键金属半径的数值

在第十一章中将讨论金属单质晶体中的实测原子间距离,并介绍如何从这里推导出一组单键金属半径。表 7-18 给出了这些单键金属半径的数值。它所指的是那些键轨道具有和在金属本身(将在第十一章中讨论)中一样杂化性的共价单键。这些半径和其他半径(四面体型的,八面体型的)之间的关系可由通过这些数值的比较看出来。

表 7-18　单键金属半径　　　　　(单位:埃)

| Li | Be | B | | | | | | | |
|----|----|----|----|----|----|----|----|----|----|
| 1.225 | 0.889 | 0.81 | | | | | | | |
| Na | Mg | Al | Si | | | | | | |
| 1.572 | 1.364 | 1.248 | 1.173 | | | | | | |
| K | Ca | Sc | Ti | V | Cr | Mn | Fe | Co | Ni |
| 2.025 | 1.736 | 1.439 | 1.324 | 1.224 | 1.176 | 1.171 | 1.165 | 1.162 | 1.154 |
| | Cu | Zn | Ga | Ge | | | | | |
| | 1.173 | 1.249 | 1.245 | 1.223 | | | | | |

| Rb | Sr | Y | Zr | Nb | Mo | Tc | Ru | Rh | Pd |
|---|---|---|---|---|---|---|---|---|---|
| 2.16 | 1.914 | 1.616 | 1.454 | 1.342 | 1.296 | 1.271 | 1.246 | 1.252 | 1.283 |
| | Ag | Cd | In | Sn | | | | | |
| | 1.339 | 1.413 | 1.497 | 1.399 | | | | | |
| Cs | Ba | La | Hf | Ta | W | Re | Os | Ir | Pt |
| 2.35 | 1.981 | 1.690 | 1.442 | 1.343 | 1.304 | 1.283 | 1.260 | 1.265 | 1.295 |
| | Au | Hg | Tl | Pb | | | | | |
| | 1.336 | 1.440 | 1.549 | 1.538 | | | | | |

在以下各章将要使用这些单键金属半径。

有许多双原子氢化物的原子间距离，已经用光谱值方法加以测定了。氢原子不能形成重键，因而双原子氢化物的原子间距离和氢原子的共价半径（我们假定它是 0.300 埃）之差可作为氢化物分子中另一个原子的有效共价半径。在列出单键金属半径（表 7-18）的同时，表 7-19 又列出了基态 MH（气态）的这个差值。可以看到，大多数元素的 $D_e$ 为 0.300 埃和 $R(1)$ 相差不大——其中有半数不超过 $\pm 0.020$ 埃。那些较大的差值，可能是由于杂化键轨道性质的改变（这将在第十一章讨论）所引起的。

**表 7-19　在双原子氢化物 MH 分子中金属原子的有效半径**　（单位：埃）

| | Li | Be | | | | | | | | |
|---|---|---|---|---|---|---|---|---|---|---|
| $D_e-0.300$ | 1.295 | 1.043 | | | | | | | | |
| 半径 | 1.225 | 0.889 | | | | | | | | |
| | Na | Mg | Al | | | | | | | |
| | 1.587 | 1.431 | 1.347 | | | | | | | |
| | 1.572 | 1.364 | 1.248 | | | | | | | |
| | K | Ca | | Mn | Fe | Co | Ni | Cu | Zn | |
| | 1.944 | 1.702 | | 1.431 | 1.176 | 1.243 | 1.175 | 1.163 | 1.295 | |
| | 2.025 | 1.736 | | 1.171 | 1.165 | 1.157 | 1.154 | 1.173 | 1.249 | |
| | Rb | Sr | | | | | | Ag | Cd | In | Sn |
| | 2.067 | 1.846 | | | | | | 1.317 | 1.462 | 1.538 | 1.485 |
| | 2.16 | 1.914 | | | | | | (1.343) | 1.413 | 1.497 | 1.399 |
| | Cs | Ba | | | | | | Au | Hg | Tl | Pb |
| | 2.194 | 1.932 | | | | | | 1.224 | 1.440 | 1.570 | 1.539 |
| | 2.33 | 1.981 | | | | | | 1.336 | 1.440 | 1.549 | 1.538 |

有趣的是 MnH 中锰的有效半径和单键金属半径之差为 0.260 埃，这和锰的反常八面体型半径和 $d^2sp^3$ 八面体型半径之差（7-9 节）差不多一样大。很可能在 MnH 中锰原子的 3d 轨道全被电子所占有而键轨道只具有很少的 d 性。

# 7-12　原子的范德华半径和非键合半径

在电子结构为 :C̈l:C̈l: 的氯分子中，氯的共价半径或以描述为粗略地表示从氯的原子核到和另一氯原子所共享的电子对之间的距离。在这个物质的晶体中,分子借着范德华相互作用被吸引在一起,并位于吸引力[56]和原子间的特有斥力相互均衡的平衡位置上,这样的斥力是由于原子的电子层相互渗透而产生的。让我们把在这种范德华接触中两个氯原子间核间平衡距离的一半即相当于两个分子的相对位置的一半称为氯的范德华半径。

可以料到范德华半径比共价半径大,因为它包含原子间的两个电子对的相互作用,而不是一个电子对。同时氯的范德华半径应该大致等于它的离子半径,因为键合原子在其非键合方向上所呈现的面貌和离子 $:\ddot{C}l:^-$ 在所有方向上所呈现的面貌是一样的。氯的离子半径值为 1.81 埃(第十三章)。在 1,2,3,4,5,6-六氯环己烷的分子晶体中,曾测定其不同分子的氯原子间的距离[57]为 3.60、3.77、3.82 埃;这些数值都接近于其离子半径的两倍。在许多其他的有机晶体和无机共价晶体中也证明有类似的符合。例如氯化镉是由每个氯原子为 3 个八面体所共有而聚结在一起的 $CdCl_6$ 八面体层所组成(图 7-10 和 7-11)。各层之间仅借微弱的范德华力的维系而叠合起来(这晶体表现出明显的底面解理就是由这种层状结构所造成的结果)。不同层的氯原子间的距离为 3.76 埃,这只比离子值 3.62 埃略为大些。在有着同样层状结构(图 7-12)的碘化镉中,不同层的碘原子间距离为 4.20 埃,比离子值 4.32 埃稍小一点。

**图 7-10 相当于组成为 $MX_2$ 的八面体层**

这里每个八面体的中心有一个 M 原子,八面体的每一个顶点有一个 X 原子,
这个顶点又是 3 个八面体所共有的。这样的层可以看成是伸展到无限远的

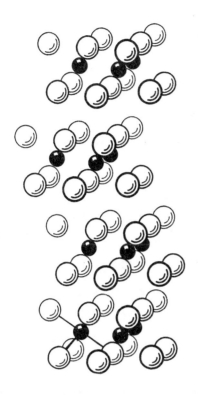

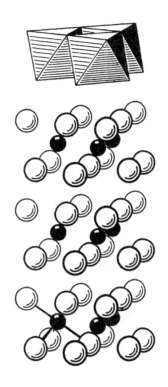

**图 7-11　在氯化镉 $CdCl_2$ 三方晶体中**

**镉原子(小球)和氯原子(大球)的排列**

各原子排列成如图 7-10 所示的八面体层。

各层按图中所示的方式重叠着。

在垂直的三次轴方向上每三层重复一次

**图 7-12　在碘化镉六方晶体中镉原子**

**(小球)和碘原子(大球)的排列**

各原子排成如图 7-10 所示的八面体层。

各层的顺序与氯化镉的不同,

每层直接位于下层之上

　　其他一些非金属元素也发现有与其离子半径差不多相等的范德华半径。例如硫在辉钼矿的层状晶体中,各层之间的有效范德华半径是 1.75 埃,这比离子半径 1.85 埃稍为小些;这个减少可能是因为形成 3 个共价键的硫原子只有一个未共享电子对留来照顾范德华接触。

　　在晶体中,一个原子的有效范德华半径的数值决定于把分子维系在一起的吸引力的强度以及与原子所成的共价键相对而言的接触方向(就像下面所要讨论的那样)。因此它的变动要比相应的共价半径为大。表 7-20 给出非金属元素的离子半径,可用作它们的范德华半径。这些数据只列到最靠近的 0.05 埃,它们的可靠程度仅为 0.05 或 0.10 埃。[58]对于氮族元素,则由少数可以找到的实验数据看来,其范德华半径比其离子半径小了 0.2 埃左右,这便是表中所列的数值。

表 7-20　各原子的范德华半径　　　　　　　　（单位：埃）

| N | 1.5 | H | 1.2 | | |
|---|---|---|---|---|---|
| | | O | 1.40 | F | 1.35 |
| P | 1.9 | S | 1.85 | Cl | 1.80 |
| As | 2.0 | Se | 2.00 | Br | 1.95 |
| Sb | 2.2 | Te | 2.20 | I | 2.15 |

甲基 $CH_3$ 的半径是 2.0 埃。

芳香分子的厚度之半是 1.70 埃。

整个甲基的半径可给定为 2.0 埃。例如在多聚乙醛[59]中,每个甲基被其他分子的 8 个甲基所围绕,其中两个的距离是 3.90 埃,4 个是 4.03 埃,另两个是 4.11 埃;在六甲基苯[60]中,分子之间的甲基—甲基相距 4.0 到 4.1 埃之间。亚甲基 $CH_2$ 也可给定和甲基的 2.0 埃相等的范德华半径。下面所列的一些分子间相接触的距离证实了这个数值:在二酮哌嗪[61]中,$CH_2—CH_2=3.96$,$CH_2—O=3.32$、3.33,$CH_2—N=3.55$、3.69 埃;在甘氨酸[62]中,$CH_2—CH_2=4.05$,$CH_2—O=3.38$、3.52 埃。在许多其他的晶体中也有类似的数值。

Mack[63]曾经着重指出,把氢原子的范德华半径给定为 1.29 埃左右,可以对甲基及其他烃基的大小作出满意的解释。在多聚乙醛,二酮哌嗪和甘氨酸中,氢的有效半径变动于 1.06~1.34 埃之间。表 7-20 中所列出的是其平均值 1.2 埃。

图 7-13 至图 7-16 表示范德华半径在决定分子形状中的作用。

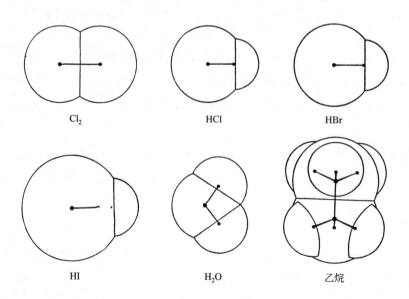

Cl₂　　　HCl　　　HBr

HI　　　H₂O　　　乙烷

图 7-13　把原子表为半径等于其范德华半径的球体时一些代表性分子的示意

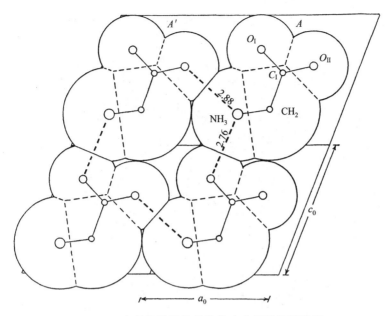

**图 7-14 在甘氨酸晶体的结构中分子的排列情况**

[分子的堆积取决于各基团的范德华半径以及 N—H⋯O 型的氢键(见第十二章)]

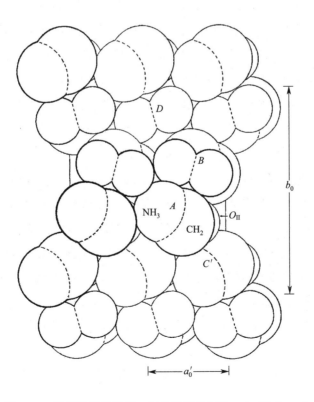

**图 7-15 甘氨酸晶体的另一种堆积图像**(Albrecht 和 Corey)

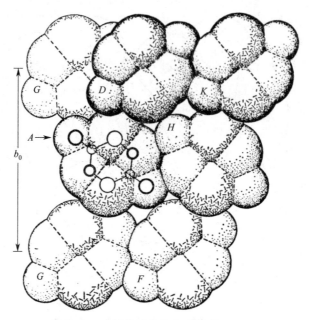

**图 7-16　二酮哌嗪晶体的堆砌图**(Corey)

饱和烃晶体中分子间的距离可用这些半径并考虑分子或基团旋转的可能性来加以计算。对芳香分子还要引入另一个因素。[64]在蒽、四甲苯、六甲苯、1,14-苯嵌双蒽以及其他许多芳香烃中都观察到这些分子中的双键伸展在环平面的上方和下方,因而环状分子具有 3.4 埃左右的有效厚度。在石墨的各层之间也发现有同样的数值。

值得注意的是表 7-20 中所载的范德华半径比相应的单键共价半径大 0.75～0.83 埃;在范德华半径的可靠限度之内,可当作它们等于其单键共价半径加上 0.80 埃。

在离开共价键成键方向只有很小角度的方向上,原子的有效半径常比远离这个键向的各方向上的范德华半径为小。这可以从以下事实很好地想象得出:例如决定氯离子 $:\ddot{Cl}:^-$ 靠左方向大小的那个电子对,在氯甲烷 $H_3C:\ddot{Cl}:$ 中,由于键的形成被挤回去了,因此,键合于同一原子上的原子彼此间的距离要比范德华半径之和小很多。在四氯化碳中,氯原子间仅相距 2.87 埃,但是这些物质的一些性质表明,这里并没有表现出相当于范德华直径为 3.6 埃时所应有的相斥作用及其所产生的巨大张力。即使在二氯甲烷和三氯甲烷中(这里可通过键角的增大来减少张力),氯—氯之间的距离也只有 2.92 埃。我们的结论是:在靠近成键方向(在 35°以内)的方向上,原子的非键合半径约比范德华半径小 0.5 埃;形成共价单键的原子是可以当成一个在成键处被削小了的球体来看待。

**参考文献和注**

[1]　由各种方法得出的原子间距离值的可靠程度决定于方法的性质。由双原子分子光谱得出的

数值通常精确到 0.001 埃以内；对于多原子分子，可靠性就要差些。对于如甲基氰等中等复杂的分子，近年来已用微波谱法测定出许多精确的原子间距离（在 0.001 埃之内）。由气体分子电子衍射得出的数值随着研究工作的细致与否和分子的复杂程度而定，可能误差从 0.005 到 0.05 埃或者更大。如果原子间距离是直接从晶胞的大小定出的（例如在金刚石中的情况），则晶体 X 射线方法提供的数值可达 0.001 埃的精确度。但是一般来说，它还和从应用强度数据所算出的一些另外的参数有关。在这种情况下只有个别的测定才精确到 0.005 埃。在近年来所进行的一些细致的 X 射线研究工作中，包含几个参数的 X 射线晶体结构值的可能误差在 0.005 埃左右；其他的则为 0.05 埃，甚至更大些。由气体分子的 X 射线衍射方法得出的数值仅可靠到 0.1 或 0.2 埃。原子间距离的数值表载于下列各书中：P. W. Allen and L. E. Sutton，*Acta Cryst*，**3**，46（1950）；G. W. Wheland，*Resonance in Organic Chemistry*（《有机化学中的共振》）（John Wiley and Sons，New York，1955）和 Sutton，*Interatomic Distances*。大多数关于晶体的数值是来自 *Strukturbericht* 第 I 到 Ⅶ 卷（1913～1939）以及 *Structure Reports* 第 8 卷和以后出版的各卷（8～15，1940—1951）。R. W. G. Wyckoff 的 *Crystal Structures*（《晶体结构》）（Interscience Publishers，New York 1948 年和以后）也是一本有用的数据汇编。

　　[2]　J. D. Dunitz and V. Schomaker，*J. Chem. Phys.* **20**，1703（1952）。

　　[3]　C. Wong，A. Berndt，and V. Schomaker，在 Cal. Inst. Tech. 进行过但尚未发表的研究工作。

　　[4]　根据微波研究，C—O 键的键长曾报道为 1.427 ± 0.007 埃，见 P. Venkateswarlu and W. Gordy，*J. Chem. Phys.* **23**，1200（1955）。另一些数值来自旧的电子衍射和 X 射线研究工作，它们一般只准确到 ±0.02 埃。

　　[5]　L. S. Bartell，L. O. Brockway，and R. H. Schwendeman，*J. Chem. Phys.* **23**，1854（1955）。

　　[6]　在提出一组适用于各类晶体的粗略的原子半径之后不久[W. L. Bragg，*Phil. Mag.* **40**，169（1920）]，就认识到一个原子的有效半径是与其结构以及环境有关，特别是和它与相邻原子间所形成的键的性质有关。在 1920—1927 年间，Landé、Wasastjerna、Goldschmidt 和 Pauling 等提出一组完整的用于离子型分子和晶体的离子半径值，这些工作将在第十三章中讨论。在 1926 年，M. L. Huggins [*Phys. Rev.* **28**，1086（1926）] 发表了一组适用于含有共价键的晶体的原子半径。同年，V. M. Goldschmidt 发表了得自金属和共价非金属晶体的原子半径值（"Geochemische Verteilungsgesetze der Elemente"，*Skrifter Norske Videnskaps-Akad*，Oslo，I，*Mat*，-*Naturv. Kl.*，**1926**）；后来他将这些数值和另一些数据集成一张适用于金属和金属互化物的半径数值表（*Trans. Faraday Soc.* **25**，253 [1929]；见第十一章）。以后 L. Pauling 和 M. L. Huggins（*Z. Krist.* **87**，205 [1934]）考查了共价晶体的原子间距离，从而制订出将在 7-9 节中给出和介绍的四面体型半径、八面体型半径和正方型半径的数值表，并根据当时所能找到的少数正常价键分子的数据将一些四面体型半径值做了少许改变，得出和表 7-2 相差极小的正常单键共价半径值 [可同时参考 L. Pauling，*Proc. Nai. Acad. Sci. U. S.* **18**，293（1937）]，此后，对气体分子的电子衍射和微波研究工作以及对分子晶体进一步的 X 射线研究工作，为检验和修正半径数值表提供了许多原子间距离数值。

　　[7]　在原来制订共价半径数值表时，作了一个重要的假定，那就是 S—S 单键距离是 2.18 埃，正如在黄铁矿 $FeS_2$ 和褐硫锰矿 $MnS_2$ 中的一样。后来这个假定不但在 $S_8$（晶体）和 $S_8$（气体）（表 7-3）中得

到验证；而且在 $S_8$（液体）和 $S_x$（塑性硫）（S—S＝2.07 埃，2.08 埃；N. S. Gingrich，*Phys. Rev.* **55**,236 [1939]；*J. Chem. Phys.* **8**,29[1940]），$H_2S_2$ ｛S—S＝（2.05±0.02）埃｝和 $(CH_3)_2S_2$ ｛S—S＝（2.04± 0.03）埃；D. P. Stevenson and J. Y. Beach，*J. A. C. S.* **60**,2872［1938］｝、$(CH_3)_3S_3$（2.04±0.02）埃：J. Donohue and V. Schomaker，*J. Chem. Phys.* **16**,92[1948]）以及$(CF_3)_2S_2$ 和$(CF_3)_2S_3$（2.06±0.02）埃；H. J. M. Bowen，*Trand. Faraday Soc.* **50**,444,452,463[1954]）中得到证实。

［8］ 在许多其他物质，例如六亚甲基四胺（这里 C—N＝1.47 埃）中也有类似的符合；本来可以复制出一个非常完备的数值表来表明这种符合的程度，但由于篇幅的限制从略。

［9］ L. O. Brockway，*J. A. C. S.* **60**,1348(1938)。

［10］ P. A. Giguère and V. Schomaker，*J. A. C. S.* **65**,2025(1943)。

［11］ V. Schomaker and D. P. Stevenson，*J. A. C. S.* **63**,37(1941)。

［12］ Bartell and Bonham，*loc. cit.* (T7-4)。

［13］ Gallaway and Barker，*loc. cit.* (T7-4)。H. W. Thompson，*Trans*，*Faraday Soc.* **35**,697(1939)，根据红外光谱得出（1.331±0.005）埃，Allen and Plyler，*loc. cit.* (T7-4)，则报道为（1.337±0.003）埃。在本书的第二版中，曾引用 V. Schomaker 早些时候由电子衍射方法所得到的数值（1.330±0.005）埃。

［14］ G. Herzberg and J. W. T. Spinks，*Z. Physik* **91**,386(1934)；Saksena，also Christensen *et al.*，both *loc. cit.* (T7-4)。

［15］ L. F. Thomas，E. I. Sherrard，and J. Sherjdan，*Trans. Faraday Soc.* **51**,619(1955)。

［16］ A. A. Westenberg，J. H. Goldstein，and E. B. Wilson，Jr.，*J. Chem. Phys.* **17**,1319(1949)

［17］ C. C. Costain，*J. Chem. Phys.* **23**,2037(1955)。

［18］ 参考文献见表 7-4 的脚注。

［19］ Thomas *et al.*，*loc. cit.*［15］；M. D. Danford and R. L. Livingston，*J. A. C. S.* **77**, 2944 (1955)。

［20］ J. Sheridan and L. F. Thomas，*Nature* **174**,798(1954)。

［21］ R. M. Badger，*J. Chem. Phys.* **2**,128(1934)；**3**,710(1935)。

［22］ E. H. Eyster，*J. Chem. Phys.* **6**,580(1938)。

［23］ J. Waser and L. Pauling，*J. Chem. Phys.* **18**,747(1950)。

［24］ Pauling，*loc. cit.*［6］，L. Pauling，L. O. Brockway，and J. Y. Beach，*J. A. C. S.* **57**,2705(1935)；Pauling and Brockway，*loc. cit.* (T7-1)。

［25］ 根据高分辨率的联合散射光谱：Stoicheff，*loc. cit.* (T7-4)，339. R. Wierl，*Ann. Physik* **8**,521 (1931)报道的数值是 1.390 和（1.40±0.03）埃；L. Pauling 和 L. O. Brockway，［*J. Chem. Phys.* **2**,867 (1934)报道为（1.390±0.005）埃］；V. Schomaker 和 L. Pauling，［*J. A. C. S.* **61**,1769(1939)］报道为 1.393 埃。这些都是用电子衍射法测定的。

［26］ J. Ovenend and H. W. Thompson，*J. Opt. Soc. Am.* **43**,1065(1953)；Herzberg and Stoicheff，*loc cit.* (T7-4)；O. Bastiansen，未发表的电子衍射研究(1958)。

［27］ R. E. Marsh，*Acta Cryst.* **11**,654(1958)。

[28]　B. P. Stoicheff,*Can. J. Phys.* **35**,837(1957);O. Bastiansen,未发表的电子衍射研究(1958).

[29]　W. G. Penney,*Proc. Roy. Soc. London* **A158**,306(1937);H. O Pritchard and F. H. Sumner,*Trans. Faraday Soc.* **51**,457(1955).

[30]　D. W. J. Cruickshank,*Acta Cryst.* **9**,915(1956);**10**,470(1957).

[31]　J. Trotter,*Acta Cryst.* **11**,423(1958).

[32]　C. A. Coulson,*Proc. Roy. Soc. London* **A169**,413(1939).

[33]　L. Pauling,*J. Phys. Chem.* **56**,361(1952). 在上面的讨论中,已经对论文中的看法作了少许的改动.

[34]　所用的势能函数是:

$$V(D)=\frac{1}{2}\alpha_1 k_1 (D-D_1)^2+\frac{1}{2}\alpha_2 k_2 (D-D_2)^2+\frac{1}{2}\alpha_3 k_3 (D-D_3)^2$$

权重 $\alpha_1$,$\alpha_2$,$\alpha_3$ 的相对值取$(1-\alpha)^2$、$2\alpha(1-\alpha)$、$\alpha^2$,其中 $\alpha=(n+1)/2$($n$ 为键数).

[35]　H. Braune and P. Pinnow,*Z. Physik. Chem.* **B35**,239(1937).

[36]　V. Schomaker and B. Glauber,*Nature* **170**,290(1952);*Phys. Rev.* **89**,667(1953).

[37]　Huggins 和 Panling and Huggins,*loc. cit.*[6].

[38]　J. D. McCullough,*Z. Krist.* **94**,143(1936).

[39]　J. L. Hoard and J. D. Grenko,*Z. Krist.* **87**,100(1934).

[40]　N. V. Sidgwick,*Ann. Repts. Chem. Soc.* **30**,120(1933).

[41]　N. Elliott,*J. Chem. Phys.* **2**,298(1934).

[42]　L. Pauling and M. L. Huggins,*loc. cit.*[6].

[43]　T. F. Gaskell,*Z. Krist.* **96**,203(1937);F. A. Bannister,*ibid.* 201.

[44]　A. F. Wells,*Z. Krist.* **100**,189(1938).

[45]　L. E. Godycki and R. E. Rundle,*Acta Cryst.* **6**,487(1953).

[46]　S. W. Peterson and H. A. Levy,*J. Chem. Phys.* **26**,220(1957).

[47]　H. Koyama,Y. Saito,and H. Kuroya,*J. Inst. Polytech. Osaka City Univ.* **4**,43(1953);E. A. Shugam,*Doklady Akad. Nauk S. S. S. R.* **1951**,853;E. G. Cox and K. C. Webster,*J. Chem. Soc.* **1935**,731.

[48]　R. G. Dickinson and L. Pauling,*J. A. C. S.* **45**,1466(1923).

[49]　J. L. Hoard and H. H. Nordsieck,*J. A. C. S.* **61**,2853(1939).

[50]　$\frac{1}{2}(s+p_z)$和$\frac{1}{2}(s-p_z)$这两个键轨道使 $s$ 轨道完全用到了。这两个键轨道有相反的键向,强度为 1.95.

[51]　W. Gordy and J. Sheridan,*J. Chem. Phys.* **22**,92(1954).

[52]　L. Pauling and M. L. Huggins,*loc. cit.*[6].

[53]　F. Offiner,*Z. Krist.* **39**,182(1934).

[54]　N. Elliott,*J. A. C. S.* **59**,1958(1937).

[55]　L. Pauling,*J. A. C. S.* **69**,542(1947).

〔56〕 这些主要是 London 色散力,这种力的性质我们将不予讨论。可参考 F. London, *Z. Physik* **63**, 245(1930);也可参阅 *Introduction to Quantum Mechanics*.

〔57〕 R. G. Dickinson and O. Bilicke, *J. A. C. S.* **50**, 764(1928).

〔58〕 不同分子中的原子间距离曾由几位作者作过简短的讨论,其中包括 S. B. Hendricks, *Chem. Revs.* **7**, 431 ( 1930 ); M. L. Huggins, *ibid.* **10**, 427 ( 1932 ); 和 N. V. Sidgwick, *Ann. Repts. Chem. Soc.* **29**, 64(1933).

〔59〕 L. Pauling and D. C. Carpenter, *J. A. C. S.* **53**, 1274(1936).

〔60〕 K. Lonsdale, *Proc. Roy. Soc. London* **A123**, 494(1929); L. O. Brockway and J. M. Robertson, *J. Chem. Soc.* **1939**, 1324.

〔61〕 R. B. Corey, *J. A. C. S.* **60**, 1598(1938).

〔62〕 G. Albrecht and R. B. Corey, *J. A. C. S.* **61**, 1037(1939); Marsh, *loc. cit.* 〔27〕.

〔63〕 E. Mack, Jr. , *J. A. C. S.* **54**, 2141(1932).

〔64〕 Mack, *loc. cit.* 〔63〕; *J. Phys. Chem.* **41**, 221(1927).

〔朱平仇　译〕

# 第八章

# 分子中共振的类型

*• Types of Resonance in Molecules •*

现在，我们准备在前面各章所论及的关于分子介于几个价键结构之间共振现象的性质以及它和分子的能量、原子间距离等性质的关系的基础上，开始讨论那些不能给定单一价键图式的分子的结构。这些共振分子中有些已在前面作为实例谈过；在选择另一些作为讨论的对象时，我们总是设法阐明共振的所有主要类型，对每一情况提供佐证。我们不打算，实际上也不可能把这种讨论做到非常全面，因为一旦认识了共振现象的性质，就会看出它对每个化学部门以及几乎是每类物质都是有意义的。

这里要进行的对各种分子中共振的讨论也许会使读者感到它似乎是远非定量的，因而是没有多大价值的。确实，这里所提出关于共振分子结构的图像常常是不很肯定的；但是在量子力学共振现象首次用于分子结构问题以后所经历的一些年代里，借助于实验和理论方法，已经有可能在半定量的体系的描述上取得了令人鼓舞的成就，而且，我们可以预期在将来还会有更大的进展。

Department of Chemistry
National University of Amoy
Amoy, Fukien, China
December 24, 1948

Dear Professor Pauling,

Things in China have kept on changing since I wrote you last time. As my family was becoming very much worried about my personal safety, I decided to wind up my lectures in Hangchow two weeks ahead of schedule. At present I am back in Shanghai, awaiting transportation to take me down to Amoy. I am lucky enough to find two boats going south within the next few days, one of them being a passenger boat scheduled to leave to-morrow. It would be a great relief to myself as well as to my family when I get back to Amoy and carry on my work as usual, as most people are inclined to think that Amoy must be the safest place in my country right now if there should still exist places of safety at all to speak of. But I am still wondering when we could get over this difficult situation and this awful feeling of suspense. Things still continue to be difficult. How bad it is can be judged from the following figures — our pay for November and December, in C.N.$ 800. each month; plane fare from Shanghai to Amoy, single-trip, C.N.$ 2,730; even by boat, the fare is as high as C.N.$ 1,680 for first class accommodation. Every academic man begins to wonder what we are actually working for or even how we can still carry on our work.

Dr. Z.H. Yu, who worked on structures of minerals in Bragg school and is at present professor at the National Tsinghua University, is leaving for the States and is planning to spend part of his furlough visiting Tech and M.I.T. I recall that sometime in 1945 he sent you a manuscript on a new method of interatomic vector map synthesis and asked you for comments. I suppose that Dr. Yu can tell you and Dr. Verner Schomaker now regarding this method than I can here. He is anxious to discuss this and also his recent work with you and Verner. I am sure you will find him a very nice and pleasant man.

Best season's greetings to you, Mrs. Pauling, and all my friends at Tech.

Sincerely yours,
Chia-Si Lu

## 8-1 简单的共振分子的结构

**一氧化碳和一硫化碳** 第六章中已经谈到,一氧化碳在 $^+$:C::Ö:$^-$、:C::Ö:.、.:C::O: 和 $^-$:C:::O:$^+$ 这四个结构间共振,并由共振能和偶极矩提供了证明。偶极矩的数值[1]是 0.112D,它的方向[2]相当于正电荷位于氧原子上。

在讨论分子中原子间距离为 1.130 埃这个观测值[3]时,我们必须用如 $^+$:C—Ö:$^-$、:C=Ö:、.:C=O: 和 $^-$C≡O:$^+$ 这样的正常共价结构,而不用如:C:Ö: 等的极端共价结构,这是因为我们的共价半径的经验系统是根据具有正常离子性分量的正常共价结构。从第一个结构推测的键长是 1.43 埃,第二和第三个都是 1.21 埃(表 7-5),第四个则是 1.07 埃。[4]从表 7-12 可以看出,观测的键长值相当于键数为 2.4,按照 $xy$ 键和 $xz$ 键进行独立共振的原则进行计算,可认为键数 2.4 是表示 $^+$:C—Ö:$^-$ 为 10%,:C=Ö: 和:C=O: 各为 20%,$^-$:C≡O:$^+$ 为 50%。

如果每个键(包括弯键)含有 16% 部分离子性,则从分子的这些共振结构可以导出观测的电偶极矩数值。这个离子性分量比在表 3-10 中列的适用于碳—氧键的数值(22%)稍为小些。我们认为从键长观测值所导出的结构在计算的准确度范围内是和观测的电偶极矩相适应的。

CS 中的键长曾用微波谱法[5]测定为 1.535 埃,相当于键数 2.4。从电偶极矩的观测值[5]1.97D 也能导出键数的另一数值。碳和硫有相同的电负性,所以偶极矩全部来自 $^-$:C≡S:$^+$ 和 $^+$:C—S:$^-$ 这两个结构对分子基态的贡献之差。利用核间距与电荷将 1.97D 的偶极矩分为两部分,由此获得这差值是 27%,键数的值为 2.27——这可能比由键长所得出的数值稍为可靠些。我们能够推断,偶极的方向是从硫(正)向着碳(负)。假定 $xy$ 和 $xz$ 两个键进行独立的共振,则键数 2.27 相当于 $^+$:C—S:$^-$ 为 13%,:C=S: 和:C=S: 各为 23.5%,$^-$:C≡S:$^+$ 为 40%。

已经测定出来的硫原子的电四极矩和由电子所产生的电四极场之间的相互作用,也可看成是指明[5]结构 $^-$:C≡S:$^+$ 有 40% 的贡献。

---

◀ 1948 年 12 月 24 日,卢嘉锡写给鲍林的信。

---

**二氧化碳及相关的分子**  像一氧化碳这种不寻常的分子,其具有共振结构是应该不算意外的;但认为自从价键理论创立以来就将其价键式写成 O═C═O 的二氧化碳不能单用这个结构来很好地表示,其他的一些价键结构也要做出重要的贡献,一定会使每个人深感诧异。

这个分子中的碳—氧距离已知[6]为 1.159 埃。如果单用 O═C═O 结构来表示这个分子的话,此距离应当是 1.18 埃,即双键的键长再加上对相邻弯键的校正。但是无论如何这里有两个双键的平面不相同的结构:$\ddot{O}$═C═$\ddot{O}$: 和 :$\ddot{O}$═C═$\ddot{O}$:。此外,还可能与其他像 :O≡C—$\ddot{O}$: 和 :$\ddot{O}$—C≡O: * 这样两个结构进行共振。如果 $xy$ 和 $xz$ 键是独立共振的,则用表 7-12 中所列的对 $n=2.00$ 的校正可得键长为 1.16 埃。这个值与观测值相符,所以我们认为二氧化碳分子的基态可以描述为是由 :$\ddot{O}$═C═$\ddot{O}$:、:O≡C—$\ddot{O}$: 和 :$\ddot{O}$—C≡O: 这四个结构组成的,每个结构的贡献都是 25% 左右。

观测的相对于酮型双键的共振能是 33 千卡/摩尔。

在氧硫化碳和二硫化碳中可以预期有和二氧化碳相同类型的共振,观测的原子间距离,[7]在 SCO 中是 C—O=1.164 埃,C—S=1.559 埃;在 $CS_2$ 中是 C—S=1.553 埃。这都和预期值 C—O=1.16 埃和 C—S=1.56 埃相符。

在氧硒化碳中的键长[8]是 C—O=1.159 埃和 C—Se=1.709 埃,在 TeCS 中是 Te—C=1.904 埃和 C—S=1.557 埃。[9]这些值都与预期值接近。

二氧化三碳分子是直线型的,[10]这和从两个双键型结构 A 和 B 以及结构 C 和 D 中所预期的一样:

$$A \qquad :\ddot{O}═C═C═C═\ddot{O}:$$

$$B \qquad :\ddot{O}═C═C═C═\ddot{O}:$$

$$C \qquad {}^{+}:O≡C—C≡C—\ddot{O}:{}^{-}$$

$$D \qquad {}^{-}:\ddot{O}—C≡C—C≡O:{}^{+}$$

这四个结构含有相同数目的共价键,但 C 和 D 具有分离的形式电荷,而在 A 和 B 中则没有,因此可以预期 C 和 D 对于分子基态的贡献将比 A 和 B 的小些。若只在 A 和 B 间共振,可以估计 C—O=1.18 埃,C—C=1.274 埃;若在 4 个结构间作同分量的共振,则 C—O=1.16 埃,C—C=1.254 埃。观测值[11]是 C—O=1.160 埃和 C—C=1.279 埃,这

---

\* 原书此处误为 :$\ddot{O}$—C≡O:⁻,已改正。——译者注

表明它是在 A 和 B 间共振,同时像 $:\overset{+}{O}\!\!\equiv\!\!C\!\!-\!\!\overset{..}{C}\!\!=\!\!C\!\!=\!\!\overset{..}{O}:$ 这样类型的四个结构也会有些

贡献,但共价半径及其校正还没有准确到足以得出更精确的结论。分子的振动频率与这

个结构是相一致的。[12]

　　**腈类和异腈类**　对于乙腈(以及其他烷基腈类),作为初步近似可认为其结构是

$$H\!-\!\overset{\overset{\displaystyle H}{|}}{\underset{\underset{\displaystyle H}{|}}{C}}\!-\!C\!\!\equiv\!\!N:$$ 有证据表明,另外如 $$H\!-\!\overset{\overset{\displaystyle H}{|}}{\underset{\underset{\displaystyle H}{|}}{C}}\!-\!C\!\!=\!\!\overset{+}{\underset{..}{N}}:^{-}$$ 的几个结构也有显著的贡献,总共是

20％左右。原子的电负性差值表明,每个 H—C 键应有的 4％的离子性,其中氢为正;

C≡N叁键中的 3 个弯键每一个约有 7％的离子性,此中氮则为负。如果这些键的离子型贡

献是同步出现的,则甲基碳原子上的电子对和氰基碳原子的自由轨道将形成碳═碳双键的

另一半,就像上面结构所表示的那样。观测的乙腈的电偶极矩是 3.44D,这远比甲基和氰基

矩值之和(约为 1.5D)为大。如果把观测的矩值归因于各共轭结构 $H_3^+CCN^-$,则算得它们

的贡献总共为 24％。而且分子中 C—C 键长[13]是 1.459 埃,相当于有 17％左右的双键性

(表 7-9),因此这些共轭结构的贡献为 17％,这与可靠性较差的偶极矩值是大致符合的。

　　在丙二腈 $CH_2(CN)_2$[14]中也发现其碳—碳键长有同样的数值(1.460 埃),这表明共轭

作用[15]基本上是由氰基决定的。三氟乙腈中 C—C 键长的数值据报道是 1.475 埃。[16]

　　关于碳—氮间的距离,在乙腈中据报道是 1.157 埃,在其他分子中基本上也是一样

的。这数值正是具有少量双键性的叁键键长的预测值。

　　关于异腈中 $R\!-\!\overset{..}{N}\!\!=\!\!C:$ 和 $R\!-\!\overset{+}{N}\!\!\equiv\!\!C:^{-}$ 两个结构相对重要性这个有趣的问题,可以

这样来解答。曾观察到异乙腈中原子 C—N—C 形成直线构型,因此第二个结构说是稳

定的,而第一个则不稳定,依此我们可认定第二个结构是两者之中比较重要的一个。

N—O 键长的观测值为 1.167 埃,[17]从这点考虑可以获得粗略的定量结论。因为这两个

结构的氮—碳键长的推测值分别为 1.262 埃和 1.150 埃,所以应用在推导(7-4)式时所用

的方法,取 $k_2/k_3$ 为 2,则根据观测值可以算出 $H_3C\!-\!\overset{+}{N}\!\!\equiv\!\!C:^{-}$ 做出 74％的贡献,

$H_3C\!-\!\overset{..}{N}\!\!=\!\!C:$ 则做出 26％的贡献。

　　在甲基碳原子和氮原子之间的键长,观测值[17]是 1.427 埃,这和纯单键的数值

1.432 埃(已对相邻弯键作了－0.040 埃的校正)近于相等。从这个很小的差值我们得出

如下的结论: $$H\!-\!\overset{\overset{\displaystyle H}{|}}{\underset{\underset{\displaystyle H}{|}}{C}}\!=\!\overset{+}{N}\!=\!\overset{..}{\underset{..}{C}}:^{2-}$$ 等结构仅有很小的低于 3％的贡献;根据邻近电荷规则(将在

下一节中讨论),这些结构是可以排除掉的。

## 8-2　邻近电荷规则和电中性规则

在 6-1 节中，曾经认为一氧化二氮是共振于 A、B 和 C 这三个结构之间，这三个结构在性质上非常相类似，因而它们对分子基态要做出大约相同的贡献。但是，还有第四个结构 D 也应该加以讨论：

$$A \qquad {}^{-}:\ddot{N}=N\overset{+}{=}\ddot{O}:$$

$$B \qquad {}^{-}:\ddot{N}=N\overset{+}{=}\ddot{O}$$

$$C \qquad :N\equiv N\overset{+}{-}\ddot{O}:^{-}$$

$$D \qquad {}^{2-}:\ddot{N}-N\overset{+}{\equiv}O:^{+}$$

结构 D 和与一氧化二氮等电子的二氧化碳的第四个结构相类似，因而 D 对于一氧化二氮可能也是重要的。假设一氧化二氮是在 4 个结构间共振，而且贡献大致相等，则可导出 N—N 键长是 1.15 埃，N—O＝1.11 埃；这样 N—O 键长就小于 N—N 键长，这和下列的观测数据相矛盾[18]：N—N＝1.126 埃，N—O＝1.186 埃。相反地，观测值却正是它在前 3 个结构间共振的预测值。

我们可把结构 D 在这里不做出贡献的情况归因于电荷分布所带来的不稳定性，因为这种分布给相邻原子以相同符号的电荷。所谓邻近电荷规则[19]就是说，具有相同符号的电荷位于相邻原子上的结构对分子基态只能做出微小的贡献。这个规则在共价的叠氮化物和硝酸氟的观察中得到了进一步的证实。[20]在 $NaN_3$ 和 $KN_3$ 等离子晶体中，叠氮离子是对称直线型的，两端原子和居中原子间的距离同为 1.15±0.02 埃。[21]如果它是共振于下列 A、B、C 和 D 4 个结构之间：

$$A \qquad {}^{-}:\ddot{N}=N=\ddot{N}:^{-}$$

$$B \qquad {}^{-}:\ddot{N}=\overset{+}{N}=\ddot{N}:^{-}$$

$$C \qquad {}^{2-}:\ddot{N}-\overset{+}{N}\equiv N:$$

$$D \qquad :N\equiv\overset{+}{N}-\ddot{N}:^{2-}$$

而且 4 个结构做出同样的贡献，则导致与观测值相符合的键长：假使只考虑结构 A 和 B，则要求其键长为 1.17 埃。另一方面，共价分子叠氮甲烷则具有如下的构型[22]：

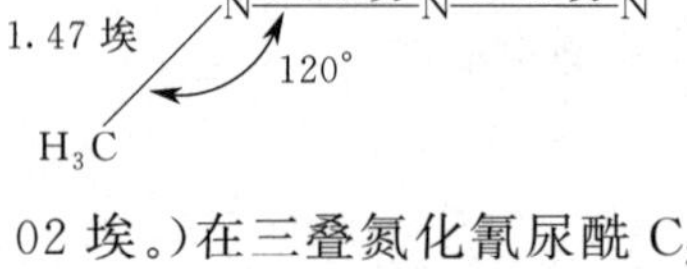

（所列出的键长，可能误差为 0.02 埃。）在三叠氮化氰尿酰 $C_3H_3(N_3)_3$ 和叠氮酸 $HN_3$ 中

也发现共价的叠氮基具有相似的构型,[23]$C_3H_3(N_3)_3$ 中的两个 N—N 键长分别是 1.26 埃和 1.11 埃,$HN_3$[24]中两个 N—N 键长分别是 1.240 埃和 1.134 埃,H—N—N 间键角为 112.7°。这些键长的数据和在下列 A、B、C 和 D 4 个结构

A　　R—N̈＝N⁺＝N̈:⁻

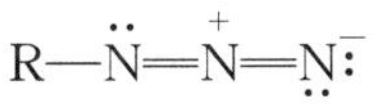

B　　R—N̈＝N⁺＝N̈:⁻

C　　R—N̈̄—N⁺≡N:

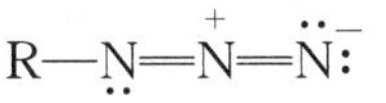

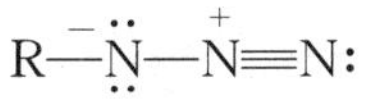

D　　R—N⁺≡N⁺—N̈:²⁻

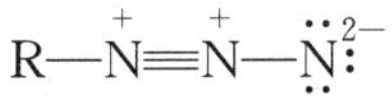

间的共振是不相一致的;但和在 A、C 之间作均等的共振却很好地符合,这样算出来的键长值分别为 1.25 埃和 1.12 埃。邻近电荷规则的意义可以从如下的事实看出:共价键的形成给氮原子以正的形式电荷,所以在共价叠氮化物中结构 D 被排除掉,但在叠氮离子的情况则不如此。

另一个重要的结构特征是 R—N—N 间的键角。结构 A(无张力)的键角值是 116°,C 是 108°,D 是 180°(B 也可以是 116°,但此时分子平面应该垂直于 A 的平面)(4-8 节)。在几个结构间共振时,可期望这个键角有个平均值。根据实验测定,在叠氮甲烷中是 120°± 10°,在三叠氮化氰尿酰是 114°±3°,在叠氮酸中是 112.7°±0.5°,这和共振于 A 和 C 之间的推测值(约 112°)相符合。

邻近电荷规则的另一个应用是对硝酸氟分子的处理,这将在下一节中讨论,在那里还要提到共价型的和离子型的叠氮化物和硝酸盐的稳定性问题。

在这些分子的讨论中也可应用电中性规则。这个规则(5-7 节)提出,[25]一般说来,物质的电子结构总是竭力设法使每个原子的净电荷基本上等于零。如果无法降低电荷的话,则由于部分离子性有可能在电负性差别很大的原子之间造成特别大的电荷 。电中性规则可用来解释 CO 和 NNO 的特别小的电偶极矩(它们分别是 0.112D 和 0.166D)。如果 NNO 和共价叠氮化物的结构 D 要做出可观的贡献,则将给末端氮原子以较大的负电荷。而且从结构 D 本身来看,它在一个原子上有两个单位的负形式电荷,而另两个原子则又有相邻的同号形式电荷,这就是造成它不够稳定的两个重要因素,因而也减低了它对分子基态的贡献。

**氰酸盐与硫氰酸盐**　对氰酸可以写出如下的 3 个合理的结构:

$$A \qquad \begin{matrix} \ddot{N}=C=\ddot{O}: \\ | \\ H \end{matrix}$$

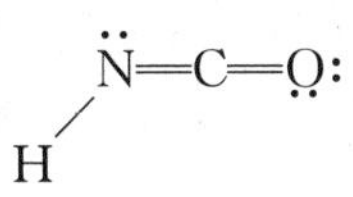

$$B \qquad \begin{matrix} :\ddot{N}^{-}-C=O^{+} \\ | \\ H \end{matrix}$$

$$C \qquad \begin{matrix} N^{+}=C-\ddot{O}:^{-} \\ | \\ H \end{matrix}$$

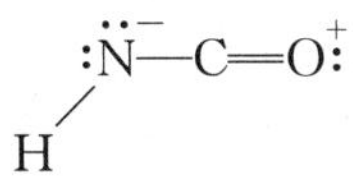

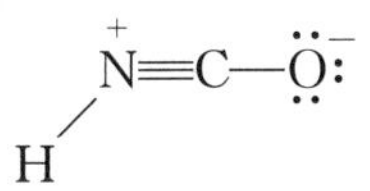

对于这三个结构,氰酸基都是直线型的。H—N—C 的键角(无张力)的推测值,就 A 来说为 116°,B 为 108°,C 为 180°(4-8 节)。在这三个结构间的共振将使这个角具有一定平均值(还有类似于 A 但双键在另外平面上的第四个结构未予考虑,因为它不会对 N—H 键提供键轨道)。

这个分子的一些观测(微波)数据是[26]:N—C=1.21 埃,C—O=1.17 埃(两者都是 ±0.01 埃);键角 H—N—C=(128.1±0.5)°。这些键长相当于分子几乎均等地在 3 个结构之间共振。键角的观测值比 3 个结构的平均值小 10°,这反映出 C 的贡献比另两个结构略为小些。

硫氰酸 HNCS 的观测[27]数据是:N—C=1.218 埃,C—S=1.557 埃,键角 H—N—C=136°。键长正是在 3 个结构间共振所预期的,键角也有预期的数值。

$H_3CNCS$ 的观测(波微)数据[28]为:$H_3C$—N=1.47 埃,N—C=1.22 埃,C—S=1.56 埃,键角 C—N—C=142°。这也和假设在 3 个结构间共振而得的推测值很好地相符合。但是 $H_3CSCN$ 的结构稍有不同,[28]其中 $H_3C$—S=1.81 埃(这是正常单键值),S—C=1.61 埃,C—N=1.21 埃,键角 C—S—C=142°。这些键长表明 $H_3C—\overset{+}{\overset{..}{S}}=C=\overset{-}{\overset{..}{N}}:$ 结构的贡献大约为 70%,$H_3C—\overset{..}{\overset{..}{S}}—C≡N:$ 结构则大约是 30%;结构 $H_3C—\overset{2+}{S}=C—\overset{2-}{\overset{..}{N}}:$ 由于电荷的不利分布而没有贡献。不过键角的报道值却远大于推测值(约 113°)。

## 8-3 硝基和羧基;酸和碱的强度

对于硝基,推测它是在 $R—\overset{+}{N}$ 和 $R—\overset{+}{N}$ ,这两个等价的结构之间共振,结构 $R—\overset{2+}{N}$ ,也许有小量贡献。从这个推测可导出 O—N=O 键角具有四面体型值 125°16′,N—O 键长为 1.27 埃,而且硝基中的 3 个原子以及 R 中和氮相连的原子将是共面的,两个氧原子对于 R—N 轴将是对称的。对二硝基苯[29]中键角的观测值为 124°,N—O 键长为 1.23 埃。

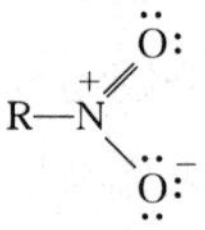

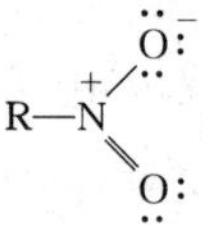

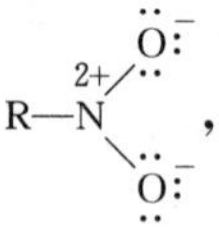

在硝酰氯 $NO_2Cl$[30]中用微波谱法测得的数值分别为 130°35′±15′和(1.202±0.001)埃。这两个数据指出,结构 $\overset{+}{N}$ $Cl^-$ 有显著的贡献。N—Cl 键长为(1.840±

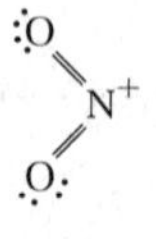

0.002)埃,比单键长 0.11 埃,这指出这个结构的贡献是 24%[(7-7)式]。

虽然硝基中两个共振的结构是等价的,在羧基及其酯类中各共振结构却是不等价的,然而在相应的离子中则又变为等价的:

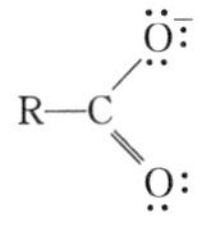

A 和 B 这两个结构虽然不等价,但并不完全妨碍它们的共振,这是因为相应的共振能仍然很大,在酸中为 28 千卡/摩尔,在酯中为 24 千卡/摩尔。

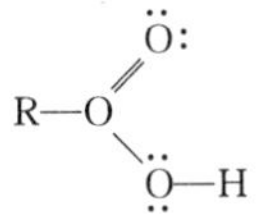

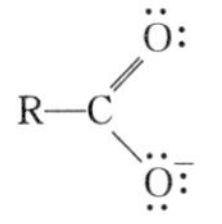

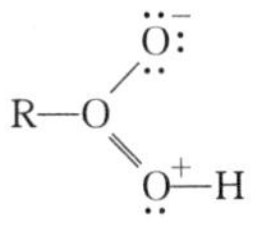

据推测羧酸离子的构型是 O—C═O 键角等于 125°16′,每个 C—O 键的长度为 1.27 埃(单键和双键的键长分别是 1.41 埃和 1.21 埃)。这都与实验值接近;例如甲酸钠、钙、锶和钡盐的平均值是(125.5±1)°和(1.25±0.01)埃。[31]

对甲酸来说,两次电子衍射研究[32]所给出的数值分别为:O═C—OH=(123±1)°,C═O=(1.22±0.01)埃,C—OH=(1.36±0.01)埃;这些数据也得到多次红外光谱和微波谱研究的支持,而且据报道,许多其他羧酸也有近似的数值。从这些键长所算出的键数分别约为 1.85 和 1.15;这就是说,氢原子的存在使得结构 A 有 85% 的贡献,而结构 B 的贡献只有 15%。在酯类中发现有基本上相同的共振情况。以甲酸甲酯为例,羧基中的键长[33]分别是 C═O=(1.22±0.03)埃和 C—OCH$_3$=(1.37±0.04)埃。

共振概念给羧基的某些特性提供了个明显的解释,其中最显著的是酸的强度。假如羧酸的电子结构是 R—C⟨$\overset{O}{_{OH}}$,它的酸强度和醇的就只能有很小的差别。双键上的氧原子将从碳原子吸引电子,碳原子也将向羧基的氧施加同样的影响,因而使它带有净正电荷。这样就将排斥质子,即通过诱导效应的作用使酸常数有所增加。但是与结构 B 的共振将为在羟基上的氧安置正电荷提供了更为有效的途径,羧基之所以有高的酸强度主要应归因于这个效应。

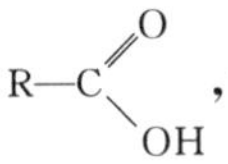

还可从另一种观点来讨论羧基的酸强度。在非共振分子中,伴随着羟基的电离自由能有某种程度的降低,它相应于酸常数 $K_A$ 的数值。羧基电离时的自由能降低要比羟基电离时的大些,这是因为从共振受到部分限制的不对称构型变为完全共振的对称离子构型时,基团的共振能有所增大。这对于酸常数的影响可用下式表示:

$$共振能的变化＝RT\ln(K_{A'}/K_A)$$

式中的 $K_{A'}$ 是共振基团的酸常数。[34]若羧酸离子的共振能是 36 千卡/摩尔,酸的共振能是 28 千卡/摩尔,则酸常数就将从 $2\times10^{-11}$ 增加到实验值 $1.8\times10^{-5}$(就乙酸和以下各同系物的酸常数来说是这样)。$2\times10^{-11}$ 这个数值与醇类和水中羟基的酸常数(约为 $10^{-16}$)之差可归因于诱导效应。遗憾的是羧酸离子的共振能还没有合适的实验值。[35]

像氯这类电负性原子在烃键上的取代使酸常数得到进一步的增加(例如乙酸的 $K_A=1.86\times10^{-5}$,氯乙酸为 $1.5\times10^{-3}$,二氯乙酸为 $5\times10^{-2}$,三氯乙酸为 $2\times10^{-1}$),这仍可归之于诱导效应;电负性原子的影响可通过烃链而传递到氧原子。[36]此外,也还有静电相互作用。

酚的酸常数为 $1.7\times10^{-10}$,比脂肪族醇类的大得多。这可归因于它与 F、G 和 H 等结构的共振,

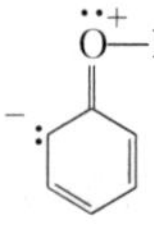

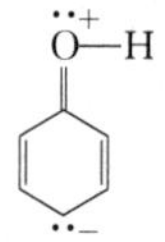

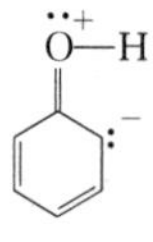

这种共振使氧原子得到了正的形式电荷。环的诱导效应是微小的;酸常数从脂醇到酚类增加 $10^6$ 倍左右,这表明苯氧离子在 I~V 结构之间的共振能比酚的共振能约大 8 千卡/摩尔。这是意料之中的,因为这五个结构在性质上极为类似,所差的仅是负电荷的位置;至于未电离的分子,由于分离了的电荷,F、G 和 H 等结构远没有正常结构那么稳定,因而对共振能只做出小量的贡献(7 千卡/摩尔,见表 6-2)。

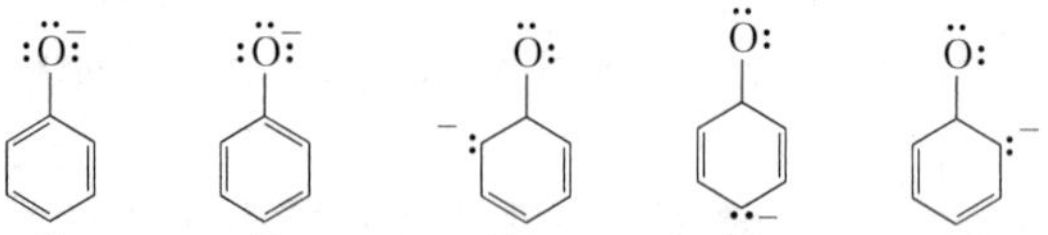

取代到酚上面的硝基由于电负性基团(通过 $N^+$ 连接到苯环上)的诱导效应,应该增加其酸常数;而且当硝基在邻位和对位取代时,由于像下面那些结构的贡献,又将出现额外的共振效应。

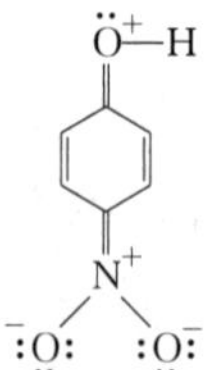

未电离的分子 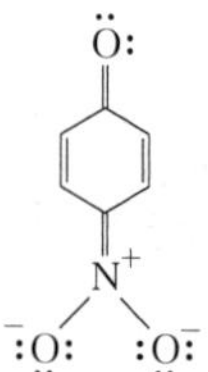　　　　离子

这些都使未电离分子的氧原子带正电荷而使得它排斥质子。通过 25℃ 时 $K_A$ 的实验值的分析发现,硝基的诱导效应约使 $K_A$ 增加 45 倍,在邻位和对位的共振效应又使其增加 22 倍左右。硝基酚类的酸常数近似地等于由酚的酸常数 $1.1 \times 10^{-10}$ 乘上一个常数;对每个间位硝基来说,这个常数为 45,对每个邻位或对位硝基来说,这个常数则为 1000。据此所算得的数值和实验值的比较列于表 8-1 中。

在邻位和对位增加的 22 倍,相应于离子要比未电离分子多出 1.8 千卡/摩尔（$= RT \ln 22$）的共振能。这是不无理由的;每个邻位或对位硝基只包含一个这样的共振结构,而在未电离的分子中,由于电荷的不利分布使得这个结构不能做出什么贡献。[37]

其他如氰基和醛基等基团也使酸强度有类似的增加。邻羟基苯甲腈的 $K_A$（在质量百分数为 50：50 的乙醇-水溶液中）是 $4.5 \times 10^{-9}$,酸度比酚的大,这是由于有

这样的结构参与共振。因为这种共振包含位于环的 1,2-位置上的双键,这个现象可用来研究各键的双键性分量。阿诺德（Arnold）和斯普朗（Sprung）[38] 获得了这方面的数据,他们发现（在乙醇-水溶液中）1-羟基-2-萘甲腈的 $K_A$ 值为 $2.2 \times 10^{-7}$,3-羟基-2-萘甲腈的 $K_A$ 为 $2.1 \times 10^{-9}$。在我们讨论芳香分子（6-3 节）时,曾认为萘的 1,2 键有 2/3 的双键性,苯中的键是 1/2,萘的 2,3 键则是 1/3。看来酸常数的增加平行于连接键的双键性分量,而且按照这种方式所提出的经验性关系可以用来利用酸度测定的数据确定键的双键性分量。

**表 8-1 硝基酚类的酸强度**

| 硝基的数目 | | $K_A$ 的计算值 | $K_A$ 的观测值[a] | 化合物 |
|---|---|---|---|---|
| 间 | 邻,对 | | | |
| 0 | 0 | $(1.1 \times 10^{-10})$ | $1.1 \times 10^{-10}$ | 酚 |
| 1 | | $5.0 \times 10^{-9}$ | $4.5 \times 10^{-9}$ | 间硝基酚 |
| 2 | | $2.2 \times 10^{-7}$ | $2.1 \times 10^{-7}$ | 3,5-二硝基酚 |
| | 1 | $1.1 \times 10^{-7}$ | $0.6 \times 10^{-7}$ | 邻硝基酚 |
| | | | $0.7 \times 10^{-7}$ | 对硝基酚 |
| | | | $12 \times 10^{-6}$ | 2,3-二硝基酚 |
| 1 | 1 | $5.0 \times 10^{-6}$ | $6.1 \times 10^{-6}$ | 2,5-二硝基酚 |
| | | | $3.8 \times 10^{-6}$ | 3,4-二硝基酚 |
| | 2 | $1.1 \times 10^{-4}$ | $1 \times 10^{-4}$ | 2,4-二硝基酚 |
| | | | $2 \times 10^{-4}$ | 2,6-二硝基酚 |
| | 3 | $1.1 \times 10^{-1}$ | $1.6 \times 10^{-1}$ | 2,4,6-三硝基酚 |

a. 所有数据都是在 25℃ 测定的。

因为苯中 1,2 位和 1,4 位间的相互作用几乎是等价的,我们可以预料 4-羟基-1-萘甲腈的酸度将表现出中等大小的双键性,因而酸度要接近于邻羟基苯甲腈的数值;这已为实验所证实,实验值为 $4.5 \times 10^{-9}$。

羟基醛类也表现出类似的行为,1-羟基-2-萘甲醛的 $K_A$ 观测值为 $1.2 \times 10^{-8}$,水杨醛

为 $6 \times 10^{-10}$,3-羟基-2-萘甲醛为 $1.3 \times 10^{-10}$。

苯胺的碱强度也可给予简捷的处理。像甲胺那样的饱和脂族胺的碱常数 $K_B$ 约为 $5 \times 10^{-4}$,它相当于反应

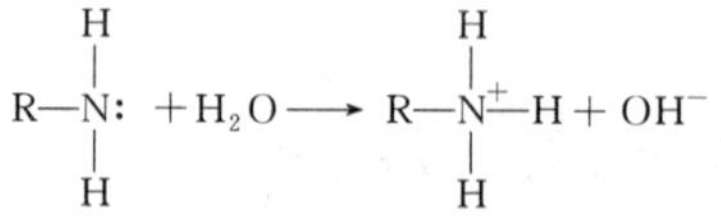

$$R-\underset{\underset{H}{|}}{\overset{\overset{H}{|}}{N}}: +H_2O \longrightarrow R-\underset{\underset{H}{|}}{\overset{\overset{H}{|}}{N}}+H+OH^-$$

这类物质中,氮上的未共享电子对可用于和质子成键。但在苯胺中这对电子已投入共振;虽则苯胺分子在下列 F、G 和 H 这三个结构

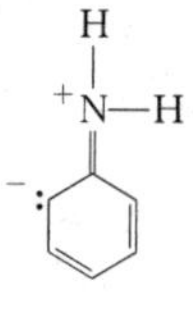

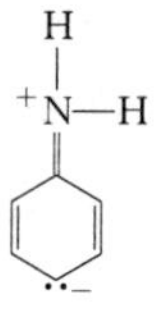

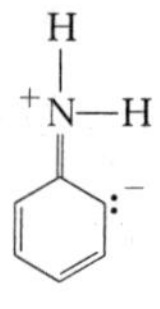

以及它的正常结构 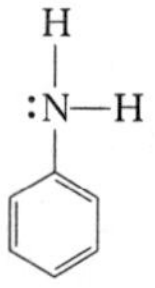 之间共振,苯胺离子却被限制在正常结构 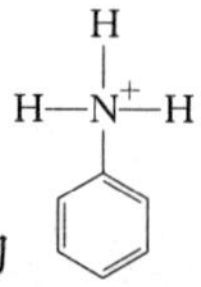 中。这就使得离子不及未电离的分子稳定(用脂族化合物作比较),两者的自由能之差等于由 F、G 和 H 这三个结构所贡献的共振能,所以苯胺的碱离解常数有着很大幅度的降低,降到 $K_B = 3.5 \times 10^{-10}$ 的数值。

因为碱常数改变的因数 $1/1.4 \times 10^6$ 完全是由于添进去的质子使 F、G、H 的共振受到充分的阻碍,$RT \ln 1.4 \times 10^6 = 8.4$ 千卡/摩尔这个数量就代表着苯胺中 F、G、H 的共振能。这个值可能比由热化学数据所给出的 6 千卡/摩尔(表 6-2)还精确些,至少两者是令人满意地符合的。

## 8-4  酰胺和肽的结构

在过去的 20 年中,由于酰胺和肽在蛋白质结构方面的重要性,它们的结构研究已取得了巨大的进展。虽则在本书的第一版(1939)和第二版(1940)中曾经提到关于酰胺的构型和大小还缺乏可用的知识,现在我们却可以说已经得到的关于这个基团的结构资料要比任何一个同样复杂的基团更为详尽,也更加可靠。[39]

酰胺的主要共振结构 A 和 B:

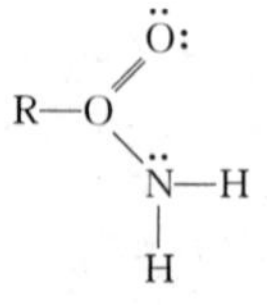

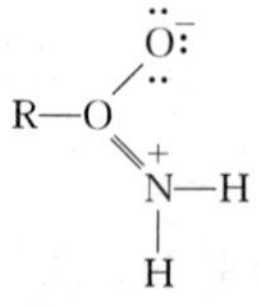

不是等价的。我们估计 A 对于这个基团结构的贡献要比 B 的大些;共振能约为 21 千卡/摩尔(表 6-2)。酰胺是非常弱的碱;在氮上添加质子后就几乎完全妨碍了与结构 B 的共振。相应的碱常数的计算值是 $1 \times 10^{-20}$,这样小的数值,除了表示酰胺不能通过在氨基上添加质子来与酸成盐以外,就没有什么意义了。

酰胺基的结构可用甲酰胺分子来说明。这个分子已用微波谱进行过精细的研究。[40]正如 A 和 B 间共振所要求的那样,这个分子完全是平面型的,它的大小如下图所示:

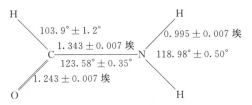

这样的大小基本上是和许多氨基酸、简单的肽以及相关物质的晶体在精细的 X 射线结构测定[41]中通过结果的分析所确定的肽键大小相一致的。

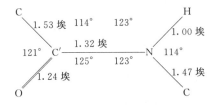

O═C′—N 键角接近于四面体型值 125°16′。键长大致和根据在结构 A、B 间共振所推测的相近:C′—N 键为 1.32 埃,比与双键相邻的单键的预期值小了 0.13 埃,这表示共振结构 B 有相当大的贡献,这种贡献估计是 40% 左右。根据表 7-5 和 7-9,对于 60% A 和 40% B 得出的结构,键长是 C—O═1.26 埃和 C—N═1.34 埃;这里包含垂直于肽键平面的 $p$ 轨道的重键也可能有一些贡献,这样的重键是与相邻键的离子性有关的。[42]*

## 8-5 碳酸根、硝酸根和硼酸根离子及相关的分子

碳酸及其衍生物共振于 A、B 和 C 三个结构之间,这种共振

---

\* 意即指共振结构:

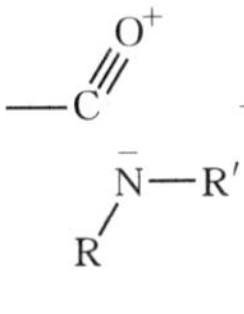

$$
\text{—C}\!\!\begin{array}{c} \overset{O^+}{\big\|} \\ \underset{\underset{R}{|}}{\bar{N}\text{—R}'} \end{array}
$$

——校者注

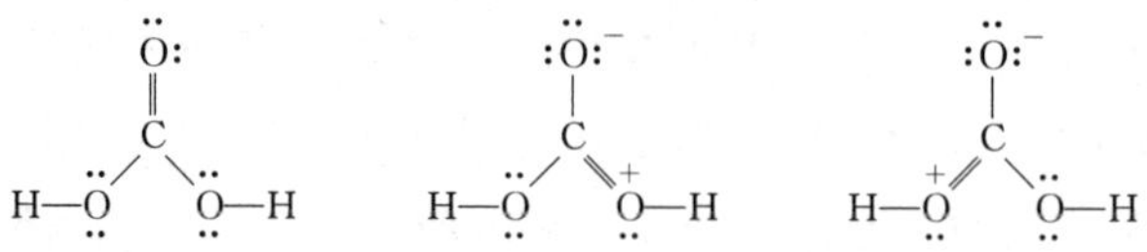

在离子中是完全的,在酸及其酯中则受到一些阻碍(对于结构无须特别提出,这种类型的结构给予键以部分离子性,但是这样的贡献在所有情况下都已经考虑进去了)。

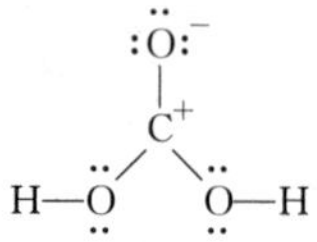

由碳酸二烷基酯的热化学数据所给出的共振能值是 42 千卡/摩尔。这里双键是在三个位置上共振,所以把它和双键在两个位置间共振的脂酸酯类中的相应值 24 千卡/摩尔相比较,就可看出这个数值是相当合理的。

共振结构要求碳酸根离子是平面形构型的,键角为 120°,三个 C—O 键长都等于1.32 埃(表 7-5 和表 7-9)。由于 $p\pi$ 电子对于这些键的贡献,这个数值估计应当再降低0.02 埃左右。这个离子的平面三角形构型已在方解石的早期 X 射线研究工作[43]中被发现过,在以后的其他碳酸盐晶体的研究中又获得证实。C—O 键长的计算值和最近重新研究方解石[44]所获得的 1.30±0.01 埃有满意的符合。

对于具有和碳酸根离子相同结构类型的硝酸根离子,估计过去也观测到有相类似的构型:

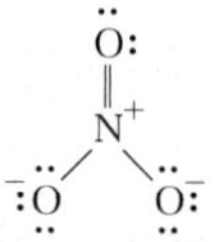

N—O 的键长[44]是(1.218±0.004)埃,远小于表 7-5 和 7-9 中所列的数值。现在还不清楚是否能把这种差异归因于 $p\pi$ 键合。曾经报道过[45]在 $NO_2^+NO_3^-$ 中硝酸根离子里的N—O 键有较大的数值,(1.234±0.01)埃。

在原子或基团以共价键和其中一个氧原子相连接的分子中,发现有平面构型,其N—OR 键长约为 1.38 埃,而—$NO_2$ 基中 N—O 键长则约为 1.28 埃。在硝酸甲酸[46]、硝酸氟[46]、季戊四醇四硝酸酯($C(CH_2ONO_2)_4$)[47]和硝酸[48]中,N—OR 键长的实验值分别为 1.36、1.39、1.36 和 1.41 埃,N—O 键长则分别是 1.26、1.29、1.28 和 1.22 埃(都是±0.05 埃)。这些键长值都指出 N—OR 键约有 15% 双键性。根据光谱研究,曾报道过 $HNO_3$ 中 OH 基绕着 O—N 键旋转的势垒分别是(9.3±1.1)千卡/摩尔[49]和(9.5±0.5)千卡/摩尔[50],这反映出双键性大约是 25%(在这个估计中假定 N ═O 键的能量约为 80 千卡/摩尔)。

曾观察到硼酸中的硼酸基[51]也具有平面三角形构型,B—O 键长为(1.360±0.005)埃。同样地,$BO_3$ 基也存在于许多硼酸盐中。在偏硼酸钙 $CaB_2O_4$ 中[52],有由共用氧原子而形成的无限长的 $BO_3$ 的链;在偏硼酸钾 $K_3B_3O_6$[53]中,这个基团也同样地连接成三聚离子(8-1)。

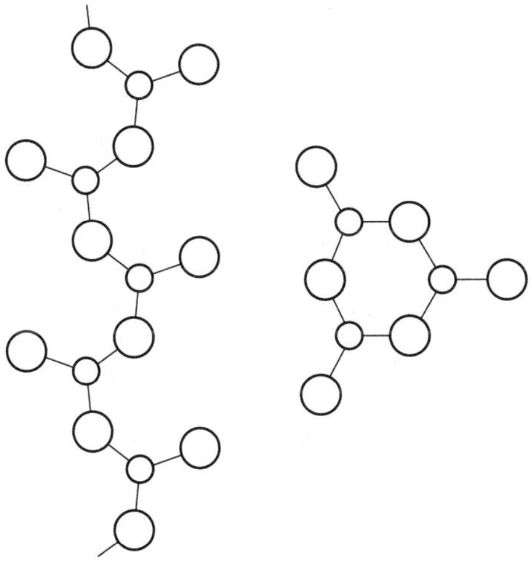

图 8-1 在 $CaB_2O_4$ 中(左边)的无限长的偏硼酸根链$(BO_2)_\infty$

的一部分,和在 $K_3B_3O_6$ 中的偏硼酸环$[B_3O_6]^{3-}$

小圆圈代表硼原子,大圆圈代表氧原子

在许多复杂的硼酸盐中,还有 $BO_4$ 的四面体以及 $BO_3$ 的三角形。例如,离子 $[B_3O_3(OH)_5]^{2-}$ 就是由两个四面体和一个三角形构成的,每一个与其他两个共有一个顶点:

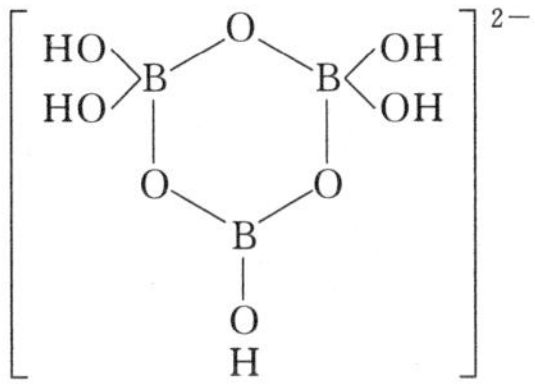

未共有的顶点则被 OH 基团所占有(注意这个离子的负电荷等于四面体的数目)。这种离子存在于板硼石 $CaB_3O_3(OH)_5 \cdot 4H_2O$[54]、三斜硼酸钙石 $CaB_3O_3(OH)_5 \cdot H_2O$[55]和合成物 $CaB_3O_3(OH)_5 \cdot 2H_2O$[56]中。在硬硼钙石 $CaB_3O_4(OH)_3 \cdot H_2O$[57]中有由$[B_3O_3(OH)_5]^{2-}$离子彼此间以共有 O 原子来代替两个 OH 基所连接成的链。硼砂 $Na_2B_4O_5(OH)_4 \cdot 8H_2O$[58]中含有$[B_4O_5(OH)_4]^{2-}$离子,它由两个四

面体和两个三角形按如下方式连接而成：

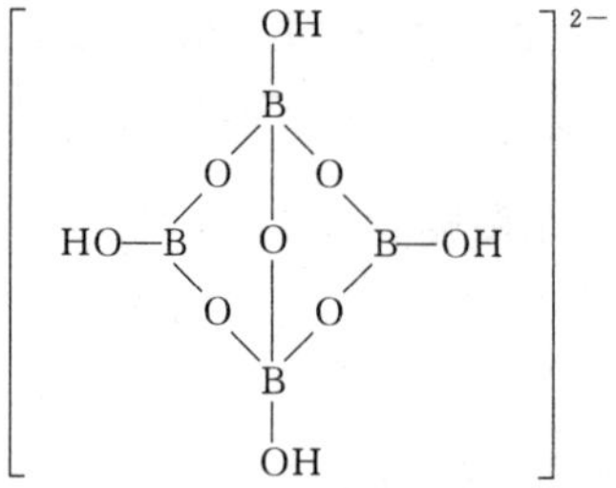

据报道，[59]偏硼酸 $HBO_2$ 含有由四面体和三角形所连接起来的链。

实验测得 $BO_4$ 四面体中 B—O 键长是 $1.47 \pm 0.01$ 埃，在 $BO_3$ 三角形中则是 $(1.37 \pm 0.01)$ 埃。B—O 单键的键长（表 7-5）是 1.43 埃。因此实验值反映出 $BO_4$ 中各键的键数稍小于 1，而在 $BO_3$ 中则稍大于 1（这里约有 20% 双键性，并用了硼的第四个轨道）。

碳酸根型的共振也存在于脲 $CO(NH_2)_2$ 和胍 $CNH(NH_2)_2$ 中。脲的共振能，根据热化学数据计算，是 37 千卡/摩尔；胍则可通过升华热的估计值 24 千卡/摩尔算出共振能为 47 千卡/摩尔。

脲中原子间距离的观测值为[60]：$C—O = (1.26 \pm 0.01)$ 埃，$C—N = (1.34 \pm 0.01)$ 埃。这些键长值指出 C—N 键具有 20% 双键性，C—O 键则有 60%。

胍或胍离子还没有可靠的原子间距离数据。

胍及其衍生物的碱性（向我们）提出了一个有趣的问题。胍本身是个很强的碱，其强度接近于强的无机碱。这事实可以用与上节讨论羧酸时所用的论点密切相关的说法来解释。胍离子在下列 3 个结构间共振：

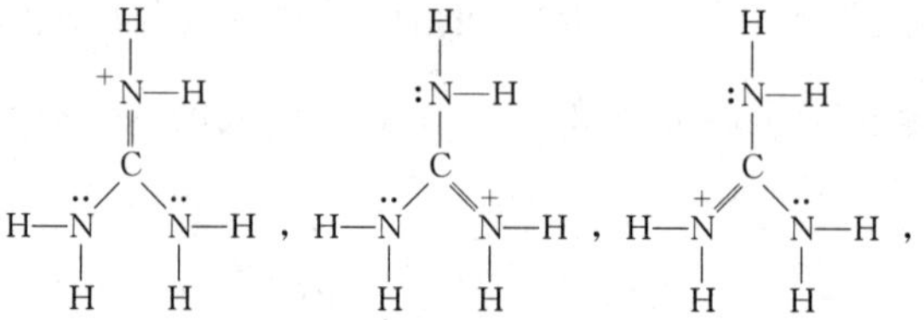

这三个结构是等价的。胍本身也是在 3 个结构间共振：

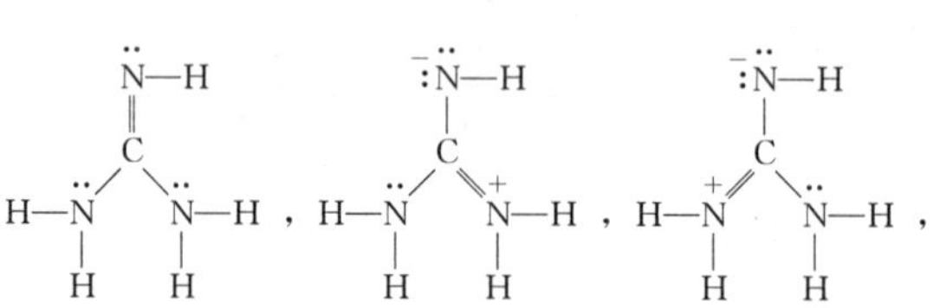

但它们不是等价的。其共振能差别估计为 6~8 千卡/摩尔，这将使碱强度有很大的增加。

由于下述原因，一烷基胍和 N,N-二烷基胍应该是比胍本身稍为弱些的碱。用烷基取代，因为碳的电负性稍大于氢，—$NH_2$ 基上的一个或两个氢原子将促使双键避免朝这个基团的方向移动，因而倾向于使相邻的氮原子不带正电荷。结果双键的共振在某种程

度上就限制在另外两个氮原子上。这促使其碱强度减低到接近于一脒烃的特性,这种减

低对 $HNC\begin{smallmatrix}NH_2\\NHR\end{smallmatrix}$ 约为对 $HNC\begin{smallmatrix}NH_2\\NR_2\end{smallmatrix}$ 的两倍。对于 N,N′-二烷基脲,预期有更大的减低效应。

这里两个氮原子上都有烷基将倾向于迫使双键移到第三个氮原子上,而结构

$$R-N\overset{H}{\underset{}{\phantom{|}}}\cdots-C-N\overset{H}{\underset{}{\phantom{|}}}\cdots-R$$
$$\overset{|}{N}-H$$

就比其他两个更为重要。因此,这个氮原子上添加质子的倾向就很小,这个物质就将成

为一个弱碱。另一方面,N,N′N″-三烷基脒应当是个大约像脒本身一样的强碱,因为在这

个分子及其对称的离子中,共振条件和在脒及其离子中完全一样。这些结论符合于现有

的数据;[61] 脒、一烷基脒、N,N-二甲基脒和 N,N′,N″-三甲基脒都是强碱,但 N,N′-二烷

基脒则是弱碱。


## 8-6 氯乙烯和氯苯的结构及其性质


氯苯和氯乙烯的化学性质与饱和的脂肪族氯化物和氯取代于侧链的芳香族氯化物有巨

大的差别。例如氯甲烷和苄基氯被煮沸的碱所水解而生成相应的醇类,而在这种处理下氯苯

就不发生反应。一般说来,氯原子邻接于芳香环或双键上时,氯原子的活性显著减小。

这里显而易见的解释包括如下类型的共振:

$$\left\{H_2C=C\overset{\overset{\displaystyle\cdots}{\underset{\displaystyle\cdots}{Cl:}}}{\underset{H}{\phantom{|}}}\;,\;H_2C^{-}=C\overset{\overset{\displaystyle\cdots}{\underset{\displaystyle}{Cl:^+}}}{\underset{H}{\phantom{|}}}\right\}$$

这种共振给 C—Cl 键以某些双键性。这样的现象可以描述为氯原子上的未共享电子对

与双键或芳香环间发生了共轭作用。为了研究这个现象和测定这种类型的碳—氯键中

双键性的分量,已经用电子衍射法测定了氯乙烯[62]和氯苯[63]中的碳—氯距离。

研究的结果列于表 8-2 中。在四氯化碳、氯甲烷以及类似分子中碳氯间距离是

1.765 埃,这比表中的数值要小 0.03~0.09 埃;而且还发现在氯乙烯类中,键长的缩短和

与双键共轭的氯原子数目之间存在着合理的联系。对于含有一个或两个氯原子的取代

乙烯约缩短 0.08 埃,用 7-5 节中所介绍的方法来加以解释,这相当于大约 20% 的双键

性。在三氯乙烯和四氯乙烯中缩短的实验值为 0.05 埃,相当于大约 10% 的双键性。在

这些化合物中似乎可能存在氯原子对双键的竞争,造成它们各自的双键性比氯乙烯都有

所减小。和双键性的减少相适应的,已经观察到三氯乙烯和四氯乙烯的活性较氯乙烯和

二氯乙烯的有所增大。

**表 8-2 氯乙烯类和氯苯类中的原子间距离**

| 分子式 | Cl—Cl 距离[a]/埃 | 分子式 | C—Cl 距离[a]/埃 |
|---|---|---|---|
| $CH_2CHCl$ | 1.726 | 对-$C_6H_4Cl_2$ | 1.69 |
| $CH_2CCl_2$ | 1.69 | 间-$C_6H_4Cl_2$ | 1.69 |
| 顺-CHClCHCl | 1.67 | 邻-$C_6H_4Cl_2$ | 1.71 |
| 反-CHClCHCl | 1.69 | 1,3,5-$C_6H_3Cl_3$ | 1.69 |
| $CHClCCl_2$ | 1.71 | 1,2,4,5-$C_6H_2Cl_4$ | 1.72 |
| $C_2Cl_4$ | 1.72 | $C_6Cl_6$ | 1.70 |
| $C_6H_5Cl$ | 1.69 | | |

a. 这些数据的误差都是±0.02埃左右。

在所有研究过的各种氯苯中，缩短的观测值大约为 0.06～0.07 埃，相当于大约15％的双键性（表 8-2 中所列的在 1.69～1.70 埃范围内的变化意义不大，虽然有迹象指出这个距离随着分子中氯原子数目的增加而稍有增大）。从这些结果来看，可以断定苯环与具有与一个双键几乎相同的、与氯原子共轭的能力，而且苯环的共轭能力稍微大些，因为六氯苯的饱和程度比四氯乙烯小。

在乙烯和苯的溴和碘的衍生物中，据报道，[64]原子间距离也有所减低，其大小大致和氯衍生物的相同。在二氯乙炔[65]、二溴乙炔和二碘乙炔[66]中，卤素与叁键共轭，键长约减少了 0.13 埃，相当于具有 25％的双键性。

根据对卤代乙烯类的核电四极耦合常数实验数据的讨论，得出氯乙烯中 C—Cl 键的双键性估计为 6％左右，碘乙烯中的 C—I 键则约为 3％。[67]一卤代苯的电偶极矩数据也曾被解释为相当于 C—X 键具有 4％的双键性。[68]

谢尔曼（Sherman）和凯特拉尔（Ketelaar）及其他工作者曾对上述现象进行了理论的研究。[69]

## 8-7 共轭体系中的共振

对于像 1,3-丁二烯 $CH_2$＝CH—CH＝$CH_2$ 这样的分子，已习惯于给它画一个双键和单键交替安排的价键式；为了表示出它和含孤立双键的分子在性质上的差别，一般说这里的双键是共轭的。从新的观点看来，共轭现象可认为是分子在普通结构和少了一个双键的某些结构之间的共振；就 1,3-丁二烯来说，和普通结构共振的结构就是
$CH_2$—CH＝CH—$CH_2$*，加上少量的 $H_2C^+$—CH＝CH—$CH_2^-$ 等。这些结构都没有那些普

* 现代化学一般写成∶$CH_2$—CH＝CH—$CH_2$，鲍林在此处应是想表示一个双自由基的结构。——编辑注

通结构稳定,所以对于分子的基态也只有少量贡献,而给 2,3 键以少量的双键性。

这个问题的量子力学处理指出,[70]在共轭体系中的单键约有 20％的双键性,而且由于两个双键共轭,产生了大约 5～8 千卡/摩尔的额外共振能。这些计算也表明双键和苯环在共轭能力方面几乎是相等的。

从联苯、1,3,5-三苯基苯、苯乙烯和 1,2-二苯乙烯的热化学数据(表 6-2)得出一个双键和一个苯环或两个苯环的共轭能约为 7 千卡/摩尔。从氢化热的数据得出二烯类中的共轭能较小,约在 2～6 千卡/摩尔之间。[71]

在 1,3-丁二烯和环戊二烯中,得出其共轭双键之间的碳—碳键距离为 1.46 埃。[72]根据表 7-9 来解释,这相当于 15％双键性。用 X 射线方法测定出如下一些分子中位于两个苯环之间或一个苯环和一个双键之间的碳—碳键长,也显示出有同样分量的双键性:1,2-二苯乙烯($C_6H_5$—$CH$═$CH$—$C_6H_5$),1.44 埃;联苯,1.48 埃;对二苯基苯,1.46 埃。

这个双键性分量应当使某处的键具有双键性;特别是共轭体系应当倾向于保持平面构型。像 [结构式] 和 [结构式] 这样类型的顺、反式异构体的化学证据还未找到;这里绕着中间键旋转的阻力还不够大,不能防止这些不同种分子之间的快速互换。但是它大得足以使共轭分子一般地保持平面的平衡构型,而且这种构型已由种种物理方法(例如 X 射线衍射、电子衍射和光谱等)加以证实。在气相中发现反式分子的数目比顺式的多,而在晶体中其构型则经常是反式(就中间单键而言)的。

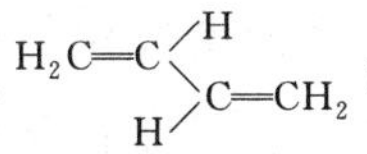

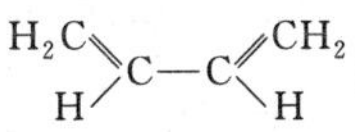

吉勒姆(Gillam)和厄尔·里迪(El Ridi)[73]发现类胡萝卜素有异构型存在,切赫梅斯特(Zechmeister)[74]曾经对这些异构型进行鉴定,肯定这里存在着双键的顺反式异构现象。甲基和氢原子间的空间阻碍使顺式构型大多限于在某些双键上面。[75]吸收光谱提供了关于在长的共轭链中顺式双键位置的情况,并且表明在所有的链中对单键为反式的构型是稳定构型。[75]

根据上节所说的原理,可以对围绕着单键的反式构型的稳定性给出解释。对于共振于主要结构═ — ═和较不重要的结构·— ═ ═ ·、+— ═ — ═ —⁻·、·⁻— ═ — ═ —+等之间的共轭作用,中间键的双键性要求平面构型。相对于非平面构型来说,平面构型的反式和顺式 [结构式] 和 [结构式] 就将获得几千卡/摩尔共振能的稳定性。同时,和中间键相邻的键(普通的单键和弯键),对反式构型将有稳定的相对角度取向,而对顺式构型则将有不稳定的取向(见 4-7,4-8 节);这个能量差,从限制旋转的势垒高度来估计,约为 1.5 千卡/摩尔。

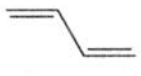

在含有双键和一个叁键的共轭体系中,一个令人惊奇的推测是:稳定的构型……/ ═ \……是对叁键(以及两个相邻的单键)为顺式的构型(而不是反式)。共轭作用同时稳定着顺式和反式平面构型,但和叁键相邻的两个基团的重叠型较优取

向有助于顺式的进一步稳定,这情况正如 4-8 节对二甲基乙炔的讨论相类似。顺式和反式构型的能量差估计为 0.4 千卡/摩尔左右。事实上,反式构型已在 9,9′-脱氢-β-胡萝卜素晶体中[76]发现。不过,似乎很可能的是:在晶体中是分子间作用力把分子的反式构型稳定下来,因为光谱研究表明 7,7′-双脱甲基-9,9′-脱氢-β-胡萝卜素[77]和 9,9′-脱氢-β-胡萝卜素[78]在醚溶液中都是以顺式构型最为稳定。而且这些物质被氢化后主要都给出相应的双脱甲基类胡萝卜素或 β-胡萝卜素的顺式异构体,最多仅伴随着少量的反式异构体。

曾经报道过许多 X 射线研究工作证明共轭分子的平面性。例如 1,2-二苯乙烯分子是平面型的,[79]而和它极为类似的非共轭分子 1,2-二苯乙烷则不是平面型的。[80]反-偶氮苯[81]、草酸和草酸根离子、草酸二甲酯[82]以及许多其他共轭分子也都证明是平面型的。不过,因为共轭"单"键的双键性分量较小,这里促进平面型的力不是很大,因而可能相当容易地被空间效应所制服。这可用图 8-2 来说明,图中示出按比例尺寸画出来的顺-偶氮苯分子,并取 1.0 埃作为氢的范德华半径。可以看出,两个环上的邻位氢原子的接触阻止了分子采取平面构型;事实上,通过 X 射线研究已经看出每个苯基都从其同一平面的取向转动了约 50°。[83]

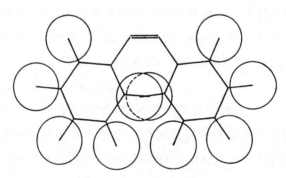

**图 8-2　顺-偶氮苯的平面构型**

(按比例尺寸画出的,氢的范德华半径取为 1.0 埃)。
氢原子的空间相互作用阻止这种构型的实现

以同样比例尺寸(仍取 1.0 埃为氢的非键合半径)画出的 1,3,5-三苯基苯(图 8-3)示出在这个分子中氢原子之间也存在着一些空间排斥。联苯中料想也有同样的情形(图 8-4)。用 X 射线研究三苯基苯证明它不是平面型的,[84]其中两个苯基朝一个方向大约转动了 30°,第三个苯基则朝另一方向转动了 27°。曾经用电子衍射[85]证明在它的气体分子中各环转动了(45±5)°,这里可能在两个方向上存在着统计分布。在联苯中,两个环之间的角度是(45±10)°。[86]

因空间效应而使邻、邻′-取代联苯具有旋光性的现象是大家所熟悉的。[87]

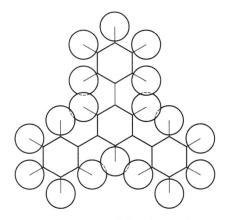

**图 8-3　1,3,5-三苯基苯的平面构型**

(按比例尺寸画出的,氢的范德华半径取为 1.0 埃)

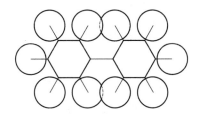

**图 8-4　联苯的平面构型**

(按比例尺寸画出的,氢的范德华半径取为 1.0 埃)

在发现通过光的作用能使溶液中偶氮苯的反式异构体(普通的形式)转变为顺式异构体的现象之后,发展出了一个有趣的测定两个苯环和氮—氮双键的共轭能的方法。[88]像上面所指出的那样,在顺式化合物中,两个环的空间相互作用大到不能取得平面构型,并促使两个苯环各从平面构型转动了 50°左右。因为平面性是双键性的基本属性,所以我们可以假定在顺式偶氮苯及相关分子中的共轭能很小(可能不超过 2 或 3 千卡/摩尔),并把顺式和反式异构体的能量差认为就是反式构型的共轭能。通过这两种晶态物质熔为(反式)液体的熔化热测定确定了这个能量差为 12 千卡/摩尔;[89]通过它们的燃烧热测定确定了能量差为 10 千卡/摩尔。[90]

比尔特斯(Birtles)和汉普森(Hampson)[91]曾经测定了取代均四甲苯的偶极矩,并利用它对在原子和基团的空间相互作用的影响下,分子的核构型与共振作用大小的关系做过有趣的研究。在 6-3 节中曾经指出,取代在苯上的硝基或氨基与苯环间的相互作用将使分子取得不同于相应烷基衍生物的偶极矩数值。[92]硝基苯的偶极矩 3.95D 比硝基烷类的增大 0.64D,这是因为它与类似于下面的一些结构发生共振:

在苯胺中也存在着同样的共振,例如与结构

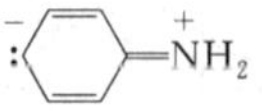

$$\text{:} \overset{-}{\bigcirc} = \overset{+}{N}H_2$$

共振。在同一分子中,如果给电子基和亲电子基互成对位时,还另外存在与例如

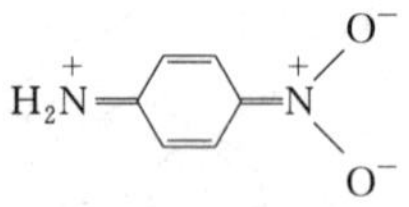

$$H_2\overset{+}{N} = \bigcirc = \overset{+}{N} \overset{O^-}{\underset{O^-}{\diagdown}}$$

等结构的共振。又如对于对硝基二甲基苯胺,这种效应促使偶极矩增大到 6.87D,这比硝基苯的 3.95D 和二甲基苯胺的 1.58D 之和大得多。

为了这些类型的共振可以发生,从而使把苯环和取代基连接起来的键获得部分双键性,分子必须接近于适合这种双键性的平面构型。这在硝基苯本身是可能的;但在硝基均四甲基苯 $\underset{CH_3\ \ CH_3}{\overset{CH_3\ \ CH_3}{\bigcirc}}\text{—}NO_2$ 中,硝基上的氧原子和邻位甲基之间的空间相互作用阻碍了这个平面构型的实现,硝基不得不绕着 N—C 键转动一些角度,与环的共振应该没有硝基苯中那样完全。这种推测为观测的偶极矩所证实:硝基苯,3.93D;硝基均四甲基苯,3.39D;硝基烷类,3.29D。可以看出在硝基均四甲苯基中的偶极矩减低到接近于硝基烷类的数值。在对硝基氨基均四甲基苯中也得到类似的结果:它的偶极矩是 4.98D,比对硝基苯胺的 6.10D 小 1.12D。在这种情况下,硝基和氨基的相互作用共振受到了阻碍。

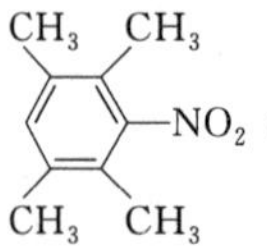

对氨基来说,这种空间效应应当不大,因为它比较小;对溴及其他一些柱形对称的基团,则不存在这种效应。曾经发现一些含有这些基团的相应的均四甲苯和苯衍生物的偶极矩相差很小,这些小的差异要归因于甲基的诱导作用。下列数据说明了这个情况:氨基均四甲基苯,1.39D;苯胺,1.53D;溴代均四甲基苯,1.55D;溴苯,1.52D。

在芳香族分子中空间相互作用对取代基的定位常常是很重要的,在 6-3 节中讨论米尔斯-尼克森(Mills-Nixon)效应时曾经提到:$\alpha,\gamma$-四氢-$\beta$-萘酚在与苯基重氮离子的反应中是在 1 位发生取代,这种效应被解释为由于一个凯库勒结构对分子基态的贡献比另一个稍大。和偶联反应[*]一样,溴化也发生在 1 位;但磺化和硝化却是反常的,它们都导致 3 位衍生物。我们把这些归因于 1 位上的磺酸基或硝基所受到的邻近次甲基的空间排斥作用,造成 1 位的取代活化能增加得足够大以致失去它由于米尔斯-尼克森效应对于 3 位取代所占的小小优势。

---

[*] 原书误为重氮化反应,已改正。——译者注

关于共轭系的平面性程度,光谱法提供了有价值的资料。芴, 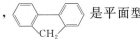 是平面型

的,它在 2500 埃区域有比苯强烈得多的吸收。联苯的吸收介于以上两者之间,这表明它有

些离开平面构型,这是因为两个苯环间的共轭受到妨碍。邻,邻'-取代联苯的吸收仅稍强于

苯本身,表明离开平面构型的程度[93]比联苯更大。同样地,9,10-二苯蒽 9,10-二($\alpha$-萘)蒽

和 9,9'-联蒽的吸收谱和蒽的几乎相同。[94]许多其他的这类研究也已有报道。[95]

**过挤分子**　近年来已经研究过许多因空间排斥而被迫形成非平面构型的稠合芳香

分子。一个例子是 3,4-5,6-二苯并菲:

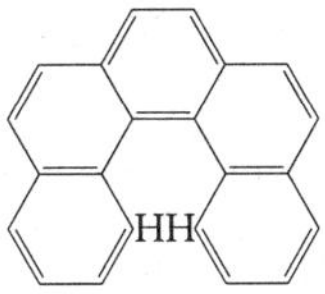

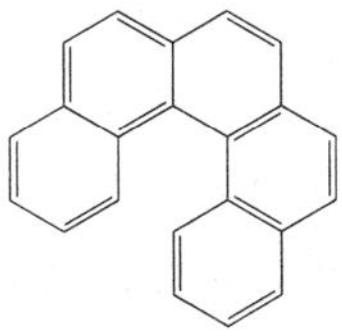

**3,4-5,6-二苯并菲键线式**

如果分子是平面型的,则用 H 标明的两个碳原子将仅相距 1.40 埃,而且这里的两个氢原

子将占有同一个空间的位置。这个分子已被发现[96]变形为平躺的螺旋(左手螺旋或右

手螺旋)的一部分,这样可使两个碳原子及其氢原子相距 3.0 埃左右。对几种其他的分

子也报道过类似的结果。[97]

在双-对二甲苯中:

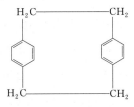 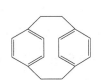

**双-对二甲苯键线式**

两个苯环彼此间接近于平行。假如每个环都是平面的,而且 $CH_2$ 基团中的碳原子具有

四面体型角,则这两个环将仅相距 2.50 埃。空间排斥使苯环变形,从而使每个苯环上的

两个被取代的碳原子都与其他 4 个碳原子所在的平面离开 0.133 埃。按照这种方式,两

环间的距离增加到对被取代的碳原子为 2.83 埃,对其他的原子为 3.09 埃。[98]在双-间二

甲苯中也发现有相类似的变形。[99]

**含叁键的共轭系**　和 1,3-丁二烯相比较,丁二炔共振于更多的结构之间,这是因为直

线型分子允许两个类型的双键(即在两个相互垂直的平面内的)都有贡献(见 7-7 节)。在这

个分子中,C—C 键长的观测值是(1.379±0.001)埃;[100]在氰、丙炔腈、甲基丁二炔、丁二炔

二羧酸以及其他一些分子中也发现有相同的数值。[101]这个数值相应于键数 1.33(7-7 节);

居中的键的双键性分量预期为33％,即大约为介于两个双键之间的单键的双键性的二倍。

乙烯基乙炔,[102]$H_2C$═$CH$—$C$≡$CH$和丙烯腈[103]具有弯曲的平面形结构,$C$═$C$—$C$键角为123°,$C$—$C$键长分别为1.446和1.426埃,相应于13％～20％的双键性(表7-9;注意对相邻的双键和叁键需要作$-0.06$埃的校正)。这与丁二烯中所发现的15％双键性相当符合。

通过微波研究曾经发现,[103a]介于碳—碳叁键和碳—氧双键之间的单键的键长为(1.445±0.001)埃,这表明共振与在乙烯基乙炔中的大约相同。

共轭的化学性质,其中特别是它们传递基团效应的能力,可用共振概念给予定性解释。例如在分子 $(CH_3)_2\overset{..}{N}CH$═$CH$—$CH$═$R$ 中的给电子基团$(CH_3)_2N$—能通过与结构 $(CH_3)_2N^+$═$CH$—$CH$═$CH$—$\overset{..}{R}^-$ 共振将其电子传递给基团 R。罗宾逊(Robinson)曾经对这类现象进行过特别详细的讨论。[104]

## 8-8 杂环分子中的共振

对于吡啶、吡嗪(对二氮杂苯)以及相关的六元杂环分子,有着类似于苯的凯库勒型共振,它使分子取得平面形而且以大约40千卡/摩尔的共振能稳定了它们。在这些分子中键距的观测值[105]为:$C$—$C$=1.40埃,$C$—$N$=1.33埃和$N$—$N$=1.32埃,都与这种结构相适应。对于喹啉,发现其共振能为69千卡/摩尔,与萘的近于相同。

在三叠氮化氰尿酰[106]$C_3N_3(N_3)_3$ 和三氨基氰缩氰尿酸离子[107]{化学式为$[C_3N_3(NCN)_3]^{3-}$}中氰尿酸环有着从凯库勒型共振所预测的构型和大小。氰白尿酸离子$[C_6N_7O_3]^{3-}$和三氨基氰缩氰白尿酸离子$[C_6N_7(NCN)_3]^{3-}$中的氰白尿酸核$C_6N_7$(图8-5)提供了一个有趣的共振类型。[108]这个核的电子结构不仅相当于在如下两个(相当于苯的凯库勒结构的)价键结构Ⅰ和Ⅱ:

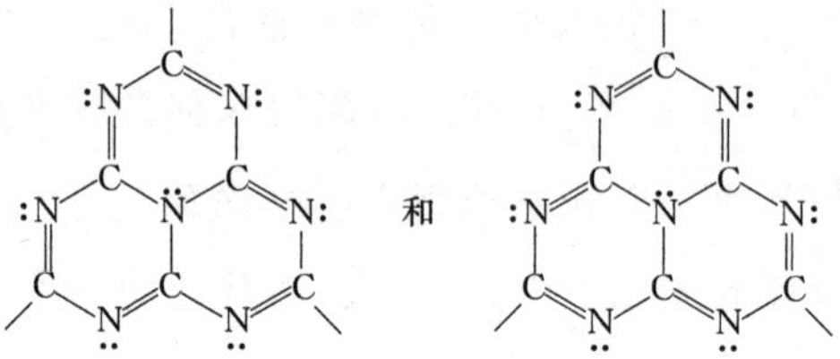

Ⅰ 和 Ⅱ

---

\* 现代化学中一般将五元环画成 ⬠ 这样的正五边形。本书为保持鲍林时代的科学史风貌,未作改动。——编辑注

而且还在包括Ⅲ到ⅩⅩ型的 18 个结构：

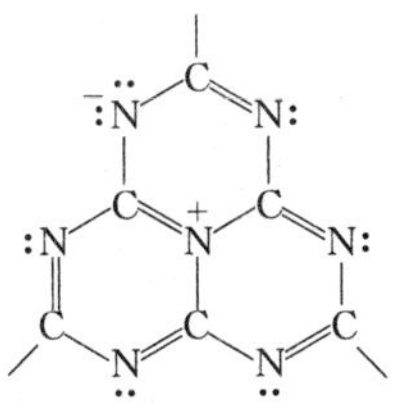

Ⅲ～ⅩⅩ

之间的共振；后 18 个结构中的每一个也都有 6 个双键但都出现分离的电荷，它们的贡献较结构Ⅰ或Ⅱ的稍为小些（可能约为其 1/2 或 2/3）。

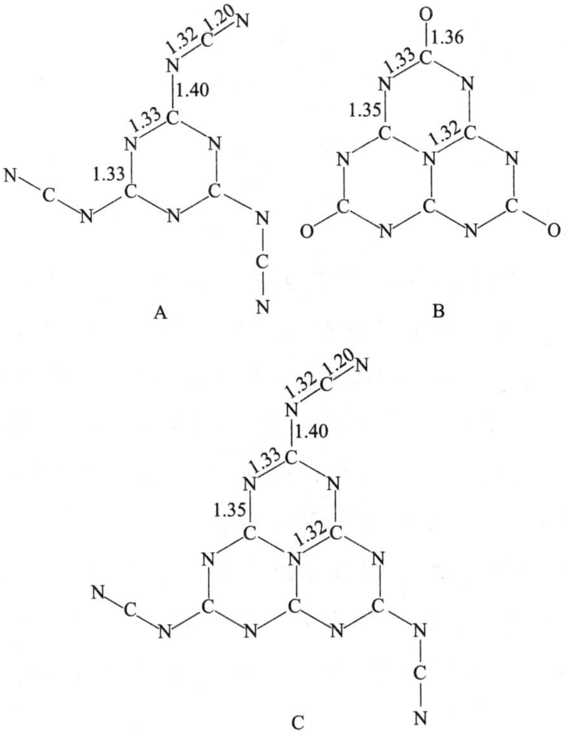

**图 8-5　(A)三氨基氰缩氰尿酸离子$[C_6N_9]^{3-}$,(B)氰白尿酸离子**

$[C_6N_7O_3]^{3-}$ 和 **(C)三氨基氰缩氰白尿酸离子**$[C_9N_{13}]^{3-}$ **的结构**

所注数字是原子间距离的预测数值，这些分子都是平面型的

间硼氮六环 $B_3N_3H_6$ 是个苯的类似物。分子是平面正六边形，环上的每个原子都键合一个氢原子，观测的 B—N 键键长[109]是(1.44±0.02)埃，比从共振于两个凯库勒结构所预期的(1.33 埃)大些，这表示在氮原子上具有未共享电子对的结构对基态有重要贡献。假如凯库勒结构的贡献程度满足各原子电中性的要求，即各键具有 22％的部分离子性，则 B—N 的键数将是 1.28；这个数值符合于观测的键长。

五元杂环分子呋喃、吡咯和噻吩具有如下的正常结构 *：

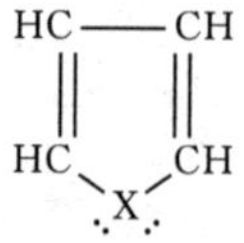

I

料想它将和如下类型的结构进行共振：

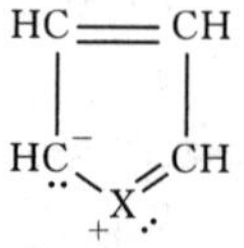

Ⅱ，Ⅲ

和

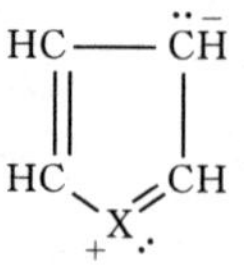

Ⅳ，Ⅴ

这些物质的热化学数据给出它们的共振能分别是 23、31 和 31 千卡/摩尔。有趣的是,正如共振能的大小所指出的,共振程度随着 X 的电负性减少而增加;和电负性较小的氮和硫原子相比较,电负性很强的氧原子从共振结构Ⅱ到Ⅴ取得正电荷的倾向要小些。这个结论进一步为原子间距离的观测值所证实。呋喃[110] 的 C—O＝1.37,吡咯[111] 的 C—N＝1.42,噻吩[111] 的 C—S＝1.74 埃;与此相应(考虑了电荷效应之后)的是结构Ⅱ到Ⅴ的总贡献对呋喃为 23％,吡咯为 24％,噻吩为 28％。

这些数值表明每个化合物中,出现分离电荷的结构所作的贡献大约是主要结构Ⅰ的四分之一。C—C 键长的相应数值是 1.439 埃(相当于 $n＝1.25$,Ⅰ中的单键)和 1.377 埃(相当于 $n＝1.625$),这分别与实验值(1.440±0.016)埃和(1.354±0.016)埃相当符合。

类似的共振也存在于吲哚 (共振能为 54 千卡/摩尔)、咔唑 (共振能为 91 千卡/摩尔)以及相关分子中。

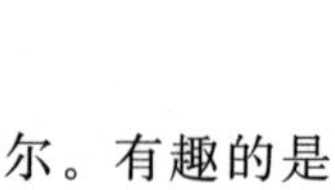

嘧啶和嘌呤是特别有意义的,因为它们存在于核酸中。这些分子的大小示于图 8-6～图 8-10 中,它们分别表示 4-氨基-2,6-二氯嘧啶[112]、5-溴-4,6-二氨基嘧啶[112]、

---

\* 现代化学中一般将五元环画成 ⬠ 这样的正五边形。本书为保持鲍林时代的科学史风貌,未作改动。——编辑注

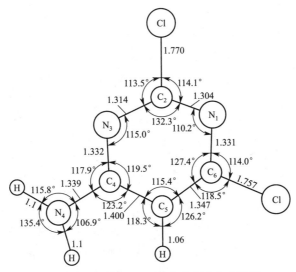

**图 8-6　4-氨基-2,6-二氯嘧啶分子大小示意**

（根据 X 射线晶体分析的结果画出）

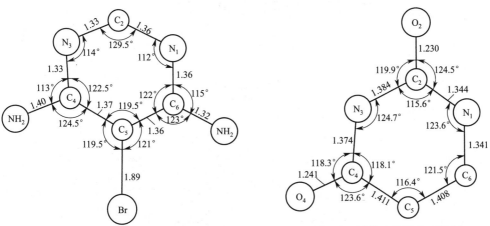

**图 8-7　5-溴-4,6-二氨基嘧啶分子大小示意**

**图 8-8　尿嘧啶分子大小示意**

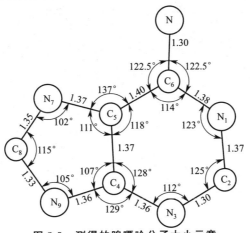

**图 8-9　测得的腺嘌呤分子大小示意**

（根据半水合腺嘌呤盐酸盐晶体的 X 射线分析结果画出）

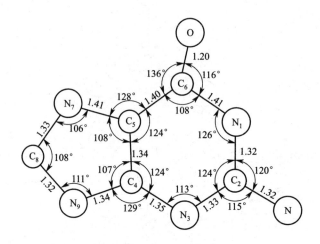

**图 8-10 测得的鸟嘌呤分子大小示意**

（根据一水合鸟嘌呤盐酸盐晶体的 X 射线分析结果画出）

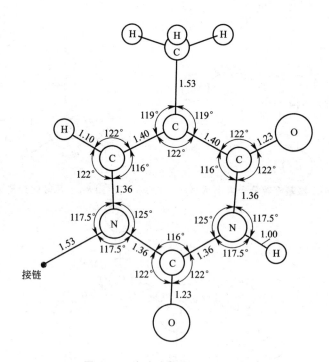

**图 8-11 胸腺嘧啶分子大小示意**

（根据嘌呤和嘧啶的 X 射线研究结果画出），图中指出了和多核苷酸链的连接点

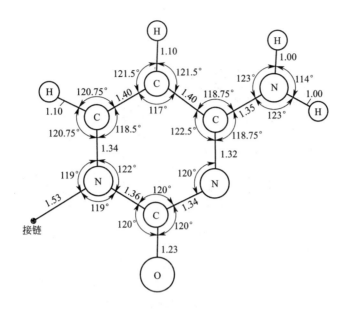

**图 8-12　胞嘧啶分子大小示意**

（根据嘌呤和嘧啶的 X 射线研究结果画出），图中指出了和多核苷酸链的连接点

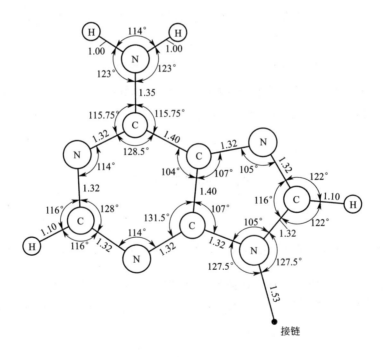

**图 8-13　腺嘌呤分子大小示意**

（根据嘌呤和嘧啶的 X 射线研究结果画出），图中指出了和多核苷酸链的连接点

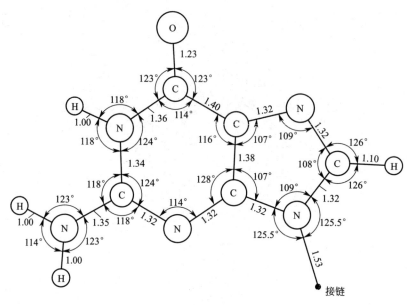

图 8-14　鸟嘌呤分子大小示意

（根据嘌呤和嘧啶的 X 射线研究结果导出），图中指出了和多核苷酸链的连接点

尿嘧啶[113]、腺嘌呤（成半水合腺嘌呤盐酸盐[114]）和鸟嘌呤（成一水合鸟嘌呤盐酸盐[115]）。已经得到如下的结论：那就是在这些环中，C—C 键长总是 1.40 埃，C—N 键则在氮原子上有一对未共享电子的情况下长度为 1.32 埃，在它能形成一个环外键的情况下长度为 1.36 埃。键角值曾在 4-8 节中讨论过。在脱氧核糖核酸中发现的胸腺嘧啶和胞嘧啶以及腺嘌呤和鸟嘌呤的结构分别示于图 8-11～图 8-14 中。[116]这些基团通过氢键的形成而发生的相互作用将在第十二章中讨论。

# 8-9　超共轭作用

在 8-1 节曾经指出，如 $\overset{H^+}{\underset{H}{H-C=C=N:^-}}$ 型的结构对乙腈分子的基态有显著的贡献。包含单键破裂（这里破裂的是一个 H—C 键）这类结构的共振称为超共轭作用。

超共轭作用是惠兰在讨论烷基对取代甲基自由基稳定性的影响中首先提出的。[117]这个名称是由马利肯（Mulliken）、瑞克（Rieke）和布朗（Brown）等提出的，他们从理论上对这个现象进行了一般讨论，并指出其广泛意义。[118]

例如对于甲苯，假如甲基是借正常单链连接到环上面，而且甲基和环的 C—H 键都有相同分量的离子性，则它的偶极矩可预测等于零。但实际上偶极矩的观测值是

0.37D,这表明像下面这种类型的一些结构

一起大约做出了 2.5% 的贡献。因而烷基烯类的氢化热和相应的烯类相比较,对每一个和双键相邻的甲基大约小了 2 千卡/摩尔。

超共轭作用影响了烃类及其他分子的许多性质。这些影响一般是比共轭效应稍小一些;它们相当于 1～2 千卡/摩尔的共振能(而不是共轭效应共振能的 5 或 10 千卡/摩尔),相应的键长改变为 0.01 或 0.02 埃,电荷也转移了 0.01 或 0.02 单位。但是这些结构上的改变仍大到足以显著地影响物质的许多物理和化学性质。[119]

## 参考文献和注

[1]　C. A. Burrus,*J. Chem. Phys.* **28**,427(1958).

[2]　B. Rosenblum,A. H. Nethercot,Jr. ,and C. H. Townes,*Phys. Rev.* **109**,400(1958).

[3]　L. Gerö,G. Herzberg,and R. Schmid,*Phys. Rev.* **52**,467(1937).

[4]　在本书的前两版中,曾经建议要对未填满的外层的原子半径加以校正。这种校正是在比较三甲基硼中的 C—B 键长和硼的假定半径 0.88 埃(现在看来这个数值过大,正确的值应为 0.81 埃左右)的基础上提出的。从其他的比较中(例如 OH 的 0.971 埃和 $H_2O$ 中的 0.965 埃,NH 的 1.037 埃和 $NH_3$ 中的 1.014 埃)表明不需要加上多大的校正。

[5]　R. C. Mockler and G. R. Bird,*Phys. Rev.* **98**,1837(1955).

[6]　E. K. Plyler and E. F. Barker,*Phys. Rev.* **38**,1827(1931);D. M. Dennison,*Rev. Modern Phys.* **12**,175(1940).

[7]　M. W. P. Strandberg,T. Wentink,Jr. ,and R. L. Kyhl,*Phys. Rev.* **75**,270(1949);H. C. Allen,Jr. ,E. K. Plyler,and L. R. Blaine,*J. A. C. S.* **78**,4843(1956).

[8]　M. W. P. Strandberg,T. Wentink,Jr. ,and A. G. Hill,*Phys. Rev.* **75**,827(1949).

[9]　W. A. Hardy and G. Silvey,*Phys. Rev.* **95**,385(1954).

[10]　L. O. Brockway and L. Pauling,*Proc. Nat. Acad. Sci. U. S.* **19**,860(1933);H. Mackle and L. E. Sutton,*Trans. Faraday Soc.* **47**,937(1951);R. L. Livingston and C. N. Rao,即将发表;O. Bastiansen,即将发表。根据红外及联合散射光谱的分析曾经指出这个分子是弯的,在每个端部碳原子上呈 158° 的角(H. D. Rix,*J. Chem. Phys.* **22**,429[1954])。这可能是不正确的。

[11]　Brockway and Pauling,Mackle and Sutton,Livingston and Rao,and Bastiansen,*loc. cit.*[10].

[12]　H. W. Thompson and J. W. Linnett,*J. Chem. Soc.* **1937**,1376.

[13]　M. Kessler, H. Ring, R. Trambarulo, and W. Gordy, *Phys. Rev.* **79**, 54(1950); L. F. Thomas, E. I. Sherrard, and J. Sheridan, *Trans. Faraday Soc.* **51**, 619(1955); M. D. Danford and R. L. Livingston, *J. A. C. S.* **77**, 2944(1955).

[14]　N. Muller and D. E. Pritchard, *J. A. C. S.* **80**, 3483(1958).

[15]　这种类型的共轭被称为超共轭作用,将在本章的后面加以讨论。

[16]　Danford and Livingston, *loc. cit.* [13].

[17]　Kessler *et al.*, *loc. cit.* [13]; L. O. Brockway, *J. A. C. S.* **58**, 2516(1936).

[18]　Plyler and Rarker, *loc. cit.* [6]; V. Schomaker and R. Spurr, *J. A. C. S.* **64**, 1184(1942); A. E. Douglas and C. K. Møller, *J. Chem. Phys.* **22**, 275(1954).

[19]　L. Pauling, *Proc. Nat. Acad. Sci. U. S.* **18**, 498(1932).

[20]　L. Pauling and L. O. Brockway, *J. A. C. S.* **59**, 13(1937).

[21]　S. B. Hendricks and L. Pauling, *J. A. C. S.* **47**, 2904(1925); L. K. Frevel, *ibid*, **58**, 779(1936). 据报道,叠氮化胺中 N—N = 1.16 埃 [L. K. Frevel, *Z. Krist.* **94**, 197(1936)],叠氮化锶中则是 1.12 埃 (F. J. Llewellyn. and F. E. Whitmore, *J. Chem. Soc.* 1947, 881).

[22]　L. Pauling and L. O. Brockway, *J. A. C. S.* **59**, 13(1937).

[23]　E. W. Hughes, *J. Chem. Phys.* **3**, 1(1935); I. E. Knaggs, *Proc. Roy. Soc. London* **A 150**, 576(1935).

[24]　E. Amble and B. P. Dailey, *J. Chem. Phys.* **18**, 1422(1950); E. H. Eyster, *ibid.* **8**, 135(1940).

[25]　I. Langmuir, *Science* **51**, 605(1920); L. Pauling, *J. Chem. Soc.* **1948**, 1461.

[26]　L. H. Jones, J. N. Shoolery, R. G. Shulman, and D. M. Yost, *J. Chem. Phys.* **18**, 990(1950).

[27]　C. I. Beard and B. P. Dailey, *J. Chem. Phys.* **18**, 1437(1950).

[28]　C. I. Beard and B. P. Dailey, *J. A. C. S.* **71**, 927(1949).

[29]　F. J. Llewellyn, *J. Chem. Soc.* **1947**. 884.

[30]　D. J. Millen and K. M. Sinnott, *J. Chem. Soc.* **1958**, 350.

[31]　参考文献载于 Sutton, *Interatomic Distances* 一书中。

[32]　V. Schomaker and J. M. O'Gorman, *J. A. C. S.* **69**, 2638(1947); I. L. Karle and J. Karle, *J. Chem. Phys.* **22**, 43(1954).

[33]　J. M. O'Gorman, W. Shand, and V. Schomaker, *J. A. C. S.* **72**, 4222(1950).

[34]　很可能共振的熵效应在这里可以忽略不计。

[35]　K. Wirtz, *Z. Naturforsch.* **2a**, 264(1947). 根据近似的量子力学计算得出其数值为 12 千卡/摩尔。

[36]　例如可参考 G. Schwarzenbach and H. Egli, *Helv. Chim. Acta* **17**, 1183(1934).

[37]　C. M. Judson and M. Kilpatrick, *J. A. C. S.* **71**, 3110, 3115(1949).

[38]　R. T. Arnold and J. Sprung, *J. A. C. S.* **61**, 2475(1939).

[39]　大部分的进展都是 Robert B. Corey 教授及其同事们的研究结果。

［40］ R. J. Kurland and E. B. Wilson, Jr. , *J. Chem. Phys.* **27**, 585(1957).

［41］ R. B. Corey and J. Donohue, *J. A. C. S.* **72**, 2899（1950）; R. B. Corey and L. Pauling, *Proc. Roy. Soc. London* **B 141**, 10（1953）; R. B. Corey, *Fortschr. Chem. org. Naturstoffe* **8**, 310（1951）; R. B. Corey and L. Pauling, *ibid.* **11**, 18(1954).

［42］ 对于酰胺中的 C—O 键，这种贡献大约是 20%；其论据曾由 Pauling 讨论过，见 L. Pauling 在 *Symposium on Protein Structure*, ed. by A. Neuberger,（A. Neuberger 编：《蛋白质结构讨论会论文集》）(John Wiley and Sons, New York, 1958). 这将使 C—O 键缩短到 1.24 埃。

［43］ W. L. Bragg, *Proc. Roy. Soc. London* **A 89**, 468(1914).

［44］ N. Elliott, *J. A. C. S.* **59**, 1380(1937)给出的值是(1.313±0.010)埃, R. L. Sass, R. Vidale, and J. Donohue, *Acta Cryst.* **10**, 567(1957)给出的值是(1.294±0.004)埃。

［45］ E. Grison, K. Eriks, and J. L. de Vries, *Acta Cryst.* **3**, 290(1950).

［46］ Pauling and Brockway, *loc. cit.* ［20］.

［47］ A. D. Booth and F. J. Llewellyn, *J. Chem. Soc.* **1947**, 837.

［48］ L. R. Maxwell and V. M. Mosley, *J. Chem. Phys.* **8**, 738(1940).

［49］ H. Cohn, C. K. Ingold, and H. Poole, *J. Chem. Phys.* **24**, 162(1956); *J. Chem. Soc.* **1952**, 4272.

［50］ A. Palm and M. Kilpatrick, *J. Chem. Phys.* **23**, 1562(1955).

［51］ W. H. Zachariasen, *Acta Cryst.* **7**, 305(1954).

［52］ W. H. Zachariasen, *Proc. Nat. Acad. Sci. U. S.* **17**, 617（1931）; W. H. Zachariasen and G. E. Ziegler, *Z. Krist.* **83**, 354(1932).

［53］ W. H. Zachariasen, *J. Chem. Phys.* **5**, 919(1937).

［54］ J. R. Clark, *Acta Cryst.* **12**, 162(1959).

［55］ C. L. Christ and J. R. Olark, *Acta Cryst.* **9**, 830(1956).

［56］ J. R. Clark and C. L. Christ, *Acta Cryst.* **10**, 776(1957).

［57］ C. L. Christ, J. R. Clark, and H. T. Evans, Jr. , *Acta Cryst.* **11**, 761(1958).

［58］ N. Morimoto, *Mineral J. Japan* **2**, 1(1956).

［59］ W. H. Zachariasen, *Acta Cryst.* **5**, 68(1952).

［60］ R. W. G. Wyckoff and R. B. Corey, *Z. Krist.* **89**, 462(1934); P. A. Vaughan and J. Donohue, *Acta Cryst.* **5**, 530(1952).

［61］ T. L. Davis and R. C. Elderfield, *J. A. C. S.* **54**, 1499(1932).

［62］ L. O. Brockway, J. Y. Beach, and L. Pauling, *J. A. C. S.* **57**, 2693(1935). 据 Karle 等报道，$C_2Cl_4$（电子衍射）中 C—Cl 键是 1.72±0.01 埃；见 I. L. Karle and J. Karle, *J. Chem. Phys.* **20**, 63(1952). 据 Bragg 等报道，用微波法研究 $CFClCH_2$ 测得 C—Cl 键的长度是（1.68±0.02）埃；见 J. K. Bragg, T. C. Madison, and A. H. Sharbaugh, *Phys. Rev.* **77**, 148(1950).

［63］ L. O. Brockway and K. J. Palmer, *J. A. C. S.* **59**, 2181(1937). 据报道，用微波方法研究 $C_6H_5Cl$, G. Erlandsson(*Arkiv Fysilk* **8**, 341[1954]得出的数值是 1.706 埃；R. L. Poynter(1954 年论文，

结果载于 Sutton, *Interatomic Distances* 一书中)得出的则为(1.670±0.003)埃。

［64］ H. de Laszlo, *Proc. Roy. Soc. London* **A 146**, 690 (1934); J. A. C. Hugill, I. E. Coop, and L. E. Sutton, *Trans. Faraday Soc.* **34**, 1518(1938).

［65］ Westerberg 等用微波法研究，得出 HCCCl 中的 C—Cl 键长为 (1.632±0.001)埃；见 A. A. Westenberg, J. H. Goldstein, and E. B. Wilson, Jr., *J. Chem. Phys.* **17**, 1319(1949); Costain 得出在 $H_3CCCCl$ 中的键长为 1.637 埃；见 C. C. Costain, *ibid.* **23**, 2037(1955).

［66］ H. de Laszlo, *Nature* **135**, 474(1935). 根据 L. O. Brockway and I. E. Coop(*Trans. Faraday Soc.* **34**, 1429[1938])的工作，HCCCl 中 C—Cl=(1.68±0.04)埃，HCCBr 中 C—Br=(1.80±0.03)埃；根据 J. Y. Beach and A. Turkevich(*J. A. C. S.* **61**, 299[1939])的工作，ClCN 和 BrCN 中相应的键长都小了 0.001 埃。

［67］ J. H. Goldstein, *J. Chem. Phys.* **24**, 106 (1956); J. H. Goldstein and J. K. Bragg, *Phys. Rev.* **75**, 1453(1949); **78**, 347(1950).

［68］ C. P. Smyth, *J. A. C. S.* **63**, 57(1941).

［69］ J. Sherman and J. A. A. Ketelaar, *Physica* **6**, 572 (1939); J. E. Lennard-Jones, *Proc. Roy. Soc. London* **A158**, 280 (1937); W. G. Pnnney *ibid.* 306; C. A. Coulson, *ibid.* **A169**, 413 (1939); *J. Chem. Phys.* **7**, 1069(1939); J. E. Lennard-Jones and C. A. Coulson, *Trans. Faraday Soc.* **35**, 811(1939); 以及许多最近的论文。

［70］ L. Pauling and J. Sherman, *J. Chem. Phys.* **1**, 679(1938).

［71］ G. B. Kistiakowsky, J. R. Ruboff, H. A. Smith, and W. E. Vaughan, *J. A. C. S.* **58**, 146(1936).

［72］ V. Schomaker and L. Pauling, *J. A. C. S.* **61**, 1769(1939).

［73］ A. E. Gillam and M. S. El Ridi, *Nature* **136**, 914(1935).

［74］ L. Zechmeister and L. Cholnoky, *Ann. Chem.* **530**, 291 (1937); L. Zechmeister, *Chem. Revs.* **34**, 267(1944).

［75］ L. Pauling, *Fortschr, Chem. Org. Naturstoffe* **3**, 203(1939).

［76］ W. G. Sly, Ph. D. Thesis, Calif. Inst. Tech. , 1957.

［77］ H. H. Inhoffen, F. Bohlmann, and G. Rummert, *Ann. Chem.* **569**, 226(1950).

［78］ H. H. Inhoffen, F. Bohlmann, K. Bartram, G. Rummert, and H. Pommer, *Ann. Chem.* **570**, 54 (1950).

［79］ J. M. Robertson, *Proc. Roy. Soc. London* **A 150**, 348(1935).

［80］ J. M. Robertson and I. Woodward, *Proc. Roy. Soc. London* **A 162**, 568(1937).

［81］ J. J. de Lange, J. M. Robertson, and I. Woodward, *Proc. Roy. Soc. London* **A 171**, 398(1939).

［82］ M. W. Dougill and G. A. Jeffrey, *Acta Cryst.* **6**, 831(1953).

［83］ J. M. Robertson, *J. Chem. Soc.* **1939**, 232.

［84］ K. Lonsdale, *Z. Krist.* **97**, 91(1937); M. S. Farag, *Acta Cryst.* **7**, 117(1954).

［85］ O. Bastiansen, *Acta Chem. Scand.* **6**, 205(1952).

〔86〕　O. Bastiansen, *Acta Chem. Scand.* **3**, 408(1949).

〔87〕　例如, 参考 H. Gilman, *Organic Chemistry*(《有机化学》), (John Wiley and Sons, New York, 1943, 第 343 页)。

〔88〕　G. S. Hartley, *Nature* **140**, 281(1937).

〔89〕　G. S. Hartley, *J. Chem. Soc.* **1938**, 633.

〔90〕　R. J. Corruccini and E. C. Gilbert, *J. A. C. S.* **61**, 2925(1939).

〔91〕　R. H. Birtles and G. C. Hampson, *J. Chem. Soc.* **1937**, 10；还 可 参 阅 C. E. Ingham and G. C. Hampson, *ibid.* **1939**, 981.

〔92〕　还 可 参 阅 W. D. Kumler and C. W. Porter, *J. A. C. S.* **56**, 2549（1934）；C. K. Ingold, *Chem. Revs.* **15**, 225（1934）；L. G. Groves and S. Sugden, *J. Chem. Soc.* **1937**, 1992；C. P. Smyth, *J. Phys. Chem.* **41**, 209(1937)；K. B. Everard and L. E. Sutton, *J. Chem. Soc.* **1951**, 2816；J. W. Smith, *ibid.* **1953**, 109；R. C. Cass, H. Spedding, and H. D. Springall, *ibid.* **1957**, 3451.

〔93〕　L. W. Pickett, G. F. Walter, and H. France, *J. A. C. S.* **58**, 2182(1936)；M. T. O'Shaughnessy and W. H. Rodebush, *ibid.* **62**, 2906(1940).

〔94〕　R. N. Jones, *J. A. C. S.* **63**, 1658(1941).

〔95〕　关于苯乙烯、二苯乙烯, 等等, 见 R. N. Jones, *J. A. C. S.* **65**, 1815, 1818(1934)；*Chem. Revs.* **32**, 1 (1943)；关于硝基衍生物, 见 W. G. Brown and H. Reagen, *J. A. C. S.* **69**, 1032(1947)；G. N. Lewis and G. T. Seaborg, *ibid.* **62**, 2122（1940）；G. Thomson, *J. Chem. Soc.* **1944**, 404；E. A. Braude, E. R. H. Jones, H. P. Koch, R. W. Richardson, F. Sondheimer, and J. B. Toogood, *ibid.* **1949**, 1890；等等。

〔96〕　A. O. McIntosh, J. M. Robertson, and V. Vand, *J. Chem. Soc.* **1954**, 1661.

〔97〕　G. M. J. Schmidt and others, *J. Chem. Soc.* **1954**, 3288, 3295, 3302, 3314；S. C. Nyburg, *Acta Cryst.* **7**, 779(1954).

〔98〕　C. J. Brown, *J. Chem. Soc.* **1953**, 3265.

〔99〕　C. J. Brown, *J. Chem. Soc.* **1953**, 3278.

〔100〕　G. D. Craine and H. W. Thompson, *Trans. Faraday Soc.* **49**, 1273(1953)；L. Pauling 等曾报道电子衍射数据（1.36 ± 0.03）埃, 见 L. Pauling, H. D. Springall, and K. J. Palmer, *J. A. C. S.* **61**, 927 (1939).

〔101〕　参见文献见 Sutton, *Interatomic Distances*.

〔102〕　J. R. Morton, 曾在文献〔103〕中引用过。

〔103〕　C. C. Costain and B. P. Stoicheff, *J. Chem. Phys.* **30**, 777(1959).

〔103a〕　C. C. Costain and J. R. Morton, *J. Chem. Phys.* **31**, 389(1959).

〔104〕　R. Robinson, *Outline of an Electrochemical〔Electronic〕Theory of the Course of Organic Reactions*, Institute of Chemistry of Great Britain and Ireland, London, 1932；*Society of Dyers and Colourists, Jubilee Journal*, **1934**, 65.

〔105〕　吡啶中, 应用微波法得出 C—C =（1.395 ± 0.005）埃, C—N =（1.340 ± 0.005）埃, 见

B. Bak，L. Hansen，and J. Rastrup-Andersen，*J. Chem. Phys.* **22**，2013（1954）；均三嗪中，应用 X 射线衍射法得出 C—N=（1.319±0.005）埃，见 P. J. Wheatley，*Acta Cryst.* **8**，224（1955）；均四嗪中，应用 X 射线衍射法得出 C—N=（1.334±0.005）埃，N—N=（1.321±0.005）埃，见 F. Bertinotti，G. Giacomello，and A. M. Liquorl，*ibid.* **9**，510（1956）.

[106]　Hughes，*loc. cit.* [23]，1，650；Knaggs，*loc. cit.* [23]；*J. Chem. Phys.* **3**，241（1935）.

[107]　J. L. Hoard，*J. A. C. S.* **60**，1194（1938）.

[108]　L. Panling and J. H. Sturdivant，*Proc. Nat. Acad. Sci. U. S.* **23**，615（1937）. 关于氰白尿酸核结构的化学论据是 Redemann 提出的，见 C. E. Redemann and H. J. Lucas，*J. A. C. S.* **61**，3420（1939）.

[109]　S. H. Bauer，*J. A. C. S.* **60**，524（1938）.

[110]　B. Bak，L. Hansen，and J. Rastrup-Andersen，*Discussions Faraday Soc.* **19**，30（1955）.

[111]　Schomaker and Pauling，*loc. cit.* [72].

[112]　C. J. B. Clews and W. Cochran，*Acta Cryst.* **2**，46（1949）.

[113]　G. S. Parry，*Acta Cryst.* **7**，313（1954）.

[114]　W. Cochran，*Acta Cryst.* **4**，81—92（1951）；J. M. Broomhead，*ibid.* **1**，324（1948）.

[115]　J. M. Broomhead，*Acta Cryst.* **4**，92（1951）.

[116]　L. Pauling and R. B. Corey，*Arch. Biochem. Biophys.* **65**，164（1956）；M. Spencer，*Acta Cryst.* **12**，59，66（1959）.

[117]　G. W. Wheland，*J. Chem. Phys.* **2**；474（1934）.

[118]　R. S. Mulilken，C. A. Rieke，and W. G. Brown，*J. A. C. S.* **63**，41（1941）.

[119]　关于超共轭作用的充分讨论，见 G. W. Wheland，*Resonance in Organic Chemistry*（《有机化学中的共振》）（John Wiley and Sons，New York，1955）；J. W. Baker，*Hyperconjugation*（《超共轭作用》）（Clarendon Press，Oxford，1952）；C. L. Deasy，*Chem. Revs.* **36**，145（1945）；F. Becker，*Angew. Chem.* **65**，97（1953）. Lofthus 对这个作用的理论进行过讨论，见 A. Lofthus，*J. A. C. S.* **79**，24（1957）.

［朱平仇　译］

# 第九章

# 含有部分双键性的化学键的分子和络离子的结构

• *The Structure of Molecules and Complex Ions Involving Bonds with Partial Double-Bond Character* •

　　关于在较重元素（周期表第二周期元素除外）的原子与卤素或氧原子之间，以及与羟基、氨基、羰基、氰基或硝基等基团间成键的分子和络离子的结构，已经从以上几章的讨论中得出了几点重要的结论。较重原子并没有严格地受八隅律的限制，它们的 $d$ 轨道能够用来成键；因此像已经组成一个单键的卤素和氧原子以及羟基和氨基等电子给体，在某些条件下能够把另一对电子移向成键位置，使这个键带有一些双键性。而像已经组成一个单键的氰基和硝基等电子受体，则能够为来自分子其他部分的一对电子提供轨道，也使这个键带有一些双键性。应用这些概念，同时借助于实验信息，澄清了若干可疑之处，因此可以详细地描述较重元素的分子和络离子的结构。本章也讨论了碳（以及其他第二周期元素）的化合物的一种新的结构特征，即在碳原子上连着一个负电性原子时能够诱导该碳原子的其他化学键带有部分双键性的效应（9-3 节）。

## 9-1　四氯化硅及有关分子的结构

四氯化硅分子(我们选择它作为例子)大约有 75 年的时间被认定为具有简单的价键结构 A。路易斯引进了一种标明价层中未共享电子对(结构 A′)的办法。在第三章中曾经指出共价键的部分离子性,因此 Si—Cl 单键具有和硅、氯的电负性差相对应的离子性($Si^+Cl^-$)(约为 30%,见 3-9 节)。结构 A 与四氯化碳和四甲基硅的结构类似;其中中心原子应用 $sp^3$ 的四面体型键轨道与其配位基生成 4 个单键。

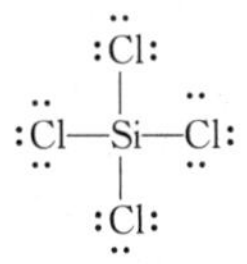

四氯化硅的结构后来被测定了,[1] 分子构型为预期的正四面体,但 Si—Cl 键长是 $(2.01\pm0.02)$埃,比共价半径之和 2.16 埃短得多。按照 7-2 节的讨论,键长减少 0.15 埃,一部分是由于键的部分离子性造成的。从方程式 7-1 计算出来的键长缩短值为 0.08 埃,另外进一步缩短的 0.07 埃是由于该键的部分双键性所致。因为双键的生成可以用 $p_y$ 或 $p_z$ 轨道,所以我们假定 7-7 节的讨论还可以用。表 7-12 指出实测的键长缩短值相应于 23% 左右的双键性。

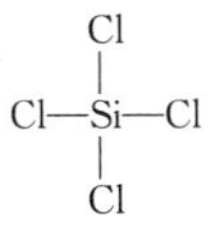

从电中性原理(8-2 节)的角度考虑,可以预期有这样数量的双键性。我们知道,与原子电负性差相对应的 Si—Cl 键的 30% 部分离子性,可使 $SiCl_4$ 分子中的硅原子带有 $+1.2$ 的电荷。例如每一个键具有 30% 的双键性,那么这些电荷就要减少到零;假如每一个键具有 25% 的双键性,则电荷将减少到 $+0.2$(这个数值几乎近于电中性)。这样分量的双键性(以及每一个键所具有的同分量的部分离子性)是由于在 6 种等价的 B 型结构之间共振而得来的:

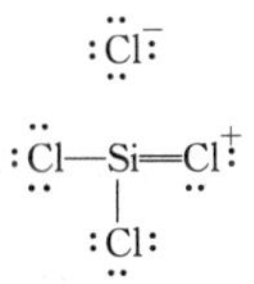

这些结构只需要应用硅原子价层上的 4 个稳定轨道,这一点可能是重要的。因为很小的

◀1952 年的鲍林。

升级能就能够引进 $d$ 性，因此键角张力比纯粹的 $sp^3$ 轨道小得多。6 种 C 型结构的共振也可能有某些贡献：

$$C \qquad \overset{\text{:}\ddot{\text{Cl}}\text{:}^-}{\underset{\text{:}\ddot{\text{Cl}}\text{:}^-}{\text{:}\ddot{\text{Cl}}=\text{Si}=\ddot{\text{Cl}}\text{:}^+}}$$

已经发现 Si—Cl 键长对于分子中其他配位基的性质有着值得注意的依赖关系。微波波谱研究提供了下列数据（准确至 0.002 埃）[2]：在 HSiCl$_3$ 中为 2.021 埃，在 CH$_3$SiCl$_3$ 中为 2.021 埃，在 H$_3$SiCl 中为 2.048 埃。应用前述的解释方法，它们分别相应于 18%、18% 和 9% 的双键性。

H$_3$SiCl 的双键性较小，这可以合理地归因于 H—Si 键不能够释放出足够分量的硅轨道；每一个 H—Si 键的电负性差（0.3）相应于 2.3% 的 H$^-$Si$^+$ 离子性，因此三个 H—Si 键能释放出 0.07 硅键轨道，这样就允许 Si—Cl 键具有 7% 双键性，和通过原子间距离所测得的 9% 双键性密切相符。

除 SiCl$_4$、HSiCl$_3$ 和 CH$_3$SiCl$_3$ 以外，在其他有一个硅原子连接 2 个或 3 个氯原子的分子[例如 SiCl$_3$SH、H$_2$SiCl$_2$、Si$_2$Cl$_6$、Si$_2$Cl$_6$O 和（CH$_3$）$_2$SiCl$_2$ 等]中，已经报道了正常的 Si—Cl 键长是 2.01 埃或 2.02 埃。所有这些分子都可以写成 Cl—Si $=$Cl$^+$ 类型的结构，同时其双键性也预期是同 SiCl$_4$ 分子一样的。

在 SiClF$_3$ 中，Si—Cl 键长较小，只有 1.99 埃，相应于 31% 双键性。这个数值比其他分子大，可能是由于 Si—F 键的相当大（70%）的离子性，释放出键轨道，因而让 Si—Cl 键获得双键性，这样，就能够把与正常的部分离子性相对应的电荷迁移完全地中和掉。

在 H$_3$SiBr 中实测的 Si—Br 键长是 2.209 埃，比单键半径之和 2.31 埃小 0.10 埃。离子性所引起的缩短值估计为 0.07 埃，其余的 0.03 埃相应于 8% 双键性，近似地等于 3 个 H—Si 键所释放出来的 7% 键轨道。同样地，在 H$_3$SiI 中，Si—I 键长为 2.433 埃，比半径之和小 0.07 埃，其中 0.05 埃的缩短是由于部分离子性，而 0.02 埃则是由于双键性。在 SiBr$_4$、HSiBr$_3$、SiBr$_2$F$_2$ 和 SiBrF$_3$ 中 Si—Br 键长大约是 2.16 埃，相应于 26% 左右的双键性；预测 Si—Br 键的离子性为 22%。

我们再讨论另一个例子：在 H$_3$GeCl 中实测（微波测定）的 Ge—Cl 键长为 2.148 埃，在 HGeCl$_3$ 中为 2.114 埃（GeCl$_4$）的电子衍射测定值为（2.09±0.02）埃。半径之和 2.21 埃经过部分离子性的校正（7-2 节）后成为预测的单键值 2.174 埃。H$_3$GeCl 中实测的 Ge—Cl 键长相应于 7% 双键性（7-7 节），等于由 3 个 Ge—H 键释放出来的键轨道数值。HGeCl$_3$ 和 GeCl$_4$ 中的键长分别相应于 19% 和 28% 左右的双键性，后者同中和掉由单键的部分离子性产生的电荷迁移所需的 30% 双键性相近。

氯、溴、碘与第五、第六两族的较重元素原子间的键似乎没有什么双键性。实测的键长近似地等于计算出来的单键值（经过部分离子性校正，见 7-2 节）；例如在 $PCl_3$ 中实测值为 2.043 埃（计算值为 2.03 埃），在 $AsCl_3$ 中实测值为 2.161 埃（计算值为 2.17 埃），在 $SCl_2$ 中实测值为 2.00 埃（计算值 2.00 埃）。

## 9-2　四氟化硅及有关分子

Si—F 单键长的计算值（7-2 节）是 1.69 埃，但实测的 Si—F 键长却小得多：在 $SiF_4$ 中是 1.54 埃，在 $SiHF_3$、$SiClF_3$ 和 $SiBrF_3$ 中是 1.56 埃，在 $SiH_3F$ 中是 1.594 埃。额外缩短的 0.15 埃到 0.10 埃相应于 65％～35％的双键性（7-7 节）。

按照硅、氟电负性差（2.2）的解释看来，Si—F 键要具有 70％离子性。这样大小的离子性如果没有得到补偿，将使 $SiF_4$ 和 $SiH_3F$ 中的硅原子分别带有＋2.8 和＋0.7 的电荷。但在 $SiF_4$ 中，由于 65％的双键性（见以上对实测键长的讨论）将使电荷降为＋0.2，在 $SiH_3F$ 中则降为＋0.35。这些数值与电中性原理相一致。虽然上述的定量推测不完全准确，我们还是可以得到 Si—F 键具有大量双键性的结论。[3]

氟和周期表第三周期或较重原子间生成的所有其他的键具有反映出大量双键性的原子间距离。例如在 $PF_3$ 中实测键长为 1.535 埃，比计算的单键值 1.65 埃小 0.115 埃，相应于 40％左右的双键性。

## 9-3　氟氯甲烷和有关分子；键型对化学反应性能的影响

$H_3C\!=\!\ddot{F}\!:$ 结构对于氟代甲烷分子的基态没有什么重要的贡献；碳原子只有 4 个稳定轨道。其中 3 个为 H—C 键所占据，只剩下一个可用来与氟原子成键。例如有 2 个或更多的氟原子代入甲烷分子，则有可能与下列类型

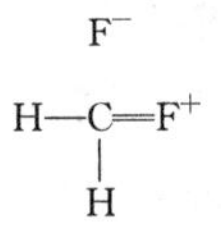

$$
\begin{array}{c}
F^- \\
| \\
H\!-\!C\!=\!F^+ \\
| \\
H
\end{array}
$$

的结构发生共振。布洛克威（Brockway）[4] 发现在 $CF_4$、$CH_2F_2$、$CHF_2Cl$ 和 $CF_2Cl_2$ 中的碳—氟键长比在 $CH_3F$、$CH_2FCl$ 和 $CHFCl_2$ 中的显著地短些，他认为这种差别是由于一个碳—氟键受到同一碳原子上的另一个碳—氟键的部分离子性的诱导而产生的双键性效应。这种受另一个键的部分离子性诱导而产生的双键性反应，对于氟取代的甲烷分子比起对含

有氯、溴、碘的分子更为重要，理由有如下两点：首先，C—F 键具有大量离子性（43%），其他碳—卤键的则较小（6%或更少）；其次，第二周期原子的多重键比较重原子的多重键稳定得多。

在 $CH_3F$ 中实测键长 1.385 埃和在 $C_2H_5F$ 中实测键长 1.375 埃的平均值可以作为正常的碳—氟单键键长。同一碳原子连接着 2 个氟原子的分子中实测键长减少约 0.03 埃（在 $CH_2F_2$ 中为 1.358 埃，在 $CHClF_2$ 中为 1.36 埃，在 $CCl_2F_2$ 中为 1.35 埃，在 $CH_3CHF_2$ 中为 1.345 埃），在含有 3 个氟原子的分子中，键长减少 0.05 埃左右（在 $CHF_3$ 中为 1.332 埃，在 $CClF_3$ 中为 1.328 埃，在 $ClF_3$ 中为 1.328 埃），在 $CF_4$ 中则减少为 0.06 埃。这些键长缩短值分别相应于 8%、15% 和 19% 的双键性[5]（7-7 节）。

$CF_4$ 的这个双键性数值（19%）以及 C—F 单键的部分离子性数值（43%）相应于在碳原子上的 +0.96 电荷。因此我们可以说这个分子含有一个 $C^+$ 原子，并有一个负电荷在 4 个氟原子间共振。作为初步近似，这个结构可以用 A 型

$$A \qquad F^- \quad \overset{\displaystyle F^-}{\underset{\displaystyle F}{C^{\pm}}}\!\!=\!\!F^+$$

的 12 种结构的共振杂化体来描述，而其他许多如 B 型的四种结构和 C 型的一种结构也做出了一些贡献：

$$B \qquad F\!-\!\overset{\displaystyle F}{\underset{\displaystyle F}{C^+}}\!-\!F \qquad\qquad C \qquad F\!-\!\overset{\displaystyle F^-}{\underset{\displaystyle F}{C}}\!-\!F$$

在不含氟的取代烷中，平均碳—氯键长是（1.767±0.002）埃。同一碳原子上也连接着氟原子的分子中实测的键长较小，如 $CH_2ClF$ 中为（1.759±0.003）埃，$OClF_3$ 中为（1.751±0.004）埃，$OCl_2F_2$、$CHClF_2$、$CHCl_2F$ 和 $CClF_2CClF_2$ 中为（1.74±0.02）埃。同样地，正常的碳—溴键长是（1.937±0.003）埃，而在 $CBrF_3$ 和 $CBr_3F$ 中，键长则为 1.91 埃。有氟连接在同一碳原子上引起的 C—Cl 键和 C—Br 键的缩短，是由于 C—F 键的较大离子性释放出的碳键轨道所产生的部分双键性的结果。缩短值（0.01～0.03 埃）相应于 3%～8% 双键性，与 C—F 键的 8%～19% 双键性相比较，这个差别可能反映出：较重原子生成多重键的趋向比较小，同时单键的离子性也是比较小的（这里所产生的电荷分离，有利于由生成双键引起的电荷反向迁移）。

各种氯乙烯和氯苯中的碳—氯键的部分双键性（8-6 节），为这些物质（相对于氯代烷而言）具有相当大的稳定性提供了解释。同样的解释[6]也适用于这样的事实[7]：即在烷分子中虽然取代一个氟原子时得到一个不稳定产物，而且它又易于失去氟化氢生成烯烃，或者水解成醇，但同一碳原子上连接着两个氟原子的分子就十分稳定，这种稳定性不仅对同一

碳原子上的氟原子是如此,而且对同一碳原子上连接着其他卤素原子时也一样。

## 9-4　较重非金属原子间所成键的部分双键性

可以意想到较重非金属能够应用最外层的、稳定性较小的轨道(P、S、Cl 用 $3d$;As、Se、Br 用 $4d$ 等等),这可由例如 $PCl_5$ 和 $SF_6$ 等化合物的存在作为证明,其中中心原子生成了数目比邻近的惰性气体能够允许电子对占有的轨道更多的键。我们以前讨论过 $PCl_5$ 的结构,指出根据粗略的量子力学处理可得到如下结论:即结构中的磷原子生成 5 个共价键,除 $3s$ 和 3 个 $3p$ 轨道外,还用了一个 $3d$ 轨道,对分子的基态做出可观的贡献(大约8%)。

因此可以料想到氯、溴、碘的双原子分子会具有若干部分双键性,相应于正常结构 $:\overset{..}{\underset{..}{X}}-\overset{..}{\underset{..}{X}}:$ 与 $:\overset{..}{\underset{.}{X}}=\overset{..}{\underset{..}{X}}:^{+}$ 、 $^{+}:\overset{.}{\underset{..}{X}}=\overset{..}{\underset{..}{X}}:^{-}$ 、 $:X\equiv X:$ 等结构之间的共振,后者中有一个或者两个原子应用了除惰性气体壳层之外的另一轨道。[8]

通过原子间距离的考虑可以估计出 $Cl_2$、$Br_2$、$I_2$ 分子中的双键性大小。让我们利用在卤素代烷(不包含氟的)中实测的碳—卤键长来计算卤素原子的纯单键半径。在这些分子中碳原子所适用的成键轨道,除了相应于超共轭(8-9 节)的很小的双键性(1%或更少)之外,不允许它和卤素原子所成的键具有双键性(氟原子诱导邻近的键产生双键性的效应已在上节中讨论)。在取代烷中实测的碳—卤素键长是[9]:C—Cl 为 $(1.767\pm0.002)$ 埃,C—Br 为 $(1.937\pm0.003)$ 埃,C—I 为 $(2.135\pm0.010)$ 埃。经过电负性校正后可得如下的半径和数值:C—Cl 为 1.807 埃,C—Br 为 1.961 埃,C—I 为 2.135 埃(这里没有电负性差);在减去碳的单键半径 0.772 埃之后,可得氯、溴、碘的纯单键半径分别为 1.035 埃、1.189 埃及 1.363 埃。

在 $Cl_2$($1.988$ 埃)、$Br_2$($2.284$ 埃)和 $I_2$($2.667$ 埃)中实测的键长比预期的纯单键长分别缩短了 0.082 埃、0.094 埃及 0.059 埃。这些缩短值相应于18%~33%的双键性(7-7 节)。

对 S—S、Se—Se、P—P、As—As 等键的键长进行类似处理,指出它们的双键性稍小些,约为 5%~20%。

不同原子(第二周期元素除外)间所成键的实测键长与自相同原子间所成键的键长平均值加上电负性校正之后计算出来的颇为一致。例如 P—P 键长为 2.20 埃,Cl—Cl 键长为 1.98 埃,电负性校正为 $-0.054$ 埃,因此 P—Cl 键长为 2.036 埃,这和在 $PCl_3$ 中实验测得的键长 $(2.043\pm0.003)$ 埃相吻合。我们的结论是这些键的双键性和相同原子间的键的双键性是大约相同的。

## 9-5 卤 化 硼

在三甲基硼分子中,硼原子被 3 对价电子围绕着,它们位于和 3 个甲基的碳原子组成的共价单键上。电子衍射研究[10]指出这个分子具有平面构型(氢原子除外),这正和从 $sp^2$ 杂化轨道所预期的一样。B—C 键长是(1.56±0.02)埃,与应用硼单键半径 0.81 埃[11]进行计算、并经过电负性校正所得的数值 1.54 埃颇相一致。

相类似的结构 A

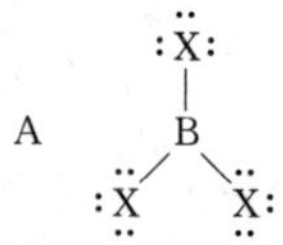

可用来描述卤化硼。但硼原子还有第四个稳定轨道可以用来成键,因此 B、C、D 三种结构也可以预期和 A 差不多一样稳定,因为这里多出来的键可以补偿

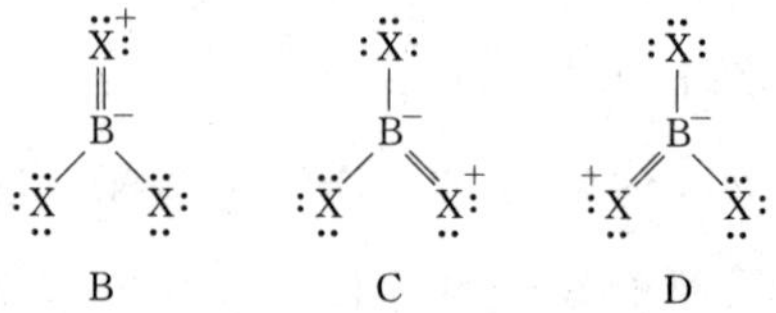

电荷的分离。因此分子在 B、C、D 三种结构之间进行同样程度的共振,而 A 的贡献恰好使由于键的部分离子性所引起的电荷迁移克服了由于双键所引起的电荷迁移,因而使硼原子上的平均电荷总和接近于零。相应于电负性差的部分离子性数值见表 9-1 第三列。

纯单键键长(第二条)是从硼的半径 0.80 埃和 9-4 节给定的卤素半径(氟为 0.72 埃)经过电负性校正(7-2 节)后计算而得的。双键性的校正则照一般方法进行(7-5 节)。第五和第六列分别为 $BF_3$、$BCl_3$、$BBr_3$ 和气体分子 BF、BCl、BBr 的实测键长。

表 9-1 卤化硼的原子间距离

| 键 | 单键长计算值/埃 | 双键性数值/(%) | 考虑到双键性的键长计算值/埃 | $BX_3$ 中实测值/埃 | BX 中实测值/埃 |
|---|---|---|---|---|---|
| B—F | 1.37 | 63 | 1.24 | | 1.262 |
| | | (33) | 1.29 | 1.295 | |
| B—Cl | 1.77 | 22 | 1.71 | 1.73±0.02 | 1.716 |
| B—Br | 1.94 | 15 | 1.89 | 1.87±0.02 | 1.887 |
| B—I | 2.13 | 6 | 2.11 | | |

键长的实测值和计算值在计算误差范围内还是一致的。我们可以得出这样的结论:当有成键轨道和电子可予利用的时候,就会出现多重键的生成,其程度的大小服从电中性原理,以求各个原子上的电荷基本上等于零。

在 BF 和 $BF_3$ 中实测键长分别为 1.262 埃和 1.295 埃,这个差别是因为在 $BF_3$ 中的

3 个键都只能含 33％的双键性；在 BF 中则第四个轨道可用于达到电中性的目的。

在某些分子中，硼的第四个轨道可用于生成另一个键，因此 B—X 键不可能具有双键性。在这些分子中键长应接近于计算所得的 B—X 单键长值（表 9-1 第二列）。氨-三氟化硼可以作为例子，其结构为：

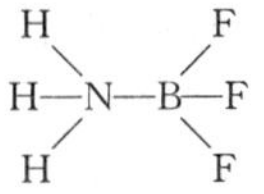

$$
\begin{array}{ccc}
 & H & F \\
 & | & | \\
H & —N—B— & F \\
 & | & | \\
 & H & F
\end{array}
$$

实测 B—F 键长[12]为(1.38±0.01)埃，与计算值 1.37 埃相符。在三甲胺-三氟化硼[13]中为(1.39±0.01)埃，在二甲醚-三氟化硼[14]中为(1.43±0.03)埃。三氯-间硼氮六环分子的结构为：

实测 B—F 键长[12]为(1.38±0.01)埃，与计算值 1.37 埃相符。在三甲胺-三氟化硼[13]中为(1.39±0.01)埃，在二甲醚-三氟化硼[14]中为(1.43±0.03)埃。三氯-间硼氮六环分子的结构为：

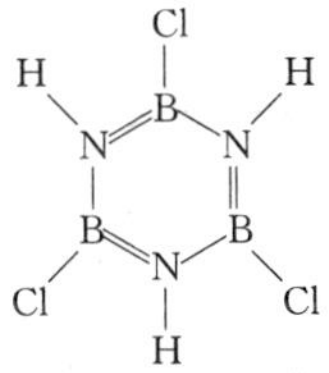

据报道，B—Cl 键长根据电子衍射法测定气体分子[15]所得数值为(1.78±0.03)埃，从 X 射线衍射法测定晶体[16]所得数值为(1.76±0.01)埃，与计算值 1.77 埃相符。在溴乙硼烷 $B_2H_5Br$ 中 B—Br 键长也有同样的情况，实测值[17](1.934±0.01)埃，计算值 1.94 埃，两者又是相符的（关于二硼烷的结构见第十章）。

## 9-6　较重元素的氧化物和含氧酸

像硫酸根这样离子的老旧的通用价键式是：

$$
A \qquad O=\overset{\displaystyle O^-}{\underset{\displaystyle O}{S}}-O^-
$$

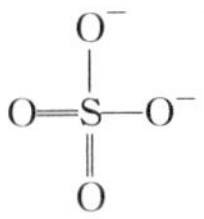

其中包括从中心原子到周围氧原子的共价单键和双键，键的数目由中心原子在周期表中的位置所决定。这样的价键式现在一般已经不用了，因为根据路易斯在他 1916 年的文章中提出的、并为以后多数研究工作者接受的建议，八隅律可以应用于硫原子和其他第三周期元素以及较重的原子，硫酸根离子和类似的离子的电子结构只要反映出 4 个共价键：

$$
B \qquad \ddot{O}^-—\overset{\ddot{O}^-}{\underset{\ddot{O}^-}{S^{2+}}}—\ddot{O}^-
$$

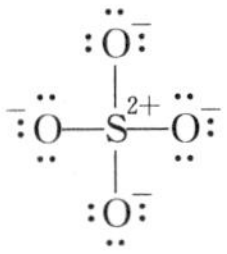

从共振观点考虑这些离子的结构问题,我们看到结构 B 虽然有一些贡献,但不可能是最重要的,而中心原子和氧原子间有双键的结构则是不可忽视的。现有的论据指出,老旧的价键式如 A,如果加上双键在氧原子间的共振因而使它们成为等价的,另外再考虑这些键所具有的部分离子性,则用来描述这些离子将比用 B 型的极端结构更能令人满意。

第三周期元素的正含氧酸的四面体型离子中,原子间距离实测数值有如表 9-2 所示。这些数值比表中第二列从共价半径及部分离子性校正(7-2 节)计算出来的单键长数值少 $0.15\sim0.19$ 埃。因此单有结构 B 是不够的。按照本章前几节的讨论,我们可以预期这些离子中的二价氧原子会力争和中心原子共享 4 个价电子,因此 C、D、E、F 型的结构对离子的基态将有相当大的贡献:

**表 9-2 四面体型离子 $MO_4$ 的原子间距离**

| 原子间距离/埃 | Si—O (在 $SiO_4^{4-}$ 中) | P—O (在 $PO_4^{3-}$ 中) | S—O (在 $SO_4^{2-}$ 中) | Cl—O (在 $ClO_4^{-}$ 中) |
|---|---|---|---|---|
| 实测值 | 1.61[a] | 1.54[b] | 1.49[c] | 1.44 埃[d] |
| 单键值 | 1.77 | 1.73 | 1.70 | 1.69 |
| 差值 | −0.16 | −0.19 | −0.21 | −0.25 |
| 键数 | 1.55 | 1.70 | 1.83 | 2.10 |
| 键的离子性 | 0.51 | 0.39 | 0.22 | 0.06 |
| 中心原子上的电荷 | +0.96 | +0.85 | +0.29 | −0.90 |

a. 在许多硅酸盐中的平均值是$(1.62\pm0.02)$埃。J. V. Smith[*Acta Cryst.* **7**,479(1954)]曾就当时已有数据进行评论,建议最好数值为$(1.60\pm0.01)$埃。

b. 磷酸根中 P—O 键长的最可靠数值,在 $KH_2PO_4$ 中为 1.538 埃[中子衍射法,见 G. E. Bacon and R. S. Pease, *Proc. Roy. Soc. London* **A 220**,397(1953)],在 $CaHPO_4$ 中为 1.54 埃[G. MacLennan and C. A. Beevers, *Acta Cryst.* **8**,579(1955)],在 $BPO_4$ 中为 1.54 埃[G. E. R. Schulze, *Z. Physik. Chem.* **B24**,215(1934)]。

c. 在硫酸肼 $N_2H_6SO_4$ 斜方晶体中键长值为 1.49 埃[I. Nitta, K. Sakurai and Y. Tomile, *Acta Cryst.* **4**,289(1951)],在卤硫化物 $Na_6(SO_4)_2ClF$ 中为 1.51 埃[A. Pabst, *Z. Krist.* **89**,514(1934);T. Watanabe, *Proc. Imp. Acad. Tokyo* **10**,575(1934)]。

d. 所列数值为 $LiClO_4$、$LiClO_4 \cdot 3H_2O$、$KClO_4$ 的键长平均值(R. J. Prosen and K. N. Truebleod 在 University of California(Los Angeles)的尚未发表的研究工作),以及 $OH_3ClO_4$ 的键长值[F. S. Lee and B. B. Carpenter, *J. Phys. Chem.* (1959)]。

在这些结构中,与一个氧原子生成共价双键可以与另一个原子的键的离子性联系起来,因此硫原子所用的键轨道具有正常 $sp^3$ 的性质(这里另带有通常的少量的 $d$ 性和 $s$ 性,见第四章);$3d$ 轨道也可以起同样的作用,例如 $sp^3d$ 和 $sp^3d^2$ 键轨道。

现在我们用如上假定的双键性的说法[18]来解释表 9-2 中最准确测定的磷酸根离子

键长值 1.54 埃。键长缩短了 0.19 埃,相应于键数 1.70[方程式(7-6),其中 $D_1-D_2=$ 0.21 埃,$D_1-D_3=$ 0.34 埃]。因为每一个键具有 70％双键性,4 个键便将有 $-2.80$ 单位的电荷迁移到磷原子上;考虑到结构 B 的形式电荷为 $+1$,因此剩下 $-1.80$。假使每一个键由于两个键连原子的电负性差具有 39％离子性(表 3-10),则有 $+2.65$ 的电荷迁移到磷原子上,因此总的剩余电荷是 $+0.85$。这是一个合理的数值;在第十三章讨论硅酸盐和磷酸盐晶体($XO_4$ 四面体没有共边和共面)的性质时,将要看到这些中心原子都是带电的,但不大于 1 的电荷就足够符合电中性原理的要求了。

对其他 3 个离子进行类似的处理,可得 Si、S 和 Cl 原子的剩余电荷分别为 $+1.06$、$+0.29$ 和 $-0.90$。除了 Cl 的负值剩余电荷不大可能之外,这个顺序 $+1.06$、$+0.85$、$+0.29$、$-0.90$ 对于 Si、P、S、Cl 来说,与这些原子电负性的增大:1.8、2.1、2.5、3.0(氧为3.5)比较起来,是合理的。

中子衍射研究[19]指出,在斜方晶体 $KH_2PO_4$ 中有两个氧原子和两个 OH 基与磷原子配位。相应的 P—O 键长 1.508 埃和 1.583 埃分别相当于 92％和 48％的双键性,其平均值 70％和 4 个等同的 P—O 键的双键性一样。有人报道在结晶磷酸[20]中有类似的变形[一个短键为 1.52 埃,另 3 个较长的键为(1.57±0.02)埃]。

关于较重元素含氧酸的酯的准确结构报道是非常少的。在原硅酸四甲酯 $Si(OCH_3)_4$ 分子[21]中,Si—C=(1.64±0.03)埃,C—O=(1.42±0.04)埃,$\angle$Si—O—C=(113±2)°。这些数值和前面讨论中所预期的很接近;由键长指出 Si—O 键的双键性值与硅酸根离子中的大约相同,Si—O—C 键角值则介在两个单键间的键角 108°和一个双键、一个单键间的键角 114°之间(4-8 节)。

因为存在于核酸链中而显得重要的磷酸二酯类结构的唯一准确的报道,是从二苄基磷酸[22]的 X 射线研究得来的。酯键氧原子的 P—O 键长是(1.56±0.01)埃,O—P—O 键角是(104±2)°。P—OH 键和第四个 P—O 键的键长分别是(1.55±0.01)埃和(1.47±0.01)埃,它们的交角是 117°。

第三周期元素原子的焦、偏及其他多酸中含有共用顶点(氧原子)的 $MO_4$ 四面体。如所预期,共用氧原子的 M—O 键长比其他的都大。在 $Na_5P_3O_{10}$ 晶体[23]中的三磷酸根离子,共用氧原子的 P—O 键长是(1.61±0.03)埃(中心磷原子)和(1.68±0.03)埃(外围磷原子),其他 8 个未共用氧原子的(1.50±0.03)埃。这些数值分别相应于 35％、13％、98％的双键性;至于电荷,则中心磷原子上为 $+0.94$,外围磷原子上为 $+0.69$,与正磷酸根离子的 $+0.85$(表 9-2)相靠近。共用氧原子的键的 O—P—O 键角是 98°,P—O—P 键角是 121°。

在 $Na_4P_2O_7$、$10H_2O$ 中的二磷酸根(焦磷酸根)离子,共用氧原子的 P—O 键长 1.63 埃,未共用氧原子的是(1.47±0.02)埃,P—O—P 键角是 134°。[24]

许多矿物可以描述为含有互相共用顶点的 $SiO_4$ 四面体的多硅酸盐。它们的结构将在第十三章中加以讨论。

**氯酸根离子和有关离子** 氯酸根离子的通用电子结构是：

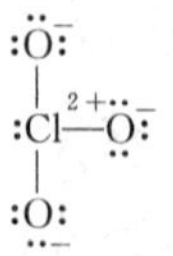

$$
\begin{array}{c}
:\!\ddot{O}\!:^{-} \\
| \\
:\!\ddot{Cl}\!\!\overset{2+}{-}\!\ddot{O}\!:^{-} \\
| \\
:\!\ddot{O}\!:^{-}
\end{array}
$$

其中氯原子上的一个未共享电子对占有了它的一个外层轨道。在 $NaClO_3$ 和 $KClO_3$ 中实测的 $Cl-O$ 键长[25]是 $(1.46\pm0.01)$ 埃,键角是 $(108.0\pm1.0)°$,离子构型为三角锥体。这个键长相应于 $91\%$ 的双键性,并使氯原子上的电荷为 $-0.73$。可能有人会猜测氯原子上的电荷会与高氯酸根离子一样地为 $+0.35$;如果是这样的话,就将导致 $64\%$ 的双键性,$Cl-O$ 键长也将是 $1.51$ 埃。

在 $NH_4ClO_2$ 中亚氯酸根离子 $ClO_2^-$ 的 $Cl-O$ 键长实验值[26]是 $(1.57\pm0.03)$ 埃,键角是 $(110\pm2)°$。这个键长相应于键数 $1.37$,氯原子上电荷为 $+0.38$,这些数值是合理的。

有趣的是在这些络合物中,例如在第五、第六两族元素的卤化物中,键角值和共价单键所预测的键角值接近:在氯酸根离子中是 $108.0°$,在亚氯酸根离子中是 $110°$。

很有可能在较重原子的含氧酸(例如 $H_2CrO_4$、$H_2MnO_4$、$HMnO_4$、$H_2SeO_4$)中,$M-O$ 键具有大量双键性,而且这些酸的性质受到一定程度的影响。

**含氧酸的强度** 酸的强度自然与它们的分子结构密切相关。有趣的是含有一个中心原子和氧原子及羟基配位的酸,其酸常数可以粗略地归纳成如下的两条简单规律[27]:

规律 1 多质子酸的连续电离常数 $K_1,K_2,K_3,\cdots$ 成 $1:10^{-5}:10^{-10}:\cdots$ 的比值。例如磷酸,第一电离常数为 $0.75\times10^{-2}$,第二为 $0.62\times10^{-7}$,第三为 $1\times10^{-12}$,3 个常数接近于 $1:10^{-5}:10^{-10}$ 的比值。

亚硫酸 $H_2SO_3$ 的第一和第二电离常数分别为 $1.2\times10^{-2}$ 和 $1\times10^{-7}$,比值也是 $1:10^{-5}$。我们发现酸的每一个电离常数都比前一个常数小 100000 倍的这个规律,对于所考虑的这类酸完全适用。

规律 2 第一电离常数的值取决于酸的分子式 $XO_m(OH)_n$:假如 $m=0$(没有比氢原子数目更多的氧原子,如 $B(OH)_3$),则为很弱的酸,$K_1\leqq10^{-7}$;$m=1$,则为弱酸,$K_1\cong10^{-2}$;$m=2$,则为强酸,$K_1\cong10^3$;$m=3$ 则为很强的酸,$K_1\cong10^8$。

有趣的是,在这个规律 2 中也像在规律 1 中那样出现了同样的因数 $10^{-5}$。

这个规律 2 的应用如表 9-3 中给出的常数所示。

表 9-3　含氧酸的强度

**第一类：极弱酸，$X(OH)_n$ 或 $H_nXO_n$**

| 第一电离常数约为 $10^{-7}$ 或更小 | $K_1$ |
|---|---|
| 次氯酸 $HClO$ | $9.6 \times 10^{-7}$ |
| 次溴酸 $HBrO$ | $2 \times 10^{-9}$ |
| 次碘酸 $HIO$ | $1 \times 10^{-11}$ |
| 硅酸 $H_4SiO_4$ | $1 \times 10^{-10}$ |
| 锗酸 $H_4GeO_4$ | $3 \times 10^{-9}$ |
| 硼酸 $H_3BO_3$ | $5.8 \times 10^{-10}$ |
| 亚砷酸 $H_3AsO_3$ | $6 \times 10^{-10}$ |
| 亚锑酸 $H_3SbO_3$ | $10^{-11}$ |

**第二类：弱酸，$XO(OH)_n$ 或 $H_nXO_{n+1}$**

| 第一电离常数约为 $10^{-2}$ | $K_1$ |
|---|---|
| 亚氯酸 $HClO_2$ | $1 \times 10^{-2}$ |
| 亚硫酸 $H_2SO_3$ | $1.2 \times 10^{-2}$ |
| 磷酸 $H_3PO_4$ | $0.75 \times 10^{-2}$ |
| 亚磷酸 $H_2HPO_3$ | $1.6 \times 10^{-2}$ |
| 次亚磷酸 $HH_2PO_2$ | $1 \times 10^{-2}$ |
| 砷酸 $H_3AsO_4$ | $0.5 \times 10^{-2}$ |
| 高碘酸 $H_5IO_6$ | $2.3 \times 10^{-2}$ |
| 亚硝酸 $HNO_2$ | $0.45 \times 10^{-3}$ |
| 醋酸 $HC_2H_3O_2$ | $1.80 \times 10^{-5}$ |
| 碳酸 $H_2CO_3$ | $0.45 \times 10^{-6}$ |

**第三类：强酸 $XO_2(OH)_n$ 或 $H_nXO_{n+2}$**

| 第一电离常数约为 $10^3$，第二常数约为 $10^{-2}$ | $K_1$ | $K_2$ |
|---|---|---|
| 氯酸 $HClO_3$ | 大 | |
| 硫酸 $H_2SO_4$ | 大 | $1.2 \times 10^{-2}$ |
| 硒酸 $H_2SeO_4$ | 大 | $1 \times 10^{-2}$ |

**第四类：极强酸，$XO_3(OH)_n$ 或 $H_nXO_{n+3}$**

| 第一电离常数约为 $10^8$ | |
|---|---|
| 高氯酸 $HClO_4$ | 很强 |
| 高锰酸 $HMnO_4$ | 很强 |

规律1可以理解为负离子对带正电荷的质子的静电吸引力随电离程度的增加而增加。规律2可从下列论证中得到说明。让我们考虑 HClO、HClO$_2$、HClO$_3$、HClO$_4$ 等一系列的氯氧酸。按照规律2,第一个酸(次氯酸)应该是很弱的酸;第二个酸(亚氯酸)是弱酸;第三个酸(氯酸)是强酸;第四个酸(高氯酸)是很强的酸。假如次氯酸 HClO 电离,则生成负离子 ClO$^-$,这里负电荷集中在单一个氧原子上;这个氧原子吸引质子的力是导致生成 O—H 价键的特有的力。现在我们考虑亚氯酸。在亚氯酸根离子 ClO$_2^-$ 中,负电荷分配在两个氧原子上;当质子趋近一个氧原子生成亚氯酸中的 O—H 键时,其吸引力比在次氯酸根离子中的要小,因此亚氯酸的电离常数就比次氯酸的大些。同样地,在氯酸电离出来的氯酸根离子 ClO$_3^-$ 中,全部负电荷分配在 3 个氧原子上,一个氧原子对接近的质子的吸引力就要更小,粗略地相应于 1/3 个负电荷,而不是亚氯酸根离子的半个负电荷和次氯酸离子的一个负电荷,这就使得氯酸的酸性比亚氯酸的更强。同样的论证可以使我们预料到高氯酸比氯酸更加强些。

表 9-3 第一部分列举的所有的酸,其中每有一个氧原子就有一个氢原子,它们的分子式为 Cl(OH)、As(OH)$_3$ 和 Si(OH)$_4$ 等类型。

表 9-3 第二部分是弱酸,第一电离常数约为 $10^{-2}$。有几种酸中氢原子数比氧原子少一个,包括亚氯酸 ClO(OH)、亚硫酸 SO(OH)$_2$、磷酸 PO(OH)$_3$ 和高碘酸 IO(OH)$_5$。

还有两种酸也属于这一类,即亚磷酸和次磷酸。由于它们的分子式是 H$_3$PO$_3$ 和 H$_3$PO$_2$,看来似乎放在这一类是不适当的。但它们的电离常数分别为 $1.6 \times 10^{-2}$ 和 $1 \times 10^{-2}$,适合于这一类,因此对于表面上的不规则性必须寻求解释。这个解释就是在亚磷酸中有一个氢原子直接和磷原子键合,在次磷酸中有两个氢原子和磷原子键合。亚磷酸的正确结构式应为 HPO(OH)$_2$;这个结构式表示磷原子除了直接键合着一个氢原子外,还有一个氧原子和两个氢氧根和它键合。次磷酸的结构式是 H$_2$PO(OH);在这个酸中磷原子和两个氢原子、一个氧原子以及一个氢氧根键合。从物理化学的实验中可以得到几种独立的证据,指出在这些酸中有和磷直接键合的氢原子。这些酸的离子——亚磷酸根离子 HPO$_3^{2-}$ 和次磷酸根离子 H$_2$PO$_2^-$——代表介于磷酸根离子 PO$_4^{3-}$ 和磷离子 PH$_4^+$ 之间的中间结构。在这些离子中,一个磷原子和围绕着它形成四面体的 4 个氢或氧原子键合。

亚硝酸、醋酸(以及其他羧酸)和碳酸的电离常数值也稍许偏离这个简单规律。亚硝酸和羧酸的偏离可以归因于它们的电子结构,第二周期元素原子比较重原子具有更易于生成稳定双键的趋向。碳酸的第一电离常数很低,一部分是因为存在的未电离的酸大多是溶解的 CO$_2$ 分子,而不是 H$_2$CO$_3$ 酸。已经发现,溶解的 CO$_2$ 分子与 H$_2$CO$_3$ 分子浓度之比大约为 25,所以 H$_2$CO$_3$ 的真正电离常数约为 $2 \times 10^{-4}$。

不含单一中心原子的含氧酸,其强度也可由上述规律的合理推广得到理解,如下例子所示：

| 很弱的酸:$K_1=10^{-7}$ 或更小 | $K_1$ | $K_2$ |
|---|---|---|
| 过氧化氢 HO—OH | $2.4 \times 10^{-12}$ | |
| 次亚硝酸 HON—NOH | $9 \times 10^{-8}$ | $1 \times 10^{-11}$ |
| 弱酸:$K_1=10^{-2}$ | | |
| 草酸 HOOC—COOH | $5.9 \times 10^{-2}$ | $6.4 \times 10^{-5}$ |

次亚硝酸和草酸的第二电离常数只有第一常数的千分之一,不像只有一个中心原子的酸那样是 $1/10^5$。这些酸的第二电离常数较大,可通过第一次电离后产生的负电荷发挥较小的影响得到解释,因为即将电离的第二个氢原子所在的氢氧根和负电荷距离较大。

上面为着说明这两条能合理地描述含氧酸实测强度的简单规律所提出的论证,事实上不能够解释这些规律所以具有如此简单形式的原因。我们认为一个多质子酸的连续电离常数具有同样的比值 $10^{-5}$ 不过是一种碰巧的情况;而在表 9-3 中讨论的各种含氧酸的第一电离常数又具有同样的比值 $10^{-5}$,恰好与规律 1 的比值相等。这个事实使我们有可能把电离常数的规律总结为简单形式,并使这两条规律易于记忆,易于运用,而不至于混淆。

氢卤酸的电离常数在附录 XI 中讨论。

**硫酰氟和有关分子**　卤素取代酸中的氢氧根生成的分子,其中氧和卤素原子分别通过性质和含氧酸和卤化物相类似的键与中心原子连接。硫酰氟 $SO_2F_2$ 已经应用微波波谱学[28]细心地研究过,S—O 键长 $=(1.405 \pm 0.003)$ 埃,S—F 键长 $=(1.530 \pm 0.003)$ 埃,$\angle O—S—O = 123°58' \pm 12'$,$\angle F—S—F = 96°7' \pm 10'$。S—O 键长比在硫酸根离子中的小 0.105 埃,比单键长值小 0.295 埃。它相应于键数 2.38,同时考虑这个键有 22% 部分离子性,因此每一个氧原子上有相应的 $-0.24$ 电荷。此外,S—F 的键长相应于键数 1.33,同时考虑有 43% 部分离子性,因此在每一个氟原子上也有相应的 $-0.24$ 电荷。硫原子上的电荷是 $+0.96$。这样与这些原子间距离相适应的结构就能符合电中性原理以及原子的电负性的要求。硫原子上的电荷从在硫酸根离子中的 $+0.70$ 增加到在硫酰氟中的 $+0.96$,合理地反映了两个氧原子被电负性较大的氟原子取代的情况。

$\angle O—S—O$ 的数值比 $\angle F—S—F$ 大得多,反映了 S—O 键的大量双键性。

在这一类的其他许多分子(例如 $POF_3$、$POCl_3$、$PSF_3$、$PSCl_3$ 和 $SOF_2$ 等)中,键长和键角在它们的实验误差范围内,与从适应原子电负性以及电中性原理所提示的双键性数值的结构所预期的数值也是相符。举例来说,在 $PSCl_3$、$PSF_3$、$PSBr_2F$ 和 $PSBr_3$ 等分子中,实测的 P—S 键长在 $1.85 \sim 1.89$ 埃范围内;而可使硫原子达到电性中和的、相应于键数 2.08 的键长计算值则为 1.87 埃。

**较重元素的氧化物**　较重非金属元素氧化物的结构和含氧酸的结构相类似。在二氧化硫中 S—O 键长实测为(1.432±0.001)埃,[29]比在硫酸根离子中的略小。O—S—O 键角为 119.54°,与结构$\left(\begin{smallmatrix}+\\ \text{S}\end{smallmatrix}\raisebox{0pt}{$<$}\begin{smallmatrix}\ddot{\text{O}}^-\\ \ddot{\text{O}}\end{smallmatrix},\ \begin{smallmatrix}+\\ \text{S}\end{smallmatrix}\raisebox{0pt}{$<$}\begin{smallmatrix}\text{O}\\ \ddot{\text{O}}\end{smallmatrix}\right)$所预期的数值接近。这个键长相应于键数 2.34,硫原子上的剩余电荷为+0.36,每一个氧原子上的则是−0.18。这样的电荷分配导致分子的电偶极矩为 1.25D(未共享电子对的贡献忽略不计),略小于实测值[29](1.59±0.01)D。

三氧化硫可认为是结构$\overline{\phantom{O}}\ddot{\text{O}}\raisebox{0pt}{$\diagdown$}\,\text{S}^{2+}=\ddot{\text{O}}$与其他结构一起共振的分子,具有所预期的平面型结构,键角是 120°。S—O 键长是(1.43±0.02)埃,[30]在实验误差以内与 $SO_2$ 中的 S—O 键长相等。因此计算的键数也同样是 2.34,氧原子上电荷为−0.18,硫原子上的则为+0.54。

三氧化硫很容易聚合生成三聚物 $S_3O_9$ 和另一种石棉状无限高聚物。在这些聚合物中,每一个硫原子被 4 个氧原子围绕着形成四面体,其中有两个氧原子和别的四面体共用。在三聚物[31]中未共用氧原子的 S—O 键长是 1.40 埃,在无限高聚物[32]中则为 1.41 埃。这些数据大约相应于键数 2.5,氧原子上电荷为零。共用氧原子的键长在 1.59 埃和 1.63 埃之间,大约相应于键数 1.26,氧原子上电荷为零。

两个未共享氧原子和硫的键角约为 125°,两个共用氧原子和硫的键角为 100°,反映出未共享原子所成的键具有较大的多重键性。

$P_4O_6$、$P_4O_{10}$ 和 $As_4O_6$ 分子具有很有趣的构型。[33]在 $P_4O_6$ 和 $As_4O_6$ 中,4 个磷或砷原子处在四面体的顶点,每一个原子和 3 个氧原子沿着四面体的棱边成键(图 9-1)。P—O 和 As—O 键长分别为 1.65 埃和 1.74 埃,指出这些键的双键性分别为 22%和 10%。实测到的键角 P—O—P 和 As—O—As 大约为 126°,也和上面结论相一致。$P_4O_{10}$ 分子结构与 $P_4O_6$ 分子分相似,只是每一个磷原子加上一个氧原子,完成了 $PO_4$ 四面体(图 9-2)。这些未共享的氧原子与附近的磷原子键长非常小,只有 1.39 埃。在具有类似结构[34]的 $P_4O_6S_4$ 分子中,P—S 键长也非常短,只有 1.85 埃。P—O 键长比单键键长少 0.34 埃,相当于三重键。键的部分离子性为 39%,使得未共享氧原

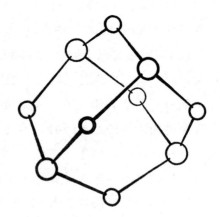

**图 9-1 $P_4O_6$ 和 $As_4O_6$ 分子的结构**

大圆圈代表磷或砷原子,

小圆圈代表氧原子

子上带有−0.17 电荷。P—S 键长接近于前述的 1.87 埃(参见有关 $PSCl_3$ 等的讨论),相应于硫原子的电中性。在 $P_4O_{10}$ 中,磷与未共享氧原子的三重键以及共用氧原子的键(约 25%双键性;键长 1.62 埃)所成键角是 116.5°,与两个共用氧原子的

键角则是 $102.5°$，反映出预期的键的性质相互间差异所产生的效应。

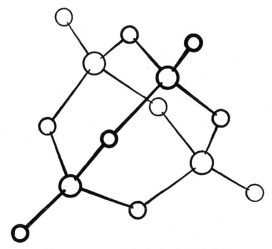

**图 9-2　$P_4O_{10}$ 和 $P_4O_6S_4$ 分子的结构**

注意四个氧或硫原子在 $P_4O_6$ 构架上连接的位置

其他许多较重金属的氧化物也具有类似的结构特征。

## 9-7　过渡金属的羰基化合物及其他共价络合物的结构和稳定性

过渡金属络合物的稳定性问题多年来是一个谜。为什么氰基和这些元素这么容易生成络合物，而其他基团（例如甲基）中的碳原子则又不和它们成键？为什么过渡金属能生成氰络合物，而其他金属（铍、铝等）则不能？例如亚铁氰根离子 $[Fe(CN)_6]^{4-}$，其中铁原子形式电荷是 $-4$，按照假定它和 6 个配位基组成 6 个共价键，这样大的负电荷怎能和金属失去电子生成正离子的趋势相配合呢？

这些问题以及有关过渡金属络合物的其他问题，是从 1935 年为解释在四羰基合镍分子中实测到的键长而提出的新想法的基础上发展而来的。有关它们的结构已有新的认识，即过渡元素的原子不限于生成单纯的共价键，而能运用过渡金属的 $3d$（或 $4d$、$5d$）轨道及其电子与接受电子的配位基生成多重键。

四羰基合镍的结构已在 5-9 节中简短地讨论过，在那里指出实测的抗磁性与结构 A 相应：

$$
A \qquad :O\!\!\equiv\!\!C\!\!-\!\!\overset{\displaystyle \overset{\ddot{O}}{\parallel}\atop\displaystyle C}{\underset{\displaystyle \underset{\ddot{O}\,\ddots}{\parallel}\atop\displaystyle C}{Ni}}\!\!-\!\!C\!\!\equiv\!\!O:
$$

具有这种结构的镍原子获得了氪的电子构型：它的外层有 5 对未共享电子（占有 5 个 $3d$ 轨道）和 4 对共享电子（占有 $4s4p^3$ 四面体型键轨道）。这个结构所预期的 Ni—O 键长大约是 2.16 埃，是应用从表 7-13 中的邻近数值（Cu 为 1.35 埃，Zn 为 1.31 埃）外推得来的四面体型半径 1.39 埃求得的。

这个分子结构曾经应用电子衍射法研究过，发现[35] 分子具有结构 A 所预示的四面体构型，但是核间距离却小得出奇，只有（1.82±0.03）埃。

这样小的距离提示了这些键具有多重键性，相应于结构 A 和 B、C、D、E 型的其他结构共振：

$$
\begin{array}{cc}
\text{B} \quad :O{=}C{-}Ni{-}C{=}\ddot{O}: & \text{C} \quad :\ddot{O}{-}C{-}Ni{-}C{-}\ddot{O}: \\
\end{array}
$$

$$
\begin{array}{cc}
\text{D} \quad :O{-}C{=}Ni{=}C{-}\ddot{O}: & \text{E} \quad :O{=}C{-}Ni{-}C{=}\ddot{O}: \\
\end{array}
$$

Ni＝C 双键是应用镍原子的 $3d$ 轨道和相联系的电子生成的。例如 C 型结构中镍原子的 6 个键轨道是 $d^2sp^3$ 型杂化轨道，其他 3 个 $3d$ 轨道为共享电子对所占据。而 E 型结构中则有 $d^4sp^3$ 8 个键轨道和一个未共享电子对。

要测定这些键所具有的双键性数值，多少有些困难，这一部分是由于镍的半径取决于键轨道的 $d$ 性大小。对结构 C 我们可以应用 $d^2sp^3$ 的半径数值 1.21 埃[表 7-15 中 Ni（Ⅳ）的数值]，加上 50% 双键性的校正值 0.12 埃，给出 Ni—C 键长为 1.86 埃。同样地，对结构 D 可用 $d^3sp^3$ 半径 1.15 埃（表 7-18），加上 75% 双键性的校正值 -0.17 埃，给出键长 1.74 埃。实测数值介于两者之间。电中性原理也反映出 78% 左右的双键性（这数值在假定所有的键具有相应于 C—Ni 电负性差 0.7 的 12% 离子性的情况下，将使镍原子上的电荷等于零）。我们可以肯定在四羰基合镍中镍—碳键具有相当大的双键性，也正是这个结构特征说明了它们的稳定性。[36]

再来看与 $Ni(CO_4)$ 等电子的 $[Ni(CN)_4]^{4-}$ 离子，它可以在液体氨溶液中用钾还原 $[Ni(CN)_4]^{2-}$ 制备出来。[37] 它的红外光谱[38] 相应于预期的四面体型结构。光谱所示的 C—N 伸缩振动频率为 1985 厘米$^{-1}$，比 $[Ni(CN)_4]^{2-}$ 的 2135 厘米$^{-1}$ 大得多。从这个比较可以得出结论，即在 $[Ni(CN)_4]^{4-}$ 中 C—N 键的双键性比在 $[Ni(CN)_4]^{2-}$ 中的大。阿姆·艾尔-赛义德(Amr El-Sayed)和谢兰(Sheline)[38]指出这个结论与电中性原理所预期的一致。前面对导致 Ni(CO)$_4$ 中 Ni—C 键 78% 双键性* 的计算,对 $[Ni(ON)_4]^{4-}$ 也可适用。对于 $[Ni(CN)_4]^{2-}$ 作类似的计算可得 34% 双键性*(为了满足镍原子的电中性),我们的结论是 Ni=C=N̈: 结构对 $[Ni(CN)_4]^{4-}$ 要比对 $[Ni(CN)_4]^{2-}$ 的贡献更大,反过来 Ni—C≡N: 的贡献则较小,这和 C—N 的振动频率[39]所反映的相一致。

与四羰基合镍等电子的 Co(CO)$_3$NO 和 Fe(CO)$_2$(NO)$_2$ 分子具有相同类型的结构,实测其原子间距离分别为[40]:Co—C=1.83 埃,Fe—C=1.84 埃,Co—N=1.76 埃,Fe—N=1.77 埃,C—O=1.15 埃,N—O=1.11 埃。等电子的铁和钴的羰基氢化物 HCo(CO)$_4$ 和 H$_2$Fe(CO)$_4$ 也具有类似的四面体型结构,[41]原子间距离 Co—C=1.75 和 1.83 埃,Fe—C=1.79 和 1.84 埃;C—O=1.15 埃。这些键长数值指出这些键和四羰基合镍的键相类似。在后面两种化合物中氢原子的位置存在一些问题。在电子衍射研究工作[41]中,氢是假定和羰基上氧原子相键合的;但在红外光谱中却找不到相应于 O—H 伸缩振动的吸收带。希伯(Hieber)[42]提出氢原子和金属原子键合;埃杰尔(Edgell)及其同事们[43]在发现 HCo(CO)$_4$ 的红外光谱中 C—O 振动分裂为 3 个谱带时,则建议质子不仅要和钴原子键合,而且也要和 3 个羰基中的碳、氧等原子键合。与 $[Fe(CO)_4]^{2-}$ 相比较,H$_2$Fe(CO)$_4$ 的红外频率也发现过分裂现象。[44]H$_2$Fe(CO)$_4$ 的酸性常数是:$K_1=4×10^{-5}$,$K_2=4×10^{-14}$;KHFe(CO)$_4$ 和 K$_2$Fe(CO)$_4$ 两种盐也已制备出来。[45]两个酸性常数相差这样多,估计有可能是两个氢原子和同一个原子键合,这样便只能是和铁原子而不是和氧原子键合。这个论据和从核磁共振谱提供的证据[46]支持了氢和金属原子键合的建议。理论上的研究[47]曾经指出 Co—H 键长为 2.0 埃,另一个研究[48]提出的数值则小于 1.2 埃。大概 Co—H 和 Fe—H 的键长分别与在双原子气体分子 Co—H 和 Fe—H 中测得的数值 1.54 埃和 1.48 埃相近,这些数值和从共价半径(第七章)所给出的也相近。假如羰基相互交成四面体角,则氢原子和 3 个氧原子的距离约为 2.8 埃,和 3 个碳原子的距离则为 1.9 埃。和碳原子的相互作用较大,可能使分子变形以增大氢—碳键长。看来 HCo(CO)$_4$ 有可能具有接近于三角双锥的构型,H$_2$Fe(CO)$_4$ 则接近于八面体构型。

四羰基合镍的另一些取代产物也已有报道,可以邻-亚苯基-双-二甲基胂-二羰基合镍和二吡啶基-二羰基合镍为例。[49]红外光谱指出由羰基生成的键和在四羰基合镍中的相类似。

五羰基合铁 Fe(CO)$_5$ 据报道为三角双锥结构。[50]测得 Fe—C 键长值为 1.84 埃,表示分子中的这些键具有相当大的双键性。

---

* 原文为"部分离子性",应为"双键性",已改正。——校者注

布洛克威,埃文斯(Ewens)和李斯特(Lister)[51]进行过 $Cr(CO)_6$、$Mo(CO)_6$ 和 $W(CO)_6$ 的电子衍射研究。这些分子为正八面体,Cr—C=1.92 埃,Mo—C=2.08 埃,W—C=2.06 埃(均为±0.04 埃)。这些数值比单键值约小 0.10 埃,指出这些键具有一些双键性。

铁族元素能应用 $3d$ 亚层的轨道和电子生成具有部分多重键性的键这样一个发现,虽然值得惊奇,但却不需要怀疑。在化合物 RCO 的自然化学式中从 R 到 C 有一个双键,因而金属羰基合物的存在早就可以解释为金属生成双键的论据。四羰基合镍的双键结构(结构 E)事实上第一次是朗缪尔[52]在 1921 年基于电中性原理提出的,但在那个时候对这个新看法的支持却是极少的。

单键结构也不能忽视,它们在有关中心原子的立体化学性质方面似乎起着决定性作用,这个在第五章已加讨论。例如四羰基合镍和它的等电子体均为四面体构型;而氰基合镍络离子[$Ni(ON)_4$]$^{2-}$,其中镍—碳键也具有一些双键性,却是正方形的。这个差别正是从用于生成单键的轨道本质的讨论所预期的。

许多金属羰基化合物含有两个或更多的金属原子,其中就存在金属—金属键。有些这类分子的结构将在十一章讨论。金属的环戊二烯基化合物以及类似的含有分数金属—碳键的分子,将在第十章讨论。

**过渡元素的氰基和硝基络合物** 亚铁氰根离子的结构式通常写成:

$$
A \quad \begin{bmatrix} & & \overset{\displaystyle N}{\underset{\displaystyle C}{|}} & & \\ & & | & \text{CN} & \\ \text{NC}\!\!\!&\!\!\!-\!\!\!&\!\!\!\text{Fe}\!\!\!&\!\!\!-\!\!\!\text{CN} & \\ & & | & & \\ \text{NC} & & \overset{\displaystyle C}{\underset{\displaystyle N}{|}} & & \end{bmatrix}^{4-}
$$

铁原子和 6 个碳原子都生成共价单键,使人惊奇的是这里把电荷—4 放在铁原子上,可是铁原子却应该趋向于和亚铁离子一样地带正电荷,而不是带负电荷。现在氰基是负电性基团,因此 Fe—C 键带有一些离子性,但是它很难把负电荷从铁原子上完全移去。前面一节讨论金属羰基合物时曾经提出,我们假定氰基在这个络合物中能起受电子体的作用,同时这个键是在下列类型的结构间共振:

$$A \qquad Fe \qquad (CN)^-$$

$$B \qquad \bar{Fe} : C ::: N :$$

$$C \qquad Fe :: C :: \ddot{\bar{N}} :$$

第一个结构式代表铁原子和氰基离子间的静电键;第二个结构式是铁和碳的共价单键;第三个结构式是共价双键,这里用了铁原子的另一个 $3d$ 轨道以及它的一对电子。第一和第三两个结构式把负电荷放在氰基上,第二个结构式则使氰基为中性。这些结构的共振,其中第二种结构只贡献了大约三分之一,将能使络合物中铁原子为电中性,而负电荷

—4 则分配在 6 个氰基间。第三种结构贡献的大小可从 Fe—C 键长值计算出来，可是它却未曾被准确测定过。

有趣的是应用铁原子所有的 $3d$、$4s$ 和 $4p$ 轨道也可以写出亚铁氰根离子的价键结构 B：

$$
\mathrm{B}\ \left[\begin{array}{c}
\overset{\cdot\cdot}{\mathrm{N}}\!:\quad\ \mathrm{N}\!: \\
| \qquad |\!|\!| \\
\mathrm{C}\quad\ \mathrm{C} \\
\ \ | \qquad / \\
:\mathrm{N}\!\!\equiv\!\!\mathrm{C}\!-\!\mathrm{Fe}\!-\!\mathrm{C}\!\equiv\!\overset{\cdot\cdot}{\mathrm{N}}\!: \\
/ \qquad | \\
\mathrm{C}\quad\ \mathrm{C} \\
|\!|\!| \qquad |\!| \\
:\overset{\cdot\cdot}{\mathrm{N}}\!: \qquad \mathrm{N}
\end{array}\right]^{4-}
$$

这个结构（自然要与从键的另行分配得来的等价结构共振）给予铁原子一个负电荷，把其余的 3—电荷分配在 6 个氮原子上，每个氮原子具有 1/2 电荷；可能键的离子性足够把负电荷进一步也转移到氮原子上，使得铁原子成为中性甚至带上正电荷。包含有铁＝碳双键的这种类型的结构，比本节开头所写的通用结构 A 对络离子的基态无疑重要得多；但继续用通用结构来表示络离子是很方便的，就像为了方便，苯分子也常用简单的凯库勒结构来代表一样。

其他过渡元素氰基络合物的阴离子，例如在 $[Fe(CN)_6]^{3-}$、$[Co(CN)_6]^{3-}$、$[Mn(CN)_6]^{4-}$、$[Cr(CN)_6]^{4-}$、$[Ni(CN)_4]^{2-}$、$[Zn(CN)_4]^{2-}$、$[Cu(CN)_2]^-$ 和钯族、铂族元素的同类络合物，都可以写出含有部分双键性的金属—碳键的类似结构。

亚硝基和硝基也能够接受一对附加的成键电子；例如在 $\left[Fe(CN)_5NO\right]^{2-}$、$[Co(NH_3)_5NO]^{2+}$、$[Co(NO_2)_6]^{3-}$ 等络离子中的键在相当大程度上具有下列结构的性质：

$$
\mathrm{M}\!=\!\mathrm{N}\!=\!\overset{\cdot\cdot}{\mathrm{O}}\!: \quad \text{和}\quad \mathrm{M}\!=\!\mathrm{N}\!\!\Big\langle\!\!\begin{array}{c}\overset{\cdot\cdot}{\overset{\cdot\cdot}{\mathrm{O}}}\!: \\ \overset{\cdot\cdot}{\underset{\cdot\cdot}{\mathrm{O}}}\!:\end{array}
$$

氯化三水合六甲异氰基合铁（Ⅱ）Fe(CNCH$_3$)$_6$Cl$_2$·3H$_2$O 晶体含有八面体型络离子 $[Fe(CNCH_3)_6]^{2+}$，Fe—C 键长等于 1.85 埃，相应于 50% 左右的双键性。[53] 络合物中的键可以通过在 Fe—C≡$\overset{+}{\mathrm{N}}$—CH$_3$ 和 Fe＝C＝$\overset{\cdot\cdot}{\mathrm{N}}$—CH$_3$ 之间的共振来加以描述。在这些结构中 Fe—C—N 角度都应该是平角，与实测的一样。可是在氮原子上的角度则在这两个结构中分别为 180° 和 114°（4-8 节），因而对共振结构来说，可以预期一个中间数值；报道的数值为 173°。

对含有 6 个氨基的络合物，如 $[Co(NH_3)_6]^{3+}$，不能写出含有金属—氮双键的结构。这些络合物的稳定性可以归因于在金属原子及其配位体间所成单键的大量离子性，正如 5-7 节所讨论的。在钴的八面体型络合物中出现的原子和基团一般是电负性很强的，包

括 $NH_3$、$OH_2$、$(OH)^-$、$(O_2)^{2-}$（过氧根）、$H_2NCH_2CH_2NH_2$（乙烯二胺）、$(C_2O_4)^{2-}$（草酸根）、$(NO_3)^-$、$(SO_4)^{2-}$ 等。所有这些基团中与钴键合的原子具有大约相同的电负性（例如 $M—N^+H_3$ 中的 $N^+$ 和 $M—OH$ 中的 O 差别不大）。电负性较小的氯和溴原子也可以引入，但只能有一定限度（在 6 个位置中最多占有两个位置），电负性再小一些的碘原子就不可能引入。

这些络合物中实测的原子间距离和这样的结构是符合的，在 $M[Co(NH_3)_2(NO_2)_4]$ 结晶（M＝Ag、K 和 $NH_4$）中测得[54]氨配位体的 Co—N＝$(1.95\pm0.02)$埃，其他一些晶体据报道也具有近似的数值。这些晶体中硝基配位体的 Co—N＝$(1.96\pm0.02)$埃；[54]就这个数值和氨配位体相比较，我们可以得出结论，即下列结构

$$M=N^+\begin{matrix}\ddot{O}:^-\\\\\ddot{O}:^-\end{matrix}$$

的贡献是很小的。

概括地说，我们把钴的八面体型络合物的稳定性归因于将正常共价单键结构的中心原子上的负电荷移到周围的电负性基团上。氰基以及（在较小程度上）亚硝基和硝基，也可以由于钴原子和相连的基团生成双键而完成部分的电荷迁移。

铁族元素是电正性的，倾向于生成正离子，这个特性从它们生成的络合物性质可以反映出来。另一方面，钯族和铂族金属生成正离子的趋向却很小，表现为保持中性或者甚至变成负的，这个特点可以从它们在电负性表中的位置（2.2）预示出来。因此这些元素不但能够与氰基、氨、氢氧基和有关基团生成共价八面体型络合物，而且也能够和氯、溴、甚至碘原子生成同样的络合物。在六氯合铂（Ⅳ）离子$[PtCl_6]^{2-}$中，键的离子性把若干负电荷从铂转移到氯上；但在六碘合锇（Ⅱ）离子$[OsI_6]^{4-}$中，与弱电负性的碘原子所成的键具有很少的离子性，这样大部分负电荷就要留在中心原子上；若干负电荷可通过含有卤素原子的第五个外层轨道的双键结构的贡献而转移出去（9-4 节）。

从惰性方面来考虑，钼和钨被划分在和钯族、铂族元素一起，而不是和铁族元素一起；关于络合物生成方面，这样划分也是正确的。$[Mo(ON)_8]^{3-}$ 和 $[Mo(CN)_8]^{4-}$ 络离子以及钨的同类络离子的稳定性不能归因于双键的生成，因为 $4d$ 电子为数很少；这些络合物均倾向于含有 8 个共价单键，并具有若干离子性，可使一些负电荷从中心原子转移到相连的基团上。钼、钨和氰基结合可出现高到 8 的配位数，和氯则不能，这个事实或可用空间效应来说明。在具有 M:C:::N:结构的氰基中，碳所有的电子都紧密地集中在联核轴的周围。唯一未共享的电子对突出在络合物外面，因此在和同一原子连接的 8 个氰基间有很小的空间斥力，而 8 个大些的基团就不可能适应。

有关金属络合物性质的大量知识已经被收集起来了；其中许多在马泰尔（Martell）和凯尔文（Calvin）的书中[55]已有总结性的介绍。

### 参考文献和注

[1]　通过电子衍射法：R. Wierl，*Ann. Physik* **8**，521（1930）；L. O. Brockway and F. T. Wall，*J. A. C. S.* **56**，2373（1934）.

[2]　本章中有关原子间距离的数值，可参考 Sutton，*Interatomic Distances*.

[3]　有趣的是气体分子 SiF 的核间距为 1.603 埃，可以推测这个键和在四价硅的稳定分子中的 Si—F 键更为相似。

[4]　L O. Brockway，*J. Phys Chem.* **41**，185（1937）.

[5]　有趣的是在气体分子 OF 中实测的键长 1.271 埃相应于 40％双键性，这差不多足够使原子上的电荷（由单键的 43％部分离子性所引起的）减少到零。

[6]　Brockway，*loc. cit.* [4].

[7]　A. L. Henne and T. Midgley，Jr.，*J. A. C. S*，**58**，882（1926）.

[8]　R. S. Mulliken，*J. A. C. S.* **77**，884（1955）.

[9]　这些数值是 Sutton，*Interatomic Distances* 一书中数据的平均值。

[10]　H. A. Levy and L. O. Brockway，*J. A. C. S.* **59**，2085（1937）.

[11]　我们可以确认气体分子 $B_2$ 的结构为：B—B:（这里的未共享电子对在性质上基本上是 $2s$ 的），键长 1.589 埃，相应于硼的半径 0.795 埃。

[12]　J. L. Hoard，S. Geller and W. M. Cashin，*Acta Cryst.* **4**，396（1951）.

[13]　S. Geller and J. L. Hoard，*Acta Cryst.* **4**，399（1951）.

[14]　S. H. Bauer，G. R. Finlay and A. W. Laubengayer，*J. A. C. S.* **67**，339（1945）.

[15]　K. P. Coffin and S. H. Bauer，*J. Phys. Chem.* **59**，193（1955）.

[16]　D. L. Coursen and J. L. Hoard，*J. A. C. S.* **74**，1742（1952）.

[17]　K. Hedbevg，M. E. Jones and V. Schomaker，*2nd Int. Congr. Cryst.*，*Stocknolm*，1951；C. D. Cornwall，*J. Chem. Phys.* **18**. 1118（1950）.

[18]　这个讨论与 L. Pauling 在 *J. Phys. Chem.* **56**，361（1952）中提出的十分相似。其他的讨论见：K. S. Pitzer，*J. A. C. S.* **70**，2140（1948）；A. F. Wells，*J. Chem. Soc.* **1949**，55；W. E. Moffitt，*Proc. Roy Soc. London* **A200**，409（1950）.

[19]　G. E. Bacon and R. S. Pease，*Proc. Roy. Soc. London* **A200**，359（1955）.

[20]　J. P. Smith，W. E. Brown and J. R. Lehr，*J. A. C. S.* **77**，2728（1955）.

[21]　K. Yamasaki，A. Kotera，M. Yokoi and Y. Ueda，*J. Chem. Phys.* **18**，1414（1950）.

[22]　J. D. Dunitz and J. S. Rollett，*Acta Cryst.* **9**，327（1956）.

[23]　D. R. Davies and D. E. C. Corbridge,*Acta Cryst.* **11**,315(1958).

[24]　D. M. MacArthur and C. A. Beevers,*Acta Cryst*,**10**,428 (1957).

[25]　R. G. Dickinson and E. A. Goodhue,*J. A. C. S.* **43**,2045(1921); W. H. Zachariasen, *Z. Krist.* **71**,517 (1929);J. G. Bower,R. A. Sparks and K. N. Trueblood 在 University of California(Los Angeles)的尚未发表的研究工作。

[26]　R. B. Gillespie and K. N. Trueblood 在 University of California(Los Angeles)的尚未发表的研究工作。

[27]　L. Pauling,*General Chemistry*(《普通化学》)(W. H. Freeman & Co.,San Francisco,1947); *School Science and Math.* **1953**,429.

[28]　D. R. Lide,Jr,D. E. Mann and R. M. Fristrom,*J. Chem. Phys.* **26**,734(1957).

[29]　D. Kivelson,*J. Chem. Phys.* **22**,904(1954);G. F. Crable and W. V. Smith,*ibid.* **19**,502(1951); M. H. Sirvetz,*ibid.* 938.

[30]　K. J. Palmer,*J. A. C. S.* **60**,2360(1938).

[31]　H. C. J. De Decker and C. H. MacGillavry,*Rev. Trav. Chim.* **60**,153(1941).

[32]　R. Westrik and C. H. MacGillavry,*Acta Cryst.* **7**,764 (1954).

[33]　L. R. Maxwell,S. B. Hendricks and L. S. Deming,*J. Chem. Phys.* **5**,626(1937);G. C. Hampson and A. J. Stosick,*J. A. C. S.* **60**,1814(1938).

[34]　A. J. Stosick,*J. A. C. S.* **61**,1130 (1939).

[35]　L. O. Brockway and P. C. Cross,*J. Chem. Phys.* **3**,828(1935). 用分光法证明分子的四面体构型已由 B. L. Crawford,Jr.,and P. C. Cross(*ibid.* **6**,525[1938]和 B. L. Crawford,Jr.,and W. Horwitz (*ibid.* **16**,147[1948])报道过。

[36]　四羰基合镍的杂化轨道 G. Giacometti 曾经讨论过(见 *J. Chem. Phys.* **23**,2068[1955]);他得出 *dsp* 杂化轨道的键可能具有高达 75% 的双键性的结论。

[37]　J. W,Easter and W. M. Burgess,*J. A. C. S.* **64**,1187 (1942).

[38]　M. F. Amr El-Sayed and R. K. Sheline,*J. A. C. S.* **80**,2047 (1958).

[39]　镍在 $[Ni(ON)_4]^{4-}$ 中氧化数为 0,在 $[Ni(ON)_4]^{2-}$ 中为 +2;中间氧化态 +1,可以由 $[Ni_2(ON)_6]^{4-}$ 代表,其结构将在 11-15 节中讨论。

[40]　L. O. Brockway and J. S. Anderson,*Trans. Faraday Soc.* **33**,1233(1937).

[41]　R. V. G. Ewens and M. W. Lister,*Trans. Faroday Soc.* **35**,681(1939).

[42]　W. Hieber. *Angew. Chem.* **49**,463(1936).

[43]　W. F. Edgell,C. Magee and G. Gallap,*J. A. C. S.* **78**,4185(1956).

[44]　H. Stammreich,参见 F. A. Cotton,*J. A. C. S.* **80**,4425(1958).

[45]　P. Krumholz and H. M. A. Stettiner,*J. A. C. S.* **71**,3035(1949).

[46]　R. A. Friedel,I. Wender,S. L. Shufler and H. W. Sternberg,*J. A. C. S.* **77**,3391 (1955); F. A. Cotton and G. Wilkinson,*Chem. & Ind.* (London),**1956**,1305.

［47］ W. F. Edgell and G. Gallap, *J. A. C. S.* **78**, 4188(1956).

［48］ F. A. Cotton, *J. A. C. S.* **80**, 4425(1958).

［49］ R. S. Nyholm and L. N. Short; *J. Chem. Soc.* **1953**, 2670.

［50］ Ewens and Lister, *loc. cit.* ［41］.

［51］ L. O. Brockway, R. V. G. Ewens and M. W. Lister, *Trans. Faraday Soc.* **34**, 1350 (1938).

［52］ I. Langmuir, *Science* **54**, 59(1921).

［53］ H. M. Powell and G. W. R. Bartindale, *J. Chem. Soc.* **1945**, 799.

［54］ G. B. Bokii and E. A. Gilinskaya, *Izvest. Akad. Nauk S. S. S. R.* **1953**, 238.

［55］ A. E. Martell and M. Calvin, *Chemistry of the Metal Chelate Compounds*（《金属螯合物化学》）(Prentice-Hall, New York, 1952；中译本, 科学出版社, 北京, 1964).

［周念祖　译］

晚年鲍林

# 第十章

# 单电子键和三电子键;缺电子物质

• *The One-Electron Bond and the Three-Electron Bond;*
*Electron-deficient Substances* •

　　有少数分子和晶体,用单电子键和三电子键描述它们的原子间相互作用是方便的。每一个这样的键,其强度大约是一个共享电子对键的一半;每一个键可以看成是一个半键。也有许多其他分子和晶体,它们的结构可以看成是包含着由于键在两个或更多的位置上共振而产生的分数键,大多数这些分子和晶体比稳定的键轨道具有较少的价电子。这类物质被叫作缺电子物质。在本章各节将讨论缺电子物质的主要类型(在下一章讨论金属时还将继续进行讨论)。

## 10-1　单电子键

氢分子离子中的单电子键的强度大约是氢分子中电子对键的一半（$H_2^+$ 的 $D_0$ 值是 60.95 千卡/摩尔，$H_2$ 的 $D_0$ 值是 102.62 千卡/摩尔；参阅 1-4 和 1-5 节）；既然一个单电子键和一个电子对键都需要同样数目的原子轨道，可以预料，包含单电子键的分子，比起利用所有稳定的键轨道来形成电子对键的那些分子，一般说来是较不稳定的。而且，在两个原子间生成一个单电子键，必须满足一个重要的条件，即这两个原子必须是同样的或者很相类似的（1-4 节）。由于这些原因，单电子键是少见的，较具有同样限制的三电子键的确要少见得多。

在已经报道的 $H_2$ 分子的 33 种激发态[1]中，有 20 种激发态的原子核间距离与 $H_2^+$ 的数值 1.06 埃，相差在 ±0.03 埃以内；因此这些激发态大概可以看成是与 $H_2^+$ 相当，它们各有一个单电子键，和另一个处于外轨道的电子，后者仅有很小的成键或反键作用。

碱金属的双原子分子也有类似的激发态。可以把它们解释成为一个分子离子（例如 $Li_2^+$），其中有一个单电子键，加上一个结合得不牢的外电子。它们的原子核间距离比对应的基态的距离大约大 0.3 埃；后者的数值是[2]：$Li_2^+$—2.94 埃（$Li_2$—2.672 埃），$Na_2^+$—3.41 埃（$Na_2$—3.079 埃），$K_2^+$—4.24 埃（$K_2$—3.923 埃）。振动能级指明，单电子键的键能大约是相应的电子对键的 60%。

铁磁性金属是仅有的单电子键在其中起重要作用的其他一类物质。[3]下一章里将会指出，在这些物质中，原子内层电子和成键电子间的自旋的相互作用，使其中一些成键电子对分裂成具有平行自旋的不配对的成键电子。

## 10-2　三电子键

路易斯在 1916 年发表的论文和关于原子价一书中曾强调过一个事实：除了那些包含过渡元素的原子的分子以外，仅存在着很少数的电子总数为奇数的稳定分子和络离子。他指出，可以预料，一般一个"奇电子分子"（例如氧化氮或二氧化氮）会利用它的不配

---

◀ 1958 年 9 月的鲍林。

---

对的电子与另一个同样分子生成一个键,因而单体物质应比二聚体不稳定得多。同时不配对电子究竟怎样被牢固地保持在稳定的奇电子分子中,在那时人们还是不了解的。由于量子力学应用到这个问题的结果,已找到关于这个现象的解释:奇电子分子的稳定性是某些原子具有生成一种新型的键——三电子键的能力的结果。[4]

**稳定的三电子键的生成条件**　让我们考虑一个由 3 个电子和两个各具有一个稳定键轨道的原子核或原子实 A 和 B 所组成的物系的基态。将 3 个电子引入这两个可利用的轨道Ⅰ和Ⅱ的不同方式基本上只有两种:

$$Ⅰ\ A: \cdot B$$
$$Ⅱ\ A \cdot :B$$

不相容原理只允许两个具有相反自旋的电子占据两个轨道中的一个,第三个电子只能占据另一个轨道。[5]

在进行能量计算时发现,单独结构Ⅰ不能生成稳定的键,反而会引起排斥,或在最好的情况下,也只能产生原子间的很微弱的相互作用。单独结构Ⅱ也产生同样的相互作用。但是,如果 A 和 B 是同样的或很相类似的,因而两个结构具有几乎相等的能量,则它们之间将发生共振,使分子得到稳定,从而产生与一个稳定键[6]的生成相应的一种相互作用。这个与{A: ·B,A· :B}的共振相应的键,可以被叫作三电子键,并用符号 A∴B 来表示。计算和实验证明,三电子键的强度大约是一个电子对键的一半(也就是说具有后者的键能数值的半数)。两个 A∴B 分子中每一个分子除 A 和 B 之间的一个键以外还包含一个稳定的三电子键,因而所构成的物系具有与另外包含一个共价键的 Ä—B—B—Ä 大约相同的能量;而且我们可以预料,在某些情况下,二聚体的生成热将是正的,在另外一些情况下则将是负的,两种能态的稳定性同时有着相对应的差别。这是和观测的结果相符合的。我们认为结构中含有一个三电子键的氧化氮,是不会生成稳定的二聚体的。而另一个类似的物质二氧化氮则生成二聚体四氮化二氮。

在结构Ⅰ和Ⅱ之间发生共振和生成一个稳定的三电子键,原子 A 和 B 必须是相同的或相类似的,因此成键的条件与在 1-4 节所讨论过的单电子键情况是相同的,而且这两种键呈现出键能与共振结构能量差的同样依赖关系。在考查能量数值时发现,在电负性差不超过 0.5 的两个不同原子之间,也许能形成一个稳定的三电子键,例如在氧和氟、氮和氧、氮和氯、氯和氧之间等。在稳定分子中,氧和氟、氧和氧、氮和氧以及氯和氧之间的三电子键已经得到确认,光谱数据也指明有其他一些三电子键存在。

可以指出单电子键、电子对键和三电子键都利用了两个原子中每个原子的一个稳定轨道,同时分别使用一个、两个和三个电子。

**氦分子离子**　氦分子离子 $He_2^+$ 是含有三电子键的最简单分子,它包含两个原子核,其中每一个有一个稳定的轨道和 3 个电子。对这个物系进行的理论处理[7]证明,它的三电子键是强的,键能大约是 55 千卡/摩尔,原子核间距离大约是 1.09 埃。从氮分子的激发态的光谱数据测定的这些数量的实验值大约是 58 千卡/摩尔和 1.080 埃,与理论值很符合。可以看到,在 $He \cdots He^+$ 中的键能大约与在 $H \cdot H^+$ 中的键能相等,同时略高于 $H : H$ 中的电子对键数值的半数。

## 10-3　氮的氧化物和它们的衍生物

**氧化氮**　氧化氮是最稳定的奇电子分子。我们预计,下列两个结构Ⅰ和Ⅱ的第一个结构

$$\text{Ⅰ} \quad :\dot{N}=\ddot{O}: \qquad \text{Ⅱ} \quad :\bar{N}=\dot{O}^+:$$

很容易聚合成为下列的稳定分子

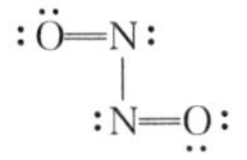

$$\begin{array}{c} :\ddot{O}=N: \\ | \\ :N=\ddot{O}: \end{array}$$

而结构Ⅱ由于它的不利的电荷分布,比较Ⅰ则有些不稳定。但是Ⅱ的不利电荷分布部分地为双键的离子性所中和,因而Ⅰ和Ⅱ在稳定性上的差别是足够小的,从而使它们之间可以产生几乎完全的共振。我们因此认为氧化氮分子具有包含一个在两原子间的双键和一个三电子键的结构 $:N\text{⫶}O:$。每个原子的 4 个价轨道,一个供未共享电子对所利用,两个用来形成双键,第四个则用来形成三电子键。

可以用上述结构来说明这个分子的性质。三电子键的额外能量使分子比较结构Ⅰ更加稳定,因此反应 $2NO \longrightarrow N_2O_2$ 的反应热很小,[8]这个物质在气相时不发生聚合作用。

预料这个包含一个 $2\frac{1}{2}$ 键的结构,应当具有一个介于双键和叁键之间的键长。单键 $N\text{—}O$ 的键长是 1.44 埃(7-2 节),可以认为双键和叁键的键长比较 $N=N$ 和 $N\equiv N$ 的小 0.04 埃,因此分别等于 1.20 埃和 1.06 埃。叁键的这个键长值和 $NO^+$ 的实验数值 1.062 埃很符合,后者的结构是 $:N\equiv O^+:$。NO 的实测键长是 1.151 埃,略为超过一个 $2\frac{1}{2}$ 键的预计数值。如果用一个形式上与方程式(7-7)相类似的方程加以解释,这个数值相当于键数 2.31。我们的结论是:两个原子间的电负性差使结构Ⅱ的贡献减少到如此程度,以致其中的三电子键大约只构成一个 1/3 键而不是一个半键。

对由于核自旋相互作用而产生的电子自旋磁共振光谱中的超精细结构的研究得出的结论[9]是:结构Ⅰ的贡献是 65%,结构Ⅱ的贡献是 35%,其中奇电子占有一个 $2p\pi$ 轨

道,并具有 2.5% 的 $s$ 性。

氧化氮分子的偶极矩很小,大约是 0.16D。由于各个键的部分离子性,结构 I 将产生一个其中氧原子呈现负电性的偶极矩,这个偶极矩被结构 II 所中和。

**二氧化二氮** 氧化氮晶体[10]含有它的二聚体,其形态是长方形,宽 $1.12 \pm 0.02$ 埃,长 2.40 埃。长边为极弱的键所构成,键数约为 0.06[方程式(7-7)]。在二聚体中电子从一个到另一个 NO 的流动性不是没有可能的,二聚体结构可用在如下的 A、B 和 C 3 个结构之间的共振来表示:

$$\begin{array}{ccccc} :N \text{\dots\dots} O: & & :N \!\!\equiv\!\! O\!: ^{+} & & ^{-}\!:N \!\!=\!\! \ddot{O}: \\ A & & B & & C \\ :O \text{\dots\dots} N: & & :\ddot{O} \!\!=\!\! \ddot{N}\!: ^{-} & & ^{+}\!:O \!\!\equiv\!\! N: \end{array}$$

结构 B 和 C 没有奇电子,为了与它们发生共振,则 A 的两个奇电子的自旋必须相反。因此,正如实测的那样,[11]物质应该是反磁性的。在低温时,每摩尔 $N_2O_2$ 具有大约 $R\ln 2$ 的残余熵,[12]这可以用晶体的无序性来解释,每个长方形 $N_2O_2$ 有两种可能的取向。

克林肯伯格(Klinkenberg)和凯特拉尔(Ketelaar)[13]曾证明,$NOClO_4$、$NOBF_4$ 和 $(NO)_2SnCl_6$(后一种通常被写成 $2NOCl \cdot SnCl_4$)的结构与 $NH_4ClO_4$、$NH_4BF_4$ 和 $(NH_4)_2SnCl_6$ 的相类似,因此都含有亚硝基正离子 $(NO)^{+}$。

在反磁性的 NaNO 中,[14]大概存在着结构为 $[:\ddot{N} \!\!=\!\! \ddot{O}:]^{-}$ 的 $(NO)^{-}$ 负离子。使人感兴趣的是,这个负离子与氧分子是等电子的,但并不具有导致顺磁性的同样 $^3\Sigma$ 结构。

**亚硝酰卤化物** 人们曾经用电子衍射方法[15]和微波谱方法[16]研究亚硝酰氟、亚硝酰氯和亚硝酰溴($NOF,NOCl$ 和 $NOBr$)。它们的构型都是非线性的。N—O 间的键长是 $(1.14 \pm 0.02)$ 埃。虽然对于这些分子可以写出一个如下的合理结构 I:

$$\begin{array}{c} \ddot{N} \!\!=\!\! \ddot{O}: \\ :\ddot{X}: \\ I \end{array}$$

这个结构式似乎并不正确,因为观测的 N—F、N—Cl 和 N—Br 键长是 $(1.52 \pm 0.03)$ 埃、$(1.96 \pm 0.01)$ 埃和 $(2.14 \pm 0.02)$ 埃,比较估计的单键数值 (7-2 节) 1.38、1.73 和 1.86 埃分别大得多。可能这些分子在结构 I 和离子结构 II 之间发生共振,另外一个含有双键和卤原子上的一个电子对之间共轭作用的结构 III 也有小的贡献;

$$\begin{array}{ccc} :N \!\!\equiv\!\! O\!:^{+} & & \ddot{N} \!\!-\!\! \ddot{O}\!:^{-} \\ ^{-}\!:\ddot{X}: & & ^{+}\!:\ddot{X} \\ II & & III \end{array}$$

同时离子键也引起 N—X 键长的增加。

从对 NOBr 进行的微波谱研究[17]得出的键长和键角数值与得自电子衍射的数值是符合的(N—O ＝(1.15±0.06)埃,N—Br ＝(2.14±0.06)埃,键角 Br—N—O ＝(114±5)°。由于溴核的电四极矩与电子的耦合而产生的精细结构,可以解释为结构Ⅱ对分子基态作的贡献是 39％,结构Ⅰ的贡献是 49％,含有共轭作用的结构Ⅲ则是 12％。除了 Br—N 的观测键长指明离子结构Ⅱ的贡献比 39％要略为大些以外,这些数值是合理的。Br—N 键长比单键数值增大 0.28 埃,如果按照方程 7-7 来加以解释,应该相当于键数 0.34,因此结构Ⅱ至少有 66％ 的贡献。用同样方法可求出 NOCl(增加 0.23 埃)、NOF(增加 0.14 埃)的键数分别是 0.42 和 0.58。

预计结构Ⅲ的贡献对于 NOBr 和 NOCl 是百分之几,而对于 NOF 的贡献则应该大得多,这是因为氟—氮的双重共价键具有较大的稳定性。由 50％Ⅱ、25％Ⅰ和 25％Ⅲ的贡献组成的共振结构与 F—N 的观测键长和电偶极距的观测数值[18]1.81D 都是符合的。

我们不禁要问,为什么无键或离子结构Ⅱ单独对于亚硝酰卤化物而未对其他物质做出较大的贡献。答案应该是亚硝酰基趋向于失去一个电子——它的电负性比氮原子和氧原子的要小得多。电负性出现这样较大的减低,是由于叁键 N≡O 比起双键具有异常大的稳定性。我们的结论是氮分子中的叁键有高达 79 千卡/摩尔(6-2 节)的特大稳定性,在亚硝酰基中也有同样情况。

**亚硝基-金属络合物**　亚硝基-金属络合物的合理结构是 $M=\overset{+}{N}=\overset{..}{O}:$ ,$M—\overset{..}{N}=$ $\overset{..}{O}:$ 。结构 $M—\overset{+}{N}≡O:$ 不用考虑,因为它在相邻原子上带有同样的形式电荷。物质 $Na_2[Fe(ON)_5NO]\cdot2H_2O$、$[Ru(NH_3)_4NO\cdot H_2O]Cl_3$ 和 $[Ru(NH_3)_5NO]Br_3$ 都是抗磁性的,如果结构 $M=\overset{+}{N}=\overset{..}{O}:$ 具有重要的贡献,这正是所预料的;金属原子的 9 个外轨道中,7 个用来成键(其中两个与亚硝酰基成键),其他两个被未共享电子对所占有。

在硝酸盐的"棕环"试验中生成氧化氮和水合亚铁离子的棕色的不稳定络合物。这个络合物的组成大概是 $[Fe(OH_2)_5NO]^{2+}$。[19]我们假定铁—亚硝基键相应于结构 $Fe=\overset{+}{N}=\overset{..}{O}:$ ,并且键轨道具有和四羰基镍和羰基亚硝酰络合物一样的(9-7 节)性质(50％的 $d$ 性)。铁原子的一个 $d$ 轨道便将与氮原子生成两个键,其余 4 个 $d$ 轨道则为未共享电子所占有(正如水合亚铁和铁离子的观测磁矩数值所指明的,可以假定水分子的保持不需利用任何 3d 轨道——参看第五章)。铁原子有 5 个未共享电子来放进 3d 轨道。这些电子有 4 个 3d 轨道可用,因而仍有 3 个电子不能配对。这种对于八面体型络合物(第五章)是稀有的结构得到实际观测[19]的支持,测得的磁矩是 3.9 磁子,相当于 3 个未配对电子。络合物 $[Fe(C_2H_5OH)_5NO]^{3+}$ 中的铁原子少一个电子(4 个电子分占 4 个 3d 轨道),它有着相类似的结构;其磁矩是 5.0 磁子,相当于 4 个未成对电子。

我们把化合物[20]$Fe(NO)_3Cl$ 的结构认定为

$$:\overset{..}{\underset{..}{O}}=N\overset{\overset{\overset{..}{Cl}}{|}}{\underset{\underset{\underset{\underset{..}{O}:}{\overset{..}{O}}}{||}}{Fe}}N=\overset{..}{\underset{..}{O}}:$$

在这个结构中,所有铁原子的 9 个外轨道都用来成键或用来容纳未共享电子对。化合物 $Fe(NO)_4$ 也已经被制出。[21] 有趣的是不能认定它具有由 4 个 $Fe\overset{+}{=\!=}N\overset{..}{=\!=}O:$ 基构成的结构,因为铁原子生成这种结构将需要 10 个稳定的外轨道,所以我们认定这个化合物具有如下的结构:

$$:\overset{..}{\underset{..}{O}}=N\overset{\overset{\overset{\overset{..}{N}\overset{..}{O}:}{||}}{}}{\underset{\underset{\underset{\underset{..}{O}:}{\overset{..}{O}}}{||}}{Fe}}N=\overset{..}{\underset{..}{O}}:$$

这个结构有两种可能情形:(1)单键 $Fe—N$ 与 3 个双键共振;(2)各个键保持固定,其中一个基可以成 113° 的角(这对 $—\overset{..}{N}=\!=$ 是没有张力的),其余 3 个则成 180° 的角。红外吸收光谱[22]的分析结果支持了第二个结构。

**二氧化氮** 我们认定二氧化氮有如下的共振结构为

$$\left\{ \begin{matrix} N\overset{\overset{..}{O}:}{\underset{..}{\underset{..}{O}:}} \end{matrix} , \begin{matrix} N\overset{\overset{...}{O}:}{\underset{..}{O}:} \end{matrix} \right\}$$

其中一个氧原子用一个双键和氮结合,另一个用一个单键和一个三电子键与氮结合。在本书的第一版中,曾经预言 $N—O$ 的键长大约为 1.18 埃,而 $O—N—O$ 键角大约是 140°。此键角预料数值的论据是 $:\overset{..}{O}=N\overset{...}{=}O$ 是介于键角分别等于 180° 和 113° 的 $:\overset{..}{O}\overset{+}{=\!=}N=\!=\overset{..}{O}:$ 和 $:\overset{..}{O}\overset{..}{=\!=}\overset{..}{N}\overset{-}{—}\overset{..}{\underset{..}{O}}$ 之间的中间构型,因此它的键角数值应介于二者之间。$N—O$ 的键长应介于 $NO_2^+$(1.154 埃)和 $NO_2^-$(1.236 埃)的数值之间。对 $NO_2$ 的红外光谱研究[23]得出的数值是 $N—O$ 的键长为$(1.188\pm0.004)$埃,$O—N—O$ 键角是$(134.1\pm0.25)°$,与准确度较差的电子衍射数值[24]都符合。

硝鎓正离子 $NO_2^+$ 的结构与二氧化碳相似(直线型,$N—O=1.154$ 埃),是用光谱方法发现的。[25] 它在 $NO_2ClO_4$ 中的直线构型是用光谱方法证实的,[26] 在 $NO_2^+NO_3^-$(晶体五氧化二氮)中的构型是 X 射线衍射方法证实的,[27] 在其他几种晶体中的构型也都得到了证实。[28]

**四氧化二氮** 二氧化氮的二聚物是不十分稳定的,它由单体双聚的生成焓是 13.873

千卡/摩尔。它的分子在晶体中(根据 X 射线衍射方法)[29]和在气体中(根据电子衍射方法)[30]都是平面型的，具有斜方的对称性。根据报告，N—N 的键长在晶体中是 1.64 埃。在气体分子中的数值是 1.75 埃，这或许更准确一些。[31]这个数值比已知的肼分子中的单键大 0.28 埃，因此这个键的键数大约是 0.34[见式(7-7)]。

可用在构成二聚物的 $NO_2$ 分子中的三电子键的稳定性来解释这个微弱的键。这些三电子键力图阻止两个奇电子落到氮原子上面生成下列结构中的 N—N 键：

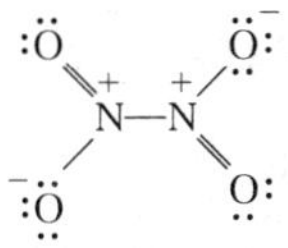

$$\ddot{O} \quad \overset{+}{N}-\overset{+}{N} \quad \ddot{O}$$

(当然，双键可在其他位置之间进行共振)。在上面讨论 NO 时，会得出结论，N…O 键上的奇电子对氮原子的占据大约是 65%。如果 $NO_2$ 中的三电子键与此类似，并且两个 $NO_2$ 分子的共振不是同步的话，那么两个奇电子同时各自位于氮原子上的百分比将为42%，因此预计键数是 0.42。这个结果与从键长得到的数值 0.34 的符合是令人满意的。

可以预料，两个 N═O 键之间约有 4% 的共轭作用，将使 N—N 键具有满足平面构型要求的足够的双键性。由于双键共振所促成的 N—N 键在分子平面上的轨道的扇形展开，也对分子平面构型起约束作用的势能函数有一些贡献。

上面的关于 $N_2O_4$ 结构的根据是假设[32] $NO_2$ 的奇电子占有一个 $\sigma$ 轨道(对于原子核所构成平面是对称的)而不是占有一个 $\pi$ 轨道(反对称的)。也有人提出另一种假设[33]：N—N 键是一个 $\pi$ 键而不带有 $\sigma$ 键。但是很容易看出，这个假设是不正确的。让我们考虑 $O{=}\overset{+}{N}{=}O$(直线型的)和亚硝酸根离子

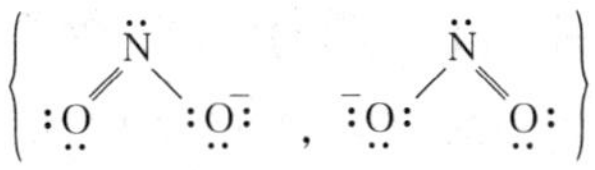

$$\left\{ \ddot{O}{=}\overset{N}{} {-} \ddot{O}^{-}, \quad {}^{-}\ddot{O}{-}\overset{N}{} {=}\ddot{O} \right\}$$

(弯曲的)。在亚硝酸根离子中(键角 O—N—O＝115.4°)，可以把氮原子描述为一个四面体，它的两个顶点组成与一个氧原子共有的棱边，另一个顶点则被其他一个氧原子所占据，因此双键处于与原子核平面相垂直的平面上。$NO_2$ 分子的结构介于这两种离子结构之间，因此具有一种中间构型——其中双键仍然垂直于原子核平面，键角数值则在115.4°和180°之间，同时一个奇电子占据着原子核平面上的一个四面体顶点，即是说它占有一个 $\sigma$ 轨道。

## 10-4　超氧化物离子和氧分子

一直到最近，碱金属在氧化时生成的氧化物的化学式被认为是 $R_2O_4$，并被命名为四

氧化碱金属,因为人们相信它们与四硫化物相类似,而含具有下列结构的 $O_4^{2-}$ 负离子:

$$\begin{array}{c} :\ddot{O}: \\ | \\ :\ddot{O}-\ddot{O}: \\ | \\ :\ddot{O}: \end{array}$$

随着三电子键的发现,人们认为这些碱金属氧化物也许含有结构为

$$\left[\; :\ddot{O}\,\vdots\vdots\,\ddot{O}: \;\right]^{-}$$

的 $O_2^-$ 离子,其中在两个相同原子之间有一个单键和一个三电子键。这种看法已为钾化合物的磁化率的测定所证实。[34] 超氧化物离子 $O_2^-$ 含有一个未配对电子,与观测到的顺磁性 $\mu=2.04$ 玻尔磁子相符($^2\text{Ⅱ}$ 态的理论值大约是 $1.85$);但 $O_4^{2-}$ 离子则应是抗磁性的。$Ca(O_2)_2$ 的顺磁性也会得到证实;[35] 据报道,$Na_2O$ 有一种晶型是抗铁磁性的。[36]

超氧化物离子在晶体 $KO_2$ 和 $NaO_2$ 中的存在也从 X 射线考查中得到了证实。[37] 据报道,原子间距离是 $(1.28\pm0.01)$ 埃,这与根据一个单键加上三电子键所预期的数值是令人满意地符合的。

在加热时超氧化铷失去四分之一的含氧量,生成化学式为 $Rb_2O_3$ 的物质。这个物质中的 3 个氧起初被认为含有具如下结构

$$\begin{array}{c} :\ddot{O}: \\ | \\ :\ddot{O}-\ddot{O}: \end{array}$$

的 $O_3^{2-}$ 离子,因而它的化学式大概是 $Rb_2O_2 \cdot 2RbO_2$;即它既含有结构为 $:\ddot{O}-\ddot{O}:$ 的过氧化物离子,也含有超氧化物离子。[38]

高铬酸钾($K_3CrO_8$)的结构是一个有趣的问题。X 射线结构[39]测定证明,有 4 个 $O_2$ 基团包围着铬原子。粗略地说,构型属于四方反棱柱体型,其中两个正方面的反向棱边缩短到和 O—O 键长 $1.34$ 埃等长的长度。有 4 个 Cr—O 键长是 $1.93$ 埃,其余 4 个是 $2.02$ 埃。$K_3NbO_8$、$K_3TaO_8$、$Rb_3TaO_8$ 和 $Cs_3TaO_8$ 具有同样的结构。这些物质中,铌和钽的氧化数是 $+5$,这是与 $O_2$ 基团作为过氧基相符的。但是,铬的氧化数 $+5$ 是不寻常的,而且铬络合物中 O—O 的实测键长 $1.34$ 埃与过氧化物的单键键长也不符合[在 $BaO_2$[40]中是 $(1.49\pm0.01)$ 埃,在 $H_2O_2$ 中是 $(1.48\pm0.01)$ 埃,其他过氧化物也几乎一样]。对于实验值 $1.34$ 埃说来,一个含有 4 个超氧化物离子。而预期键长为 $1.28$ 埃的结构或许是可以接受的,但铬的氧化数为 $+1$ 是不寻常的。有可能这个铬合物含有氧化数等于通常的 $+3$ 的铬以及两个过氧基和两个超氧基,而电子间共振的结果使得每个 $O_2$ 基团介于过氧化物和超氧化物之间。通过 6 个具有 $50\%$ 离子性而在 8 个 Cr—O 位置之间共振的键的生成,铬原子是能够保持电中性的。

氧分子的基态,我们预期会有如下的结构：

A　　$\ddot{\text{O}}=\underset{..}{\text{O}}:$

其中含一个双键。但是,基态氧分子的谱项符号是$^3\sum$,说明它含有两个不成对电子,因而它是强顺磁性的。大概氧分子的第一激发态$^1\Delta$态可以用上面的双键结构表示,[41]而基态(比前者的稳定性大 22.4 千卡/摩尔)则相当于另一结构,其中的 2 个原子是由一个单键和 2 个三电子键结合起来的。[42]这里电子和轨道数目允许有结构 B 的形成：

B　　$:\text{O}\vdots\text{O}:$

每个氧原子将自己的 4 个价轨道中的一个供未共享电子对使用,一个用来生成单键,两个用来生成 2 个三电子键。

因为一个三电子键的键能大约是单键的一半,也许有人会猜想到结构 B 的稳定性大致与结构 A 相等。但是还需要考虑另外一种相互作用——两个三电子键的偶联作用。每一个三电子键包含一个不配对电子的自旋。两个不配对的自旋可能通过彼此相反而产生一个单重态。也可能是彼此平行而得到一个三重态。二者中之一将通过相互作用能而得到稳定,另一个则失去稳定性。根据理论上的论证[43]可以得出结论,三重态应当是较稳定的一个,正像实测到的那样。如果这两个奇电子多少有些不同步的话,那么它们在运动过程的某一个部分将处于同一的氧原子上面,这时它们的相互作用将要比在不同原子上面的大。根据洪德第一定则(2-7 节),两个电子的相互作用应当是使三重态比单重态更加稳定。$^1\sum$态(比基态的稳定性差 37.8 千卡/摩尔)的存在有力地支持上述的看法；这个状态就是结构 B 所表示的那个状态,其中两个三电子键有着不利的相互作用(两个奇电子的自旋相反)。基态和这个态的平均能量与双键状态的能量是接近的。

有可能在基态氧分子中的不配对电子的自旋通过相互作用产生出一种比范德华力更强一些和方向更确定一些的作用力,从而导致$O_4$[或$(O_2)_2$]分子的生成。这种双重分子是路易斯通过液态氧在液态氮溶液中的磁化率数据的分析而发现的。[44]从 $2O_2$ 生成$O_4$ 的生成焓很小,等于 0.16 千卡/摩尔,因此 $O_4$ 分子在空气中只有很低的浓度。但这已足够产生可以证实这种分子存在的吸收光谱。[45]

磁性数据指明,$O_4$ 中的两个氧分子的自旋相互配对,产生一个不再含有未配对电子的基态分子。这个分子的结构不是 $\begin{matrix}:\ddot{\text{O}}-\ddot{\text{O}}:\\ |\quad\ |\\ :\text{O}-\text{O}:\end{matrix}$ (3-5 节),而是包含构型和结构与未结合时几乎相同的两个 $O_2$ 分子。这两个分子,通过比普通共价键弱得多的键结合着。$O_4$ 分子是否具有平面矩形构型,抑或四角双楔形构型,尚不得而知。据报道[46]有一种晶态氧在它

的立方密堆积的排列中含有旋转的 $O_4$ 分子。

**臭氧化物离子** 取臭氧与氢氧化钾[47]反应的生成物用液态氨重结晶,可获得红色晶体臭氧化钾 $KO_3$。相应的 $NaO_3$ 和 $CsO_3$ 臭氧化物的磁化率数据[48]表明这些物质中有 $O_3^-$ 离子和一个奇电子。臭氧化物离子具有如下的电子结构:

$$\left\{ :\ddot{O}\diagdown^{\ddot{O}}_{\diagdown \ddot{O}:} , \quad ^{:\ddot{O}:}_{:\ddot{O}\diagup}\diagdown\ddot{O} \right\}$$

预计键长是 1.35 埃,键角 108°。

## 10-5  其他含三电子键的物质

除了在上面各节已讨论的以外,还有少数几种分子含有一个或两个三电子键。像基态氧分子一样,$SO$、$S_2$、$Se_2$ 和 $Te_2$ 都是 $^3\Sigma$ 态,也许具有一个单键加上两个三电子键的电子结构可以满意地表示这些分子的结构。观测到的原子间距离分别是 1.493、1.888、2.152 和 2.82 埃,与预期的大致符合。

根据一些时候以前的报道,[49]有一种 OF 存在,但是论据并不够充分。[50]氧原子和氟原子的电负性相差仅有 0.5,因而要通过 $\left\{ :\ddot{O}-\ddot{F}: , :\ddot{O}-\ddot{F}: \right\}$ 的共振来生成一个具有一个单键加一个三电子键的结构 $:\ddot{O}{\cdots}\ddot{F}:$。这样的共振条件可以得到满足,所以,OF 有可能是稳定的,也可能在 $O_2F_2$ 的离解中有若干这样的物质生成。这里所说的 OF 的结构与 NO 分子极为相似。

据报道,[51]在液态氮的温度下用 X 射线照射过的氯化钾晶体中含有负离子 $Cl_2^-$,可以认定它的结构是 $\left[ :\ddot{Cl}{\cdots}\ddot{Cl}: \right]^+$,预计键长是 2.16 埃。

结构认定为 $\left[ :\ddot{Cl}{\longrightarrow}\ddot{Cl}: \right]^+$ 的正离子 $Cl_2^+$ 已经用光谱方法进行了研究。它的键长是 1.891 埃,这个数值比按照一个单键加上一个三电子键所预期(方程7-5)的数值 1.863 埃略大一些。[52]

离子 $F_2^+$ 也曾经用光谱方法进行了研究。[53]它的键能是 76 千卡/摩尔,与 $F_2$ 和 $O_2^-$ 比较,这个数值对于结构 $\left[ :\ddot{F}{\longrightarrow}\ddot{F}: \right]^+$ 来说不是不合理的。

用质谱方法研究,还发现了离子 $Ne_2^+$。[54]它的键长是(1.7~2.1)埃,尚未做更确定的测定。我们预料它的结构是 $\left[ :\ddot{Ne}{\cdots}\ddot{Ne}: \right]^+$,键长为 1.69 埃。键能的实验数值是 17 千卡/摩尔,这大致是一个三电子键的预计数值(F—F 键数值的一半)。

奇电子分子 $ClO_2$ 中的 Cl—O 的键长,根据测定[55]是(1.491±0.014)埃。这个数值

对于结构

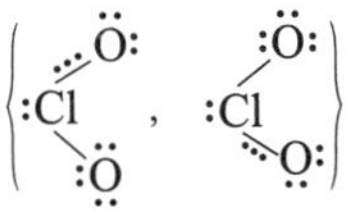

$$\left\{ \begin{matrix} :\overset{..}{\underset{..}{O}}: \\ :\overset{..}{Cl} \\ \overset{..}{\underset{..}{O}}: \end{matrix} \quad , \quad \begin{matrix} :\overset{..}{\underset{..}{O}}: \\ :\overset{..}{Cl} \\ \overset{..}{\underset{..}{O}}: \end{matrix} \right\}$$

来说是适合的,这个结构包含三电子键在两个 Cl—O 位置间的共振,O—Cl—O 键角是 $(116.5\pm2.5)°$。

对于可能含有三电子键的其他简单奇电子分子 $NO_3$、$ClO_4$、$IO_4$,至今尚未进行过结构研究。根据对钾盐的磁性测定,[56]亚硝基二磺酸离子$[ON(SO_3)_2]^{2-}$是一个奇电子离子,它的结构大概是:$\overset{..}{O}\!\!=\!\!\!=\!\!\!=\!\!N\!\!\overset{SO_3^-}{\underset{SO_3^-}{\diagdown}}$。我们认定二对甲氧苯基氧化氮具有类似的结构:

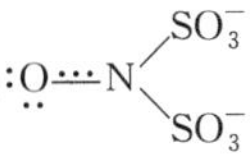

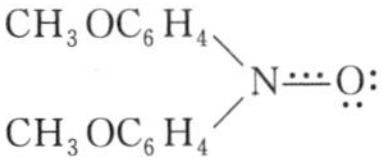

$\overset{CH_3OC_6H_4}{\underset{CH_3OC_6H_4}{\diagup\diagdown}}N\!\!=\!\!\!=\!\!\!=\!\!\overset{..}{\underset{..}{O}}:$,而四对-甲苯基肼鎓离子的结构[56]是

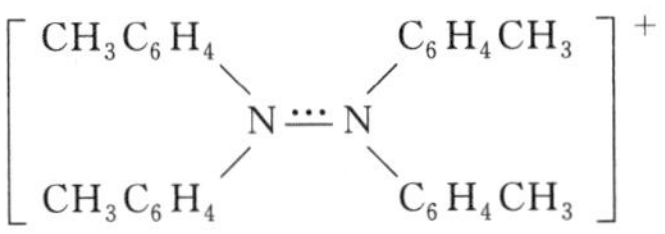

$$\left[ \begin{matrix} CH_3C_6H_4 \\ CH_3C_6H_4 \end{matrix} \!\!N\!\!=\!\!\!=\!\!\!=\!\!N\!\! \begin{matrix} C_6H_4CH_3 \\ C_6H_4CH_3 \end{matrix} \right]^+$$

大概在这些化合物中有某些将在下节叙述的一种共振存在。

**半醌和有关物质的结构**  一个醌,例如对-苯醌

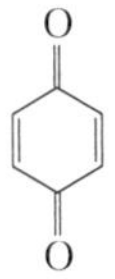

（Ⅰ）

在还原时一般地产生对应的氢醌

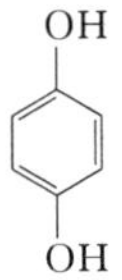

（Ⅱ）

与还原的中间阶段相应的分子

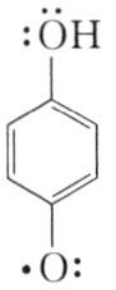

（Ⅲ）

料想是不稳定的。虽然在电子数目方面它介于Ⅰ和Ⅱ之间,但从含有 4 个双键的Ⅰ到含有 3 个双键的Ⅱ的键能损失在加上第一个氢原子(Ⅲ)时即已完成,因而这个分子是不稳定的。因为这个原因,奇电子分子一般很少具有重要性。

但是有一个使半醌(介于醌和氢醌之间的中间分子)稳定的方法。半醌以离子

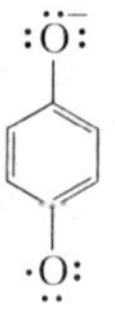

的状态存在于碱性溶液中,这里写出的结构(当然在苯环上有凯库勒共振)不是这个分子的唯一结构;将底下的氧原子上的奇电子与另一氧原子上的一对电子互换,可以获得一个等价的结构。因此半醌离子有着下列的共振结构:

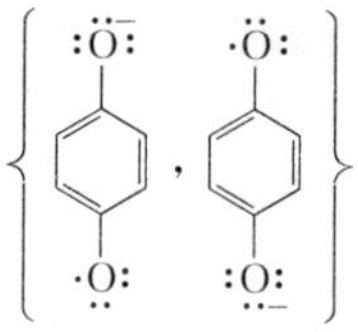

（Ⅳ）

重要性较小的

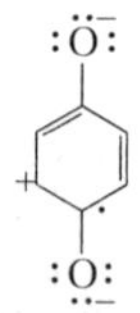

结构也将有某些贡献。

可以看到,Ⅳ 所表示的共振与三电子键的共振十分类似;在两种情况下都有一个单电子和一个电子对在进行互换。在 $He_2^+$、NO 等的情况下,这种互换直接发生在相邻原子之间;而在半醌离子中,互换是通过一个共轭体系的方式发生的。因此我们可以预料到Ⅳ的共振能大约是一个双键的一半,这正足以使从醌到氢醌还原的中间阶段成为可以观测的。

半醌通过共振而得到稳定的条件是,Ⅳ 的两个结构必须是等价的。对于半醌离子,这个条件是可以满足的;但对于半醌Ⅲ本身则没有得到满足,在Ⅲ中,氢原子的存在破坏了两个结构的等价性,因此我们猜想唯有阴离子形式的半醌才是稳定的。实验证实了这一点。米凯利斯(Michaelis)和他的同事[57]曾证明 3-磺酸菲的半醌在碱溶液中作为稳定的半醌离子

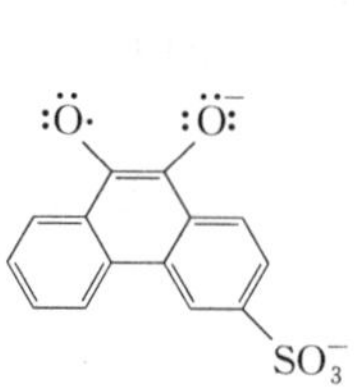

存在;这些研究工作者对离子(由于不配对电子的自旋磁矩)在溶液磁化率中的顺磁性贡献进行测定,从而证明了单体离子的存在。半醌离子与一个可能包含 O—O 键的二聚体保持平衡;在酸性溶液中,只有二聚体存在,这是与上面关于不对称半醌意料中的不稳定

性的讨论一致的。

　　已经证明,有许多含氮物质可以在与半醌状态相当的中间还原状态下存在,而且一般说来,对于这些物质,广义的三电子键的共振条件是可以满足的。根据顺磁性数据,四甲基-对-苯二胺离子是单体物质,它是在下列类型的两个结构间共振:

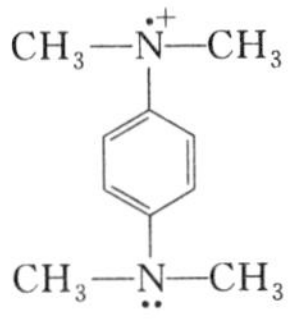

对-并萘吩嗪半醌正离子

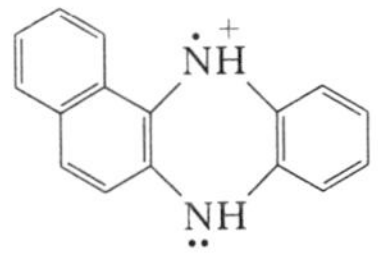

和脓青素半醌正离子

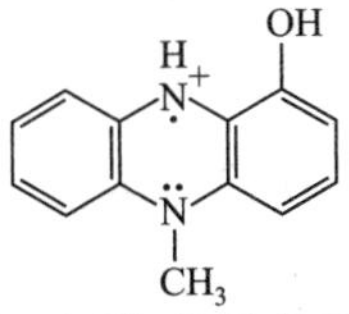

也各有类似的共振。使人感兴趣的是,在脓青素半醌中,NH 和 NCH$_3$ 基是充分相似,从而允许足够程度的共振来产生稳定作用。

　　在结构

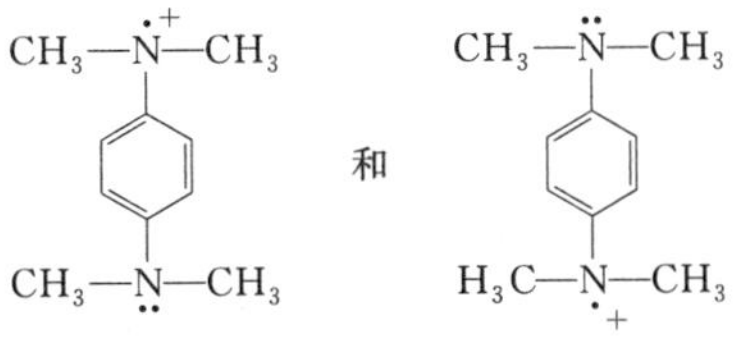

之间的共振是通过像下列的结构进行的:

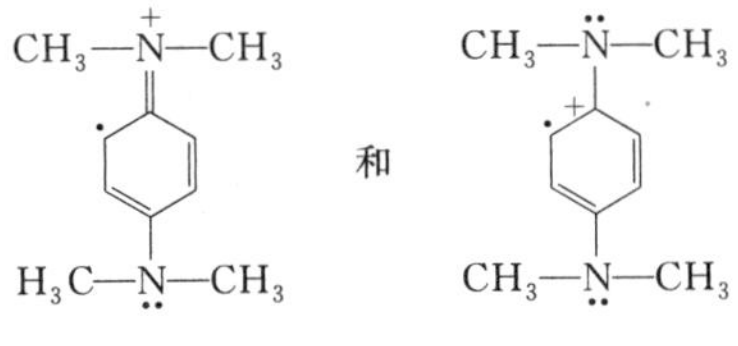

在这些结构中奇电子连接在一个环碳原子上面。奇电子分别连接在甲基的碳原子上和氢原子上的结构也可能有少量的贡献。用电子自旋磁共振谱方法研究这个物质和它的氘化环衍生物[60](用氘取代苯环上的氢)时,从质子自旋的精细结构中得出在甲基中的质子上和在苯环中的质子上的自旋密度分别是 0.0148 和 0.0042。这些数值表明奇电子

通常在氮原子的附近,因此前两个结构是其中最重要的。

在许多其他呈现半醌类型的物质中间,[61] 可以提出属于联吡啶类的那些物质。当 $\gamma,\gamma'$-联吡啶

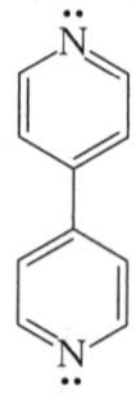

在酸性溶液中还原时,生成一种深紫色的物质。双季联吡啶碱

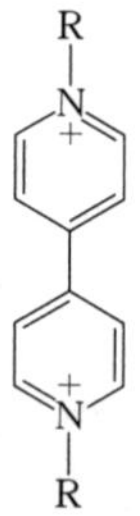

[所谓紫精(viologens)]无论在酸性还有碱性溶液中还原都能生成类似的紫色物质。仿照半醌的讨论,可以提出如下类型的半醌共振:

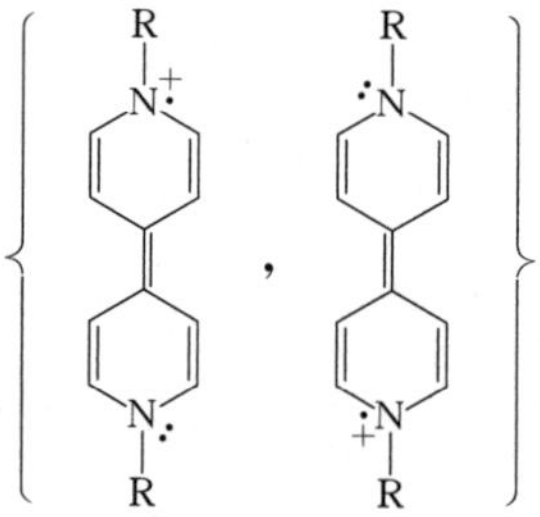

同时下列的结构也有一些贡献:

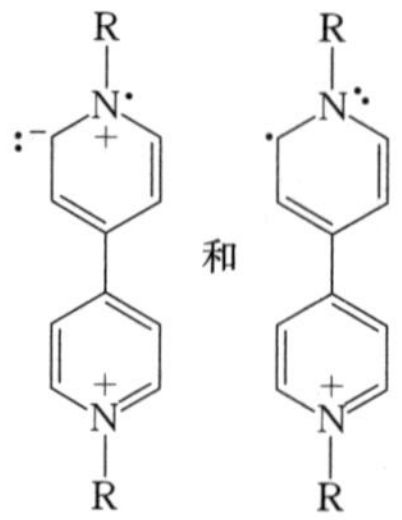

和

像一般的半醌一样,这些紫色物质颜色都很深。这种颜色与电荷由大分子的一端转移到另一端的共振有关,正像三苯甲烷染料和其他深色物质那样。[62]

已经发现,[63] A 型自由基

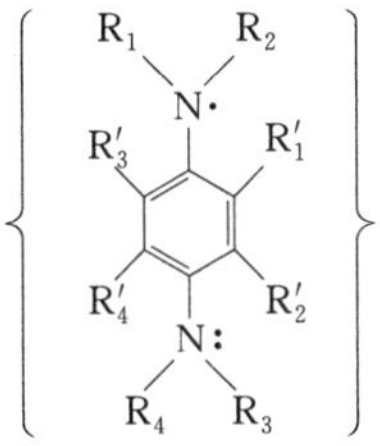

的稳定性与 R 和 R′基的性质有关，这种关系可以采用在 6-3 节援引来解释取代四甲苯电偶极矩实验结果的方式加以阐明，即共振受到同样类型的空间抑制。

从二氨基四甲苯 $NH_2C_6(OH_3)_4NH_2$ 获得的自由基的稳定性与从对苯二胺获得的自由基的稳定性不相上下；邻位上的甲基显然与氨基上的氢原子没有明显的接触（这个结论是与这些基的范德华半径值相一致的）。另一方面，尽管 4 个甲基连接在氮原子上面，苯二胺基 $[(CH_3)_2NC_6H_4N(CH_3)_2]^+$ 仍然是稳定的，但对应的四甲苯基 $[(CH_3)_2NC_6(CH_3)_4N(CH_3)_2]^+$ 却很不稳定，从来还没有获得它足以觉察出来的浓度。显然，这种不稳定性是由于各甲基之间的空间排斥的结果。与如下的 B 型结构

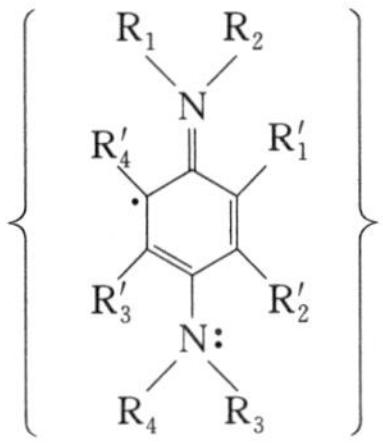

发生共振所要求的平面构型中，甲基 $R_2$ 与 $R_1'$ 之间相距仅 2.4 埃。这个构型很不稳定，因为范德华接触的距离是 4.0 埃。因此，分子必须采取一个非平面构型，这样上述的共振将受到抑制，自由基的稳定度也将随之下降（下降数量等于相应的共振能）。

半醌的生成在生理过程中无疑具有很大的意义。例如，已经发现，二氨基四甲苯增进红细胞呼吸的能力大致与次甲基蓝的能力相等，但四甲基二氨基四甲苯却完全没有这种催化作用。

## 10-6　缺电子物质

缺电子物质是其中原子的稳定轨道超过价电子数的一些物质。[65] 硼是一个例子。硼原子在自己的价电子层中有 4 个轨道和 3 个价电子。

大多数缺电子物质的特点是，它们的原子的配位数不仅超过价电子数，甚至超过稳定轨道的数目。[66] 例如，在四方晶体硼中，大多数硼原子的配位数是 6。还有在锂和铍的

含有 4 个稳定轨道而只分别有一个和两个价电子的结构中,原子的配位数是 8 或 12。所有金属都可以被认为是缺电子物质(第十一章)。

此外,一个缺电子原子可以使相邻原子的配位数值增加到超过轨道的数目,这个规律值得作为结构原则看待。[67]例如,在下节要讨论的硼烷中,与缺电子的硼原子邻近的有些氢原子的配位数是 2。

四方晶体硼的结构已经被小心地进行了测定。[68]在结构单元中有 50 个硼原子。如图 10-1 所示,除了两个以外,其余都包括在含有 12 个硼原子的二十面体基团内。在 $B_{12}$

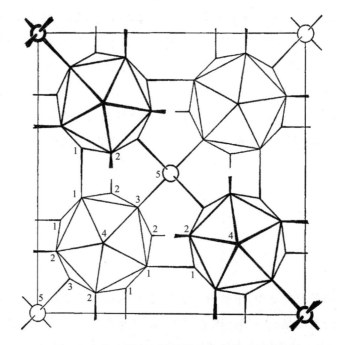

**图 10-1　从 $c$ 轴方向看到的正方晶体硼的结构**

图中示出一个晶胞。其中两个二十面体基团(细线)中心位于 $z=1/4$,其余两个(粗线)位于 $z=3/4$。

间隙原子(用圆圈表示)分别位于(0,0,0)和(1/2,1/2,1/2)。图中数字表示各个结构不等价的硼原子。

除 $B_4$—$B_4$ 以外,所有二十面体外的键都予以示出;

$B_4$—$B_4$ 键在 $c$ 轴平行的方向上,是每个二十面体与直接位于其上方和下方的晶胞中的二十面体所生成的键

二十面体上面的每个硼原子与邻近原子生成 5 个键。这些二十面体和结构单元中的两个额外硼原子(间隙原子)的相对位置是这样的:每个二十面体上的硼原子,在从二十面体中心往外直伸的方向上,再生成另外一个键。因此,二十面体中的每个硼原子的配位数是 6,而间隙原子的配位数是 4。估计由间隙原子生成的键(每个结构单元 8 个)的键数[69]是 0.89,其余原子生成的键(每单元 140 个)的键数略小于 1/2(在对与间隙原子生成的较强的键加以校正后是 0.485)。这些二十面体型硼原子可以被描述为生成 3 个单键的原子,其中每个键在两个位置之间共振。

硼—硼半键的预期链长是单键半径 0.81 埃的两倍(表 7-18)再加上半键校正值 0.18 埃(方程 7-7)。这个数值(1.80 埃)与实验值(1.797±0.015)埃很符合。其余各键的键长按照计算是 1.65 埃,而观测数值是(1.62±0.02)埃。

在硼的其他晶型中以及在其他含有直线型 $C_3$ 基团的化合物 $B_{12}C_{13}$ 中,也有类似的 $B_{12}$ 二十面体基团。[70]

可以估计,在交替位置之间共振的键的共振能,在某种程度上,对晶态硼有稳定作用。共振的稳定作用的大小,可估计如下:$B(CH_3)_3$(气)的生成焓($-\Delta H^{\ominus}$)是 25.7 千卡/摩尔,乙烷的生成焓是 16.5 千卡/摩尔。因此,从单质硼和乙烷生成 $B(CH_3)_3$(气)的生成焓是 0.9 千卡/摩尔。如果单质硼含有正常 B—B 单键,反应将引起这一些键和一些乙烷中 C—C 键的破坏,同时生成 3 个 B—C 键。根据表示键能与电负性差关系的方程 3-12,预期 $-\Delta H^{\ominus}$ 是 17.3 千卡/摩尔。因而我们可以得出结论,这两个 $-\Delta H^{\ominus}$ 数值之差 16.4 千卡/摩尔就是单质硼的共振能。[71]这个数值的三分之二,即 10.9 千卡/摩尔是硼—硼键在两个位置间共振的共振能。

我们可以再讨论[72]晶体 $MB_6$ 作为另一个例子,其中 M 表示 Ca、Sr、Ba、Y、La、Ce、Pr、Na、Gd、Er、Yt 或 Th。如图 10-2 所示,这个晶体的结构包含一个由硼构成的构架以及位于间隙的 M 原子。每个硼原子与其他 5 个硼原子成键,其中 4 个属于自己的 $B_6$ 八

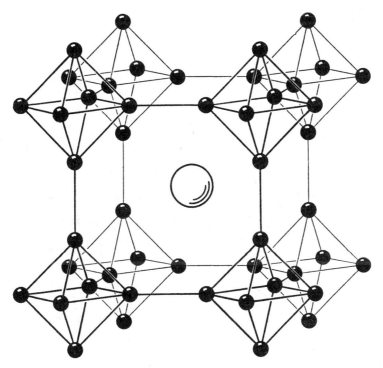

图 10-2　立方晶体六硼化钙 $CaB_6$ 中的原子排列

面体,第五个属于邻近的八面体。5 个键的键长均相等,$CaB_6$ 中的这个键长的实验值[73]
是$(1.72\pm0.01)$埃。$CeB_6$ 的数值几乎与此相等,其他化合物的数值也相近:从 $YB_6$ 的
1.69 埃到 $BaB_6$ 的 1.77 埃。这些数值反映了 M 原子的大小(对于配位数 12 来说,Y 的
半径是 1.797,Ca 的半径是 1.970,Ba 的半径是 2.215——见表 11-1)。

有可能 M 原子也相互成键,同时硼原子使用自己的价电子来生成硼—硼键。这样这
些键的键数将是 0.60,预期 B—B 键长将是 1.75 埃。从 M 到硼构架有一些价电子的转
移也不是不可能的。假如有一个电子发生转移,那么 B—B 的键数将是 0.633,键长就将
是 1.74 埃了。

有理由预料,一个缺电子的共振体系中的键数大约是 1/2。试考虑 N 个键位置和 M
个电子对。一共有 $N!/(N-M)!M!$ 个方式可以把 M 个电子对分配到 N 个位置上。
对于给定的 N,这个函数在 M 等于 N/2 时具有最大值。随着共振结构的数目的增加,共
振能也会增加,因而当 M 是 N/2 时共振能有着最大值(值得指出的是邻近不成键原子的
排斥作用是使配位数变小的一个因素)。所以我们预料共振体系中键位置数目往常是共
振的电子对数的两倍左右,而键数大约是 1/2。硼烷(10-7 节)是这个规则的一个很好的
例子。

以下各节讨论硼烷(10-7 节)及其有关物质(10-8 节)、二茂铁和有关物质(10-9 节)及
其他缺电子化合物(10-10 节)。

## 10-7　硼烷的结构[74]

硼能生成一系列组成令人惊奇的氢化物。[75]尚未能制得简单物质 $BH_3$,但存在各
种组成的氢化物,其中包括 $B_2H_6$、$B_4H_{10}$、$B_5H_9$、$B_5H_{11}$、$B_6H_{10}$、$B_9H_{15}$ 和 $B_{10}H_{14}$。

这些物质所提供的结构问题不是一个简单问题;主要的困难在于分子中没有足够的
价电子,以便通过电子对键将各个原子结合起来。例如,在 $B_2H_6$ 中,共有 12 个价电子;
需要用所有这 12 个电子将 6 个氢原子通过共价键与硼原子结合,没有留下供硼—硼键
用的电子。

塞奇威克[76]提出的看法是,电子对被用来生成硼—硼和 4 个硼—氢键,而在硼原子
和其余两个氢原子之间则生成单电子键。本书以前各版本中曾讨论过根据这个建议提
出的结构。

随后发现,分子的构型相当于把硼原子的配位数增加到 5 或 6,把一些氢原子的增加
到 2。这些构型强有力地支持着路易斯的建议[77]:电子对在几个原子间位置以这样的方

式共振，从而产生分数键，同时对分子产生共振稳定作用。

乙硼烷 $B_2H_6$ 的构型如图 10-3 所示。这个构型很久以前就被提出了，[78]并且已用光谱和其他物理的证据予以证实。[79]利用电子衍射方法进行过小心测定，[80]已得出分子的大小。

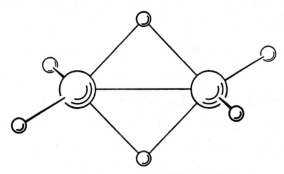

图 10-3 乙硼烷 $B_2H_6$ 中的原子构型

分子中 4 个氢原子的配位数各等于 1。它们的 H—B 键长是(1.187±0.030)埃。这与单键的数值 1.13 埃尚符合；与这相应的键数是 0.80±0.08，表明这些键不是纯单键。桥式氢原子的配位数是 2，它们的 B—H 键长是(1.334±0.027)埃，相应于键数 0.46±0.05；B—B 键长是(1.770±0.013)埃，相应于键数 0.56±0.03(计算这些键数时，取硼的半径为 0.81 埃，氢的 0.32 埃)。

9 个键的键数之和是 5.60±0.55。因为分子中有 12 个价电子，这个数值应该是 6，所以上面给出的键数应加上一个平均数 0.04。

可以用关于一般缺电子物质的简单理论来处理乙硼烷分子。[81]试考虑使用 6 个电子对和稳定价轨道(氢有 1 个，硼有 4 个)能够给这个具有已知构型的分子写出多少种不同的已知的价键结构。[82]一共有 20 种结构可以被写出，它们分别属于类型 A(2 个结构)、B(2)、C(4)、D(8)和 E(4)：

作为初步近似，我们可以假设这些结构对分子的基态的贡献相等。由此计算出非桥式 B—H 的键数是 0.85，桥式 B—H 键的键数是 0.45，B—B 键的键数则与 0.80 不符，这两个 B—H 数值与从原子间距离所得的数值很符合,但 B—B 由中性原子组成的结构比由带电原子组成的结构可能应予以更大的权重。如果给 A 型结构以三倍权重,则非桥式 B—H 键的计算键数变成 0.875,桥式 B—H 键是 0.59,B—B 键是 0.667。

可按下列方式求出乙硼烷的共振能:从硼和氢的电负性,我们估计(方程 3-12)由氢和单键硼生成 $BH_3$ 的生成焓将是 0.69 千卡/摩尔。单质硼超过单键硼的稳定性 16.44 千卡/摩尔(10-6 节),所以由标准状态的单质生成 $BH_3$ 的生成焓估计将是 $-15.7$ 千卡/摩尔。由单质生成 $B_2H_6$ 的生成焓的观测值是 $-7.5$ 千卡/摩尔,因此由 $2BH_3$ 生成 $B_2H_6$ 的生成焓是 23.9 千卡/摩尔。既然,除了在 $B_2H_6$ 中有共振作用这一点以外,$2BH_3$ 和 $B_2H_6$ 含有同样的键,我们可以取数量 23.9 千卡/摩尔作为 $B_2H_6$ 的共振能。作为初步近似,分子结构可以被描述为包含两个 B—H 键而每一个这样的键在连接到桥式氢原子的两个位置间共振的体系,同时 B—B 键的共振也有一些贡献。与在 10-6 书中得出的 B—B 键在两个位置间的共振能 10.9 千卡/摩尔比较,23.9 千卡/摩尔这样的数值是合理的。

戊硼烷 $B_5H_9$ 的结构如图 10-4 所示。[83] 在这个分子中非桥式氢原子的 B—H 键长是 $(1.22\pm0.07)$ 埃,相应于键数 $0.68\pm0.20$,桥式氢原子的键长 $(1.35\pm0.02)$ 埃相应于键数 $0.43\pm0.04$。可以指出,戊硼烷的偶极矩[84]是 2.13D,癸硼烷[85]的偶极矩是 3.52D,这就需要分子中电荷有程度大致与上述键数相应的距离。[86]

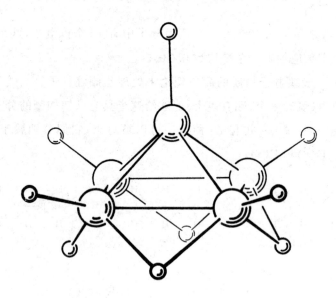

图 10-4　戊硼烷分子中的原子排列

构成角锥体底边的 B—B 键长是 $(1.800\pm0.005)$ 埃,其他 4 个键的键长是 $(1.690\pm0.005)$ 埃,这些数值分别与键数 0.50 和 0.75 相应。所有这些键数之和是 $11.84\pm1.32$;

因为有 24 个价电子，这个数值应该等于 12。

如上述的乙硼烷的那样，除了极简单的分子以外，对所有价键结构求平均值的方法是极其费力的。已发展出一个关于共振价键的统计理论，[87] 很容易将它应用到复杂的和简单的分子。试以 $B_5H_9$ 说明它的应用。我们首先认定非桥式 B—H 键的概率为 1，分子中其余的键的概率是 1/2：

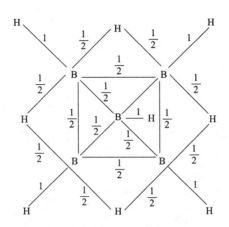

我们假设一个氢原子不成键或只生成一个键，一个硼原子能生成的键不超过 4 个（和键轨道的数目相应）。对于分子中每一个键的位置，我们计算在假设各个位置的占有并不同步的情况下，其他各键恰好如此安排以允许这个键的形成的概率。例如：让我们考虑在角锥体顶尖的 B—H 位置。非桥式氢原子生成一个键的概率是 1（桥式的氢原子的相应值是 1/2）。尖端硼原子有 4 个 1/2 键，根据简单计算，它的 4 个轨道中至少有一个未被占用的概率是 15/16。所有 21 键的概率的和是 11.24。B—H（顶尖）、B—H（底）、B—H（桥式）、B—B（底）和 B—B（斜边）各个键的计算键数分别是 1.00、0.87、0.37、0.50 和 0.64。这些数值分别相应于键长 1.31（1.22±0.07）埃、1.17（1.22±0.07）埃、1.37（1.35±0.02）埃、1.80（1.800±0.005）埃和 1.73（1.690±0.005）埃（括号内的数值是实验值）。可以看到，共振键的统计理论，可以说明戊硼烷的主要特点。[88]

由标准态的单质生成 $B_5H_9$（液）的生成焓是 −78 千卡/摩尔，而单键硼的生成焓是 76 千卡/摩尔。对 B—H 键的部分离子共振能进行小量校正后（每个氢原子 0.23 千卡/摩尔），得出使 $B_5H_9$ 分子稳定的共振能是 74 千卡/摩尔。与上述的四方晶体硼和 $B_2H_6$ 的数值对照起来，这个数值是合理的。这相当于 4 个在两个桥式氢原子位置间共振的桥式 B—H 键、两个在两个底边硼原子位置间共振的 B—B 键、和 3 个连接到顶尖硼原子而在 4 个位置间共振（即也可以看成是一个"无键"在 4 个位置间的共振）的键，平均各有 10 千卡/摩尔左右。

卡斯佩（Kasper）、卢奇（Lucht）和哈克尔（Harker）[89] 在 1950 年曾报告了他们关于癸硼烷结构的测定，这是对硼烷 $B_{10}H_{14}$ 的结构化学的一个大的贡献。图 10-5 所示的结构、包含一个由 10 个硼原子组成的基团,它们的位置相当于一个取掉了两个相邻硼原子的 $B_{12}$ 二十面体。这两个取掉的硼原子各用两个桥式氢原子代替,另外 10 个氢原子则各自通过单键与这 10 个硼原子连接。每个硼原子的配位数是 6,它的键的排列与在四方型硼晶体中的相类似。除了每个硼原子与它的非桥式氢原子生成一个从二十面体的中心往外伸延的键以外,有两个硼原子(图 10-5 顶端)各与桥式氢原子生成两个键,并与其他硼原子生成 3 个键,有 4 个硼原子各与一个桥式氢原子生成一个键,与其他硼原子生成 4 个键,其余 4 个硼原子各与硼原子生成 5 个键。

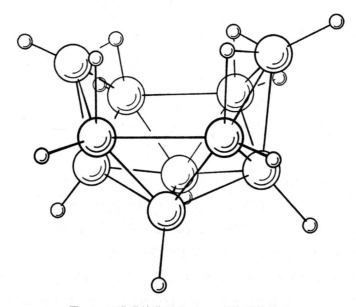

**图 10-5　癸硼烷分子 $B_{10}H_{14}$ 中的原子排列**

注意,10 个硼原子大致位于正二十面体的各个顶点上。二十面体的其余两个顶点,可以当作是被两个桥式氢原子所代替。其余 12 个氢原子与硼原子的成键方式是 B—H 键从二十面体的中心往外伸出

很容易将上述的共振键统计理论应用到癸硼烷中。每一硼原子与连接的氢原子生成的一个键和(与 5 个硼原子或与 4 个硼原子及一个桥式氢原子)生成的 5 个键的概率各取为 1/2。因此,所有 21 个 B—B 键、10 个 B—H 键和 8 个 B—H′键(H′表示桥式氢原子)都各自是同样的。按照计算,它们的键数是 0.50、0.80 和 0.36。这些数值相当于下列键长:B—B=1.80 埃,B—H=1.17 埃,B—H′=1.40 埃。这些数值与实验值 B—B=1.79 埃(1.73 和 2.01 间的平均值)、B—H=1.28 埃和 B—H′=1.37 埃大致符合。

$B_{10}H_{14}$(晶)的生成焓是 −8 千卡/摩尔,用与计算上述戊硼烷类似方法的计算,得出癸硼烷的共振能是 153 千卡/摩尔。这个分子包含的 29 个键(21 个 B—B 和 8 个 B—H)基本上是半键(键数 0.50 和 0.36)。如果我们大致地认为它包括 14 个各在两个位置间共振的半键,我们得出一个键在两个位置间的共振能是 10.8 千卡/摩尔。这个数值与晶

体硼的 10.9 千卡/摩尔符合得非常好。

丁硼烷 $B_4H_{10}$ 的结构如图 10-6 所示。[90]应用共振键统计理论得出键数 $B_1$—H＝1.00，$B_2$—H＝0.88，$B_1$—H'＝0.44，$B_2$—H'＝0.32，$B_1$—$B_1$＝0.60，$B_1$—$B_2$＝0.44（这里 $B_1$ 为中心硼原子，$B_2$ 为外围硼原子，H 为非桥式氢原子，H'为桥式氢原子）。相应的键长：$B_1$—H＝1.13 埃，$B_2$—H＝1.17 埃，$B_1$—H'＝1.34 埃，$B_2$—H'＝1.43 埃，$B_1$—$B_1$＝1.75 埃，$B_1$—$B_2$＝1.84 埃。这些数值非常符合在分析 X 射线和电子衍射数据时选用的最概然数值（平均偏差 0.015 埃）[91]：$B_1$—H＝1.19 埃，$B_2$—H＝1.19 埃，$B_1$—H'＝1.33 埃，$B_2$—H'＝1.43 埃，$B_1$—$B_1$＝1.75 埃，$B_1$—$B_2$＝1.85 埃。这里，特别有趣的是共振键统计理论能解释两个 B—H'键长和各个 B—B 键长的实测差别。

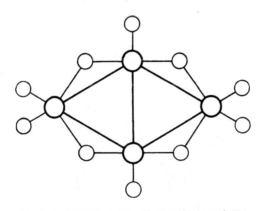

**图 10-6**　丁硼烷 $B_4H_{10}$ 的原子排列（示意图）

4 个硼原子在空间中的安排与在癸硼烷的底部的硼原子相同（图 10-5）。4 个桥式氢原子和仅与左右两边硼原子连接的两个氢原子占据二十面体的其他 6 个位置；4 个 B—H 键从二十面体的中心往外伸出

二氢化戊硼烷（戊硼氢十一烷）$B_5H_{11}$ 不如戊硼烷稳定。它的结构[92]如图 10-7 所示，可以把这个结构看成是将 $B_5$ 锥体底边的一个 B—B 键打开，再加 2 个氢原子。用共振键统计理论计算出的键数和键长分别是：$B_1$—$B_2$，0.42，1.85 埃；$B_1$—$B_3$，0.39，1.87 埃；$B_2$—$B_3$，0.58，1.76 埃；$B_3$—$B_3$，0.53，1.79 埃；$B_1$—H，0.76，1.20 埃；$B_2$—H，0.98，1.13 埃；$B_3$—H，0.91，1.15 埃；$B_2$—H'，0.42，1.36 埃；$B_3$—H'，0.39，1.38 埃。这里 $B_1$ 表示中心硼原子，$B_2$ 表示生成一个氢桥键的硼原子，$B_3$ 表示生成 2 个氢桥键的硼原子，H 是非桥式氢原子，H'是桥式氢原子。用 X 射线测定得出键长 B—H＝1.07 埃，B—H'＝1.24 埃，$B_1$—$B_2$＝1.87 埃，$B_1$—$B_3$＝1.72 埃，$B_2$—$B_3$＝1.75 埃，$B_3$—$B_3$＝1.77 埃；从电子衍射得出 B—B 键长的平均值是 1.81 埃。所有这些数值都大致与计算值相符合。

己硼烷 $B_6H_{10}$ 的结构[93]如图 10-8 所示。6 个硼原子和 4 个桥式氢原子大致占据着二十面体的 10 个顶点。

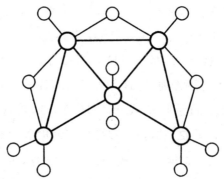

**图 10-7　二氢化戊硼烷结构(示意图)**

其中有几个原子大致位于二十面体的顶点上

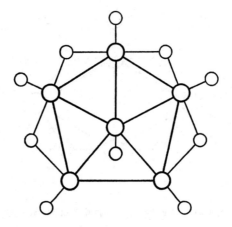

**图 10-8　己硼烷 $B_6H_{10}$ 分子的结构(示意图)**

其中有几个原子位于二十面体的顶点上

　　用共振键统计理论计算出的键数和键长分别是:$B_2$—$H_1$,0.97,1.14 埃;其他 B—H,0.84,1.19 埃;$B_2$—H′,0.45,1.34 埃;其他 B—H′,0.36,1.40 埃;$B_1$—$B_2$,0.62,1.74 埃;$B_1$—$B_3$,0.49,1.81 埃;$B_1$—$B_4$,0.49,1.81 埃;$B_2$—$B_2$,0.79,1.68 埃;$B_2$—$B_3$,0.62,1.74 埃;$B_3$—$B_4$,0.49,1.81 埃(H′表示桥式氢原子,$B_1$ 表示顶尖硼原子,$B_2$ 表示只有一个氢桥的底边的硼原子,与 $B_2$ 毗连)。从 X 射线测定得到的键长数值:B—H 的平均值是(1.22±0.06)埃;B—H′,(1.38±0.08)埃;$B_1$—$B_2$,(1.79±0.01)埃;$B_1$—$B_3$,(1.75±0.01)埃;$B_1$—$B_4$,(1.74±0.01)埃;$B_2$—$B_2$,(1.60±0.01)埃;$B_2$—$B_3$,(1.74±0.01)埃;$B_3$—$B_4$,(1.79±0.01)埃。

　　壬硼烷 $B_9H_{15}$ 的结构[94]如图 10-9 所示。有 5 个桥式氢原子。每个硼原子的配位数是 6。这些硼原子大致位于二十面体的 9 个顶点上。在上边[*]的硼原子($B_1$)，有两个非桥式氢原子与它连接，其他硼原子各与一个非桥式氢原子连接。从共振键统计理论得出下列的键数和键长数值分别是：$B_1$—H，0.76，1.20 埃；其他 B—H，0.90，1.16 埃；$B_1$—$H'$，0.28，1.46 埃；其他 B—$H'$，0.38，1.38 埃；$B_1$—B，0.38，1.87 埃；其他 B—B，0.52，1.79 埃。实测的键长值与此尚符合：B—H 的平均值是（1.15±0.10）埃；$B_1$—$H'$，（1.45±0.10）埃；其他 B—$H'$，（1.36±0.10）埃；$B_1$—B，（1.86±0.05）埃；其他 B—B，（1.81±0.05）埃。

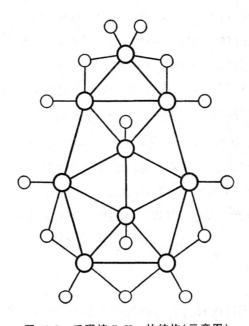

图 10-9　壬硼烷 $B_9H_{15}$ 的结构（示意图）

所有硼原子和某一些氢原子大致在二十面体型位置上

$B_2H_6$、$B_4H_{10}$、$B_5H_9$、$B_5H_{11}$、$B_6H_{10}$、$B_9H_{15}$ 和 $B_{10}H_{14}$ 具有共同的特点。除 $B_5H_9$ 以外，在所有其他硼烷中，原子的排列与二十面体的结构很接近，在 $B_5H_9$ 中的原子排列很接近八面体。在某一些情况下，氢原子占据着二十面体的顶点，在另一些情况下，则有两个或者甚至 3 个（$B_5H_{11}$）氢原子占据这个顶点。每个硼原子有一个氢原子与它连接，连接的方式是 B—H 键从分子中心往外伸出。硼原子的配位数是 5（正方锥）或者是 6（五角锥）：硼在 $B_2H_6$ 中的平均配位数是 5，在 $B_5H_{11}$ 中是 5.6，在 $B_6H_{10}$ 中是 5.67 在 $B_5H_9$ 中是 5.8，在 $B_4H_{10}$、$B_9H_{15}$ 和 $B_{10}H_{14}$ 中则等于 6。

$B_{10}H_{14}$ 和 $B_5H_9$ 是最稳定的硼烷。在这两种分子中，每个硼原子连接一个非桥式氢

---

[*]　原文为"左边的硼原子"，有误，已改正。——译者注

原子,而所有($B_{10}H_{14}$)或大多数($B_5H_9$)的硼原子都生成 5 个半键(在 $B_5H_9$ 中,顶尖的硼原子生成 4 个 B—B 键,键数是 0.64)。可以得出结论:产生最大稳定性的结构特点是配位数 6,同时有一个非桥式 B—H 键(或 B—B 键如在单质硼中那样)。

我们也许要问,除 $B_{10}H_{14}$ 以外,是否可能存在具有这种结构特点的其他硼烷。其中的一个是 $B_{12}H_{12}$,它具有 $B_{12}$ 二十面体的结构。这个分子很可能是稳定的,它的制备条件与通过加热硼烷制备低挥发性的无色或黄色化合物的条件基本上相同。[95] 使硼烷缩合,去水同时生成 B—B 键,可制得高分子量的硼烷;例如 $B_{12}H_{12}$ 二十面体可能去掉 4 个氢原子,以生成 B—B 键,这些 B—B 键将使二十面体保持在一个组成是 $(B_{12}H_8)_\infty$ 的结构内。某些固态硼烷在这样的高度共轭体系中呈现的黄色,本是意料中事。

另一个合乎要求的结构是 $B_6H_{11}$,它是通过在 $B_6H_{10}$(图 10-8)的第五个底边桥式位置上添加一个氢原子而得到的。但是,$B_6H_{11}$ 是一个奇电子分子,可能得到或失掉一个电子,生成 $[B_6H_{11}]^-$ 或 $[B_6H_{11}]^+$。最大稳定性要求共振键的键数保持在 1/2 左右,为此,两个半键需要有一对电子:因此其中稳定的一个是负离子而不是正离子。[96] 像 $KB_6H_{11}$ 这样的化合物尚未曾有报道。我们可以估计它具有下列的键数和键长:B—H,0.93,1.15 埃;B—H′,0.40,1.37 埃;B—B,0.54,1.78 埃。

关于 $NaB_3H_8$ 已经有过报道。[97] 离子 $[B_3H_8]^-$ 可以认定有下面的结构:

$$
\begin{array}{c}
\text{H}\quad\text{H}'\quad\text{H}'\quad\text{H} \\
\text{B}_2\text{—B}_1\text{—B}_2 \\
\text{H}\quad\text{H}'\quad\text{H}'\quad\text{H}
\end{array}
$$

(这是一个缺电子的物质;$[B_3H_8]^{3-}$ 与丙烷相类似)。预期键数和键长数值是 $B_2$—H,0.89,1.16 埃;$B_2$—H′,0.38,1.88 埃;$B_1$—H′,0.41,1.36 埃;B—B,0.62,1.75 埃。其他一些已报道的盐(例如 $Na_2B_4H_{10}$)[98] 的双电荷负离子,除了由于增加一对共振电子所有键长都各有意料中的减少以外,预料与对应的硼烷的构型相同($[B_4H_{10}]^{2-}$ 中的键长减少了 0.03 埃)。

## 10-8　与硼烷有关的物质

溴乙硼烷 $B_2H_5Br$ 的结构,除了其中一个非桥式氢原子被溴原子取代以外,与乙硼烷基本相同。[99] B—Br 键长是(1934±0.010)埃,相应于键数 0.80(B—Br 的单键键长是 1.894 埃)。在 1,1-二甲基乙硼烷[99] $(CH_3)_2B{\overset{\text{H}}{\underset{\text{H}}{\square}}}BH_2$ 中,B—C 键长是 1.61 埃,相应于键数 0.77。在氨基乙硼烷 $B_2H_5NH_2$ 和二甲基氨基乙硼烷 $B_2H_5N(CH_3)_2$ 中,一个桥式氢

原子被一个氨基或一个二甲基氨基取代。[100]B—N 键长是（1.53±0.04）埃，相应于键数 0.80。

已知的还有若干其他的取代硼烷。其中有趣的一个是 $B_{10}H_{12}(NCCH_3)_2$，它是癸硼烷和乙腈的反应产物。[101]它的结构已经用 X 射线研究晶体予以确定。[102]从顶端硼原子突出的两个氢原子（图 10-5）被乙腈基所取代。这些基团是直线型的，正像按照合理结构 $B—N≡C—CH_3$ 所料想的那样。

四氯化四硼 $B_4Cl_4$ 与硼烷不同之点是其中硼的配位教只有 4。硼原子位于一个正四面体的各顶点上。[103]每个硼原子与四面体的其他原子生成 3 个 B—B 键和一个从分子中心往外伸出的 B—Cl 键。B—Cl 的键长 1.70 埃，大致等于单键键长 1.72 埃，这个键也许具有少量的双键性。B—B 的键长 1.70 埃，相应于键数 0.74。如果每个硼原子用自己的一个价电子全部来生成 B—Cl 键，这个键数应该是 0.67。上述键数数值比它稍微大些，它意味着 B—Cl 键的键数是 0.89（加上利用氯原子的电子对而产生的某些双键性）。[104]

在对应的硼烷 $B_4H_4$ 中，硼原子的配位数是 4，和轨道数目相等（而在 $B_4Cl_4$ 中，B—Cl 键的双键性可以说成是由于硼原子配位数的增加）；因此，我们不能希望 $B_4H_4$ 是稳定的。同样，如上节所讨论的，$B_6H_6$（八面体型 $B_6$ 基团，硼的配位数是 5）料想是不稳定的，而 $B_{12}H_{12}$（二十面体型 $B_{12}$ 团配位数是 6）却是稳定的。[105]

氢硼化铍 $BeB_2H_8$ 的结构[106]是

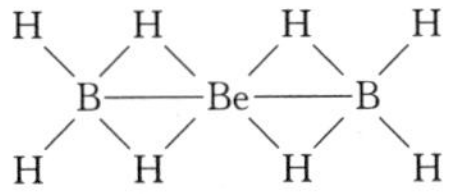

其中，每个硼原子或铍原子被构成四面体的 4 个氢原子所包围。键长和相应的键数是 B—H（非桥式）1.22 埃，$n=0.71$；B—H（桥式）1.28 埃，$n=0.61$；B—Be 1.74 埃，$n=0.74$；Be—H 1.63 埃，$n=0.20$。这些键数的和是 7.56，略小于成键电子对的数目；因此这些键数应各增加 0.03。硼的配位数是 5，铍的配位数是 6。

氢硼化铝的结构[107]是

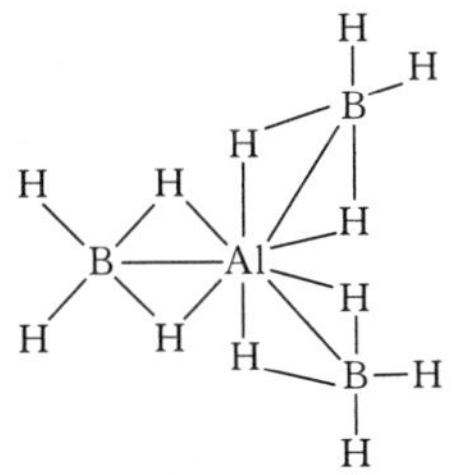

其中铝原子被构成八面体的氢原子包围着，硼原子被四面休的氢原子包围着。键长和键数是 B—H（非桥式）1.21 埃，$n=0.74$；B—H（桥式）1.28 埃，$n=0.61$；B—A 12.15 埃，

$n=0.61$；Al—H 2.1 埃，$n=0.20$。键数的和是 11.13，比成键电子对的数目 12 小 0.87，这表明每个键的键数应加上平均值 0.04。

## 10-9  含有桥式甲基的物质

已发现有几种含桥式甲基的缺电子物质，其中碳的配位数是 5 或 6。其中第一个被人发现的是四甲基铂的四聚体 $Pt_4(CH_3)_{16}$。朗德尔（Rundle）和斯特迪文特（Sturdivant）[108]用 X 射线对这个物质进行研究，发现它有如图 10-10 所示的结构。每个碳原子的配位数是 6。它和自己的 3 个氢原子和 3 个相邻的铂原子成键。键长没有准确地测定过（已知铂—铂键的键长是 3.44 埃）；但是，很可能桥式的 Pt—C 键近于都是半键（每个 C—H 键的键数大约是 0.83），这使我们有可能预计桥式的 Pt—C 键的键长是 2.25 埃。[109]

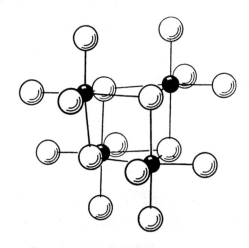

**图 10-10  四甲基铂四聚体的分子结构**

小圆球表示铂原子，大圆球表示甲基中的碳原子

碳原子配位数的增加说明 10-6 节所提到的原理：一个缺电子的原子能使邻近的原子的配位数得到增加。单体 $Pt(CH_3)_4$ 中的铂原子只使用自己的 9 个价轨道中的 7 个：4 个被用来和 4 个碳原子成键，3 个用于 5$d$ 电子中的 3 个未共享电子对，由于这个原子缺乏电子，使碳的配位数得到了增加。

三甲基铝的二聚体 $Al_2(CH_3)_6$ 的结构十分接近乙硼烷（图 10-3）的结构，在这个结构中氢原子为甲基所取代。[110]非桥式和桥式 Al—C 键的键长分别是 2.00 埃和 2.24 埃，Al—Al 键的键长是 2.5 埃，分别与键数 0.74、0.30 和 0.80 相应，同时键数的和是 5.96，与成键电子对（不包括 C—H 键）的数目 6 符合得很好。

晶体二甲基铍 $Be(CH_3)_2$ 的结构[111]和二硫化硅(图 11-19)的相似。它形成如下的无限高聚体：

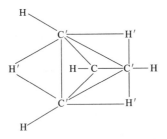

其中每个铍原子被 4 个组成四面体的桥式甲基所包围。Be—C 键的键长是 1.93 埃，Be—Be 键长是 2.10 埃，这些数值分别与键数 0.29 和 0.26 相应。[112]$Be(CH_3)_2$ 单体中的键数的和是 1.42，比成键电子对的数目 2 要小些。很可能每个 $Be(CH_3)_2$ 单元中的 5 个键(4 个 Be—C 键和一个 Be—Be 键)，每一个的键数大约等于 0.4。

**作为反应中间物的正碳离子**　可以预料到缺电子物质在化学反应理论中具有很重要的意义。例如，一个荷正电的(因此是缺电子的)碳原子，在络合正碳离子中按预料会通过生成三碳环和使用桥式氢原子使邻近的原子的配位数得到增加。对化学反应机理的分析工作，在以后能使人们总结出远比现有的更加精确的原理。

在最近有机化学文献的许多例子中，原冰片基衍生物[113]反应的讨论是当中的一个。根据这些讨论，原冰片鎓离子的结构是一个含有使碳原子的配位数增加到 5 而生成的三碳环结构。还有对环丙基甲醇衍生物反应的处理也是[114]相同的。用 $^{14}C$ 或 C-14 示踪原子来研究环丙基甲醇衍生物的正碳离子反应[114]证明，离子 $\begin{array}{c}H_2C\\|\\H_2C\end{array}CH-\overset{+}{C}H_2$ 的 3 个次甲基基本上是等价的，并且有人建议过这 4 个碳原子可能具有四面体构型。从上面关于硼烷的讨论使我们认为 3 个氢原子是桥式原子，而离子的结构是

由共振键理论得出的键数是 C—H＝1，C′—H＝1，C′—C＝1，C′—C′＝0.53，C′—H′＝0.40。正离子的 3 个电荷分布在 3 个 H′原子(每个＋0.2)和 3 个 C′原子(每个＋0.13)上面。

**烯烃和银离子的络合物**　关于银离子 $Ag^+$ 与不饱和烃和芳香烃的相互作用，已经进行了许多研究工作(汞离子和其他金属离子与碳—碳双键也发生反应)。温施泰因(Winstein)和卢卡斯[115]所建议的结构大概基本上是正确的。让我们考虑一个银离子与乙烯的作用。这是一个缺电子体系，总共有 12 个价电子和 13 个价轨道(包括银离子的一个轨道)。我们可以写出络合物的如下 3 个结构：

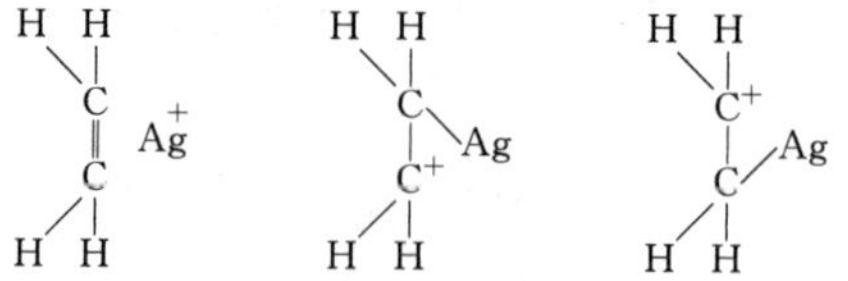

假若这三个结构的贡献相等，C—Ag 键的键数是 1/3，C—C 键的贡献是 $1\frac{1}{3}$。

史密斯(Smith)和朗德尔(Rundle)曾用 X 射线研究了 $AgClO_4 \cdot C_6H_6$ 的晶体。[116]每个银原子有 4 个碳原子与它配位：它的一边是苯分子的 $C_1$ 和 $C_2$，另一边是苯分子的 $C_4$ 和 $C_5$。通过这种方式形成一个银原子和苯分子交替出现的键。$Ag—C_1$，和 $Ag—C_4$ 的键长是 2.50 埃，$Ag—C_2$ 和 $Ag—C_5$ 的键长是 2.63 埃。以双共价键的数值 1.39 埃作为银原子半径，这些键长分别相应于键数 0.22 和 0.13。对于两个凯库勒结构和两个

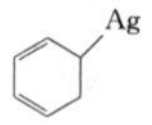

结构间的等贡献共振，每个银—碳键的预计键数是 0.020。

曾发现含有硝酸银和环辛四烯[117]构成的晶体具有类似的结构。银原子和碳环的 4 个碳原子 $C_1$、$C_2$、$C_5$ 和 $C_6$ 毗连。$Ag—C_1$ 等键的键长分别是 2.46、2.51、2.78 和 2.84 埃，分别相应于键数 0.26、0.22、0.08 和 0.06。

这两个例子表明在权衡共振结构时，Ag—C 键是基本上与半个 C═C 双键等价的。

## 10-10  二茂铁和有关的物质

不久以前，曾有两组研究工作者[118]几乎同时地报告了关于一个新型物质二环戊二烯铁 $Fe(C_5H_5)_2$（一般叫作二茂铁）的合成。二茂铁生成一种橙色晶体，这种晶体在气化时不发生分解。它可以被氧化成蓝色的二茂铁正离子 $[Fe(C_5H_5)_2]^+$。还有许多类似物质的报道：二茂钌，$Ru(C_5H_5)_2$；二茂钌正离子，$[Ru(C_5H_5)_2]^+$；钛、钒、铬、锰和钴以及同族元素的相应化合物；用茚基取代二环戊二烯基的相应化合物；相应的苯化合物，例如二苯铬 $Cr(C_6H_6)_2$ 和它的正离子 $[Cr(C_6H_6)_2]^+$。

费歇尔(Fischer)和他的同事们[119]曾证明二茂铁和钒、铬、钴、镍、镁等的类似化合物的晶体都是同晶型的；达尼茨、俄吉尔和瑞奇(Rich)[120]并对二茂铁的结构进行了测定。分子的构型如图 10-11 所示。二茂钌与二茂铁的晶型不同，但分子结构是类似的；[121]它们的差别仅在于两个环戊二烯环具有重叠型而不是交叉型的相对取向。

从气体分子的电子衍射得出二茂铁中的 C—C 键长[122]是 $(1.435\pm0.015)$ 埃。二茂钌中的 C—C 键长[123]是 $(1.43\pm0.02)$ 埃。Fe—C 和 Ru—C 的键长实验值分别是 $(2.05\pm0.01)$ 埃和 $(2.21\pm0.02)$ 埃。

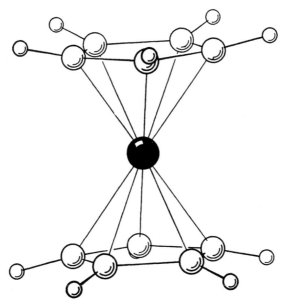

图 10-11 二茂铁 $Fe(C_5H_5)_2$ 的结构

**二茂铁的共振键处理** 有许多研究工作者[124]研究了二茂铁的电子结构。我们将从共振共价键的观点讨论这个结构。[125]

也许二茂铁中的铁原子也像其他络合物中的铁原子一样（第五章），利用自己所有的 9 个价轨道来成键或者供未共享电子或电子对占据。除了单键 C—H 和两个碳环的 C—C 单键需要的成键电子以外，分子中有 18 个价电子，也就是说铁原子的每个轨道有一对价电子。这些电子对也许在共振时进入 C—C 键的位置，从而使这些键具有某些双键性。分子的结构必须满足电中性原理。[126]

让我们考虑，除了生成 5 个 C—H 和每个环戊二烯碳环的 5 个 C—C 键的那些价电子以外，如何只利用原子的稳定轨道（每个碳原子有一个轨道，铁原子还有 9 个轨道可以利用）将二茂铁的 9 个价电子对分配在 10 个 C—C 键和 10 个 Fe—C 键上面。Fe—C 键有少量（12%）的离子性，因此可以将一个负的形式电荷放在铁原子上，但是也可以使它不带形式电荷。至于其他的分配方式，根据电中性原理都可以放弃。

有 560 个结构符合这些限制条件。可以用下列示意图表示它们：

每个图式下面的数字表示属于该类型的结构的数目。横线表示 C ═ C 键,竖线则表示 Fe—C 键;例如 25 个 A 型结构中的每一个包含 2 个 ⬠ 环,每个环有一个碳原子与铁原子成键。

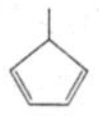

作为初步近似,这些不同结构可以假定具有相等能量,从而对分子的基态的贡献相同。例如在从结构 A 过渡到结构 C 时,一个 $3d$ 电子升级到 $4p$ 轨道,同时再多生成一个键(生成 2 个 Fe—C 键,一个 C ═ C 键转变成 C—C);键能大致与升级能相抵消。因此,我们可以用相等权重,平均从 A 到 K 的 560 个结构来估计分子的性质。

从这种平均的结果得出 C—C 键和 Fe—C(或 Ru—C)键的键数分别是 1.225 和 0.471。铁原子上的未共享电子的平均数根据计算是 2.03,平均形式电荷是 $-0.79$,4.71 个 Fe—C 键的离子性(12%)使这个电荷减少到 $-0.22$。

令人感兴趣的是,150 个 G 型结构(这里各有 5 个 Fe—C 键和 2 个未共享电子对)能够十分适当地描述这个分子。

我们可以计算铁原子的键轨道的性质。如果未共享电子对占有 $3d$ 轨道,同时那些未被它们占据的 $3d$ 轨道均等地分布在其他轨道中间(所有这些轨道都基态的一些共振结构中被用上了),那么这些轨道的 $d$ 性是 42.6%。铁原子的单键半径的相应数值是 1.135 埃(11-8 节),而按键数 0.472 计算的,Fe—C 键的键长是 2.05 埃。这和实测值(2.05±0.01)埃十分符合。同样,钌的单键半径是 1.304 埃,Ru—C 的键长的计算数值是 2.22 埃,这又是和实测值(2.21±0.02)埃相符合的。C—C 键的计算键长(键数 1.225)1.445 埃(表 7-9)与二茂铁的实验值(1.435±0.015)埃和二茂钌的(1.43±0.02)埃都令人满意地符合。我们的结论是,对于这些物质,共振键理论和实验结果是完全符合的。

二茂镍 $Ni(C_5H_5)_2$ 的结构[127]与二茂铁相同。它的观测到的顺磁性相当于两个不配对电子的自旋。

我们可以把共振键理论应用于二茂镍。除 C—H 和 C—C 单键的电子以外,分子中有 20 个价电子。符合电中性原理要求的结构一共有 4100 个(镍原子的形式电荷是 0 或 $-1$)。它们各属于不同类型,下列示意图所表示的是其中的一些:

A25　　B50　　C150　　D150　　E225

这里竖的箭头表示一个占有一个原子轨道的不配对电子,其他符号的含义和二茂铁的示意图相同。例如,25 个 A 型结构中的每一个的碳环有 2 个碳—碳双键、两个镍—碳键、3 个占据镍原子的 $3d$ 轨道的未共享电子对以及 2 个占据镍原子轨道(不纯粹是 $3d$ 轨道,因为余下的 2 个 3d 轨道的一大部分被用来生成 Ni—C 键)的不配对电子。在这些 A 型结构中，镍原子的 9 个价轨道有 7 个被利用了；其他类型的结构则利用了 8 个或 9 个价轨道。F 型结构是其中的一个例子：

F450

假设 4100 个结构的权重相等；根据计算碳环中的碳—碳键的键数 $n=1.173$，镍—碳键的键数 $n=0.439$，同时镍的键轨道具有 34.6％ 的 $d$ 性。镍原子上的未共享电子对数是 2.89。它上面的形式电荷是 $-0.64$；在这个数值中，4.39 个 Ni—C 键（12％ 的离子性）提供了 $+0.53$ 的相反电荷，使镍原子基本上呈电中性（电荷 $-0.11$）。

碳—碳和镍—碳键的计算键长分别是 1.456 埃和 2.12 埃。这些数据和报道的数值[128] 1.44 埃和 2.22 埃仅有大致的符合。

质子核磁共振谱的研究指明，有一个频率的位移发生，这是因为每一个碳原子具有 0.14 的正的电子自旋密度，[129] 同时在镍原子上尚余 0.6 的正的电子自旋密度。根据共振键理论的计算，碳原子的自旋密度值是 0.152，与观测值符合得好。

有趣的是单独 F 型结构很近似地描述二茂镍的结构：C—C 的键数是 1.20，Ni—C 的键数是 0.40；它们的键长分别是 1.45 埃和 2.14 埃，镍原子上有 3 个未共享电子对，碳原子上的自旋密度是 $+0.10$。

Ti、V、Cr、Mn、Co 和 Ni 的二环戊二烯化合物的实测的顺磁性分别对应于 2，3，2，5，0，1 和 2 个不配对的电子自旋。这些数值的次序不能用简单的方式予以说明。这是若干个对分子基态的能量有贡献的因素相互作用的结果。

键能是这些因素中的一个。例如，$Ti(C_5H_5)_2$ 有 425 种不含不配对电子的结构和 175 种含 2 个不配对电子的结构（因为这些不配对电子都处于纯的 3d 轨道，故限制在钛原子上面）。在第一种结构（不含不配对电子）的情况下，Ti—C 的键数是 4.00，C═C 的键数是 2.59。在第二种结构的情况下，Ti—C 的键数是 2.86，C═C 的键数是 3.14。键能数值对第一种情况有利的程度，取决于 Ti—C 和 C—C 键的键能的相对值，也取决于共振能和升级能的大小。

原子的 3d 电子共振能有利于含大量不配对 3d 电子的状态。从原子能级的光谱数值得出的共振稳定能量是 $\varepsilon N(N-1)/2$，其中 $N$ 是不配对的 3d 电子的数目，$\varepsilon$ 的数值从钛的 11 千卡/摩尔递变到镍的 15 千卡/摩尔。[130] 因此，对于含 2 个不配对 3d 电子的二茂钛，这个因素提供的稳定能是 11 千卡/摩尔，而对含 5 个不配对 3d 电子的二茂锰，稳定能是 130 千卡/摩尔。锰和它的相邻的元素铬和铁的这种显著差别（在其他化合物中也有类似的差别情况，参看 7-9 节）尚缺乏令人信服的解释。这也许是由一个 3d 与一个

$4s$ 或 $4p$ 电子的能差所决定,在这个原子序数的范围内,随着原子序数的改变,这个能差有很快的改变(2-7 节)。

对 $V(C_5H_5)_2$ 和 $Cr(C_5H_5)_2$ 的质子核磁共振的研究[131]表明,在它们的碳原子上的负电子自旋密度分别是 $-0.06$ 和 $-0.12$。这些负的自旋密度产生的方式大概与上述 $Ni(C_5H_5)_2$ 中正的自旋密度有所不同。$3d$ 轨道的不配对电子只限制在金属原子上面。它们与 M—C 键上的共享电子对相互作用的结果,使共享电子对的分布成为不对称的:自旋与金属原子上那些未共享电子平行的一个电子趋向于停留在金属原子上,而另一个电子则趋向于停留在碳原子上。根据这个情况,用上述的 $3d$-$3d$ 相互作用能和一个合理的键能值(大约 50 千卡/摩尔),可以解释观测到的负自旋密度。

用氧化氮处理二茂镍,可以制得一个暗红色液体亚硝酰环戊二烯镍,[132]其化学式为 $(C_5H_5)NiNO$。它的结构已经用电子衍射方法予以测定。[133]观测到的 C—C 的键长是 $(1.434 \pm 0.005)$ 埃,相应的键数 $1.275 \pm 0.025$,基本上等于二茂铁和二茂镍中 C—C 键的数值。5 个 Ni—C 键的键长各等于 $(2.144 \pm 0.006)$ 埃,相应的键数 $0.35 \pm 0.01$。亚硝酰基从镍原子的与环戊二烯基相反的一边伸出。镍—氮键的键长是 $1.64 \pm 0.02$ 埃,相应的键数是 1.7。很有可能在结构 $Ni—\ddot{N}=\ddot{O}:$,$\overset{-}{Ni}=\overset{+}{N}=\ddot{O}:$ 和 $Ni\equiv\overset{+}{N}—\ddot{O}:$ 之间有共振发生。N—O 键的键长 $1.154 \pm 0.009$ 埃,指明结构 $Ni\ :N\equiv\ddot{O}:$ 也有一些贡献。有某种迹象可以证明 Ni—N—O 键角大约是 $160°$,这是与按照假定第一个结构具有重要贡献所预想的一样。

据报道,已用 X 射线方法对三羰基环戊二烯锰$(C_5H_5)Mn(CO)_3$ 的结构进行了精确性较差的测定。[133]C—C 键长是 $(1.40 \pm 0.06)$ 埃,这与其他化合物的数值大致相同。锰原子与碳环上的碳原子生成的键的键长是 $2.15 \pm 0.02$ 埃,相应的键数 $0.37 \pm 0.03$,锰原子与 3 个羰基碳原子生成的键的键长是 $(1.77 \pm 0.03)$ 埃,相应的键数 $1.6 \pm 0.2$。我们的结论是:有 2 个电子对用来与碳环成键,5 个电子对用来与羰基成键。[134]

最近曾用微波谱方法研究了环戊二烯铊 $Tl(C_5H_5)$。[135]其中环戊二烯基几乎是平面的,并且具有五方对称性,它位于铊原子的一边。

我们可以对这个分子所预料的结构进行一些讨论。铊原子有 3 个外层电子。但是,在大多数的铊化合物中,这些电子中有两个在 $6s$ 轨道形成一个未共享对,其余的一个电子用作价电子,而相应的键轨道主要是 $p$ 性的。作为初步近似,能表示分子基态的结构是:其中铊原子生成一个键,共振于 5 个碳原子的位置上。于是铊—碳键的键数将是 0.20,碳环上的碳—碳键的键数将是 1.40。从铊的半径 1.570 埃(表 11-3)加上对离子性的校正值 0.056 埃,得出铊—碳单键的键长 2.29 埃,从而求出键数 $n=0.20$ 的键的键长是 2.72 埃。键数 $n=1.40$ 的碳—碳的相应键长是 1.410 埃。

但是，我们还会预料到，含有带一正电的一个环碳原子、带一负电的铊原子和两个铊—碳键的结构也有某些贡献，以便补偿由于键的部分离子性而产生的电荷分离。根据铊的电负性(1.8)估计，键的部分离子性是 12%，所以这些结构的贡献也应该是 12%。与此相应的铊—碳键数为 0.22，碳—碳的键数为 1.37；相应的键长分别是 2.67 埃和 1.415 埃。

这些预料的键长值与从微波谱得到的数值：铊—碳，$(2.70\pm0.01)$ 埃；碳—碳，$(1.43\pm0.02)$ 埃符合得很好。

下一章将继续讨论缺电子物质。

## 参考文献和注

[1] G. Herzberg, *Molecular Spectra and Molecular Structure*, Vol. I, "Diatomic Molecules,"(《分子光谱与分子结构》，第一卷，双原子分子)(D. Van Nostrand Company, Princeton, N. J., 1950).

[2] 使人感兴趣的是，这些差数以及 $H_2^+$ 和 $H_2$ 的差 0.32 埃，比方程式(7-7)给出的数值 0.18 埃大得多。

[3] 在本书的以前各版本中，硼烷曾作为含单电子键的例子被讨论过。新的结构资料指出它们是含有分数键的缺电子物质(参阅 10-7 节)。

[4] L. Pauling, *J. A. C. S.* **53**, 3225(1931).

[5] 未配对电子的自旋可能是正的或负的。具有正自旋的结构和具有负自旋的结构有着同样的能量(忽略自旋和轨道之间的不大的相互作用)，这两种结构共同对应于分子的一个二重态。

[6] 注意，这里的论证与第 1-4 节关于单电子键的讨论很相类似。

[7] E. Majorana, *Nuovo Cimento* **8**, 22(1931); L. Pauling, *J. Chem. Phys.* **1**, 56(1953); S. Weinbaum, *ibid.* **3**, 547(1935).

[8] $N_2O_2$ 的生成焓是 3.7 千卡/摩尔; A. L. Smith and H. L. Johnston, *J. A. C. S.* **74**, 4696(1952).

[9] G. C. Dousmanis, *Phy. Rev.* **97**, 967(1955); 另参阅 M. Mizushima, *ibid.* **105**, 1262(1957).

[10] W. J. Dulmage, E. A. Meyers, and W. N. Lipscomb, *Acta Cryst.* **6**, 760(1953).

[11] E. Lips, *Helv. Phys. Acta* **8**, 247(1935).

[12] H. L. Johnston and W. F. Giauque, *J. A. C. S.* **51**, 3194(1929).

[13] L. J. Klinkenberg, *Rec. Trav. Chim.* **56**, 749(1937); L. J. Klinkenberg and J. A. A. Ketelaar 私人通讯。

[14] J. H. Frazer and N. O. Long, *J. Chem. Phys.* **6**, 462(1938).

[15] J. A. A. Ketelaar and K, J. Palmer, *J. A. C. S.* **59**, 2629(1937).

［16］　关于 ONCl，参看 Rogers，W. J. Pietenpol 和 D. Williams，*Phys. Rev.* **83**，431（1951）；关于 ONF，参看 D. M. Magnuson，*J. Chem. Phys.* **19**，1071(1951).

［17］　T. L. Weatherly and H. Williams，*J. Chem. Phys.* **25**，717(1956)；D. F. Eagle，T. L. Weatherly，and H. Williams，*ibid.* **30**，603(1959).

［18］　Magnuson，*loc. cit.* ［16］.

［19］　W. P. Griffith，J. Lewis，and G. Wilkinson，*J. Chem. Soc.* **1953**，3993.

［20］　W. Hieber and R. Nast，*Z. Anorg. Chem.* **244**，23(1940).

［21］　W. Manchot and H. Gall，*Ann. Chem*，**470**，271(1929).

［22］　Griffith，Lewis，and Wilkinson，*loc. cit.* ［19］. 顺便可以提到，固态 $Fe(NO)_4$ 的挥发性很弱，可能含有将分子连接成为更大的络合物的键。

［23］　G. E. Moore，*J. Opt. Soc. Am.* **43**，1045(1953).

［24］　S. Claesson，J. Donohue，and V. Schomaker，*J. A. C. S.* **16**，207(1948).

［25］　C. K. Ingold，D. J. Millen，and H. G. Poole，*Nature* **158**，480(1946)；D. R. Goddard，E. D. Hughes，and C. K. Ingold，*ibid.*；E. D. Hughes，C. K. Ingold，and R. I. Reed，*ibid.* 448；F. H. Westheimer and M. S. Kharasch，*J. A. C. S.* **68**，1871(1946)；G. M. Bennett，J. C. D. Brand，and G. Williams，*J. Chem. Soc.* **1946**，869. $NO_2^+$ 这个正离子的存在首先是 H. Enler 提出的（见 *Angew. Chem.* **35**，580（1922).

［26］　W. E. Gordon and J. W. T. Spinks，*Can. J. Res.* **A18**，358(1940).

［27］　E. Grison，K. Eriks，and J. L. de Vries，*Acta Cryst.* **3**，290(1950).

［28］　关于 $NO_2 HS_2 O_7$，参看 J. W. M. Steeman and C. H. MacGillavry，*Acta Cryst.* **7**，402(1954)；关于 $(NO_2)_2 S_3 O_{10}$，K. Eriks and C. H. MacGillavry，*ibid.*，430.

［29］　J. S. Broadley and J. M. Robertson，*Nature* **164**，915(1949).

［30］　D. W. Smith and K. Hedberg，*J. Chem. Phys.* **25**，1282(1956).

［31］　根据 X 射线的研究，O—N—O 键角是 108°。如上所述，很可能从电子衍射得到的数值 133.7°是正确的。如果原子从它们在晶体中所报道的位置作最低限度的移动（加上由 X 射线的散射力的倒数衡量的权重来实现）这个键角，那么 N—N 键长应是 1.74 埃，与电子衍射数值符合。

［32］　具有一个对称面核构型的分子的波函数，在这个面上必须是对称或反对称的。在简单的分子轨道方法中，由于奇数电子占有反对称轨道的结果，分子有反对称波函数。

［33］　D. W. Smith and K. Hedberg，*loc. cit.* ［30］.

［34］　E. W. Neuman，*J. Chem. Phys.* **2**，31(1934)；W. Klemm and H. Sodomann，*Z. Anorg. Chem.* **225**，273(1935).

［35］　P. Ehrlich，*Z. Anorg. Chem.* **252**，370(1940).

［36］　G. S. Zhdanov and Z. V. Zvonkova，*Doklady Akad. Nauk S. S. S. R.* **82**，743(1952).

［37］　关于 $KO_2$，见 W. Kassatochkin and W. Kotow，*J. Chem. Phys.* **4**，458(1936)；S. C. Abrahams and J. Kalnajs，*Acta Cryst.* **8**，503（1955）；关于 $NaO_2$，见 Zhdanov 和 Zvonkova，*loc. cit.* ［36］；G. F. Carter and D. H. Templeton，*J. A. C. S.* **75**，5247(1953).

[38] 对于 $Rb_4O_8$ 和 $Os_4O_6$，这个结构已经由 A. Helms 等用磁性测量和 X 射线数据予以证实，见 A. Helms and W. Klemm，*Z. Anorg. Chem.* **242**，201(1939).

[39] I. A. Wilson，*Arkiv. Kemi. Mineral. Geol.* **15B**，1(1941).

[40] S. C. Abrahams and J. Kalnajs，*Acta Cryst.* **7**，838(1954).

[41] G. W. Wheland，*Trans. Faraday Soc.* ，**33**，1499(1937).

[42] Pauling，*loc. cit.* [4].

[43] Wheland，*loc. cit.* [41].

[44] G. N. Lewis，*J. A. C. S.* **46**，2027(1924).

[45] O. R. Wulf，*Proc. Nat. Acad. Sci. U. S.* **14**，609(1988)；另参看 W. Finkelnburg and W. Steiner，*Z. Physik* **79**，69(1932)；J. W. Ellis and H. O. Kmeser，*ibid.* **86**，583(1943)；*Phys. Rev.* **44**，420(1933)；H，Salow and W. Steiner，*Z. Physik.* **99**，137(1936).

[46] L. Vegard，*Nature* **136**，720(1935).

[47] I. A. Kazarnovakii，G. P. Nikokkii，and T. A. Abletsova，*Doklady Akad. Nauk S. S. S. R.* **64**，69(1949).

[48] T. P. Whaley and J. Kleinberg，*J. A. C. S.* **73**，79(1951).

[49] O. Ruff and W. Menzel，*Z. Anorg. Chem.* **211**，204(1933)；**217**，85(1934).

[50] 参看 P. Frisch and H. J. Schumacher，*Z. Anorg. Chem.* **229**，423(1936).

[51] W. Känzig，*Phys. Rev.* **99**，1890(1955)；T. Castner and W. Känzig，*J. Phys，Chem. Solids* **3**，178(1957)；C. J. Delbecq，B. Smaller and P. H. Yuster，*Phys. Rev.* **111**，1235(1958).

[52] 对预计的键长作更精确的计算也许不无根据。在 9-4 节中，曾经指出，$Cl_2$ 分子的键长 1.988 埃或许反映出某些双键性质，而一个纯粹单键的键长大约比这个数值大 0.082 埃。对于 $Cl_2^+$，因为每个原子有一个轨道用来生成三电子键，预期应具有 $Cl_2$ 分子中双键性的半数。因此 $Cl_2^+$ 的键长预期应为 1.904 埃，与观测数值符合得很好。同样，我们用方程 7-5 计算出具有一个单键加上一个三电子反键的激发态的数值为 2.242 埃。据报道，观测到的激发态数值是 2.28 埃和 2.30 埃(一个二重态的两个能极)。

[53] R. P. Iczkowski and J. L. Margrave，*J. Chem. Phys.* **30**，403 (1959).

[54] E. A. Mason and J. T，Vanderslice，*J. Chem. Phys.* **30**，599(1959).

[55] J. D. Dunitz and K. Hedberg，*J. A. C. S.* **72**，3108(1950).

[56] H. Katz，*Z. Physik* **87**，238(1933).

[57] L. Michaelis and M. P. Schubert，*J. Biol. Chem.* **119**，133(1937)；L. Michaelis and E. S. Fetcher，Jr. *J. A. C. S.* **59**，2460（1937）；L. Michaelis，G. F. Boeker，and R. K. Reber，*ibid.* **60**，202（1938）；L. Michaelis，R. K. Reber，and J. A. Kuck，*ibid.* 214；L. Michaelis，M. P. Schubert，R. K. Reber，J. A. Kuck，and S. Granick. *ibid.* 1678；G. Schwarzenbach and L. Michaelis，*ibid.* 1667.

[58] Katz *loc. cit.* [56]；R. Kuhn and K. Schön，*Ber.* **68B**，1537(1935).

[59] S. I. Weissman，J. Townsend，D. E. Paul，and G. E. Pake，*J. Chem. Phys.* **21**，2227(1953).

［60］ T. R. Tuttle,Jr. *J . Chem. Phys.* **30**,331(1959).

［61］ 关于噁嗪、噻嗪和硒嗪的半醌的讨论,参看 S. Granick,L. Michaelis and M. P. Schubert,*J . A. C. S.* **62**,204；1802(1940).

［62］ C. R. Bury,*J . A. C. S.* **57**,2115(1935)；E. Q. Adams and L. Rosenstein,*ibid.* **36**,1472 (1914)；A. Baeyer,*Ann. Chem.* **354**,152,(1907)；L. Pauling,*Proc. Nat. Acad. Sci. U. S.* **25**,277(1939).

［63］ S. Granick and L. Michaelis,*J . A. C. S.* **65**,1747(1943).

［64］ S. Granick,L. Michaelis,and M. P. Schubert,*Science* **90**,422(1939).

［65］ R. E. Rundle,*J . A. C. S.* **69**,1327(1947)；*J . Chem. Phys.* **17**,671(1949).

［66］ 这个原理首先是 V. Schomaker 教授在一次谈话中对我指出的。

［67］ 这个原则以前没有发表过。

［68］ J. L. Hoard,R. E. Hughes,and D. E. Sands,*J . A. C. S.* **80**,4507(1958).

［69］ 这个键数是根据在下节将要介绍的共振键统计理论求出的数值。关于硼的更详细的讨论,参看 L. Pauling and B. Kamb,*Laue Festschrift*,*Z. Krist.* 1959。

［70］ G. S. Zhdanov and N. G. Sevast'yanov,*Doklady Akad. Nauk. S. S. S. R.* **32**,432(1941)；H. K. Clark and J. L. Hoard,*J . A. C. S.* **65**,2115(1943).

［71］ 用另外一种方法计算,可以得到大致与此相符合的结果。考虑了 $N(CH_3)_3$ 与 $B(CH_3)_3$、$B_2H_2(OH_3)_4$ 和 $B_2H_6$ 的加成反应的焓变化值,S. H. Bauer,A. Shepp 和 R. E. McCoy（见 *J . A. C. S.* **75**,1003(1953))得出结论:$BH_3$ 的二聚作用的焓变化值是 32±3 千卡/摩尔。$B_2H_6$（气）的生成焓是 −7.5 千卡/摩尔,因此 $BH_3$ 的生成焓是 −19.8 千卡/摩尔。假定单质硼没有共振能,那么 $BH_3$ 的生成焓应是 0.7 千卡/摩尔(方程 3-12)。所以硼的共振能是 20.5±1 千卡/摩尔。这个数值也许不如上述数值 16.4 那么可靠。

［72］ M. von Stackelberg and F. Neumann,*Z. Physik. Chem.* **B19**,314(1932)；G. Allard,*Bull. Soc. Chim. France* **51** 1213(1932).

［73］ L. Pauling and S. Weinbaum,*Z. Krist.* **87**,181(1934).

［74］ 本节内容与 L. Pauling and B. Kamb［*Proc. Nat. Acad. Sci. U. S.* **45**,(1959)］的讨论相类似；可另参看 K. Hedberg,*J . A. C. S.* **74**,3486(1952)；W. N. Lipscomb,*J . Chem. Phys.* **22**,985(1954)；W. H. Eberhardt,B. Crawford,Jr.,and W. N. Lipscomb,*ibid.*,989；W. C. Hamilton,*Proc. Roy. Soc. London* **A235**,295(1956)；*J . Chem. Phys.* **29**,460(1958)；M. Yamazaki,*ibid.* **27**,1401(1957).

［75］ 关于这个主题的述评参看 A. Stock,*Hydrides of Boron and Silicon*（《硼和硅的氢化物》）(Cornell University Press,1933)；H. I. Schlesinger and A. B. Burg,*Chem. Revs.* **31**,1(1942).

［76］ N. V. Sidgwick,*The Electronic Theory of Valency*（《化学价的电子理论》)(Clarendon Press, Oxford,1927),103 页。

［77］ G. N. Lewis,*J . Chem. Phys.* **1**,17(1933),

［78］ W. Dilthey,*Z. Angew. Chem.* **34**,596(1921).

［79］ F. Stitt,*J . Chem. Phys.* **8**；981(1940)；**9**,780(1941)；H. C. Longuet Higgins and R. P. Bell,

$J. Chem. Soc.$ **1943**,250;K. S. Pitzer,$J. A. C. S.$ **67**,1126(1946);W. C. Price,$J. Chem. Phys.$ **15**,614(1947);**16**,894(1948).

[80] K. Hedberg and V. Schomaker,$J. A. C. S.$ **73**,1482(1951).

[81] Pauling and Kamb,$loc. cit.$[74].

[82] 根据电中性原理,一般地可以提出一个条件,即原子的形式电荷只限于0、+1或−1.

[83] 电子衍射方法:K. Hedberg,M. E. Jones,and V. Schomaker,$J. A. C. S.$ **73**,3538(1951);$Proc. Nat. Acad. Sci. U. S.$ **38**,680(1952);X 射线衍射方法:W. J. Dulmage and W. N. Lipscomb,$J. A. C. S.$ **73**,3539(1951);$Acta Cryst.$ **5**,260(1952);微波波谱方法:H. J. Hrostowski and R. J. Myers,$J. Chem. Phys.$ **22**,262(1954).

[84] H. J. Hrostowski,R. J. Meyers,and G. C. Pimentel,$J. Chem. Phys.$ **20**,518(1952).

[85] A. W. Laubengayer and R. Bottei,$J. A. C. S.$ **74**,1618(1952).

[86] 关于这些分子的结构与偶极矩的关系,W. N. Lipscomb,曾用量子力学加以探讨(见$J. Chem. Phys.$ **25**,38[1956]).

[87] Pauling and Kamb,$loc. cit.$[74].

[88] 前述计算得出的键数可作为概率反复计算,直到得出前后一致的结果;在这样对统计理论作出的精确处理之后,得出的键数仅有不大的改变.

[89] J. S. Kasper,C. M. Lucht,and D. Harker,$Acta Cryst.$ **3**,436(1950);C. M. Lucht,$J. A. C. S.$ **73**,2373(1951).

[90] 电子衍射方法:M. E. Jones,K. Hedberg,and V. Schomaker,$J. A. C. S.$ **75**,4116(1953);X 射线衍射方法:C. E. Nordman and W. N. Lipscomb,$ibid.$;J. Chem. Phys. **21**,1856(1953).

[91] Lipscomb,$loc. cit.$[74].

[92] 电子衍射方法:K. Hedberg,M. E. Jones,and V. Schomaker,$2\text{-}nd\ Int. Congr. Cryst.$,Stockholm,**1951**;X 射线衍射方法:L. R. Lavine and W. N. Lipscomb,$J. Chem. Phys.$ **22**,614(1954).

[93] F. L. Hirsh feld,K. Eriks,R. E. Dickerson,E. L. Lippert,Jr.,and W. N. Lipscomb,$J. Chem. Phys.$ **28**,56(1958).

[94] R. E. Dickerson,P. J. Wheatley,P. A. Howell,and W. N. Lipscomb,$J. Chem. Phys.$ **27**,200(1957). 这个物质的组成是通过 X 射线测定的.

[95] A. Stock and W. Mathing 曾报告一种铬黄色的$(BH)_x$,见 $Ber.$ **69**,1456(1936).

[96] W. N. Lipscomb($J. Chem. Phys.$ **28**,170[1958])曾根据分子轨道方法认为$[B_6 H_{11}]^+$是稳定的。但是有可能本书里提出的论点是成立的,即负离子而不是正离子是稳定的。Litpscomb 也提出过$[B_4 H_7]^-$离子应当是稳定的,它具有一个 $B_4$ 四面体结构,环绕三角形面上各有 3 个桥式氢原子。但是根据上面的论点,这样一个硼原子只生成一个 B—H 健和 3 个 B—B 分数键的结构将是很不稳定的。但是,$[B_4 H_6 Cl]^-$离子也许是稳定的.

[97] W. V. Hough,L. J. Edwards,and A. B. McElroy,$J. A. C. S.$ **78**,689(1956).

[98] A. Stock and E. Kuss,$Ber.$ **59**,2210(1926).

[99]　Hedberg,Jones,and Schomaker,*loc. cit.*[92].

[100]　K. Hedberg and A. J. Stosick,*J. A. C. S.* **74**,954(1952).

[101]　R. Schaeffer,*J. A. C. S.* **79**,1006(1957).

[102]　J. van der Mass Reddy and W. N. Lipscomb,*J. A. C. S.* **81**,754(1959).

[103]　M. Atoji and W. N. Lipscomb,*Acta Cryst.* **6**,547(1953),G. Urry,T. Wartik,and H. I. Schlesinger 首先制出这个物质(见 *J. A. C. S.* **74**,5809[1952])。

[104]　在四氯化二硼 $B_2Cl_4$ 和四氟化二硼中,硼的配位数是 3。这些都不是缺电子物质;卤原子有额外的电子对可以利用硼的第四轨道来生成双键。$B_2F_4$ 具有平面型结构,键长是 B—B=(1.67±0.05)埃,B—F=1.32±0.04 埃,键角 F—B—F=(120±2.5)°[根据对晶体的 X 射线测定,见 L. Trefonas and W. N. Lipscomb,*J Chem. Phys.* **28**,54(1958)]. 对 $B_2Cl_4$ 晶体的 X 射线测定得出类似的平面型结构,键长是 B—B=(1.80±0.05)埃,B—Cl=(1.72±0.05)埃,键角 Cl—B—Cl=(121.5±3)°[见 M. Atoji,W. N. Lipscomb,and P. J. Wheatley,*ibid.* **23**,1176(1955)]. 据报告,气体分子是同样大小的,但具有个非平面型双楔形构型[电子衍射测定见 Hedberg. Jones,and Schomker,*loc. cit.*[92];红外和 Ramnan 光谱见 M. J. Linevsby,E. R. Shull,D. E. Mann,and T. Wartik,*J. A. C. S.* **75**,3287(1953). 有可能围绕着 B—B 键有基本上不受限制的旋转。

[105]　据报道,量子力学计算表明这些物质是不稳定的:Eberhardt,Crawford,and Lipsomb,*loc. cit.*[74],H. C. Longuet-Higgins and M. de V. Roberts,*Proc. Roy. Soc. London* **A230**,110(1955).

[106]　S. H. Bauer,*J. A. C. S.* **72**,622(1950). 他的电子衍射的研究结果得到光谱测定的支持,参看 W. C. Price,*J. Chem. Phys.* **17**,1044(1949).

[107]　Bauer 及 Price,*loc. cit.*[106].

[108]　R. E. Rundle and J. H. Sturdivant,*J. A. C. S.* **69**,1561(1947);本书第一版(1939)曾报道这个物质的结构。

[109]　Rundle and Sturdivant 还报道了 $Pt_4(CH_3)_{12}Cl_4$ 的结构,其中含有桥式氯原子。Pt—Cl 的键长等于 2.48 埃,这正是半键的数值。

[110]　对晶体的 X 射线测定,见 D. N. Lewis and R. E. Rundle,*J. Chem. Phys*,**21**,986(1953).

[111]　A. I. Snow and R. E. Rundle,*Acta Cryst.* **4**,348(1951).

[112]　这是根据铍的单键半径 0.899 埃(表 7-18)计算的。

[113]　T. P. Nevell,E. de Salas and C. L. Wilson,*J. Chem. Soc.* **1939**,1188;S. Winstein and D. Trifan,*J. A. C. S.* **71**,2953(1949);**74**,1147,1154(1952);J. D. Roberts,C. C. Lee,and W. H. Saunders,Jr.,*ibid.* **76**,4501(1954).

[114]　R. H. Mazur,W. N. White,D. A. Semenow,C. C. Lee,M. S. Silver,and J. D. Roberts,*J. A. C. S.* **81**,4390(1959).

[115]　S. Winstein and H. J. Lucas,*J. A. C. S.* **60**,836(1939).

[116]　H. G. Smith and R. E. Rundle,*J. A. C. S.* **80**,5075(1958).

[117]　F. S. Mathews and W. N. Lipscomb,*J*,*A. C. S.* **80**,4745(1958).

〔118〕 T. J. Kealy and P. L. Pauson, *Nature* **168**, 1039（1951）; S. A. Miller, J. A. Tebboth, and J. F. Tremaine, *J. Chem. Soc.* **1952**, 632.

〔119〕 W. P. Pfab and E. O. Fischer, *Z. Anorg. Chem.* **274**, 317(1953); E. Weiss and E. O. Fischer, *ibid.* **278**, 219(1955).

〔120〕 J. D. Dunitz, L. E. Orgel, and A. Rich, *Acta Cryst.* **9**, 373(1956).

〔121〕 G. L. Hardgrove and D. H. Templeton, *Acta Cryst.* **12**, 28(1959).

〔122〕 C—C＝(1.440±0.015)埃和 Fe—C＝(2.064±0.010)埃等实验值是 K. Hedberg, W. C. Hamilton 和 A. F. Berndt 报告的(见 A. F. Berndt, Ph. D. thesis, *Calif. Inst. tech.* 1957), (1.43±0.03)埃和(2.03±0.02)埃等实验值则是 E. A. Seibold 和 L. E. Sutton 所报告的〔见 *J. Chem. Phys.* **23**, 1967(1955)〕. 晶体中的对应值是(1.41±0.03)埃和(2.05±0.03)埃(见 Dunitz, Orgel, and Rich, *loc. cit.*〔120〕).

〔123〕 Hardgrove and Templeton, *loc. cit.*〔121〕.

〔124〕 G. Wilkinson, M. Rosenblum, M. C. Whiting, and R. B. Wood ward, *J. A. C. S.* **74**, 2225(1952); J. D. Dunitz and L. E. Orgel, *Nature* **171**, 121(1953); *J. Chem. Phys.* **23**, 954(1955); E. O. Fischer and R. Jira, *Z. Naturforsch.* **8b**, 217(1953); **9b**, 618(1954); **10b**, 354(1955); W. Moffitt, *J. A. C. S.* **76**, 3386(1954); J. W. Linnett, *Trans. Faraday Soc.* **52**, 904(1956); D. A. Brown, *J. Chem. Phys.* **29**, 1086(1958).

〔125〕 Pauling and Kamb, *loc. cit.*〔74〕.

〔126〕 利用二茂铁二羧酸的第一电离解常数和苯甲酸的电离常数的等同性,可证明二茂铁的两个环戊二烯环(和铁原子)上没有电荷〔见 R. B. Wood, M. Rosen blum and M. C. Whiting, *J. A. C. S.* **74**, 3458 (1952)〕.

〔127〕 电子衍射方法：Ni—C＝(2.20±0.02)埃, C—C＝(1.44±0.02)埃; K. Hedberg 在 Calif. Inst. Tech. 尚未发表的工作.

〔128〕 K. Hedberg, 由 Berndt 报告的, *op. cit.*〔122〕.

〔129〕 H. M. McConnell and C. H. Holm, *J. Chem. Phys.* **27**, 314(1957).

〔130〕 L. Pauling, *Proc. Nat. Acad. Sci. U. S.* **39**, 551(1953).

〔131〕 H. M. McConnell and C. H. Holm, *J. Chem. Phys.* **28**, 749(1958); H. M. McConnell, W. M. Porterfield, R. E. Robertson and T. Cole, *ibid.* **30**, (1959).

〔132〕 T. S. Piper, F. A. Cotton, and G. Wilkinson, *J. Inorg.* & *Nuclear Chem.* **1**, 165(1955).

〔133〕 Berndt, *op. cit.*〔122〕.

〔134〕 钼和其他金属的类似化合物将在 11-15 节讨论.

〔135〕 J. K. Tyler, A. P. Cox and J. Sheridan, *Nature* **183**, 1182(1959).

〔周念祖 译〕

鲍林夫妇及其长子。

# 第十一章

# 金属键

## • The Metallic Bond •

　　我们将转向更多地从化学的观点来考虑金属的结构问题。在本章以下各节中所介绍的处理方法,不能看成是要与量子力学理论相抗衡,应该说是为理论物理的研究工作者提供到达同一目标的另一条途径。

## 11-1　金属的性质

凡属于金属的元素,多少呈现出某些特征性质,如良好的导热性与导电性和金属的光泽、展性与延性,以及替代酸中氢原子的本领等。就位于周期表左下方的一些元素来说,这些性质表现得尤为显著。事实上,金属性质与"正电性"是密切联系着的。一般地说,用键能法、电动序或其他类似的方法所定出的元素的电负性数值小,则该元素就具有显著的金属性质。

洛伦兹(Lorentz)[1]曾经提出一种金属理论,定性地阐明了金属的一些特征性质。近几年来,由于量子力学方法的应用,这一理论已获得了广泛的发展。他把金属看成是刚性球体(金属的正离子)的晶状的排列,自由电子则在其空隙中运动。这种"自由"电子理论能够简单地解释金属光泽和其他光学性质、良好的导热性与导电性、高数值的热容和熵以及其他一些性质。

在这些性质中,一种最有趣的性质是,包括碱金属在内的许多金属呈现出少量的与温度无关的顺磁性。泡利[2]曾在 1927 年对这一种现象进行探讨,正是这一探讨开辟了现代金属电子理论的发展。它的基本概念是:在金属中存在着一组连续或部分连续的"自由"电子能级。在绝对零度时,电子(其数目为 N 个)通常成对地占据 N/2 个最稳定的能级。按照泡利不相容原理的要求,每一对电子的自旋方向是相反的,这样,在外加磁场中,这些电子的自旋磁矩就不能有效地取向。当温度比较高时,其中有一些配对的电子对被破坏了,电子对中的一个电子被提升到比较高的能级,这时由于未配对电子自旋磁矩的贡献,使金属具有顺磁磁化率。未配对电子的数目,随着温度的升高而增多;然而,每个未配对电子的自旋对磁化率的贡献却随着温度的升高而减小(见附录 X)。对这两种效应进行的定量讨论,指出了所观察到的顺磁磁化率在数量级上近似地与温度无关的性质。

索末菲(Sommerfeld)[3]与其他许多研究工作者曾广泛地发展了金属的量子力学理论。对这一理论的研讨不属于本书的范围。我们将转向更多地从化学的观点来考虑金属的结构问题。在本章以下各节中所介绍的处理方法,不能看成是要与量子力学理论相抗衡,应该说是为理论物理的研究工作者提供到达同一目标的另一条途径。

---

◀ 1961 年,鲍林夫妇在美国佛蒙特州的斯托镇(Stowe)参加第七届帕格瓦什年会期间,坐缆车游玩。

---

# 11-2　金属价

金属与其他金属化合物的研究是化学科学的一个广大领域;但是在过去往往被化学家们忽视。金属元素约占全部元素的四分之三。这就是说,由一对金属构成的二元系约占全部二元系的 9/16,即超过一半。由此可以肯定,金属化学是化学领域中最主要的分支,它比研究金属与非金属结合或非金属与非命属结合的化学要更为广阔。而事实上,在普通化学教科书的几百页篇幅中,一般只用寥寥数页来讨论金属与金属的化合物。这一领域之所以被化学工作者所忽视,一部分原因可能在于许多金属与金属间的化合物具有一个组成范围;而化学工作者则往往非常关心那些具有固定组成成分的所谓道尔顿体(Daltonides)的准确性,却不喜欢那些组成不够确定的贝陀雷体(Berthollides)的不准确性,因而不去研究它们。除此以外,金属体系不存在良好的溶剂,而无机化学和有机化学工作者都习惯于采用适当的溶剂进行重结晶来纯化所研究的固体物质。这种方法只有偶然地被应用在金属互化物中,例如把溶在汞中的钾溶液冷却,可以得到硕大美观的 $KHg_{13}$ 晶体。但是一般说来,对于金属互化物利用重结晶的方法进行纯化是不容易做到的。不过,依作者看来,在过去的一个世纪中,化学工作者之所以不重视这一化学领域,最主要的原因是,比起其他化合物来说,在此期间,关于金属互化物的结构和价键的理论,还没有及时地被提出来。

化学工作者在确定金属互化物中金属的价数时,都会面临着一个问题,这个问题与弗兰克兰、库珀、凯库勒及其他化学家研讨有机化学的化学价理论时面临的问题相类似。可以把 $KHg_{13}$ 化合物与萘 $C_{10}H_8$ 进行比较:在 $KHg_{13}$ 中,相应于钾在周期表中的位置,它的价数可以认定为 1(姑且假定第一族与第二族元素可分别认定为 1 价和 2价);但是却不能认为 $KHg_{13}$ 化学式就要求汞的价数为 1/13,正如有机化学家不会从萘 $C_{10}H_8$ 的式子中得出碳的价数必须为 4/5 的结论。因为紧跟着碳—碳键概念的发展,人们认为萘具有碳原子相互之间,同时与氢原子之间生成化学键的结构;从而让碳原子能够保留它的四价。由此可见,我们可以同样假定在 $KHg_{13}$ 中,汞原子与汞原子之间以及它们与钾原子之间能够生成化学键;不过从上述的化学式中,仍无法看出汞的金属价究竟是多少。

有机化学家曾成功地发展了化学价的理论,并且发现了碳是四价的;因为他们制备了许多简单的化合物,如 $CH_4$ 和 $CH_3Cl$ 等,而在这些化合物中碳原子是与 4 个单价的原子相连接的。如果在金属互化物方面也进行了类似的研究,那么化学价的理论也许有可能被扩展到这个化学领域中去。然而事实上这个想法没有获得成功。钾与汞除了生成

$KHg_{13}$ 之外，还生成了 $KHg_5$、$KHg_3$、$KHg_2$ 和 $KHg$ 等化合物。如果我们假定，在钾含量最高的 $KHg$ 化合物中，只有汞与钾之间成键，那么汞的金属价将确定为 1。在钠与汞的化合物中，钠含量最高的化合物是 $Na_3Hg$，对这一化合物进行类似的解释，我们将把汞的金属价推定为 3；而在化合物 $Li_3Hg$ 中，汞表现同样的价数。在镁与汞的化合物中，镁含量最高的是 $Mg_3Hg$ 化合物；如果我们同样假定在这种化合物中只有汞—镁键的话，汞的金属价就将等于 6。显而易见，这种方法虽然与有机化学家在发现碳为四价时的方法相似，但是却无法揭示出汞的金属价。

应用金属本身的一些性质，至少可以近似地指出金属的价数。[4] 从钾开始的元素周期中，如果我们假定钾的金属价为 1，钙的金属价为 2，那么可以看到在价数与性质之间，存在着一种预期的联系。金属钙比金属钾具有更高的硬度、强度与密度，它的熔点、沸点、熔化焓与蒸发焓也比钾高些。一般说来，它们的这些性质恰好与这样的假定相符合，即钙的原子间结合的键比钾原子间的键强二倍，相应于它们各自的 2 与 1 的价数。同样地，从钙元素至钪元素，硬度、密度、熔点以及其他一些性质都进一步提高。由此我们可以合理地得出结论：对应于钪在周期表中的位置，钪是三价的。再继续下去，从元素钪至钛、钛至钒、钒至铬，这些性质都相应地进行变化着；因此同样可以正确地肯定，金属的钛、钒、铬的价数分别为 4、5、6。这些价数恰恰正是这些元素在无机化合物最大的价数，如钛、钒、铬的最大氧化价分别为 +4、+5、+6，即相当于 $TiO_2$、$V_2O_5$ 与 $CrO_8$ 等氧化物。

接下来的一些过渡元素的性质，并未反映出金属价的进一步提高，即提高到锰的 7 价、铁的 8 价、钴的 9 价等。事实上，上面谈到的那些性质如硬度、密度、熔点等，都表明从铬至镍金属价大致保持不变，从镍至铜金属价则稍为下降，而从铜至锌更为降低了。由此作者认为：把元素锰、铁、钴、镍的正常金属价确定为 6，把铜的金属价确定为 5½ 左右，锌为 4½、镓为 3½、锗（作为金属时）为 2½、砷为 1½ 等是合理的。

在 1938 年，作者根据当时的观点，曾把铁的金属价确定为 5.78 而不是 6。现在看来这是错误的。铁的原子序数为 26，在氩壳层外有 8 个电子，它全部可以用来形成化学键；如果这些键的形式是共享电子对键的话，那么电子自旋就必须是配对的，因而它对金属的磁矩就没有贡献。但是，当铁受到饱和磁化时，每个铁原子的磁矩将为 2.22 玻尔磁子；这就要求，每个原子不能多于 5.78 个电子被包含在所形成的电子对中。所以作者当时得出结论，铁的金属价为 5.78。但是，这里也存在着另一种可能性，在原子之间成键的电子中，也存在有未配对的电子。用化学键理论的术语来说，可以看作在金属中形成了单电子键；用一般的金属电子理论的术语来说，可以看作电子占据了自旋未耦合的导带，即每一个能级只有一个电子而不是两个电子。应用在铁原子中电子相互作用能的光谱数据，进行了简单的计算，[5] 得出了每个铁原子有 0.26 个电子是处在自旋未耦合的能带中。这就表明每个铁原子的总价数为 6.04，其中 5.78 个电子是被包含在所形成的电子对键中,而 0.26 个电子是形成单电子键的电子(这个计算是以齐纳(Zener)[6] 所提出的导带电子通过与原子中的电子相互作用产生自旋脱耦的概念为基础来建立一种有关铁磁性的简单定量理论的工作过程中进行的)。由此可见,取整数 6 为铁的总价数以及基于上述的理由把有关元素如铬、锰、钴、镍,也取同样的价数,似乎不是不合理的。

铜与锌的机械性能表明,这些元素的价数小于 6。根据下面的讨论,从镍和铜的合金的磁性可以导出铜的价数。铜和镍的铁磁合金的饱和磁矩,随着铜在合金中所占的原子分数的增加而线性地降低,一直到铜原子的百分数为 56 时,合金的饱和磁矩降低到零(图 11-1)。在这种合金中,每个原子具有 10.56 个电子。如果我们假定,在合金中镍和铜的金属价均保留为 6,那么价电子就要占据 6 个轨道,而剩下的 4.56 个电子表现为未共享电子对,则要占据 2.28 个轨道。所以在氩壳层外有 8.28 个轨道被占据了,而每个原子在氩壳层外剩下 0.72 个轨道为金属轨道(稳定的轨道共计有 9 个,即 5 个 $3d$ 轨道,1 个 $4s$ 轨道,3 个 $4p$ 轨道)。这种看法,将在以后再讨论。我们现在假定,在纯铜中,每个原子也要求有同样数目的 0.72 个金属轨道,而其余的 8.28 个轨道则被价电子与未共享电子对所占据。可以把铜原子的氩壳层外的 11 个电子引入到 8.28 个轨道中,那么就有 $11-8.28=2.72$ 个未共享电子对和 $11-2\times2.72=5.56$ 个未配对电子。所以我们可以断定,铜的金属价近似于 5.56。按照同样的观点得出,锌的金属价为 4.56,镓为 3.56,锗为 2.56,砷为 1.56 等。

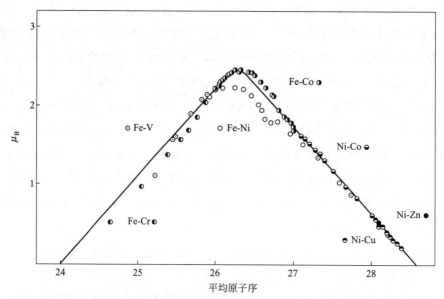

**图 11-1 铁族过渡元素及其合金中,每一个原子的平均饱和磁矩的实验值**

某些与图中曲线有偏差的合金的数据,未在图中示出;这些合金可能含有铁酸盐磁性

## 11-3 金属轨道

以上关于过渡金属性质的论点表明,在整个由铬至镍的元素序列中,金属原子间成键的价电子数为 6。因为在氩壳层外有 9 个合理而稳定的轨道可资利用,不妨猜想多余的电子(这里铁有 2 个,钴有 3 个),将单独地占据 2 个或 3 个余下的轨道,使得铁的饱和磁矩为 2 个玻尔磁子,钴为 3 个玻尔磁子。但是,在镍的情况下,多余的 4 个电子占据 3 个轨道,其中有两个电子必须共同占据一个轨道,自旋不能不相反,从而使磁矩又降低到 2 个玻尔磁子。由此可以预期,饱和磁矩从铬的 0 上升到钴的 3(最大值),然后又降低到镍为 2 与锌为 0。事实上,在图 11-1 中可以看出,这些金属和它们相互之间的合金的饱和磁矩的实验值,在铁到钴之间的距离约 1/4 时为最大值;在镍与铜之间的中点时降为零(其他一些合金可能为反铁磁性合金,不符合这条曲线)。这些事实曾被解释[7]为过渡金属中的 9 个轨道 $3d^5 4s 4p^3$,不是全部而只是略小一些的数目(约 8.3)可以由电子来占据。图 11-1 中的饱和磁矩曲线最大值的位置提供了有关被成键电子或原子的电子所占据的轨道数目的情况。体心结构的铁-钴合金的实验数据指出,最大值的位置是在每个原子有 26.34 个电子处,而铁-镍合金(这里点的数目较少)则在 26.18 个电子处。从合理近似地逼近全部实验数据所给出的两条直线,外推出位于每个原子有 26.28 个电子处的交点。我们可以认为这个数值是最可靠的,而且假定每个原子在氩壳层外有 8.28 个电子,它们可以单独地占据轨道;当电子的数目更大时,就要形成一些未共享电子对(即两个电子占据一个原子轨道)。成键轨道与被占据的原子轨道的总和为 8.28 个,因而每个原子留出 0.72 个轨道作为金属轨道。这个数值恰好等于图中曲线的底端介于镍铜之间位置所给出的金属轨道的数目,也与上面所讨论的每个原子中有 6 个价电子的假设相符合。

每个金属原子中的金属轨道为 0.72 个的合理解释[8]是在十年之后才具体提出的。这时认为金属轨道可以允许电子对键由原子间的一个位置到另一个位置通过电子从一个原子跃迁到相邻原子的运动进行的非同步共振,这种共振使金属有可能获得共振能,从而稳定下来,这样也可以理解一些金属的特征性质。

已经知道,金属锂(作为例子来说)能在气相中生成一些双原子分子;这些分子可以看成是由通过一个共价键结合着的两个锂原子组成的。在锂金属中,每个原子有一个价电子与 8 个最近邻原子,价电子可以允许每对原子之间形成一个电子对键。可以认为,这些键主要是在每个原子与其最近邻原子之间的 8 个位置上共振(还有在较小程度上在每个原子与 6 个次近邻原子之间的 6 个位置上共振)。如果每个锂原子保留了自己的价

电子而使电性中和,那么,通过与苯分子中相类似的可允许的键的同步共振:

$$
\begin{array}{ccc}
\text{Li—Li} & \quad & \text{Li\quad Li} \\
| \quad\quad | & & \quad\quad | \\
\text{Li—Li} & & \text{Li\quad Li}
\end{array}
$$

这样所获得的稳定作用是相当小的。而通过如下的非同步共振:

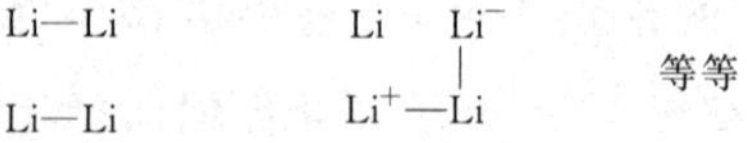

$$
\begin{array}{cccc}
\text{Li—Li} & \quad & \text{Li}\quad\text{Li}^- & \\
| \quad\quad | & & \quad\quad | & \quad\text{等等} \\
\text{Li—Li} & & \text{Li}^+\text{—Li} &
\end{array}
$$

则可以获得更大的多的稳定作用。这种非同步共振将要求接受额外的键的原子上能够使用一种额外轨道。我们假定这种额外轨道便是金属轨道。

关于每个原子平均含有非整数的 0.72 个金属轨道,将在下节讨论锡在同素异形体中的原子间距离时加以讨论。

## 11-4  金属的原子间距离及其键数

在第七章中曾经简要地讨论了键数 $n$ 小于 1 的键的原子间距离,并提出了如下的方程来表示相应的键长 $D(n)$ 与 $n=1$ 时的键长 $D(1)$ 之间的关系:

$$D(n)=D(1)-0.600\times\lg n \tag{11-1}$$

基于这个方程,推出了一套相当完整的金属半径。显然,这个经验方程是不很准确的,特别是,对数项的因子 0.60 埃,不够确定。事实上,从这个方程得出的有关电子构型、键数、金属和金属互化物的价等的结论,不会由于这个因子数值的某些改变而发生显著的变化。

经验表明,用方程(11-1)解释所观察到的原子间距离,一般是相当可靠的。不过,有一些金属互化物的结构,可能使某些原子间的距离表示拉张的键;而另一些则表示压缩的键。因此,用方程(11-1)解释这些原子间距离时,可能出现误差,所以在使用这个方程时,必须记住这种可能性。

这里打算以元素锡作为应用这个方程的第一个例子。按照上述的论点,一个物质平均必须具有每个原子配上 0.72 个金属轨道才能算是金属,因此锡的金属价可以推想为2.56。正如上述的铜的计算方法一样,我们可以按如下的方法进行计算。锡原子在氪壳层外有 14 个电子。氪壳层外计有 9 个稳定的轨道,即 $4d^5 5s 5p^3$;在这九个轨道中,金属轨道占 0.72 个,余下的 8.28 个轨道则由成键电子与未共享电子对占据。这里要求未共享电子对为 $14-8.28=5.72$ 对,而剩余的 2.56 个轨道,则被成键电子所占据;因此锡的金属价推想为 2.56。

现在,再来研究锡在两种同素异形体(灰锡与白锡)中的原子间距离。灰锡具有金刚石型的结构;每个锡原子被另外 4 个距离为 2.80 埃的锡原子所包围。已经知道,在四甲基锡 $Sn(CH_3)_4$ 分子中,锡肯定为四价,与每个碳原子形成单键,锡—碳的键长为 2.17 埃。而且碳的单键半径为 0.77 埃,则锡的单键半径可以取为 1.40 埃。这样,在灰锡中观测到的键长 2.80 埃,恰好是共价单键所预期的键长。由此我们得出结论,这种形式的锡是四价的。锡原子可使用其外层的所有的 9 个轨道来实现四价:一部分轨道被未共享电子对所占据(有 10 个电子占据 5 个轨道);另一部分被成键的电子所占据(锡原子的外层 14 个电子中,剩下的 4 个电子占据 4 个轨道)。由此可见,在灰锡中,锡原子外层的所有九个轨道,均被成键电子和未共享电子对所占据(电子构型为 $4d^{10}5s5p^3$);因此,在灰锡中没有金属轨道,灰锡不是金属,而是一种准金属。所以它不具有金属的特征性质:如高的电导性、电导的负温度系数、展性等。

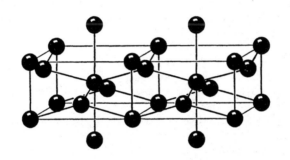

图 11-2　白锡(金属)四方晶体中的原子排列

纵轴为四重轴

另一方面,白锡却有着金属的典型性质。对于白锡来说,每个锡原子有 4 个距离为 3.016 埃的最近邻锡原子,还有两个距离为 3.175 埃的次近邻;其结构如图 11-2 所示。我们假定锡原子间的单键键长为 2.80 埃,便可以在这个基础上应用方程式(11-1)计算出白锡中锡的价数。键长为 3.016 埃与 3.175 埃的键,键数分别为 0.44 与 0.24;这样的数值相当于原子价为 2.24。以后将要指出,与许多其他金属一样,锡的单键半径很可能与由键轨道的性质有某些关系;当价数为 2.56 时,它应该是 1.424 埃,而不是 1.40 埃。根据这个值,计算了相当于键长为 3.016 埃与 3.175 埃时的键数,分别得出 0.52 与 0.28。由此得出锡元素在金属形式时的价数为 2.64,和预计的 2.56 十分一致。

现在我们要问,为什么锡元素在金属形式时的价数不是 2(相当于每个原子有一个金属轨道,其电子构型为 $4d^{10}5s5p^2$),而是 2.56 呢?作者认为答案是:根据量子力学原理,一个体系在基态时的实际结构,是在各种可能结构中这一体系能量达到最低值的那种结构。我们假设有一种形式上与白锡相类似的锡的结构,但是每个原子中有一个金属轨道,原子价为 2。每个原子的这两个价键,在围绕着它的 6 个位置上作必然是完全非同步的共振来取得这种结构的稳定性。如果现在我们引进一个四价的锡原子,则键的数目将要增加,而晶体将得到进一步的稳定。的确,因为被引进的这个四价锡原子没有金属轨道,

**表 11-1　元素的金属价与金属半径**

| | Li | Be | B |
|---|---|---|---|
| $v$ | 1 | 2 | 3 |
| $R(L12)$ | 1.549 | 1.123 | 0.98 |
| $R_1$ | 1.225 | 0.889 | 0.80 |

| | Na | Mg | Al | Si | P | S |
|---|---|---|---|---|---|---|
| $v$ | 1 | 2 | 3 | 2.56 | (3) | (2) |
| $R(L12)$ | 1.896 | 1.598 | 1.429 | 1.375 | 1.28 | 1.27 |
| $R_1$ | 1.572 | 1.364 | 1.248 | 1.173 | 1.10 | 1.04 |

| | K | Ca | Sc | Ti | V | Cr | Mn | Fe | Co | Ni | Cu | Zn | Ga | Ge | As | Se |
|---|---|---|---|---|---|---|---|---|---|---|---|---|---|---|---|---|
| $v$ | 1 | 2 | 3 | 4 | 5 | 6 | 6 | 6 | 6 | 6 | 5.56 | 4.56 | 3.56 | 2.56 | 1.56 | (2) |
| $R(L12)$ | 2.349 | 1.970 | 1.620 | 1.467 | 1.338 | 1.276 | 1.268 | 1.260 | 1.252 | 1.244 | 1.276 | 1.339 | 1.404 | 1.444 | 1.476 | 1.40 |
| $R_1$ | 2.025 | 1.736 | 1.439 | 1.324 | 1.224 | 1.186 | 1.178 | 1.170 | 1.162 | 1.154 | 1.176 | 1.213 | 1.246 | 1.242 | 1.210 | 1.17 |

| | Rb | Sr | Y | Zr | Nb | Mo | Tc | Ru | Rh | Pd | Ag | Cd | In | Sn | Sb | Te |
|---|---|---|---|---|---|---|---|---|---|---|---|---|---|---|---|---|
| $v$ | 1 | 2 | 3 | 4 | 5 | 6 | 6 | 6 | 6 | 6 | 5.56 | 4.56 | 3.56 | 2.56 | 1.56 | (2) |
| $R(L12)$ | 2.48 | 2.148 | 1.797 | 1.597 | 1.456 | 1.386 | 1.361 | 1.336 | 1.342 | 1.373 | 1.442 | 1.508 | 1.579 | 1.623 | 1.657 | 1.60 |
| $R_1$ | 2.16 | 1.914 | 1.616 | 1.454 | 1.342 | 1.296 | 1.271 | 1.246 | 1.252 | 1.283 | 1.342 | 1.382 | 1.421 | 1.421 | 1.391 | 1.37 |

| | Cs | Ba | La* | Hf | Ta | W | Re | Os | Ir | Pt | Au | Hg | Tl | Pb | Bi |
|---|---|---|---|---|---|---|---|---|---|---|---|---|---|---|---|
| $v$ | 1 | 2 | 3 | 4 | 5 | 6 | 6 | 6 | 6 | 6 | 5.56 | 4.56 | 3.56 | 2.56 | 1.56 |
| $R(L12)$ | 2.67 | 2.215 | 1.871 | 1.585 | 1.457 | 1.394 | 1.373 | 1.350 | 1.355 | 1.385 | 1.439 | 1.512 | 1.595 | 1.704 | 1.776 |
| $R_1$ | 2.35 | 1.981 | 1.690 | 1.442 | 1.343 | 1.304 | 1.283 | 1.260 | 1.265 | 1.295 | 1.339 | 1.386 | 1.437 | 1.502 | 1.510 |

| | Th | U |
|---|---|---|
| $v$ | 4 | 6 |
| $R(L12)$ | 1.795 | 1.516 |
| $R_1$ | 1.652 | 1.426 |

| | *Ce | Pr | Nd | Pm | Sm | Eu | Gd | Tb | Dy | Ho | Er | Tm | Yb | Lu |
|---|---|---|---|---|---|---|---|---|---|---|---|---|---|---|
| $v$ | 3.2 | 3 | 3 | 3 | 3 | 3 | 3 | 3.5 | 3 | 3 | 3 | 3 | 2 | 3 |
| $R(L12)$ | 1.818 | 1.824 | 1.818 | 1.834 | 1.804 | 2.084 | 2.804 | 1.773 | 1.781 | 1.762 | 1.761 | 1.759 | 1.933 | 1.738 |
| $R_1$ | 1.646 | 1.643 | 1.637 | 1.633 | 1.623 | 1.850 | 1.623 | 1.613 | 1.600 | 1.581 | 1.580 | 1.578 | 1.699 | 1.557 |

对键的共振会发生微小的干扰;但是干扰的程度将小到不至把共振能拉低,因而影响由于额外的键所增进的稳定性。再引入第二个四价锡原子时,会使金属更加稳定。但是后来当引进的四价锡原子的数目变得相当可观时,这时对键共振的干扰就将变得这样严重,造成共振能的降低抵消掉四价原子数目增多时所增加的键能。这样就达到了这个体系的最低能量(即最大的稳定性)。这时的结构也就是白锡晶体的实际结构。作者还没有能够找到理论上的讨论方法来可靠地推导出每个原子要有 0.72 个金属轨道才能恰好使金属晶体实现最大的稳定性,但是利用简单的理论处理倒可以看出这个数值不是不合理的。[9]

应用以下几节所讨论的金属中原子间距离的实验数据，以及上述的方程 11-1，可以导出金属半径 $R_1$ 的数值。这些数值在表 11-1 中列出，同时还示出了所假定的金属价 $v$ 与配位数为 12 时的金属半径 $R(L12)$ 的数值。

## 11-5　球体的最紧密堆积

因为范德华力、库仑引力以及金属键的作用力趋向于把原子具有较大配位数的结构稳定下来，许多结晶物质都是原子或离子相当紧密堆积的集合体，这是不足为奇的。我们发现，许多晶体的结构可以用球体的堆积来进行有益的讨论。现在我们就来考虑这个问题。

**等价球体的立方与六方最紧密堆积**　要堆积球体做到留下的间隙为最小的问题，曾经引起了许多研究工作者的兴趣。巴罗（W. Barlow）[10] 发现等价球体的最紧密堆积只有两种排列方式：一种是立方对称的，另一种是六方对称的。

单层的球体最紧密排列，只能有一种方法，这就是通常我们所熟悉的每个球与 6 个其他球体相接触的排列方法，如图 11-3 所示。在这一层球体上面能够堆叠上第二层相类似的排列，做到每个球体与其邻层的 3 个圆球相接触，如图 11-4 所示。再往上面堆叠上第三层球体，则可能有下列两种可能的位置。一种方式是，第三层球体恰好在第一层球体的正上方，如图 11-4 中所示的。另一种方式是，第三层球体位于未被第二层球体占据的第一层的凹隙之上。如果所有圆球都是等价的，则只要选定了其中一种排列方式，整个结构便被确定下来。第一种结构具有六方对称性，如图 11-4 与图 11-5 的左边所示，这种结构称为六方最紧密堆积。第二种结构称为立方最紧密堆积，如图 11-5 的右边与图 11-6 所示（后一图形是选自巴罗原文）。

**图 11-3**　在一个最紧密堆积层内中球体的排列

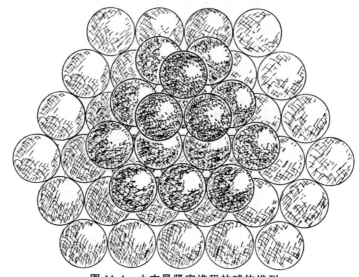

**图 11-4　六方最紧密堆积的球体排列**

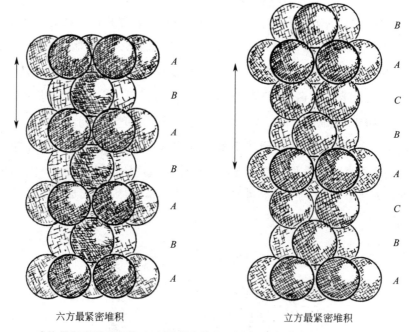

六方最紧密堆积　　　　　　　　　　立方最紧密堆积

**图 11-5　球体最紧密堆积层按六方最紧密堆积(左)与立方最紧密堆积(右)的堆叠方式**

　　为了描述这些结构的方便,用字母 $A$、$B$、$C$ 分别代表这三种位置相互不同的球体密堆层。六方最紧密堆积相当于各层按 $ABABAB\cdots$ 的顺序(或者 $BCBC\cdots$ 或 $ACAC\cdots$ )堆叠;立方最紧密堆积则相当于 $ABCABCABC\cdots$ 的顺序。六方最紧密堆积结构是每隔两层即行重复,而立方最紧密堆积结构则是每隔三层才重复。

　　在每一种最紧密堆积结构中,每一个球体都与其周围的 12 个球体相接触;其中 6 个

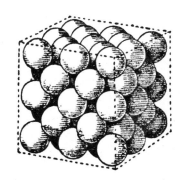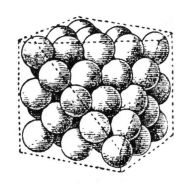

**图 11-6　球体的立方最紧密堆积**

（取自巴罗论文）

是在同一个平面上成正六边形的排列,其余是在上一个平面的 3 个和下一个平面的 3 个分别呈正三角形的排列。在六方最紧密堆积中,上下两平面的三角形取向相同;而在立方最紧密堆积中,则上下两三角形相对错开 60° 的角度。

早在 X 射线技术发展之前,巴罗提出了在金属晶体中原子按最紧密堆积的方法排列的看法,来说明所观察到的许多金属都具有以立方或六方的晶体对称性的事实,以及许多六方对称的金属晶体的轴率,接近于六方最紧密堆积的理想轴率为 $2\sqrt{2}/\sqrt{3}=1.633$ 的情况。

对于含球形或近似球形分子而以范德华力互相吸引的晶体,最紧密堆积的结构。可以提供最多的分子间接触,因而可以料想它是最稳定的。已经证实,所有的惰性气体（氦、氖、氩、氪、氙）都是按立方或六方最紧密堆积的方式结晶的。此外,也已经发现,在许多简单气体的分子晶体中,分子可以相当自由地旋转,因此它与相邻分子间的相互关系也与球体相类似,[11]这些分子晶体通常也是最紧密堆积的。例如氢的分子晶体是由转动的 $H_2$ 分子按六方最紧密堆积的方式构成的,而在 $HCl$、$HBr$、$HI$、$H_2S$、$H_2Se$、$CH_4$ 与 $SiH_4$ 的分子晶体中,分子是按立方最紧密堆积的方式排列的。[12]

**含有非等价球体的最紧密堆积结构**　虽然等价球体的最紧密堆积只有立方与六方最紧密堆积两种,但是还有与这两种相差不大的无数种其他排列方式。这些是大小相同的而从结晶学的角度并非完全等价的球体的最紧密堆积;最紧密堆积层按任意顺序 *AB-CBACBC*⋯堆叠,与上述两种最紧密堆积比较起来,紧密程度是相同的;其中每个球体也是与 12 个其他球体相接触,接触方式有的与立方最紧密堆积方式相同,有的却与六方最紧密堆积的方式相同。这些排列方式与上述两种排列的差异是这样小,因而它们具有一定的重要性。

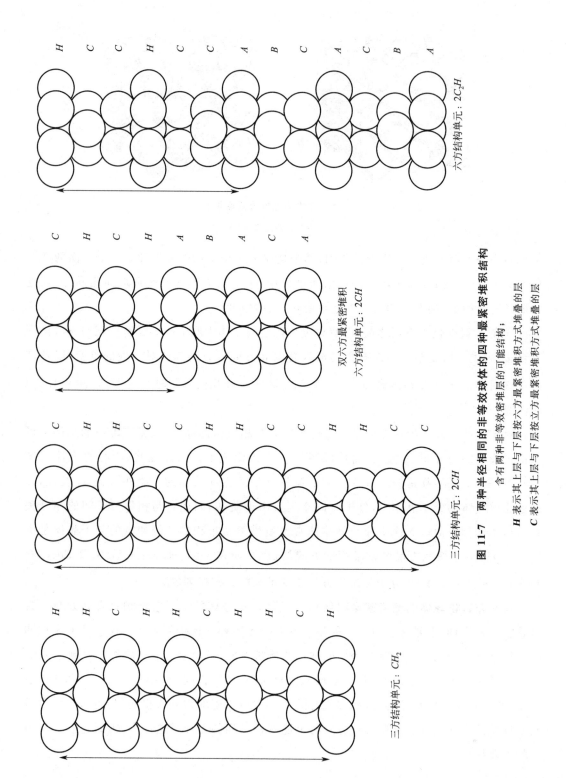

**图 11-7 两种半径相同的非等效球体的四种最紧密堆积结构**

含有两种非等效密堆层的可能结构；

*H* 表示其上层与下层按六方最紧密堆积方式堆叠的层；
*C* 表示其上层与下层按立方最紧密堆积方式堆叠的层

三方结构单元：CH₂

三方结构单元：2CH

双六方最紧密堆积
六方结构单元：2CH

六方结构单元：2C₂H

图 11-7 中示出了最紧密堆积层的四种可能的堆叠方式,这里只允许两种非等价密堆层。[13] 其中最简单的一种,称为"双六方最紧密堆积",相当于各密堆层按 $ABACABA$ $C\cdots$的顺序堆叠,即每隔四层重复一次。它包括邻层按立方最紧密堆积方式堆叠的 $A$ 层和邻层按六方最紧密堆积方式堆叠的 $B$ 或 $C$ 层,这两种层交替地堆叠上去。

## 11-6　金属元素晶体中的原子排列

应用 X 射线衍射方法测定出来的金属结构列于表 11-2 中。

**最紧密堆积的结构**　如果说,金属晶体的稳定性是取决于最小距离的原子间所形成的键的数目,而较长的键并不做出贡献的话,则对金属元素来说,具有最紧密堆积的结构将是最稳定的。这些已经在上节中阐述过的结构,其中每个原子都与 12 个最近邻原子相接触(次近邻的原子间距离大了 41%,估计是不大重要的)。

值得注意的是,列在表 11-2 中的 58 种金属元素中,以立方最紧密堆积排列,或以六方最紧密堆积排列结晶的,或者同时具有这两种晶型的,就有 46 种。

从下面列出的金属的六方最紧密堆积结构的轴率 $c/a$ 的实验数据,可以进一步看出,在这些晶体中,金属原子与相互吸引的球体是极其相似的。

| | | | | |
|---|---|---|---|---|
| Li 1.637 | Sc 1.594 | Ho 1.570 | Zn 1.589 | Ru 1.583 |
| Na 1.634 | Y 1.572 | Er 1.572 | Hf 1.587 | Re 1.615 |
| Be 1.585 | Gd 1.592 | Tm 1.570 | Cr 1.626 | Os 1.579 |
| Mg 1.624 | Tb 1.581 | Lu 1.585 | Co 1.624 | Zn 1.856 |
| Ca 1.640 | Dy 1.573 | Ti 1.601 | Tc 1.605 | Cd 1.886 |

在上面的 25 个数值中,就有 23 个数值是落在使 12 个原子间最短距离完全相等的理论值 $2\sqrt{2}/\sqrt{3}=1.633$ 的附近,相差在 4% 的范围内;只有锌与镉两种物质是例外,这两种金属将在以下与几种其他金属一并讨论,这些金属的晶体结构,可以当作由最紧密堆积的结构变形而来,这样 12 个最短的原子间距离中,有一些被缩短,同时另一些却是被拉长了。

立方与六方最紧密堆积结构,在性质上的差别是很小的,从表 11-2 中就可以看到:在一些同时具有这两种结构作为同素异形体的金属结构中,原子间距离是接近于相等的。

有少数金属晶体具有非等价原子的紧密堆积晶体结构。如镨[15]、铈[16]、镧、错、钕[17] 等的结构,可以用如上节所述的 $CHCHCH\cdots$的符号(双六方最紧密堆积)来描述。钐[18] 具有 $HHC\ HHC\ HHC\cdots$的三方结构。这里的每一种情况,轴率与球体最紧密堆积的数值,相差都在 1% 范围内。

**表 11-2　金属元素晶体的结构[a]**

| IA | IIA | IIIB | IVB | VB | VIB | VIIB | VIII | VIII | VIII | IB | IIB | IIIA | IVA |
|---|---|---|---|---|---|---|---|---|---|---|---|---|---|
| Li 3<br>A2[b]<br>3.039(8) | Be 4<br>A3[c]<br>2.226(6)<br>2.286(6) | | | | | | | | | | | | |
| Na 11<br>A2<br>3.716(8) | Mg 12<br>A3<br>3.197(6)<br>3.209(6) | | | | | | | | | | | Al 13<br>A1<br>2.864(12) | Si 14<br>A4<br>2.353(4) |
| K 19<br>A2<br>4.544(8) | Ca 20<br>A1[d]<br>3.947(12)<br>A3<br>3.940(6)<br>3.955(6) | Sc 21<br>A3<br>3.256(6)<br>3.309(6)<br>A1<br>3.212(12) | Ti 22<br>A3[e]<br>2.896(6)<br>2.951(6) | V 23<br>A2<br>2.622(8) | Cr 24<br>A2[f]<br>2.498(8) | Mn 25<br>A12[g]<br>A13<br>A6<br>A1<br>A2 | Fe 26<br>A2[h]<br>2.482(8) | Co 27<br>A1<br>2.506(12)<br>A2<br>2.501(6)<br>2.507(6) | Ni 28<br>A1<br>2.492(12) | Cu 29<br>A1<br>2.556(12) | Zn 30<br>A3<br>2.665(6)<br>2.913(6) | Ga 31<br>A11<br>2.442(1)<br>2.712(2)<br>2.742(2)<br>2.801(2) | Ge 32<br>A4<br>2.450(4) |
| Rb 37<br>A2<br>4.95(8) | Sr 38<br>A1[i]<br>4.303(12) | Y 39<br>A3<br>3.551(6)<br>3.647(6) | Zr 40<br>A3[j]<br>3.179(6)<br>3.231(6) | Nb 41<br>A2<br>2.858(8) | Mo 42<br>A2<br>2.725(8) | Tc 43<br>A3<br>2.703(6)<br>2.735(6) | Rh 44<br>A3<br>2.650(6)<br>2.706(6) | Rh 45<br>A1<br>2.690(12) | Pd 46<br>A1<br>2.751(12) | Ag 47<br>A1<br>2.889(12) | Cd 48<br>A3<br>2.979(6)<br>3.293(6) | In 49<br>A6<br>3.251(4)<br>3.373(8) | Sn 50<br>A4<br>2.810(4)<br>A5<br>3.022(4)<br>3.181(2) |
| Cs 55<br>A2<br>5.324(8) | Ba 56<br>A2<br>4.347(8) | La 57*<br>A1<br>3.745(12)<br>A3<br>3.739(6)<br>3.770(6) | Hf 72<br>A3<br>3.127(6)<br>3.195(6) | Ta 73<br>A2<br>2.860(8) | W 74<br>A2<br>2.741(8) | Re 75<br>A3<br>2.741(6)<br>2.760(6) | Os 76<br>A3<br>2.675(6)<br>2.735(6) | Ir 77<br>A1<br>2.714(12) | Pt 78<br>A1<br>2.775(12) | Au 79<br>A1<br>2.884(12) | Hg 80<br>A10<br>3.000(6)<br>3.466(6)<br>(−46℃) | Tl 81<br>A3[k]<br>3.408(6)<br>3.457(6) | Pb 82<br>A1<br>3.500(12) |

续表

| | Fr 87 | Ra 88 | Ac 89 | Th 90 | Pa 91 | U 92 | Np 93 | Pu 94 |
|---|---|---|---|---|---|---|---|---|
| | | | A1 | A1, $A1^l$ | A6 | $\alpha^m$ | $\alpha^n$ | $A1°$ |
| | | | 3.756(12) | 3.595(12) | 3.212(8) 3.238(2) | 2.77(2) 2.86(4) 3.28(4) 3.37(4) | | 3.285(12) |

| *Ce 58 | Pr 59 | Nd 60 | Pm 61 | Sm 62 | Eu 63 | Gd 64 | Tb 65 | Dy 66 | Ho 67 | Er 68 | Tm 69 | Yb 70 | Lu 71 |
|---|---|---|---|---|---|---|---|---|---|---|---|---|---|
| $A1^p$ | A1 | A3 | | A | A2 | A3 | A3 | A3 | A3 | A3 | A3 | A1 | A3 |
| A3 | A3 | | | | | | | | | | | | |
| 3.650(12) | 3.649(12) | 3.628(6) | | 3.587(6) | 3.989(8) | 3.573(6) | 3.525(6) | 3.503(6) | 3.486(6) | 3.468(6) | 3.447(6) | 3.880(12) | 3.453(6) |
| 3.620(6) | 3.640(6) | 3.658(6) | | 3.629(6) | | 3.636(6) | 3.601(6) | 3.590(6) | 3.577(6) | 3.559(6) | 3.538(6) | | 3.503(6) |
| *3.652(6) | 3.673(6) | | | | | | | | | | | | |

a. 本表主要是取自 M. O. Neuberger Z Krist. **93**,1(1936) 所给的总结,并列有较新的原子间距离数据,它们分别取自 Sutton Interatomic Distances《原子距离间距》以及本表以下所列参考文献。表中沿用了 Strukturbericht《结构报告》与 Structure Reports《结构报告》所用的符号:A1 表示立方最密堆积排列,A2 表示立方体心排列,A3 表示六方最密堆积排列,A4 表示金刚石型排列,等等。元素符号下的数字表示以埃为单位的原子间最小距离,括号中的数字表示相应的邻近原子数目。表中的数据是在 20℃ 或 25℃ 情况下的数值。

b. 据文献报道,锂的 A1 变体 Li,3.12(12) 是在 77K 时经切变形成的(见 C. S. Barrett,Phys. Rev. **72**,245 [1947])。A3 变体 Li,3.111(6)、3.116(6) 是在 78K 时形成的(见 C. S. Barrett,Acta Cryst. **9**,671[1956])。

c. 铍(Be)的另一结构未详的变体,已有报道,见 F. M. Jaeger and J. E. Zanstra,Koninkl. Ned. Akad. Wetenschap. Proc. **36**,636(1933).

d. 在 500℃ 时钙(Ca)有第三种变体:Ca A2,3.877(8).

e. 在 900℃ 时另有变体 Ti A2,2.864(8).

f. 在 1850℃ 时另有变体 Cr A1,2.61(12).

g. 锰的复杂结构 A12、A13 与 A6 将在本书中讨论。锰在 1095℃ 时为 Mn A1,2.731(12);在 1134℃ 时为 Mn A2,2.688(8).

h. 铁在 916℃ 时为 Fe A1,2.578(12),在 1394℃ 时为 Fe A2,2.539(8).

i. 在 248℃ 时锶的 A3 变体为 Sr,A3,4.32(6)、4.32(6);在 614℃ 时的 A2 变体为 Sr,A2,4.20(8).

j. 在 862℃ 时另有变体 Zr,A2,3.125(8).

k. 在 262℃ 时另有变体 Tl,A2,3.362(8).

l. 在 1450℃ 时另有变体 Th,A2,3.56(8).

m. 在 805℃ 时另有变体 U,A2,3.058(8).

n. 在 600℃ 时另有变体 Np A2 3.05(8),外推至 20℃ 时为 2.97(8).在两种低温变体中,每个原子有 4 个最近邻原子,其余的近邻原子则在 3.06 埃或更远处.

o. 表中的数据是由在 320℃ 时的 A1 数值 3.279 埃结合为线膨胀系数 $-21\times10^{-6}$ 度$^{-1}$(Pu 的 $\delta$ 变体是已知具有负膨胀系数的唯一金属)计算出来的。钚的其他变体是:在 117~200℃ 时的 $\beta$ 型,结构也未详;在 200~300℃ 时的 $\gamma$ 型,为斜方面心结构,在 235℃ 时数据如下:3.026(4)、3.159(2)、3.28(4);在 475℃ 以上时的 $\varepsilon$ 型,在 500℃ 时的数据为 A2,3.150(8).

p. 把 Ce 冷却,可制备出高密度的变体 A1,它在 80K 时为 3.41(12)(见 A. F. Schuch and J. H. Sturdivant,J. Chem. Phys. **18**,145[1950]);另一个相似的 A1 变体可通过加压制成。它在室温和 15 000 大气压时为 3.42(12)(见 A. W. Lawon and T.-Y. Tang,Phys. Rev. **76**,301[1949]).

曾经发现,有几种金属具有最紧密堆积晶体结构,可是它们的具有 $h$ 型环境与具有 $c$ 型环境的层的堆叠顺序或多或少是无规则的。锂和钠(但钾、铷和铯则不是这样)在冷却和进行冷加工时,部分地转变为有些堆积差错(偶然杂有 $c$ 层)的六方最紧密堆结构。[19]

在表 11-1 中所列出的金属半径值是由具有最紧密堆积的金属得出的,不过已将原子间距离的观察值(对于轴率略为不同于 1.633 的六方最紧密堆积,则取二者的平均值),换算成键数 $n=1$ 时的距离;这个校正可由方程式(11-1)给出,就金属价为 $v$ 和配位数为 12 而言,这个校正值为 $0.600\log(v/12)$。

**与最紧密堆积结构有关的金属结构**　锌与镉的结晶结构均与六方最紧密堆积结构无异,只是在六重轴方向上有些伸长,其轴率分别为 1.856 与 1.886,比球体最紧密堆积的数值约大 15%。因此,每个原子与其在底面上的 6 个最近邻原子间接触的距离,比起这个原子与 3 个在上一平面的原子、3 个在下一平面的原子的其他 6 个值得注意的接触要小了一些。锌的这两种原子间距离为 2.660 埃和 2.907 埃,镉则为 2.973 埃与 3.287 埃。

从原子间距离的大小不同,可以得出结论:在这些金属中,在六方层内的原子间的键,比层与层间的原子间的键要强一些。这个结论为如下所述的晶体的一些性质所证实:晶体表现底面解理,比起底面方向来,在垂直于底面的方向上具有较大的压缩系数、热膨胀系数以及电阻。而且从 X 射线反射强度的测定可以看出,原子在底面内振动的恢复力,大于离开底面的振动的恢复力。

汞的结构(A10)是和锌与镉的结构有密切关系的;加以它的结构是一种沿着立方体的一个三重轴方向压缩的立方最紧密堆积,因此在原子六方层间的距离比最紧密堆积结构的更靠近。每个汞原子与在上一层的 3 个近邻原子之间,与在下一层的 3 个近邻原子之间距离为 2.999 埃;而每个汞原子与在同一层的 6 个近邻原子间的距离,则稍大一些,为 3.463 埃。这样,和锌与镉相似,汞形成了 6 个强的键和 6 个弱些的键,但是在键的方向上它与其他两个同族元素是不一样的。

在假定这两种键的键轨道都是一样因而 $D(1)$ 也是一样的情况下,应用方程式(11-1)可以得出这两种键的键数比。就键数 $n'$ 与 $n''$ 及其相应的键长 $D'$ 与 $D''$ 而言,可得出如下方程:

$$D''-D'=0.600\times\lg\frac{n'}{n''}$$

对于锌来说,由上述的两种键长得出 $n'/n''=2.58$。假定锌的原子价为 4.56,则可算出 $n'=0.55$ 与 $n''=0.21$,$R_1=1.252$ 埃,这个数值比表 11-1 中所给出的数值(1.213 埃)稍大一些。这个差异将在下节加以讨论。

硒和碲;砷、锑和铋;硅、锗和灰锡的结构分别含有 2 个、3 个、4 个最近邻的排列。这些结构可以合理地解释为:在每个原子与其最近邻原子之间生成了共价键。形成这些键的数目满足元素的通常价数和八隅律的要求。休姆-罗瑟里(Hume-Rothery)[20]曾经指出:这种最近邻原子的数目的顺序,可以进一步向周期表的左方外推,从而导出如下的预期数值:镓、铟、铊(也许还包括硼和铝)是 5,锌、镉、汞是 6,铜、银、金是 7,等等。这个规则并不是普遍有效的,但是由于它与锌、镉和汞的结构的一致性,却是值得注意的。

钢具有四方结构(A6),它可以看成是沿着一个四重轴稍为拉长的立方最紧密堆积,每个原子有 4 个距离为 3.242 埃的近邻原子,另有 8 个距离为 3.370 埃的近邻原子。锰有一种变体的结构和这种结构相类似,所不同的是,沿着立方体的一个四重轴压缩而不是拉长,因而每个锰原子有 8 个距离为 2.582 埃的近邻原子,另有 4 个距离为 2.669 埃的近邻原子。

**立方体心排列**　在立方体心排列(A2)中,每个原子有 8 个距离为 $\frac{\sqrt{3}}{2}a_0$ 的近邻原子,另有 6 个距离大 15% 等于 $a_0$ 的近邻原子。如果原子价仅用于和 8 个最近邻原子成键的话,则按方程 11-1 可得出,配位数为 8 时的有效半径比配位数为 12 时的半径短 0.053 埃。但是,同时具有 A2 结构和最紧密堆积变体的所有元素,其所观察到的差值均小于 0.053 埃,一般只是 0.03~0.04 埃;这就支持了这样的看法,即在这些金属的结构中,每个原子与其近邻原子之间形成了 8 个强的键和 6 个弱些的键。休利斯(Thewlis)[21]曾经指出,如果考虑到 6 个弱些的键,并且假定金属价对于 A2 结构和最紧密堆积结构都是一样的话,把原子间的距离都校正至室温情况,则所观察到的这个差值和由方程式(11-1)所预期的是相互符合的。表 11-1 中的一些单键半径是根据从 A2 晶体中的原子间距离的实验值,应用方程 11-1 计算出来的。

从表 11-2 中可以看到,碱金属、钡、第五族金属和第六族金属,均优先采用 A2 结构;同样也观察到,钛、锆、铁和铊各有一种同素异形体采用 A2 结构。对金属元素选用 A2 结构的决定因素迄今尚不了解。

## 11-7　过渡金属的电子结构

多数对过渡金属进行的量子力学处理,都曾作出电子填满或近乎填满 3d 壳层的假定。例如富克斯(Fuchs)[22]与克鲁特(Krutter)[23]用量子力学探讨铜金属时,认为它相当接近于 $3d^{10}4s$ 的电子构型,而且几乎完全由 $4s$ 电子(与 $4p$ 稍为杂化)起键合作用。就镍来说,由于每个镍原子具有 0.6 玻尔磁子的磁矩,曾经认为在镍金属中,原子的电子构型接近于 $3d^{9.4}4s^{0.6}$;就钴和铁来说,也认为在相应的电子构型中,3d 壳层上也仅缺少

0.6 个电子左右。另一方面,上面提出的论点反映出,在这些金属元素的电子构型中,可能有若干个电子被跃升到较高的轨道上。铜的电子构型 $3d^8 4s 4p^2$ 相当于 5 价,而 $3d^7 4s 4p^3$(这里没有金属轨道)则相当于 7 价;估计 5.56 这个金属价可能是由于这两种电子构型分别做出 72% 与 28% 的贡献的结果。对于原子价为 6 的铁原子来说,有 2 个未配对电子要分占不同的轨道,因而电子构型可以假定为 $3d^5 4s 4p^2$。

事实上,对有相当数量的电子跃升到高能级的构型不予考虑,是没有理由的。在图 11-8 中示出碳原子和铁原子的较低光谱能级。碳的 3 个最低能级相当于 $2s^2 2p^2$ 的电子构型,这种构型便是碳原子两价状态的基础。

在 4-2 节中曾经指出,相对于电子构型为 $2s^2 2p^2$ 的基态来说,电子构型 $sp^3$ 具有高出 200 千卡/摩尔的能量,这个电子构型便是碳原子四价状态的基础。根据量子力学计算,在甲烷分子中,这个构型对这个价态的贡献为 49% 左右。现在让我们讨论铁原子,它的光谱能级已经在图 11-8 中的右边示出了。它的基态 $^5D$ 是基于 $3d^6 4s^2$ 的电子构型的。

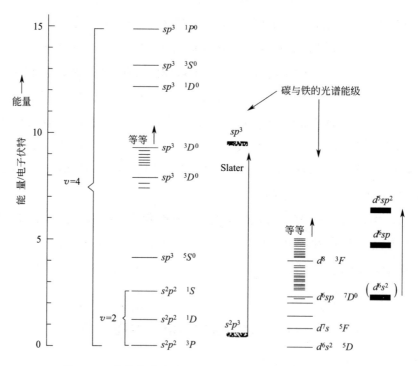

**图 11-8  应用光谱方法测定的碳原子与铁原子的能级图**

(在左方刻度所采用的单位为电子伏)

第一激发态 $^5S$ 则是基于 $3d^7 4s$ 的电子构型的。另外一些相当低的状态(低于 100 千卡/摩尔)之中有基于 $3d^6 4s 4p$ 构型的 $^7D^0$ 与基于 $d^8$ 构型的 $^3F$ 等。对能级进行分析指出,在电中性铁原子中,$4s$ 电子要比 $3d$ 电子稳定,能量约低 28 千卡/摩尔;也比 $4p$ 电子稳定,能量约低 60 千卡/摩尔。因此,$3d^5 4s 4p^2$ 的电子构型比基态 $3d^6 4s^2$ 的电子构型大约高出 92 千卡/摩尔,而比 $3d^8$ 的电子构型只高出 36 千卡/摩尔。从这个论点可以看出,正如图 11-8 中所示出的,铁原子从基态构型跃迁到 $3d^5 4s 4p^2$ 的电子构型所需的升级能,只是碳原子跃迁到相当于四价态的 $2s 2p^3$ 构型的一半左右;由此可以理解,铁原子中的 6 个价电子的键能能够容易地影响这样的跃升。同时也可以看到,铁的升华焓(97 千卡/摩尔)也大约为碳升华焓(170 千卡/摩尔)的一半。

由此可见,我们假定的铁的金属价为 6 和由光谱得到的有关电中性铁原子的各个状态的信息是不相矛盾的。同样地,我们也可以看出,其他过渡金属具有较大的金属价(例如铜为 5.56 价),也是可以接受的,即使孤立原子在其最低状态下的电子构型形式上相当于较小的原子价(例如铜的 $3d^{10} 4s^1$ 电子构型是相当于一价的)。

我们可以这样说,碳的四价和铁的金属价 6 都是表示能够用来形成化学键的最大的电子数目,而不是平均的数目。因此由于某些考虑可能预料到会得出成键电子的数目,没有达到这样大的数值,就无足为奇了。在位力理论基础上建立的金属状态方程的简单理论[24]便是一个例子。在这个理论中,把从气态的金属离子与自由的价电子生成金属时的生成能作为一个参数,而根据实验值给出它的数值,这样计算出来的碱金属(1 价)与碱土金属(2 价)的压缩系数和实验值是十分符合的。对从钛到镍各个过渡金属进行同样的理论计算,如果假定每个原子中有 3 个价电子,而不是 4 个、5 个或 6 个时,结果是符合的;就铜、银和金来说,假定为 2.5 个而不是 4.5 个时,结果也是好的。很有意思的是,对于碳(金刚石)来说,用 2 而不是用 4 才能得到符合的结果。

## 11-8  金属半径和杂化键轨道

图 11-9 和图 11-10 示出第一与第二长周期以及第一最长周期的各元素的单键半径的数值。

这些序列中的数值递变,有一些特点值得讨论。首先,为什么自钾到铬单键半径迅速地减小,在其他元素序列中也有相应的减小情况呢?可以肯定这种减小不是单纯由于原子序数增加的结果。仅仅由于原子序数的增加而没有键型改变,减小的程度要小得多。从图中的第一长周期元素可以看到,由钙的点到锗、砷等的四面体型单键半径(用三角形表示的)的点可以连成一条直线。所有的这些单键半径都是属于近似 $sp^3$ 类型的键轨道;例如锰的那一点(四方形)表示在 $MnS_2$(褐硫锰矿)中得到的正二价锰的半径,这种锰的磁性表明,它的 5 个 $3d$ 轨道被原子的电子所占据,只留下了 $4s$ 和 $4p$ 轨道用来成键。这条直线的斜率相当于原子序数增加 1 时半径减小了 0.043 埃的数值。在第二长周期中,斜率有同样的数值(−0.043 埃);在第一最长周期中,斜率则为−0.030 埃,稍微小些,这条在图 11-10 中示出的直线通过钡、铈、镱和四面体型半径的各点。

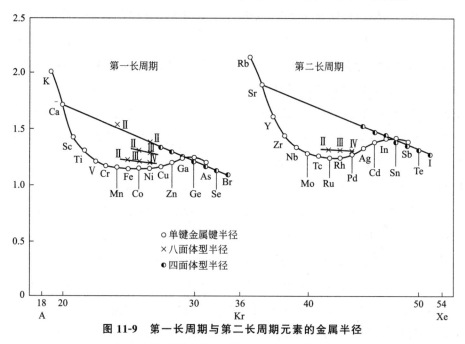

**图 11-9 第一长周期与第二长周期元素的金属半径**

图中也示出了它们的四面体型半径与八面体型半径

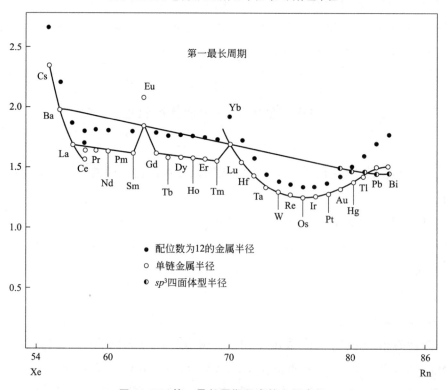

**图 11-10 第一最长周期元素的金属半径**

因此我们认为，自钾到铬的半径的迅速减小是由成键轨道的性质所引起的。作者曾经指出，[25]钾金属的键轨道中，主要具有 $s$ 性，也带有 26% 的 $p$ 性；而且 $p$ 性和 $d$ 性的分量逐步增加，到铬便达 39% 的 $d$ 性；以后一直顺着序列到镍，$d$ 性大致保持在 39% 或 40% 不变。

在图 11-9 中，用四方形示出的铁、钴和镍的八面体型半径，和图中同时标出的氧化价进行比较，可以看出上面的解释是合理的。较小的八面体型半径相当于 $d^2sp^3$ 杂化轨道，其中含有 33% 的 $d$ 性；而比这种半径大 0.10 左右的半径则相当于 $dsp^3$ 的杂化轨道，其中含有 20% 的 $d$ 性。显然可见，随着键轨道中 $d$ 性的增大，单键半径迅速地减小；因而在金属轨道中，含有 40% 的 $d$ 性是合理的。

镧系元素的单键半径（见图 11-10 中 La 到 Lu）表现出一些有趣的特点。它们的磁性[26]要求大部分镧系元素的金属价为 3；但是其中有两个金属铕与镱则金属价只有 2。这一点在图 11-10 中示出的原子间距离清楚地反映出来。这两种金属的金属价 2（而不是 3）之所以稳定，可能是由于半满填或全满填 $4f$ 次壳层的特殊稳定性。

在图 11-10 上示出的铈的两个单键半径中较小的一个是属于这个金属的一种变体的；这是在考虑图 11-10 的基础上发动了这方面的研究所发现的结果。[27]普通的密度较低的那种铈，价数相当于 3.2 左右，而新的高密度的变体则价数大约为 4。

可以看到，锰的行为是十分异常的。锰的结晶有三种变体，其中没有一种单纯含有从金属价为 6 所预期的大小的原子的。$\gamma$-锰是一种代表以立方最紧密堆积、稍微变形的四方结构，它的原子间距离相当于 $R(L12)=1.306$ 埃。如果我们把锰的单价半径取为 1.171 埃，即介于铬与铁的数值之间的可靠内推数值，我们可以算出，在这种变体中锰的价数为 4.25。这就提示了，锰原子外层的 7 个电子中，有 3 个是占据着 $3d$ 轨道的原子的电子；另外 4 个电子是价电子。在更为复杂的锰变体 $\beta$-锰（在立方单元中含有 20 个原子）和 $\alpha$-锰（在立方单元中含有 58 个原子），原子间距离清楚地指出，低价的四价锰和正常的六价锰都是存在的。在 $\beta$-锰中，含有两种从结晶学的角度看来非等价的原子，有 8 个是相当于六价的，12 个是相当于四价的；在 $\alpha$-锰中有四种非等价原子，24 个六价原子是一种，其余三种共有 34 个原子，是相当于四价的。至今对四价状态的锰的稳定性，尚无法给出解释。

关于过渡元素的单锰半径，作为对原子序数与键轨道的杂化度的函数，曾建立下列的一套经验方程[28]：

铁族过渡元素：

$$R_1(p)=1.855-0.043z$$

$$R_1(sp^3)=1.825-0.043z$$

$$R_1(\delta,z)=1.825-0.043z-(1.600-0.100z)\delta$$

（式中 $z$ 为惰性气体壳层外的电子数，$\delta$ 为键轨道中 $d$ 性的分量）

钯族过渡金属：

$$R_1(p)=2.036-0.043z$$

$$R_1(sp^3)=2.001-0.043z$$

$$R_1(\delta,z)=2.001-0.043z-(1.627-0.100z)\delta$$

铂族过渡金属：

$$R_1(p)=1.960-0.030z$$

$$R_1(sp^3)=1.850-0.030z$$

$$R_1(\delta,z)=1.850-0.030z-(1.276-0.070z)\delta$$

余电子原子（列于镍、钯、和铂之后的）的键轨道（$p$，$sp^2$，$sp^3$，加上些许 $d$ 的贡献）的性质是原子价的函数。表 11-3 中列出了这些元素中相应于某些价数的单键半径的数值；稍后将对这些数据的应用加以说明。

表 11-3  单键金属半径与原子价的依赖关系

| Cu | Zn | Ga | Ge |
|---|---|---|---|
| (7)1.138 | (6)1.176 | (5)1.206 | (4)1.223 |
| (5)1.185 | (4)1.229 | (3)1.266 | (2)1.253 |
| (3)1.227 | (2)1.309 | (1)1.296 | |
| (1)1.352 | | | |
| Ag | Cd | In | Sn |
| (7)1.303 | (6)1.343 | (5)1.377 | (4)1.399 |
| (5)1.353 | (4)1.400 | (3)1.442 | (2)1.434 |
| (3)1.396 | (2)1.485 | (1)1.477 | |
| (1)1.528 | | | |
| Au | Hg | Tl | Pb |
| (7)1.303 | (6)1.345 | (5)1.387 | (4)1.430 |
| (5)1.351 | (4)1.403 | (3)1.460 | (2)1.540 |
| (3)1.393 | (2)1.490 | (1)1.570 | |
| (1)1.520 | | | |

很值得注意的是，键数常常近于成小整数之比，特别是 1/2、1/3、2/3 和 1/4 经常出现，这些键级可能具有特殊的稳定性；朗德尔[29]曾着重指出半键（$n=1/2$）的重要性。

对锡的讨论可以用来说明这些数据的应用。在 11-4 节中曾经指出，若把 $D_1$ 取为 2.80 埃，则应用方程式（11-1）可以求出白锡中的原子价为 2.24。但是，具有这个原子价的锡的 $R_1$ 值不等于 1.40 埃；从表 11-3 中可以看出，应该取用一个稍大些的数值，约为 1.43 埃。用尝试法得出当有 4 个键的键长为 3.016 埃，另有两个键的键长为 3.175 埃时，可以通过表 11-3 所给出的数值进行线性内插求得 $R_1=1.423$ 埃作为相互一致的解。它的价数为 2.64，而键数分别为 0.52 与 0.28。

对锌和镉进行了类似的处理，导出了价数分别为 3.93 与 3.98。6 个强键的键数分别为 0.48 与 0.51,6 个弱键的键数分别为 0.18 与 0.15。

就所有这三种金属来说,强键的键数在计算的可靠范围内,都接近于 1/2(汞的 6 个强键的键数也被发现为 0.48)。键数经常近于成小整数之比,可能这些比值是具有特殊的稳定性的。

## 11-9　金属互化物的键长

任何原子间距离已知的金属互化物,可以作为方程式(11-1)配合表 11-1 列出的单键金属半径应用的实例。碳化铁 $Fe_3C$ 是一种具有一些有意义的特点的化合物。在它的斜方晶体中,铁原子是颇为合理地紧密堆积的,每个铁原子有 12 个配位原子,平均距离为 2.62 埃,或者有 11 个配位原子,平均距离为 2.58 埃。每个碳原子是位于 6 个铁原子所围成的三角柱体的中心,Fe—C 间的距离为 2.01 埃。

从结构和半径能够估计出 Fe—C 间的距离。无疑地,碳是四价的,因此 Fe—C 键的键数必然是 2/3。铁的半径 1.167 埃和碳的半径 0.772 埃之和是 1.939 埃,加上方程式(11-1)的校正,得出 Fe—C 距离的预计值 2.04 埃。这个数值和实验值 2.01 埃是合理地符合的。每个铁原子和两个碳原子各形成一个键数为 2/3 的键,用去了总价数 6 中的 $1\frac{1}{3}$,余下的 $4\frac{2}{3}$ 则用于 Fe—Fe 键。配位数为 12 与 11 的预计键数分别为 0.39 与 0.42,因而 Fe—Fe 距离预期为 2.58 埃与 2.56 埃,这些数值近似地等于相应的实验值 2.62 埃与 2.58 埃。这个结构可能有些张力,使得 Fe—C 键压缩了 0.03 埃,Fe—Fe 键伸长了 0.03 埃;另一种解释是,铁原子的键轨道在杂化中有了改变,因而铁到碳的成键轨道增加了一定程度的 $d$ 性,而使铁的半径减少了 0.03 埃,同时 Fe—Fe 键中的键轨道的 $d$ 性则相应地减少了,造成这些键轨道半径的相应增加。

考虑到化学键的作用,我们就能理解到为何碳化铁在硬度和强度方面比单质铁来说是增高了的。在碳化铁中,按每个铁原子计的体积比其在单质铁中的体积只增大了百分之几;但是在这个体积内,包括碳原子的价电子在内,成键的数量增多了。我们可以把碳化铁按每个铁原子计的升华热与其在单质铁中的升华热进行比较,来衡量键强的增大。碳的升华热比铁高出 78% 左右,所以在 $Fe_3C$ 中按每个铁原子计的升华热比其在单质铁中升华热大 60% 左右。对于网状结构(碳化铁就是呈这种结构)来说,它们的强度可以当作粗略地正比于物质在单位体积中的升华热,因此我们可以理解,为什么小量的碳会对钢铁的机械强度引起巨大的变化。

在碳化铁中,碳原子虽然仍具有正常的四价,但是配位数已经增加到 6。这里值得注意的是,为了使一个原子的配位数增加到超过其共价的价数,这个原子不必另具一个额外的轨道,而只要围绕着它的原子具有多余的轨道就足够了。这时中心原子的价键可以围绕着中心原子作为轴心在各个位置中进行共振。这种价键旋转共振表现在碳化铁中的碳原子上,也出现在许多化合物中的非金属和准金属原子上。

从这一方面来看,砷化镍型的结构是特别有趣的。很多化合物如 NiAs、FeS、FeSb 与 AuSn 等,都是结晶成这样结构的(图 11-11)。试以 AuSn 作为一个例子来讨论。在 AuSn 中,每个锡原子被位于三角柱顶点的 6 个金原子所包围,Au—Sn 距离为 2.847 埃;反过来,每个金原子被位于压扁了的八面体顶点的 6 个锡原子所包围,同时还有距离为 2.756 埃的两个金原子,它们位于通过这个压扁八面体的两个大面中心的两个相反方向上的。锡原子是放置在六方最紧密堆积的位置上,但是轴率 $c/a$ 的值为 1.278,而不是正常的 1.633。我们预计金的价数为 5.56,而对于锡来说,不是金属价的 2.56,便是共价的 4。Au—Sn 的距离是比起取锡的价数为 2.56 时的预期值小得太多了,但是和取锡为 4 价时的预期值则符合得相当好。在采用这种价数的情况下,Au—Sn 键的键数为 2/3;这样取金的单键半径为 1.338 埃,锡的单键半径为 1.399 埃,可得出金与锡的原子间距离为 2.843 埃,这一数值几乎与实验值 2.847 埃完全一致。因此,锡原子是四价的,没有金属轨道,它的 4 个价键在连接到配位金原子的 6 个位置间共振。这样的 4 个价键就用去了金的总价数 5.56 中的 4 个价。如果晶体的轴率保持住 1.633,则余下的金的 1.56 价就不能得到利用;但是,沿着 $c$ 轴压缩,同时保持 Au—Sn 的距离不变,这样便可使沿着 $c$ 轴排列的各个相邻金原子之间的距离足够小,以便于形成 Au—Au 键。这些键的预期键数为 0.78,因而 Au—Au 的距离预计为 2.741 埃,与实际观测到的距离 2.756 埃极其相近。这样,金属价和金属半径系统对原子间距离,包括沿着六重轴压缩所造成的晶体轴率的反常低值都能提供解释。

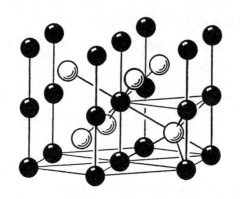

**图 11-11  砷化镍(NiAs)六方晶体中的原子排列**

图中用黑球表示镍原子,其周围的砷原子成八面体型配位,配位数为 6;
用白球表示砷原子,其周围镍原子按三角柱型排列配位,配位数也等于 6

这些结构的其他方面也可以进行讨论。在碳化铁中,具有配位数 6 的碳原子,和位于围绕着它的三角锥体顶点上的 6 个铁原子配位。但是铁原子的排列还提供了另一种可能性,即铁原子可能围绕着碳原子作八面体型配位。人们要问,为什么配位为 6 的碳原子要采用三角柱体作为它的配位多面体;同样在 AuSn 中的锡原子也采用这种配位多面体。我们认为,AuSn 化合物所以要采用砷化镍型的结构,而不采用氯化钠型的结构,部分原因可能是氯化钠型的结构不易产生畸变,不容易利用金原子中未与锡原子成键的剩余原子价来形成 Au—Au 键;但是虽有可能允许锡原子不采用砷化镍型结构,另改行采用八面体型或者其他类型的配位。看来具有配位数为 6 的四价原子,优先采用三角柱型结构,而不采取八面体型结构,很有可能是因为这样可使键角的张力减小。碳或四价锡的 4 个价键,当它们朝向正四面体的 4 个顶点取向时,稳定性最大。而在八面体型配位的情况下,在分配它们的 4 个价键时不可能不安排出 180° 的键角,键角张力当然就要很大。可是在三角柱型配位的情况下,最大的键角约为 135°,而不是 180°,因而键角张力就较小了。

## 11-10　基于简单基本结构的金属互化物的结构

许多金属互化物具有这样的结构,即含有的两种或两种以上的金属原子,按立方或六方最紧密堆积的位置作有序或无序的分布。基于立方最紧密堆积结构的,其中有如下一些化合物:AuCu、PtCu、AuCu$_3$、PdCu$_3$、PtCu$_3$、CaPb$_3$、CaTl$_3$、CaSn$_3$、CePb$_3$、CeSn$_3$、LaPb$_3$、LaSn$_3$、PrPb$_3$、PrSn$_3$。一般说,在这类化合物中,原子半径的差别是很小的。

PuAl$_3$ 的结构较为复杂。[30] 这种晶体是基于六方层按 CCH CCH CCH… 的顺序堆叠的,每一层中含有的钚原子与铝原子成 1∶3 之比。

在晶体结构基于立方体心(A2)结构的金属互化物中,有如下一些二元化合物:CuPd、CuBe、CuZn、AgMg、FeAl、AgZn、AgCd、AuZn、AuCd、NiAl、NdAl、SrCd、SrHg、BaCd、BaHg、LaCd 等,它们都具有氯化铯型结构。在这些晶体中,每一个原子具有 8 个种类不相同的最近邻原子,它们位于立方体的顶点上。而在另一种基于 A2(B32)型结构的晶体,例如 NaTl、LiZn、LiCd、LiGa、LiIn、NaIn、LiAl 等晶体,则每个原子具有 4 个种类相同的最近邻原子,另有 4 个种类不相同的最近邻原子。其他与 A2 结构有关的化合物有:LaMg$_3$、CeMg$_3$、PrMg$_3$、Fe$_3$Al、Fe$_3$Si、Cu$_2$AlMn、Cu$_3$Al、Cu$_5$Sn 和 γ-合金等,这些将在下面进行讨论。

## 11-11　二十面体型结构

刚性球体、能够与其他半径相同的刚性球体相接触的最大数目为 12。在立方和六方最紧密堆积结构中所看到的相应配位多面体,具有 8 个三角形的面和 6 个四方形的面。

比其周围球体小到 10％ 之多的中心球体仍有可能保持配位数 12,这时 12 个球体排列在具有 20 个三角形面的正二十面体的顶点上(图 10-1)。

有许多已知的金属互化物结构,是含有围绕着较小原子的二十面体型配位的。一般说,这些结构是复杂的,每个立方结构单元中含有 20、52、58、162、184 或者更多的原子。许多晶体是属于立方晶系的。正二十面体具有 12 个五重对称轴、20 个三重轴和 30 个二重轴;晶体中不可能保留五重轴,其他一些对称轴却是可以保留的(立方晶体最多只能有 4 个三重轴)。

$MoAl_{12}$、$WAl_{12}$ 和 $(Mn,Cr)Al_{12}$ 的晶体结构是一种简单的二十面体型结构[31]。这种结构以立方体心晶格为基础,在每一个晶格点上都有一个近似于正二十面体的原子集团,它是由十二个铝原子包围一个较小的中心原子构成的(图 11-12)。

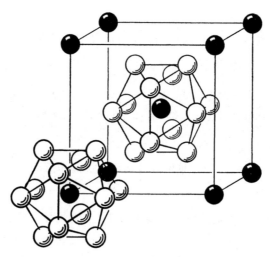

**图 11-12　在 $MoAl_{12}$ 立方晶体中的原子排列**

在立方单元的中心和每个顶点上都有一个钼原子,它被位于二十面体顶点上的十二个铝原子所包围

$MgCu_2$ 与许多其他化合物表现出立方面心结构。在这种由图 11-13 示出的结构中,每个铜原子被 6 个镁原子和 6 个铜原子所形成的二十面体所包围。铜与镁的半径比(当配位数为 12 时)为 0.80,因而中心原子(铜)的半径与包围原子(镁与铜)的平均半径之比正好相当于二十面体的稳定性所要求的。

由图 11-13 中可以看到,较大的镁原子的配位数为 16（12 个铜与 4 个镁）。比起在单质中的配位数 12 来说,镁的这种配位数的增加,加上铜采用二十面体型配位的情况,引起了这个化合物的体积的缩小（相对于单质而言）,其体积缩小为 6.7%。其部分原因可能是由于电子迁移（参看 11-13 节）,但在一般的二十面体型结构中一般地发现了相类似的体积缩小的现象。

根据文献报道,锰元素有四种同素异形体,其中有两种是二十面体型的。同素异形体 $\beta$-锰属于立方晶系,每个立方单元含有 20 个锰原子;$\alpha$-锰也属于立方晶系,每个立方单元含有 58 个原子。在这两种结构中,都有一类原子有效半径比另一类的小,这些较小的原子表现二十面体型配位:这类的原子在 $\beta$-锰的结构单元的 20 个原子中有 8 个,在 $\alpha$-锰的结构单元的 58 个原子中有 24 个。那类较大原子的配位数,在 $\beta$-锰中为 14,在 $\alpha$-锰中为 13 与 16。从有效半径来估计,较小的原子的金属价数接近于 6,较大的锰原子则接近于 4.5。

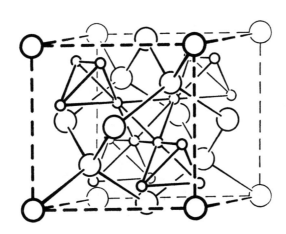

**图 11-13** 在 $MgCu_2$ 立方晶体中的原子排列（立方面心结构）

巴辛斯基(Basinski)与克里斯丁(Christian)[32]又报道了锰的其他两种同素异形体,其一属于 A1 型结构,在 1100～1130℃时稳定,另外一种属于 A2 型结构,在 1130～1240℃时稳定。校正到室温时的晶格常数相当于 $R(L12)$ 等于 1.30 埃左右。还有另一种同素异形体,是通过淬火得到的,它被认定为 A6 型的结构,有 8 个距离为 2.582 埃的键,另有 4 个距离为 2.669 埃的键,相当于 $R(L12)=1.306$ 埃。在这三种变体中,计算出来的锰原子价为 4.5;因此,可以认为,这些锰原子是和 $\alpha$-锰与 $\beta$-锰中的较大的原子相类似的。

截至目前,对于金属价这样小的锰,尚未能提出一个满意的理论。

化合物 $Mg_{34}Al_{24}$ 具有 $\alpha$-锰型的晶体结构,另外还有许多化合物($Ag_3Al$,$Cu_5Si$)具有 $\beta$-锰型结构,其中不同种类的原子随意地分布在两类的原子位置上。

化合物 $Mg_{32}(ZnAl)_{49}$ 的结构是已知结构中的最复杂的结构之一。在它的结构单元立方体中含有 162 个原子。这种结构是基于由较大的原子包围着较小的原子形成二十面体型配位的结构。[33]二十面体具有这样的特点,即 4 个邻接原子的集团只能占据四面体的顶点;而且,在由 3 个邻接原子形成的每一个三角形的中心正上方附近,有第四个原子。因此,要在里面配位多面体的三角形面的面中心外延一些的位置上放上原子,就可以砌成具有二十面体型堆积的结构。二十面体型结构的几何性质是,从中心原子到 12 个配位原子间的距离,比这些配位原子相互间的距离小 5%。由此可见,为了保持往二十面体上继续堆积,就要求这些继续堆砌上去的圆球形原子,其平均大小要一直继续增大。把较小的原子(如锌和铝)只作为里面的球体,把较大的原子(如镁原子)安排作为外面的一部分球体,就可达到这种增大的要求。

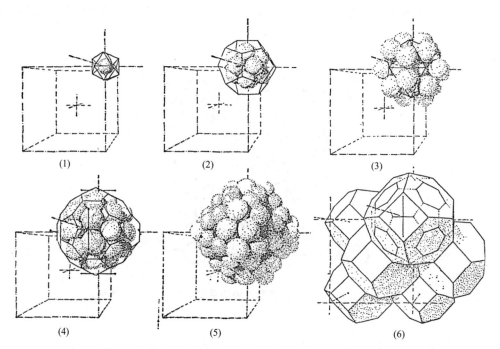

**图 11-14** $Mg_{32}(Zn,Al)_{49}$ 立方晶体中的原子排列示意图

六个图的排列次序是上行从左至右,接着下行从左至右。它们示出了如下的基本情况:

(1)中心的一个原子,被位于近乎正二十面体的顶点上的 12 个原子所包围;

(2)这个由 13 个原子组成的二十面体型基团被位于五角十二面体顶点上的 20 个原子所包围;

(3)这个 33 个原子的集合体被位于二十面体顶点上的 12 个原子所包围;

(4)最外一层是由位于截角二十面体顶点上的 60 个原子加上位于这个多面体的 12 个六角形面中心的正外方的 12 个原子所构成;

(5)包围着里面 45 个原子集合体的外层 72 个原子的堆积示意图;

(6)整个晶体的结构,这里这些位于体心立方晶格的晶格点上的集合体与近邻。

它的结构是基于立方体心晶格的。位于每个晶格点上的是一个小的原子(Zn,Al),它被 12 个原子形成的二十面体所包围(图 11-14)。这个原子集团又被位于五角形十二面体顶点的 20 个原子所包围,每个这样的原子直接地位于二十面体的每个面中心之正外方;其次的 12 个原子位于十二面体的五边形面心的外方,12 个五角面的中心之上,这样就形成了 45 个原子的集合体,其外层的 32 个原子是位于菱形三十面体的顶点上;再外一层是由 60 个原子所组成,每个原子直接地位于形成菱形三十面体的 30 个菱形面之半的三角形的中心之上。换句话说,这 60 个原子是位于具有 20 个六边形面与 12 个五边形面的截角二十面体的顶点上。最后在 20 个六边形面中的 12 个中心的正外方再放上 12 个原子。这样,就形成了如图 11-14 所示的非常大的集合体,这样的集合体又堆聚起来,堆聚的方式是它们的 72 个外层原子中的每一个为两个相邻接的集合体所共有。因此,每个晶格点分摊到外层 72 个原子中的 36 个,再加上集合体内层的 45 个原子,每个晶格点就总计有 81 个原子,因而每个立方体心单元中就共有 162 个原子了。其中较小的原子(Al,Zn)都是二十面体型配位的,而较大的原子(Mg)的配位数则为 14、15 或 16。

## 11-12 $\gamma$-合金;Brillouin 多面体

休姆-罗瑟里在 1926 年曾经指出,[34] 某些在结构方面密切相关而在化学组成方面却似乎毫不相关的金属互化物,可以作为价电子数和原子数具有同样比值的物质来考虑。譬如 Cu—Zn,Cu—Al 和 Cu—Sn 合金体系的 $\beta$ 相,都是具有基于 A2 排列的结构的,它们的化学组成十分符合于 $CuZn$、$Cu_3Al$ 与 $Cu_5Sn$ 等化学式。如果把铜看成 1 价的、锌是 2 价的、铝是 3 价的、锡是 4 价的,可以看到这些化合物的价电子数和原子数的比值为 3/2:

$$CuZn:(1+2)/2=3/2$$

$$Cu_3Al:(3+3)/4=3/2$$

$$Cu_5Sn:(5+4)/6=3/2$$

可以列入这一类的其他合金还有:$CuBe$、$AgZn$、$AgCd$、$AgMg$、$AuZn$ 和 $Ag_3Al$。

$\gamma$-合金提供了更为显著的例子,主要的典型合金如 $Cu_5Zn_8$、$Cu_9Al_4$、$Cu_{31}Sn_8$ 与 $Fe_5Zn_{21}$。还有许多其他合金系相应的相也是已知的,它们的理想组成为:$Cu_5Cd_8$、$Ag_5Zn_8$、$Ag_5Cd_8$、$Au_5Zn_8$、$Ag_9Al_4$、$Cu_9Ca_4$、$AS_{31}Sn_8$、$Co_5Zn_{31}$、$Ni_5Zn_{21}$、$Rb_5Zn_{21}$、$Pd_5Zn_{21}$、$Pt_5Zn_{51}$ 等;这些体系中有一些 $\gamma$ 相显示出化学组成在理想值的附近有一个很大的变化范围。这些晶体属于立方晶系,每个立方结构单元中含有 52 个原子(对 $Cu_{31}Sn_8$ 来说,则为 $27 \times 52 = 1404$ 个原子,相当于把 $a_0$ 的数值增加到三倍)。这种结构也是二十面体型结构。以 A2 型体心结构为基础,取一个立方单元,边长为 A2 单位边长的三倍,因此含有 $3^3 \times 2 = 54$ 个原子,从其中移去 2 个原子,并少量地移动其他原子,便可以得到这个结构。根据上述的不同的化学组成,不同种类的原子按不同的方式分布在这种结构的原子位置上。

对于 γ 合金来说,它的价电子数与原子数的比值采取奇怪的数值 21/13:

$$Cu_5Zn_8: \quad (5+16)/13 = 21/13$$
$$Cu_9Al_4: \quad (9+12)/13 = 21/13$$
$$Cu_{31}Sn_8: \quad (31+32)/39 = 21/13$$
$$Fe_5Zn_{21}: \quad (0+42)/26 = 21/13$$

值得指出的是,为了使比值 21/13 的数值保持不变,需要把 Fe、Co、Ni、Rh、Pd 和 Pt 的价电子数作为零计算。

似乎很有可能休姆-罗瑟里规则可以解释为由于价电子的能量受到它在晶格中衍射所微扰的结果。可以计算出在体积 $V$ 中自由电子的能量(动能)分布。在每个相空间体积 $h^3$ 中有一个量子化状态(轨道);每个轨道可以被自旋相反的两个电子所占据。因此,能量不大于 $E$ 的电子数目 $n = 16\sqrt{2}\,\pi m^{3/2}E^{3/2}/3h^3$。布里渊(Brillouin)[35]曾经指出,当一个电子具有这样的波长($\lambda = h/\sqrt{2mE}$)和波向以致能允许从一个重要的结晶学平面(一个对电子有很大的散射能力的平面)上产生布拉格(Bragg)反射时,这种能量分布就受到了微扰。微扰具有这样的一种性质,能使能量恰好等于或小于相应的实现布拉格反射的能量的那些电子得到稳定,具有较大能量的电子反而要丧失稳定性。因此,金属的电子数恰好等于布里渊微扰所要求的相应数目时,可以期望这种金属具有特殊的稳定性。这个电子数目正比于在倒易空间中产生微扰的结晶学平面相应的多面体(布里渊多面体)的体积。[36]

琼斯(Jones)曾经指出,[37]在 γ-合金中,最重要的布里渊多面体(由 {330} 和 {411} 型结晶学平面所包围的),是每 13 个原子含有 22.5 个价电子;他还提出,由于布里渊多面体的形状所决定的某些效应,会使这个数目降低到每 13 个原子含有 21 个电子,这样就解释了 γ-合金的稳定性。

这种看法忽略了通常的原子价和本章所提出的金属价之间的差别。例如对于 $Cu_5Zn_8$ 的化合物来说,由表 11-1 给出的铜的原子价为 5.56、锌为 4.56,由此算出每 13 个原子含有 64.28 个价电子;而 $Cu_9Ga_4$、$Cu_{31}Sn_8$ 等等也具有同样的比例值。

事实上,这些晶体还有另一种重要的布里渊多面体,[38]它是由另一种强反射的 {600} 与 {442} 型结晶学平面所包围的;它的体积为每 13 个原子含有 63.90 个电子,十分近似地等于由表 11-1 中示出的金属价所算出的数值。63.90 这样一个数目恰好相当于铜为 5.53 价、锌为 4.53 价等;这价数符合的程度和那些列于表内的由铁磁金属的饱和磁矩所测定的在这些实验测定的可靠范围内。已经发现,在 β-锰及其他某些物质的情况下,布里渊多面体和表 11-1 所示出的金属价(或在上述结构中所给出的价数)之间也有类似的符合情况。

## 11-13 金属互化物中的电子迁移

从原子间距离的考虑表明,许多原子间化合物中都发生了电子从一种元素的原子迁移到另一种元素的原子的现象;而且从电子的丢失或获得所引起的化学价的改变以及不同种类原子间化学键的部分离子性和原子争取实现电中性的趋势等情况来看,迁移的电子数目是合理的[39]。

我们可以把原子分为三类:缺电子原子(电子不足),余电子原子(电子过剩)和缓冲原子。增加电子可以使原子的化合价提高的原子,称为缺电子原子;缺电子元素包括每个短周期的前 3 个元素和每个长周期的前 5 个元素,如表 11-4 中所示。这些元素的原子(在不带电荷的状态时)的键轨道在数目上多于价电子,因此这些原子可以接受一个电子,这样,化合价便可以增加一个单位。减少一个电子后可以使其化合价增加的原子,称为余电子原子。对于金属互化物来说,余电子元素包括每个短周期的最后 3 个元素(在惰性气体之前)和每个长周期的最后 7 个元素。在这些元素的原子中,价电子的数目多于键轨道的数目;因此,只要从占据键轨道的一对电子中去掉一个电子因而在这个键轨道上只留下一个电子时,则这些原子的化合价就可以增加一个单位。缓冲原子则是那些无论减少或增加电子都不影响化合价的原子。对于金属互化物而言,Cr、Mn、Fe、Co、Ni 等 5 个元素以及另外两个长周期中的同族元素,都是缓冲元素;在这些原子中,减少一个非成键的 $d$ 电子,或是增加一个电子到非成键的未满填 $d$ 分壳层时,其金属价均不会改变(Cr、Mo、W 只是在增加电子时,才算缓冲电子)。

在表 11-4 中碳和硅放在单独一个分类中。碳原子具有稳定的化学价 4;不论是增加一个电子或是减少一个电子,都会引起碳原子化学价的降低。硅原子也具有稳定的化学价 4,不过在某些情况下,它会利用外层轨道($3d$、$4s$、$4p$)通过电子迁移来增加它的化学价。在硅合金中,这个效应不如在缺电子原子的化合物中那样重要。

**表 11-4 按电子数目改变对金属价的影响进行的原子分类**

| 缺电子原子 | | | | | 具有稳定化学价的原子 | | | | | 余电子原子 | | | | | |
|---|---|---|---|---|---|---|---|---|---|---|---|---|---|---|---|
| | Li | Be | B | | | | C | | | | N | O | F | | |
| | Na | Mg | Al | | | | Si | | | | P | S | Cl | | |
| | | | | | | | 缓冲原子 | | | | | | | | |
| K | Ca | Sc | Ti | V | Cr[a] | Mn | Fe | Co | Ni | | Cu | Zn | Ca | Ge | As | Se | Br |
| Rb | Sr | Y | Zr | Nb | Mo[a] | Tc | Ru | Rh | Rd | | Ag | Cd | In | Sn | Sb | Te | I |
| Cs | Ba | La | Ce[b] | | | | | | | | Au | Hg | Tl | Pb | Bi | Po | At |
| | | | Lu | Hf | Ta | W[a] | Re | Os | Ir | Pt | | | | | | |

a. 这三种原子能够在接受电子时不改变化学价,但在给出电子时则不是如此。

b. 稀土金属可能有些缓冲能力。

让我们研究一下，在金属互化物 AB 中，一个电子从 B 原子迁移到 A 原子时使金属互化物稳定的各种方式。

首先，如果 A 是缺电子原子，B 是余电子原子；或者 A 是缺电子原子，而 B 是缓冲原子；或者 A 是缓冲原子，而 B 是余电子原子，则当电子从 B 原子迁移到 A 原子时，一定发生价键数目的增加，而使稳定性相应地增大。

其次，按照电中性原理（8-2 节），如果电子的迁移引起了原子上电荷的减少，那么将会导致稳定性的增强。设 B 的电负性比 A 强，则 A 与 B 之间的共价键会具有一定的离子性，因而给 A 以正电荷，而给 B 以负电荷。如果有一个电子从 B 迁移到 A，使原子的电荷减小，则这一物质也就会得到稳定。有趣的是，这种效应意味着电子迁移到正电性较大（金属性较强）的原子，也就是说与电解质溶液中离子形成时所发生的电子迁移方向相反。

这两种稳定效应，通常是同时起作用的，因为电负性是沿着缺电子元素、缓冲电子元素、余电子元素等的顺序增加的。这两种效应对由缺电子元素和余电子元素生成的化合物的影响，比对由这两类元素中的任何一类与缓冲电子元素生成的化合物的影响，表现得更为强烈。因此可以预期，在一些化合物（如 $NaZn_{13}$）中的电子迁移特别重要，在另一些化合物（如 $Ag_9Co_2$ 与 $Fe_5Zn_{21}$）中电子迁移的重要性较小；而对如 $Na_2K$、$FeCr$、$Cu_5Zn_8$ 等的一些化合物中，则电子迁移没有什么意义。

在一些特殊情况下，即使是同属于一类型的两种金属的化合物中，也能发生电子迁移。为着这个目的可能起作用的稳定因素包括满填布里渊区，通过增加多重性（即接近于半满填）或通过分壳层的满填来稳定部分满填了的分壳层，以及通过键数的改变来减轻由于原子间距离比值上的几何限制所造成的张力等。

化合物 AlP 可以作为一个简单的例子。它具有闪锌矿型的结构，其中每一个原子被 4 个不相同原子的四面体所包围。铝是一种缺电子原子，具有正常的三价单键半径为 1.248 埃；磷是一种余电子原子，也具有正常的三价（由于 5 个电子占据 4 个轨道的结果），它的单键半径为 1.10 埃。由此计算出的 Al—P 的单链长度为 2.31 埃（已经包括电负性校正，参见 7-2 节），而化合价为 3、键数 $n$ 为 3/4 时的键长为 2.38 埃。实验所观测到的键长为 2.35 埃，大约位于上面两个数值之间。这个数值相当于键数 0.86，这表明有 0.44 个电子由磷迁移到铝，使每种原子的化学价增大到 3.44。磷和铝的电负性差值为 0.6，相当于键中含有 9% 的离子性，因此，电子迁移和中和掉由于键的部分离子性所产生的原子电荷所要求的是近乎相等的。

我们再以显眼的紫合金 $Al_2Au$ 作为另一个例子来进行讨论；它具有萤石型的结构，$a_0 = 5.99$ 埃。每个金原子有 8 个配位的铝原子距为 2.59 埃。如果金的金属价保持通常的 5.56 价时，则 8 个 Au—Al 键的键数为 0.70，其相应的校正值 $-0.600 \times \lg n =$

0.093,加上金的单键半径 1.342 埃与铝的单键半径 1.248 埃,另外加电负性的校正值,将得出预计的 Au—Al 键长为 2.665 埃。这个数值比实验值大得多,因而应该否定上面假定的价数。如果假定金的价数为 6.60,则相应的半径(见表 11-3)为 1.313 埃,加上键数 $n=0.82$ 的相应校正值 0.051 埃,则可得出 Au—Al 的键长为 2.574 埃。

电中性的金原子(没有金属轨道)是可以达到 6.60 价的。然而,如果要有明显的 Al—Al 键形成的话,为了使金具有这样的化学价,则铝的化学价必须是 3.30 或更大,所以每个金原子至少有 0.6 个电子要被迁移到铝原子上去。的确,对每个铝原子的 6 个配位铝原子而言,观测到的 Al—Al 的距离为 3.00 埃,相当于键数 $n=0.15$,这就表明了,铝原子有一定分量的化学价用于这些键的形成。这很可能是,从每个金原子迁移掉 1.5 个电子,这样金原子就要解放出通常的 0.72 个金属轨道;每个铝原子增加了 0.75 个电子,就会使铝的化学价增加到 3.75,其中 3.30 用来与 4 个配位金原子成键,其余的用来形成 Al—Al 键。

这样大量的电子迁移是和电中性的原理不相矛盾的。铝的电负性值为 1.5,而金的电负性值则为 2.4。这一差异相当于 Au—Al 键含有 18% 的离子性,当金的化学价为 6.60 时,则 Au—Al 键会使金原子带上 -1.19 个电荷。为了恢复金原子的电中性,必须有 1.19 个电子迁移到两个铝原子上去。

上面提出的这一种结构,可以对这个化合物具有非常高的熔点（1060℃）和巨大的生成热[40]提供解释。柯芬伯里（Coffinberry）与哈特格伦（Hultgren）[41]指出,从 Au—Al 合金的性质表明,在金原子与铝原子之间有着一种异乎寻常的强吸引力在起作用。

在电子迁移比较不重要的化合物中,我们可以取 $PtSn_2$ 作为一个实例来进行讨论。$PtSn_2$ 也具有萤石型的结构,$a_0=6.41$ 埃。铂的正常金属价为 6,锡为 4,从而能够以形成 $n=3/4$ 的 Pt—Sn 键和 $n=1/6$ 的 Sn—Sn 键。由此预期的 Pt—Sn 键长为 2.770 埃,比实验观测的键长 2.78 埃仅略小一些。预计的 $n=1/6$ 的 Sn—Sn 键长为 3.27 埃,比实验观测的 3.205 埃则又略大一些,因此反映出小量的张力。可以预期,这种张力会引起 Pt—Sn 键的伸长与 Sn—Sn 键的缩短,而且这些变形将与它们的总键强 6 与 1 成反比,由此将会得出键长为 2.78 埃与 3.21 埃,这就和实验值十分吻合了。

在余电子元素和缓冲原子元素与碱和碱土金属生成的合金中,电子迁移特别重要。由单质生成这些合金时,能观察到它们的体积有大量的缩小。这个结果的部分原因,是由于化学价增加所要求的原子间距离的键数修正;另一部分原因,是由于缺电子原子的单键半径随着化学价增加所引起的减小。因此,虽然钠在配位数为 12 时的正常半径 1.896 埃是大于铅的半径 1.746 埃,但是当钠原子替换了纯铅中四分之一的铅原子来形成 $NaPb_3$ 相时,反而引起了体积的缩小,键长从 3.492 埃缩短到 3.446 埃。这种缩小的原因,一部分可以解释为电负性的修正,另一部分原因是电子迁移,大约有稍小于 1 个电子被迁移到钠原子上去。在其他许多碱金属与碱土金属的金属互化物中，原子间距离也同样地表明，电子迁移可达到使化学价增加一个单位左右的程度。

## 11-14　金属与硼、碳和氮之间的化合物

金属与硼、碳和氮的某些化合物的结构，可以简单地描述为金属原子按最紧密堆积或者其他一些简单结构排列；而在金属原子的晶格空隙间放进了许多小的非金属原子的一种结构[42]。具有纤维锌矿型结构的 AlN 就可以用这种方式描述，铝原子按六方最紧密堆积排列，氮原子则位于四面体型的位置上；在这样的晶体中，可以看成氮原子与它的 4 个邻位铝原子之间存在着共价键。在具有氯化钠型结构的 ScN、TiN、ZrN、VN、NbN、TiC、ZrC、VC、NbC 和 TaC 等晶体中，金属原子按立方最紧密堆积排列，氮或碳原子则位于八面体型位置上。由于这些第二周期元素的原子最多只能生成 4 个共价键，就有可能围绕着每个轻原子的 6 个金属原子的八面体型配位，正是共价键在这六个位置上的共振。$Fe_4N$ 的结构在性质上是相类似的：其中铁原子是按立方最紧密堆积排列，而氮原子则处在 6 个铁原子围成的八面体的中心 $\left[\text{立方单元：4Fe 在 }(000)\left(\frac{1}{2}\frac{1}{2}0\right)\left(\frac{1}{2}0\frac{1}{2}\right)\left(0\frac{1}{2}\frac{1}{2}\right)\text{ 的位置上；N 则在}\left(\frac{1}{2}\frac{1}{2}\frac{1}{2}\right)\text{ 的位置上}\right]$。

在这些化合物中，键长正和预期的一样，这可以用具有氯化钠型排列的典型化合物 VN 作为例子来阐明。这里每个钒原子有 6 个距离为 2.06 埃的近邻位氮原子和 12 个距离为 2.92 埃的近邻钒原子。按五价钒与三价氮计算出来的键长分别为 2.03 埃与 2.92 埃。在这个晶体中，氮原子保留它的未共享电子对，且保持三价，而在另外一些晶体中（例如在前一节中讨论的与 AlP 相类似的 AlN 晶体中），发生了电子迁移而引起化学价的增加。

碳化铁 $Fe_3C$ 具有一种很有趣的结构，这里 6 个铁原子围绕着碳原子作八面体型与三角柱体型两种排列［见《结构报告》(*Strukturbericht*)，Ⅱ，第 33 页］。而硼化铁 FeB［见《结构报告》(*Strukturbericht*) Ⅲ，第 12 页］则是铁原子围绕着硼原子成三角柱型排列的结构，Fe—B 键长约为 2.15 埃，近似地等于共价半径之和。不过，每个硼原子又在距离为 1.77 埃处有两个硼原子与它靠近，因此在这样的结构中也出现有 B—B 共价键。

形成 B—B 键的过程在硼化铝 $AlB_2$ 中又进了一步；这里硼化铝具有一种十分简单的六方结构，由硼原子的六方层（与石墨中的碳原子层相类似的）构成，铝原子则位于这些层与层之间的空隙中（图 11-15）。B—B 的键长是 1.73 埃，相当于 $n=0.66$，也就是说，每个硼原子用两个价电子来形成 B—B 键，它是三分之二的键。

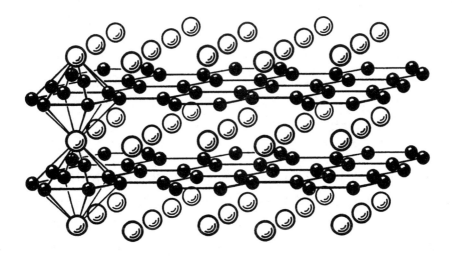

**图 11-15　硼化铝 $AlB_2$ 六方晶体的结构**

小黑球代表硼原子,它们形成与石墨中碳原子层相类似的六方层;大白球代表铝原子

硼化物 $UB_{12}$ 也具有一个很有趣的结构,[43] 它和 10-6 节中所讨论的结构有关系。它是立方面心的,$a_0 = 7.473$ 埃,每一个立方单元中含有 4 个 $UB_{12}$。其中 $B_{12}$ 基团具有立方八面体的结构。每个铀原子被 24 个硼原子所包围,它们围成了一个具有 6 个正方形面和 8 个六边形面的规则多面体。每个硼原子有 5 个距离为 1.76 埃的近邻硼原子和 2 个邻位距离为 2.79 埃的近邻铀原子。

## 11-15　含有金属—金属键的分子和晶体

几十年来人们就已经知道,在亚汞离子 $Hg_2^{2+}$ 以及在一些例如氯化亚汞 Cl—Hg—Hg—Cl 的分子中,存在着汞—汞键。含有金属—金属键的分子的其他实例之前未见有报道,现在我们已知道许多这样的例子。

通过 $K_3W_2Cl_9$ 结构的测定,[44] 发现了络离子 $[W_2Cl_9]^{3-}$ 是具有这样的结构;它是由两个共面的 $WCl_6$ 八面体构成的,其中 Cl 为非共用原子的 W—Cl 键长是 2.40 埃,Cl 为公用原子的则是 2.48 埃。钨原子是比较接近于共有的平面,稍为离开周围氯离子所构成的平面。W—W 间的距离为 2.409 埃,短于金属钨中的距离,而近似地等于钨原子间生成双键的预期值 2.40 埃。每个钨原子除了与氯原子成键的价电子以外另有 3 个价电子。钨—钨键可以描述为在 $\ddot{W}—\ddot{W}$、$\ddot{W}=W$、$W=\ddot{W}$、$W\equiv W$ 等结构之间共振。

虽然 $K_3W_2Cl_9$ 是抗磁性的；与其极相类似的化合物 $K_3Cr_2Cl_9$ 却是顺磁性的，磁化率相当于每个铬原子含有 3 个未配对电子。在 $[Cr_2Cl_9]^{3-}$ 离子中，两个铬原子相距 3.12 埃，[45] 相当于键数 0.05（即是说，不存在 Cr—Cr 键）。

在六甲基二铅 $Pb_2(CH_3)_6$ 中，也发现了两个铅原子之间的比学键[46] Pb—Pb 键长在 (2.88±0.03) 埃，Pb—C 键长是 (2.25±0.06) 埃，都接近于按铅的四面体型半径计算的预期值。当然，这种化合物，是和六甲基乙烷以及硅、锗，锡的相应的化合物非常类似的。

马加内利（Maganéli）[47] 报道过的二氧化钼与二氧化钨晶体的结构，指明了其中含有金属原子之间的化学键。这些晶体具有畸变的金红石型结构，每个金属原子被由氧原子构成的八面体所包围。离开理想结构的变形把两个钼或钨原子挤得十分靠近，形成一对距离为 2.48 埃的原子，而两个八面体的共有棱边则相应地被大大地拉长了。由原子间距离计算出的键数为 1.47，这就意味着每个四价的钼或钨原子尽量利用剩余的两个价电子来与另一个钼或钨原子生成双键。从金属原子与氧原子间的距离估计，大约有 4 个共价键在 6 个位置上共振，因而钼或钨原子的总价数近似地等于 6。已经发现，$VO_2$ 也具有相类似的畸变金红石型结构，[48] V—V 间的距离是 2.68 埃。但是，在相应的辉钼矿 $MoS_2$ 与辉钨矿 $WS_2$ 两种晶体中，金属原子之间的距离是很大的，因此它们之间只能有很弱的键；对于每个金属原子所形成的 6 个价键来说，Mo—Mo 或 W—W 键数只有 0.12。不过，这些化合物具有和石墨相类似的黑色与金属光泽，反映出金属原子间仍然存在着相当强的相互作用。

已经知道的，在许多基本上为非金属的晶体中，金属原子间相互接近的距离，达到键数具有相当大的分数值很大的地步；而且无疑地，这些晶体的许多物理与光学的性质，基本上取决于这种接近的程度。譬如，含铁的氧化物的颜色似乎与铁原子之间的距离有关：在准板钛矿 $Fe_2TiO_5$ 与赤铁矿 $Fe_2O_3$ 中，铁—铁距离为 2.88 埃，是呈红色的；而在水合氧化铁（例如纤铁矿、针铁矿、褐铁矿、黄针铁矿）中，颜色就稍为淡些。方黄铜矿 $CuFe_2S_3$ 中含有许多成对的铁—硫四面体，它们的铁—铁间距离近似地等于 2.5 埃，相当于键数 0.3。研究过这个晶体的伯格（Buerger）[49] 曾经指出，铁原子这样靠近的程度可能与这种铁的硫化矿物具有异常的铁磁性有关。

水合醋酸铜 $Cu_2(CH_3COO)_4 \cdot 2H_3O$ 的晶体结构表明，成对的铜原子相距仅有 2.64 埃，[50] 这个距离相当于键数 $n=0.33$。这个物质呈现出反常的磁性，曾经被解释为有弱键形成。[51] 在好几种含有 Ni、Pd 以及其他金属原子的晶体中，也报道过与此相类似的化学键。

近年来,染料和其他复杂的有机分子的颜色理论有了很好的发展;对于这些化合物的颜色,已有相当好的认识。但是,关于无机络合物的颜色方面,要发展一个系统化或相互关联的理论,却没有什么进步。有一组物质呈现出特别显著的颜色。这就是含有同一种元素在两种不同价态中的物质。多年来就已经认识到,这种化合物有着反常地又深又强烈的颜色。例如,在浓的盐酸溶液中,亚铜和氯离子的络合物是无色的(正如氯化亚铜本身一样);二价铜和氯离子的络合物则是绿色的。但是,如果把一价铜与二价铜的两种溶液混合之后,就得出具有强烈褐色或甚至黑色的溶液;显然,这是由于络合物中同时含有一价铜与二价铜的结果。与此类似的情况是三价的氯化锑与五价的氯化锑都是无色的,但是两者的混合物却是深褐色或黑色的。埃里奥特[52]曾用 X 射线研究了黑色晶体 $(NH_4)_2SbCl_6$ 的结构,发现它的结构与氯锡酸钾的结构没有什么不同;而且,这种晶体是抗磁性的,因而这里的络合物不可能是 $[SbCl_6]^{2-}$(因为 $[SbCl_6]^{2-}$ 含有奇数的电子,必须是顺磁性的),而只能是交替的 $[SbCl_6]^{3-}$ 与 $[SbCl_6]^-$。同样地,氯化金亚金铯 $Cs_2AuAuCl_6$ 晶体的颜色也是深黑色的。

这个现象的另一实例是,在化学实验室中用碱来沉淀含有亚铁离子的溶液的时候。氢氧化亚铁是白色,氢氧化铁是棕色。当亚铁溶液被沉淀时,初期是白色的沉淀物立即被大气中的氧气所部分地氧化,生成了氢氧化铁亚铁,它的颜色是黑色的(当沉淀分得很细散时是深绿色的)。

亨德里克斯(Hendricks)曾经对作者指出,普通的黑云母所以呈深黑色,是因为其中的铁以亚铁与高铁两种氧化态出现。黑电气石也是经常同时含有高铁与亚铁两种氧化态的铁。另一种具有黑色斑纹的强黑色矿物是黑柱石,它的组成是

$$Ca(Fe^{2+})_2Fe^{3+}(SiO_4)_2OH$$

钼蓝与钨蓝呈很强的深蓝色,它们的化学式分别为 $MoO_{2.5-3}$ 与 $WO_{2.5-3}$。钨青铜也含有处于中间氧化态的钨,它们的化学式介于 $Na_2W_2O_6$ 和 $Na_2W_3O_9$ 之间。许多金属氧化物,如 $Fe_3O_4$、$U_3O_8$ 和 $Pr_4O_{11}$ 等,也可能由于这个现象而呈现黑色。

在二氯化钼 $Mo_6Cl_{12}$ 的溶液,以及 $[Mo_6Cl_8](OH)_4 \cdot 14H_2O$,$[Mo_6Cl_8]Cl_4 \cdot 8H_2O$,$(NH_4)_2[Mo_6Cl_8]Cl_6 \cdot 2H_2O$ 等晶体中,[53]都发现有 $[Mo_6Cl_8]^{4+}$ 离子,它的结构如图 11-16 所示。这里每个钼原子用它的 6 个价电子中的两个电子与氯原子成键,而其余的 4 个价电子则是沿着 $Mo_6$ 八面体的棱边形成 Mo—Mo 单键。Mo—Mo 键长为 2.63 埃,接近于金属导出的单键键长 2.592 埃(表 11-1)。

$[Nb_6Cl_{12}]^{2+}$、$[Ta_6Cl_{12}]^{2+}$ 和 $[Ta_6Br_{12}]^{2+}$ 等离子都具有与此有关的结构,[54]如图 11-17 所示。这里价电子数目使得沿着 $Nb_6$ 与 $Ta_6$ 八面体棱边的键的键数为 2/3。Nb—Nb 键和 Ta—Ta 键的键长的实验值分别为 2.85 埃与 2.90 埃,和预测值 2.79 埃还算勉强符合。

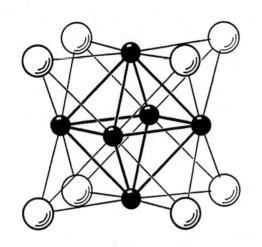

图 11-16　络离子$[Mo_6 Cl_8]^{4+}$ 的结构

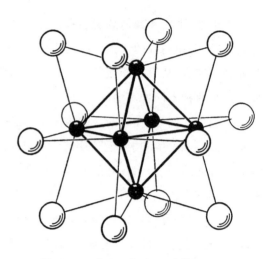

图 11-17　络离子$[Ta_6 Cl_{12}]^{2+}$ 的结构

鲍威尔(Powell)与埃文斯[55]曾经测定了九羰基二铁 $Fe_2(CO)_9$ 的晶体结构,有趣地发现了这个分子的构型具有三重对称轴,如图 11-18 所示。6 个羰基与这个或另一个铁原子相连接;另外 3 个羰基则同时与两个铁原子成键,从而形成了和酮类分子相类似的结构。这里铁原子可以看成是三价的。这个化合物是抗磁性的,表明这两个铁原子中的奇电子具有相反的自旋;这有力地反映出,在这两个铁原子之间存在着共价键。Fe—Fe 的距离为 2.46 埃,也和上述的想法是一致的。因此,在这个化合物中,每个铁原子生成了 7 个价键($d^3 sp^3$),其中 6 个用来和碳原子成键,另一个则和铁原子成键;还有两个未共享电子对则占据了每个铁原子中剩下来的两个 $3d$ 轨道。

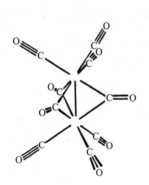

图 11-18　九羰基二铁 $Fe_2(CO)_9$ 的结构

图 11-19　六羰基化二苯乙炔合二钴

$Co_2(CO)_6 C_2(C_6 H_5)_2$ 的分子结构

大的圆球代表钴原子,小的圆球代表碳原子,

中等大小的圆球代表氧原子

X 射线结构分析指出,[56] $Mn_2(CO)_{10}$ 与 $Re_2(CO)_{10}$ 的分子也含有金属—金属键,其中 Mn—Mn=2.93 埃,Re—Re=3.02 埃,这样的数值大约比单键键长大 0.6 埃或 0.5 埃。分子中不存在联桥的羰基。每个金属原子的其他 5 个八面体型位置被位于从金属原子伸出的直线上的羰基所占据。两个八面体被扭转成交错的构象。这里分子的两半只通过金属—金属键连接在一起;在这种类型的结构中,上述两个结构是最早可靠地确定下来的。观察到的抗磁性和这样的结构是一致的。

曾经有人对六羰基化二苯乙炔合二钴的分子进行过 X 射线的研究,[57] 得出如图 11-19 所示的结构。这里每个钴原子朝向着畸变八面体的 6 个顶点生成了 6 个键;乙炔中的两个碳原子各形成了 4 个单键,其中 3 个是在居中的四面体上(一个和乙炔的另一个碳原子成键,另两个和两个钴原子成键)。所有的键长都是合理的,在四面体上的那些键长是:C—C=1.46 埃,Co—C=(1.95±0.06)埃,Co—Co=2.47 埃。如果把 Co—Co 键当成双键[它们的键长为(1.75±0.05)埃],则每个钴原子的所有 9 个键轨道和所有的 9 个价电子都用来生成化学键。

我们可以预期,在今后十年中,人们将会发现更多的物质含有起重大作用的金属-金属键。

## 11-16  硫化矿物的结构

硫化矿物的结构大都是建立在硫原子与其他原子之间的共价键的基础上的。在某些矿物中,这些键是在各个不同位置上共振;而在另一些矿物中,还含有金属—金属键,因而使矿物具有金属的一些性质,特别是金属的光泽。

硫化锌的两种普通晶型闪锌矿与纤维锌矿具有四面体型的结构,[58] 这已经在图 7-5 与图 7-6 中示出了。纯的硫化锌是无色的。但是硫化锌矿物通常是黄色、褐色或甚至黑色的,这可能是晶体缺陷或杂质所引起的。它的光泽不是金属光泽,而是类似松香或钻石的光泽。

方铅矿 PbS 是具有金属光泽矿物的一个实例。它的原子有序地按氯化钠型结构排列。每个铅原子有 6 个距离为 2.96 埃的近邻硫原子,另外还有 12 个距离为 4.19 埃的近邻铅原子。按照铅的金属单键半径推算,得出它们的键数分别为 0.23 与 0.10。因此,每个铅原子与硫原子总共形成 1.38 个共价键,而与其他铅原子总共形成 1.20 个共价键,因而铅的总价数为 2.58。矿物的金属光泽可能要归因于铅—铅键。

硫锰矿 MnS 具有与此相同的原子排列。它的光泽不是金属光泽,而是黯淡的。Mn—S 键长为 2.61 埃,指出了锰原子是具有如 7-9 节所述的 $^6S$ 型结构。

纤维状合成物二硫化硅 $SiS_2$ 的结构[59] 在图 11-20 中示出。硫化物和氧化物之间的不同,可以由 M—S 键具有较 M—O 键小的离子性来解释,这个结构便是一个例子。在

第十三章将要指出,在二氧化硅中,由于硅原子正电荷的排斥作用,使得 $SiO_4$ 四面体相互共棱或共面的结构,要比仅仅共用顶点时的结构不稳定一些。另一方面,在 $SiS_2$ 中,$SiS_4$ 四面体共用了棱边,连成了长链状的结构。这里 Si—S 键长为 2.16 埃,和单键的计算值 2.17 埃相一致,说明这个键基本上没有双键性。假定这个键没有双键性,则由电负性差可以计算出硅原子所带的电荷为 +0.44。由于这个电荷的排斥作用,引起了 $SiS_4$ 四面体的畸变,因而共用的棱边略短于非共用的棱边(共用的为 3.32 埃;非共用的为 3.56 埃和 3.70 埃)。

许多硫化矿物具有与闪锌矿型和纤维锌矿型结构密切相关的结构,黄铜矿就是一个例子(图 11-21)。它的结构是闪锌矿的一种四方超结构,[60] 其中铜和铁原子位于闪锌矿型结构中的锌原子位置上。

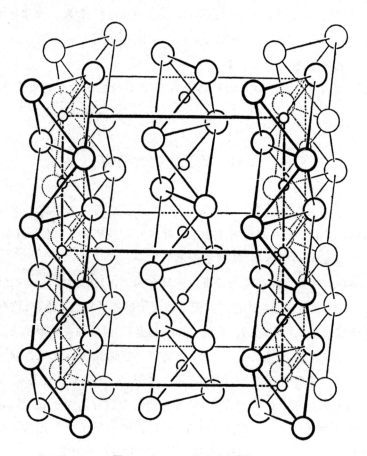

**图 11-20** $SiS_2$ **的晶体结构**

小圆球代表硅原子,大圆球代表硫原子[引自《结构报告》(*Strukturbericht*)]

硫钟铜矿 $Cu_3AsS_4$ 具有纤维锌矿型排列的超结构,[61] 硫原子位于纤维锌矿中的硫原子位置上;铜和砷原子则有规则地置换了纤维矿中的锌原子,从而形成分立的 $AsS_4$ 基团(图 11-22)。实验得到的 As—S 键长为 2.22 埃,与单键的计算值 2.22 埃(由共价键半径加上电负性差校正后得出的)恰好一致。Cu—S 键长为 2.32 埃,大约相当于键数 0.7(铜的相应单键半径是 1.23 埃)。在其他的硫化铜矿物中,也找到了差不多一样长的 Cu—S 键长。铜—硫键仅有小量离子性,由此可以推论得出,铜原子所带的电荷是负的,或许接近于—1。

硫钒铜矿 $Cu_3VS_4$ 已经发现具有一种意外的结构。[62]这个晶体属于立方晶系,在每个立方单元中有一个 $Cu_3VS_4$,边长 $a_0 = 5.37$ 埃。由此曾经估计过,这种结构会是闪锌矿型结构的超结构,相当于一个边长 $a_0$ 为 5.41 埃的立方单元中有 4 个 ZnS 的结构。事实上,4 个硫原子和 3 个铜原子占据了结构(图 11-23)中的相应位置,使得每个硫原子,和位于近似正四面体顶点上的

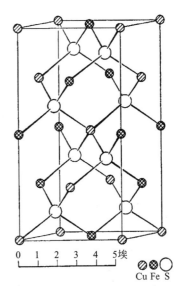

**图 11-21　四方黄铜矿 $CuFeS_2$的晶体结构**

3 个铜原子成键;但是钒原子却不是位于四面体的第四个顶点上,而是在与这个顶点相反方向的位置上。V—S 键长为 2.19 埃,等于单键的数值;而 Cu—S 键长是 2.29 埃,相当于键数 0.7。

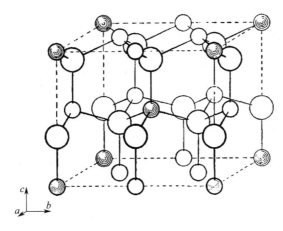

**图 11-22　硫砷铜矿 $Cu_3AsS_4$ 斜方晶体的结构**

图中大圆球代表硫原子,空白的小圆球代表铜原子,实心的小圆球代表砷原子。

这种结构是纤维锌矿型结构的超结构

键角 V—S—Cu 的角度为 $70°32'$,而不是闪锌矿型结构超结构中的四面体角;选用这样的结构,是出乎意料的。这很可能是因为在这种以及其他的硫化矿物中,硫

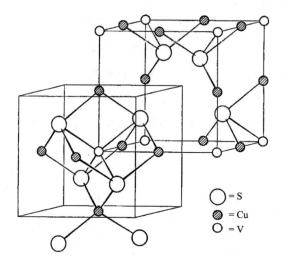

**图 11-23  立方硫钒铜矿 $Cu_3VS_4$ 的晶体结构**

原子被描述为具有一对未共享电子对和 3 个价键的 $:\overset{+}{\underset{}{S}}{\diagup}\!\!\!—$。在硫钒铜矿中，硫原子和

钒原子生成一个键，另外的 2 个价键则在硫和 3 个铜原子之间的位置上共振。那个未共享电子对则伸入晶体结构中相当于闪锌矿型结构中第四个金属原子位置的空位。硫的键轨道可能有足够大的 $d$ 性和 $f$ 性，可以允许采用这样的键角而不致出现多大的张力。

金属—金属键的形成也能够使这个结构获得稳定作用。每个钒原子有 6 个距离为2.68 埃的邻近的铜原子，相当于键数 0.3。因此，每个钒原子和 4 个邻近硫原子形成 4 个单键，又与 6 个邻近的铜原子形成了 6 个三分之一键。从余电子的铜原子上迁移出一个电子到缺电子原子中去（见 11-13 节）。这些键所含有的离子性分量（V—S 键为 18%，Cu—S 键为 9%，V—Cu 键为 3%），使得各个原子的电荷从原来的钒为 $-1$、铜为 $-1$、硫为 $+1$ 的数值改变成钒为 $-0.22$、铜为 $-0.78$、硫是 $+0.64$ 的数值。

黝铜矿是一种稍复杂一些的结构。黝铜矿和淡黝铜矿（砷黝铜矿）的组成，分别地近似于化学式 $Cu_{10}Zn_2Sb_4S_{13}$ 与 $Cu_{10}Fe_2As_4S_{13}$；它的结构[63]和闪锌矿的结构密切相关，在图 11-24 中示出。在一个含有 32 个 ZnS 的大的立方单元（在淡黝铜矿中 $a_0=10.19$埃）中，8 个 Zn 原子为砷或锑原子所替换，其余的 24 个被铜原子所替换（锌和铁显然不规则地替换铜；化学式中必须有两个正二价的原子）。硫原子仅仅占据了 32 个闪锌矿型位置中的 24 个，使得 As 和 Sb 的配位数为 3；除此之外，还有两个硫原子，则位于（000）和$\left(\dfrac{1}{2}\dfrac{1}{2}\dfrac{1}{2}\right)$的位置上，各被 6 个铜原子所包围，形成八面体构型。每个砷原子有一对未共享电子对，并且和硫原子形成 3 个键（键长为 2.21 埃）。晶体中有两种铜原子，第一种铜原子的配位数为 4,它们各与硫原子形成 4 个键,键数大约为 0.75(键长为 2.28 埃);另一种铜原子的配位数为 3,它们各与硫原子形成 2 个单键(键长为 2.23 埃)和一个稍弱些的键(键长为 2.29 埃,键数为 0.7)。

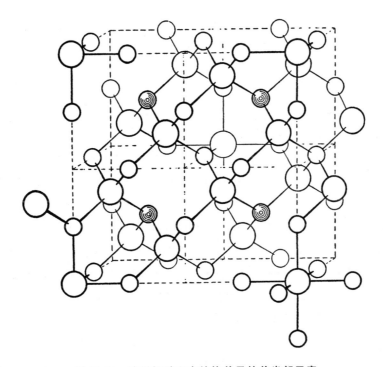

**图 11-24　淡黝铜矿立方结构单元的前半部示意**

大圆球代表硫原子,空白的小圆球代表铜原子,有暗影的小圆球代表砷原子。

图中示出相邻原子间的键。必须注意,这里有两种类型的铜原子与两种类型的硫原子

　　许多其他硫化矿物的结构也已经进行了测定,其中大多数与本书所阐述的结构原理很好地符合。但是,其中也有一些结构,具有奇怪的特点,这些特点至今尚不可能归纳到现有结构化学系统中去,[64]一般说来,它们为什么要采用某一种结构,而不采用另一种结构,原因至今尚不清楚。硫化矿物的全面结构理论仍有待于建立。

### 参考文献和注

[1]　H. A. Lorentz,*The Theory of Electrons*(《电子理论》),Teubner,Leipzig,1916.

[2]　W. Pauli,Jr. *Z. Physik* **41**,81(1927).

[3]　A. Sommerfeld,W. V. Honston and C. Eckart,*Z. Physik* **47**,1(1928);J. Frenkel,*ibid*.819;W. V. Houston,*ibid*,**48**,449(1928);F. Bloch,*ibid*.**52**,556(1928);等等。总结性讨论和其他的参考文献,见 A. Sommerfeld and N. H. Frank,*Rev. Mod*,*Phys*.**3**,1(1931);J. C. Slater,*Rev. Modern. Phys*. **6**,

209(1934)；N. F. Mott and H. Jones，*The Theory of the Properties of Metals and Alloys*（《金属与合金性质的理论》）（Clarendon Press，Oxford，1936）；A. H. Wilson，*The Theory of Metals*（《金属理论》）（Cambridge Univ. Press，1936）；H. Frohlich，*Elektronentheorie der Metalle*（《金属理论》）（J. Springer，Berlin，1936）.

［4］  L. Pauling，*Phys. Rev.* **54**，899(1938).

［5］  L. Pauling，*Proc. Nat. Acad. Sci. U. S.* **39**，551(1953).

［6］  C. Zener，*Phys. Rev.* **81**，440(1951).

［7］  Pauling，*Phys. Rev.* **54**，899(1938).

［8］  L. Pauling，*Nature* **161**，1019(1948).

［9］  L. Pauling，*Proc. Roy. Soc. London* **A196**，343(1949).

［10］  W. Barlow，*Nature* **29**，186，205，404(1883)；*Z. Krist.* **23**，1(1894)；**29**，443(1898)；在 Barlow 的第一篇论文中，提出了五种高度对称的结构，即氯化钠、氯化铯、砷化镍等类型排列以及立方与六方最紧密堆积。L. Sohncke［*Nature* **29**，383(1883)］对他的选择的任意性提出了批评，同时指出碱卤化合物（例如 NaCl）不可能具有氯化钠型的排列，因为这样的排列并未显示出分立的分子：Lord Kelvin［*Proc. Roy. Soc. Edinburgh* **16**，693(1889)］. 在研讨球体的堆积时，不仅要求球体必须等价，而且要有相同的取向，因而认为立方最紧密堆积是满足这个条件的唯一的最紧密堆积结构。他的附带要求是没有物理意义的；六方最紧密堆积与立方最紧密堆积在排列上是同样重要的。

［11］  L. Pauling，*Phys. Rev.* **36**，430(1930).

［12］  某些这类物质存在着一些分子不旋转的低温变体。在高温晶型中，分子的旋转不是完全自由，而是受到一定阻碍的；在某些情况下，还可以认为，分子旋转在各种取向之间进行着迅速转化。

［13］  L. Pauling，*Chem. Bull. Chicago* **19**，35(1982).

［14］  这些结构因而可按顺序 *CHCH*… 来描述，指明立方与六方最紧密堆积在交替出现。另外三种形式的结构具有类似的顺序：*HCCHCC*…*HHCHHC*…*HHCCHHCC*….

［15］  P. Graf，B. B. Cunningham，C. H. Dauben，J. C. Wallmann，D. H. Templeton and H. Ruben，*J. A. C. S.* **73**，2340；(1956).

［16］  C. J. MeHargue，H. L. Yakel，Jr. and L. K. Jetter，*Acta Cryst.* **10**，832(1957).

［17］  F. H. Spedding，A. H. Daane and K. W. Herrmann，*Acta Cryst.* 见 **9**，559(1956).

［18］  F. H. Ellinger and W. H. Zachariasen，*J. A. C. S.* **75**，5650(1953).

［19］  C. S. Barrett，*Acta Cryst.* **9**，671(1956).

［20］  W. Hume-Rothery，*Phil. Mag.* **9**，65(1930)；**11**，649(1931).

［21］  J. Thewlis，*J. A. C. S.* **75**，2279(1953).

［22］  K. Fuchs，*Proc. Roy. Soc. London* **A 151**，585(1935).

［23］  H. M. Krutter，*Phys. Rev.* **48**，664(1935).

［24］  W. G. McMillan and A. L. Latter，*J. Chem. Phys.* **29**，15(1958).

［25］  Pauling，*Proc. Roy. Soc. London* **A196**，343(1949).

[26]　W. Klemm and H. Bommer. *Z. Anorg. Chem.* **231**,138(1937);**241**,264(1939);H. Bommer, *Z. Anorg. Chem.* **242**,277(1939).

[27]　Lawson and Tang,另 Schuch and Sturdivant,*loc. cit.* (T11-2).

[28]　Pauling,*Proc. Roy. Soc. London.* **A196**,343. (1949).

[29]　R. E. Rundle,*J. A. C. S.* **69**,1327(1947);*J. Chem. Phys.* **17**,671(1949).

[30]　A. C. Larson,D. T. Cromer and C. K. Stanbaugh,*Acta Cryst.* **10**;443(1957).

[31]　J. Adam and J. B. Rich,*Acta Cryst.* **7**,813(1954).

[32]　Z. S. Basinski and J. W. Christian,*Proc. Roy. Soc. London* **A 223**,554(1954).

[33]　G. Bergman,J. L. T. Waugh and L. Pauling,*Nature* **169**,1057(1952);*Acta Cryst.* **10**,254 (1957).

[34]　W. Hume-Rothery,*J. Inst. Metals* **35**,295(1926);另参看 A. F. Westgren and G. Phragmén, *Z. Metallk.* **18**,279(1926);*Metallwirtschaft* **7**,700(1928);*Trans. Faraday Soc.* **25**,379(1929).

[35]　L. Brillouin,*Compt. Rend.*,191,198,292(1930);*J. de Phys. Radium* **1**,377(1930):**3**,565 (1932);**4**,1,333(1933);**7**,401(1936).

[36]　D. P. Shoemaker and T. C. Huang,*Aeta Cryst.* **7**,249(1954). 文中给出了立方 Brillouin 多面体的电子数目。

[37]　H. Jones,*Proc. Roy. Soc. London* **A144**,225(1934);**A147**,396(1934).

[38]　L. Pauling and F. J. Ewing,*Rev. Modern Phys.* **20**,112(1948).

[39]　L. Pauling,*Proc. Nat. Acad. Sci. U. S.* **36**,533(1950).

[40]　W. C. Roberts-Austen,*Proc. Roy. Soc. London* **49**,347(1891):**50**,367(1892).

[41]　A. S. Coffinberry and R. Hultgren,*Am. Inst. Mining Met. Engrs.* Tech. Publ. No. 885,**1938**.

[42]　G. Hägg,*Z. Physik. Chem.* **B6**,221(1929);**B12**,33(1931).

[43]　F. Bertaut and P. Blum,*Compt. Rend.* **330**,666(1949).

[44]　C. Brosset,*Arkiv Kemi. Minerat. Geol.* **12A**, No. 4(1935);W. H. Watson,Jr. , and J. Waser,*Acta Cryst.* **11**,689(1958).

[45]　G. J. Wessel and D. J. W,IJdo,*Acta Cryst.* **10**,466(1957).

[46]　H. A. Skinner and L. E. Sutton,*Trans. Faraday Soc.* **36**,1209(1940).

[47]　A. Magnéli,*Arkiv Kemi. Mineral. Geol.* **24A**,No. 2(1946).

[48]　G. Anderssen,*Acta Chem. Scand.* **10**,623(1956).

[49]　M. J. Buerger,*J. A. C. S.* **67**,2056(1945).

[50]　J. N. van Niekerk and F. R. L. Schoening,*Acta Cryst.* **6**,227(1953).

[51]　B. N. Figgis and R. L. Martin,*J. Chem. Soc.* 1956,3837.

[52]　N. Elliott,*J. Chem. Phys.* **2**,298(1934).

[53]　C. Brosset. *Arkiv. Kemi. Mineral. Geol.* **A20**（1945）;**A22**（1946）; P. A. Vaughan,*Proc. Nat. Acad. Sci. U. S.* **36**,461(1950).

[54]　P. A. Vaughan, J. H. Sturdivant and L. Pauling, *J. A. C. S.* **72**, 5477(1950).

[55]　H. M. Powell and R. V. G. Ewens, *J. Chem. Soc.* 1939, 286.

[56]　L. F. Dahl, E. E. Ishishi and R. E. Rundle, *J. Chem Phys.* **26**, 1750(1957).

[57]　W. G. Sly, Ph. D. 学位论文, Calif. Inst. Tech. , 1957.

[58]　自然界中也存在着相应于四面体层更复杂排列的其他形式。见 C. Frondel and C. Palache, *Am. Mineralogist* **35**, 29(1950).

[59]　A. Zintl and K. Loosen *Z. Physik. Chem.* **A174**, 301(1935); W. Büssem, H. Fischer and E . Gruner, *Naturwissenschaften* **23**, 740(1935).

[60]　L. Pauling and L. O. Brockway, *Z, Krist.* **82**, 188(1932).

[61]　L. Pauling and S. Weinbaum, *Z. Krist.* **88**, 48(1934).

[62]　L. Pauling and R. Hultgren, *Z. Krist.* **84**, 204(1933).

[63]　F. Machatschki *Z. Krist.* **68**, 204(1928); L. Pauling and E. W. Neuman, *ibid*. **88**, 54(1934).

[64]　G. Tunell and L. Pauling, *Acta Cryst.* **5**, 375(1952). 文中讨论了碲银金矿、碲金矿和针碲金矿等矿物的有关结构,这个讨论提供了硫化矿物奇怪结构的一个例子。碲银金矿的组成是 $AgAuTe_4$; 碲金矿与针碲金矿的组成是 $AuTe_2$,其中一部分的 Au 被 Ag 所替换。在这三种结构中金和银原子被构成八面体的 6 个碲原子所配位。但是键长是不相等的;其中 2 个键是单键,其他 4 个键是较弱的(在碲金矿中,它们的键数是 0.35)。作为初步近似,金原子的配位可以描述为含有正三价金原子(见第五章)的四方形四共价 $dsp^2$ 键,其中 2 个键指向 2 个八面体型位置,另外两个键则在其他 4 个八面体型位置上共振。

［陈元柱　译］

# 第十二章

# 氢 键

## *The Hydrogen Bond*

　　现在已经获悉,氢原子只有一个稳定轨道(1s 轨道),所以只能生成一个共价键,氢键的性质大部分是离子性的,并且只能在电负性最大的原子间才生成氢键。以下各节将对它的性质进行详细的讨论。

## 12-1　氢键的性质

几十年前人们已经认识到,在某些情况下,一个氢原子不是被仅仅一个其他的原子而是被两个原子强有力地吸引着,因此可以把它看作是两个原子之间的键。这就叫作氢键。[1]有一个时期人们认为氢键是由于氢原子生成两个共价键而产生的,因此就把氟化氢离子[HF$_2$]$^-$的结构认定为[:$\ddot{F}$:H:$\ddot{F}$:]$^-$。现在已经获悉,氢原子只有一个稳定轨道($1s$ 轨道),所以只能生成一个共价键,氢键的性质大部分是离子性的,并且只是在电负性最大的原子间才生成氢键。以下各节将对它的性质进行详细的讨论。

虽然氢键不是一种强键(在大多数情况下,它的键能,也就是反应 XH＋Y ⟶ XHY 的能量,是在 2～10 千卡/摩尔的范围内),但是在决定物质的性质时却发挥出很大的作用。因为氢键的键能小,它在形成和断裂时的活化能也小,它特别适合于参加在常温下发生的反应。已经获悉,氢键能使蛋白质分子限制在它们的天然构型上。我相信,当结构化学方法进一步被应用到生理学上时,人们将会发现氢键在生理学上的意义比其他任何一个结构特点都大。

最先提出氢键的是摩尔和温米尔(Winmill),[2]他们把氢氧化三甲铵的结构认定为

$$
\begin{array}{c}
CH_3 \\
| \\
CH_3-N-H-OH \\
| \\
CH_3
\end{array}
$$

以说明这个物质的碱性弱于氢氧化四甲基铵。拉蒂默(Latimer)和罗德布什(Rodebush)[3]认识到氢键的重要性和它的广泛分布,他们利用氢键这个概念讨论了具有反常的高介电常量的高度缔合液体,例如水和氟化氢,也讨论了氢氧化铵的低电离度以及乙酸的双聚作用。通过光谱和晶体结构的研究以及对物理化学资料的分析,[4]判明含有氢键的分子的数目已经有了很大的增加。

随着原子价的量子力学理论的发展,已获悉[5]一个氢原子用它的仅有的一个稳定轨道生成的纯共价键不能超过一个,[6]同时在生成氢键时两个原子的引力必须大部分是离子力。从氢键的这个概念立刻会得出对它的重要性质的解释。

第一,氢键是由氢原子和两个原子之间生成的键,氢原子的配位数不超过 2。[7]氢的

◀1963 年,鲍林正在研究一个化学结构模型。

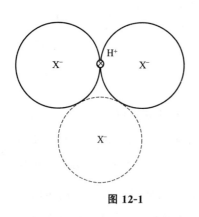

**图 12-1**

正离子仅是一个周围没有电子层的裸质子。这个异常小的正离子把一个负离子(这里我们把它理想化成为具有有限半径的一个刚性球体——参看第十三章)吸引到等于负离子半径的一个平衡间距离上,同样还可以再吸引第二个负离子从而生成一个稳定的复体(图 12-1)。但是由于负离子之间的相互排斥,第三个负离子不可能接近质子。从离子的观点看,氢的配位数只能限制在2,正像人们普遍观察到的那样。[8]

第二,只有电负性最强的那些原子才能生成氢键,而且两个成键原子的电负性越大,氢键的强度也应该越大。根据电负性标度,我们可以预料到氟、氧、氮和氯都会具有生成氢键的能力,而且这个能力随着从氟到氯的顺序依次降低。通过实验发现,氟生成的氢键很强,氧的较弱,氮的更弱。氯的电负性虽与氮的相等,但生成氢键能力极小;这也许是由于氯(与氮相比)的体积较大,使它的静电作用力弱于氮。

使原子的电负性得到增加,同时也提高它的生成氢键的能力。铵离子和它的衍生物(例如$[RNH_3]^+$)生成的氢键比氨或一般胺要强。酚的氢键比脂肪族醇的强,这是由于像

$$\overset{+}{\underset{\cdots}{\bigcirc}}\text{OH}$$

这样的结构共振的结果,氧的电负性得到了增加。

在几乎所有的氢键中,氢原子总是比较靠近两个毗连的电负性原子中的一个。例如,冰的晶体中由氢键结合起来的两个氧原子间的距离是 2.76 埃,中子衍射研究证明质子与一个氧原子间的距离是 1.00 埃而与另一个氧原子间的距离是 1.76 埃(12-4 节)。还有,在水铝石 $AlHO_2$ 中,氧—氧键长是 2.650 埃;根据中子衍射的测定,氧—氢键长是 1.005 埃和 1.68 埃(12-7 节)。

根据原子的电负性差数值,预料 O—H 键的部分离子性是 39%。因此,在与邻近氧原子生成共价键时,$1s$ 轨道有 39% 未被使用,从而可用来与氢键 O—H⋯O 中较远的一个氧原子生成分数共价键。可以用一个在 3 个结构 A、B 和 C 之间的共振来表示冰中的氢键:

A　　O—H :O

B　　O: H$^+$:O

C　　O: H—O

(式中直线表示纯共价键)。利用分数键的键长与键数之间的关系式[方程式(7-7)],可以

得出一个关于与较远氧原子生成共价键数量的粗略概念。冰中的较长的 H···O 键的键长超过单键键长 0.80 埃,这相应于键数 0.05。由此得出结论,A、B 和 C 三个结构对冰的氢键的贡献分别是 61%、34% 和 5%。[9] 根据键长 1.68 埃和类似计算,结构 C 对水铝石的贡献是 6%。已报道的 O—H···O 键的氧—氧距离最短是 2.40 埃(12-7 节)。这仅比两个半键的预计值 2.34 埃超过 0.06 埃,大概在两个氧原子之间的对称氢键在少数物质中是存在的。

一般说来,氢键 A—H···B 大致可以看成是直线型的;例如,根据中子衍射的测定,在水铝石中,核间连线 A—H 和 A···B 的夹角是 12.1°(12-7 节)。将氧—氧距离作为 2.76 埃(如冰中一样),曾经对 O—H···O 键偏离的张力作过一个估计。[10] 这种使氢键弯曲的张力能是 $0.003\delta^2$ 千卡/摩尔,其中 $\delta$ 是在氢原子处 O—H 和 H···O 两个键交角离开平角的偏差度数。

根据冰的压缩系数计算,对长度为 2.76 埃(如冰中一样)的 O—H···O 键来说,拉长或压缩的张力能是 $12(D-D_0)^2$ 千卡/摩尔,其中 $D-D_0$ 是键的长度变化(以埃为单位)(12-9 节)。

在所有含有氢键 A—H···B 的分子和晶体中,A—H 键与原子 A 的其他键间的夹角都与在第三章中所讨论的原理符合;例如,在醇的分子中(12-5 节),R—O—H 角接近 105°。较弱的 H···B 与原子 B 的其他键的夹角一般地等于一个共价 H—B 键的预计值。但是这个规律也有一些例外,例如,尿素中氧原子生成的 O···H—N 键有两个位于分子的平面上,正如按照结构 $\diagdown\!C\!=\!\ddot{O}$ 所预料的,而其余两个键都位于平面以外。这些氢键是很弱的;观测到的 O···H—N 距离是 3.03 埃,与此相应,共价长键结构 C 的贡献仅有 1.7%。

一般说来,可以认为一个氢键 A—H···B 包含着原子 B 的一个电子对。尿素是一个例外,它的氧原子以两个可用的电子对生成 4 个氢键。氨是另一个例外;氮原子上的一个未共享电子对与 3 个氢键的形成都有关系。在下节中将会看到,这三个 N—H···N 键对物质的物理性质的影响程度,与一个 F—H···F 键对氟化氢的影响相同。

## 12-2 氢键对物质的物理性质的影响

氢键在大体上决定着水分子相互间的作用的大小和性质,因此氢键是造成这个无比重要的物质的一些重要的物理性质的根源。在本节中,我们将讨论水和有关物质的熔点、沸点和介电常量；水的其他性质将在以后讨论（12-4 节）。

与水有关的一系列物质，如 $H_2Te$、$H_2Se$ 和 $H_2S$，其熔点和沸点正如按照它们依次下降的分子量和范德华力[11]所预料的那样是依次下降的（图 12-2）。如果按照惰性气体的数值的情况，顺着这个序列继续推算下去，得到水的熔点和沸点值分别是 −100℃ 和 −80℃。观测值要比这些数值高得多；这是由于生成氢键的结果，氢键具有使物质的沸点的绝对温度增加一倍的特殊效果。

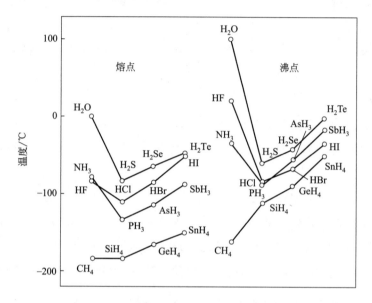

**图 12-2　等电子氢化物分子序列的熔点和沸点**

氨和氟化氢的熔点和沸点也大大高过从同类化合物序列外推得到的数值，不过比起水来，氢键的影响比较小些。氢键对氨的影响的减低一部分是由于氮的电负性比氧小；另一部分是因为氨分子中只有一个未共享电子对，在与其他分子的 N—H 基生成氢键时，这个电子对必须是对质子的引力的来源。氟化氢能够生成的氢键数目只是水的半数，尽管它的 F—H⋯F 键比水和冰的 O—H⋯O 键强度大，氢键对它的总影响依然比对水的影响小。

值得注意的是，从氢键对熔点和沸点的影响这个事实可得出推论，即氟化氢、氨和水的晶体中的氢键有一些在熔化时被破坏，其余的（超过总数之半）依然保留在液体中，甚至保留在沸点情况下的液体中；最后在气化时才被破坏。的确，氟化氢中牢固的氢键甚至在蒸气中仍然趋向于把分子结合在一块，即蒸气是部分聚合的。

没有生成氢键能力的甲烷呈现很低的沸点，这是在意料中的，但是它的熔点较预期的数值高出 20°左右，这可不知道怎样来解释。

与熔点和沸点有关的性质也表现有氢键生成的影响，这可以用摩尔气化热（图

12-3[12])来说明。

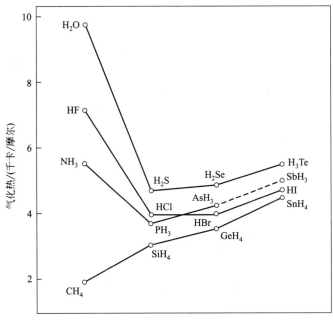

**图 12-3  等电子氢化物分子序列的气化焓**

在某些液态物质(例如水和氨)中观察到反常的高介电常量,拉蒂默和罗德布什曾把这个现象归因于通过氢键的生成而产生的连续聚合作用。在图 12-4 中,将在 20℃ 温度下测定的液态物质的介电常量[13]与物质的分子在气态下或在非极性溶剂中的偶极矩值进行比较。可以看到,大多数点都落在图中的简单曲线附近。[14]甲胺、氨、醇、水、过氧化氢、氟化氢和氰化氢的数值却都在曲线之上。预料所有这些物质除了氰化氢以外都有氢键生成,其程度大小大致与离开曲线的程度成比例,甲胺和氨的偏差较小而含氧物和含氟物的偏差较大。[15]

液态氰化氢的介电常量具有很高的实测数值,这是令人惊奇的,因为它表明这个物质中的碳原子能利用与自己连接的氢原子生成氢键。根据电负性标度,C—H键只能有小量的离子性,因而不能以觉察得出来的力吸引邻近的负电性原子。但是,我们已经从 CN 基的偶极矩看出结构 R—C$^+$::N:$^-$ 对于氰化物是很重要的(8-1节);与这个在碳原子上有正的形式电荷的结构发生共振,可以使原子的电负性增加到足以能生成氢键 C—H···N 的程度。这些氢键的强度足以使熔点和沸点受到觉察得出的影响;观测数值是 $-12°$ 和 25℃,比乙炔的数值 $-81°$ 和 $-84℃$ 要高得多。这种对介电常量的很大的影响可以解释如下:氰化氢在聚合作用中生成直线型分子:

H—C≡N···H—C≡N···H—C≡N···H—C≡N···H—C≡N ,

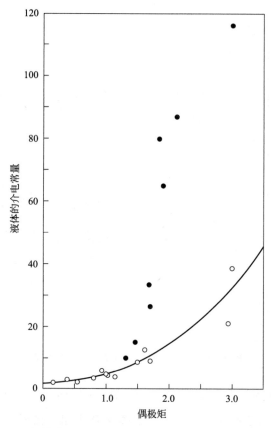

**图 12-4　极性液体的介电常量与气体分子的电偶极矩的关系**

从左向右,圆圈表示 $AsH_3$、$HI$、$PH_3$、$HBr$、$H_2S$、$CHCl_3$、$HCl$、$(C_2H_5)_2O$、$SOCl_2$、$SO_2$、

$SO_2Cl_2$、$(CH_3)CO$、$CH_3NO_3$;圆点表示 $CH_3NH_2$、$NH_3$、$CH_3OH$、

$C_2H_5OH$、$H_2O$、$HF$、$H_2O_2$、$HCN$

聚合分子($HCN)_n$ 的总偶极矩约等于 $3.00n \times 10^{-18}$D(简单分子 $HCN$ 的偶极矩是 $3.00 \times 10^{-18}$D)。根据介电常量的简单理论,介电常量与偶极矩的平方和单位体积中分子数目的一次方成正比。观测数值 116 大约是从单体的曲线得出的数值的 3 倍,表明平均聚合度是 3;在凝聚体系中,即使只有微弱的氢键,这种程度的聚合作用也是很容易发生的。已经利用气体分子的电偶极矩数值,对液态氰化氢的介电常量进行了理论研究。[16]从介电常量对温度的依赖关系计算出的 C—H⋯N 键的生成焓是 4.6 千卡/摩尔。

曾经有人指出[17]氰化氢气体的密度数值表明有聚合体($HCN)_n$ 存在。根据计算,二聚体 H—C≡N⋯H—C≡N 中氢键的生成焓是 3.28 千卡/摩尔,而三聚体 H—C≡N⋯H—C≡N⋯H—C≡N 中两个氢键的生成焓之和是 8.72 千卡/摩尔。氢键的强度随着聚合度而增加,这是令人感兴趣的,而且可以用共振理论予以简单的解释。

已经证明，[18]氰化氢晶体含有直线型聚合体$(HCN)_x$，其中 C—H···N 键长是 3.18 埃。有趣的是，按照预料，长的聚合体$(HCN)_n$ 在晶体中是不会改变自己的取向的，因此固态氰化氢和冰不同，应当具有低的介电常量。史麦斯(Smyth)和麦克奈特(McNeight)已从实验上证实了这一点，[19]根据他们的报告，固态氰化氢的介电常量大约是 3。

关于利用与卤代烃分子中碳原子连接的氢原子生成弱的氢键而产生分子间缔合作用(三氯甲烷和类似物质与醚和乙二醇)的证据已经有过报道。[20]将质子磁共振技术应用于三氯甲烷在丙酮中和在三乙胺中的溶液，已证明在溶质和溶剂之间生成 1∶1 的络合物，[21]并且氢键 $Cl_3C$—H···$OC(CH_3)_2$ 和 $Cl_3C$—H···$N(C_2H_5)_3$ 的键能分别是 2.5 和 4.0 千卡/摩尔。三氯甲烷和乙醚的混合蒸气的第二位力系数随温度的改变情况，[22]表明有 $Cl_3C$—H···$O(C_2H_5)_2$ 分子的生成，其中氢键的键能是 6.0 千卡/摩尔。

氟化合物和对应的氢化合物，在性质上有一种值得注意的差别，这个差别可在假设有 C—H···X 键生成的基础上予以解释。例如，三氟乙酰氯 $F_3CCOCl$ 的沸点低于 0℃，而乙酰氯的沸点则是 51℃；同样，三氟乙酐$(F_3CCO)_2O$ 的沸点是 20℃，而乙酐的沸点则是 137℃。

氟化氢、水、过氧化氢和醇的聚合度无疑地大大超过氰化氢的聚合度。但是，这些物质的介电常量仍然比氰化氢的数值小，因为随着它们聚合度的增加，分子的总偶极矩并不作线性的增长。例如，氟化氢趋向于生成夹角大约等于 140° 的氢键，因而如下的聚合分子$(HF)_n$：

可能具有很小的总偶极矩；液态氟化氢也许还含有大量的偶极矩等于零的环状分子 (12-3 节)。

氢键的生成对于物质的其他性质也很重要，例如有机液体在水中和其他溶剂中的溶解度、物质在水下的熔点[23]、液体的黏度[24]、气体的第二位力系数[25]、晶体结构的选型、晶体的解理和硬度、红外线吸收光谱和质子磁共振等。这些性质中的一部分将在本章的以下各节进行讨论。

## 12-3  含有氟原子的氢键

二氟化氢离子 $HF_2^-$ 中的氢键是已知的最强的一种氢键。沃丁顿（Waddington）利用晶格能的计算值和热化学数据求出从 HF（气）和 $F^-$（气）生成 $HF_2^-$ 的生成焓是 58±5 千卡/摩尔。[26] 这个数值大约是任何其他氢键的数值的八倍。[27]

通过熵的测量[28]、偏振红外光谱[29]和中子衍射[30]以及核磁共振[31]的研究证明，在 $KHF_2$ 晶体中质子正位于氟原子之间的中点。据报道，中子衍射研究给出的质子在氟原子间位置的不准确度是±0.10 埃，从核磁共振研究得到的数据的不准确度是±0.06 埃。

$KHF_2$ 晶体中的 $HF_2^-$ 离子的氟—氟键长的观测值[32]是（2.26±0.01）埃。因此在这个离子中 H—F 半键的键长是 1.13 埃。这比 H—F 单键键长超过 0.21 埃而不是根据方程式（7-7）的 0.18 埃。

气态氟化氢中聚合体 $(HF)_n$ 的氢键比 $HF_2^-$ 离子中的氢键要弱得多。弗雷登哈根（Fredenhagen）[33]曾经计算出平均键能（焓）是 6.02 千卡/摩尔。弗雷登哈根找到了聚合度 $n$ 等于或超过了的聚合体存在的证据；二聚体似乎不如较高的聚合体稳定。根据西蒙斯（Simons）和希尔德布兰[34]报告，由 6HF 生成 $(HF)_6$ 的生成焓是 40 千卡/摩尔，与此相应每个 F—H⋯F 氢键的数值是 6.7 千卡/摩尔，这里假定 $(HF)_6$ 具有由 6 个氢键（键角 120°）组成的环状结构。对 $(HF)_n$ 的电子衍射研究[35]给出 F—H 的键长数值是（1.00±0.06）埃，F—H⋯F 是（2.56±0.05）埃，因此 H⋯F 的键长是 1.55 埃。与这个数值相应，H⋯F 键大约有 9% 的共价性。据报道，气态 $(HF)_n$ 中的键角是（140±5）°。

已发现[36]氟化氢晶体含有无限长的曲折的链，其中 F—H⋯F 距离是（2.49±0.01）埃，键角 120.1°。这些数值是比气相的数值更为准确一些。

凯迪（Cady）[37]曾制得晶体物质 $KH_2F_3$、$KH_3F_4$ 和 $KH_4F_5$；温莎（Winsor）和凯迪[38]曾制得 $CsH_2F_3$、$CsH_3F_4$ 和 $CsH_6F_7$。这些晶体的结构尚未测定。很有可能在这些晶体中 $H_nF_{n+1}^-$ 离子含有曲折的由氢键组成的链，但是也有可能在结构中包含一个中心氟离子，周围有 3 个或更多的 HF 分子用氢键与它连接起来。例如，$H_4F_5^-$ 也许具有四面体结构：

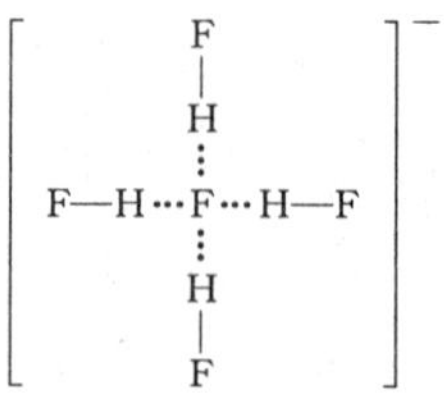

$$
\left[\begin{array}{c} F \\ | \\ H \\ \vdots \\ F-H\cdots F\cdots H-F \\ \vdots \\ H \\ | \\ F \end{array}\right]^-
$$

其中 F—H⋯F 距离约等于 2.35 埃。

有趣的是 $NH_4HF_2$ 的晶体结构完全由氢键所决定。[39] 在 $KHF_2$ 中,每个钾离子有 8 个等距的相邻氟原子。$NH_4HF_2$ 的结构是相类似的,[40] 但是由于 N—H⋯F 氢键的生成,以四面体构型包围着氮原子的 8 个氟原子中,有 4 个拉近到距离为 (2.80±0.02) 埃,其余 4 个的距离大约是 3.1 埃。其结构如图 12-5 所示。

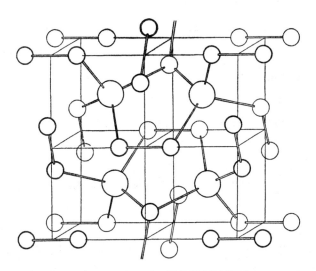

**图 12-5　$NH_4HF_2$ 晶体的原子排列**

大圆圈表示氮原子,小圆圈表示氟原子,双线表示氢键

$NH_4HF_2$ 晶体中 F—H—F⁻ 键长是 (2.82±0.02) 埃,超过 $KHF_2$ 中的数值大约 0.06 埃。这个距离的增大也许是由于 N—H⋯F 氢键部分地使氟原子的价得到饱和从而削弱了 F—H—F 键的结果。

叠氮化铵 $NH_4N_3$ 的结构[41] 与 $NH_4HF_2$ 相类似;N—H⋯N 氢键的键长是 2.98 埃。

氟化铵 $NH_4F$ 晶体的结构和纤维锌矿的结构很相似(图 7-6)。每个氮原子通过氢键与构成四面体的 4 个氟离子成键,N—H⋯F 键的键长是 2.66 埃。谢尔曼[42] 就晶能的实验值与按照不包含氢键的离子结构计算的数值进行比较,讨论了 N—H⋯F 键的键能数值,他在计算时使用了其他卤化铵的热化学数据。由于氢键的生成,氟化铵晶体稳定性的增加比碘化铵的相应值大 18.3 千卡/摩尔。如果我们假设在碘化铵晶体中[43] 铵离子与周围的碘离子的额外相互作用的能量大约是 2 千卡/摩尔,则可得出氟化铵中 N—H⋯F 的键能数值是 5 千卡/摩尔。

$NH_4F$ 的结构与冰的结构很相类似(参看下节):它们的原子作相似的排列,大小相差仅 3.7%(N—H⋯F,2.66 埃;O—H⋯O,2.76 埃)。已经发现,[44] 这两种物质能生成氟化铵含量多到 10% 的固溶体。氟化铵是已知的在冰中有一定溶解度的唯一物质。

二氟化肼 $N_2H_6F_2$[45]晶体中氢键 N—H···F 的键长是$(2.62\pm0.02)$埃；这比 $NH_4F$ 中的数值小 0.04 埃。键长的缩短很可能表明 N—H···F 的键强度有所增加，增加的原因是肼离子 $N_2H_6^{2+}$ 有 2 个正电荷和 6 个氢原子，它的 N—H 键的离子性超过了只有一个正电荷和 4 个氢原子的铵离子中的 N—H 键。

绝大多数铵盐与对应的钾盐和铷盐都是同晶型的，铵离子的有效离子半径大约是 1.48 埃，大致等于铷离子的数值 1.48 埃，而略超过钾离子的 1.33 埃（第十三章）。$NH_4F$、$NH_4HF_2$ 和 $NH_4N_3$ 等这些特殊物质都含有铵离子与周围负电性原子生成的氢键。在含有这种键的其他晶体中，没有发现有结构的改变，只是原子间距离有所缩短，铵化合物的分子体积比铷化合物的要小些。

值得指出的是，与碳原子连接的氟原子，从氟和碳的较大的电负性差来说，是可能生成氢键的，可是它们一般地并不具有受质子体的明显能力。[46]

## 12-4　冰和水；内包化合物

用 X 射线研究冰的晶体结构证明，[47]氧原子在晶格中的位置与在纤维锌矿中（见图 7-6）的位置相类似，每个氧原子被构成四面体的其他 4 个氧原子所包围，其距离各等于 2.76 埃，如图 12-6 所示。这是一个十分敞开的结构，使冰具有低的密度；而像硫化氢这样的晶体则具有最紧密堆积的结构，硫化氢的每个硫原子有十二个等距离的相邻原子。但是，冰的结构却正是根据有 O—H···O 氢键生成所意料的结构，其中每个氢键或多或少地利用了两个成键氧原子上的 4 个价电子对中的一对。[48]

现在发生的问题是：一个给定的氢原子是在被它连接的 2 个氧原子的正中间，还是比较靠近其中的一个。这个问题的答案是，它比较靠近其中的一个，而且除了少数例外，每个氧原子有两个氢原子通过强键与它结合。在气态分子中，O—H 距离是 0.96 埃；从水蒸气到冰的性质改变的程度，还不足以使我们假设在冰的晶体中这个距离会增加到 1.38 埃。举例来说，与 O—H 键拉伸有关的分子振动频率，对于水和水蒸气说来，其间仅有相当小的差别。据解释，[49]这种频率的差别相当于 O—H 键长的数值 0.99 埃。从氧化氘晶体的中子衍射得到的更准确的数值是 1.01 埃。[50]

冰的晶体内有单独的水分子存在，通过残余熵的讨论对这一点提供了有趣的论据，同时还给出关于水分子在晶体中取向的明确资料。[51]实验证明，冰[52]和重冰[53]在低温时仍保留有可以觉察的熵值。假定在冰的晶体内每个水分子以一定的方式取向，使晶体具有单一的构型，例如像伯纳尔（Bernal）和福勒（Fowler）[54]所建议的那样，则残余熵应等于零。因此我们假设每个水分子是这样取向的：它的两个氢原子大致朝向周围的 4 个

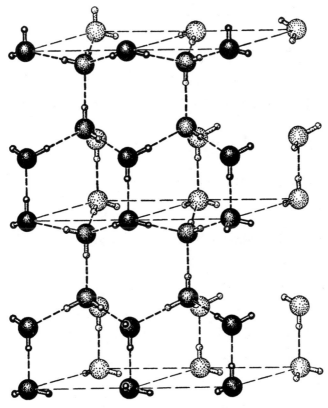

**图 12-6　冰晶体中分子的排列**

图中所示的水分子的取向是任意的;在每条氧—氧连线上有一个质子,它比较靠近两个氧原子中的一个

氧原子中的两个;只有一个氢原子位于氧—氧联线上;而且在一般条件下,非相邻分子的相互作用并不够大,因而满足这些条件的许多构型中任何一个不比其他构型更为稳定。这样我们认为一块冰的晶体可能以许多构型中的任何一个存在,每个构型与水分子的某种取向相对应。通过某些分子的转动,或者通过某些氢原子核的运动(每个核从离开一个氧原子1.00 埃的位置移动 0.76 埃到达靠近另一个氧原子的相似位置上),[55]冰的晶体可以从一个构型变成另一个构型。大概两种过程都可能发生。在 200K 以上的温度时,冰的介电常量与水的数量级相同,这个事实表明,分子有相当大的自由来重新取向,在能起稳定作用的电场存在的情况下,晶体从不极化的构型变到极化构型以满足上述的条件。[56]

　　当冰被冷却到很低的温度时,它就冻结在许多可能的构型中间的某一个构型中;但是不可能(在合理的时间内)获得单一的而分子又没有任意取向的确定构型。因此它仍然具有残余熵 $k\ln W$,其中 $k$ 是玻尔兹曼常量,$W$ 是晶体可实现的构型数。

　　现在让我们来计算 $W$。在 1 摩尔的冰中有 $2N$ 个氢原子核。如果每个核沿它的O—O 连线有两个位可供选择,一个位置是靠近一个氧原子,另一个是靠近第二个氧原子,那么将有 $2^{2N}$ 个构型。但是由于每个氧原子要连接两个氢原子的条件,这里的许多构型是需要淘汰的。让我们来考虑一个给定的氧原子和周围的 4 个氢原子核。这个 $OH_4$ 基团有 16 种排列：其中一种排列是 4 个氢原子核都靠近氧原子，这与离子 $(H_4O)^{2+}$ 相适应，四种与 $(H_3O)^+$ 相适应，六种与 $H_2O$ 相适应，四种与 $(OH)^-$ 相适应，一种与 $O^{2-}$ 相适应。所以认定两个氢原子核与这个氧原子生成强的键的可接受的排布方式占排布方式总数的 6/16，亦即 3/8。仅有 3/8 对于第二个氧原子是适合的。以此类推，构型数目 $W$ 是 $2^{2N}\left(\dfrac{3}{8}\right)^N$ 或 $\left(\dfrac{3}{2}\right)^N$。

由此得出冰的残余熵的理论值为 $k\ln\left(\dfrac{3}{2}\right)^N = R\ln\dfrac{3}{2} = 0.806$ 卡/(摩尔·摄氏度)。普通冰的实验值是 0.82 卡/(摩尔·摄氏度)，重冰的数值是 0.77 卡/(摩尔·摄氏度)；实验值与理论值的符合对冰的假设结构提供了强有力的支持，在这种结构中，氢键的氢原子核不对称地位于两个键合氧原子之间。[57]

中子衍射的研究已证实了冰的这个无序结构。中子的衍射束强度表明，在结构中，围绕着每个氧原子的四面体的每边上要配定半个氢原子的散射力；即衍射强度相当于 4 个边的半数被氢原子所占有。[58] 用中子衍射法再次对在 −50℃ 和 −150℃ 下的氧化氘单晶进行测定，[59] 得到 O—D 链长是 1.01 埃，D—O—D 键角接近四面体角（109.5°±0.5°）。

冰的升华熵是 12.20 千卡/摩尔，其中的五分之一是由于一般的范德华力（从其他物质的数值估计而得的）；其余部分 10 千卡/摩尔，体现着氢键的破裂，由此得出在冰中的 O—H…O 氢键的键能等于 5 千卡/摩尔。冰的熔化熵的数值不大（1.44 千卡/摩尔），这表明在熔化时大约只有 15% 的氢键被破坏。

对冰的交流导电率的测定结果[60]表明，在冰的晶体的内表面上，水分子在进行着一种特殊的信步行走，此时水分子总归有一个氢键连接到这个表面上（两脚信步行走）。与局部导电率对温度的依赖关系相应的活化能是 5.2 千卡/摩尔，这可以被解释成破坏一个氢键所需要的能量。通过对水的核磁共振（质子自旋）的研究可以测出自扩散系数和自旋-晶格的弛豫时间。根据这些数量对温度的依赖关系得出活化能。根据自扩散系数与黏度之比来估计，活化能在 2℃ 时是 5.5 千卡/摩尔，在 100℃ 时下降到 3.5；根据自旋晶格弛豫时间来估计，活化能从 2℃ 时的 5.5；下降到 100℃ 时的 3。[61] 根据水蒸气的第二位力系数数值来推算，水蒸气中的两个水分子间的氢键的能量是 5.0 千卡/摩尔。[62]

过氧化氢的升华熵是 14.1 千卡/摩尔，如果减去与范德华力有关的能量的估计数值 4 千卡/摩尔，得出氢键键能的数值与它在水中的数值相等。

液态水的结构问题曾经吸引人们很大的注意，但至今尚未十分满意的解决。我们对这个问题的讨论将推迟到叙述了简单物质的某些结晶水合物的结构以后再进行。

内包化合物 汉弗里·戴维（Humphry Davy）[63]在 1811 年曾说明水是早期被认为是结晶氯的一种物质的组分；12 年后，法拉第（Faraday）[64]曾报告一个与化学式 $Cl_2 \cdot 10H_2O$ 相应的分析结果。以后的研究表明这个物质的组成接近 $Cl_2 \cdot 8H_2O$。自从法拉第的时代以来，已报道过许多单物质（包括惰性气体和简单烃类）的类似结晶水合物。就氩、氯、溴、二氧化硫、硫化氢、溴代甲烷、碘代甲烷、氯代乙烷、三氯甲烷和其他一些物质[65]的水合物进行的 X 射线研究证明，这些晶体中有一些是边长大约等于 12.0 埃的立方结构单元，另一些是边长约等于 1.70 埃的立方结构单元。已经提出了这两种水合物的一些结构，[66]关于其中一种晶体——氯的水合物的详细 X 射线研究已有报道。[67]图 12-7 和 12-8 表示测定出来的氯的水合物的结构。可以将 20 个水分子放到一个五角十二面体的 20 个顶点上。这些水分子沿着十二面体的各个棱生成氢键。正五边形的每个内角等于 108°，十分接近四面体角的数值。因此，预计十二面体的边长大约等于 2.76 埃，这也就是两个水分子间的氢键长度。在边长为 11.88 埃（氯的水合物的）的立方结构单元中，有两个十二面体，一个在立方体的顶点上，另一个在立方体的中心，但取向不同（图 12-7）。每个十二面体的 20 个水分子中有 8 个与周围的 8 个十二面体的对应水分子生成氢键。这些氢键从十二面体的中心沿晶体的三重轴直接伸出。除此以外，在 4 个十二面体的间隙中还有 6 个水分子，其中每个水分子与周围的 4 个十二面体中的一个水分子各生成一个

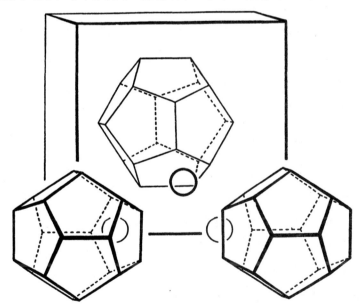

**图 12-7 氯的水合物晶体中的水分子的排布**

如图所示，有一些水分子位于五角十二面体的顶点上。

另外还需要一些水分子（圆圈表示）来完成这个结构。

沿着十二面体的棱，以及在相邻的十二面体之间和在十二面体与间隙水分子之间都有氢键生成

氢键,共生成 4 个氢键,如图 12-8 所示。除了两个五角十二面体以外,单位立方体中的 46 个水分子同时还形成 6 个十四面体。十四面体是一种具有两个六角形面和 12 个[*]五角形面的多面体(图 12-8)。从 X 射线衍射图得到的氧原子参数是与整个晶体内氢键键长都等于 2.76 埃相符合的。在这个构架的 46 个水分子中,每个分子生成 4 个取向大致是四面体型的氢键。

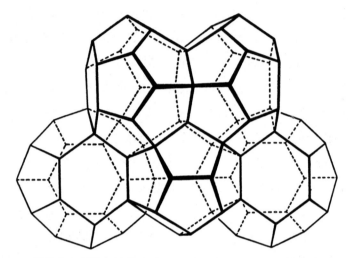

**图 12-8　氯的水合物的氢键构架的一部分,水分子聚成十二面体和十四面体**

氯分子的取向多少有些任意性,它们各占 1 个十四面体,因而每单位立方体有 6 个 $Cl_2$ 分子。在单位立方体中大概还有两个水分子占据十二面体的孔穴;这些孔穴太小,容纳不了氯分子。由此可见,晶体的组成是 $Cl_2 \cdot 8H_2O$。

在氙、甲烷的水合物及其他含小分子的水合物晶体中,每单位立方体的 8 个多面体中心各有一个氙或甲烷分子,因此它们的组成分别是 $Xe \cdot 5\frac{3}{4}H_2O$ 和 $CH_4 \cdot 5\frac{3}{4}H_2O$。

这种由一些分子被关闭在另外一些分子所形成的晶格中的化合物,叫作内包化合物。往往是分子互相通过氢键的连接而形成架格。鲍威尔和他的同事们[68]曾测定了许多内包化合物的结构。醌醇、对苯二酚[69]构成了一个特别有趣的类型。醌醇的羟基相互生成氢键,结果形成了两个相互无限穿插但互不成键的构架(在这一方面,与赤铜矿的结构类似,参阅图 7-9)。结构中有大小足以容纳一个小分子的孔穴;每三个醌醇分子有一个孔穴。已知的这类物质具有 $3C_6H_4(OH)_2 \cdot M$ 的组成,其中 M 表示 Ar、Kr、Xe、HCl、HBr、$H_2S$、$SO_2$、$CO_2$、HCN、$H_2C_2$、HCOOH、$CH_3OH$ 和 $CH_3CN$。

**水**　液态水的结构问题是一个有趣的、但仍然远没有完全解决的问题。像其他液

---

[*]　此处原文误为 8 个,已改正。——校者注

体那样,水的结构无疑地包含着很大的任意性,但是仍然可能有水分子团的某种构型经常出现在液体中。伯纳尔和福勒[70]提出的水的结构是多年来受到认真对待的一个结构。他们的看法是,水仍然保留一部分与冰相类似的氢键结构。他们提出,随着温度的上升,越来越多的氢键被破坏,水分子[*]的排列越来越接近球体的最紧密堆积;由于这种堆积方式,与冰的完全氢键结构的敞开堆积方式不同,物质的密度应当有相应的增加。他们还提出一种可能性,即在冰融化时密度的增加[**]也许大部分是因为水中存在着类似石英结构的氢键络合物。从 0℃加热到 4℃时水的密度的增加也许是因为类冰结构的聚集体的浓度有所减低而类石英结构或别的较紧密结构的络合物的数目有所增加。[71]

关于水中含有相当多的类石英结构的聚集体的意见必须放弃,因为没有一种办法可以使一个类石英结构比类鳞石英或类方石英结构来得更稳定。在每一个这类结构中,每个氧原子都是被 4 个与它生成氢键的其他 4 个氧原子四面体型地包围着。在类石英结构中,氢键从正常角 180°弯转了一个很大的角度,这些弯曲的氢键的存在必然产生严重的不稳定作用。

用上述的甲烷的水合物讨论液态水的结构,似乎是合理的。如果在甲烷水合物的晶体中甲烷分子用水分子取代,我们将得到一个具有完全氢键构架的晶体,其中每单位立方体有 46 个水分子,再加上在多面体中心的 8 个不生成氢键的水分子。根据上述的熔化焓数值,氢键的数目是冰的 85%。假设结构的大小与甲烷水合物的相等,则这个晶体的密度是 1.00 克/厘米$^3$,也就是水的密度。再者,在结构分析中发现,各个五角十二面体相互间的排列可以有许多方式,因而液态水的具有很大的任意性的结合也许就是由于如此结合起来的水分子聚集体。从 X 射线衍射图计算出水的径向分布函数、介电常量的色散和水的某些其他性质都是与这种结构符合的。[72]

## 12-5　醇和有关物质

在结晶醇中,分子通常用氢键联合成下列类型的聚合体:

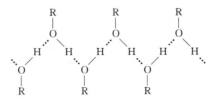

---

\* 此处原文误为"氧分子",已改正。——校者注

\*\* 此处原文误为"减少",已改正。——校者注

甲醇的晶体是具有这样结构的一个例子,它的 O—H⋯O 距离在 −110℃ 时是 2.66 埃,[73] 氢键形成如上所示的曲折链状结构。

当晶体熔化成为含有长的链状[74] 或环状聚合体的液体时,没有必要使许多氢键都发生破裂;事实上,如果液体仅含有环状聚合体,例如下面的 $(ROH)_6$,

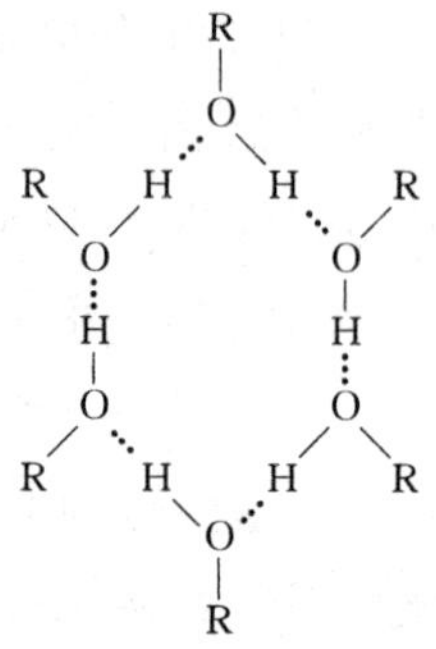

在熔化时氢键的破坏并不引起能量损失。由于这个原因,醇的熔化热和熔点仅有轻微的不正常现象,而气化热和沸点则受到氢键的强烈影响,因此液态在宽广的温度范围内保持稳定。将乙醇与它的异构体二甲醚进行比较,是有启发作用的;这两个物质的物理常数如下:

|  | $C_2H_5OH$ | $(CH_3)_2O$ | 差 别 |
| --- | --- | --- | --- |
| 熔点/℃ | −115 | −141 | 26 |
| 沸点/℃ | 78 | −25 | 103 |
| 升华焓/(千卡·摩尔$^{-1}$) | 11.3 | 6.3 | 5.0 |

摩尔升华焓之差 5.0 千卡/摩尔可以认为是结晶乙醇中 O—H⋯O 键的键能近似值。

曾经发现在甲醇的蒸气中有四聚体 $(CH_3OH)_4$ 存在。[75] 它的结构可假定为含有由 4 个氢键组成的正方形结构:

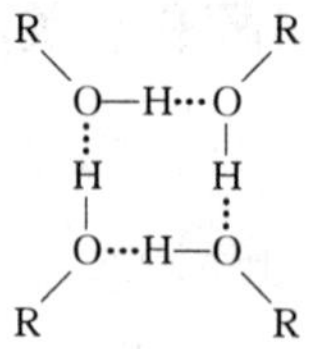

从 4 个单体气体分子生成四聚体的生成焓是 24.2 千卡/摩尔。可以认为,这个数值的四分之一(6.05 千卡/摩尔)等于氢键的键能;还要加上对范德华力进行的小量校正。因此得出的数值与上述乙醇的数值是符合的。

曾经用红外光谱研究了乙醇分子在四氯化碳溶液中的缔合现象,由此求出二聚体、三聚体和四聚体的生成焓。[76] 四聚体的数值是 22.56 千卡/摩尔,与此相应的氢键的键能是 5.64 千卡/摩尔(没有对范德华力进行校正,因为溶质与溶剂的相互作用把它抵消

了）。这个数值与上面从升华焓求得的数值尚算符合。二聚体和三聚体的数值是 5.09
和 10.18 千卡/摩尔,估计这分别与一个和两个氢键是相适应的。

季戊四醇 $C(CH_2OH)_4$ 形成四方晶体,它的结构[77]如图 12-9 所示。键长等于 2.69
埃的氢键将分子连接成层状结构,因而晶体表现出良好的底面解理性。

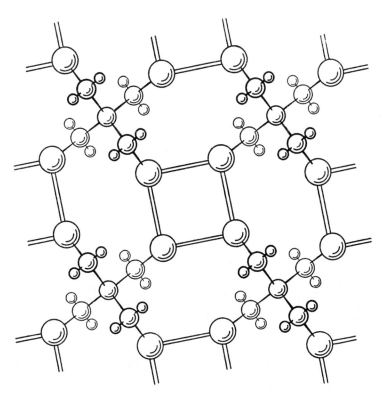

**图 12-9  季戊四醇 $C(CH_2OH)_4$ 的结构**

大球表示氧原子,中等圆球表示碳原子,小球表示与碳原子连接的氢原子;双线表示氢键

在季戊四醇中,氢键将氧原子连接成与上述甲醇四聚体相同的正方形结构。

利用对氘代物质的中子衍射研究,[78]已确定出氢原子在季戊四醇晶体中的位置。
这些氢原子是有规则地排列着的每个氢原子与最近氧原子的距离是$(0.94\pm0.03)$埃,
C—O—H 角的数值是 110°。O—H 和 O···O 形成的角是 6°,因此氢键的弯曲度是 9°(即
O—H···O 与平角的偏差是 9°)。

苯间二酚或间苯二酚[79]的晶体含有无限长的···OHOH···螺旋体($\alpha$ 晶型)和交叉的
链状体($\beta$ 晶型)。O—H···O 的距离大约等于 2.70 埃。

结晶氨和液态氨中的氢键比冰和水中的氢键弱,原因有二:N—H 键的离子性小,因
此只有较小的生成氢键的能力;$NH_3$ 分子的一个未共享电子对必须用来供给分子与所有
其他 N—H 基生成的氢键,而水的每一个氢键都有一个电子对。在氨的晶体中,[80]每个

氮原子有 6 个邻近原子[81]与它各相距(3.380±0.004)埃,这个距离表明 N—H…N 是一个弱的键;$NH_4N_3$ 中较强的 N—H…N 键的键长是 2.94~2.99 埃。从升华热 6.5 千卡/摩尔和范德华能的估计数值 2.6 千卡/摩尔计算出氨中 N—H…N 的键能大约是 1.3 千卡/摩尔。

## 12-6  羧  酸

水中的氢键的强度不足使蒸气中的聚合分子的浓度达到可以觉察的程度。但是,羧基的氧原子却能生成较强的键,从而产生稳定的甲酸和乙酸的二聚体。用电子衍射方法[82]测定的甲酸二聚体的结构如下:

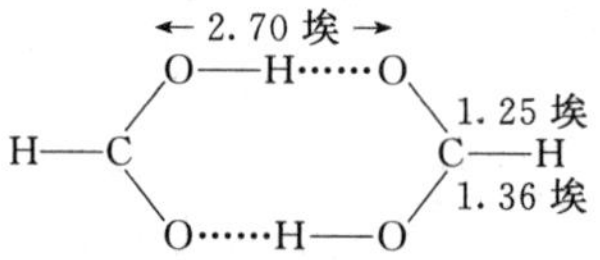

这个物质的 O—H…O 距离 2.70 埃比冰的数值 2.76 埃小些,这符合较强的键的情况。根据二聚作用[83]的焓 14.12 千卡/摩尔,求出 O—H…O 的键能值是 7.06 千卡/摩尔。用同样方法求出,乙酸的氢键键能[84]值是 7.6 千卡/摩尔。这些数值超过冰的数值 50%。

据报道,在乙酸的二聚体中,每个氢原子与较近的两个氧原子的距离是(1.075±0.015)埃;[85]这比冰的相应数值 1.01 埃大得多,这是与氢键强度增加而产生的结果一致的。

对乙酸中氢键强度的增大可以作如下说明。分子对结构 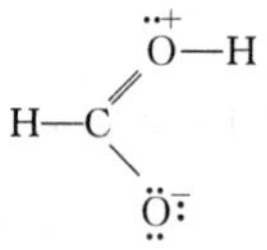 的共振,使在生成氢键时给出质子的氧原子具有正的总电荷,从而增加了 O—H 键的离子性和氢原子的正电荷。这种共振同时也增加了接受质子的另一氧原子的负电荷。这两种作用都有增加 O—H…O 键的强度的效果。

有趣的是,一般地可以通过增加 A 的正的总电荷和 B 的负电荷使一个不对称氢键 A—H…B 的强度得到增加。

已经证明,苯甲酸和其他羧酸在某些溶剂中(例如在苯、三氯甲烷、四氯化碳和二硫化碳中[86])缔合成为二聚分子。由此求出苯甲酸和邻甲基苯甲酸的氢键的键能数值是 4.2 千卡/摩尔,而间甲基苯甲酸的数值则是 4.7 千卡/摩尔。

在丙酮、乙酸、乙醚、乙醇、乙酸乙酯和酚的溶液中,苯甲酸以单体形式存在;在这些溶液中单个的分子通过与溶剂生成氢键而得到稳定。

邻羟基苯甲酸,在例如苯和四氯化碳等的溶液中生成二聚分子。其次,应用光谱方法(12-8 节)已证明二聚分子不含有不成氢键的 OH 基。这是因为分子具有下列的结构:

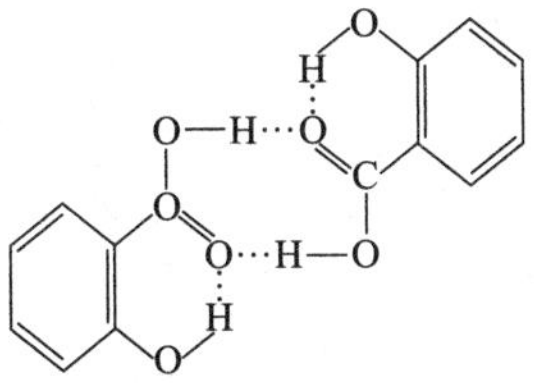

两个羧基的结合方式与甲酸二聚体中的相同,除此以外,每个烃基还与邻位的羧基的氧原子成键。[87]习惯上把这种通过氢键的生成而生成环状结构的作用叫作螯合作用(来自希腊文 χηλη——蟹螯),这个名词还在更广泛的含义下被使用着。[88]

螯合作用或内部氢键生成作用对邻烃苯甲酸性质的影响是突出的。布兰奇(Branch)和亚布洛夫(Yabroff)[89]曾经指出,邻羟苯甲酸是比间羟苯甲酸和对羟苯甲酸都要强得多的一种酸,这是由于与羟基生成的氢键使羧酸根离子对质子的引力得到部分饱和所产生的效果。这种效果在 2,6-二羟基苯甲酸[90]中更为显著,它的结构是:

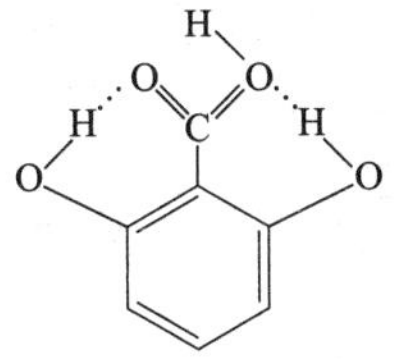

这个物质是比磷酸和亚硫酸更强的一种酸,它的酸性常数等于 $5 \times 10^{-2}$。

在邻、间和对羟基苯甲酸的晶体中,分子间都有氢键生成(在邻位化合物中分子内部也生成氢键),但是只有邻位化合物的蒸气中的单个分子内部生成螯形键。因此预计邻羟苯甲基的升华热要小于它的间位和对位异构物,其他有关性质也应当有相应的差别。实际情况正是这样。这些物质在 100℃ 时的蒸气压的相对值是 1320、5 和 1。$RT \ln \frac{1320}{5}$ 和 $RT \ln \frac{1320}{1}$ 分别等于 4.16 和 5.36 千卡/摩尔;我们由此推断邻羟苯甲酸分子中氢键的键能大约等于 4.7 千卡/摩尔。我们在这个论证中作出下列合理的假设:三种晶体的自由能数值相等,而三种气体的自由能之差仅等于邻位化合物的氢键的键能数值。

氢键对晶体物理性质的影响在草酸中表现得很突出。这个物质有两种无水晶型。[91]其中的一个——α 型含有被氢键结合的分子层。每个分子层的结构可用下列图解来表示：

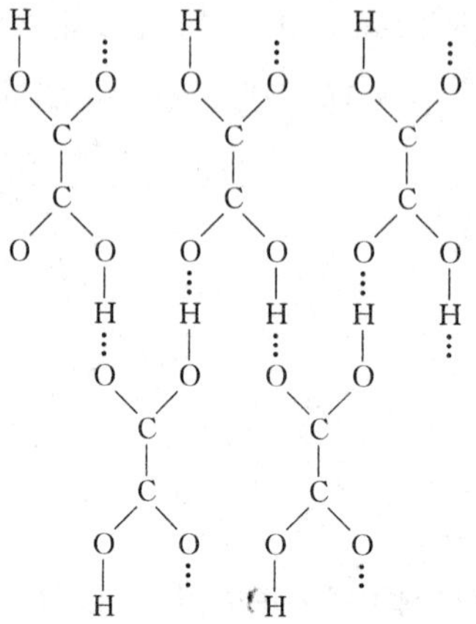

因此这种晶体很容易解理，一层一层地剥开而不破坏任何氢键。在 β 型晶体中，含有下列结构的长的分子链：

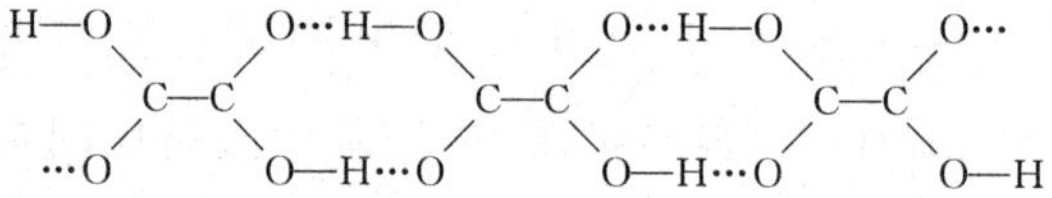

这种晶体沿着与链轴平行的两个平面解理成为长条。两种晶型中 O—H···O 距离都大约等于 2.65 埃。

许多其他二羧酸有着相类似的结构，其中包括丁二酸[92] $COOH(CH_2)_2COOH$；戊二酸 $COOH(CH_2)_3COOH$；己二酸 $COOH(CH_2)_4COOH$ 和癸二酸 $COOH(CH_2)_8COOH$。对许多羧酸水合物也进行了结构测定；在所有这些晶体中羧基都生成氢键，通常与水分子生成氢键。二水合草酸[93]是其中一个例子。这个晶体中的 O—H···O 距离是 2.50 埃。

除了上面谈到的以外，我们将从结构为已知的含有氢键的许多晶体中，举出少数几个作为例子来说明氢键的立体化学性质。

硼酸[94]含有由氢键连接起来的 $B(OH)_3$ 分子层，图 12-10 表示一个分子层的一个部分。这种晶体很容易沿着分子层平面解理。每个氧原子生成两个氢键，O—H···O 距离是(2.72±0.01)埃。这些键与 $BO_3$ 基都位于同一平面上。

在仲高碘酸三氢铵 $(NH_4)_2H_3IO_6$ 和磷酸二氢钾 $KH_2PO_4$ 中，每一个氧原子要配两个氢原子。在这些晶体内，氧原子和邻近的络合负离子生成氢键，每个氧原子各生成一个这样的键。$(NH_4)_2H_3IO_6$ 的六方晶体的结构[95]如图 12-11 所示。位于三重轴上的 $IO_6$ 基团围绕着轴旋转，结果使每个氧原子与邻近 $IO_6$ 基团中一个氧原子的距离保持(2.60±0.05)埃，其间还有一个氢键形成。$KH_2PO_4$ 的四方晶体

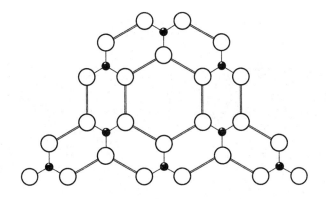

**图 12-10　硼酸晶体分子层中的原子排布**

大圆圈表示氧原子,小圆圈表示硼原子,双线表示氢键

**图 12-11　$(NH_4)_2H_3IO_6$ 晶体的结构**

圆圈表示铵离子,八面体表示$[IO_6]^{5-}$离子,双线表示氢键

的结构[96]与此相类似;$PO_4$ 基团围绕它们所在的二重轴旋转,使 O—H$\cdots$O 键长达到数值$(2.487\pm0.005)$埃。

图 12-12 表示水铝石 $AlHO_2$ 的结构,[97]其中氧原子成对地被氢键结合起来;因此晶体含有 O—H$\cdots$O 基团,O—H$\cdots$O 的距离是$(2.650\pm0.003)$埃。与水铝石有关的晶体纤铁矿[98]$FeO(OH)$含有两种氧原子(图 12-12)。第一种氧原子只与铁原子成键,而每一个第二种氧原子则生成两个氢键。

巴辛(Busing)和利维(Levy)曾准确地测定了水铝石中原子的位置,其中包括氢原子的位置,[98a]从而对人们关于氢键的性质和它在结构稳定化中发挥作用的认识做出了有

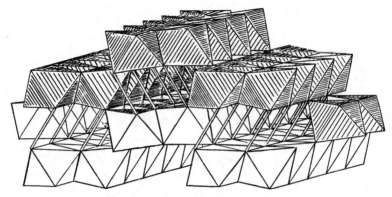

**图 12-12　水铝石 AlHO₂ 的晶体结构**

氧原子位于八面体的顶点上,铝原子在八面体的中心;双线表示氢键

价值的贡献。如图 12-12 所示,每个铝原子与 6 个氧原子配合。铝—氧键的键长是:Al—$O_I$ =(1.858±0.004)埃;(1.851±0.002)埃;Al—$O_{II}$ =(1.980±0.003)埃和(1.975±0.003)埃。$O_I$ 不是划分两个毗连八面体的共有棱边的氧原子,而 $O_{II}$ 则是划分这些棱边的氧原子。O—H…O 的键长数值如上所述,其中氢与 $O_{II}$ 的距离是 1.005 埃。$O_{II}$—H 键与 $O_{II}$…$O_I$ 的偏差是 12°。

氢原子与 $O_{II}$ 生成氢键的强度比与 $O_I$ 生成的氢键大[据方程式(7-7)推算,它们的键数分别是 0.85 和 0.09],这可以通过下列的论证得到理解。Al—O 键具有很大的离子性,因此使铝原子带有正电荷。两个距离最短的铝原子是跨过一个八面体共有棱边的。预计这些原子的静电排斥将使 $O_{II}$—Al 键拉长(同时使共有棱边长度缩短,如13-6 节所述)。Al—$O_I$ 和 Al—$O_{II}$ 的实测键长相差 0.12 埃,我们的结论[根据方程式(7-7)]是铝原子的原子价 3 以这种方式分配在它的 6 个键上面,即 Al—$O_I$ 的键数是0.61,Al—$O_{II}$ 的键数是 0.39。$O_I$ 原子的原子价是 2,其中 1.83 被它与铝原子生成的3 个键所满足。$O_{II}$ 的原子价是 2,其中 1.17 被它与铝原子生成的 3 个键所满足。$O_I$和 $O_{II}$ 的价分别有 0.17 和 0.83 未得到满足。所以在氢键的 $O_I$ 和 $O_{II}$ 之间的氢原子比较靠近 $O_{II}$,这与观测的情况是符合的。

**两个氧原子之间的对称氢键**　在 12-3 节曾经指出,[HF₂]⁻ 离子中的氢原子正好在两个氟原子正中间,因此可以认为它和每个氟原子各生成半个键。F—H 键长的观测值1.13 埃超过它在 HF 分子中的数值 0.21 埃;这个差别是合理的,根据方程式(7-7),它相当于键数 0.45,等于硼烷(10-7 节)中一般桥式氢原子所具有的数值。

水中 O—H 键的键长是 0.96 埃。对称的 O—H—O 氢键中 O—H 距离是 1.17 埃,因此两个氧原子相隔 2.34 埃。

大多数氢键的 O…O 距离在 2.50 埃和 2.80 埃的范围内。丁二酮肟合镍[99]的数值

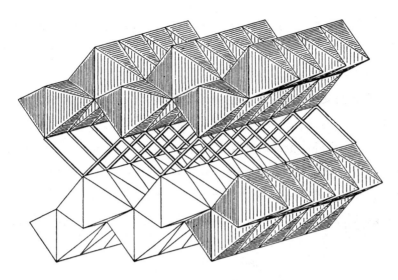

图 12-13　纤铁矿 FeO(OH)的结构

(2.44±0.02)埃和乙酰胺半盐酸盐[100](NH₂COCH₃)₂·HCl 的数值(2.40±0.02)埃是例外的情况。二乙酰胺氢正离子中的氢原子在两个氧原子的正中间,这已由中子衍射的研究予以证实。[101]

这个离子的结构是

$$\left[\begin{array}{c} \text{CH}_3 \\ \text{H}_2\text{N}-\text{C} \\ \text{O}-\text{H}-\text{O} \\ \text{C}-\text{NH}_2 \\ \text{H}_3\text{C} \end{array}\right]^+$$

N—C 键的键长是(1.303±0.013)埃,C—O 键的键长是(1.244±0.012)埃。这些键长数值表明 N—C=O 和 N=C—O 两个结构的贡献几乎相等:N—C=O 的贡献大约占 57%,N=C—O 大约占 43%。所以氧原子的原子价 0.43 没有得到满足。

这个化合物的 O—H 键长与水中的数值之差 0.24 埃相应于键数 0.40[方程式(7-7)]。因此,生成一个对称的氢键使氧原子的原子价得到了满足。

## 12-7　氢键的光谱研究

伍尔夫(Wulf)、亨德里克斯、希尔伯特(Hilbert)和利德尔(Liddel)[102]曾经发展了研究氢键的一种很重要的方法,并且应用它来研究大量的化合物。以下介绍这项研究工作的一些结果。所使用的实验方法是研究物质的四氯化碳溶液的红外吸收光谱,研究的光谱范围是 O—H 或 N—H 键的拉伸振动的特性频率范围。其他许多研究工作者也进行了类似的研究工作。皮门塔尔(Pimental)和麦克莱伦(McClellan)[103]合著的一书对这个领域的工作有详细的记载。

**生成强氢键的化合物**　基本上相当于分子内 O—H 键拉伸的振动频率在 3500 厘米$^{-1}$(波数单位)附近。它的第一倍频在 7000 厘米$^{-1}$ 附近。图 12-14 表示甲醇的四氯化碳溶液[104]在这个红外线范围的吸收光谱,在大约 7151 厘米$^{-1}$ 处它有一个显著的峰。其他一些醇呈现着类似的吸收光谱;例如,除了频率移动到 7050 厘米$^{-1}$ 这一点以外,三苯甲醇的吸收光谱与甲醇的没有明显差别。N—H 基在 6850 厘米$^{-1}$ 附近有类似的光谱,这可以从图 12-14 中咔唑的曲线看到。由于两个 N—H 键的相互作用,

氨基的光谱应当是较复杂的;图中的苯胺的曲线表现了这个基团的特点。

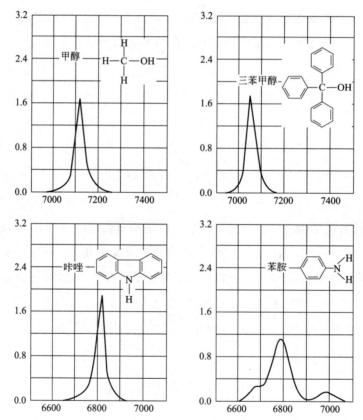

**图 12-14　甲醇、三苯甲醇、咔唑和苯胺的四氯化碳溶液的红外吸收光谱**

(希尔伯特、伍尔夫、亨德里克斯和利德尔)

纵坐标表示摩尔吸收系数,横坐标表示波数(厘米$^{-1}$)

希尔伯特、伍尔夫、亨德里克斯和利德尔有一个重要的发现,就是强氢键含有的 OH 和 NH 基在 7000 厘米$^{-1}$ 和在 O—H 和 N—H 振动的其他倍频范围都不吸收辐射。这些物质的光谱在这些波长范围内仅有一个微弱漫散的吸收带,不呈现明锐的峰。在已研究过的且用其他方法证明含有氢键的所有物质中,都观察到了这个现象,包括例如邻硝基酚(图 12-15)和水杨醛

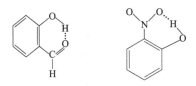

**图 12-15　水杨醛(左)邻硝基酚分子(右)的原子排列**

图按键长和键角的准确数值给出;可以看出 O—H 链指向硝基的一个氧原子

它们的物理性质表明在羟基和邻位的氧原子间有氢键生成。

氢键的红外吸收光谱性质有这种改变,大概与氢原子的振动和其他较重原子的振动之间的相互作用有关,因此,在氢原子生成的主要键的拉伸频率和被氢键连接的基团中较重原子的许多低频振动频率所组成的宽广的频率范围内,都呈现红外吸收。[105]

这种研究方法已应用于差不多一百种物质,它提供了关于生成强氢键的有利条件的有价值的情报。在表 12-1 中给出一些在 7000 厘米$^{-1}$ 没有强吸收的物质,也就是可以断定 OH 或 NH 基与分子中邻近的电负性原子生成强氢键的物质。表 12-2 给出一些在上述频率范围有强吸收的分子,作为表 12-1 的补充;可以断定,这些物质或者完全不生成分子内氢键,或者仅生成将在下节讨论的那种极弱的氢键。

从上述情况可以得出结论,在邻硝基酚和类似分子中,具备了生成强氢键的空间条件,而其他分子例如间硝基酚和邻羟基苯腈则未具备这些条件。光谱方法提供的证据一般地与从其他方法得到的结果符合,从它总结出的一些规律可以用原子间距离和键角数值予以解释。

**分子内弱氢键的生成**　伍尔夫和他的同事们所研究过的许多含有羟基的物质的光谱,在 7050 厘米$^{-1}$ 附近有一个尖锐的峰(图 12-14)。其他在这区域有强吸收(因此不生成包含羟基和氨的强氢键)的物质给出不同类型的曲线,这些曲线呈现出显著的频率移动,往往吸收峰分解成两个组成部分,如图 12-16 所示。曾经提出,[106] 光谱的这种复杂性是由于溶液中存在着特性频率不同的二种或更多类型的羟基和氨基,这些不同类型的基或者属于不同品种的分子(例如以下要讨论的邻氯酚),或者属于同一种分子(例如邻苯二酚)。这个看法已得到了有力的支持,因为根据由它作出的预言已获得了实验的

证实。[107]

**表 12-1　分子内生成强氢键的物质**

（在 7000 厘米$^{-1}$ 范围内没有强吸收）

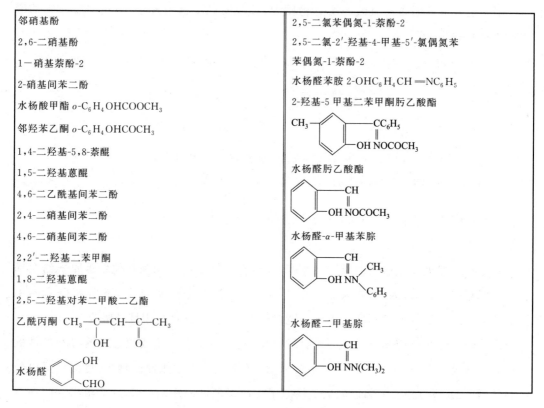

| | |
|---|---|
| 邻硝基酚 | 2,5-二氯苯偶氮-1-萘酚-2 |
| 2,6-二硝基酚 | 2,5-二氯-2′-羟基-4-甲基-5′-氯偶氮苯 |
| 1-硝基萘酚-2 | 苯偶氮-1-萘酚-2 |
| 2-硝基间苯二酚 | 水杨醛苯胺 2-OHC$_6$H$_4$CH=NC$_6$H$_5$ |
| 水杨酸甲酯 $o$-C$_6$H$_4$OHCOOCH$_3$ | 2-羟基-5 甲基二苯甲酮肟乙酸酯 |
| 邻羟苯乙酮 $o$-C$_6$H$_4$OHCOCH$_3$ | |
| 1,4-二羟基-5,8-萘醌 | 水杨醛肟乙酸酯 |
| 1,5-二羟基蒽醌 | |
| 4,6-二乙酰基间苯二酚 | |
| 2,4-二硝基间苯二酚 | 水杨醛-$\alpha$-甲基苯腙 |
| 4,6-二硝基间苯二酚 | |
| 2,2′-二羟基二苯甲酮 | |
| 1,8-二羟基蒽醌 | |
| 2,5-二羟基对苯二甲酸二乙酯 | 水杨醛二甲基腙 |
| 乙酰丙酮 | |
| 水杨醛 | |

**表 12-2　不生成分子内氢键的物质**

（在 7000 厘米$^{-1}$ 范围内有强吸收）

| | |
|---|---|
| 间硝基酚 | 乳酸乙酯 CH$_3$CHOHCOOC$_2$H$_5$ |
| 对硝基酚 | 邻羟基苯腈 |
| 邻甲酚 $o$-C$_6$H$_4$CH$_3$OH | 邻苯基酚 |
| 邻氯酚 | 3,6-二溴-2,5-二羟基对苯二甲酸二乙酯 |
| 邻二苯酚 $o$-C$_6$H$_4$(OH)$_2$ | 间羟基苯醛 |
| 间二苯酚 $m$-C$_6$H$_4$(OH)$_2$ | 对羟基苯醛 |
| 对二苯酚 $p$-C$_6$H$_4$(OH)$_2$ | 对羟基偶氮苯 |
| 苯偶姻 C$_6$H$_5$COCHOHC$_6$H$_5$ | |

　　间苯二酚、氢醌、间硝基酚和 2,6-二甲基酚以及许多物质有一个和酚相类似的吸收峰，不仅形状类似而且位置都很接近，这五种物质的吸收最高峰分别位于 7050、7065、7035、7060 和 7050 厘米$^{-1}$。这表明，酚羟基与苯环上的另一个间位或对位取代基（在烷基的情况下，还有邻位取代基）很少发生作用；通过苯环的相互作用仅产生很小（大约 20 厘米$^{-1}$）的频率移动。

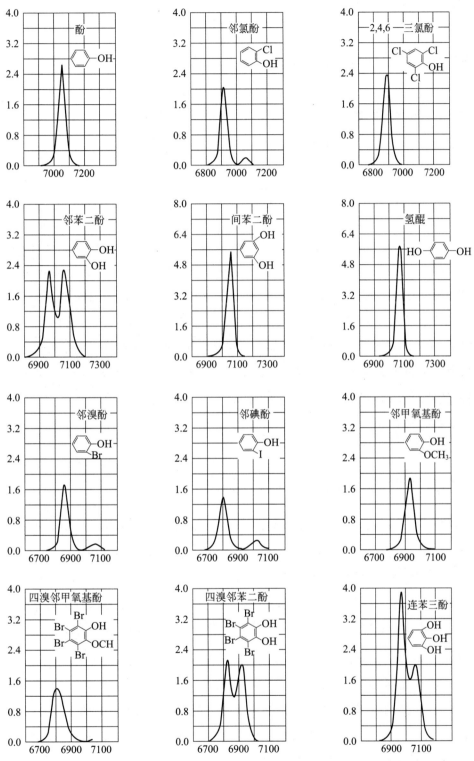

**图 12-16 酚和有关物质在四氯化碳中的溶液的红外吸收光谱**(伍尔夫等)

在 8-3 节已经讨论过,在酚或取代的酚中,C—O 键具有某些双键性质。这使氧原子保持在苯环的平面上,因而酚分子可能获得下列两个构型中的任何一个 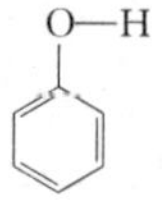 和 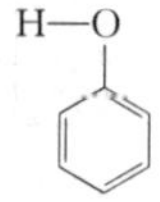 ;但是这两个构型是等价的,因此只可能有一种酚分子,和单一的、显著的 OH 吸收峰,即在 7050 厘米$^{-1}$ 观测到的那一个。

同样,2,4,6-三氯酚的两个构型:

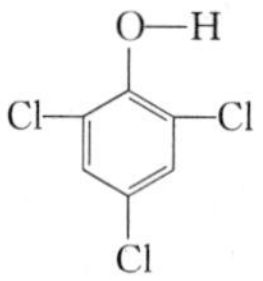

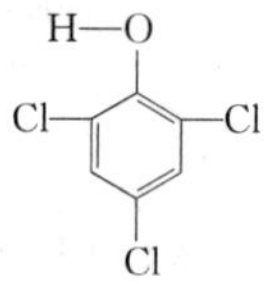

也是等价的,因此我们预料这个物质也有一个单一的吸收峰。但是,我们能够预见到吸收峰的频率要比酚的低,这是由于邻近的氯原子对羟基的吸引。无论碳-氯键和氧-氢键都有可观数量的离子性,使氯原子带负电荷和氢原子带正电荷。这些电荷相互作用的结果,使质子被氯原子吸引,被拉到离开氧原子不远的位置,[108] 利用巴杰尔规则(7-4 节)证明这导致 OH 频率的减低。实际已看到这个频率的减低,这个物质的光谱与酚的类似,但波数移动了 160 厘米$^{-1}$,成为 6890 厘米$^{-1}$。

邻氯酚的两个构型

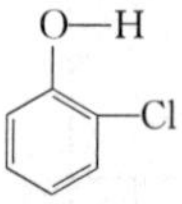

（顺式） 和 （反式）

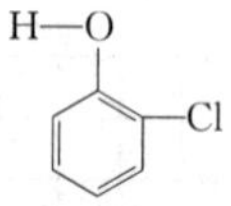

不是等价的。我们预料在溶液中这两类分子都存在,同时因为 OH⋯Cl 的相互作用产生稳定的影响,顺式分子数目超过反式分子。因此,物质的光谱应当有两个峰:一个大约在 7050 厘米$^{-1}$(反式,频率与酚的相同),一个大约在 6890 厘米$^{-1}$(顺式,频率与 2,4,6-三氯酚的相同);同时在 6890 厘米$^{-1}$ 的吸收峰比另一个要高。实际观测到的就是如此:两个吸收峰分别出现在 7050 厘米$^{-1}$ 和 6910 厘米$^{-1}$,在 6910 厘米$^{-1}$ 的峰的面积约为 7050 厘米$^{-1}$ 的 10 倍(图 12-16)。

因此,红外光谱表明邻氯酚在四氯化碳溶液中含有 91% 的顺式和 9% 的反式分子。顺式分子比反式分子更稳定,它们的标准自由能之差大约是 1.4 千卡/摩尔(根据两个峰所属面积的比值计算)。这个差数可能就是顺式分子的分子内氢键的自由能与反式分子和溶剂分子生成的弱氢键的自由能之差。

邻氯酚中的弱氢键使它的气体分子较间位和对位异构体气体分子更稳定,但是因为在邻近原子间可以生成氢键,这三种异构体的晶相或液相具有大致相等的稳定性。因此,邻位异构体的沸点 176℃ 低于其他两种异构体的数值 214℃ 和 217℃。这种影响也表现在熔点上面:邻氯酚的三种晶型的熔点分别是 7℃、0℃和 −4℃,而间氯酚是 29℃,对氯酚是 41℃。

艾瑞拉(Errera)和摩勒特(Mollet)[109] 曾发现液态邻氯酚在 6620 厘米$^{-1}$ 有一个吸收峰。对于反式分子来说,频率进一步从 6910 厘米$^{-1}$ 下降,这可以用液体含有下列结构的双分子予以解释:

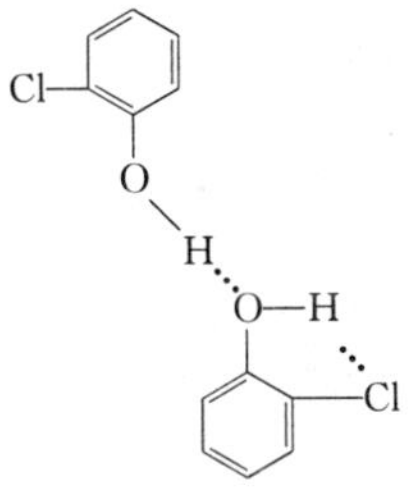

强氢键 O—H⋯O 的键能使这些双分子稳定起来。强氢键的生成使右边氧原子的电负性增加,同时使它的 O—H 键的离子性和与它结合的氢原子的电荷都有增加,从而生成一个较强的 O—H⋯Cl 氢键,结果使 OH 的振动频率减低。

观测到的邻氯酚蒸气[110] 的光谱和溶液的光谱属于同一类型。

邻溴酚和邻碘酚的吸收峰与邻氯酚的相类似,但波数分别移动到 6860 和 6800 厘米$^{-1}$。邻甲氧基酚在 6930 厘米$^{-1}$ 有一个单一的峰,与顺式构型

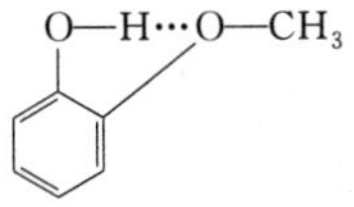

相应,似乎不存在数量可以觉察出来的反式分子。由于不利的空间条件,这个分子中的 O—H⋯O 氢键比其他的 O—H⋯O 键稍为弱些。

四溴邻甲氧基酚有一个宽的吸收峰,最高点的波数在 6810 厘米$^{-1}$ 附近,这表明在这个分子的空间条件下,O—H⋯Br 键对质子的吸引超过 O—H⋯O 键对质子的吸引。

邻苯二酚在 6970 和 7060 厘米$^{-1}$ 有两个几乎相等的峰。这个分子有如下的 3 个构型:

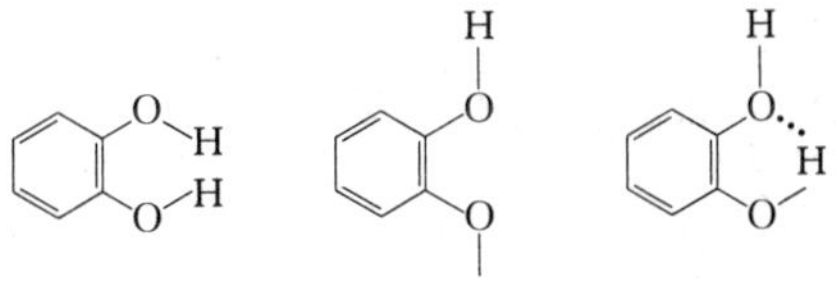

其中第三个构型是最稳定的一个,因为 O—H⋯O 的相互作用使它获得相对于第二个构型的稳定性,第一个构型因为同电荷的氢原子的排斥而不稳定。用第三个构型可以满意地解释光谱的两个吸收峰。

弱氢键对邻苯二酚的沸点有可观的影响。它在 245℃ 时沸腾,而间苯二酚和氢醌的

沸点分别是 277℃ 和 285℃。

连苯三酚在 7050 厘米$^{-1}$ 有一个峰,在 6960 厘米$^{-1}$ 还有一个面积为前一个峰的两倍的峰。它的光谱相应于如下的结构:

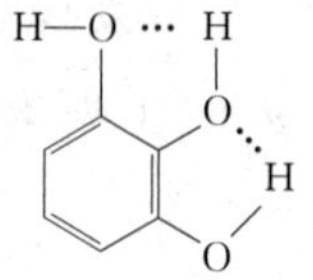

同样,四溴邻苯二酚在 6820 和 6920 厘米$^{-1}$ 的两个相等的峰相应于如下的结构:

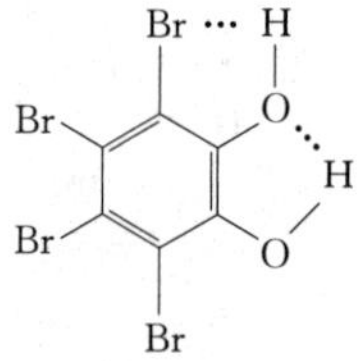

用光谱方法证明在上述的及其他许多种分子中存在的弱氢键,对物质的熔点、沸点和其他物理性质没有多大影响,也不会产生稳定性足以使分离成为可能的异构体。但是,这些键的强度可能达到对物质的化学性质,特别是化学反应的速度产生影响的程度。

**影响氢键生成的因素**　从表 12-2 可以看到酚的羟基与邻近的硝基的一个氧原子生成强氢键。这里的条件是有利于生成强氢键的。基团与苯环的共轭作用使下列的平面构型变成稳定:

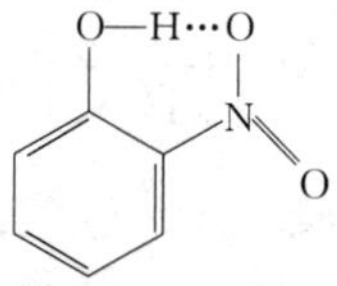

这使羟基中氧原子和硝基中氧原子的距离成为 2.6 埃,而氢原子大致朝向着硝基的氧原子。

硝基能够和两个羟基生成氢键,例如在 2-硝基间苯二酚就具有如下结构:

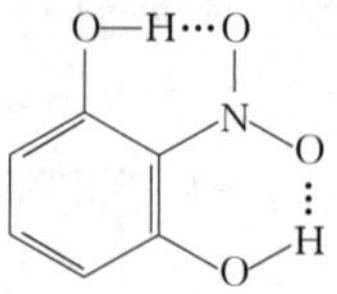

羧基氧也善于生成氢键,例如在水杨酸甲酯

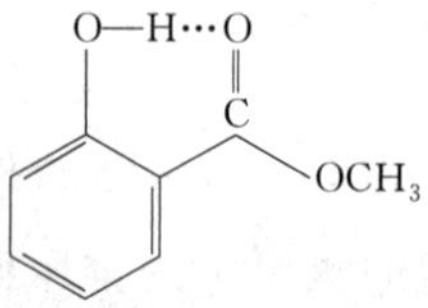

以及在水杨酸二聚体和 2,6-二羟基苯甲酸中(12-6 节)都是如此。

在 1,8-二羟基蒽醌中,羰基是两个氢键的接受体。这个化合物的结构是

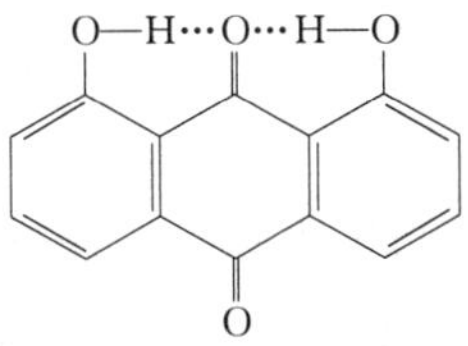

在大多数的这类物质中,氢键的生成包含一个六元环(包括氢原子)的闭合过程,原子间距离和键角的数值都有利于强氢键的生成。另一方面,因为条件不利于完成一个五元环,不能生成强氢键,乳酸乙酯的结构可以写成如下的形式:

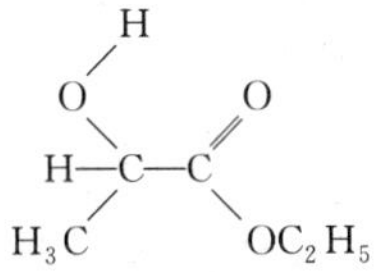

这个化合物在 6900 厘米$^{-1}$ 有一个大的吸收峰,表明有弱氢键生成;同时在 7050 厘米$^{-1}$ 有一个小峰,这表明有少数构型不允许生成弱氢键的分子。这个物质生成的氢键是弱的,原因有两个:那个较长的氢—氧距离较大(2.02 埃,超过冰的数值 0.22 埃,因此相应的键强度不及冰的一半);氢原子不是正好面向未共享电子对所在的氧原子的外部。

生成一个六元环的可能性不一定保证生成强氢键,因为其他空间因素也许是不利的。在邻羟基苯甲腈的结构中,

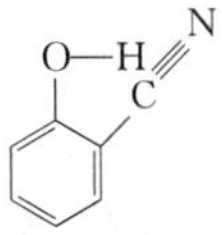

180°的 C—C≡N 键角使 O—H⋯N 距离具有一个大的数值,大约 3.5 埃;而且氢原子也不是面向氮原子的未共享电子对。结果只能生成弱氢键。

希尔伯特、伍尔夫、亨德里克斯和利德尔曾讨论了另一个有趣的例子:3,6-二溴-2,5-二羟基对苯二甲酸二乙酯。预计这个物质应具有如下的含强氢键的构型:

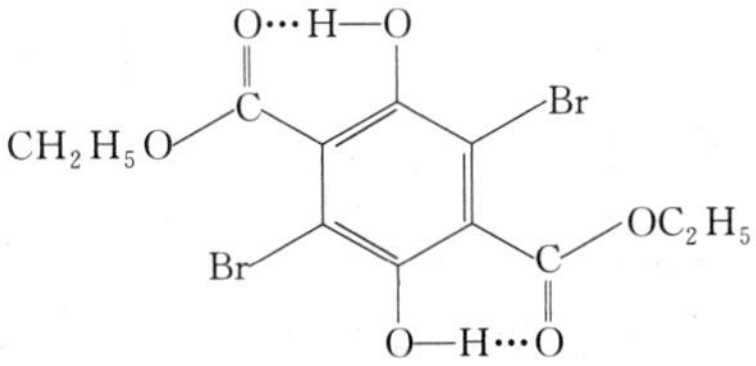

但是光谱的研究表明,它的氢键是弱的,在 6810 厘米$^{-1}$ 处观察到一个吸收峰。合理的解释是,这是由于溴原子对乙氧基的空间排斥的结果,这样就使乙氧基围绕着 C—COOC$_2$H$_5$ 键旋转,从而使 O—H⋯O 距离增加了十分之几个埃。溴原子的这个影响可以从 2,5-二羟基对苯二甲酸二乙酯含有强氢键的事实得到证明,这个化合物在 7000 厘米$^{-1}$ 范围没有红外吸收。

一般说来,立体化学的常用规则(共轭体系的平面性和键角具有四面体角的数值)对于由氢键所连接的两个原子都是适用的。许多已引用的例子(硼酸、草酸等等)都是含氢键的平面聚集体,被氢键连接的原子的键角也大致等于四面体角。以前曾经提到,正如在尿素晶体中那样,这些规则对 A—H···B 基团的 A 原子比对 B 更适合,这是不足为怪的。

含有强氢键结构的其他例子将在以下各节介绍。

## 12-8 蛋白质中的氢键

蛋白质分子中的多肽链以一定的方式盘卷着。氢键在确定这些分子的构型方面起着重要的作用。近年来,已获得了很多关于多肽链的肽基生成 N—H···O 氢键的知识;但是关于氨基酸根在侧链上生成的氢键,还知道得很少。

根据对酰胺和简单肽的晶体结构测定,多肽链中的酰胺基的结构应如图 12-17 所示。N—C 键具有大约 40% 的双键性(键长 1.32 埃)。酰胺基呈平面结构,除了环肽类(二酮呱嗪)以外,在所有已研究过的物质中,它都有着反式构型。

围绕着酰胺基与 α 碳原子间的单键有充分自由的旋转,使多肽链可能具有许多种构型。N—H···O 氢键的生成使其中某些构型得到稳定。[111]

对氨基酸和简单肽晶体的结构测定表明,N—H···O 一般是直线型的(偏差在 10° 以内),同时氮—氧的距离等于(2.97±0.12)埃。氧原子位于 N—H 键轴的延长线上。氢键的键能似乎与在氧原子上的键角无关,但有某种证据表明,所有 4 个原子 N—H···O ═C′ 都位于同一轴上时会产生最大的稳定性。

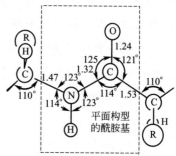

图 12-17 根据氨基酸和简单肽的 X 射线晶体结构测定求出的多肽链的基本构型

对由于空间因素引起的、与结构参数的最适合数值的偏差相联系的张力能,曾作了一些估计。[112] 可以用相当于 0.1 千卡/摩尔的张力能的参数值变化来表示估计的结果。根据对弹力常数的计算,这个数量的张力能相当于 α-碳原子的单键距离拉长或缩短 0.02 埃,或者共轭键 C′—N 和 C′—O 的距离分别改变 0.01 埃,或者让键角改变 3°,或者使酰胺基的两端从平面构型旋转出 3°。冰的压缩系数 $12×10^{-6}$ 厘米$^2$/千克相当于把 O—H···O 氢键(键长 2.76 埃)拉伸或压缩 0.09 埃相应的张力能 0.1 千卡/摩尔,这个数值估计也适用于键长为 2.79 埃的 N—H···O 氢键。N—H···O 与氢原子上的平角偏差 6° 估计会产生 0.1 千卡/摩尔的张力能。

已发现有两种多肽链的螺旋体构型满足酰胺基和 N—H···O 键具备最大稳定性的结构

要求。[113]其中一个称为 γ 螺旋体,是一个相当大的螺旋体,在沿着它的轴还有一个空洞。由于它的范德华力不大,大概不如其他结构稳定,在自然界未曾发现过。另一个结构 α 螺旋体是多肽链围绕螺旋体轴构成的一种紧密的排布。X 射线衍射和红外双折射的研究工作证实,许多合成多肽和蛋白质,特别是 α 角朊类的纤维蛋白质(毛、角、指甲、筋肉)都属于这个构型。也有证据表明 α 螺旋体是许多球朊(例如血红朊)的主要结构特点。

图 12-18 表示 α 螺旋体的结构。沿多肽链两端的方向,每个酰胺基通过氢键与第三个酰胺基相连接。螺旋体每一转有 3.60 个氨基酸根。相当于螺旋体每一转的总高度,也就是螺旋体的间距,大约是 5.38 埃,这相当于每个氨基酸根是 1.49 埃。如图 12-18 所示,氨基酸侧链从螺旋体轴往外伸出。

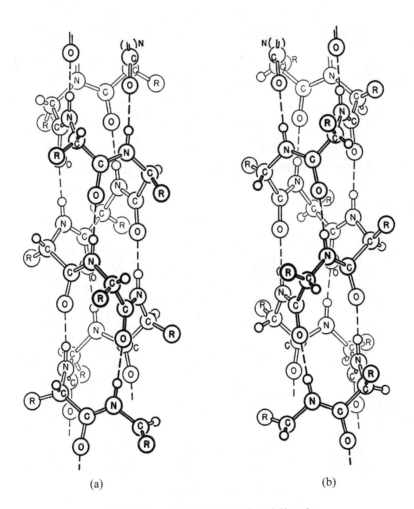

(a)　　　　　　　　　　　　　(b)

**图 12-18　α 螺旋体两种可能形式的示意**

(a)是一个左手螺旋体,(b)是一个右手螺旋体。在每种情况下氨基酸根都具有 L 构型

与邻接链生成氢键的几乎完全展开的多肽链有两种稳定的排布方式。[114]它们是平行链瓣编页（图 12-19）和反平行链瓣编页（图 12-20）。根据 N—H…O 键必须是直线型的要求，两种结构沿键的方向的特性距离是不同的；平行链瓣编页结构的数值是 6.5 埃，反平行链瓣编

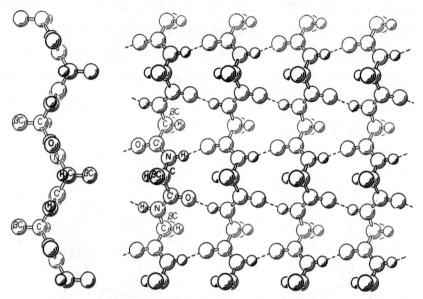

图 12-19 平行链瓣编页的示意图,氢键的方向大致与链的方向垂直

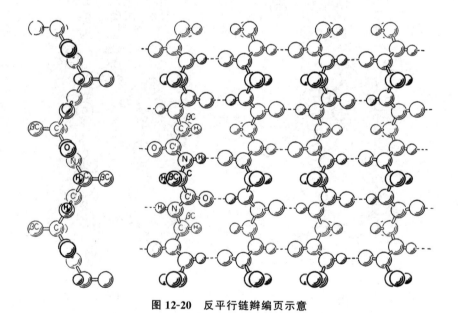

图 12-20 反平行链瓣编页示意

页的是 7.0 埃。已发现丝纤朊和合成多-L-丙氨酸都具有反平行链瓣编页结构。[115]β 角朊结构（α 角朊被拉伸时采取的结构）很有可能是属于平行链瓣编页结构的。

## 12-9　核酸中的氢键

核酸使人很感兴趣,因为它们构成遗传的单元(基因),同时因为它们控制着蛋白质的制造和有机体细胞的机能。在沃森(Watson)和克里克(Crick)所提出的去氧核糖核酸的新奇结构中,氢键起着重要的作用。[116]这个结构包含形成一个双螺旋体的两个相互交织的多核苷酸链的细致互补结构。[117]沃森和克里克认为两个链的互补结构是因为就链上的每一对核苷酸分子来说,一个链上的嘧啶根与另一个链上的嘌呤根之间有氢键生成。

在去氧核糖核酸中发现的嘧啶是胸腺嘧啶和胞嘧啶,其中的嘌呤是腺嘌呤和鸟嘌呤。它们的结构已在 8-8 节讨论过。

预料这些分子相互间将形成键长约等于 2.8 埃的 N—H…O 氢键和键长约等于 3.0 埃的 N—H…N 氢键。图 12-21 和 12-22 表示生成这种氢键的一个合理方式。[118]这基本上是沃森和克里克所提出的排布方式;与他们唯一不同之处是胞嘧啶和鸟嘌呤间生成 3 个氢键,而他们根据某种化学的证据认为只有 2 个氢键生成。

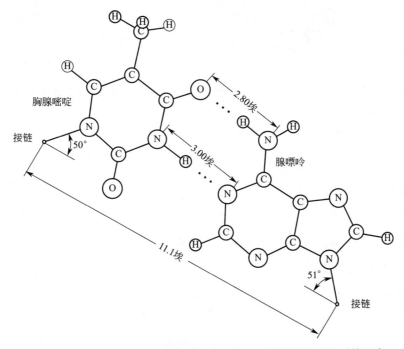

**图 12-21　腺嘌呤和胸腺嘧啶分子生成由两个氢键连接的互补对的示意**

唐诺休(Donohue)[119]曾讨论了嘧啶与嘌呤间生成的其他若干类型的氢键。

胡斯坦(Hoogsteen)[120]对 1-甲基胸腺嘧啶和 9-甲基腺嘌呤的 1∶1 化合物的晶体

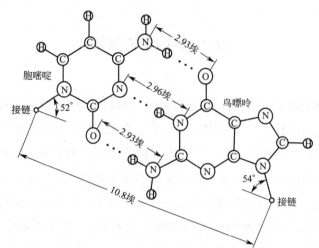

**图 12-22　胞嘧啶和鸟嘌呤生成 3 个氢键连接的互补对的示意**

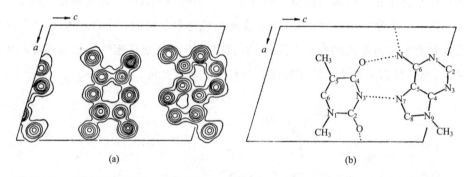

**图 12-23　含有相等数目的 1-甲基胸腺嘧啶分子和 9-甲基腺嘌呤分子的晶体的原子排布**

（根据胡斯坦的测定画出的。）

（a）是根据 X 射线衍射斑强度测定的电子密度的等高线；（b）表示两个分子和它们的氢键。

的研究,有力地指明有一种核酸的排布方式与沃森和克里克提出的有所不同。在每一个这些含氮碱中,甲基被连接在核酸的糖(核糖或去氧核糖)的连接位置上。图 12-23 表示所发现的结构。可以看到,两个分子间的氢键中有一个不是沃森和克里克所假设的那样的(图 12-21);这个氢键使用了腺嘌呤的五元环的 $N_7$ 原子,而不是使用六元环的 $N_1$。可以料想,对与核酸类关系密切的物质进行进一步的结构的全部测定会对这些有机体的重要组成部分的性质提供更深入的看法。

### 参考文献和注

[1]　其他的名称诸如氢桥也被使用过。G. C. Pimentel 和 A. L. McOlellan 合著的 *The Hydrogen Bond*(《氢键》)(W. H. Freeman Co. ,San Francisco,1959)一书中对氢键有详细的讨论。已发表的还有

许多高质量的评论，其中包括 E. N. Lassettre，*Chem. Revs.* **20**，259（1937）；H. Hoyer，*Z. Elektrochem.* **49**，97（1943）；J. Donohue，*J. Phys. Chem.* **56**，502（1952）；A. R. Ubbelohde and K. J. Gallagher，*Acta Cryst.* **8**，71（1955）；G. M. Badger，*Rev. Pure and App. Chem.* （*Australia*）**7**，55（1957）；C. A. Coulson，*Research* （London）**10**，149（1957）；M. Magat，*Nuovo Cimento* **10**，416（1953）；D. Sokolov（Д. Сокодов），*Tagungsber. der Chem. Ges. Deutsch. Dem*，*Rep.* **1955**，10.

[2]　T. S. Moore and T. F. Winmill，*J. Chem. Soc.* **101**，1635（1912）；另参看 P. Pfeiffer，*Anm. Chem.* **398**，137（1913）.

[3]　W. M. Latimer and W. H. Rodebush，*J. A. C. S.* **42**，1419（1920）. G. N. Lewis（*Valence and the Structure of Atoms and Molecules*《化学价与原子和分子的结构》）（*Chemical Catalog Co.*，New York，1923），第 109 页）曾经提到，Huggins 在一个没有发表的著作中使用过氢键这个概念；另参看 M. L. Huggins *Phys. Rev.* **18**，333（1921）；**19**，346（1922）.

[4]　这个方法主要是 N. V. Sidgwick 使用的（见 *The Electronic Theory of Valency*《化学价的电子理论》）（Clarendon Press，Oxford，1927）），他曾利用它来讨论烯醇化 $\beta$-二酮等化合物；另参看 Lassettre，*loc. cit.* [1].

[5]　L. Pauling，*Proc. Nat. Acad. Sci. U. S.* **14**，359（1928）.

[6]　氢原子的外轨道的成键能力是微不足道的。有些作家曾提出用氢的 $L$ 轨道来生成第二个共价键。但是在生成一个离子性极小的 A—H 键的情况下，质子几乎被共享电子对中自己的那一半电子所屏蔽，从而再没有吸引一个 $L$ 电子的能力。只有当 A—H 键的离子性较大时，才能对 $L$ 电子产生可观的吸引力；在这种情况下，质子能利用自己的 $1s$ 轨道与 A—H—B 基团中的 B 原子（在 A—H 键共振过程中的离子态作用期间）生成共价键，因而不需要利用不稳定的 $L$ 轨道。

[7]　在有些情况下，一个带着某些残余电荷的氢原子，例如在铵离子中，被两个或更多负离子的总电场所吸引。由此而产生的相互作用，虽然与生成氢键时的作用性质相类似，但不宜包括在这个范畴内。

[8]　G. A. Albrecht and R. B. Corey[*J. A. C. S.* **61**，1087（1939）]曾经证明，甘氨酸的晶体结构有力地表明—$NH_3^+$ 基团中的一个氢原子被两个氧原子以大致相等的力所吸引，生成一个分支氢键

$$N—H \underset{O}{\overset{O}{\Big\langle}}$$

。R. E. Marsh[*Acta Cryst.* **10**，814（1957）]曾对这个结构加以进一步的修正，同时质子的位置已为中子衍射的研究所证实[J. H. Burns and H. A. Levy，*Am. Cryst. Ass'n Meeting*，June（1958）]. 分支氢键似乎在碘酸 $HIO_3$ 的晶体[M. T. Rogers and L. Helmholz，*J. A. C. S.* **63**，278（1941）]和硝酰胺 $NH_2NO_2$ 中[C. A. Beevers and A. S. Trotman-Dickenson，*Acta Cryst.* **10**，34（1957）]也都有存在。

[9]　L. Pauling，*J. Chim. Phys.* **46**；435（1949）.

[10]　L. Pauling and R. B. Corey，*Fortschr. Chem. Org. Naturstoffe*，**11**，180（1954）.

[11]　这些物质的范德华力主要是由于色散力引起的，色散力随着同类结构中原子的原子序数的降低而降低。London 的计算[F. London，*Z. Physik* **63**，245（1930）]证明，永久偶极的相互作用对于氯化氢这样的物质的范德华力贡献很小。

　[12]　与图 12-2 和 12-3 相类似的图解发表在 F. Paneth 的 *George Fisher Baker Lectures*（《George Fisher Baker 讲座丛书》），*Radio-Klements as Indicators*（《作指示剂用的放射性元素》）（McGraw-Hill Book Co., New York, 1928）一书中。

　[13]　液态氟化氢的介电常量 65 是从 0℃ 和更低温度的测定结果外推求得的。过氧化氢的数值 87 是从 46% 的水溶液的数值和纯水的数值联成的直线外推而求得的。

　[14]　通过对摩尔体积的考虑及其他方面的改进，可以求出不生成氢键的物质的液体介电常量和分子电偶极矩的更精确的相互关系。不过，上面的简单比较对我们的目的已经足够了。

　[15]　G. Oster 和 J. G. Kirkwood 曾利用氢键生成原理和气体分子的电偶极矩数值对水和醇的介电常量进行了定量的理论研究[见 *J. Chem. Phys.* **11**, 175(1943)]. L. Pauling 和 P. Pauling 用另外的方式进行了关于水的理论探讨。

　[16]　R. H. Cole, *J. A. C. S.* **77**, 2012(1955).

　[17]　W. F. Giauque and R. A. Ruehrwein, *J. A. C. S.* **61**, 2626(1939).

　[18]　W. J. Dulmage and W. N. Lipscomb, *Acta Cryst.* **4**, 330(1951).

　[19]　C. P. Smyth and S. A. McNeight, *J. A. C. S.* **58**, 1723(1936).

　[20]　S. Glasstone, *Trans. Faraday Soc*, **33**, 200(1937); D. B. McLeod and F. J. Wilson, *ibid.* **31**, 596(1035); G. F. Zellhoefer, M. J. Copley and C. S. Marvel, *J. A. C. S.* **60**, 1337(1938); 以及许多以后发表的论文。

　[21]　C. M. Huggins, G. C. Pimentel, and J. N. Shoolery, *J. Chem*, *Phys.* **23**, 1244(1955).

　[22]　J. H. P. Fox and J. D. Lambert, *Proc. Roy. Soc. London* **A120**, 557(1952).

　[23]　N. V. Sidgwick, W. J. Spurrell and T. E. Davies, *J. Chem. Soc.* **107**, 1202(1915); W. Baker, *ibid.* **1934**, 1684; H. O. Chaplin and L. Hunter, *ibid.* **1938**, 375; E. D. Amstutz, J. J, Chessick and I. M. Hunsberger, *Science* **111**, 305(1950).

　[24]　C. E. Kendall, *Chem. & Ind.* (London) **1944**, 211.

　[25]　Fox and. Lambert, *loc. cit.* [22].

　[26]　T. C. Waddington, *Trans. Faraday Soc.* **54**, 25(1958), 对离子的对称模型进行的几种理论计算提供了大致相等的生成焓数值；一个简单的计算[L. Pauling, *Proc. Roy. Soc. London* **A114**, 181 (1927)]给出了 49.5 千卡/摩尔，另一个更精确些的计算[M. Davies, *J. Chem. Phys.* **15**, 739(1947)]给出 47.3 千卡/摩尔。

　[27]　从 HF(水)和 $F^-$(水)生成 $HF_2^-$(水)的生成焓大约只有 4 千卡/摩尔。所以 $F^-$ 和 HF 与水分子生成的氢键比 $HF_2^-$ 生成的氢键要强得多。如果我们作合理的假设，即大部分这个差别是由于 $F^-$ 和 4 个配位的水分子间的氢键所造成，那么每个 O—H…$F^-$ 键的键能大致应该是 13 千卡/摩尔。

　[28]　E. F. Westrum, Jr., and K. S. Pitzer, *J. A. C. S.* **71**, 1940(1949).

　[29]　R, Newman and R. M. Badger, *J. Chem. Phys.* **19**, 1207(1951).

　[30]　S. W. Peterson and H. A. Levy, *J. Chem. Phys.* **20**, 704(1952).

　[31]　J. S. Waugh, F. B. Humphrey and D. M. Yost, *J. Phys. Chem.* **57**, 486(1953).

[32]　L. Helmholz and M. T. Rogers, *J. A. C. S.* **61**, 2590(1939).

[33]　K, Fredenhagen, *Z. Anorg. Chem.* **218**, 161(1934).

[34]　J. H. Simons and J. H. Hildebrand, *J. A. C. S.* **46**, 2183(1924).

[35]　S. H. Bauer, J. Y. Beach. and J. H. Simons, *J. A. C. S.* **61**, 19(1939).

[36]　M. Atoji and W. N. Lipscomb, *Acta Cryst.* **7**, 173(1954). 有趣的是 D. F. Horing 和 W. E. Osberg[见 *J. Chem. Phys.* **23**, 662(1955)]从红外光谱证明了在 HCl 和 HBr 的低温晶态中有曲折的链存在, 在 HCl 中的 H···X—H 键角大约是 107°, 在 HBr 中的数值是 97°。高温晶型的结构是 HX 分子(旋转的或任意取向的)的立方最紧密堆积。

[37]　G. H. Cady, *J. A. C. S.* **56**, 1431(1934).

[38]　R. V. Winsor and G. H. Cady, *J. A. C. S.* **70**, 1500(1948).

[39]　L. Pauling, *Z. Krist.* **85**, 380(1938); M. T. Rogers and L. Helmholz, *J. A. C. S.* **62**, 1533 (1940).

[40]　Pauling, Rogers and Helmholz, *loc. cit.* [39].

[41]　L. K. Frevel, *Z. Krist*, **94**, 197(1936); E. W. Hughes, Ph. D. 论文, Cornell University, 1935.

[42]　J. Sherman, *Chem. Revs.* **11**, 93(1932).

[43]　将氯化铵和溴化铵的数据作类似处理, 得出铵离子与周围氯离子和溴离子的额外作用能分别是 6 和 8 千卡/摩尔左右。在这些晶体中, 每个铵离子被位于立方体顶点上的 8 个卤离子所包围。铵离子每次只与位于四面体顶点上的 4 个卤离子生成氢键。有证据认为, 在室温下, 铵离子可以自由地由一个定向改变到另一个定向。

[44]　R. F. Brill and S. Zaromb, *Nature* **173**, 316(1954); S. Zaromb and R. F. Brill, *J. Chem. Phys.* **24**, 895(1956); S. Zaromb, *ibid.* **25**, 350(1956).

[45]　M. L. Kronberg and D. Harker, *J. Chem. Phys.* **10**, 309(1942).

[46]　这个情况是 V. Schomaker 向我指出的。

[47]　D. M. Dennison, *Phys. Rev.* **17**, 20(1921); W. H. Bragg, *Proc. Phys. Soc. London* **34**, 98 (1922); W. H. Barnes, *Proc. Roy. Soc. London* A**125**, 670(1929); H. D. Megaw, *Nature* **134**, 900(1934); S. Hillesund, *Ark. Norske Vidensk. Acad.* No. 8(1942).

[48]　曾经发现[见 H. König, *Z. Krist*, **105**, 279(1944)], 水蒸气在很低温度下凝聚成一种立方晶型的冰, 它与普通的冰很相类似, 但是像闪锌矿(图 7-5)而不像纤维锌矿。在 −190℃ 时立方晶胞的边长为(6.37±0.02)埃[F. V. Shallcross and G. B. Carpenter, *J. Chem. Phys.* **26**, 782(1957)]. 在 −140℃ 以下凝聚时的产物, 在 X 射线衍射图上呈现出浸散圈; 在 −140～−120℃ 之间凝聚的产物给出相当于闪锌矿结构的衍射图, 具有明锐的衍射圈。氧化氘也给出同样的结果。无论在水或氧化氘的立方和六方晶体内, 在 −120℃ 时氢键的键长都是 2.751 埃[M. Blackman and N. D. Lisgarten, *Proc. Roy. Soc. London* A**239**, 93(1957)].

[49]　P. C. Cross, J. Burnham and P. A. Leighton, *J. A. C. S.* **59**, 1134(1937).

[50]　S. W. Peterson and H. A. Levy, *Acta Cryst.* **10**, 70(1957).

[51]　L. Pauling, *J. A. C. S.* **57**, 2680(1935).

[52]　W. F. Giauque and M. Ashley, *Phys. Rev.* **43**, 81(1933); W. F. Giauque and J. W. Stout, *J. A. C. S.* **58**, 1144(1936).

[53]　E. A. Long and J. D. Kemp, *J. A. C. S.* **58**, 1829(1936).

[54]　J. D. Bernal and R. H. Fowler, *J. Chem. Phys.* **1**, 515(1933); 这些作者还提出, 在恰好低于熔点但不是更低的温度下, 一部分或者大部分分子也许是不规则地排列着。

[55]　质子在这个运动中趋向于成组地移动, 使每个氧原子总是有两个质子与它连接; 冰与水如此类似, 我们确信在冰中 $(OH)^-$ 和 $(H_3O)^+$ 离子的浓度是很小的。

[56]　美国化学学会 1937 年 4 月在 Chapel Hill, North Carolina 举行的会议上, L. Onsager 曾报告, 根据这个模型计算的介电常量值大致与实验符合。

[57]　K. S. Pitzer 和 L. V. Coulter(见 *J. A. C. S.* **60**, 1310[1938])发现, 十水合硫酸钠具有残余熵 1.7 卡/(摩尔·度), 表明水分子的取向有某些任意性。在一些其他的晶体中, 氢键都呈有规则的排列, 所以没有残余熵, 例如 $H_2SO_4$ [T. R. Rubin and W. F. Giauque, *ibid.* **74**, 800(1952)]和 $ZnSO_4 \cdot 7H_2O$ (R. E. Barieau and W. F. Giauque, *ibid.* **72**, 5676(1950); W. F. Giauque, R. E. Barieau and J. E. Kunzler, *ibid.* 5685)。

[58]　E. O. Wollan, W. L. Davidson and C. G. Shull, *Phys. Rev.* **75**, 1348(1949).

[59]　Peterson and Levy, *loc. cit.* [50].

[60]　E. J. Murphy, *J. Chem. Phys.* **21**, 1831(1953).

[61]　J. H. Simpson and H. Y. Carr, *Phys. Rev.* **111**, 1201(1958).

[62]　J. S. Rowlinson, *Trans. Faraday Soc.* **45**, 974(1949).

[63]　H. Davy *Phil. Trans. Roy. Soc. London* **101**, 155(1811).

[64]　M. Faraday, *Quart. J. Sci.* **15**, 71(1823).

[65]　M. von Stackelberg, O. Gotzen, J. Pietuchovsky, O. Witscher, H. Fruhbusa and W. Meinhold, *Fortschr. Mineral.* **26**, 122(1947).

[66]　W. F. Claussen, *J. Chem. Phys.* **19**, 259, 662, 1425(1951); L. Pauling and R. E. Marsh, *Proc. Nat. Acad. Soi. U. S.* **36**, 112(1952).

[67]　Pauling and Marsh, *loc. cit.* [66].

[68]　关于这方面的述评, 参看 H. M. Powell. *J. Chem. Soc.* **1948**, 61; *Research* (London) **1**, 353 (1948).

[69]　H. M. Powell and P. Riesz, *Nature* **161**, 52(1948); H. M. Powell, *J. Chem. Soc.* **1950**, 298, 300, 468.

[70]　Bernal and Fowler, *loc. cit.* [54].

[71]　普通的冰常常被描述为与鳞石英相似, 这是二氧化硅的一种六方晶体, 在这个结构中 $SiO_4$ 四面体都是共顶点的。方石英是一种立方晶体, 结构非常相类似。石英是另一种六方晶体, 其中四面体的排布方式不同, 因而使密度增加了 16%。

[72] L. Pauling, *Trans. Internat. Conf. on the Hydrogen Bond*(《氢键国际讨论会会志》), Ljubljana, Sept. 1957. L. Pauling and P. Pauling, 尚未发表的研究工作。

[73] K. J. Tauer and W. N. Lipscomb, *Acta Cryst.* **5**, 606(1952).

[74] W. C. Pierce 和 D. P. MacMillan 曾提出关于液态醇含有链状结构的证据[见 *J. A. C. S.* **60**, 779(1938)].

[75] W. Weltner, Jr., and K. S. Pitzer, *J. A. C. S.* **73**, 2606(1951).

[76] W. C. Coburn, Jr. and E. Grunwald, *J. A. C. S.* **80**, 1318(1958).

[77] E. G. Cox, F. J. Llewellyn and T. H. Goodwin, *J. Chem. Soc.* **1937**, 882; E. W. Hughes, 尚未发表的研究工作; I. Nitta and T. Watanabé, *Nature* **140**, 365(1937); *Sci. Papers Inst. Phys. Chem. Res.* (Tokyo)**34**, 1669(1938). 分子内的原子间距离是 C—C＝1.548±0.011 埃, C—O＝1.425±0.014 埃; 见 R. Shiono, D. W. J. Cruikshank and E. G. Cox, *Acta Cryst.* **11**, 389(1958).

[78] J. Hvoslef, *Acta Cryst.* **11**, 383(1958).

[79] J. M. Robertson, *Proc. Roy. Soc. London* A**157**, 79(1936); J. M. Robertson and A. R. Ubbelohde, *ibid.* A**167**, 122(1938).

[80] H. Mark and E. Pobland, *Z. Krist.* **61**, 532(1925); J. de Smedt, *Bull. Ac. Roy. de Belgique* **10**, 665(1925).

[81] 这个晶体的结构是一个稍微扭曲的立方最紧密堆积结构, 和 6 个次近邻原子相距 3.95 埃。

[82] L. Pauling and L. O. Brockway, *Proc. Nat. Acad. Sci. U. S.* **20**, 336(1934); J. Karle and L. O. Brockway, *J. A. C. S.* **66**, 574(1944). 乙酸和三氟乙酸的二聚体的结构与甲酸的结构相同。

[83] A. S. Coolidge, *J. A. C. S.* **50**, 2166(1928).

[84] M. D. Taylor, *J. A. C. S.* **73**, 315(1951).

[85] R. C. Herman and R. Hofstadter, *Phys. Rev.* **53**, 940(1938); *J. Chem. Phys.* **6**, 534(1938). 通过将 Badger 规则应用于在乙酸和重乙酸($CH_3COOH$ 和 $CH_3COOD$)的红外吸收光谱中观测到的频率, 得出这个数值。

[86] F. T. Wall and F. W. Banes. *J. A. C. S.* **67**, 898(1945).

[87] 晶体中也发现有这个结构: W. Cochran, *Acta Cryst.* **4**, 376(1951).

[88] G. T. Morgan and H. D. K. Drew, *J. Chem. Soc.* **117**, 1457(1920).

[89] G. E. K. Branch and D. L. Yabroff, *J. A. C. S.* **56**, 2568(1934).

[90] W. Baker, *Nature* **137**, 236(1936).

[91] S. B. Hendricks, *Z. Krist.* **91**, 48(1935); E. G. Cox, M. W. Dougill and G. A. Jeffrey, *J. Chem. Soc.* **1952**, 4854.

[92] J. D. Morrison and J. M. Robertson, *J. Chem. Soc.* **1949**, 980.

[93] J. D. Dunitz and J. M. Robertson, *J. Chem. Soc.* **1947**, 142.

[94] W. H. Zachariasen, *Z. Krist* **88**, 150(1934); *Acta Cryst.* **7**, 305(1954).

[95] L. Helmholz, *J. A. C. S.* **59**, 2036(1937).

[96]　S. B. Hendricks，*Am. J. Sci.* **15**，269（1927）；J. West，*Z. Krist.* **74**，306（1930）；G. E. Bacon and R. S. Pease，*Proc. Roy. Soc. London* A**220**；397（1953）.

[97]　F. J. Ewing，*J. Chem. Phys.* **3**，203（1935）. 锰钾石 $MnHO_2$ 具有同样的结构（R. L. Collin and W. N. Lipscomb，*Acta Cryst.* **2**，104（1949）.

[98]　F. J. Ewing，*Acta Cryst.* **3**，420（1935）.

[98a]　W. Busing and H. Levy，*Acta Cryst.* **11**，798（1958）.

[99]　L. E. Godycki，R. E. Rundle，R. C. Voter and C. B. Banks，*J. Chem. Phys.* **19**，1205（1951）；L. Godycki and R. E. Rundle，*Acta Cryst.* **6**，487（1953）.

[100]　W. J. Takei and E. W. Hughes，*Acta Cryst.*（1959）.

[101]　E. W. Peterson and H. Levy，致 E. W. Hughes 的尚未发表的私人通信。

[102]　U. Liddel and O. R. Wulf，*J. A. C. S.* **55**，3574（1933）；O. R. Wult 和 U. Liddel，*ibid.* **57**，1464（1935）；G. E. Hilbert，O. R. Wulf，S. B. Hendricks and U. Liddel，*Nature* **135**，147（1935）；*J. A. C. S.* **58**，548（1936）；S. B. Hendricks，O. R. Wulf，G. E. Hilbert and U. Liddel，*ibid.* 1991；O. R. Wulf，U. Liddel and S. B. Hendricks，*ibid.* 2287；O. R. Wulf and L. S. Deming，*J. Chem. Phys.* **6**，702（1938）.

[103]　Pimentel and McClellan，*op. cit.* [1].

[104]　参看[102]所列的一些论文。

[105]　R. M. Badger and S. H. Bauer，*J. Chem Phys.* **5**，369（1937）；M. Davies and G. B. B. M. Sutherland，*ibid.* **6**，755（1938）；S. Bratoz，D. Hadzi and N. Sheppard，*Spectrochim. Acta* **8**，249（1956）；G. C. Pimentel，*J. A. C. S.* **79**，3323（1957）.

[106]　L. Pauling，*J. A. C. S.* **58**，94（1936）.

[107]　Wulf，Liddel and Hendricks，*loc. cit.* [102]；O. R. Wulf and E. J. Jones，*J. Chem. Phys.* **8**，745（1940）；O. R. Wulf，E. J. Jones and L. S. Deming，*ibid.* 757.

[108]　与氯原子的作用使 O—H 的平衡距离大约减少 0.01 埃。

[109]　J. Errera and P. Mollet，*J. Phys. Radium* **6**，281（1935）.

[110]　R. M. Badger and S. H. Bauer，*J. Chem. Phys.* **4**，711（1936）. L. R. Zumwalt and R. M. Badger [*ibid.* **7**，87（1939）；*J. A. C. S.* **62**，305（1940）]曾研究温度变化对顺、反式分子分配比的影响；他们发现，气体分子中氢键的键能数值是 $3.9 \pm 0.74$ 千卡/摩尔，自由能数值是 $2.8 \pm 0.5$ 千卡/摩尔。

[111]　关于这个领域的工作总结，参看 Pauling and Corey，*loc. cit.* [10].

[112]　L. Pauling and R. B. Corey，*Proc. Nat. Acad. Sci. U. S.* **37**，251，729（1951）.

[113]　L. Pauling，R. B. Corey and. H. R. Branson，*Proc. Nat. Acad. Sci. U. S.* **37**，205（1951）.

[114]　L. Pauling and R. B. Corey，*Proc. Nat. Acad. Sci. U. S.* **37**，729（1951）；**39**，253（1953）.

[115]　R. E. Marsh，R. B. Corey and L. Pauling，*Biochim. et Biophys. Acta* **16**，1（1955）；*Acta Cryst.* **8**，710（1955）.

[116]　J. D. Watson and F. H. Crick，*Nature* **171**，737，964（1953）；*Cold Spring Harbor Symposia*

*Quant. Biol.* **18**,123(1953).

［117］　基因分裂为二的过程可能包含两个阶段：分子 A 先作为合成互补分子 $A^{-1}$ 的样板，然后 $A^{-1}$ 再当作合成与它互补的，也就是与原来分子相同的分子的样板。这个可能性是 L. Pauling 和 M. Delbrück 提出的（见 *Science* **92**,77［1940］）.

［118］　L. Pauling and R. B. Corey,*Arch. Biochem. Biophys.* **65**,164(1956).

［119］　J. Donohue,*Proc. Nat. Acad. Sci. U. S.* **42**,60(1956).

［120］　K. Hoogsteen,*Acta Cryst.* ,in press(1959).

［周念祖　译］

12 August, 1978
Warsaw

Dear Prof. Pauling:

Thank you for your letter and a set of your interesting papers. In fact some of my colleagues wanted to do some work on this part of structural chemistry in which d-orbitals are involved. I was very sorry that I had to leave for Warsaw before I could find time to write to you.

In this crystallographic congress I have met Professors D. Hodgkin and D. Shoemaker. I have met Prof. Simonetta too, but he stayed in Warsaw only one day.

Yesterday I had lunch with Dave and Clara. Dave and I haven't seen each other for more than 27 years. I have brought something for you and Mrs. Pauling from China. Dave told me that he would be very happy to bring it to you at his earliest convenience.

After the congress I shall visit a few Polish Institutions first, then go to England and stay there for a fortnight. I shall be back to Peking University in the middle of September.

Since last year it has been made very clear in China that basic research work and higher education at postgraduate level should be given adequate support. We have been assured that there won't be any more interruptions. I still remember very well that you have made suggestions along these lines during your visit to Peking University in 1973.

1978 年 8 月 12 日，唐有祺写给鲍林的信。

# 第十三章

# 离子的大小与离子晶体的结构

*• The Sizes of Ions and the Structure of Ionic Crystals •*

在所有不同类型的原子集合体中,已经发现离子晶体是最适合于进行简单的理论处理的。大约在四十年前,玻恩、哈伯(Haber)、朗德(Landé)、马德隆、埃瓦尔德(Ewald)、法扬斯(Fajans)以及其他一些研究者,就已经发展了离子晶体结构的理论,这些理论将在本章的以下各节概要地进行介绍。这种理论的简单性,一方面是因为在离子间相互作用力中,以熟悉的库仑项为主;另一方面是具有惰性气体构型的离子中电子分布的球形对称性。

August 3, 1973

Wu Yu-hsun,
Vice President,
Scientific and Technical Association of the
  People's Republic of China,
Academia Sinica,
Peking,
PEOPLE'S REPUBLIC OF CHINA.

Dear Vice President Wu:

My wife and I are looking forward to our visit to China. We are planning to arrive in Hong Kong at 9.45 p.m. Sunday 16 September, by Pan American flight 1, and to leave Hong Kong at 5.05 p.m., Pan American flight 2, on Monday 8 October.

I enclose copies of a letter from Dr Phillip Shapiro to Dr Ma Hai-teh, and the reply. Mention is made of my book Vitamin C and the Common Cold, which Dr Ma says that he has passed on to Hsien Hua, a leading member of the Ministry of Public Health in Peking.

Much additional evidence has been obtained since this book was published, all showing that vitamin C, in proper amounts, decreases the incidence and severity not only of the common cold but of many other diseases. I feel that it would be worthwhile for arrangements to be made for my wife and me to talk with some medical authorities in the People's Republic of China and members of the Ministry of Public Health about this matter.

I may mention also that my associates and I carried out work over a period of years on the preparation and properties of a modified gelatin (Oxypoly gelatin) as an Oncotic substitute for serum albumin. A report of this was published by us in Texas Reports on Biology and Medicine, volume 9, 235 (1951). This substitute for blood plasma could, I believe, have great value, and it might be worthwhile for my wife and me to talk with some physicians and scientists in the People's Republic of China who are interested in this field.

## 13-1 离子间作用力与晶格能

一个具有惰性气体的电子构型或者是填满了 18 个电子的壳层(例如 $Zn^{2+}$ 离子,外层有 18 个电子分别配对地占据着 $3s$ 轨道、3 个 $3p$ 轨道与 5 个 $3d$ 轨道)的离子,根据量子力学计算给出的电子分布函数是球形对称的。[1] 这就说明了这一离子与其他离子之间的相互作用是与方向无关的。图 13-1 示意通过理论计算得出的碱金属离子与卤离子的电子分布函数的性质。从图中可看出,离子中的前后 $K,L,M\cdots$ 各个电子壳层是作为电子密度较高的区域逐步出现的。同电子离子(例如 $F^-$ 与 $Na^+$)的电子分布是相类似的,并且表明,从卤离子到相应的碱金属离子有效核电荷的增加正在起着使后者的电子更加靠近原子核的作用。

分别带有电荷 $z_i e$ 与 $z_j e$ 的两个离子 $i$ 和 $j$ 之间的相互作用,可以描述如下:在距离够大时,离子通过电荷的库仑作用力相互吸引或相互排斥,这个相互作用的势能函数为 $z_i z_j e^2/r_{ij}$,式中 $r_{ij}$ 是离子之间的距离。此外,每个离子在另一个离子的静电场中的极化作用也产生了一些吸引力;不过除了距离非常小的情况之外,与库仑引力和排斥力比较起来,这种极化的作用力是可以忽略不计的。当离子间的距离逐步缩短到它们的外电子层开始重叠起来时,由于离子的重叠,一种新的特殊排斥力开始发生作用。正是这一排斥力与正离子和负离子之间的库仑引力相抗衡,使它们在一定的核间距离时建立平衡。[2]

随着 $r_{ij}$ 值的增大,这种特征排斥势能降低得非常迅速。玻恩建议过用 $r_{ij}$ 的某一个负幂数来近似地描述,因而这两个离子之间的相互势能可以写成下式:

$$V_{ij} = \frac{z_i z_j e^2}{r_{ij}} + \frac{b_{ij} e^2}{r_{ij}^n} \tag{13-1}$$

具有氯化钠排列的离子型晶体 MX 的总势能,可以把晶体中所有各对离子的 $V_{ij}$ 项相加而计算出来。将这一数值除以晶体中的 MX"化学组成分子"数所得出的商,就是晶体中每一 MX"分子"的势能。因为晶体中各种离子间距离都可通过几何因子和离子间的最小距离 $R$ 联系起来,晶体的势能可以写成下式:

$$V = -\frac{Ae^2 z^2}{R} + \frac{Be^2}{R^n} \tag{13-2}$$

上式中常量 $A$ 称为马德隆(Madelung)常量。这一常量可用数学方法直接推算出来。[3]

---

◀1973 年 8 月 8 日鲍林写给吴有训的信。吴有训当时担任中国科学院副院长、中国科协副主席。

---

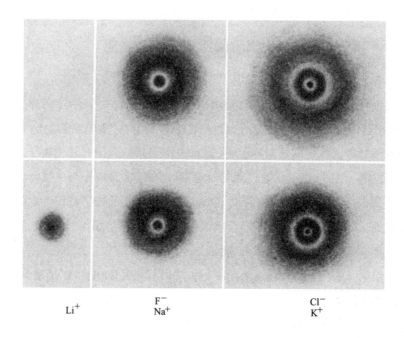

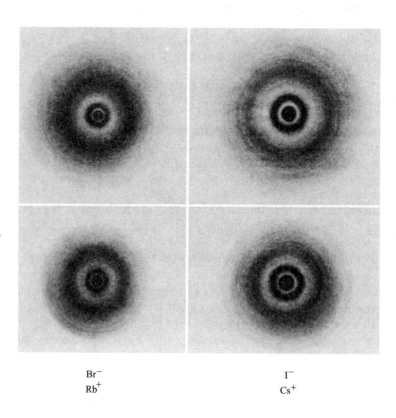

**图 13-1　碱金属离子与卤离子的电子云分布示意**

表 13-1 列出了一些较重要的离子晶体的 $A$ 值。和有限大小的分子比较起来，$A$ 值的数值看来是合理的。孤立的 $Na^+Cl^-$ "分子"的 $A$ 值为 1，库仑能为 $-1e^2/R_0$；而对于具有同样离子间距离的氯化钠晶体来说，$A_{R_0}$ 的值为 1.74756，即晶格能大了 75% 左右。

表 13-1　马德隆常量的数值[a]

| 结　　构 | $A_{R_0}$ | $A_{\delta_0}$ | $A_{\alpha_0}$ |
|---|---|---|---|
| 氯化钠 $M^+X^-$ | 1.74766 | 2.20179 | 3.49513 |
| 氯化铯 $M^+X^-$ | 1.76267 | 2.03536 | 2.03536 |
| 闪锌矿 $M^+X^-$ | 1.63806 | 2.38309 | 3.78292 |
| 纤维锌矿 $M^+X^-$ | 1.64132 | 2.386 | |
| 萤石 $M^{2+}X_2^-$ | 5.03878 | 7.33058 | 11.63656 |
| 赤铜矿 $M_2^+X^{2-}$ | 4.11552 | 6.54364 | 9.50438 |
| 金红石 $M^{2+}X_2^-$ | 4.816 | 7.70 | |
| 锐钛矿 $M^{2+}X_2^-$ | 4.800 | 8.04 | |
| 二碘化镉 $M^{2+}X_2^-$ | 4.71 | 6.21 | |
| $\beta$-石英 $M^{2+}X_2^-$ | 4.4394 | 9.5915 | |
| 刚玉 $M_2^{3+}X_3^{2-}$ | 25.0312 | 45.825 | |
| 钙钛矿 $M^+M^{2+}X_3^-$ | | 12.37747 | 12.37747 |

a. $A_{R_0}$ 的数值是根据阴离子和阳离子之间最小距离 $R_0$ 计算的马德隆常量，即晶体中每个化学组成分子的库仑能为 $-A_{R_0}e^2/R_0$。$A_{\delta_0}$ 与 $A_{\alpha_0}$ 具有相类似的意义，但 $\delta_0$ 是分子体积的立方根，$\alpha_0$ 则为立方结构单元(对立方晶体来说)的边长。这里计算所选用到的结构参数的数值都是实验值。

在库仑项中引入因子 $z^2$，可使这一方程式用于含有多价离子的晶体：当 $z=1$ 时，这一方程可适用于 $Na^+Cl^-$、$Mg^{2+}F_2^-$ 等化合物；$z=2$ 可适用于 $Mg^{2+}O^{2-}$、$Ti^{4+}O_2^{2-}$ 等化合物。

在平衡状态下，吸引力与排斥力互相抵消。平衡时的 $R$ 值(用 $R_0$ 表示)，可以把方程式(13-2)的 $V$ 对 $R$ 微分，并令它等于零，再解出 $R_0$：

$$\frac{dV}{dR} = \frac{Ae^2z^2}{R^2} - \frac{nBe^2}{R^{n+1}}$$

$$\frac{Ae^2z^2}{R_0^2} - \frac{nBe^2}{R_0^{n+1}} = 0$$

$$R_0 = \left(\frac{nB}{Az^2}\right)^{1/(n-1)} \tag{13-3}$$

当 $B$ 与 $n$ 为已知时，这一方程可以用来计算出 $R_0$。事实上，倒是 $R_0$ 可以用实验方法很容易地测定出来。只要知道 $n$ 值，则从 $R_0$ 值可用如下方程算出排斥系数 $B$：

$$B = \frac{R_0^{n-1}Az^2}{n} \tag{13-4}$$

利用晶体压缩系数，实验测定的结果，认识到它和二级导数 $\dfrac{d^2V}{dR^2}$ 有关，可以计算出玻

恩指数 $n$ 的数值。已经发现,所有晶体的 $n$ 值都在 9 附近。表 13-2 列出了一些和实验值相比较还是近似得较好的数值;就混合型离子晶体而言,可以采用表中相应的平均数值(例如 LiF 取为 6)。

表 13-2　玻恩指数 $n$ 的数值

| 离子类型 | $n$ 值 | 离子类型 | $n$ 值 |
|---|---|---|---|
| He | 5 | $Kr, Ag^+$ | 10 |
| Ne | 7 | $Xe, Au^+$ | 12 |
| $Ar, Cu^+$ | 9 | | |

可以方便地引入 $U_0 = -NV_0$ 的符号($N$ 为阿伏伽德罗常量)来代表晶格能。$U_0$ 为正数,它表示从 $M^+$(气)和 $X^-$(气)生成 MX 时的摩尔生成热。

把方程式(13-4)中的 $B$ 值代入方程式(13-2)中去,可以得出如下的晶格能 $U_0$ 表示式:

$$U_0 = \frac{NAe^2z^2}{R_0}\left(1 - \frac{1}{n}\right) \tag{13-5}$$

这里可见,晶格能比库仑能(注意符号的改变)在数量上要小一个分数 $\frac{1}{n}$,这一数量接近于 10%。就氯化钠来说,$R_0 = 2.814$ 埃,$n = 8$,则由这个方程可得出 $U_0 = 179.2$ 千卡/摩尔。这一数值代表从 $Na^+$(气)$+ Cl^-$(气)生成 NaCl(晶)时的生成热;可以认为,由于势能函数 $V$ 的不尽可靠的形式,这个数值可能有 2% 左右(即大约 4 千卡/摩尔)的不可靠度。如果考虑到范德华力,并采用指数形式的排斥势能,从这样的更加精确的计算[4]得出这一数值为 183.1 千卡/摩尔。通过下述的直接热化学测定,[5] 提供了 181.3 千卡/摩尔的实验值,这恰好证实了上面对于玻恩方程的 2% 偏差的估计。

**玻恩-哈伯(Born-Haber)热化学循环**　玻恩与哈伯[6]曾设计了以下的循环过程,把晶格能与其他热化学数量联系起来。

MX(晶) $\xrightarrow{\ \ U\ \ }$ $M^+$(气)$+ X^-$(气)

$\Big\uparrow -Q$ 　　　　　　　　　　　 $\Big\downarrow -I+E$

$M$(晶)$+ \frac{1}{2}X_2$(气)$\xleftarrow{\ -S-\frac{1}{2}D\ }$ $M$(气)$+ X$(气)

(为了便利起见,列举的循环是一个碱金属卤化物的特殊例子)。在上述循环中;$U$ 为晶格能;$I$ 为金属 $M$(气)的电离能;$E$ 为 $X$(气)的电子亲和能;$S$ 是金属的升华热;$D$ 是卤素分子的离解热;$Q$ 为从单质 $M$(晶)与 $\frac{1}{2}X_2$(气)生成 MX(晶)的生成热。这些数量分别代表各个反应在 25℃时的焓变化 $-\Delta H^{\ominus}$。在整个循环的焓总变化等于零的条件下,导出了如下方程:

$$U = Q + S + I + \frac{1}{2}D - E \tag{13-6}$$

几年前,只有 $Q$、$S$、$I$ 与 $D$ 的实验数据可以利用,但是没有 $E$ 的数据。要验证这个方程式可以采用如下的方法。用方程式(13-5)得出 $U_0$ 的计算值,把它代入上式中去求出 $E$ 的数值,然后就含有同样卤素的一系列碱金属卤化物中的 $E$ 值,检查是否恒定不变。已经发现,这样得到的数值相差在大约 ±3 千卡/摩尔范围之内。但是,以后应用直接方法对卤素原子的电子亲和能进行实验测定,结果表明,用方程式(13-5)推算晶格能,可靠程度一般在 2% 左右。

直接测定卤素原子的电子亲和能的工作,最早是由梅尔(Mayer)开始的。[7] 他和他的学生们直接量测了碱金属卤化物的气态分子离解成离子以及由气态卤离子离解为原子与电子的平衡常数。还应用了其他一些方法,特别是包括质谱技术的方法。用这些方法得出,[8] 在 25℃ 时把一个电子加到卤素原子上去,$-\Delta H^{\ominus}$ 的数值是:F 为 83.5,Cl 为 87.3,Br 为 82.0,I 为 75.7 千卡/摩尔。这些数值的可靠程度大约为 ±1.5 千卡/摩尔。

我们可以举出一个例子来说明玻恩方程的可靠程度。在 NaF 中,$Q=136.0$,$S=26.0$,$I=120.0$,$\frac{1}{2}D=18.3$,$E=83.5$ 千卡/摩尔(都是在 25℃ 时数据)。应用方程式(13-6)得出,在 25° 时的晶体熵 $U$ 为 216.8 千卡/摩尔。取 $R_0=2.307$ 埃,$n=7$,由方程式(13-5)计算出 $U_0$ 值为 215.5 千卡/摩尔;加上 $pV$ 校正项 1.2 千卡/摩尔之后,得出 $U$ 为 216.7 千卡/摩尔,这个数值与实验值极其吻合。碱金属卤化物的平均偏差约为 3 千卡/摩尔。

最近的研究成果一般是支持了这一看法,即在离子性晶体中起作用的力就是那些上面叙述过的作为玻恩晶格能方程的基础的力。我们意识到有必要探讨这一假设的其他后果。下节中我们将从这一观点出发研究离子大小的问题。

## 13-2 离子的大小:一价半径与晶体半径[9]

应用量子力学可以近似地计算晶体中离子间的作用力,推算离子间的平衡距离、晶格能、压缩系数,以及晶体的一些其他性质的数值。海勒拉斯(Hylleraas)曾经直接地对氢化锂($Li^+H^-$,具有氯化钠型结构)进行计算,结果与实验值十分一致。[10] 洛登(Löwdin)[11] 曾经对离子晶体进行了全面的理论计算。但是,这种理论计算十分复杂,需要很大的工作量;因此从化学方面考虑,最好有一套经验或半经验的离子半径的数值,能够在 1% 或 2% 误差范围之内与许多晶格常数的实验值相符合。

曾经发现,只用到五个离子间距离的实验值作为起点,即 NaF、KCl、RbBr、CsI、$Li_2O$ 的阳离子—阴离子间的观测距离,就可能列出一套离子半径的半经验数值表,这个方法将叙述如下。

因为一个离子的电子分布函数可以无限地延伸,显然不可能给离子确定出单一的特征大小。事实上离子表观半径和所讨论的物理性质有关,并随着性质的不同而有所不同。令我们感兴趣的离子半径是要两个离子半径之和(必要时可进行某些校正)等于晶体中相互接触的离子间的平衡距离。以下将要指出,两个离子间的平衡距离,不仅取决于如图 13-1 所示的离子的电子云分布的性质;而且也取决于晶体的结构以及阳离子和阴离子半径的比值。我们要选用一些具有氯化钠型排列而阳离子与阴离子的半径比值大约为 0.75 的离子型晶体作为标准晶体,键的离子性也要求与碱金属卤化物中的大约一样,然后计算离子的结晶半径,使得两个离子结晶半径之和给出了标准晶体中的离子间平衡距离。

我们可选用 NaF、KCl、RbBr 与 CsI 等晶体作为标准晶体,它们的离子间距离的实验值分别为 2.31、3.14、3.43 与 3.85 埃;以后可以看到,它们的半径比值大约为 0.75(从具有氯化铯型排列的碘化铯晶体离子间距离的实验值缩减 2.7%,而得出具有氯化钠型排列的碘化铯变体中 $Cs^+$—$I^-$ 距离的计算值 3.85 埃)。离子的大小取决于最外层电子的分布,对于等电子离子的离子半径来说,变化的方式相当简单,跟作用于这些电子上的有效核电荷成反比。有效核电荷等于实际核电荷 $Ze$ 减去离子中其他电子的屏蔽效应 $Se$,因而这些等电子离子的半径可以用下式表示:

$$R_1 = \frac{C_n}{Z-S} \tag{13-7}$$

式中 $C_n$ 为离子最外层电子的总量子数所决定的常数。已经获得一整套屏蔽常数 $S$ 的数值,其中一部分是通过理论计算[12]、另一些是从摩尔折射[12]和原子的 X 射线谱项[13]的实验数值的解释而获得的。例如对于具有氖型结构的离子来说,最外层电子的 $S$ 值为 4.52,因此 $Na^+$ 与 $F^-$ 的有效核电荷分别为 $6.48e$ 与 $4.48e$,把 $Na^+$—$F^-$ 的距离 2.31 埃按有效核电荷的反比分开,得出了钠离子的晶体半径为 0.95 埃,氟离子的晶体半径为 1.36 埃。

同样地可获得如下的晶体半径:$K^+$ 为 1.33,$Cl^-$ 为 1.81,$Rb^+$ 为 1.48,$Br^-$ 为 1.95,$Cs^+$ 为 1.69,$I^-$ 为 2.16 埃。$Li^+$ 离子的晶体半径选定为 0.60 埃,以便在加上下述的氧离子半径 1.40 埃时,能与在 $Li_2O$ 中所观察到的 $Li^+$—$O^{2-}$ 的距离为 2.00 埃的数值相一致。

对于碱金属离子与卤离子来说,这些半径体现着外电子壳层在空间中的相对伸展,也就是说,这些半径可以用来衡量离子的相对大小;此外,它具有这样的绝对数值,可以使得它们之和等于标准晶体中的离子间距离。利用方程式(13-7)以及碱金属离子与卤离子所给出的 $C_n$ 值,得出了所有具有氦、氖、氩、氪电子构型的离子的半径值。这些半径与碱金属离子和卤离子的半径相比较,可以正确地表示出离子的外电子壳层的相对大小;

但是它们不是绝对数值,因此它们的和不一定等于离子间的平衡距离。这种半径的意义是:如果在一个含有电荷为$+ze$的正离子和电荷为$-ze$的负离子的标准晶体(具有氯化钠型排列的晶体)中,库仑引力与排斥力能有分别相当于电荷为$+e$与$-e$的大小(就像这些离子是一价的一样),而本征排斥力又能保持其实际的大小,那么离子间的平衡距离将等于这种半径之和。这就是说,假设这些离子能保持其电子分布的状况不变,又能俨然是一价似的进行库仑相互作用,那么这些半径就是这些多价离子可能具有的半径。这些半径叫作离子的一价半径。表 13-3 用在括号里的数字列出了一价半径的数据。

表 13-3　离子的晶体半径与一价半径　　　　　　　　　　(单位:埃)

| | | | | | | | | | | | |
|---|---|---|---|---|---|---|---|---|---|---|---|
| | | | $H^-$<br>2.08<br>(2.08) | He<br><br>(0.93) | $Li^+$<br>0.60<br>(0.60) | $Be^{2+}$<br>0.31<br>(0.44) | $B^{3+}$<br>0.20<br>(0.35) | $C^{4+}$<br>0.15<br>(0.29) | $N^{5+}$<br>0.11<br>(0.25) | $O^{6+}$<br>0.09<br>(0.22) | $F^{7+}$<br>0.07<br>(0.19) |
| $C^{4-}$<br>2.60<br>(4.14) | $N^{3-}$<br>1.71<br>(2.47) | $O^{2-}$<br>1.40<br>(1.76) | $F^-$<br>1.36<br>(1.36) | Ne<br><br>(1.12) | $Na^+$<br>0.95<br>(0.95) | $Mg^{2+}$<br>0.65<br>(0.82) | $Al^{3+}$<br>0.50<br>(0.72) | $Si^{4+}$<br>0.41<br>(0.65) | $P^{5+}$<br>0.34<br>(0.59) | $S^{6+}$<br>0.29<br>(0.53) | $Cl^{7+}$<br>0.26<br>(0.49) |
| $Si^{4-}$<br>2.71<br>(3.84) | $P^{3-}$<br>2.12<br>(2.79) | $S^{2-}$<br>1.84<br>(2.19) | $Cl^-$<br>1.81<br>(1.81) | Ar<br><br>(1.54) | $K^+$<br>1.33<br>(1.33) | $Ca^{2+}$<br>0.99<br>(1.18) | $Sc^{3+}$<br>0.81<br>(1.06) | $Ti^{4+}$<br>0.68<br>(0.96) | $V^{5+}$<br>0.59<br>(0.88) | $Cr^{6+}$<br>0.52<br>(0.81) | $Mn^{7+}$<br>0.46<br>(0.75) |
| | | | | | $Cu^+$<br>0.96<br>(0.96) | $Zn^{2+}$<br>0.74<br>(0.88) | $Ga^{3+}$<br>0.62<br>(0.81) | $Ge^{4+}$<br>0.53<br>(0.76) | $As^{5+}$<br>0.47<br>(0.71) | $Se^{6+}$<br>0.42<br>(0.66) | $Br^{7+}$<br>0.39<br>(0.62) |
| $Ge^{4-}$<br>2.72<br>(3.71) | $As^{3-}$<br>2.22<br>(2.85) | $Se^{2-}$<br>1.98<br>(2.32) | $Br^-$<br>1.95<br>(1.95) | Kr<br><br>(1.69) | $Rb^+$<br>1.48<br>(1.48) | $Sr^{2+}$<br>1.13<br>(1.32) | $Y^{3+}$<br>0.93<br>(1.20) | $Zr^{4+}$<br>0.80<br>(1.09) | $Cb^{5+}$<br>0.70<br>(1.00) | $Mo^{6+}$<br>0.62<br>(0.93) | |
| | | | | | $Ag^+$<br>1.26<br>(1.26) | $Cd^{2+}$<br>0.97<br>(1.14) | $In^{3+}$<br>0.81<br>(1.04) | $Sb^{4+}$<br>0.71<br>(0.96) | $Sb^{5+}$<br>0.62<br>(0.89) | $Te^{6+}$<br>0.56<br>(0.82) | $I^{7+}$<br>0.50<br>(0.77) |
| $Sn^{4-}$<br>2.94<br>(3.70) | $Sb^{3-}$<br>2.45<br>(2.95) | $Te^{2-}$<br>2.21<br>(2.50) | $I^-$<br>2.16<br>(2.16) | Xe<br><br>(1.90) | $Cs^+$<br>1.69<br>(1.69) | $Ba^{2+}$<br>1.35<br>(1.53) | $La^{3+}$<br>1.15<br>(1.39) | $Ce^{4+}$<br>1.01<br>(1.27) | | | |
| | | | | | $Au^+$<br>1.37<br>(1.37) | $Hg^{2+}$<br>1.10<br>(1.25) | $Tl^{3+}$<br>0.95<br>(1.15) | $Pb^{4+}$<br>0.84<br>(1.06) | $Bi^{5+}$<br>0.74<br>(0.98) | | |

从上述一价半径乘以在方程式(13-3)基础上考虑出来的因子,可以计算出多价离子的晶体半径,使得两个晶体半径之和等于在含有这些离子的晶体中的实际离子间平衡距离。由方程式(13-3)可以看到,在含有价数为$z$的离子的晶体中,离子间平衡距离为:

$$R_z = \left(\frac{nB}{Az^2}\right)^{\frac{1}{(n-1)}}$$

如果库仑作用力相当于$z=1$(一价离子),而本征排斥系数$B$不变,则离子间的平衡距离为:

$$R_1 = \left(\frac{nB}{A}\right)^{\frac{1}{(n-1)}}$$

从上式可见,晶体半径$R_z$与一价半径$R_1$的关系可以用下式表示:

$$R_z = R_1 z^{-\frac{2}{(n-1)}} \tag{13-8}$$

这个方程,结合着表 13-2 列出的 $n$ 的数值,可用来计算出列于表 13-3 中的晶体半径的数值。

表中也列出了外壳层含有 18 个电子的一些离子($Cu^+$、$Ag^+$、$Au^+$ 等)的一价半径与晶体半径的数值。这些数值是利用适用于类氩、类氪、类氙离子的 $C_n$ 值配上适当的屏蔽常数计算出来的。初看起来,似乎这些含有 18 个电子的壳层的半径一定会大于由上述方法计算的数值,因为就惰性气体原子类型的离子来说,最外分壳层($nd$)含有 10 个电子,而($np$)分壳层只有 6 个电子。但是,在具有给定有效核电荷的情况下,$nd$ 轨道的最大值比相应的 $np$ 轨道的最大值更靠近于原子核;因此,在离子的外部,10 个 $d$ 电子的密度大约等于 6 个 $p$ 电子的密度,由于这个影响,就使得这一简单计算不用加上其他校正了。

图 13-2 中示出了一价半径和晶体半径随原子序数 $Z$ 变化的情况,图 13-3 也示出了晶体半径。从图中看出,一价半径的数值顺序是十分有规则的。而晶体半径对单价半径的偏离也是可以理解的,但是这样就使晶体半径显然缺乏系统性,以致妨碍了人们早期对离子间距离的经验性资料作出一个满意的解释。

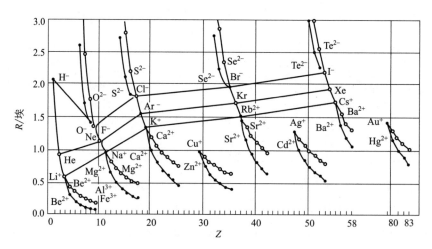

图 13-2　离子的结晶半径(实心圆)和一价半径(空心圆)

就那些等电子序列中的原子间距离进行比较,可以突出地看出化学价的影响。在含共价键的晶体中,等电子序列的原子间距离从头到尾几乎保持不变,例如 Ge—Ge 为 2.44 埃,Ga—As 为 2.44 埃,Zn—Se 为 2.45 埃,Cu—Br 则为 2.46 埃。这里一个原子的核电荷减少的作用是被另一个原子的核电荷增加的作用所抵消。但是,在离子晶体中,

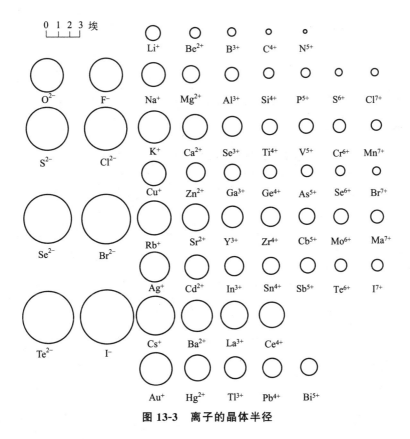

**图 13-3 离子的晶体半径**

由 $M^+X^-$ 晶体朝着等电子的 $M^{2+}X^{2-}$ 晶体变化时,可以看到原子间距离一致地减少 10%左右,例如,$K^+$—$Br^-$ 为 3.29 埃而 $Ca^{2+}$—$Se^{2-}$ 则为 2.96 埃;$Na^+$—$Cl^-$ 为 2.81 埃 而 $Mg^{2+}$—$S^{2-}$ 则为 2.54 埃。这种减少的情况,不是因为电子分布的改变未能得到补偿 (一价半径之和几乎保持不变),而是由于离子电荷加倍的影响。

在等电子序列的离子晶体中,随着价数的增加,硬度、熔点以及其他一些性质也有了 相应的很大的提高。

在以下各节中,将就半径和离子间距离的实验值进行比较,并讨论各种校正方法。

朗德[14]曾根据在锂的卤化物晶体中,卤离子相互接触的假设,对离子半径给出了第一 批大致正确的数值(参看 13-3 节)。1923 年,瓦萨斯谢纳(Wasastjerna)[15]考虑到离子的克 离子折射值大致与离子体积成正比,把晶体中的离子间距离的实验值按离子的克离子折射 值所决定的比值分开,得出了较为精确的离子半径(单位:埃)。兹将他的数据列如下:

| | | | | | | | |
|---|---|---|---|---|---|---|---|
| $O^{2-}$ | 1.32 | $F^-$ | 1.33 | $Na^+$ | 1.01 | $Mg^{2+}$ | 0.75 |
| $S^{2-}$ | 1.69 | $Cl^-$ | 1.72 | $K^+$ | 1.30 | $Ca^{2+}$ | 1.02 |
| $Se^{2-}$ | 1.77 | $Br^-$ | 1.92 | $Rb^+$ | 1.50 | $Sr^{2+}$ | 1.20 |
| $Te^{2-}$ | 1.91 | $I^-$ | 2.19 | $Cs^+$ | 1.75 | $Ba^{2+}$ | 1.40 |

一般说来,这些数值与表 13-3 所列的数值是一致的,相差在 0.10 埃之内。

戈尔德施密特(Goldschmidt)接着又利用经验数据[16]对瓦萨斯谢纳的半径数值表作了修订并加以较大的补充。戈尔德施密特以瓦萨斯谢纳的离子半径值 $F^-$ 1.33 埃与 $O^{2-}$ 1.32 埃为基础,并利用了从他认为基本上是离子性的晶体得出的一些数据,作为出发点,推导出八十多个离子的晶体半径经验值。表 13-4 就戈尔德施密特的晶体半径(用 G 标明的)与表 13-3 中的数据作比较。

**表 13-4　晶体半径数值与戈尔德施密特半径数值的比较**　　　（单位：埃）

| | | Li | $Be^{2+}$ | | |
| --- | --- | --- | --- | --- | --- |
| | | 0.60 | 0.31 | | |
| | | G 0.78 | 0.34 | | |
| $O^{2-}$ | $F^-$ | $Na^+$ | $Mg^{2+}$ | $Al^{3+}$ | $Si^{4+}$ |
| 1.40 | 1.36 | 0.95 | 0.65 | 0.50 | 0.41 |
| G 1.32 | 1.33 | 0.98 | 0.78 | 0.57 | 0.39 |
| $S^{2-}$ | $Cl^-$ | $K^+$ | $Ca^{2+}$ | $Sc^{3+}$ | $Ti^{4+}$ |
| 1.84 | 1.81 | 1.33 | 0.99 | 0.81 | 0.68 |
| G 1.74 | 1.81 | 1.33 | 1.06 | 0.83 | 0.64 |
| $Se^{2-}$ | $Br^-$ | $Rb^+$ | $Sr^{2+}$ | $Y^{3+}$ | $Zr^{4+}$ |
| 1.98 | 1.95 | 1.48 | 1.13 | 0.93 | 0.80 |
| G 1.91 | 1.96 | 1.49 | 1.27 | 1.06 | 0.87 |
| $Te^{2-}$ | $I^-$ | $Cs^+$ | $Ba^{2+}$ | $La^{3+}$ | $Ce^{4+}$ |
| 2.21 | 2.16 | 1.69 | 1.35 | 1.15 | 1.01 |
| G 2.11 | 2.20 | 1.65 | 1.43 | 1.22 | 1.02 |

一般说来,符合的程度是好的;但是,如果戈尔德施密特把 $O^{2-}$ 的数值选用为 1.40 埃,而不是 1.32 埃,以此作为两价离子半径数值的基础,就会更好一些。布拉格与他的合作者在他们早期的硅酸盐以及有关晶体的结构重要研究中,[17]把 $O^{2-}$ 和 $F^-$ 的半径同样选定为 1.35 埃,这一数值是由负离子表现出相互接触的晶体中 O—O 平均距离的实验值 2.7 埃所启示的(参看 13-5 节)。

表 13-5 列出了以 $O^{2-}$ =1.40 埃为基础而且要求能适用于同样标准晶体的晶体半径经验数值。这些数值,一部分是由戈尔德施密特的数值稍加适当的校正后得出的。[18]

**表 13-5　晶体半径的经验数值**　　　（单位：埃）

| | | | | | | | |
| --- | --- | --- | --- | --- | --- | --- | --- |
| $Fr^+$ | 1.76 | $Ra^{2+}$ | 1.40 | | | $Ac^{3+}$ | 1.18 |
| $NH_4^+$ | 1.48 | $Yb^{2+}$ | 1.13 | $Ce^{3+}$ | 1.11 | $Th^{3+}$ | 1.14 |
| $Ga^+$ | 1.13 | $Ge^{2+}$ | 0.93 | $Pr^{3+}$ | 1.09 | $Pa^{3+}$ | 1.12 |
| $In^+$ | 1.32 | $Sn^{2+}$ | 1.12 | $Nd^{3+}$ | 1.08 | $U^{3+}$ | 1.11 |
| $Tl^+$ | 1.40 | $Pb^{2+}$ | 1.20 | $Pm^{3+}$ | 1.06 | $Np^{3+}$ | 1.09 |
| $Hf^{4+}$ | 0.81 | $Pr^{4+}$ | 0.92 | $Sm^{3+}$ | 1.04 | $Pu^{3+}$ | 1.07 |
| $Pr^{4+}$ | 0.92 | $Eu^{2+}$ | 1.12 | $Eu^{3+}$ | 1.03 | $Am^{3+}$ | 1.06 |
| $Ti^{2+}$ | 0.90 | $Ti^{3+}$ | 0.76 | $Gd^{3+}$ | 1.02 | $Pa^{4+}$ | 0.98 |
| $V^{2+}$ | 0.88 | $V^{3+}$ | 0.74 | $Tb^{3+}$ | 1.00 | $U^{4+}$ | 0.97 |
| $Cr^{2+}$ | 0.84 | $Cr^{3+}$ | 0.69 | $Dy^{3+}$ | 0.99 | $Np^{4+}$ | 0.95 |

续表

（单位：埃）

| Mn$^{2+}$ | 0.80 | Mn$^{3+}$ | 0.66 | Ho$^{3+}$ | 0.97 | Pu$^{4+}$ | 0.93 |
| Fe$^{2+}$ | 0.76 | Fe$^{3+}$ | 0.64 | Er$^{3+}$ | 0.96 | Am$^{4+}$ | 0.92 |
| Co$^{2+}$ | 0.74 | Co$^{3+}$ | 0.63 | Tm$^{3+}$ | 0.95 | | |
| Ni$^{2+}$ | 0.72 | Ni$^{3+}$ | 0.62 | Yb$^{3+}$ | 0.94 | | |
| Pd$^{2+}$ | 0.86 | V$^{4+}$ | 0.60 | Lu$^{3+}$ | 0.93 | | |
| | | Cr$^{4+}$ | 0.56 | | | | |
| | | Mn$^{4+}$ | 0.54 | | | | |

## 13-3　碱金属卤化物的晶体

碱金属卤化物,除了氯化铯、溴化铯和碘化铯[19]具有如图 13-5 所示的氯化铯型排列之外,其余全部都具有氯化钠型的晶体结构(图 1-1,图 13-4)。已经发现,铷的氯化物、溴化物和碘化物在高压下也采取氯化铯型结构,[20]相变是在压力为 5000 千克/厘米$^2$ 左右发生的;反过来,氯化铯有一个在 460℃以上稳定而又具有氯化钠型结构的高温变体。[21]在水溶液中,在定向银箔上生长出来的溴化铷晶体,是具有氯化铯型排列的,[22]其中 Rb$^+$—Br$^-$=3.53 埃。这些氯化钠型结构的晶体中,离子间距离的实验值与半径之和的比较,在表 13-6 中列出。

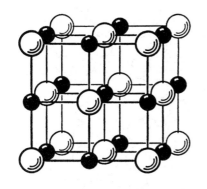

图 13-4　在氯化钠晶体中,钠离子和氯离子的排列(亦可参看图 1-1)

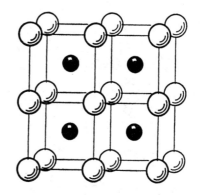

图 13-5　氯化铯晶体中,铯离子和氯离子的排列

从表 13-6 可见,这两种数值符合的程度一般说是不太好的,其中锂盐的偏差尤其大;因为这些数值不满足加和性的原则,所以不可能找到一套能满意地配合这些实验值的离子半径。Li$^+$—I$^-$ 和 Li$^+$—F$^-$ 距离的实验值之间相差 1.01 埃,而 Rb$^+$—I$^-$ 与 Rb$^+$—F$^-$ 距离的实验值之间相差却只有 0.84 埃;这两个数值代表 I$^-$ 和 F$^-$ 的半径之差,理论上是应当相等的。

表 13-6  具有氯化钠型结构的碱金属卤化物晶体的离子间距离值  （单位：埃）

|  |  | Li⁺ | Na⁺ | K⁺ | Rb⁺ | Cs⁺ |
|---|---|---|---|---|---|---|
| 半径和 | F⁻ | 1.96 | 2.31 | 2.69 | 2.84 | 3.05 |
| 离子间距离实验值 |  | 2.01 | 2.31 | 2.67 | 2.82 | 3.01 |
| 半径和 | Cl⁻ | 2.41 | 2.76 | 3.14 | 3.29 | 3.50 |
| 离子间距离实验值 |  | 2.57 | 2.81 | 3.14 | 3.29 | 3.47 |
| 半径和 | Br⁻ | 2.55 | 2.90 | 3.28 | 3.43 | 3.64 |
| 离子间距离实验值 |  | 2.75 | 2.98 | 3.29 | 3.43 | 3.62 |
| 半径和 | I⁻ | 2.76 | 3.11 | 3.49 | 3.64 | 3.85 |
| 离子间距离实验值 |  | 3.02 | 3.23 | 3.53 | 3.66 | 3.83 |

**阴离子的接触与双重排斥力**[23]    对加和性的偏差，可在图 13-6 中看出可能的解释。图中各个圆球的半径相当于各种离子的晶体半径，是按离子间距离的实验值画出的。从图中可以看到，对于 LiCl，LiBr 和 LiI 来说，正如朗德[14]在 1920 年所指出的，阴离子是互相接触的；简单的计算表明，如果阳离子与阴离子的半径比 $\rho = \dfrac{r_+}{r_-}$ 低于 $\sqrt{2}-1 = 0.414$ 时，就会发生阴离子和阴离子的接触，而不是阳离子和阴离子的接触（这里离子是看作刚性圆球的）。表 13-7 列出了这些晶体中的阴离子表观半径以及与表（13-3）的晶体半径数值的比较。

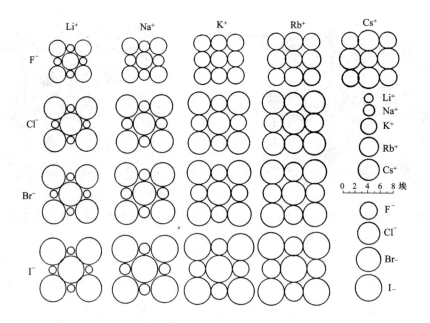

图 13-6  具有氯化钠型结构的卤化碱晶体中立方面层的离子排列

**表 13-7　卤化锂中的卤离子半径**

|  | $Li+X^-$ 中的表观半径/埃 | 晶体半径/埃 |
|---|---|---|
| $Cl^-$ | 1.82 | 1.81 |
| $Br^-$ | 1.95 | 1.95 |
| $I^-$ | 2.12 | 2.16 |

氟化锂的半径比是 0.44。在这个晶体中,每个阴离子不但与周围的阳离子、同时也与其他阴离子近于接触。结果使得它们之间的排斥力比只有阴离子和阳离子接触或只有阴离子和阴离子接触时的排斥力为大,因而与库仑引力达到平衡时的晶格常数,一定要做到阳离子和阴离子之间的距离大于它们的半径之和,而阴离子和阴离子之间的距离也大于阴离子半径的两倍。这种双重排斥力的现象,可以在碘化钠、溴化钠和氯化钠的晶体中看到。

已经看到,半径比是一个影响离子晶体性质的重要因素。马格努斯(Magnus)[24]最早指出了半径比在离子化合物化学上的重要性。戈尔德施密特也着重地指出了[25]它在晶体化学领域上的意义。关于半径比对离子化合物性质的影响将在下文谈到阴离子相互接触和双重排斥力的现象方面的比较精确的处理时一并讨论。

**氯化铯型的排列**　铵的氯化物、溴化物、碘化物,具有氯化钠型和氯化铯型两种结构,氯化钠型结构在高于转变温度(分别为 $184.3℃,137.8℃,-17.6℃$)[26]时是稳定的,而氯化铯型的结构则在低于转变温度时是稳定的。这些具有氯化铯型结构的晶体的离子间距离,大约比具有氯化钠型结构的大 3%;戈尔德施密特因而推想,这种 3% 的变更应当是普遍地存在的。这一点也可用简单的理论计算来加以支持。在氯化铯型结构中,每个阳离子和 8 个阴离子相接触;但是在氯化钠型结构中,每个阳离子却只有 6 个阴离子与它相接触。取排斥系数的比值 $B_{CsCl}/B_{NaCl}$ 等于 8/6 似乎是合理的;应用方程式(13-3)可得出下式:

$$\frac{R_{CsCl}}{R_{NaCl}} = \left\{ \frac{B_{CsCl}}{B_{NaCl}} \cdot \frac{A_{NaCl}}{A_{CsCl}} \right\}^{\frac{1}{(n-1)}} = \left\{ \frac{8}{6} \cdot \frac{1.7476}{1.7627} \right\}^{\frac{1}{(n-1)}}$$

当 $n=9$ 时,$R_{CsCl}/R_{NaCl}=1.036$;当 $n=12$ 时,则等于 1.027。由于这一理由,在 13-2 节中推导半径时所采用的 $Cs^+—I^-$ 距离较观测值[27]压低了 2.7%。

具有氯化铯型结构的铯与铷的卤化物(卤化铷是在高压下表现为氯化铯型结构的)的离子间距离实验值及其与晶体半径之和的比较,列于表 13-8 中。

表 13-8　具有氯化铯型结构的晶体的离子间距离

|  | 距离实验值/埃 | 半径和/埃 | 比　　值 |
|---|---|---|---|
| CsCl | 3.56 | 3.50 | 1.027 |
| CsBr | 3.72 | 3.64 | 1.022 |
| CsI | 3.96 | 3.85 | 1.029 |
| RbCl | 3.41[a] | 3.29 | 1.036 |
| RbBr | 3.53 | 3.43 | 1.028 |
| RbI | 3.75[b] | 3.64 | 1.030 |

a. 是由 Bridgman 所报告的伴随着晶相转变的密度改变的数据计算出来的,很可能稍微偏大一些。

b. R. B. Jacobs,*Phys. Rev.* **54**,468(1938)。

离子间距离增加 3% 左右的情况,对于这两种结构的相对热力学稳定性问题而言,是特别值得注意的。从方程式 13-5 可以看到,如果玻恩的假说是正确的,则晶体的氯化铯型与氯化钠型两种变体,在离子间平衡距离的比值与马德隆常数的比值相同时,也就是说,当 $R_{CsCl}/R_{NaCl}=A_{CsCl}/A_{NaCl}=1.0135$ 时,将有相同的能量,因而估计将有差不多相同的自由能。事实上,铷的卤化物的相转变发生在 1.030 左右;而铯的卤化物的氯化铯型变体的稳定性也表明,平衡时的比值是大于 $1.022 \sim 1.029$。这就要求氯化铯型结构的晶格能比 Born 方程所给出的数值(即对应于氯化钠型结构而言)要大 2% 左右,即约 3 千卡/摩尔。对于这种额外稳定性的原因,曾提出了各种各样的解释(如范德华力[28]、多极变形[29]等),但是这个问题迄今还未得到解决。

**离子相对大小对碱金属卤化物性质的影响的详细讨论**　利用离子半径来讨论离子间作用力,已经提出了一种简便的细致描述方法;根据这个描述,可以得出与碱金属卤化物晶体中的离子间距离实验值完全符合的结果,并且提供了一种阐明阴离子接触与双重排斥力影响的定量理论。[30]

我们假定,两个离子 A 与 B 在距离为 $r_{AB}$ 时的相互势能可以近似地用下式表示:

$$u_{AB} = \frac{z_A z_B e^2}{r_{AB}} + \beta_{AB} B_0 e^2 \frac{(r_A + r_B)^{n-1}}{r_{AB}^n} \tag{13-9}$$

式中 $z_A e$ 与 $z_B e$ 是离子的电荷;$r_A$ 与 $r_B$ 是分别表示它们的所谓标准半径的常数,$B_0$ 是特征排斥系数,$\beta_{AB}$ 也是一个常数,对于一价的阳离子和阴离子相互作用来说,它的数值为 1,对于一价的阳离子和阳离子相互作用来说,其数值为 1.25,而对于一价的阴离子和阴离子相互作用来说,其数值为 0.75。[31] 方程式(13-9)中表示斥力的那一项包含有因子 $(r_A + r_B)^{n-1}$,看来这是合理的,因为这样可以使得斥力的大小随着离子大小的增大而增加。

对含有一价阳离子和一价阴离子而具有氯化钠型结构的晶体来说,如用 $r_+$ 和 $r_-$ 分别代表这些离子半径,则在晶体中每个"分子"的总能量为:

$$V = -\frac{Ae^2}{R} + 6B_0e^2\frac{(r_+ + r_-)^{n-1}}{R^n} + 6\times1.25B_0e^2\frac{(2r_+)^{n-1}}{(\sqrt{2}R)^n} +$$

$$6\times0.75B_0e^2\frac{(2r_-)^{n-1}}{(\sqrt{2}R)^n} \tag{13-10}$$

上式中含有马德隆常数的右边第一项是由各个库仑项[即方程式(13-9)中的第一项]相加后得出的,$R$ 是晶体中阳离子-阴离子间的最小距离;第二项代表每个阳离子与其 6 个近邻阴离子之间的排斥能;第三项代表每个阳离子与 6 个距离为 $\sqrt{2}R$ 的最近邻阳离子之间的排斥能;第四项为每个阴离子与 6 个距离为 $\sqrt{2}R$ 的近邻阴离子之间的排斥能。距离更远的离子之间的排斥能则略去不计。这一方程可以改写成下式:

$$V = -\frac{Ae^2}{R} + \frac{6B_0e^2}{R^n}\left\{(r_+ + r_-)^{n-1} + \frac{1.25(2r_+)^{n-1}}{2^{\frac{n}{2}}} + 0.75\frac{(2r_-)^{n-1}}{2^{\frac{n}{2}}}\right\} \tag{13-11}$$

这个表式与(13-2)式是相类似的;从方程式(13-3)可得出 $R$ 的如下平衡值:

$$R_0 = (r_+ + r_-)F(\rho) \tag{13-12}$$

式中的 $F(\rho)$ 是半径比 $\rho = r_+/r_-$ 的函数,形式为

$$F(\rho) = \left(\frac{6nB_0}{A}\right)^{\frac{1}{(n-1)}}\left\{1 + \frac{1.25}{(\sqrt{2})^n}\left(\frac{2\rho}{\rho+1}\right)^{n-1} + \frac{0.75}{(\sqrt{2})^n}\left(\frac{2}{\rho+1}\right)^{n-1}\right\}^{\frac{1}{(n-1)}} \tag{13-13}$$

为了方便起见,可给予 $B_0$ 一个数值($nB_0 = 0.262$),要求 $F(\rho)$ 在 $\rho = 0.75$ 时的数值等于 1;这就使得在 13-2 节中被选用而半径比值为 0.75 的晶体中的 $R_0$ 等于阳离子与阴离子标准半径之和,标准晶体所以这样选择,是因为等电子的碱金属阳离子和卤素阴离子成对地表现出近似 0.75 的半径比值。此外,为简便起见,对所有碱金属的卤化物都假定指数 $n$ 的数值为 9。

图 13-7 示出了校正因数 $F(\rho)$ 作为 $\rho$ 的函数的形式。图中虚线代表刚性圆球($n = \infty$)时的这种函数关系。从图中可见,当 $\rho$ 值低于 0.35 左右时,阴离子的接触可以有效地确定出离子间平衡距离;当 $\rho$ 值介于 0.35 与 0.60 之间时,由于双重排斥力现象的作用,$n = 9$ 的曲线上升到刚性圆球的曲线之上。值得注意的是,当 $\rho = 0.28$ 即相当于 LiI 晶体时,$F(\rho)$ 就下降到代表刚性阴离子接触的曲线之下约 1%,这种情况可以解释在 LiI 晶体中 $I^-$—$I^-$ 间的距离偏小(参看表 13-7)的原因。

给 9 种碱金属离子和卤离子配定适当的 $r_+$ 和 $r_-$ 数值,可以用方程式(13-12)和(13-13)计算出 17 种在室温下具有氯化钠型结构的碱金属卤化物的 $R_0$ 值,计算结果与实验值相当一致,平均误差在 0.001 埃之内。表 13-9 列出了计算值与实验值的比较。符合程度是引人瞩目的,特别是考虑到半径比对碘化锂的影响竟达到 0.247 埃,几乎是 $R_0$ 的 10%。因此,不用多疑,碱金属卤化物晶体中的离子间距离对加和性的偏差是由于半

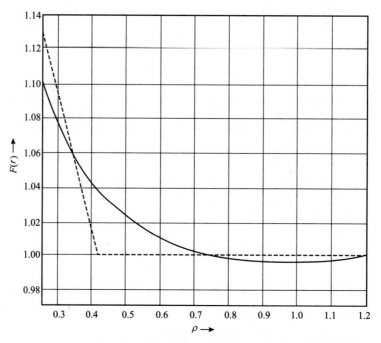

**图 13-7** 在具有氯化钠型结构的晶体中表示半径比对离子间
平衡距离的影响的函数 $F(\rho)$

径比的效应[32]引起的。

离子的标准半径 $r_+$ 和 $r_-$，与相应的晶体半径在数值上一般是相同的（相差在 0.008 埃之内），只有 $F^-$ 和 $Cs^+$ 表现出较大的偏差，分别达到 $-0.019$ 埃和 $-0.034$ 埃。这种偏差可能是由于采用常数 9 作为 $n$ 值而引起的。

**表 13-9** 碱金属卤化物晶体中离子间距离的计算值与实验值 （单位：埃）

| | $F^-$ $r_-=1.341$ | $Cl^-$ 1.806 | $Br^-$ 1.951 | $I^-$ 2.168 |
|---|---|---|---|---|
| $Li^+$ $r_+=0.607$ | 2.009[a] 2.009 | 2.566 2.566 | 2.747 2.747 | 3.022 3.025 |
| $Na^+$ 0.958 | 2.303 2.307 | 2.814 2.814 | 2.980 2.981 | 3.233 3.231 |
| $K^+$ 1.331 | 2.664 2.664 | 3.139 3.139 | 3.293 3.293 | 3.529 3.526 |
| $Rb^+$ 1.484 | 2.817 2.815 | 3.283 3.285 | 3.434 3.434 | 3.664 3.663 |
| $Cs^+$ 1.656 | 3.005 3.005 | 3.451 3.47[b] | 3.598 3.62[b] | 3.823 3.83[b] |

a. 在每一对数值中，上面的是计算值，下面的为实验值。

b. 这些数值是不大可靠的。

可以料想得到,由半径比效应引起碱金属卤化物离子间距离对加和性的偏差与这些晶体的其他一些性质的不规则性有关。对某些性质来说,半径比可能是不重要的;在盐的气态双原子分子中,原子间距离就不会与半径比成函数关系(因为在表示两个离子的势能的方程中只有半径和出现),半径比也和由自由离子生成分子的生成能无关。为了要把半径比效应与其他的效应分开,我们把每种物质都定义出相应的假想标准物质,即除了它具有标准半径比 $\rho=0.75$ 之外,它要具有相同的半径和 $r_+ + r_-$ 和相同的离子性质。属于这种假想物质的性质,可以认为对半径效应已予校正,或简称为校正过的。

可以预期,$\rho=0.75$ 的假想碱金属卤化物具有如下的一些性质:离子间平衡距离等于 $r_+ + r_-$,满足加和性的要求;与离子间距离成反比的晶格能,要表现出相应的规则性。盐的许多性质,如熔化热、升华热、熔点、沸点、溶解度等,基本上都取决于晶格能。对假想的碱金属卤化物而言,所有这些性质都会对离子间距离显示出有规则的依赖关系。因此,这些性质中的任何一种,在数值上都会随着 LiX、NaX、KX、RbX、CsX 或者 MF、MCl、MBr、MI 的顺序作单调的变化。然而真实的碱金属卤化物的性质,正如图 13-8 和图 13-9 所示的,与这种预期的规则性发生很大的偏差;这些图中左边的纵坐标示出它们的熔点和沸点的实验值。

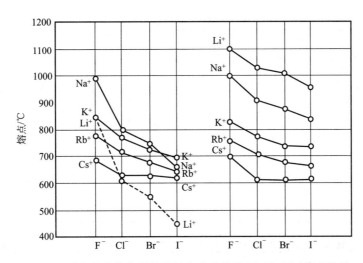

**图 13-8　碱金属卤化物晶体的熔点实验值(图左)与经过半径比效应校正后的数值(图右)**

这种不规则性可以通过半径比的效应来解释。利用方程式(13-5)可计算校正过的和实际的碱金属卤化物晶体的晶格能。这样得出的校正能与实际能的差值 $\Delta U_0$ 列于表 13-10 中。因为气体分子的能量不是半径比的函数,需要用这个能量差值来校正升华热。

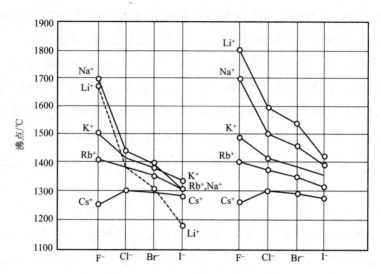

**图 13-9   碱金属卤化物晶体的沸点实验值(左图)与经过半径比**

**效应校正后的数值(右图)**

**表 13-10   半径比对碱金属卤化物的晶格能、沸点、熔点的影响**

| | | $F^-$ | $Cl^-$ | $Br^-$ | $I^-$ |
|---|---|---|---|---|---|
| | $\Delta U_0/千卡 \cdot 摩尔^{-1}$ | 7.9 | 12.7 | 13.8 | 15.1 |
| $Li^+$ | $\Delta T_{BP}/℃$ | 132 | 212 | 230 | 252 |
| | $\Delta T_{MP}/℃$ | 264 | 424 | 460 | 504 |
| | $\Delta U_0/千卡 \cdot 摩尔^{-1}$ | 0.4 | 3.3 | 4.2 | 5.4 |
| $Na^+$ | $\Delta T_{BP}/℃$ | 7 | 55 | 70 | 90 |
| | $\Delta T_{MP}/℃$ | 14 | 110 | 140 | 180 |
| | $\Delta U_0/千卡 \cdot 摩尔^{-1}$ | −0.6 | 0.1 | 0.5 | 1.2 |
| $K^+$ | $\Delta T_{BP}/℃$ | −10 | 2 | 8 | 20 |
| | $\Delta T_{MP}/℃$ | −20 | 4 | 16 | 40 |
| | $\Delta U_0/千卡 \cdot 摩尔^{-1}$ | −0.5 | −0.3 | −0.1 | 0.5 |
| $Rb^+$ | $\Delta T_{BP}/℃$ | −8 | −5 | −2 | 8 |
| | $\Delta T_{MP}/℃$ | −10 | −10 | −4 | 16 |
| | $\Delta U_0/千卡 \cdot 摩尔^{-1}$ | 0.5 | −0.4 | −0.3 | −0.1 |
| $Cs^+$ | $\Delta T_{BP}/℃$ | 8 | −7 | −5℃ | −2 |
| | $\Delta T_{MP}/℃$ | 16 | −13 | −10 | −4 |

在室温下的升华热是等于熔点时的熔化热、沸点时的蒸发热、固体和液体的热容与气体的热容之差自室温到沸点间的积分这三部分之和。因此要把晶格能的校正值 $\Delta U_0$ 分摊到上述三部分中去。对氯化钾来说,熔化热为升华热的 10%,热容差的积分为 30%,而蒸发热则为 60%。照理说,按照上述比值来分摊校正值 $\Delta U_0$ 是合理的;然而,我们可以料想到,由晶体转变成液体时将部分地破坏离子集合体的八面体配位,使得熔化热占有较大部分的半径比校正值,此外,液体中的残余配位数将随着温度的升高而迅速地减少,这也就使得液体的熔占有比起按原来比值分摊的更大的 $\Delta U_0$ 值。以下的计算是

假设把 20％的 $\Delta U_0$ 值分摊给熔化热,40％分摊给蒸发热;分摊之比所以这样拟定,部分原因是为了要对以下所考虑的熔点和沸点给出满意结果。

升华热以及有关的一些热量,还没有达到能够用来直接检验这种效应的精密程度。但是,一个物质的沸点与其蒸发热有关;按照特鲁顿(Trouton)定律,蒸发熵是一个常数。就碱金属卤化物来说,从实验上发现这个常数大约为 25 卡/(摩尔·度)。如果假定这种关系对校正过的碱金属卤化物仍能适用,则沸点的校正值以度计应为:$\Delta T'_{BP} = 0.40\Delta U_0/0.024$。如果同样假定熔化熵为常数[理查德(Richard)定律],数值为 6.0 卡/(摩尔·度),则熔点的校正值为 $\Delta T_{MP} = 0.20\Delta U_0/0.0060$。计算出的 $\Delta T_{BP}$ 和 $\Delta T_{MP}$ 的数值都列入表 13-10 中。

碱金属卤化物的熔点和沸点的实验值(示于图 13-8、13-9 的左边)呈现出很大的不规则性。所有锂盐的沸点和熔点均低于钠盐的相应的数值。曾经有人设想,[33]这种不规则性是由于离子变形所引起的。然而,我们的计算表明,这主要是由于半径比的效应。在每一个序列中,沸点和熔点的校正值呈现出很有规则的变化,并且在定性的行为上,相当密切地和离子间距离相对应,只有铯盐表现出微小的偏差。

**碱金属卤化物的气体分子**　在碱金属卤化物的气体分子中,从电负性差值进行估计的单键部分离子性分量介于 LiI(气)分子中的 43％与 LiF(气)的 94％之间[34](在晶体中键大约含有同样分量的离子性。相对于气体分子来说,马德隆常数增大有利于离子结构,而具有 6 个或 8 个邻位而不是一个则有利于共价结构;这两种影响大致互相抵消)。因此可以期望,气体分子的结构和性质,可以用和方程式(13-12)相类似的方程与同样数值的标准半径和排斥系数 $B_0$ 来进行讨论。

可能会认为,因为把两个离子中的一个离子在另一个离子的电场中的极化作用[35]忽略不计,这种处理所提供的近似度是较差的。但是,我们有理由认为,把极化略去不计不会引起大的偏差。首先因为在处理晶体时,利用压缩系数的实验值计算出玻恩指数 $n$,通过离子间距离的实验值计算出排斥因数,便能够把多极极化的影响以及键的部分共价性的影响包括进去了。其次是因为在主要是阴离子发生偶极极化的气体分子中,它对离子增加吸引力的作用,会被它自己的电子云在靠阳离子这一边的增大而引起的排斥力增大大部分相互抵消了。

过去几年中,应用微波光谱学的方法对这些气体分子进行研究,提供了许多有关性质的更加精确的知识。[36]已经发现,气体分子中原子核距离的实验值,可以用由一个和方程式(13-12)相类似的方程[37]来进行高度近似的计算。分子的势能,可以用一个和适用于晶体的方程式(13-10)相类似的势能函数来表示:

$$V = -\frac{z^2 e^2}{r} + \frac{B_0 e^2 (r_+ + r_-)^{n-1}}{r^n} \tag{13-14}$$

把 $V$ 对 $r$ 进行微分,令导数等于零,则可求出下述的原子间平衡距离 $r_e$:

$$r_e = (r_+ + r_-)(nB_0)^{\frac{1}{(n-1)}} \tag{13-15}$$

式中的 $nB_0$ 如果选用晶体中的数值 0.262，而 $r_+$ 和 $r_-$ 也是选用它们的晶体数值（表 13-9），并由晶体的压缩系数算出 $n$ 值（表 13-2），这样算出的 $r_e$ 值与实验值大致符合。然而，这样的计算对 $n$ 的敏感性很大，$n$ 相差 1（这大致是表 13-2 中所列数值的可靠程度）时，相应的 $r_e$ 值变化则为 0.050 埃左右。所以，我们可以应用表 13-11 中给出的 15 个精确的 $r_e$ 实验数值来推算出 $n$ 值。从这种方法得出的 $n$ 值，列在表中 $r_e$ 实验值的下面。它们与表 13-2 中所列的数值平均相差 1.2。它们可以表示为离子的 $n_+$ 和 $n_-$ 之和（在表 13-11 中，$n_+$ 与 $n_-$ 分别标于离子符号的下面），其平均偏差为 $\pm 0.06$。$r_e$ 的相应偏差为 $\pm 0.003$ 埃。

$n_+$ 与 $n_-$ 的数值可用来预计出五种分子的离子间平衡距离的数值，而这些数据至今尚未从实验中得到。这种预计的数值在表中括号中列出。

分子的振动频率和生成热的计算值，均与现有的实验值十分一致；因此似乎很有可能这种略去极化作用的简单模型，是可以用于预测离子性分子的性质的。

表 13-11　碱金属卤化物的气态分子中的离子间距离

| | $F^-$ $n_-=1.9$ | $Cl^-$ $n_-=4.2$ | $Br^-$ $n_-=4.8$ | $I^-$ $n_-=5.6$ |
|---|---|---|---|---|
| $Li^+$ | (1.520 埃) | (2.029 埃) | 2.170 埃 | 2.392 埃 |
| $n_+=4.5$ | (6.4) | (8.7) | 9.20 | 10.10 |
| $Na^+$ | (1.846 埃) | 2.361 埃 | 2.502 埃 | 2.712 埃 |
| $n_+=5.2$ | (7.1) | 9.62 | 10.01 | 10.66 |
| $K^+$ | (2.139 埃) | 2.667 埃 | 2.821 埃 | 3.048 埃 |
| $n_+=5.1$ | (7.0) | 9.30 | 9.87 | 10.69 |
| $Rb^+$ | (2.242 埃) | 2.787 埃 | 2.945 埃 | 3.177 埃 |
| $n_+=4.9$ | (6.8) | 9.08 | 9.70 | 10.53 |
| $Cs^+$ | 2.345 埃 | 2.906 埃 | 3.072 埃 | 3.315 埃 |
| $n_+=4.6$ | 6.46 | 8.64 | 9.37 | 10.35 |

这种模型曾经应用于双聚碱金属卤化物分子 $M_2X_2$（气）中。[38] $M_2X_2$ 分子呈菱形，它的棱边 $M^+—X^-$ 比 MX（气）分子中的 $M^+—X^-$ 距离大 0.17 埃；同时菱形的对角线 $M^+—M^+$ 和 $X^-—X^-$ 距离之差，和由离子半径预期的一样（这种差值的极端值是碘化锂的 $-0.51$ 埃和氟化铯的 $+0.17$ 埃）。反应 $2MX$（气）$\longrightarrow M_2X_2$（气）的 $-\Delta H^\ominus$ 的计算值在由 $Cs_2I_2$ 的 41 千卡/摩尔到 $Li_2F_2$ 的 59 千卡/摩尔的范围之内。这些数值与实验值是相当一致的。[39]

其他的复合物，如 $MM'X_2$、$M_3X_3$、$M_4X_4$、$M_2X^+$、$M_3X_2^+$、$M_4X_3^+$ 等，也有人观察过。[40] 与此相类似的氢氧化物以及水合物（$[KOH_2]^+$）也已经有过报道。[41]

## 13-4　其他简单离子晶体的结构

**碱土元素的氧化物、硫化物、硒化物与碲化物**　除了氧化铍与碲化镁具有纤维锌矿型的结构，以及铍的硫化物、硒化物、碲化物具有闪锌矿型的结构以外，所有碱土元素与氧、硫、硒、碲的化合物，都是以氯化钠型的结构结晶的。它们的离子间距离的实验值与晶体半径之和列于表 13-12 中；比较这两套数值可以看出，除了镁的化合物之外，是符合得非常好的。因为这类化合物的实验数据完全没有在造表的过程中用到，这样的符合，为晶体半径数值表推导中的一些论点提供了有力的验证。

**表 13-12　具有氯化钠型排列的晶体 $M^{2+}X^{2-}$ 中的离子间距离**　（单位：埃）

|  |  | $Mg^{2+}$ | $Ca^{2+}$ | $Sr^{2+}$ | $Ba^{2+}$ |
|---|---|---|---|---|---|
| 晶体半径和 | $O^{2-}$ | 2.05 | 2.39 | 2.53 | 2.75 |
| 离子间距离实验值 |  | 2.10 | 2.40 | 2.54 | 2.75 |
| 晶体半径和 | $S^{2-}$ | 2.49 | 2.83 | 2.97 | 3.19 |
| 离子间距离实验值 |  | 2.54 | 2.83 | 3.00 | 3.18 |
| 晶体半径和 | $Se^{2-}$ | 2.63 | 2.97 | 3.11 | 3.33 |
| 离子间距离实验值 |  | 2.72 | 2.96 | 3.11 | 3.31 |
| 晶体半径和 | $Te^{2-}$ |  | 3.20 | 3.34 | 3.56 |
| 离子间距离实验值 |  |  | 3.17 | 3.33 | 3.50 |

在镁的硫化物和硒化物中，阴离子是互相接触的；按照这一假定导出的半径（$S^{2-}$ 是 1.80 埃，$Se^{2-}$ 是 1.93 埃）略小于它们的晶体半径值。$R_{Mg^{2+}}/R_{O^{2-}}$ 的比值是 0.46，处在双重排斥力起作用的范围之内，这就为氧化镁的观测值偏大提供了解释。

**一些具有金红石型与萤石型结构的晶体；不对称价型物质的离子间距离**　在不对称价型物质的[例如萤石 $CaF_2$（图 13-10）]晶体中，阳离子和阴离子间的平衡距离不能期望必须等于两价钙离子和一价氟离子的晶体半径之和。从钙离子和氟离子的一价半径之和 2.54 埃，给出了吸引力和排斥力相当于氯化钠型结构的假想晶体中的离子间平衡距离。价型的影响可以用如下方法进行校正。[42]

按照方程式（13-3），两种结构中平衡距离的比值为：

$$\frac{R_{\mathrm{CaF_2}}}{R_{\mathrm{NaCl}}} = \left\{ \frac{B_{\mathrm{CaF_2}}}{B_{\mathrm{NaCl}}} \cdot \frac{A_{\mathrm{NaCl}}}{A_{\mathrm{CaF_2}}} \right\}^{\frac{1}{(n-1)}}$$

在萤石中,每个化学组成分子有 8 个阳离子和阴离子的接触,而在 NaCl 中只有六个,因此可以假定 $B_{\mathrm{CaF_2}}/B_{\mathrm{NaCl}}$ 的比值是 8/6。把这个比值以及 $A_{\mathrm{NaCl}}$ 的值 1.7476 和 $A_{\mathrm{CaF_2}}$ 的值 5.0388 代入这个方程中,并取 $n=8$($\mathrm{Ca^{2+}}$ 与 $\mathrm{F^-}$ 的数值的平均数),得出 $R_{\mathrm{CaF_2}}/R_{\mathrm{NaCl}}$ $=0.894$,这一数值再乘上钙与氟的一价半径之和,得出了 $R_{\mathrm{CaF_2}}$ 的数值是 2.27 埃。这个数值略低于萤石中 $\mathrm{Ca^{2+}}$—$\mathrm{F^-}$ 距离的实验值 2.36 埃。这种差异的原因可能是,萤石中阴离子和阴离子的接触,使得 $B_{\mathrm{CaF_2}}/B_{\mathrm{NaCl}}$ 的比值略大于 8/6,很可能是 9/6 左右(即正比于离子的数目),这样计算出的 $R_{\mathrm{CaF_2}}$ 值为 2.32 埃。

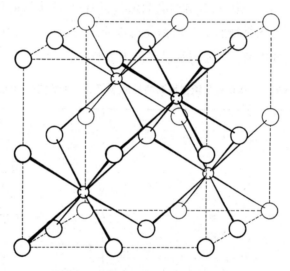

**图 13-10　萤石 $\mathrm{CaF_2}$ 立方晶体的结构**

(大圆圈圈代表钙离子,小圆圈圈代表氟离子)

　　的确,从经验上知道,这种既复杂又不可靠的计算是不用做的;一般说,即使是对不对称价型的化合物,离子间距离与晶体半径之和也还是极相近似的。就萤石来说,晶体半径之和为 2.35 埃,与实验值符合得很好。这个道理是显而易见的。在 $\mathrm{Ca^{2+}}$ 的晶体半径中,已经就阳离子和阴离子的二价进行过校正,这与在钙和氟的一价半径之和中单纯进行阳离子二价的校正是几乎一样大小的。

　　表 13-13 列出一些具有萤石型结构的晶体和具有金红石型结构的晶体,并就离子间距离的实验值和晶体半径之和进行比较。由表中看出,其结果是令人满意的。其他一些不对称价型的离子晶体也表现出同样好的符合程度,但是现有这样的数据多到不可能在这里加以引述。对于这些晶体以及对称价型的晶体来说,如果把配位数变化的影响考虑进去,就可以在离子间距离数值的讨论中获得进一步的改进。这个问题将在下节进行讨论。

表 13-13 不对称价型物质的离子间距离值

| | 半径和/埃 | 离子间距离的实验值/埃 | | 半径和/埃 | 离子间距离的实验值/埃 |
|---|---|---|---|---|---|
| 萤石型结构的晶体 | | | | | |
| $CaF_2$ | 2.35 | 2.36 | $Na_2O$ | 2.35 | 2.40 |
| $SrF_2$ | 2.49 | 2.50 | $K_2O$ | 2.69 | 2.79 |
| $BaF_2$ | 2.71 | 2.68 | $Rb_2O$ | 2.88 | 2.92 |
| $RaF_2$ | 2.76 | 2.76 | $Li_2S$ | 2.44 | 2.47 |
| $SrCl_2$ | 2.94 | 3.02 | $Na_2S$ | 2.79 | 2.83 |
| $BaCl_2$ | 3.16 | 3.18 | $K_2S$ | 3.17 | 3.20 |
| $CdF_2$ | 2.33 | 2.34 | $Rb_2S$ | 3.32 | 3.31 |
| $HgF_2$ | 2.46 | 2.40 | $Li_2Se$ | 2.58 | 2.59 |
| $EuF_2$ | 2.48 | 2.51 | $Na_2Se$ | 2.93 | 2.95 |
| $PbF_2$ | 2.56 | 2.57 | $K_2Se$ | 3.31 | 3.32 |
| LaOF | 2.53[*] | 2.49 | $Li_2Te$ | 2.81 | 2.82 |
| AcOF | 2.56[*] | 2.57 | $Na_2Te$ | 3.16 | 3.17 |
| PuOF | 2.45[*] | 2.47 | $K_2Te$ | 3.54 | 3.53 |
| $ZrO_2$ | 2.20 | 2.20 | $PaO_2$ | 2.38 | 2.36 |
| $HfO_2$ | 2.21 | 2.21 | $UO_2$ | 2.37 | 2.37 |
| $ThO_2$ | 2.42 | 2.42 | $NpO_2$ | 2.35 | 2.35 |
| $CeO_2$ | 2.41 | 2.34 | $PuO_2$ | 2.33 | 2.34 |
| $PrO_2$ | 2.32 | 2.32 | $AmO_2$ | 2.32 | 2.33 |
| $Li_2O$ | 2.00 | 2.00 | | | |
| 金红石型结构的晶体 | | | | | |
| $MgF_2$ | 2.01 | 2.02 | $TiO_2$ | 2.08 | 1.96 |
| $MnF_2$ | 2.16 | 2.17 | $SnO_2$ | 2.11 | 2.10 |
| $FeF_2$ | 2.12 | 2.14 | $PbO_2$ | 2.24 | 2.22 |
| $CoF_2$ | 2.10 | 2.10 | $VO_2$ | 2.00 | 1.96 |
| $NiF_2$ | 2.08 | 2.08 | $CrO_2$ | 1.96 | 1.93 |
| $ZnF_2$ | 2.10 | 2.12 | $MnO_2$ | 1.94 | 1.95 |
| $PdF_2$ | 2.22 | 2.22 | | | |

[*] 两种阴离子的平均值。

在上一节所阐述的离子间作用力理论的基础上更加详尽地讨论金红石晶体是很有意义的。除了绝对大小之外,这个晶体的结构取决于两个参数:一个是轴率 $c_0/a_0$,另一个是决定氧原子位置的参数(图 3-2)。给定任一个 $c_0/a_0$ 的数值,可以给这个位置参数这样的数值,使得阳离子到 6 个周围阴离子间的距离完全相等;对离子晶体而言,这是合乎情理的。通过计算可以得到下列马德隆常数的表示式：

$$A_{R_0} = 4.816 - 4.11\left(0.721 - \frac{c_0}{a_0}\right) \tag{13-16}$$

可以看出，如果 $R_0$ 为常数，当 $c_0/a_0 = 0.721$ 时，$A$ 的数值为最大，即相当于晶体具有最大的稳定性。然而，这个数值比实验值大，因为实验值接近于 $0.66$（$MgF_2$ 是 $0.660$；$TiO_2$ 是 $0.644$ 等）。考虑到 $F^- - F^-$ 与 $O^{2-} - O^{2-}$ 的距离，这种偏差是可以解释的；轴率等于 $0.721$，则阴离子和阴离子间的距离的最小值一定很小，大约是 $2.40$ 埃；$F^-$ 和 $O^{2-}$ 的晶体半径的两倍却等于 $2.72$ 和 $2.80$ 埃。因此，就具有金红石型结构的晶体来说，正是由于阴离子和阴离子之间的排斥力，使得 $a_0$ 的数值增大。选用与方程式(13-10)相类似的势能函数进行定量处理，[43] 得出了 $c_0/a_0 \cong 0.66$，与实验值是一致的。在这种情况下，$F^- - F^-$ 的距离变成 $2.60$ 埃左右，$O^{2-} - O^{2-}$ 的距离则变成 $2.50$ 埃左右，这样的数值还是小于阴离子晶体半径的两倍。这就表明了阴离子和阴离子之间的排斥力倾向于使轴率减小；而马德隆常数则倾向于使轴率增大，在这两者之间要达成某种折中的安排。

二氧化钛的另外两种变体锐钛矿和板钛矿的晶体，也同样表现出这种情况。在这些晶体中 $O^{2-} - O^{2-}$ 的最小距离 $2.50$ 埃也是偏低。对锐钛矿已进行了类似上述的理论计算，得出的结果与实验值十分一致。

可能猜想到，阳离子沿着 $c$ 轴的排斥力会使得连接到共有棱边的 4 个 M—X 键长，大于其他两个键的。这种现象在下列一些晶体中发现过[44]：在 $MgF_2$ 中 Mg—F = $1.997$ (4)，$1.928$ (2)；在 $MnF_2$ 中 Mn—F = $2.132$ (4)，$2.102$ (2)；$ZnF_2$ 中 Zn—F = $2.043$ (4)，$2.015$ (2)。但是，金红石本身却没有这种情况；[45] 这里 Ti—O = $1.946$ (4)，$1.984$ (2)；这种偏差的原因还不清楚。在 $SnO_2$ 中，6 个 Sn—O 键可以说是相等的[$2.025$ (4)，$2.056$ (2)]。

锰离子 $Mn^{2+}$ 含有分占 5 个 $3d$ 轨道的 5 个自旋平行的电子($^5S_0$)，锌离子 $Zn^{2+}$ 含有满填的 $3d$ 分壳层($^1S_0$)，都具有球形对称性；具有氩原子构型($^1S_0$)的 $Mg^{2+}$ 离子也是一样。其他过渡金属的正二价离子却不具有球形对称性，可能猜想到，$3d$ 电子要这样地取向，使得 $MF_2$ 晶体中连接到共有棱边的 M—F 键增长，其他的键则缩短，从而发生了稳定作用。这样的情况在 $FeF_2$ 中表现得相当显著[Fe—F = $2.122$ (4)，$1.993$ (2)]；[46] 在 $CrO_2$ 中[Cr—O = $1.92$ (4)，$1.87$ (2)]，[47] 情况也是一样。在 $CoF_2$[$2.046$ (4)，$2.032$ (2)]和 $NiF_2$[$2.018$ (4)，$1.986$ (2)]中表现的差值几乎与具有球形对称的离子相同。[46] 这种性质上的差异可能与这样的事实相联系，即无论是电子占据了 3 个轨道($xy$、$yz$ 和 $zx$ 参看第五章)或是占据了两个 $d$ 轨道(剩下的两个)，都能出现八面体型对称性。对于含有 4 个不配对 $d$ 电子的 $Fe^{2+}$ 来说，不可能达到这种八面体型对称性；然而在 $Co^{2+}$ 和 $Ni^{2+}$ 的情况下却是可能的。

$VO_2$ 具有畸变的金红石型结构,其中含有 V—V 键(见第十一章)。

**配位数对离子间距离的影响**　在前一节曾经指出,在同一物质的两种变体中,离子间距离的比值,可以近似地用如下的方程式求出来:

$$\frac{R_{\mathrm{II}}}{R_{\mathrm{I}}} = \left\{ \frac{A_{\mathrm{I}} B_{\mathrm{II}}}{A_{\mathrm{II}} B_{\mathrm{I}}} \right\}^{\frac{1}{(n-1)}} \tag{13-17}$$

式中排斥系数 $B_{\mathrm{I}}$ 与 $B_{\mathrm{II}}$ 可以假定与两种结构中的阳离子和阴离子相互接触的数目成正比。当 $B_{\mathrm{CsCl}}/B_{\mathrm{NaCl}}=8/6$ 而 $n=9$ 时,从这个方程导出了 $R_{\mathrm{CsCl}}/R_{\mathrm{NaCl}}=1.036$,与实验结果近乎一致。

戈尔德施密特[48]曾经强调有必要对配位数的影响进行这种方式的校正。他提出,当配位数由 6 变为 8 时,校正因子为 1.03;当配位数由 6 变为 4 时,校正因子则为 0.93 至 0.95。

应用方程式(13-17)可以看到,校正值主要取决于阳离子的配位数,换句话说,即取决于位于每个阳离子周围的阴离子的数目。取 $n=9$,由方程式(13-17)可导出的比值为

$$6{\rightarrow}8: \qquad \frac{R_{\mathrm{CsCl}}}{R_{\mathrm{NaCl}}}=1.036 \qquad \frac{R_{\text{萤石型结构}}}{R_{\text{金红石型结构}}}=1.031$$

$$\left(\frac{8}{6}\right)^{\frac{1}{8}}=1.036$$

$$6{\rightarrow}4: \qquad \frac{R_{\text{闪锌矿或纤维锌矿型}}}{R_{\mathrm{NaCl}}}=0.957 \qquad \frac{R_{\text{β-石英型}}}{R_{\text{金红石型}}}=0.960$$

$$\left(\frac{4}{6}\right)^{\frac{1}{8}}=0.950$$

从上式可见从配位数等于 6 的标准氯化钠型和金红石型的结构分别改变为配位数等于 8 的氯化铯型和萤石型结构,变化近乎相同;从它们分别改变为配位数等于 4 的闪锌矿型或纤维锌矿型和 β-石英型结构变化也近乎相同。此外,这些数值与把马德隆常数的差异忽略不计(即取 $A_{\mathrm{II}}/A_{\mathrm{I}}=1$)。而计算出的数值也是差不多一样的。

取 $B_{\mathrm{I}}$ 等于 6(在导出离子半径数值时已选定配位数 6 作为标准值),$B_{\mathrm{II}}$ 等于第二种结构的配位数,则对各种不同指数 $n$ 可算出 $\{B_{\mathrm{II}}/B_{\mathrm{I}}\}^{\frac{1}{(n-1)}}$ 的数值;这些计算结果列于表 13-14 中。

**表 13-14　配位数从标准值 6 改变时的校正因子**

| $n=$ | 6 | 7 | 8 | 9 | 10 | 11 | 12 |
|---|---|---|---|---|---|---|---|
| 配位数 | | | | | | | |
| 12 | 1.149 | 1.122 | 1.104 | 1.091 | 1.080 | 1.072 | 1.065 |
| 9 | 1.085 | 1.070 | 1.060 | 1.052 | 1.046 | 1.041 | 1.038 |
| 8 | 1.059 | 1.049 | 1.042 | 1.037 | 1.032 | 1.020 | 1.026 |

| $n=$ | 6 | 7 | 8 | 9 | 10 | 11 | 12 |
|------|-----|-----|-----|-----|-----|-----|-----|
| 7 | 1.031 | 1.026 | 1.022 | 1.019 | 1.017 | 1.016 | 1.014 |
| 6 | 1.000 | 1.000 | 1.000 | 1.000 | 1.000 | 1.000 | 1.000 |
| 5 | 0.964 | 0.970 | 0.974 | 0.978 | 0.980 | 0.982 | 0.984 |
| 4 | 0.922 | 0.935 | 0.944 | 0.951 | 0.956 | 0.960 | 0.904 |

让我们考虑氧离子围绕着铝离子成八面体型和四面体型配位时的 Al—O 距离,作为说明表 13-14 应用的一个例子。在刚玉($\alpha$-$Al_2O_3$)、黄玉($Al_2SiO_4F_2$)、水铝石(AlOOH,参看图 12-8)和许多其他含有铝八面体的晶体中,Al—O 的距离的实验值接近于离子的晶体半径之和 1.90 埃。在例如方钠石($NaAl_3Si_3O_{12}Cl$)、氯黄晶[$Al_{13}Si_5O_{20}(OH)_{18}Cl$]、钠沸石($Na_2Al_2Si_3O_{10} \cdot 2H_2O$)、长石和其他铝硅酸盐等晶体中,四面体型配位的 Al—O 距离的实验值为($1.78 \pm 0.02$)埃。半径之和加上由表 13-14 得出的适当校正因子,可得出 1.78 埃,与实验值十分符合。$SiO_4$ 四面体的 Si—O 的距离,已在 9-6 节中进行了讨论。

在 $M_2RX_6$ 的立方晶体例如氟硅酸钾(它的结构如图 5-1 中所示)中,每个 M 离子被 12 个 X 离子所包围。许多这样的化合物已经被研究过了,它们的 M—X 距离的实验值在表 13-15 中列出。一般说,这些数值与按配位数为 12 加以校正之后的半径和是符合得相当好的。有趣的是甚至在 R—X 键基本上是共价性的许多物质(如 $M_2SeCl_6$、$M_2PtCl_6$ 等)中,也看到这样符合的情况。这就反映了范德华半径与离子半径是近乎相等的。

表 13-15　配位数为 12 时的 M—X 原子间距离

| | 晶体半径和/埃 | 经过校正的晶体半径和/埃 | 原子间距离实验值/埃 |
|------|-----|-----|-----|
| K—F | 2.69 | 2.97 | 2.90 |
| Rb—F | 2.84 | 3.12 | 3.01 |
| Cs—F | 3.05 | 3.31 | 3.20 |
| K—Cl | 3.14 | 3.43 | 3.44~3.50 |
| Rb—Cl | 3.29 | 3.57 | 3.50~3.60 |
| Cs—Cl | 3.50 | 3.77 | 3.60~3.70 |
| K—Br | 3.28 | 3.56 | 3.64~3.68 |

某些复杂的氟化物具有六方晶体结构。霍尔德和文森特(Vincent)[49] 曾经研究了六氟锗酸钾和六氟锗酸铵,戈斯纳(Gossner)和克劳斯(Kraus)[50] 也对氟硅酸铵的六方变体进行了研究。这些结构是以 M 和 X 离子的六方最紧密堆积排列(见 13-5 节)为基础的,不过有了很大的畸变,使得它们的堆积比前述的立方结构更为紧密。因此,氟硅酸铵六方晶体的密度比它的立方晶型的密度要大 7%。由于这种畸变使得每个一价阳离子在它的 12 个近邻氟原子中比较靠近 9 个氟原子,离另外 3 个就稍远一些。在 $K_2GeF_6$ 晶体中,K—F 的距离为 2.84 埃(6 个),2.86 埃(3 个)和 3.01 埃(3 个)。配位数为 9 的 $K^+$—$F^-$ 距离的预期值为 2.85 埃,因此与实验值是极其一致的。

值得强调指出的是,离子间的平衡距离不如共价键的键长那样确定;它们的值不仅取决于配位数,而且和半径比(阴离子间相互接触,双重排斥力)、共价性分量以及其他因素都有关系;要就已经提出而且应用过的数种校正进行简单的讨论是不可能的。另一方面,关于离子之间的作用力,我们是有了可靠的看法的,对于某些特定的结构,通常是能够可靠地推算出它们的离子间距离的。

**在决定不同结构的相对稳定性时半径比的影响** 从表 13-14 中可以看出,从阳离子的配位数为 6 的金红石型结构过渡到配位数为 8 的萤石型结构时,离子间的平衡距离 $R_0$ 也随着有所增大,在 $n=9$ 的情况下大约为 3.7%。对于这两种结构来说,马德隆常数 $A$ 分别为 4.816 与 5.039,其比值为 1.046。因此根据方程式(13-5),只要在从金红石型过渡到萤石型时 $R_0$ 的增大低于 4.6%,则萤石型结构将是两种结构中较为稳定的一种。在上一节关于半径比效应的讨论中,已经指明了金红石型结构变为稳定的条件。我们可以想想,在萤石型结构(图 13-10)中,阳离子 $M^{2+}$ 是处在阴离子所围成的立方体的中心。如果阳离子与阴离子之间的排斥力比阴离子与阴离子之间的排斥力更强时,则前者将决定阳离子和阴离子之间的平衡距离,即等于经过配位数校正后的晶体半径之和。但是如果阴离子和阴离子之间的排斥力比较强(即阴离子相互接触)或者强度大约相同(即双重排斥)时,则 $R_0$ 值就将大于经过校正后的晶体半径之和。因此,相对于金红石型结构来说,萤石型结构就成为较不稳定的结构了。开始出现这种现象时的半径比 $\rho$,可以用如下方法计算。如果 $r_+$ 与 $r_-$ 分别代表离子的一价半径(这里要引用一价半径,因为这个讨论与阳离子-阴离子和阴离子-阴离子的排斥力的相对大小有关),当 $2r_-$ 与 $(r_++r_-)$ 的比值为 $1:\sqrt{3/2}$(即等于立方体的棱边与其体对角线的一半的比值)时,则双重排斥力即将发挥作用;所以,由方程 $(r_++r_-)/2r_-=\sqrt{3/2}$ 得出:

$$\rho=\sqrt{3}-1=0.732 \tag{13-18}$$

作为萤石型结构稳定性的半径比极限值,或者一般地说,作为立方体型配位结构的半径比极限值。当 $\rho$ 值低于 0.732 时,可以料想到,离子晶体 $MX_2$ 可能呈现金红石型的结构。

表 13-16 列出了 $\rho$ 的实验值;从表中可以看到,除了 $ZrO_2$ 和 $CeO_2$ 等两种晶体以外,金红石型结构的稳定条件 $\rho<0.73$ 和萤石型结构的稳定条件 $\rho>0.73$,均得到了满足。

**表 13-16　具有金红石型和萤石型结构的晶体的半径比**

| 金红石型结构 | | 萤石型结构 | |
|---|---|---|---|
| | $\rho$ | | $\rho$ |
| $MgF_2$ | 0.60 | $CaF_2$ | 0.87 |
| $ZnF_2$ | 0.65 | $SrF_2$ | 0.97 |

| 金红石型结构 | | 萤石型结构 | |
| --- | --- | --- | --- |
| $TiO_2$ | 0.55 | $BaF_2$ | 1.12 |
| $GeO_2$ | 0.43 | $CdF_2$ | 0.84 |
| $SnO_2$ | 0.55 | $HgF_2$ | 0.92 |
| $PbO_2$ | 0.60 | $SrCl_2$ | 0.73 |
| | | $ZrO_2$ | 0.62 |
| | | $CeO_2$ | 0.72 |

表 13-17　具有八面体型和四面体型配位的晶体的半径比数值

| 八面体型配位 | | 四面体型配位 | |
| --- | --- | --- | --- |
| | $\rho$ | | $\rho$ |
| $PbO_2$ | 0.60 | $GeO_2$ | 0.43 |
| $SnO_2$ | 0.55 | $SiO_2$ | 0.37 |
| $GeO_2$ | 0.43 | $BeF_2$ | 0.32 |
| $MgF_2$ | 0.60 | | |

根据类似的计算可得出由八面体型配位过渡到四面体型配位时的极限 $\rho$ 值 $\rho=\sqrt{2}-1=0.414$，表 13-17 示出了被实验所证实的程度。

有趣的是，$\rho=0.43$ 的 $GeO_2$，同时具有金红石型和石英型两种结构。

关于半径比与配位数之间的关系，将在 13-6 节中继续进行讨论。

# 13-5　在离子晶体中大离子的最紧密堆积

在许多离子化合物晶体的结构中，大的离子是按最紧密堆积排列的（见 11-5 节）。正如朗德在 1920 年所指出的，氯化钠的结构就是这种情况；在锂的卤化物的晶体中，正是最紧密堆积的阴离子晶格实际上决定了晶格常数。的确，这个有关氯化钠排列的看法应归功于巴罗，他在 1898 年研讨这种如图 1-1（取自他的论文）所示的由半径比为 0.414 的大小圆球构成的结构时，指出大的圆球是按立方最紧密堆积排列的。

还有闪锌矿、纤维锌矿、反萤石（$Li_2S$）、碘化镉、氯化镉以及许多其他排列，其中也是大的离子排成最紧密堆积。

在 1927 年，布拉格和韦斯特[51]曾经指出，在许多硅酸盐晶体和其他矿物中，每个氧原子的体积介于 14～20 埃[3] 之间；这就表明，在这些晶体中，氧离子（相应于晶体半径 1.40 埃，每一离子的体积为 15.5 埃[3]）排列成最紧密堆积，较小的金属离子则塞入其空隙中。在布拉格及其同事们成功地解决硅酸盐矿物结构的过程中,这个看法起了很大的作用。

双六方最紧密堆积(参看 11-5 节),最先是在板钛矿(二氧化钛的一种斜方晶型)[52]中的氧离子以及黄玉($Al_2SiO_4F_2$)[53]中的氧离子和氟离子中发现的。此后又在碘化镉的一种变体[54]、溴化汞[55]和氯化汞[56]中的卤离子、在 CdOHCl[57] 的氯离子和氢氧离子中报道过这种排列。此外,在溴化镉和溴化镍的变体中,也发现了其中的溴原子的 A 型、B 型、C 型各种层的顺序大部分是不规则的。[58]

经常出现有这样的情况,在含有较大的阳离子($K^+$、$Rb^+$、$Cs^+$、$Ba^{2+}$、$NH_4^+$ 等)的一些晶体中,这些大的阳离子和阴离子一起构成了最紧密堆积的排列。其中的一个例子就是图 13-11 所示的 $KMgF_3$ 的排列(即所谓钙钛矿型结构)。从图中可以看到,半径为 1.33埃的 $K^+$ 离子和半径为 1.36 埃的 3 个 $F^-$ 离子共同构成了立方最紧密堆积,较小的 $Mg^{2+}$离子则位于氟离子八面体的中心。还有在氯锡酸钾的结构(图 5-1)以及已有报道的 $Cs_3Ti_2Cl_9$、$Cs_3As_2Cl_9$ 和类似物质的结构中[59]碱金属离子和卤素离子也表现出同样的排列。

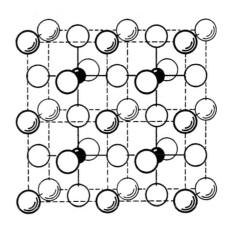

**图 13-11　$KMgF_3$ 立方晶体的结构**

有阴影的大圆球代表钾离子,它们位于立方单元的顶点上。空白的大圆球代表氟离子,它们位于立方单元的面中心位置上。黑的小圆球代表镁离子,它们位于立方单元的体中心位置上。这种结构通常叫作钙钛矿($CaTiO_3$)型的结构

## 13-6　确定复杂离子晶体结构的原则

简单的离子物质,例如碱金属卤化物,可以选用的结构类型不多;相应于化学式 $M^+X^-$ 的,仅有很少几种相对稳定的离子排列存在,而且影响晶体稳定性的各种因素是互相牵制,其中没有一个因素能够明显地决定晶体究竟选用氯化钠型结构或者氯化铯型结构。对于复杂的物质例如云母 $KAl_3Si_3O_{10}(OH)_2$ 或者氯黄晶 $Al_{13}Si_5O_{20}(OH)_{18}Cl$ 来说,则可能提出许多种在性质和稳定性上差别很小的可能结构,而且可以预期,在这些可能结构中最稳定的一种,即晶体实际上采用的结构,将会通过各种不同结构特点反映出在决定离子晶体结构中起作用的各种因素。已发现有可能制订出下述的有关复杂离子晶体稳定性的一整套规则。这些

规则[60]一部分是在 1928 年从已知的一些结构中归纳出来的,另一部分是从晶格能的方程式中推导出来的。这些规则的推导方法不算严谨,应用得也不够普遍;但是,这些规则作为核对文献上复杂晶体结构正确程度的准则以及提出各种合理结构以便进行实验鉴定来帮助晶体的 X 射线研究,都是很有用的。同时也应该说,这些规则对分子和络离子是有一定意义的。

在能够运用这些规则的晶体中的键,是基本上离子性的而不是基本上共价性的,而且其中,所有或大多数的阳离子很小(半径小于 0.8 埃),又是多价,阴离子则是很大(半径大于 1.35 埃),又是一价或二价的。这里最主要的阴离子是氧离子与氟离子。

阳离子和阴离子在大小和电荷方面的差别,在这些规则中反映出来,因为在离子晶体中阳离子和阴离子一般起着明显不同的作用。这些规则是基于布拉格在早期硅酸盐矿物研究工作中所提出的配位多面体概念,即在包围着阳离子的四面体、八面体或其他多面体的顶点上阴离子配位的情况;这些规则把这些多面体的性质和相互关系联系起来。

**配位多面体的性质** 第一条规则指明围绕着阳离子的阴离子配位多面体的性质;即在每个阳离子的周围形成了阴离子的配位多面体,阳离子—阴离子的距离取决于半径之和,而阳离子的配位数取决于半径比。

在含有高电荷阳离子的晶体中,晶格能表示式中表示每个阳离子与其邻近阴离子相互作用的项,是其中最重要的项。阳离子—阴离子相互作用的负的库仑能,使得每个阳离子能够吸引好几个阴离子,让它们接近到平衡距离。正如本章前几节所论述的,这个距离可以相当正确地用阳离子和阴离子的晶体半径之和来表示。

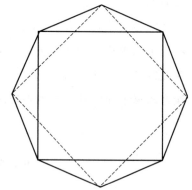

**图 13-12　正方反棱柱**

如果过多的阴离子围集着阳离子,则阴离子—阴离子间的排斥力将增大到使阴离子不可能这么接近阳离子。这样由于阳离子—阴离子距离的增大所引起的库仑能的增大,将会降低这个结构的稳定性,反不如在阳离子的周围有较少阴离子的另一个结构。在 13-4 节中曾经讨论过这个问题;那里已经指出,当半径比 $\rho$ 在 0.732 附近时会发生从立方体型配位到八面体型配位的转变;在 $\rho=0.414$ 左右会发生从八面体型配位到四面体型配位的转变。这里可以顺便指出,正方反棱柱,即如图 13-12 所示的有着 16 个相等棱边的配位多面体,是比立方体更为满意的离子配位多面体。当 $\rho=0.645$ 时,[61]会发生从正方反棱柱型配位到八面体型配位的转变(参看表 13-18)。

表 13-18 决定各种配位多面体稳定性的最小半径比的数值

| 多面体的类型 | 配位数 | 半径比的最小值 |
|---|---|---|
| 立方八面体 | 12 | 1.000 |
| | 9[a] | 0.732 |
| 立方体 | 8 | 0.732 |
| 正方反棱柱 | 8 | 0.645 |
| | 7[b] | 0.592 |
| 八面体 | 6 | 0.414 |
| 四面体 | 4 | 0.225 |

a. 这个具有 18 个相等棱边配位多面体,是在正三角棱柱的 3 个竖立面的中心上分别加上一个原子而得出的。

b. 这个多面体是在八面体中的一个面中心上加上一个原子而得出的。

表 13-19 列出了各种阳离子配上氧离子的半径比数值以及按照表 13-18 得出的预期配位数。从在表 13-19 中的第四行列出的配位数实验值看来,它们与预期值是十分接近。用黑体字示出的配位数代表经常出现的阳离子的配位数;其他数值只在少数晶体中出现。有时配位数的实验值与预期值相差过大,在例如云母 $KAl_3Si_3O_{10}(OH)_2$ 的晶体中 $K^+$ 的配位数等于 12,便是一个例子;在这种情况下,可能是其他一些离子在决定构型时起着重要的作用。$Si^{4+}$ 离子的四面体型配位在好几十种晶体中发现过;而八面体型配位则只在一种晶体 $SiP_2O_7$(这在自然界中并不出现),显而易见,这种晶体应该是例外的。

表 13-19 阳离子与氧离子的配位数数值

| 离子种类 | 半径比 | 配位数预期值 | 配位数实验值 | 键的强度 |
|---|---|---|---|---|
| $B^{3+}$ | 0.20 | 3 或 4 | **3,4** | $1$ 或 $\frac{3}{4}$ |
| $Be^{2+}$ | 0.25 | 4 | **4** | $\frac{1}{2}$ |
| $Li^+$ | 0.34 | 4 | **4** | $\frac{1}{4}$ |
| $Si^{4+}$ | 0.37 | 4 | **4**,6 | $1$ |
| $Al^{3+}$ | 0.41 | 4 或 6 | **4,5,6** | $\frac{3}{4}$ 或 $\frac{1}{2}$ |
| $Ge^{4+}$ | 0.43 | 4 或 6 | **4,6** | $1$ 或 $\frac{1}{2}$ |
| $Mg^{2+}$ | 0.47 | 6 | **6** | $\frac{1}{3}$ |
| $Na^+$ | 0.54 | 6 | **6**,8 | $\frac{1}{6}$ |
| $Ti^{4+}$ | 0.55 | 6 | **6** | $\frac{2}{3}$ |
| $Sc^{3+}$ | 0.60 | 6 | **6** | $\frac{1}{2}$ |
| $Zr^{4+}$ | 0.62 | 6 或 8 | **6**,8 | $\frac{2}{3}$ 或 $\frac{1}{2}$ |
| $Ca^{2+}$ | 0.67 | 8 | 7,**8**,9 | $\frac{1}{4}$ |
| $Ce^{4+}$ | 0.72 | 8 | 8 | $\frac{1}{2}$ |
| $K^+$ | 0.75 | 9 | 6,7,**8,9**,10,12 | $\frac{1}{9}$ |
| $Cs^+$ | 0.96 | 12 | **12** | $\frac{1}{12}$ |

半径比等于过渡值的离子是特别有趣的。在 $H_3BO_3$、$Be_2BO_3OH$（硼铍石）、$CaB_2O_4$ 与其他许多晶体中,硼原子是三配位的;在 $CaB_2Si_2O_3$（赛黄晶）与十二钨硼酸中则是四配位的;而在 $KH_8B_5O_{12}$ 和许多其他复杂的硼酸盐中,有些硼原子是四配位的,有些则是三配位的。铝离子在许多铝硅酸盐中形成了氧四面体,而在另一些情况下则形成八面体;在硅线石中的配位数是 4 与 6,在红柱石中的配位数是 5 与 6,在蓝晶石中的配位数只是 6,这三种稳定的矿物都含有 $Al_2SiO_5$ 的组成。二氧化锗有两种晶型,表现出似石英型（配位数为 4）和似金红石型（配位数为 6）两种变体。锆在许多晶体中是八面体型配位的,但是在锆石 $ZrSiO_4$ 中的配位数却等于 8。[62]

方解石—霰石的转变可以作为一个实例,来阐明一种物质从几种可能结构中作出选择时半径比的意义。[63]碳酸钙具有熟知的三方方解石的晶体结构,这里钙离子的配位数为 6;也可能具有假六方的斜方霰石结构,这里钙离子的配位数为 9。表 13-20 列出一价硝酸盐、二价碳酸盐和三价硼酸盐在这两种类型晶体结构之间的选择以及它们的阳离子和氧的一价半径的比值。

表 13-20　硝酸盐、碳酸盐与硼酸盐的半径比数值

| | $\rho$ | | $\rho$ | | $\rho$ |
|---|---|---|---|---|---|
| 方解石型结构 | $LiNO_3$　0.34<br>$NaNO_3$　0.54 | $MgCO_3$　0.47<br>$ZnCO_3$　0.50<br>$CdCO_3$　0.65<br>$CaCO_3$　0.67 | | $ScBO_3$　0.60<br>$InBO_3$　0.59<br>$YBO_3$　0.68 | |
| 霰石型结构 | $KNO_3$　0.76 | $CaCO_3$　0.67<br>$SrCO_3$　0.75<br>$BaCO_3$　0.87 | | $LaBO_3$　0.79 | |
| $RbNO_3$ 型结构 | $RbNO_3$　0.84<br>$CsNO_3$　0.96 | | | | |

从上表可以看到,大约在 $\rho=0.67$ 时发生了转变现象,这正是两种同素异构的碳酸钙中的 $\rho$ 值。当 $\rho\cong0.85$ 时,发生到其他结构类型（例如硝酸铷和硝酸铯）的转变,在这样的结构中一价阳离子的配位数可能是 12。

**共顶点多面体的数目:静电键规则**　在硅石 $SiO_2$ 晶体中,每一个硅离子被位于四面体顶点的 4 个氧离子所包围。[64]为了保持按（1Si：2O）的化学组成比,平均每个氧离子必须作为两个四面体的共有顶点。这可以通过氧离子交替地作为一个四面体的顶点和 3 个四面体的共有顶点,或者其他类似方式来实现。但是下列静电价规则却要求每个氧离子作为两个四面体的共有顶点。设 $ze$ 为阳离子所带的电荷,$\nu$ 为它的配位数,则可以把它与每个配位阴离子间的静电键的强度定义为:

$$s=\frac{z}{\nu}$$

并作出这样的假设:在稳定的离子结构中,每个阴离子的价数,除了符号相反以外,恰好等于或近乎等于这个阴离子与其邻近阳离子之间的静电键的强度的总和:

$$\zeta = \sum_i s_i = \sum_i \frac{z_i}{\nu_i} \qquad (13\text{-}19)$$

这里阴离子的电荷为$-\zeta e$,$\sum$必须对各个有关正离子求和,这些正离子是位于以这个阴离子作为共有顶点的所有多面体的中心的。

为了说明这条规则是合理的,可以指出,因为阳离子的键强可以近似地衡量阳离子对它的各个配位多面体顶点正电位作出的贡献(在具有较大配位数的阳离子的情况下,$1/\nu$因子相当于较大的阳离子—阴离子间距离,以及数目较多的邻近阴离子),把带有大负电荷的阴离子置于大正电位位置上,可以使晶体获得稳定性。布拉格[65]曾经指出,可以通过力线表示方法给这条规则简单的解释,并看出它的正确性。力线是从阳离子出发到阴离子终止的,数目与它的价数成正比。我们把每个阳离子的力线平均分配给连到配位多面体顶点的键,这样这个规则的意义便是每个阴离子从它的配位阳离子接受了足够的力线来满足它的价数的要求。这些力线不用与远处的离子相连接,因此晶体是稳定的。

这条简单的规则大大地缩小了物质可能采用的结构型的范围,从而对测定复杂离子晶体特别是硅酸盐矿物的结构发挥了很大的作用。文献报道的硅酸盐矿物结构中,几乎完全满足这条规则,大到$\pm 1/6$的偏差就已经是很少见的。在实验室中制备的物质中,偶然地发现对这条规则的较大的偏差;对这些物质不能期望具有和矿物同样的稳定性。

表 13-19 列出了静电键强度的数值。可以看到,要满足氧离子($\zeta = 2$)的要求,只要两个硅键,或是一个硅键加上 2 个八面体型铝键,或是一个硅键加上 3 个八面体型镁键,或是 4 个八面体型铝键,或是 3 个钛键,还有其他许多不同方式。有许多晶体可以作为例证[66]:在各种形式的硅石和双硅酸盐,硅酸盐,以及在其他含有共顶点硅四面体硅酸盐中分别存在着 2Si;在黄玉($Al_2SiO_4F_2$)、白云母($KAl_3Si_3O_{10}(OH)_2$)、蓝晶石($Al_2SiO_5$)等矿物中分别存在着 Si+2Al(6);在金云母$[KMg_3AlSi_3O_{10}(OH)_2]$、橄榄石($Mg_2SiO_4$)等矿物中,分别存在着 Si+3Mg;在刚玉($Al_2O_3$)、蓝晶石等矿物中分别存在着 4Al(6);在金红石、锐钛矿和板钛矿($TiO_2$)等矿物中分别存在着 3Ti;在硅铍石($Be_2SiO_4$)中存在着 Si+2Be;在石榴石($Ca_3Al_2Si_3O_{12}$)中存在着 Si+Al(6)+2Ca(8);在锆石($ZrSiO_4$)中存在着 Si+2Zr(8);在绿柱石($Be_3Al_2Si_6O_{18}$)中存在着 Si+Al(6)+Be(4)。

氟离子和氢氧根离子,在键的总强度为 1 时就得到了满足。这样可以通过 2 个八面体型铝键就达到要求,正如图 13-17 中所示的水铝矿$[Al(OH)_3]$的结构、下面将要阐述的黄玉($Al_2SiO_4F_2$)和氯黄晶以及其他许多晶体中一样;也可以通过 3 个八面体型镁键来满足,例如在水镁石 $Mg(OH)_2$ 与其他一些晶体中就是这样。

许多铝硅酸盐具有由许多四面体连接起来的完整骨架,好像各种形式的硅石中的骨架一样,但是其中包含有配位数为 4 的铝离子和硅离子。铝四面体与硅四面体所共用的氧离子接上了总强度为 7/4 的各个键,还需要一个强度为 1/4 的键才能达到饱和。这样的键不能由带电荷的小半径小阳离子来提供;因此需要有一价或二价的大半径大阳离子即碱金属离子或碱土金属离子,配上的数目是每一个四配位铝离子有一个碱金属离子或半个碱土金属离子。静电价规则的这个要求,由沸石、长石和其他一些含有四面体骨架的铝硅酸盐矿物的化学式完全予以证实。这里列出了很少一些这样的矿物:

| | | | |
|---|---|---|---|
| 正长石 | $KAlSi_3O_8$ | 钡沸石 | $BaAl_2Si_3O_{10} \cdot 4H_2O$ |
| 钡长石 | $BaAl_2Si_2O_8$ | 菱沸石 | $NaAlSi_2O_6 \cdot 3H_2O$ |
| 钠长石 | $NaAlSi_3O_8$ | 钠柱石 | $Na_4Al_3Si_9O_{24}Cl$ |
| 钙长石 | $CaAl_2Si_2O_8$ | 钙柱石 | $Ca_4Al_6Si_6O_{24}(SO_4CO_3)$ |
| 方沸石 | $NaAlSi_2O_6 \cdot H_2O$ | 霞 石 | $Na_3KAl_4Si_4O_{16}$ |
| 钠沸石 | $Na_2Al_2Si_3O_{10} \cdot 2H_2O$ | 钾霞石 | $KAlSiO_4$ |
| 钙沸石 | $CaAl_2Si_3O_{10} \cdot 3H_2O$ | 白榴石 | $KAlSi_2O_6$ |
| 杆沸石 | $NaCa_2Al_5Si_5O_{20} \cdot 6H_2O$ | 方钠石 | $Na_4Al_3Si_3O_{12}Cl$ |

在所有这些晶体中,氧原子数对铝原子与硅原子数之和的比率,都等于 2:1,这一点与完整四面体骨架所要求的正相符合;而碱金属原子与碱土金属原子的数目也符合上述说法的要求(只是在少数的情况下,例如在下面将要叙述的方钠石中,存在着较多的碱金属离子,这样就需要有卤离子或相类似的阴离子来予以平衡)。

两个共有顶点的相邻铝四面体,对共用的氧原子贡献出两个强度为 3/4 的键。这样总强度便等于 3/2(可能还有少量的碱金属或碱土金属离子的键,这样这个数值就可能稍微增大一些),表现出对静电价规则的偏差。因此一般来说,在四面体骨架构型的铝硅酸盐中,Al/Si 比值不能超过 1;而当它等于 1 时,铝四面体和硅四面体就出现有规则的交替排列。

具有四面体骨架的晶体有一些有趣的性质。有时它能够以它的碱金属离子和碱土金属离子与溶液中的其他一些离子相交换;正是由于这个性质使沸石可以用来软化水。晶体中的水分子可以除去,也可以被其他分子所置换,而晶体本身却不会受到破坏。类质同晶物质,如钠沸石和钙沸石,在化学式上的差别只是以 $Ca^{2+} + 3H_2O$ 置换了 $2Na^+ + 2H_2O$,这就明显地表明了,晶体中存在着一些确定的位置可以安置大的阳离子或水分子。

图 13-13 示出了方钠石 $Na_4Al_3Si_3O_{12}Cl$ 作为具有这类骨架结构的代表性晶体的结构。有趣的是,天青石也存在着同样的骨架。[67]在天青石中存在着替代氯离子的复合 $S_x^{2-}$ 离子,这些离子是赋予物质蓝色的原因。含硒和碲的同类物质,则分别表现出血红色和黄色。

**图 13-13　方钠石 $Na_4Al_3Si_3O_{12}Cl$ 晶体的结构模型**

共顶点的 $SiO_4$ 和 $AlO_4$ 四面体交替地排列。

图中大圆球代表氯离子。钠离子没有在图中表示出来

　　长石,例如钠长石 $NaAlSi_3O_8$ 有紧凑的铝硅酸盐四面体骨架,碱金属和碱土金属离子分布在其孔隙中。[68]

　　氯黄晶 $Al_{13}Si_5O_{20}(OH)_{18}Cl$ 矿物可以作为描述复杂硅酸盐结构的一个实例。[69] 在 13 个铝离子中,有 12 个铝离子表现出八面体型配位,这 12 个八面体形成如图 13-14 所示的集合体。5 个硅离子以四面体复合体 $Si_5O_{16}$ 的形式出现(图 13-15)。这两个集合体和一个铝四面体是按图 13-16 所示的方式组合起来的。在化学式上面的阴离子中,4 个 $O^{2-}$ 由 2 个硅四面体联系起来,12 个 $O^{2-}$ 由 1 个硅四面体和 2 个铝八面体联系起来,

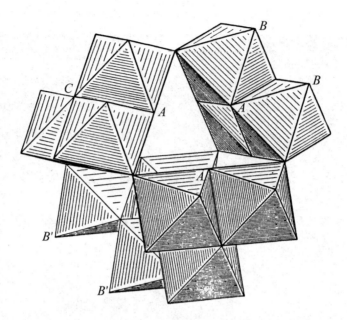

**图 13-14    在氯黄晶中有 12 个铝八面体构成的集合体**

这种类型的集合体是通过 $B$ 与 $B'$ 顶点彼此相互连接；

而通过 $A$ 顶点和硅四面体相连接，通过共用的 $C$ 顶点

与铝四面体相连接

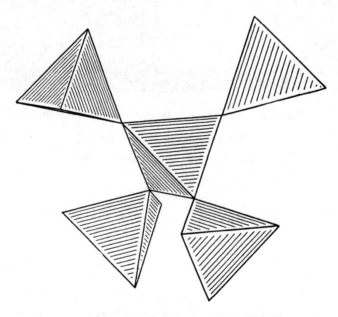

**图 13-15    在氯黄晶中由 5 个硅四面组成的复合体**

18 个 OH⁻ 则由 2 个铝八面体联系起来,这样便完全满足了静电价规则的要求。剩下的 4 个氧离子为 1 个铝四面体和 3 个铝八面体所共用,其总键强度为 $2\frac{1}{4}$,这个多余的键强度恰好被氯离子所平衡。

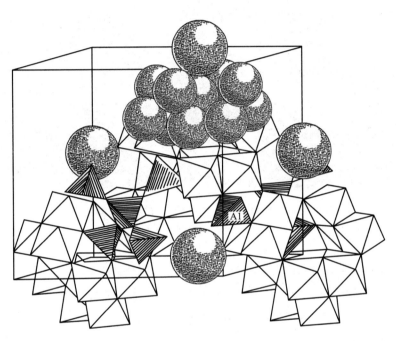

**图 13-16　氯黄晶 $Al_{13}Si_5O_{20}(OH)_{18}Cl$ 立方晶体的结构**

图中示出铝八面体以及硅和铝四面体的排列,大圆球代表氯离子

　　黏土矿物、云母和绿泥石构成有意思的一组结构。[70]在水铝矿 $Al(OH)_3$ 中存在着如图 13-17 所示的八面体的假六方层;[71]而在磷石英和方石英中,连接起来而大小和水铝矿差不多一样的四面体层(图 13-18)则作为它们骨架的一部分。如果这个层的所有四面体都朝同一方面转动,那么未共用的氢氧根离子将和在水铝矿层一侧的四分之三的氢氧根离子进行脱水缩合,这样就得出了如图 13-19 的右边所示的双层结构。这便是组成为 $Al_2Si_2O_5(OH)_4$ 的陶土中的一层。完整的晶体就是由这些中性层疏松地堆成的,这种层非常容易被分开,因而这个矿物很软,并表现出明显的底面解理性。陶土的变体(如高岭土、地开石、珍珠陶土等)的这种层的堆叠方式有所不同。[72]在多水高岭土中,这些非常薄的结晶层卷成细小的圆筒形。这种层的弯卷可能是由于两侧不等价所引起的。

**图 13-17　水铝矿 Al(OH)$_3$ 中共用棱边的铝八面体组成的层**

如果在水铝矿层的两侧的硅四面体层都缩合,可以得到组成为 $Al_2Si_4O_{10}(OH)_2$ 的物质,这便是黏土矿物叶蜡石。由水镁石层(见图 7-10)同样地得到的物质 $Mg_3Si_4O_{10}(OH)_2$ 便是矿物滑石。这两种物质都含有疏松地堆叠起来的中性层,因而是很柔软,而且呈现十分显著的底面解理性。[73]

如果在滑石或叶蜡石的层中用铝离子置换其中四分之一的硅离子,可得到带有负电荷而组成分别为 $[Mg_3AlSi_3O_{10}(OH)_2]^-$ 和 $[Al_2AlSi_3O_{10}(OH)_2]^-$ 的层。让这些层与整层的钾离子或其他碱金属离子交替地排列,可构成中性的晶体;这些碱金属离子又可以合适地镶入在到邻层中由 6 个氧离子的环所形成的口袋中(图 13-18 和图 13-19)。以这样的方式获得的云母晶体具有如下组成 $KMg_3AlSi_3O_{10}(OH)_2$(金云母)、$KAl_2AlSi_3O_{10}(OH)_2$(白云母)。云母矿物的一般化学式可写成 $(K,Na)X_nAlSi_3O_{10}(OH,F)_2$,其中 $X = Al^{3+}$、$Mg^{2+}$、$Fe^{3+}$、$Fe^{2+}$、$Mn^{2+}$、$Ti^{4+}$、$Li^+$(都是配位数为 6 的离子),$n$ 在 2 与 3 之间。有趣的是,在锂云母(红云母、铁云母)中,锂离子是在八面体层中,而不是在钾离子所占据的位置上。

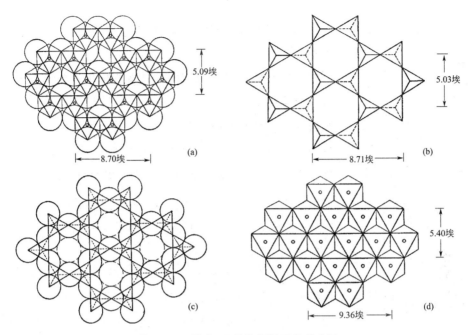

**图 13-18 黏土、云母的绿泥石的基本层**

（a）水铝矿的八面体层（小圆圈代表氧离子，大圆圈代表氢氧根离子）；
（b）$\beta$-方英石或 $\beta$-鳞石英的四面体层（每个四面体的中心有一个硅原子，每个顶点有一个氧原子）；
（c）四面体顶点都是同一取向的四面体层；
（d）完整的八面体层（水镁石层）。

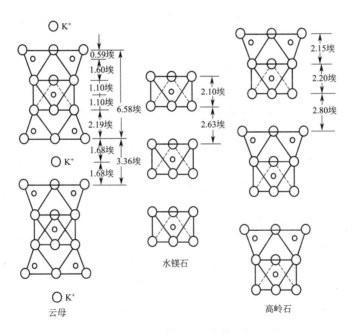

云母　　　　水镁石　　　　高岭石

**图 13-19 云母、水镁石和高岭土的结构**

图中示出了与解理面垂直的方向上的各层顺序排列。大圆圈代表 $O^{2-}$ 或 $OH^-$ 离子（或者特别标明的 $K^+$）；
小圆圈代表位于四面体中心的 $Si^{4+}$ 或 $Al^{3+}$ 或者位于八面体中心的 $Mg^{2+}$ 或 $Al^{3+}$

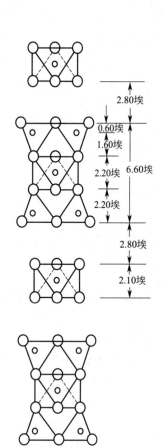

2.80埃
0.60埃
1.60埃
2.20埃
2.20埃
6.60埃
2.80埃
2.10埃

绿泥石

**图 13-20 与绿泥石矿物解理面垂直的方向上各层的顺序排列**

图中示出带电荷的云母层（如 $[Mg_3AlSi_2O_{10}(OH)_2]^-$）和带电荷的水镁石层（如 $[Mg_2Al(OH)_6]^+$）的交替堆叠

在珍珠云母或脆性云母中，大部分的钾离子被钙离子所置换；珍珠云母的理想组成为 $CaX_nAl_2Si_2O_{10}(OH)_2$。在滑石和叶蜡石中，各层呈电中性，只靠范德华力联系起来，因此这些晶体很柔软，摸起来很润滑。要分开云母中的层片，必须破坏一价钾离子的静电键，因此，云母不是那么软，同时云母薄片在被扭曲后也有足够的弹性来恢复原状。要分开脆性云母中的各层，必须破坏正二价钙离子的键；这种矿物比较硬也相当脆，但仍表现完善的底面解理性。按照摩斯（Mohs）标度，这些矿物的硬度次序如下：滑石和叶蜡石为 1～2；各种云母为 2～3；脆性云母为 3.5～5。

在水镁石层中，用铝离子置换三分之一的镁离子，即获得组成为 $[Mg_2Al(OH)_6]^+$ 的带正电荷的八面体层，这一类型的层可以交替夹在带负电荷的云母层中，得出如图 13-20 所示的结构。这些物质的通式为 $X_mY_4O_{10}(OH)_8$，其中 X 代表八面体型配位的阳离子，Y 代表四面体型配位的阳离子（$Al^{3+}$ 和 $Si^{4+}$），$m$ 则在 4～6 之间。这些矿物都称为绿泥石（绿泥石、叶绿泥石、斜绿泥石、镁绿泥石等）。[74]

静电价规则的应用不限于与晶体结构直接有关的各个方面，其他还有许多方面可以发挥作用。其中一些将在以下各段加以研讨。

虽然硅酸盐、二硅酸盐以及含有共顶点四面体的其他硅酸盐都是十分稳定的，磷与硫的相应化合物却是不稳定的。其原因可以作如下的解释：由两个硅四面体共用的氧离子是满足静电价规则的要求的；可是两个共顶点的磷四面体却存在着 1/2 的偏差，两个共顶点的硫四面体也同样存在着 1 的偏差。因此，焦磷酸盐和偏磷酸盐都是不稳定的，它们从不以矿物的形式存在，在溶液中也很容易水解成磷酸盐；同样，焦硫酸盐也是极不稳定的。基于同样理由，二氧化硅是稳定的，但是五氧化磷和三氧化硫却是非常不稳定的，它们在和水结合时呈现出很强的亲和力。

硫酸分子之间形成 OHO 氢键，如取共用质子的静电键的强度为 1/2，则仍能满足静电价规则的要求。在许多晶体中也存在同样的情况，这里每两个估计是通过质子键合起来的相邻氧离子，加上与其他阳离子的键，键强度可达 3/2。在第十二章中曾经提到，位于两个氧离子之间的质子通常是与其中一个氧离子比较靠近的,因此,在某些情况下,按照 $\frac{5}{6}$ : $\frac{1}{6}$ 的比例把总的键强度分开分成两个不相等部分,似乎是恰当的。[75]

酸的强度按 $Si(OH)_4$、$PO(OH)_3$、$SO_2(OH)_2$、$ClO_3(OH)$ 的顺序依次增大,也可以简便地进行定性的讨论。来自中心原子的键强度分别为 $1$、$\frac{5}{4}$、$\frac{3}{2}$、$\frac{7}{4}$,从而使每个氧原子对氢原子的键合能力分别为 $1$、$\frac{3}{4}$、$\frac{1}{2}$、$\frac{1}{4}$。因此硅酸是一个十分弱的酸,磷酸是一个弱酸,硫酸是一个强酸,而高氯酸则是一个很强的酸[76](即使是对于含有共价单键与共价双键的分子来说,只要共价键在所有的配位氧原子之间有几乎完全的共振,上述论点仍然是成立的;但是对那些像含有钼原子的酸来说,因为它能够与一些相邻氧原子形成共价双键,与另一些相邻氧原子形成单键,这个看法就不适用了)。

在水铝矿和含有共用氢氧根离子的铝八面体的相类似结构中,正如硅酸一样,是满足静电价规则的要求的;因此,可以期望,$Al(OH)_3$ 的酸性大约与 $Si(OH)_4$ 一样大。然而和硅四面体共顶点的铝四面体,是和高氯酸离子相类似,因此,用氢离子置换了云母中的钾离子所得到的酸,必定是十分强的。这一点已经被用氢离子取代黏土中的碱离子从而得到酸的实验所证实。碱金属铝酸盐 $MAlO_2$ 是一种通过 $Al(OH)_4$ 四面体的聚合作用所获得的酸的盐。[77]

**多面体顶点、棱边和平面的共用**　复杂的离子晶体结构的特点,除了那些包括在静电价规则应用范围之内的以外,可以归纳成一些有关多面体共用顶点、棱边和平面的另外一些规则中。静电价规则能够指出共用顶点的多面体的数目。但是却不能预告两个多面体共用顶点的数目。更明确地说,即它们不能预告究竟共有一个顶点,或共有两个顶点(也就是共有一个确定的棱边),或共有 3 个或更多的顶点(也就是共有一个确定的平面)。例如在金红石、板钛矿、锐钛矿三种结构中,每个氧离子为 3 个钛八面体所共用;但是,每个八面体与邻接八面体所共用的棱边的数目则不同,在金红石中为 2,在板钛矿中为 3,在锐钛矿中则为 4。这种结构上差别的意义可以归纳成如下的规则:在一个配位结构中,共有棱边、特别是共有平面,会使结构的稳定性降低;阳离子的价数越大,配位数越小,则这一效应就越显著。

稳定性的降低是由阳离子与阳离子的库仑项引起的。当两个正四面体共有一个棱边时,将使位于四面体中心的阳离子之间的距离缩短,成为只共有一个顶点时的 0.58 倍;而当它们共有一个平面时,这个距离就要进一步缩短到只共有一个顶点时的 0.33 倍(图 13-21)。随着棱边与面的共用,相应的正库仑项将使晶格能大大地增高,造成晶体稳定性的降低,特别是对于带大电荷的阳离子说来,尤其如此。对八面体的影响比对四面体的影响要小一些,这里,原子间距离的比值是 0.71 和 0.58,而不是 0.58 和 0.33。[78]

实验观测指出,正如这个规则所要求的,硅四面体一般倾向于仅与其他硅四面体或其他多面体共有一个顶点。两个硅四面体共有一个棱边或一个平面的晶体,迄今尚未发

图 13-21　两个四面体与两个八面体之间共有顶点、棱边和平面时的情况

现。在大多数硅酸盐结构中,硅酸根四面体和其他多面体之间也是仅仅只共有一个顶点。由于这个规则的作用,形成了如图 13-13 所示的骨架结构,而不是共用棱边与共用平面时可能形成的较为紧凑的结构。这就要求硅酸盐(以及偏磷酸盐和有关物质)含有只共用一个顶点的 3 个或更多个的四面体所组成的环(例如蓝锥矿 $BaTiSi_8O_9$ 中的 $[Si_8O_9]^{6-}$[79]、绿柱石 $Be_3Al_2Si_6O_{18}$ 中的$[Si_6O_{18}]^{12-}$[80]等);或含有无限长的链,[81]例如透辉石 $CaMg(SiO_3)_2$ 中的那样,而不是含有共用一个棱边的两个四面体所形成的 $[Si_2O_6]^{4-}$ 的基团。

　　与本章中所阐述的其他规律一样,这个规则可以作为断定物质中的键主要属离子性的一个标准。在所有各种形式的硅石结构中,键的离子性和共价性差不多一样大小;这些结构是遵守这个规则的。反过来,在 $SiS_2$ 中,$SiS_4$ 四面体却是彼此共用棱边的,从而组成如下的无限长的带:

$$\cdots Si \overset{S}{\underset{S}{\diamondsuit}} Si \overset{S}{\underset{S}{\diamondsuit}} Si \overset{S}{\underset{S}{\diamondsuit}} Si \cdots$$
　　　　　　　　　　　　　　　　　　　　　　　　　　　　　(结构图见 11-20)

这就证实了 Si—S 键主要是共价性的想法。

　　有趣的是,在金红石中,每个八面体只有两个共有棱边,据报道,这个结构比板钛矿和锐钛矿较为稳定,而且有许多 $MX_2$ 型的物质具有金红石型结构,但是只有二氧化钛具有板钛矿型和锐钛矿型的结构。

　　和顶点、棱边和平面共用有关的另一条规则是:在含有各种不同阳离子的晶体中,价数大而配位数小的阳离子,趋向于彼此间不共有多面体的任何几何要素。这条规则表明,电荷大的阳离子,彼此之间的距离要尽可能地大,以减小它们对晶体的库仑能的贡献。

按照这条规则的要求,在硅酸盐中氧与硅比值等于 4 或者大于 4 时,硅四面体相互间就不共有几何要素。一般说这个情况是存在的(例如黄玉、锆石、橄榄石和其他原硅酸盐)。已经知道的少数例外物质,大多数含有以氢氧根离子形式出现的额外氧原子。这些物质包括以上讨论过的黏土矿物、云母、绿泥石以及其中存在有双硅酸根基团的异极矿 $Zn_4Si_2O_7(OH)_2 \cdot H_2O$。[82] 只有一种晶体赛黄晶 $CaB_2Si_2O_8$ 含有硅与硼四面体连成的骨架;这个骨架,不是如这个规则所指出的,硅四面体与硼四面体要互相交替地排列,而是以 $Si_2O_7$ 的双四面体基团的形式出现。

当围绕带大电荷的阳离子的配位多面体真正地彼此间共有棱边或平面时,可以预期,阳离子的排斥力将使多面体发生畸变,从而使阳离子间的距离增大;这一点,只要缩短共有棱边的长度,而不必改变阳离子与阳离子间的距离就可以做到。这种缩短将一直继续下去,到阳离子和阳离子的相互排斥恰好被共用棱边的阴离子间的特征排斥所抵消为止。在 13-4 节对金红石和锐钛矿所进行的理论计算表明,钛八面体之间共有棱边的这种影响,使得氧—氧间距离缩短到 2.50 埃,而不是正常的距离 2.80 埃。在刚玉 $Al_2O_3$ 中,两个铝八面体之间共有平面上的棱边,同样也是 2.50 埃。这样的棱边长度,也在其他晶体(硬水铝矿、水铝矿)中铝八面体共有的棱边以及其他多面体之间共有的棱边中可以找到。

共有棱边长度的缩短可以用作晶体中键的离子性分量的另一个检验标准。在基本上是共价键的晶体例如红砷镍矿 $NiAs$ 与白铁矿 $FeS_2$ 中,存在着共有平面的八面体;然而,这些共有平面上的棱边比非共有棱边更长,而不像这个规则对基本上是离子晶体所要求的那样更短。在气体分子 $Al_2Cl_6$、$Al_2Br_6$ 和 $Al_2I_6$ 中,两个 $AlX_4$ 四面体共有的棱边,比其他棱边短。[83] 这就表明,在 Al—X 键中含有相当分量的离子性。

许多曾经用 X 射线方法进行过深入研究的矿物,包括硅酸盐矿物在内,为上面几节中所叙述的规则提供了良好的实例。但是,硫化矿物一般不能满足这些规则的要求,它们的键无疑是主要共价性的(11-16 节)。

## 参考文献和注

[1] A. Unsöld,*Ann*,*Physik* **82**,355(1927).

[2] 除了这些相互作用外,还必须考虑,在离子性分子或晶体中的离子之间的范德华力(色散力)。这个影响已经由 Born 和 Mayer 进行讨论(见 M. Born and J. E. Mayer, *Z. Physik* **75**,1(1932);J. E. Mayer;*J. Chem. Phys.* **1**,270(1933). Lévy 曾用简单的量子力学理论探讨碱金属卤化物晶体中的离子多极极化作用;见 H. Lévy,论文,Calif. Inst. Tech. ,1938.

[3]　P. Appell, *Acta Math*, **4**, 313（1884）; E, Madelung, *Physik. Z.* **19**, 524（1918）; P. P. Ewald, *Ann. Physik* **64**, 253（1921）; M. Born, *Z. Physik* **7**, 124（1921）; O. Emersleben, *Physik. Z.* **24**, 73, 79（1923）; Y. Sakamoto, *J.* Chem. Phys. **28**, 164（1958）. 关于这种方法的概述可参看 J. Sherman, *Chem*, *Revs.* **11**, 93（1932）. H. M. Evjen［*Phys. Rev.* **39**, 680（1932）］和 K. Hφjendahl［*Kgl. Danske Videnskab.* Selskab. **16**, 135（1938）］曾提出计算 Madelung 常数的极简单的方法。从一个含有离子配位数的表示式可得出准确到 1% 左右的数值，可参看：D. H. Templeton, *J. Chem. Phys.* **21**, 2097（1953）; **23**, 1826（1955）.

[4]　Born and Mayer, *loc. cit.*（2）; J. E. Mayer and L. Helmholz, *Z. Physik* **75**, 19（1932）.

[5]　L. Helmholz and J. E. Mayer, *J. Chem. Phys.* **2**, 245（1934）.

[6]　M. Born, *Verhandl. deut. Physik. Ges.* **21**, 13（1919）; F. Haber, *ibid.* 750.

[7]　J. E. Mayer, *Z. Physik* **61**, 789（1930）.

[8]　For F：N. I. Yonov, *J. Exptl. Theoret. Phys. U. S. S. R.* **18**, 174（1948）; G. Kimball and M. Metlay, *J. Chem. Phys.* **16**, 779（1948）; J. L. Margrave, *ibid.* **22**, 636（1954）; I. N. Bakulina and. N. I. Yonov, *Doklady Akad. Nauk S. S. S. R.* **105**, 680（1955）; T. L. Bailey, *J. Chem. Phys.* **28**, 792（1958）. Helmholz and Mayer, *loc. cit.*（5）; P. P. Sutton and J. E. Mayer, *J. Chem. Phys.* **3**, 20（1935）; J. J. Mitchell and J. E. Mayer, *ibid* **8**, 282（1940）; K. J. McCallum and J. E. Mayer, *ibid.* **11**, 56（1943）; P. M Doty and J. E. Mayer, *ibid.* 323; D. T. Vier and J. E. Mayer, *ibid.* **12**, 28（1944）; J. P. Blewett, *Phys. Rev.* **49**, 900（1936）; G. Glockler and M. Calvin, *J. Chem. Phys.* **3**, 771（1935）; **4**, 492（1936）; Bakulina and Yonov, *loc. cit.*; Bailey, *loc. cit.*

[9]　在本节以及以下几节中所述的处理方法，是在 1927 年发表的［见 L. Pauling, *J. A. C. S.* **49**, 765（1927）］.

[10]　E. A. Hylleraas, *Z. Physik* **63**, 771（1930）. 氢的电子亲和能取用可靠的量子力学数值 16.480 千卡/摩尔［参看：*Introduction to Quanturn Mechanics*《量子力学导论》（科学出版社, 1964）中的 29c 节］可计算得晶格能为 219 千卡/摩尔; 应用 Born-Haber 循环法算出的数值为 218 千卡/摩尔。晶格常数的计算值为 4.42 埃，可靠性不及能量的数值与实验值 4.08 埃的符合程度很差，但是问题不大。

[11]　P. -O. Löwdin, *A Theoretical Investigation into Some Properties of Ionic Crystals*（《离子晶体某些性质的理论研究》）论文, Uppsala, **1948**; *Phil. Mag. Suppl* **5**, 1（1956）.

[12]　L. Pauling, *Proc. Roy. Soc*, *London* **A114**, 181（1927）.

[13]　L. Pauling and J. Sherman, *Z. Krist.* **81**, 1（1932）.

[14]　A. Landé, *Z. Physik* **1**, 191（1920）.

[15]　J. A. Wasastjerna, *Soc. Sci. Fenn. Comm. Phys. Math.* **38**, 1（1923）.

[16]　V. M. Goldschmidt, Geochemische Verteilungsgesetze der Elemente（《元素的地球化学分布定理》）, *Skrifter Norske Videnskaps-Akad. Oslo. I. Mat. -Naturv. Kl*, **1926**.

[17]　W. L. Bragg and J. West, *Proc. Roy. Soc. London* **A114**, 450（1927）; W. L. Bragg, *The Atomic Structure of Minerals*（《矿物的原子结构》）, Cornell University. Press, 1937.

[18] 自 La³⁺ 至 Lu³⁺ 的各个离子的数据是取自 D. H. Templeton and. C. H. Dauben, *J. A. C. S.* **76**, 5237 (1954).

[19] 已经发现当这些盐由蒸气沉积在云母或其他晶体的解理面上时是具有氯化钠型排列的；参看：L. G. Schulz, *J. Chem. Phys.* **18**, 996(1950). 观察到的离子间距离为：$Cs^+ - Cl^- = 3.47$ 埃，$Cs^+ - Br^- = 3.62$ 埃，$Cs^+ - I^- = 3.83$ 埃。

[20] J. C. Slater, *Phys. Rev.* **23**, 488(1924); P. W. Bridgman, *Z. Krist.* **67**, 363(1927); L. Pauling, *ibid.* **69**, 35 (1928); R. B. Jacobs, *Phys. Rev.* **53**, 930(1938); **54**, 468(1938). 据报道，在卤化钾中，除了氟化物以外，在 20 000 千克/厘米² 的压力下，呈现相类似的转变，也可参看 P. W. Bridgman, *ibid.* **57**, 237 (1940),

[21] C. D. West, *Z. Krist.* **88**, 94 (1934).

[22] L. G. Schulz, *J. Chem. Phys.* **19**, 504 (1952).

[23] Pauling, *loc. cit.* [9].

[24] A. Magnus, *Z. Anorg. Chem.* **124**, 288(1922).

[25] Goldschmidt, *loc. cit.* [16].

[26] 在更低的温度下，这些物质将进一步转变成为铵离子转动运动的自由度有所减少的一些变体。

[27] 关于铯与铷的卤化物在相转变时离子间距离随它改变的详细探讨，见 Pauling, *loc. cit.* [20].

[28] Born and Mayer, *loc. cit.* [2].

[29] Lévy, *op. cit.* [2].

[30] L. Pauling, *J. A. C. S.* **50**, 1036(1928); *Z. Krist.* **67**, 377(1928).

[31] 由量子力学讨论可以得到 $\beta_{AB}$ 的数值：见 L. Pauling, *Z. Krist.* **67**, 377(1928), 方程 13-9 和以下各方程，与原始文献稍有不同，现在用 $(r_A + r_B)^{n-1}$ 代替了原来的 $(r_A + r_B)^n$。

[32] M. L. Huggins and J. E. Mayer (*J. Chem. Phys.* **1**, 643, 1933) 和 M. L. Huggins [*ibid.* **5**, 143 (1937)] 用指数形式的排斥势能作了类似的计算。J. A. Wasastjerna (*Soc. Sci. Fenn. Comm. Phys. Math.* Ⅷ, 21, 1935) 也曾处理过这个问题。

当适当地选择标准半径时，可以把这节中基于方程式(13-9)所论述的方法推广到非碱金属卤化物的晶体中去。已经发现，由于 $n$ 值的不同选择，标准半径和表 13-3 中所列的一价半径，一般是略有不同的。把晶体半径值乘上 $z^{1/4}$（这里 $z$ 为离子的价数），可以得到多价离子标准半径的近似值；这就是当取 $n=9$ 时从晶体半径到一价半径的校正因子。

[33] K. Fajans, *Z. Krist.* **61**, 18 (1925).

[34] 为着照顾到含有和卤离子的 π 电子对和碱金属离子的 π 轨道形成的键的那些结构，这些数值应减小百分之几。

[35] 考虑到极化影响时的处理可参看：E. S. Rittner, *J. Chem. Phys.* **19**, 1030(1951); E. J. W. Verwey and J. H. deBoer, *Rec. Trav. Chim.* **59**, 633(1940).

[36] 关于这方面的资料，已由 A. Honig, M. Mandel, M. L. Stitch and C. H. Townes (*Phys. Rev.* **96**, 629, 1954)加以总结。应用高温微波谱研究方法，其他卤化物的 $r_e$ 数值也已经有过测定；见 A. H. Barrett and M. Mandel, *ibid.* **109**, 1572(1958); 结果如下：GaCl, 2.2017; GaBr, 2.3525; GaI, 2.5747; InCl, 2.4011; InBr, 2.5432;

InI,2.754；TIF,2.0844；TlCl,2.4848；TlBr,2.6181；TlI,2.8135.

［37］ L，Pauling，*Proc. Nat. Acad. Sci. India* **A25**,1(1956). 书中的讨论纠正了这篇论文的几个数值上的错误。

［38］ T. A. Milne and D. Cubicciotti,*J. Chem. Phys.* **29**,846(1958). 关于考虑到离子极化的类似计算,见 C. T. O'Konski and W. I. Higuchi,*ibid.* **23**,1174(1955).

［39］ N. A. Yonov,*Doklady Akad. Nauk S. S. S. R.* **59**,467(1948)；R. C. Miller and P. Kusch,*J. Chem. Phys.* **25**,860(1956)；R. F. Porter and R. C. Schoonmaker,*ibid.* **29**,1070(1958)；J. Berkowitz and W. A. Chupka, *ibid.*653； P. Kusch, *ibid.* **28**, 981 （1958）； A. C. Pugh and R. F. Barrow,*Trans. Farady Soc.* **54**,671(1958)；S. H. Bauer, R. M. Diner and R. F. Porter,*J. Chem. Phys.* **29**,991(1958)；R. C. Schoonmaker and R, F. Porter,*ibid.* **30**, 991 （1959）；M. Eisenstadt, V. S. Rao, and G. M. Rothberg,*ibid.*604.

［40］ R. F. Porter and R. C. Schoonmaker,*J. Chem. Phys.* **28**,168(1958)；*ibid.* **62**,486(1958).

［41］ Porter and Schoonmaker,*loc. cit.*［40］；W. A. Chupka,*J. Chem. Phys.* **30**,458 (1959).

［42］ Pauling,*loc. cit.*［9］；W. H. Zachariasen(*Z. Krist.* **80**,137,1931)做过关于由一价半径计算离子间距离的方法的较详细的讨论。

［43］ L. Pauling,*Z. Krist.* **67**,377(1928).

［44］ W. H. Baur,*Acta Cryst.* **9**,515(1956)；**11**,488(1958).

［45］ D. T. Cromer and K. Herrington,*J. A. C. S.* **77**,4708 (1955)；Baur,*loc. cit.*［44］.

［46］ Baur,*loc. cit.*［44］.

［47］ O. Glemser,U. Hauschild and F. Trupel,*Z. Anorg. Chem.* **277**,113(1954) .

［48］ Goldschmidt. *loc. cit.*［16］.

［49］ J. L. Hoard and W. B. Vincent,*J. A. C. S.* **61**,2849(1939).

［50］ B. Gossner and O. Kraus,*Z. Krist.* **88**,323(1934).

［51］ Bragg and West,*loc. cit.*［17］.

［52］ L. Pauling and J. H. Sturdivant,*Z. Krist.* **68**,239(1928).

［53］ L. Pauling,*Proc. Nat. Acad. Sci. U. S.* **14**,603 (1928).

［54］ O. Hassel,*Z. Physik. Chem.* **B22**,333 (1933).

［55］ H. J. Verweel and J. M. Bijviet,*Z. Krist.* **77**,122(1931).

［56］ H. Braekken and L. Harang,*Z. Krist.* 68,123(1928).

［57］ J. L. Hoard and J. D. Grenko,*Z. Krist.* **87**,110(1934).

［58］ J. M. Bijvoet and W. Nieuwenkamp,*Z. Krist.* **86**,466(1933)；J. A. A. Ketelaar,*ibid.* **88**,26(1934).

［59］ J. L. Hoard and L. Goldstein；*J. Chem. Phys.* **3**,117,199(1935).

［60］ L. Pauling,载于 *Sommerfeld Festschrift*(《*Sommerfeld* 纪念论文集》)S. Hirzel, Liepzig,1928；*J. A. C. S.* **51**,1010(1929).

［61］ 在第五章中所叙述的［Mo(CN)$_8$］$^{4-}$离子的配位,相当于具有 12 个三角面(非正三角形的)

多面体。大约在 $\rho=0.667$ 时从它转变为立方体,在锆石 $ZrSiO_4$ 中发现有由 $ZrO_3$ 基团构成的这种多面体。

[62] L. Pauling,*J. A. C. S.* **55**,1895,(1933);就含氧酸的半径比与其化学式的关系进行了讨论;另参看 E,Zintl and W. Morawietz,*Z. Anorg. Chem.* **236**,372(1938).

[63] V. M. Goldschmidt,*loc. cit.* (16);V. M. Goldschmidt and H. Hauptmann,*Nachr. Ges. Wiss. Göttingen*,**1932**,53.

[64] 正如本章中另一处所述的,离子这个词的使用应解释成这些键是主要离子性的,但是并不一定是极端离子型的。在这些晶体中的键可以有很大的共价性(50%或更大一些)。如果键是在各个位置上共振,则金属原子的价数,将被连到配位原子的键所均分。这样可以提出一条和静电价规则相类似的规则来表示所有非金属原子的化学价都已经满足的条件。

[65] W. L. Bragg,*Z. Krist.* **74**,237(1930);*op. oit.* [17].

[66] Bragg,*op. cit.* [17].

[67] F. M. Jaeger,*Spatial Arrangements of Atomic Systems and Optical Activity*,(《原子体系的空间排列与旋光性》)(McGraw-Hill Book Co. , New York,1930);E. Podschus, U. Hofmann and K. Leschewski,*Z. Anorg. Chem.* **228**,305(1936).

[68] W. H. Taylor,*Z. Krist.* **85**,425(1933);W. H. Taylor,J. A. Darbyshire and H. Strunz,*ibid.* **87**,464(1934);F. Laves and U. Chaisson,*J. Geol.* **58**,584(1950);J. R. Goldsmith and F. Laves,*Geochim. et Cosmochim. Acta* **6**,100(1954);S. W. Bailey and W. H. Taylor,*Acta Cryst.* **8**,621(1955);R. B. Ferguson, R. J. Traill and W. H. Taylor,*ibid.* **11**,331 (1958).

[69] L. Pauling,*Z. Krist.* **84**,442(1933);B. Kamb,*Acta Cryst*, in press. **12**(1959).

[70] L. Pauling,*Proc. Nat. Acad. Sci. U. S.* **16**,123,578(1930).

[71] H. D. Megaw,*Z. Krist.* **87**,185(1934).

[72] J. W. Gruner,*Z. Krist.* **83**,75,394(1932);**85**,345(1933); S. B. Hendricks, *Nature* **142**,38(1938);*Am. Mineralogist* **23**,295(1938);*Z. Krist.* **100**,509(1939);G. W. Brindley and K. Robinson,*Mineral Mag.* **27**,242(1946);**28**,393(1948).

[73] J,W. Gruner(*Z. Krist.* **88**,412,1934)详细讨论这些结构;另参看 S. B. Hendricks,*ibid.* **99**,264(1938)(Hendricks 认为,在层的堆叠中存在着一些无序现象);B. B. Zvjagin and Z. G. Pinsker,*Doklady Akad. Nauk S. S. S. R.* **68**,505(1949).

[74] Pauling,*loc. cit.* (70),578. 在云母和绿泥石中层的堆叠方法还可参看 W. W. Jackson and J. West,*Z. Krist.* **76**,211(1931); R. C. McMurchy,*ibid.* 88,420 (1934).

[75] C. A. Beevers and C. M. Schwartz,*Z. Krist.* **91**,157(1935).

[76] A. Kossiakoff and D. Harker,*J. A. C. S.* **60**,2047(1938).

[77] T. F. W. Barth,*J. Chem. Phys.* **3**,323(1935).

[78] 这些数值是指没有畸变的多面体来说的。正如下面将要讨论的,一定程度的补偿畸变经常会发生。

[79] W. H. Zachariasen, *Z. Krist.* **74**,139(1930).

[80] W. L,Bragg and J. West, *Proc. Roy. Soc. London* **A111**,691(1926).

[81] B. E,Warren and W. L. Bragg, *Z. Krist.* **69**,168(1928).

[82] T,Ito and J. West, *Z. Krist.* **83**,1 (1932).

[83] K. J,Palmer and N. Elliott, *J. A. C. S.* **60**,1852(1938).

〔陈元柱　译〕

# 第十四章

# 关于共振及其在化学上的意义的总结

• A *Summarizing Discussion of Resonance and*
*Its Significance for Chemistry* •

常常有人问起共振体系的组成结构（例如像苯分子的凯库勒结构），是否可以被认为具有真实性。这个问题，在某一个意义上可以给予正面的答案；但是如果认为结构具有通常的化学意义，答案却肯定是相反的。一种在两个或两个以上的价键结构之间发生共振的物质里，具备这些结构所赋予的构型和性质的分子是不存在的。共振杂化体的组成结构在这个意义上是没有真实性的。

## 14-1　共振的本质

前面我们已经考虑了共振的概念在某些方面给现代结构化学带来了明确性和统一性，导致许多价键理论问题的解决，也帮助了我们把物质的化学性质与应用物理方法所得到的关于它们的分子结构的知识联系起来。现在我们可以再来探讨一下共振现象的本质。[1]

用较为简单的结构单元来描述一个体系，是研究这个体系的结构的目的。这种描述可以分成两个部分：第一部分是关于被认为是组成体系的那些粒子或物体；第二部分是关于这些粒子或物体相互连接起来的方式，也就是关于它们的相互作用和相互联系。在描述一个体系时，为了方便起见，通常不是立即把它分解为最小的组成部分，而是先把它分解为比原体系更简单的部分，然后再逐步地继续分解下去。用这种方式来描述物质的组成，是我们已经十分习惯了的。使用共振的概念，使我们有可能推广这种描述的方法，不仅可以用来讨论比原来体系简单些的组分，还可以用来讨论它们的相互作用。因此，把苯分子作为含有碳和氢两种原子，而这些原子本身又各含有电子和原子核的物质来描述，可以通过共振概念的应用作如下的发挥。那就是基态苯分子的结构相当于两种凯库勒结构之间的共振，同时其他价键结构还有一些小的贡献，因此苯分子得到了稳定，并且由于这种共振，苯的其他各种性质与单独按照任何一种凯库勒结构预期的性质多少有所改变。每一种凯库勒结构是由单键和双键的一定分布所构成，这些键有基本上与在其他分子内找到的这样一些键所有的性质。这样的一个键表示原子间的一种相互作用方式，用共振语言来描述，它是差异只在于原子轨道间电子交换有所不同的各个结构之间的共振。

在 1-3 节和 6-5 节中已先后指出，在个别情况下，用来讨论量子力学共振的主要结构的选择是任意的，但是这种任意性（这在经典共振现象中也有类似情况）并不损害共振概念的价值。

## 14-2　共振与互变异构现象的关系

在互变异构与共振之间，没有截然的区别；但是在实践中，对二者加以区别是会带来方便的。除了边缘性情况以外，这种区别应该适用于所有情况。

---

◀1986 年，鲍林在俄勒冈州立大学发表关于联合国炸弹试验请愿书的演讲。

---

互变异构体的定义是能够迅速地相互转化的异构体。显然互变异构与普通的异构现象之间的区别的确是很模糊的。此种区别决定于如何解释"迅速地"这个副词。在通常情况下，互变作用的半化期比实验操作所需的时间（以分钟或小时计）短的那种异构体，在习惯上称为互变异构体，因此很难把这种异构体从平衡混合物中分离出来。互变异构体与普通异构体的区别在分子结构上毫无意义，因为这个区别取决于通常人类活动速度这样一个偶然性因素。

另一方面，却有可能给互变异构和电子共振下一个定义，这个定义使它们各自有结构上的意义。

让我们考虑苯分子这个具体例子，在它的 1,2,…,6 这六个位置上可以有不同的取代基。分子中的各原子核彼此相对振动的方式决定于原子构型的电子能函数。[2] 对于大多数分子来说，相应于这样的电子能函数，存在着一个最稳定的原子构型；围绕着这个构型，原子核以 0.1 埃的振幅作很小的振动。如果分子可以用一个单一的价键结构来描述，则可以根据立体化学的规则预见这个平衡构型的性质。因此，四甲基乙烯分子预期有如下的构型如：

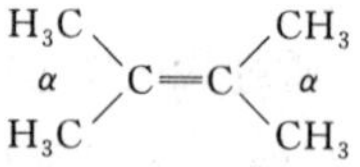

$$\begin{matrix} H_3C & & & CH_3 \\ & \alpha & & \alpha \\ & C & = & C \\ H_3C & & & CH_3 \end{matrix}$$

其中 $\alpha$ 角约等于 $110°$（接近四面体型角的 $109°28'$）。这一点已经通过实验证实过。但是我们可以把苯分子描述为在两个价键结构 ⬡ （Ⅰ）和 ⬡ （Ⅱ）之间共振。这种共振是这样的迅速，即它的频率[3]（共振能除以普朗克常量 $h$）大约千倍于核振动的频率，因此在两个凯库勒结构之间发生共振的时间内，仅仅移动了一个微不足道的距离（0.0001 埃）。所以，决定核构型的有效电子能函数不是两个凯库勒结构中任何一个结构的函数，而是与这个凯库勒共振相应的一个函数。既然从两个凯库勒结构所预期的稳定构型相差不大，实际的共振分子就具有一个中间构型。即稳定的平衡构型。这就是键角为 $120°$ 的平面正六边形构型。

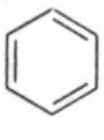

决定共振能和共振频率的共振积分值的大小，取决于有关各个结构的性质。在苯分子中，它的数值很大（约 36 千卡/摩尔）；当然也有可能小得多。如果共振积分的数值很小，因而共振频率比核振动频率更低，让我们想一想这样苯分子将成为什么样的分子。就每一种原子构型来说，都将或多或少地存在着凯库勒型的电子共振。我们可以讨论下列（a）～（c）三种核构型：

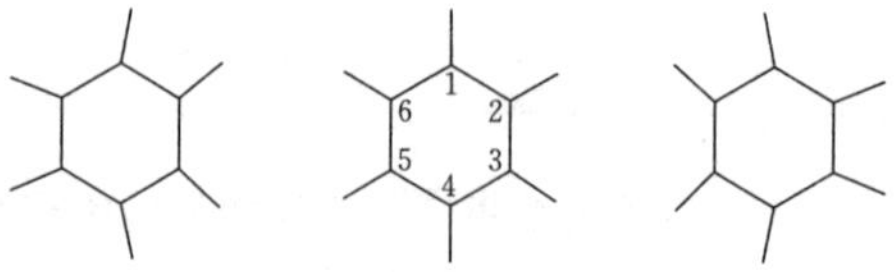

(a)　　(b)　　(c)

在构型(a)和(c)中,与取代基形成的键角交替地接近于110°和125°,与在环中出现交替单、双键的四面体模型相适应。在构型(b)中。则所有键角都是120°。对于构型(a)来说,价键结构Ⅰ是稳定的,但由于在键角上所引起的应变,结构Ⅱ则不稳定。既然假设共振积分的值很小,那么这个能量的差别将使结构Ⅱ变成无关紧要的,对于这种核构型,基本上可以单独用凯库勒结构Ⅰ来表示分子的电子基态,与结构Ⅱ最多仅有微不足道的共振。

与此类似,对于构型(c)来说,只有结构 Ⅱ 具有意义。

中间构型(b)包含结构 Ⅰ 和 Ⅱ 之间的完全共振。既然假设共振能很小,而且就这种构型来说,Ⅰ 和 Ⅱ 两个结构都在键角方面存在着应变,因此构型(b)就不如(a)和(c)那么稳定。

因此这种假想的苯分子将主要以价键结构Ⅰ围绕构型(a)振动一些时间;然后可能通过构型(b),这里与结构Ⅱ的共振达到完全的程度;然后又主要以价键结构Ⅱ围绕着构型(c)振动一些时间。

这种假想的苯的化学性质正与按照价键结构Ⅰ和Ⅱ所预期的相同;的确,把这种苯作为这两个异构体或互变异构体的混合物来描述,应当是正确的。

因此我们可以照下列方式给互变异构和共振一个合理的定义:当一个(或若干个)电子共振积分值以及决定分子电子能函数的其他因子的大小达到这样程度,从而存在着两个或更多的很好确定的稳定核平衡构型,我们就说这个分子能够以互变异构的形式存在;当只有一个很好确定的稳定核平衡型,而且不能用单一的价键结构来满意地表示电子状态时,我们就说这种分子是一个共振的分子。

用不太严谨的说法,就是互变异构物是两种具有不同构型的分子的混合物;但在一种表现有电子共振的物质中,一般说来它的所有分子都具有相同的构型和结构。

一种物质的每一个互变异构体也可能有电子共振;互变异构和共振并不是互不相容的。让我们以 5-甲基吡唑为例来讨论。这个化合物有如下的 A 和 B 两个互变异构体,二者之间的差别在于 N—H 原子位置的不同:

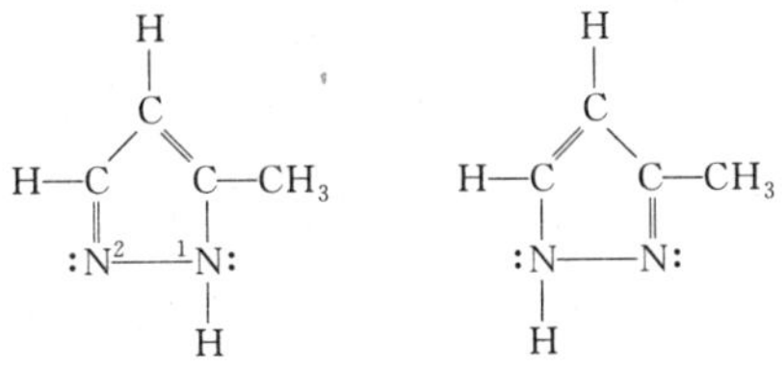

A                    B

这里每一个互变异构体的基态不可能用上述的通常价键结构来表示,仅能用一个在这种结构与其他结构之间共振的共振杂化体来表示。对于氢原子与氮原子 1 连接的互变异构体 A 来说,主要共振是在结构 AⅠ 和 AⅡ 之间,以 AⅠ 较为重要;像 AⅢ 等的其他结构也有较小的贡献。互变异构体 B 也有着相类似的共振。因此对于两个互变异构体,主要的共振是在价键结构 A I △: 和 A II :△ 之间：

A I            A II            A III

对于 A 以 I 较为重要，而对于 B 则以 II 较为重要；但是如果（根据我们习惯上对电子共振的命名法）说甲基吡唑在下列两个结构

之间共振，则是不对的。

## 14-3    共振体系的组成结构的真实性

　　常常有人问起共振体系的组成结构（例如像苯分子的凯库勒结构），是否可以被认为具有真实性。这个问题，在某一个意义上可以给予正面的答案；但是如果认为结构具有通常的化学意义，答案却肯定是相反的。一种在两个或两个以上的价键结构之间发生共振的物质里，具备这些结构所赋予的构型和性质的分子是不存在的。共振杂化体的组成结构在这个意义上是没有真实性的。

　　我们可以用另一种方式讨论这个问题。苯分子中原子的稳定平衡构型不是任何一个凯库勒结构所具有的构型，而是正六边形的中间构型。因此价键结构 I 和 II 的意义

I        II

与非共振分子的相应结构多少有些不同。它们意味着，电子运动相应于交替安排的单双键，但平衡的核间距离却保持（1.40 埃）不变，而不是在 1.54 埃和 1.33 埃之间变换。基态苯分子的电子波函数是由相应于凯库勒结构 I 和 II 的项所组成的，另外还加上其他一些项，因此，根据量子力学的基本观念——假若有可能通过对电子结构的实验来鉴定结构 I 和结构 II，那么每一个结构对于分子的参与程度将由波函数所决定。对于苯和其他呈现共振的分子来说，困难在于设计出一种能够足够迅速地进行而又能够甄别出所讨论的结构的实验测定方法。在苯分子中，凯库勒共振的频率只是略小于电子对的成键共振频率，因而能够用来进行这种试验的时间是很有限的。

大多数测定键型的方法都要牵涉原子核的运动。利用与羟基相邻近的位置上的取代反应(例如米尔斯-尼克森研究所用的方法)来测定双键性的化学方法便是一个例子。这种方法只能得出在反应发生的时间所形成的键型。既然这段时间远比通常电子共振的时间长得多,化学方法一般不能用来鉴定共振分子的组成结构。只有在共振频率很低(低于核振动的频率)的情况下,通常的方法才可能被用来鉴定这些组成结构,而在这种情况下我们已靠近或者甚至越过共振和互变异构的分界线了。

不能把上面的话理解为化学和物理的方法都不能用来作为推断共振结构性质的根据。这种推断是根据形成的键型,而不是根据对各个结构的直接鉴定。

## 14-4　共振概念的将来发展和应用

当我们把我们现在的结构化学知识和三十年以前的进行比较,并且认识到共振概念的广泛应用给这个知识领域带来的明晰性的程度以后,我们不由得要推测一下这种概念的将来发展与其可能进一步应用的性质。

共振概念在过去三十年中的应用主要是定性的。这仅仅是第一步;随着这一步,应当是具有定量意义的更细致的处理。某些粗略的定量考虑,例如关于原子间距离、键的部分离子性以及在几个价键结构之间共振的分子的共振能的一些想法,已经在本书以前各章中叙述过;但这些只是结构化学的广大领域中的一小部分。最终目标就是寻找一种能让人们对分子结构和性质作出定量预测的理论,尚远未达到。

本书内的讨论几乎完全限于基态分子的结构,很少涉及关于化学反应的机理和速度的那一部分化学,看来共振概念有可能在这一领域找到有效的应用。作为化学反应的中间阶段的"活化络合物",几乎没有例外的可以说是一种在几个价键结构之间共振的不稳定分子。因此,根据路易斯、奥尔森(Olson)和波兰尼(Polanyi)的理论,在烷基卤化物的水解作用中,瓦尔登(Walden)转化是通过如下机理进行的:

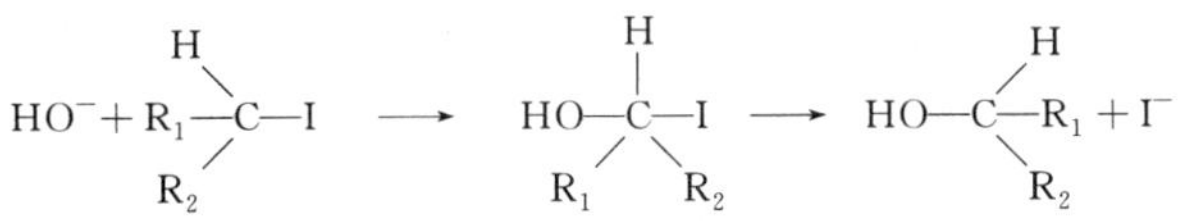

$$
HO^- + R_1 \!-\! \overset{\displaystyle H}{\underset{\displaystyle R_2}{C}} \!-\! I \longrightarrow HO \!-\! \overset{\displaystyle H}{\underset{R_1 \quad R_2}{C}} \!-\! I \longrightarrow HO \!-\! \overset{\displaystyle H}{\underset{\displaystyle R_2}{C}} \!-\! R_1 + I^-
$$

这个活化络合物,可以说包含有碳的第四键在羟离子和碘化物离子之间的共振。艾林和波兰尼以及他们的同事及其他研究者会作出关于化学反应理论的很有意义的量子力学计算。我们希望,这种定量的工作能够做得更精确和更可靠一些;但是在这一点没有能有效地做到之前,仍然需要广泛发展化学反应的定性理论,这或许就要用共振的方式进行。

在科学上最使人感兴趣的一些问题是那些在生物学上重要的物质的结构和性质的问题。

我很少怀疑,在这个领域内,共振和氢键具有巨大的意义,并且人们将会发现这两种结构特点在肌肉收缩、沿神经系统和在脑内刺激的传递等生理现象中起着重要的作用。一个共轭体系为把一个效应从一个长分子的一端传送到另一端提供出唯一的方式,而氢键则是唯一强而有方向性又能很快生效的分子之间的相互作用。要等许多年以后,我们对分子结构的认识才有可能详尽地包括像蛋白质这些具有高度选择性的物质,这些选择性(例如抗体所表现的)应当归功于这些物质具有相当确定而又复杂的分子结构;但是目前肯定可以应用现代结构化学的方法着手研究这些物质,我相信这种研究最终获得成功。

上面的一段是从本书第一版(1939年)中照录下来的并未加以改变。过去十年中有关蛋白质的多肽链和核酸的多核苷酸链等结构的发现,大多是根据共振(酰胺、嘌呤、嘧啶的平面性)和氢键生成的考虑而得到的。我们可以问,在对生命本质的探讨中下一步工作将是什么?我想,我们应当设法阐明与脑组织的分子结构有关的心理活动所引起的电磁现象性质。我相信,无论是有意识或无意识的思维和短期记忆,都要牵涉与得自遗传或经验的长期记忆的分子(即物质的)定模和脑中电磁现象所产生的相互作用。这种电磁现象的性质是什么?分子定模的性质是什么?它们相互作用的机理又是什么?这些都是我们现在要努力解决的结构化学问题。

## 参考文献和注

[1]　关于这个问题的详尽讨论,见 G. W. Wheland,*Resonance in Organic Chemistry*(《有机化学中的共振》[John Wiley and Sons,New York,(1955)].

[2]　参阅 *Introduction to Quantum Mechanics*.

[3]　设法测定共振频率就会大大地干扰分子,使得在实验开始后,分子也许已经不处于它的原有状态。所以,在解释共振频率一词的时候,应该谨慎行事。在本文的论证中,也可以不使用它,而用量子力学的方法来进行讨论。

[周念祖　译]

1939年《化学键的本质》(*The Nature of the Chemical Bond*)出版，1940年第二版，1960年第三版。书中关于杂化和电负性等概念至今仍然是标准化学教科书的重要内容。《化学键的本质》成为被引用最多的化学参考书之一，被誉为现代化学史上的《圣经》。

▲《化学键的本质》一出版就成为经典，被翻译成多国文字。

繁体字版

平装版

红皮经典版　　学生版

▲ 由卢嘉锡、黄耀曾、曾广植、陈元柱四位名师联合翻译的中译本。

◀ 沃森（J. D. Watson）在《双螺旋》(*The Double Helix*)一书里写道："当时已经快到中午了，我和克里克急切地想要找到鲍林的一本经典著作《化学键的本质》。于是，我们到高街附近匆匆吃过午饭，连咖啡也顾不上喝，一路小跑着找了好几家书店，终于在布莱克韦尔书店找到了这本书。我们急急忙忙地翻阅了有关章节……我一直希望在鲍林的这本名著中找到某种'秘密武器'。"图为晚年的沃森在冷泉港（Cold Spring Harbor）的实验室。

鲍林提出的杂化轨道理论和共振理论，在现代分子结构理论发展中曾起过重要作用，使人们得以真正认识晶体的结构和性质。他还独创性地提出了一系列原子参数和键参数的概念，如共价半径、金属半径、电负性标度、离子性等。

　　1954年秋天，鲍林在康奈尔大学做报告时得知自己获得诺贝尔化学奖的消息。当时一位报社记者在电话里告诉鲍林，其获奖的理由是："化学键性质研究及其在复杂物质解析中的应用。"鲍林听完咧嘴一笑，他认为诺贝尔奖其实是为了表彰他自1928年以来所做的一切工作。

▲ 1954年的诺贝尔奖颁奖典礼，瑞典国王古斯塔夫六世（Gustaf Ⅵ Adolf）给鲍林颁奖。

▲ 鲍林的诺贝尔化学奖奖章，背面下方刻着他的名字 Linus Pauling。

▲ 颁奖晚宴之后，鲍林被推选为向以学生为主的观众代表发表演讲，他的精彩演讲被转载到各大报纸上。图为斯德哥尔摩一家媒体用一幅漫画和一句英文标题报道："莱纳斯·鲍林教授以他开朗的笑声抢走了诺贝尔奖晚宴的风头。"

▲ 鲍林的诺贝尔化学奖证书。

鲍林把制止战争看成自己道义上的责任，他积极参与各种和平运动和反战演讲，也因此遭受了许多威胁和打击。

1946 年，他加入了由爱因斯坦担任主席的原子能科学家紧急委员会。该委员会的使命是警告公众研制核武器的危险。

1955 年，鲍林和爱因斯坦、罗素、约里奥－居里、玻恩等人联合签署了一个宣言，呼吁科学家应当集会来评价发展毁灭性武器所带来的危险。

1957 年 5 月 15 日，鲍林起草了《科学家反对核试验宣言》，共收集了 49 个国家的 11000 多名科学家的签名，并在禁试协议签订前交给了联合国。

1958 年鲍林出版了《不要再有战争》（*No More War!*）一书。1959 年，鲍林与罗素等人在美国创办《一人少数》（*The Minority of One*）月刊，宣传和平。

由于鲍林为和平事业做出了一系列的贡献，他获得了 1962 年的诺贝尔和平奖。

◀ 1963 年 12 月 10 日，鲍林补领了 1962 年的诺贝尔和平奖。

▼ 1962 年鲍林获得的诺贝尔和平奖。

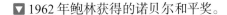

▶ 鲍林的诺贝尔和平奖证书。

▲ 1986 年鲍林与他的两枚诺贝尔奖章。泰德·格策尔（Ted Goertzel）在《鲍林：科学与政治人生》（*Linus Pauling: A Life in Science and Politics*）（1995）中写道："尽管鲍林在年轻时取得了巨大成功，但他从未满足。他曾两次获得诺贝尔奖，他觉得自己应该获得第三次。"

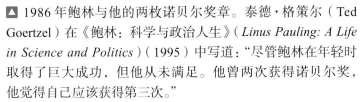

▲ 鲍林运用自己有关物质结构的丰富知识进一步研究分子生物学，特别是蛋白质的分子结构，提出了蛋白质的 α-螺旋模型，这是生物大分子结构领域首个正确模型。图为鲍林与他的 α-螺旋模型（约 1980 年）。

▲ 1953 年 2 月鲍林和最得力的助手柯里（R. B. Corey）发表了论文《核酸的可能结构》，提出了以糖－磷骨架为中心的"三链螺旋模型"。图为 1952 年 11 月，鲍林思考 DNA 结构时的笔记。

◀ 沃森和克里克（Francis Crick）发现鲍林的模型与他们曾经放弃的、错误的"三链模型"非常相似。但鲍林的模型对沃森和克里克也有启示作用，并且在某种意义上加速了他们的研究进展，因为他们要抢在鲍林发现自己的错误并回过头来全力研究 DNA 的结构之前，率先得出一个正确的模型。1953 年 4 月 25 日，沃森和克里克发表了论文《DNA 双螺旋结构》。1962 年，沃森和克里克因此获得诺贝尔生理学或医学奖。

1953 年 4 月鲍林访问剑桥时看到了沃森和克里克的双螺旋结构模型，他认为该结构"出奇的简单却又美丽"。后来鲍林列举了几个原因来解释自己是如何被误导了 DNA 的结构，其中包括计算错误的密度数据和缺乏高质量的 X 射线衍射照片。鲍林将这一事件描述为"一生中最大的失望"。

鲍林40岁时被诊断出患有布赖特氏病（Bright's disease，也称肾炎），他开始用维生素补充剂治疗疾病，晚年更是极力提倡大剂量维生素疗法。1970—1986年间，鲍林出版了多本畅销书宣传服用大剂量维生素的功效。他自己每天口服12克维生素C，感冒时翻倍，在他因前列腺癌接受放射治疗后仍宣称，由于长期口服维生素C使癌症的发病延缓了。可惜这些都是无法验证的猜测。当时也有实验提出了反对和质疑，遗憾的是，鲍林拒绝接受。后来，医学界对此进行了大量的临床试验，证明这样做不但无益反而会有害。

由于鲍林的名气和积极宣传，大剂量维生素疗法迅速在公众中产生了广泛的影响，每年有数以百万计的美国人服用大剂量维生素C。这种情况也流传到我国。可以说，鲍林对大剂量维生素C在全世界的广泛滥用负有主要责任。

▶ 鲍林在《如何活得更长、感觉更好》这本书中把维生素C说成是灵丹妙药。封面上他标志性的笑脸和抓人的书名都成了有效的广告。

▶▶ 1954年鲍林在诺贝尔颁奖晚宴后的演讲："永远不要相信除了你自己的智慧之外的任何东西。你的长辈，无论他是白发苍苍还是已经失去头发，无论他是否是诺贝尔奖获得者——都可能是错的。世界在一年又一年、一个世纪又一个世纪地进步，因为年轻一代会发现他们的长辈说的话中哪些是错误的。所以你必须永远保持怀疑——永远独立思考。"而头戴两顶诺奖桂冠的鲍林，晚年却步入迷途，他的好斗和防御性逐渐战胜了他的才华和创造力，最终成为维生素C神话这一伪科学的最大推手。

▶ 1988年9月鲍林在南斯拉夫的维生素C制造厂参观。此时的鲍林成为全球维生素保健品行业的精神教父。

鲍林曾两次访问中国。1973 年 9 月，鲍林应吴有训的邀请访华三周。在华期间先后停留香港、广州、上海、北京、杭州、南京等地，考察各地高校、研究所、医院等，与他的中国学生卢嘉锡和唐有祺重逢。1981 年 6 月，鲍林再次来访中国，同样受到高规格接待。

▲ 1973 年 9 月 22 日，鲍林夫妇访问上海精神病防治院的合影。

莱纳斯·波林教授和夫人
吴有训会见并宴请

新华社一九七三年十月四日讯 中国科学院副院长、全国科协副主席吴有训今晚会见并宴请美国斯坦福大学化学家莱纳斯·波林教授和夫人，宾主进行了亲切友好的交谈。

参加会见和宴请的有关方面负责人和科学工作者有周培源、钱学森、王立芬、王蒂澂、柳大纲、冯因夏、唐有琪等。

莱纳斯·波林教授和夫人是应全国科协的邀请前来我国进行友好访问的。客人于九月二十九日抵达北京前，访问了广州、上海、杭州和南京等地。

▲ 1973 年 10 月 5 日，《人民日报》第三版登载了一则新闻：吴有训会见并宴请莱纳斯·波林夫妇。这里的"波林"即为"鲍林"。周培源、钱学森、唐有祺等人随同会见。

▶ 卢嘉锡于 1939 年来到加州理工学院跟随鲍林做博士后研究，并在鲍林的赏识和帮助下继续留校工作了五年。1945 年冬天卢嘉锡回国在厦门大学任教，之后始终与鲍林保持着通信联系。图为 1989 年 1 月卢嘉锡赴美学术交流期间特意前往鲍林办公室与恩师亲切交谈。

1946—1951 年，唐有祺师从鲍林。唐有祺在《回忆我的恩师鲍林》一文中写道："1973 年，他携夫人到中国来访问，一到北京就提出要看我们。那次鲍林来，我陪他们夫妇俩游览了长城……1981 年鲍林带着全家人再次来到中国游览，我也携全家陪同，请他们吃烤鸭，大家很高兴……"。

▲ 1981 年 6 月，唐有祺陪同鲍林一家游览北京天坛。

◀ 1973 年 9 月，唐有祺陪同鲍林夫妇游览长城。

▲ 1990 年 12 月 10 日，中国科学院颁发给鲍林的名誉教授聘书。

◀ 1981 年 6 月，鲍林在北京大学作报告。

鲍林鲜明的个性和晚年在医学上的失误也曾让他备受争议，然而不可否认的是，鲍林在多个领域做出了决定性的贡献，他是量子化学和结构生物学的先驱，被誉为20世纪对化学科学影响最大的人。

　　鲍林天才的一生获得了众多奖项和荣誉，除了两次诺贝尔奖之外，还获得了来自各种组织颁发的五十多枚奖章和奖项，以及数十个大学荣誉学位。爱因斯坦曾这样评价鲍林："啊，那人真是个天才！"

▲ 1961 年 1 月的《时代》杂志，鲍林的照片出现在封面上，被评为"年度人物"科学家。

▲ 由美国化学学会发起的莱纳斯·鲍林奖（Linus Pauling Award）于 1966 年首次颁发，以表彰化学领域取得杰出成就的个人。

▲ 由俄勒冈州立大学发起的莱纳斯·鲍林遗产奖（The Linus Pauling Legacy Award）于 2001 年首次颁发，每两年颁发一次，以表彰在鲍林曾经感兴趣的领域取得成就的个人。

▼ 2008 年 3 月 6 日，美国邮政局发行了由艺术家斯塔宾（Victor Stabin）设计的 41 美分邮票。完整的邮票一共有四张，分别纪念：天文学家哈勃（Edwin Hubble）、物理学家巴丁（John Bardeen）、生物化学家格蒂·科里（Gerty Cori）和鲍林。

# 附录 I

# 物理常量的数值

*• Valus of Physical Constants •*

（化学标度[*]）

光速 $c = 2.99793 \times 10^{-10}$ 厘米/秒

电子电荷 $e = 4.80286 \times 10^{-10}$ 静电库仑

电子质量 $m = 9.1083 \times 10^{-28}$ 克

质子质量 $M_p = 1.67239 \times 10^{-24}$ 克

中子质量 $M_n = 1.67470 \times 10^{-24}$ 克

普朗克常量 $h = 6.62517 \times 10^{-27}$ 尔格·秒

阿伏伽德罗常量 $N = 0.60232 \times 10^{24}$ 摩尔$^{-1}$

法拉第常量 $F = 96495.7$ 库仑/摩尔

玻尔兹曼常量 $k = 1.38044 \times 10^{-16}$ 尔格/度

气体常量 $R = 1.9872$ 卡·度$^{-1}$ 摩尔$^{-1}$

玻尔磁子 $\mu_B = 0.92731 \times 10^{-20}$ 尔格/高斯

---

[*] 自从采用 $C^{12}$ 标准以后,化学标度和物理标度的区别已经不再存在,这里仍照原书所列数值译出。这是以化学工作者的"正常"O 原子为标准的。——校者注

物理标度原子量和化学标度

原子量的比值＝1.000272

1 电子伏的能量＝$1.60206 \times 10^{-12}$ 尔格

1 电子伏的能量＝23.063 千卡/摩尔

相当于 1 电子伏特的量子的波长＝12397.67 埃

相当于 1 电子伏特的量子的波数＝8066.03 厘米$^{-1}$

相当于 1 克质量的能量＝$5.6100 \times 10^{32}$ 电子伏

# 附录 II

# 玻尔原子

### • *The Bohr Atom* •

尼尔斯·玻尔在他的关于原子结构的第一篇论文[1]中讨论了氢原子和类氢离子中电子(质量为 $m$,电荷为 $-e$)绕核(质量为 $M$,电荷为 $+Ze$)的量子化圆形轨道。电子运动的一个可能状态是在圆形轨道上。根据经典力学,轨道的半径可以取任意值。玻尔假定了原子的角动量必须是 $h/2\pi$ (这里 $h$ 是普朗克常量)的整倍数,从而推定一组量子化的轨道。

电子在绕核的圆形轨道上的运动速度 $v$ 和轨道半径 $r$ 间的关系可用牛顿运动定律推导出来。通过几何作图可以看出,电子在轨道上的向心加速度是 $v^2/r$,因而产生这个加速度所需的力是 $mv^2/r$。这个力就是电子和核之间的吸引力 $Ze^2/r^2$,因此我们可以写出下列方程:

$$mv^2/r = Ze^2/r^2$$

或用 $r$ 乘它以后,得

$$mv^2 = Ze^2/r \qquad (\text{II-1})$$

注意,这个方程是满足位力定理(1-4 节)的要求的。方程左方的项是动能的两倍,右方等于变换了符号的势能。

电子在其轨道上的角动量是 $mrv$。玻尔提出的圆形轨道量子化的假定可用方程表示为

$$mrv = nh/2\pi \qquad (\text{II-2})$$

其中 $n$ 是氢原子的量子数,它可取 1(相当于原子的基态)、2(相当于第一激发态)、3、4、5 等数值。

这两个方程很容易解出来。解出之后发现量子数为 $n$ 的玻尔圆形轨道的半径是 $n^2h^2/4\pi^2Zme^2$。也可将它写成 $n^2a_0/Z$,其中 $a_0$ 的值是 0.530 埃。电子在轨道上的速度是 $v=2\pi Ze^2/nh$。对基态氢原子($Z=1, n=1$)来说,速度为 $2.18\times10^8$ 厘米/秒,大约为光速的 $0.7\%$。

原子的能量(即其动能和势能之和)等于

$$E_n=-2\pi^2Z^2e^4m/n^2/h^2 \qquad (\text{II-3})$$

在上面的计算中,这个原子体系的处理是把核看成好像是静止的,只有电子在圆形轨道上绕核运动。正确地应用牛顿运动定律于具有平方—反比吸力的双粒子问题中时,即可得出两个粒子都是绕着质心运动的结论。所谓质心,是指位于两个粒子的中心连接线上的一点,这个点离开两粒子中心的距离与两粒子的质量成反比。考虑到核的运动以后,有关玻尔轨道的一些方程基本上仍和前面所给出的相同,不过电子的质量 $m$ 应代之以两个粒子的折合质量 $\mu$,$\mu$ 的定义如下:

$$\frac{1}{\mu}=\frac{1}{m}+\frac{1}{M}$$

(这里 $M$ 是核的质量)。

### 参考文献和注

[1] N. Bohr, *Phil. Mag.* **26**, 1(1913).

# 附录 Ⅲ

# 类氢轨道

## · *Hydrogenlike Orbitals* ·

由量子数 $n$（主量子数）、$l$（角量子数）和 $m$（磁量子数）所描述的类氢原子的状态函数常用极坐标 $r$、$\theta$、$\phi$ 来表示。轨道波函数是三个函数的乘积，其中每一函数都只与一个坐标有关：

$$\psi_{nlm}(r,\theta,\phi)=R_{nl}(r)\Theta_{lm}(\theta)\Phi_m(\phi) \tag{Ⅲ-1}$$

在这个方程里，$\Phi$、$\Theta$ 和 $R$ 的形式为

$$\Phi_m(\phi)=\frac{1}{\sqrt{2\pi}}\mathrm{e}^{im\phi} \tag{Ⅲ-2}$$

$$\Theta_{lm}(\theta)=\left\{\frac{(2l+1)(l-|m|)!}{2(l+|m|)!}\right\}^{1/2}P_l^{|m|}(\cos\theta) \tag{Ⅲ-3}$$

和

$$R_{nl}(r)=-\left[\left(\frac{2Z}{na_0}\right)^3\frac{(n-l-1)!}{2n\{(n+l)!\}^3}\right]^{1/2}\mathrm{e}^{-\rho/2}\rho^l L_{n+l}^{2l+1}(\rho) \tag{Ⅲ-4}$$

其中

$$\rho=\frac{2Z}{na_0}r \tag{Ⅲ-5}$$

和

$$a_0=\frac{h^2}{4\pi^2\mu e^2} \tag{Ⅲ-6}$$

在玻尔理论中，$a_0$ 被解释为氢原子的最小轨道的半径，其值为 0.530 埃。

函数 $P_l^{|m|}(\cos\theta)$ 称为连带勒让德（Legendre）函数，函数 $L_{n+l}^{2l+1}(\rho)$ 称为连带拉盖尔（Laguerre）多项式。

波函数是归一化的，因而

$$\int_0^\infty \int_0^\pi \int_0^{2\pi} \psi_{nlm}^*(r,\theta,\phi)\psi_{nlm}(r,\theta,\phi)r^2\sin\theta\,\mathrm{d}\phi\,\mathrm{d}\theta\,\mathrm{d}r=1 \qquad （\text{III-7}）$$

其中 $\phi^*$ 是 $\phi$ 的共轭复式。函数 $r$、$\theta$ 和 $\phi$ 都分别归一化到 1，即

$$\int_0^{2\pi} \Phi_m^*(\phi)\Phi_m(\phi)\,\mathrm{d}\phi=1 \qquad （\text{III-8}）$$

$$\int_0^\pi \{\Theta_{lm}(\theta)\}^2\sin\theta\,\mathrm{d}\theta=1 \qquad （\text{III-9}）$$

$$\int_0^\infty \{R_{nl}(r)\}^2 r^2\,\mathrm{d}r=1 \qquad （\text{III-10}）$$

表III-1、III-2 和 III-3 给出了与原子各基态相关的量子数的所有数值中类氢波函数的三个组成部分的表示式。对 $\Phi_m(\phi)$ 同时给出了它的复数式和实数式。

**附表 III-1　波函数 $\Phi_m(\phi)$**

| | |
|---|---|
| $\Phi_0(\phi)=\dfrac{1}{\sqrt{2\pi}}$　　或 | $\Phi_0(\phi)=\dfrac{1}{\sqrt{2\pi}}$ |
| $\Phi_1(\phi)=\dfrac{1}{\sqrt{2\pi}}\mathrm{e}^{i\phi}$　　或 | $\Phi_{1\cos}(\phi)=\dfrac{1}{\sqrt{\pi}}\cos\phi$ |
| $\Phi_{-1}(\phi)=\dfrac{1}{\sqrt{2\pi}}\mathrm{e}^{-i\phi}$　　或 | $\Phi_{1\sin}(\phi)=\dfrac{1}{\sqrt{\pi}}\sin\phi$ |
| $\Phi_2(\phi)=\dfrac{1}{\sqrt{2\pi}}\mathrm{e}^{i2\phi}$　　或 | $\Phi_{2\cos}(\phi)=\dfrac{1}{\sqrt{\pi}}\cos2\phi$ |
| $\Phi_{-2}(\phi)=\dfrac{1}{\sqrt{2\pi}}\mathrm{e}^{-i2\phi}$　　或 | $\Phi_{2\sin}(\phi)=\dfrac{1}{\sqrt{\pi}}\sin2\phi$ |

**附表 III-2　波函数 $\Theta_{lm}(\theta)$**

$l=0,s$ 轨道：

$$\Theta_{00}(\theta)=\frac{\sqrt{2}}{2}$$

$l=1,p$ 轨道：

$$\Theta_{10}(\theta)=\frac{\sqrt{6}}{2}\cos\theta$$

$$\Theta_{1\pm1}(\theta)=\frac{\sqrt{3}}{2}\sin\theta$$

$l=2,d$ 轨道：

$$\Theta_{20}(\theta)=\frac{\sqrt{10}}{4}(3\cos^2\theta-1)$$

$$\Theta_{2\pm1}(\theta)=\frac{\sqrt{15}}{2}\sin\theta\cos\theta$$

$$\Theta_{2\pm2}(\theta)=\frac{\sqrt{15}}{4}\sin^2\theta$$

$l=3,f$ 轨道：

$$\Theta_{30}(\theta)=\frac{3\sqrt{14}}{4}\left(\frac{5}{3}\cos^3\theta-\cos\theta\right)$$

$$\Theta_{3\pm1}(\theta)=\frac{\sqrt{42}}{8}\sin\theta(5\cos^2\theta-1)$$

$$\Theta_{3\pm2}(\theta)=\frac{\sqrt{105}}{4}\sin^2\theta\cos\theta$$

$$\Theta_{3\pm3}(\theta)=\frac{\sqrt{70}}{8}\sin^2\theta$$

表 Ⅲ-3　氢的径向波函数

$n=1$，$K$ 层：

$\qquad$ $l=0,1s$ $\quad$ $R_{10}(r)=(Z/a_0)^{3/2} \cdot 2\mathrm{e}^{-\rho/2}$

$n=2$，$L$ 层：

$\qquad$ $l=0,2s$ $\quad$ $R_{20}(r)=\dfrac{(Z/a_0)^{3/2}}{2\sqrt{2}}(2-\rho)\mathrm{e}^{-\rho/2}$

$\qquad$ $l=1,2p$ $\quad$ $R_{21}(r)=\dfrac{(Z/a_0)^{3/2}}{2\sqrt{6}}\rho\mathrm{e}^{-\rho/2}$

$n=3$，$M$ 层：

$\qquad$ $l=0,3s$ $\quad$ $R_{30}(r)=\dfrac{(Z/a_0)^{3/2}}{9\sqrt{3}}(6-6\rho+\rho^2)\mathrm{e}^{-\rho/2}$

$\qquad$ $l=1,3p$ $\quad$ $R_{31}(r)=\dfrac{(Z/a_0)^{3/2}}{9\sqrt{6}}(4-\rho)\rho\mathrm{e}^{-\rho/2}$

$\qquad$ $l=2,3d$ $\quad$ $R_{32}(r)=\dfrac{(Z/a_0)^{3/2}}{9\sqrt{30}}\rho^2\mathrm{e}^{-\rho/2}$

$n=4$，$N$ 层：

$\qquad$ $l=0,4s$ $\quad$ $R_{40}(r)=\dfrac{(Z/a_0)^{3/2}}{96}(24-36\rho-12\rho^2-\rho^3)\mathrm{e}^{-\rho/2}$

$\qquad$ $l=1,4p$ $\quad$ $R_{41}(r)=\dfrac{(Z/a_0)^{3/2}}{32\sqrt{15}}(20-10\rho+\rho^2)\rho\mathrm{e}^{-\rho/2}$

$\qquad$ $l=2,4d$ $\quad$ $R_{42}(r)=\dfrac{(Z/a_0)^{3/2}}{96\sqrt{5}}(6-\rho)\rho^2\mathrm{e}^{-\rho/2}$

$\qquad$ $l=3,4f$ $\quad$ $R_{43}(r)=\dfrac{(Z/a_0)^{3/2}}{96\sqrt{35}}\rho^3\mathrm{e}^{-\rho/2}$

$n=5$，$O$ 层：

$\qquad$ $l=0,5s$ $\quad$ $R_{50}(r)=\dfrac{(Z/a_0)^{3/2}}{300\sqrt{5}}(120-240\rho+120\rho^2-20\rho^3+\rho^4)\mathrm{e}^{-\rho/2}$

$\qquad$ $l=1,5p$ $\quad$ $R_{51}(r)=\dfrac{(Z/a_0)^{3/2}}{150\sqrt{30}}(120-90\rho+18\rho^2-\rho^3)\rho\mathrm{e}^{-\rho/2}$

$\qquad$ $l=2,5d$ $\quad$ $R_{52}(r)=\dfrac{(Z/a_0)^{3/2}}{150\sqrt{70}}(42-14\rho+\rho^2)\rho^3\mathrm{e}^{-\rho/2}$

$\qquad$ $l=3,5f$ $\quad$ $R_{53}(r)=\dfrac{(Z/a_0)^{3/2}}{300\sqrt{70}}(8-\rho)\rho^3\mathrm{e}^{-\rho/2}$

$\qquad$ $l=4,5g$ $\quad$ $R_{54}(r)=\dfrac{(Z/a_0)^{3/2}}{900\sqrt{70}}\rho^4\mathrm{e}^{-\rho/2}$

$n=6$，$P$ 层：

$\qquad$ $l=0,6s$ $\quad$ $R_{60}(r)=\dfrac{(Z/a_0)^{3/2}}{2160\sqrt{6}}(720-1800\rho+1200\rho^2-300\rho^3+30\rho^4-\rho^5)\mathrm{e}^{-\rho/2}$

$\qquad$ $l=1,6p$ $\quad$ $R_{61}(r)=\dfrac{(Z/a_0)^{3/2}}{432\sqrt{210}}(840-840\rho+252\rho^2-28\rho^3+\rho^4)\rho\mathrm{e}^{-\rho/2}$

# 附录 IV

# 为泡利不相容原理所允许的原子
# 的罗素-桑德斯状态

## • *Russell-Saunders States of Atoms Allowed by the Pauli Exclusion Principle* •

在 2-7 节中曾经指出，对于含有两个主量子数不同的电子的原子，其被允许的罗素-桑德斯状态可按下述方法找出来：把各个电子的自旋并合来产生相应于总自旋量子数为 $S$（这里 $S$ 为 0 或 1）的总自旋，把各个电子的轨道角动量合并来产生的各个电子的个别轨道角动量的大小所能允许的总轨道角动量量子数 $L$，然后按这些向量的大小所能允许的各种方式把总自旋角动量向量和总轨道角动量向量合并来产生相应于总角动量量子数 $J$ 的向量，当 $S$ 是整数时（在有偶数的电子自旋的情况下）要求 $J$ 值取整数，当 $S$ 是半整数时（在奇数电子的情况下），要求 $J$ 取半整数（$1/2, 3/2, \cdots$）。后来又在 2-8 节提到，当两个电子具有相同的主量子数时，就要考虑由泡利不相容原理所引起的限制。例如氦原子的基态相应于 $1s^2$ 的电子构型，每个电子都是 $n=1, l=0, m_l=0$ 以及 $s=1/2$；泡利不相容原理要求其中一个电子有 $m_s=+\dfrac{1}{2}$，而另一个有 $m_s=-\dfrac{1}{2}$，所以总自旋角动量是零，因而这个态一定是单重态 $^1S_0$。相应的三重态 $^3S_1$ 为不相容原理所否定，事实上它也不存在。

泡利不相容原理的应用对了解一些原子的基态是必要的。对于在同一副层上有两个或更多的电子（即有相同的 $n$ 或 $l$）的原子，有一种简便的方法可以用来决定允许存在的罗素-桑德斯状态。

有时通过简单的推理即能发现被允许的状态。例如让我们来讨论氮原子的基态。氮原子有 7 个电子，其最稳定的电子构型是 $1s^2 2s^2 2p^3$；根据以上说法，两个 $1s$ 电子对原子的自旋角动量和轨道角动量都没有贡献，两个 $2s$ 电子也是如此。所以要找氮原子基态的量子数 $S$、$L$ 和 $J$ 值，只需要考虑 3 个 $2p$ 电子。这三个电子可能给出一个或更多个自旋量子数 $S=3/2$ 的四重态以及自旋量子数 $S=1/2$ 的二重态。根据洪德则第一条，四重态将比二重态稳定得多，因而在研究基态时我们只要讨论四重态。每一个 $2p$ 电子都是 $l=1$，所以总角动量量子数的可能值是 $L=0$、1、2 和 3。因而四重态可以是 $^4S$、$^4P$、$^4D$ 和 $^4F$。为了得到 $S=3/2$ 的四重态，3 个 $2p$ 电子的自旋必须是平行的。因而这三个电子具有相同的量子数 $n$、$l$、$s$ 和 $m_s$ 值，它们分别等于 2、1、1/2 和 +1/2（总自旋的取向取正方向）。泡利不相容原理要求这三个电子的量子数彼此要有所不同，因此，它们剩下的量子数 $m_l$ 必定分别是 +1、0 和 -1，因而总轨道角动量必然是零（$L=0$）。所以对构型 $2p^3$ 来说，为不相容原理所允许的那个四重态一定是 $^4S_{3/2}$。这样氮原子的基态便可以定为 $1s^2 2s^2 2p^3 {}^4S_{3/2}$，这与实验恰好符合（见表 2-6）。

为了证明这个构型所能允许的二重态是 $^2D_{3/2}$、$^2D_{1/2}$ 和 $^2S_{1/2}$，需要略加推理。要得到这个结论，所用的方法可选一个简单情况——两个等价的 $p$ 电子（两个 $n$ 值相同，$l$ 值又都等于 1 的电子）来加以说明。

**塞曼效应** 荷兰物理学家塞曼（P. Zeeman）发现当磁场加于发射或吸收辐射的原子时，光谱线可能分裂为两条或更多条。这个效应称为塞曼效应。谱线的分裂是因为电子由于自旋和轨道运动所产生的磁矩与外加磁场发生相互作用，因而每个能级分裂为两个或更多的子能级。

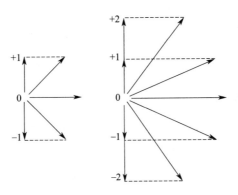

**图 Ⅳ-1　角动量量子数 $J$ 等于 1 和 2 的总角动量向量在垂直磁场中的取向示意**

在 $J=1$ 的情况下，可以得到总磁量子数 $M_J$ 等于 -1、0 和 +1 的 3 个取向；在 $J=2$ 的情况下可以有 5 个取向。这个图也可表示在量子数 $S=1$ 和 $L=2$ 的 $^3D$ 状态出现帕邢-巴克效应时总自旋角动量和总轨道角动量在磁场中的取向。在这个情况下图左表示自旋向量在垂直磁场中的取向，图右则表示轨道向量的独立取向

我们可用构型 $2p3p$ 作为例子。相应于这个构型的罗素-桑德斯状态,从最稳定的排起,依次是 $^3D_1$、$^3D_2$、$^3D_3$、$^3P_0$、$^3P_1$、$^3P_2$、$^3S_1$、$^1D_2$、$^1P_1$ 和 $^1S_0$,一共有 10 个能级。但是当加上磁场时,由于磁矩和磁场的相互作用,除 $J=0$ 的那些能级之外,所有其他能级都将分裂为好几个能级。例如 $J=1$ 的状态将分裂为三个能级,相应于总磁量子数 $M_J=-1$、0 和 +1;$J=2$ 的状态将分裂为 5 个能级,相应于总磁量子数 $M_J=-2$、-1、0、+1 和 +2(图Ⅳ-1)。一般说来,对于某具有指定 $J$ 值的状态,将分裂成($2J+1$)个能级,而且不能出现更多的分裂。在磁场不存在时,这样的能级被称为简并的,状态的简并度是($2J+1$);所以罗素-桑德斯状态 $^3D_1$ 事实上是三个状态,不过在磁场不存在时,它们具有相同的能量。外加磁场可说成是除去了简并性。

将上面所列的 10 个罗素-桑德斯状态的($2J+1$)值相加后即可看到,构型 $2p3p$ 事实上有 36 个状态,外加磁场可以得出 36 个能级。

由磁场而引起的能量变化等于

$$\Delta E = M_J g \mu_B H \qquad\qquad (Ⅳ\text{-}1)$$

其中 $M_J$ 是总磁量子数,$g$ 是随后将要讨论的因子,$\mu_B$ 是玻尔磁子(等于 $eh/4\pi mc$),$H$ 是磁场的强度。能级被分裂为一些等距离能级的情况有如图Ⅳ-2 中所示。

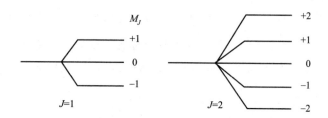

**图Ⅳ-2　在塞曼效应中总角动量量子数 $J=1$(左)和 $J=2$(右)的状态的能极**

简并能级被磁场分裂成 3 个或 5 个子能级,它们相当于磁量子数 $M_J$ 的不同数值。

**帕邢-巴克(Paschen-Back)效应**　帕邢-巴克[1]发现,当磁场强到使各个罗素-桑德斯状态的能级的塞曼分裂接近于具有不同 $J$ 值(例如 $^3D_3$、$^3D_2$ 和 $^3D_1$)的能级间的间隔时,能级分布的性质就要改变。在这样的强磁场中,轨道角动量和自旋角动量并合成角动量 $J$ 的耦合被破坏了,因而由 $L$ 所表示的轨道角动量和由 $S$ 所表示的自旋角动量彼此独立地对磁场取向,取向的方式决定于轨道磁量子数 $M_L$ 和自旋磁量子数 $M_S$。对于多重态 $^3D_1$、$^3D_2$ 和 $^3D_3$ 来说,这种情况可用图Ⅳ-1 来说明。图中示出自旋角动量对磁场的三种取向(相当于 $M_S=-1$、0 和 +1)和轨道角动量的五种取向(相当于 $M_L=-2$、-1、0、+1 和 +2)。轨道角动量和自旋角动量的取向是彼此独立的,因此一共有 15 个量子态。同理,对多重态 $^3P_0$、$^3P_1$ 和 $^3P_2$ 来说,帕邢-巴克效应给出 9 个量子态;其余的 $S=0$ 或 $L^*=0$ 的罗素-桑德斯状态并不出现帕邢-巴克效应,因而总共有 12 个量子态,同时正和前面讨论过的塞曼效应一样,这种构型的总态数依然是 36。逐渐增强的外加磁场只能改变量子态的能值,但不会引起量子态的消灭或新量子态的生成。

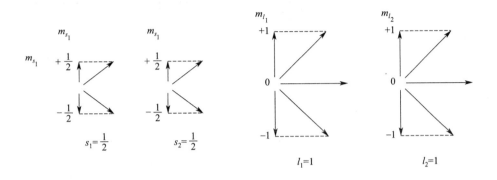

**图 IV-3 含有两个 2p 电子的原子在极端帕邢-巴克效应的情况下**
**两个电子的自旋向量和轨道角动量向量的取向**

两个自旋向量和两个角动量向量都独立地对垂直磁场取向。每个电子自旋的可能取向相当于角动量在磁场方向上的分量等于量子数 $m_s=\frac{1}{2}$ 或 $-\frac{1}{2}$ 所表示的数值;每个轨道角动量的可能取向则相当于角动量在磁场方向上的分量等于量子数 $m_s=+1$、0 或 $-1$ 所表示的数值

**极端帕邢-巴克效应** 如果磁场非常强,则电子中自旋并合成总自旋、轨道矩并合成总轨道矩的相互作用遭受破坏。在这个情况下,每个电子的自旋将以 $+\frac{1}{2}$ 和 $-\frac{1}{2}$ 两个可能值独立地对磁场取向;同样,每个轨道矩也将独立地对磁场取向,$s$ 电子只有一种取向($m_l=0$),$p$ 电子有三种取向($m_l=-1$、0、$+1$)等等。对于 $2p3p$ 构型,每个电子的自旋有两种取向,每个轨道矩有三种取向,正如图 IV-3 所示的。这些取向都是彼此独立的,所以这个构型的极端帕邢-巴克效应引出 $2\times2\times3\times3=36$ 个量子态。在数目上这些量子态与前述的 10 个罗素-桑德斯状态的量子态数、帕邢-巴克效应中的量子态数都是相等的。

**两个等价的 p 电子** 如果两个电子具有相同的主量子数,则图 IV-3 中所示出的某些极端帕邢-巴克状态要被不相容原理排除掉。例如,这两个电子不可能都是 $m_s=+\frac{1}{2}$ 和 $m_l=+1$,这是应该被排斥的状态。通过检查后可以看出,对于两个等价的 $p$ 电子,被允许的状态只有 15 个,它们列于表 IV-1 中。必须注意,在这些被允许的状态

---

\* 原书误为 $P$,已改正。——译者注

中第一个电子的量子数 $m_{s1}$ 和 $m_{l1}$ 要和第二个电子的量子数 $m_{s2}$ 和 $m_{l2}$ 有所不同;而且,如果两组量子数的差别仅在于电子位置的互换,则这两个不同的排列只能算为一个状态而不算为两个状态。

附表 Ⅳ-1　具有两个等价 $p$ 电子的允许状态

| $m_{s1}$ | $m_{s2}$ | $m_{l1}$ | $m_{l2}$ | $M_S = m_{s1} + m_{s2}$ | $M_L = m_{l1} + m_{l2}$ |
|---|---|---|---|---|---|
| $+\frac{1}{2}$ | $+\frac{1}{2}$ | $+1$ | $0$ | $+1$ | $+1$ |
| | | $+1$ | $-1$ | $+1$ | $0$ |
| | | $0$ | $-1$ | $+1$ | $-1$ |
| $+\frac{1}{2}$ | $-\frac{1}{2}$ | $+1$ | $+1$ | $0$ | $+2$ |
| | | $+1$ | $0$ | $0$ | $+1$ |
| | | $+1$ | $-1$ | $0$ | $0$ |
| | | $0$ | $+1$ | $0$ | $+1$ |
| | | $0$ | $0$ | $0$ | $0$ |
| | | $0$ | $-1$ | $0$ | $-1$ |
| | | $-1$ | $+1$ | $0$ | $0$ |
| | | $-1$ | $0$ | $0$ | $-1$ |
| | | $-1$ | $-1$ | $0$ | $-2$ |
| $-\frac{1}{2}$ | $-\frac{1}{2}$ | $+1$ | $0$ | $-1$ | $+1$ |
| | | $+1$ | $-1$ | $-1$ | $0$ |
| | | $0$ | $-1$ | $-1$ | $-1$ |

通过考虑帕邢-巴克效应,能够把极端帕邢-巴克状态和罗素-桑德斯状态联系起来。将电子的磁自旋量子教和磁轨道量子数相加可得到总自旋量子数 $M_S$ 和总轨道量子数 $M_L$ 的数值。这些量子数可以立即用罗素-桑德斯状态来加以解释。$M_S = +1$ 和 $-1$(包括 $M_S = 0$)的出现要求有某些 $S=1$ 的三重态。同时和 $M_S = +1$ 或 $-1$ 相联系的是 $M_L = +1$、$0$ 和 $-1$ 而不是 $M_L = 2$ 或 $-2$,因此不可能有 $^3D$ 状态而只有 $^3P$ 状态。除去相应于 $^3P$ 的九组 $M_S$ 和 $M_L$ 值以后,剩下的只有 $M_S = 0$ 配以 $M_L = +2, +1, 0, 0, -1$ 和 $-2$;可以看出这些只能相应于状态 $^1D$ 和 $^1S$。所以对于等价的两个 $p$ 电子,允许存在的罗素-桑德斯状态是 $^3P_0$、$^3P_1$、$^3P_2$、$^1D_2$ 和 $^1S_0$。

表 Ⅳ-2 列举了等价的 $s$、$p$、$d$ 电子以及某些等价的 $f$ 电子所允许存在的罗素-桑德斯状态。

**朗德 $g$ 因子**　原子的磁矩可以简单地通过其角动量表示出来。角动量的玻尔单位是 $h/2\pi$,磁矩的玻尔单位(玻尔磁子)是 $he/4\pi mc$。在轨道上运动而具有 $x$ 单位角动量的电子,其磁矩等于 $x$ 个玻尔磁子。

不过电子的自旋磁矩和其自旋角动量之间的关系却不相同;它差不多是两倍大。我们可以说电子轨道运动的朗德 $g$ 因子等于 1,而电子自旋的则等于 2。原子的朗德 $g$ 因子是原子的磁矩(以玻尔磁子为单位)和原子的角动量(以 $h/2\pi$ 为单位)的比值。

附表 Ⅳ-2

| 等价 $s$ 电子 |
| --- |
| $s - {}^2S$ |
| $s^2 - {}^1S$ |

| 等价 $p$ 电子 | | | |
| --- | --- | --- | --- |
| $p^1 - \quad {}^2P$ | | | |
| $p^2 - {}^1S$ | ${}^1D$ | ${}^3P$ | |
| $p^3 - \quad {}^2P$ | ${}^2D$ | ${}^4S$ | |
| $p^4 - {}^1S$ | ${}^1D$ | ${}^3P$ | |
| $p^5 - \quad {}^2P$ | | | |
| $p^6 - {}^1S$ | | | |

| 等价 $d$ 电子 | | | | | | |
| --- | --- | --- | --- | --- | --- | --- |
| $d^1 \qquad {}^2D$ | | | | | | |
| $d^2 - {}^1(SDG)$ | ${}^3(PF)$ | | | | | |
| $d^3 - \quad {}^2D$ | | ${}^2(PDFGH)$ | ${}^4(PF)$ | | | |
| $d^4 - {}^1(SDG)$ | ${}^3(PF)$ | ${}^1(SDFGI)$ | ${}^3(PDFGH)$ | ${}^5D$ | | |
| $d^5 - \quad {}^2D$ | | ${}^2(PDFGH)$ | ${}^4(PF)$ | ${}^4(SDFGI)$ | ${}^4(DG)$ | ${}^6S$ |
| $d^6 - {}^1(SDG)$ | ${}^3(PF)$ | ${}^1(SDFGI)$ | ${}^3(PDFGH)$ | ${}^5D$ | | |
| $d^7 - \quad {}^2D$ | | ${}^2(PDFGH)$ | ${}^4(PF)$ | | | |
| $d^8 - {}^1(SDG)$ | ${}^3(PF)$ | | | | | |
| $d^9 - \quad {}^2D$ | | | | | | |
| $d^{10} - {}^1S$ | | | | | | |

| 等价 $f$ 电子 | | |
| --- | --- | --- |
| $f^1$ | ${}^2F$ | ${}^3(PFH)$ |
| $f^2$ | ${}^1(SDGI)$ | ${}^3(PFH)$ |
| $f^{12}$ | ${}^1(SDGI)$ | |
| $f^{13}$ | ${}^2F$ | |
| $f^{14}$ | ${}^1S$ | |

在某一罗素-桑德斯状态中的原子,可以在求出向量 $S$、$L$ 和向量 $J$ 之间的夹角的基础上来计算它的 $g$ 因子。以 $h/2\pi$ 为单位,总角动量等于 $\sqrt{J(J+1)}$。磁矩在角动量向量方向上的分量(它在垂直于角动量向量方向上的分量恰好可以消去)等于沿 $S$ 和沿 $L$ 方向的磁矩在向量 $J$ 方向上的分量和。这个数值可应用三角学算出,向量 $S$ 和 $L$ 的大小分别等于

$$\sqrt{S(S+1)} \text{ 和} \sqrt{L(L+1)}$$

（仍以 $h/2\pi$ 为单位）据此可得方程式

$$g(J) = \frac{3J(J+1)+S(S+1)-L(L+1)}{2J(J+1)}$$

根据此式所算出的一些朗德 $g$ 因子值列于表 IV-3 中。

**附表 IV-3　根据罗素-桑德斯耦合方式的朗德 $g$ 因子**

| | | 单重态,$S=0$ | | | | | |
|---|---|---|---|---|---|---|---|
| | $J=$ | 0 | 1 | 2 | 3 | 4 | 5 |
| $^1S$ | $L=0$ | 0/0 | | | | | |
| $^1P$ | 1 | ... | 1 | | | | |
| $^1D$ | 2 | ... | ... | 1 | | | |
| $^1F$ | 3 | ... | ... | ... | 1 | | |
| $^1G$ | 4 | ... | ... | ... | ... | 1 | |
| $^1H$ | 5 | ... | ... | ... | ... | ... | 1 |

| | | 二重态,$S=1/2$ | | | | | |
|---|---|---|---|---|---|---|---|
| | $J=$ | 1/2 | 3/2 | 5/2 | 7/2 | 9/2 | 11/2 |
| $^2S$ | $L=0$ | 2 | | | | | |
| $^2P$ | 1 | 2/3 | 4/3 | | | | |
| $^2D$ | 2 | ... | 4/5 | 6/5 | | | |
| $^2F$ | 3 | ... | ... | 6/7 | 8/7 | | |
| $^2G$ | 4 | ... | ... | | 8/9 | 10/9 | |
| $^2H$ | 5 | ... | ... | | | 10/11 | 12/11 |

| | | 三重态,$S=1$ | | | | | |
|---|---|---|---|---|---|---|---|
| | $J=$ | 0 | 1 | 2 | 3 | 4 | 5 | 6 |
| $^3S$ | $L=0$ | ... | 2 | | | | | |
| $^3P$ | 1 | 0/0 | 3/2 | 3/2 | | | | |
| $^3D$ | 2 | ... | 1/2 | 7/6 | 4/3 | | | |
| $^3F$ | 3 | ... | ... | 2/3 | 13/12 | 5/4 | | |
| $^3G$ | 4 | ... | ... | ... | 3/4 | 21/20 | 6/5 | |
| $^3H$ | 5 | ... | ... | ... | ... | 4/5 | 31/30 | 7/6 |

| | | 四重态,$S=3/2$ | | | | | |
|---|---|---|---|---|---|---|---|
| | $J=$ | 1/2 | 3/2 | 5/2 | 7/2 | 9/2 | 11/2 | 13/2 |
| $^4S$ | $L=0$ | ... | 2 | | | | | |
| $^4P$ | 1 | 8/3 | 26/15 | 8/5 | | | | |
| $^4D$ | 2 | 0 | 6/5 | 48/35 | 10/7 | | | |
| $^4F$ | 3 | ... | 2/5 | 36/35 | 26/21 | 4/3 | | |
| $^4G$ | 4 | ... | ... | 4/7 | 62/63 | 116/99 | 14/11 | |
| $^4H$ | 5 | ... | ... | ... | 2/3 | 32/33 | 162/143 | 16/13 |

| | | 五重态,$S=2$ | | | | | | |
|---|---|---|---|---|---|---|---|---|
| | $J=$ | 0 | 1 | 2 | 3 | 4 | 5 | 6 | 7 |
| $^5S$ | $L=0$ | ... | ... | 2 | | | | | |
| $^5P$ | 1 | ... | 5/2 | 11/6 | 5/3 | | | | |
| $^5D$ | 2 | 0/0 | 3/2 | 3/2 | 3/2 | 3/2 | | | |
| $^5F$ | 3 | 0 | 1 | 5/4 | 27/20 | 7/5 | | | |
| $^5G$ | 4 | ... | ... | 1/3 | 11/12 | 23/20 | 19/15 | 4/3 | |
| $^5H$ | 5 | ... | ... | ... | 1/2 | 9/10 | 11/10 | 17/14 | 9/7 |

六重态, $S=5/2$

| | J = | 1/2 | 3/2 | 5/2 | 7/2 | 9/2 | 11/2 | 13/2 | 15/2 |
| --- | --- | --- | --- | --- | --- | --- | --- | --- | --- |
| $^6S$ | L=0 | ... | ... | 2 | | | | | |
| $^6P$ | 1 | ... | 12/5 | 66/35 | 12/7 | | | | |
| $^6D$ | 2 | 10/3 | 28/15 | 58/35 | 100/63 | 14/9 | | | |
| $^6F$ | 3 | −2/3 | 16/15 | 46/35 | 88/63 | 142/99 | 16/11 | | |
| $^6G$ | 4 | ... | 0 | 6/7 | 8/7 | 14/11 | 192/143 | 18/13 | |
| $^6H$ | 5 | ... | ... | 2/7 | 52/63 | 106/99 | 172/143 | 50/39 | 4/3 |

七重态, $S=3$

| | J = | 0 | 1 | 2 | 3 | 4 | 5 | 6 | 7 | 8 |
| --- | --- | --- | --- | --- | --- | --- | --- | --- | --- | --- |
| $^7S$ | L=0 | ... | ... | ... | 2 | | | | | |
| $^7P$ | 1 | ... | ... | 7/3 | 23/12 | 7/4 | | | | |
| $^7D$ | 2 | ... | 3 | 2 | 7/4 | 33/20 | 8/5 | | | |
| $^7F$ | 3 | 0/0 | 3/2 | 3/2 | 3/2 | 3/2 | 3/2 | 3/2 | | |
| $^7G$ | 4 | ... | −1/2 | 5/6 | 7/6 | 13/10 | 41/30 | 59/42 | 10/7 | |
| $^7H$ | 5 | ... | ... | 0 | 3/4 | 21/20 | 6/5 | 9/7 | 75/56 | 11/8 |

八重态, $S=7/2$

| | J = | 1/2 | 3/2 | 5/2 | 7/2 | 9/2 | 11/2 | 13/2 | 15/2 | 17/2 |
| --- | --- | --- | --- | --- | --- | --- | --- | --- | --- | --- |
| $^8S$ | L=0 | ... | ... | ... | 2 | | | | | |
| $^8P$ | 1 | ... | ... | 16/7 | 122/63 | 16/9 | | | | |
| $^8D$ | 2 | ... | 14/5 | 72/35 | 38/21 | 56/33 | 18/11 | | | |
| $^8F$ | 3 | 4 | 2 | 12/7 | 34/21 | 52/33 | 222/143 | 20/13 | | |
| $^8G$ | 4 | −4/3 | 14/15 | 44/35 | 86/63 | 140/99 | 206/143 | 284/195 | 22/15 | |
| $^8H$ | 5 | | −2/5 | 24/35 | 22/21 | 40/33 | 186/143 | 88/65 | 118/85 | 24/17 |

## 参考文献和注

[1]　F. Paschen and E. Back, *Physica* **1**, 261(1921).

# 附录 V

# 共振能

## • *Resonance Energy* •

共振能的详细讨论见于量子力学专著。这里只讨论一个简单问题，那就是共振于两个结构间时的能量和它们两者能量差的关系。

由波函数 $\psi$（归一化到 1）描述的体系，其能值为

$$E = \int \psi^* H \psi \, d\tau \qquad (\text{V-1})$$

其中 $\tau$ 表示体系的所有坐标（即每一个电子和每个核的 $x, y, z$），$H$ 是相应于体系的总能量的哈密顿（Hamiton）算符，积分是对体系的整个构型空间进行的。$\psi^*$ 是 $\psi$ 的共轭复式。

现在考虑相应于体系的某一个合理结构的归一化波函数 $\psi_1$。正如（V-1）式所给出的那样，相应的能值为 $H_{\text{II}}$，它的定义如下式：

$$H_{ij} = \int \psi_i^* H \psi_j \, d\tau \qquad (\text{V-2})$$

同理，如相应于体系的另一结构的波函数为 $\psi_{\text{II}}$ 则其能值为 $H_{\text{II-II}}$。

现在来考虑在这两个结构间的共振。我们可以为共振结构作出如下的波函数：

$$\psi = a\psi_{\text{I}} + b\psi_{\text{II}} \qquad (\text{V-3})$$

为了这个函数的归一化 $\left( \int \psi^* \psi \, d\tau = 1 \right)$，这些系数 $a$、$b$ 应该满足下面的条件：

$$a^2 + 2ab\Delta_{\text{I-II}} + b^2 = 1 \qquad (\text{V-4})$$

（应该指出，如果函数是实函数，则 $\Delta_{\text{II-I}} = \Delta_{\text{I-II}}$；这正是我们所假定的），这里 $\Delta$ 表示如

下的重叠积分

$$\Delta_{ij} = \int \psi_i^* \psi_j \, d\tau \qquad (V-5)$$

量子力学中的变分原理表明,体系在基态时的真正波函数就是使能量为极小的波函数。因此我们可以设法找出使 $E$ 值[方程(V-1)]达到极小的比值 $a/b$,这样便可求出最优波函数。

实现这个目的的简便方法是用拉格朗日(Lagrange)的未定乘数法。让我们考虑如下的函数 $F$:

$$F = \int \psi^* H \psi \, d\tau - \lambda \int \psi^* \psi \, d\tau \qquad (V-6)$$

因为第二个积分是常数,因此对于任何的 $\lambda$ 值,函数 $F$ 极小值的位置和 $E$ 的完全相同。

$F$ 的展开式是

$$F = a^2 H_I + 2ab H_{I\text{-}II} + b^2 H_{II} - \lambda(a^2 + 2ab\Delta_{I\text{-}II} + b^2) \qquad (V-7)$$

这里以及下面的 $H_I$ 和 $H_{II}$ 便是 $H_{I\text{-}I}$ 和 $H_{II\text{-}II}$ 的简化符号。为了找出极小值,我们将 $F$ 分别对 $a$ 和 $b$ 微分并令其等于零:

$$\left.\begin{array}{l} \dfrac{\partial F}{\partial a} = 2a(H_I - \lambda) + 2b(H_{I\text{-}II} - \lambda\Delta_{I\text{-}II}) = 0 \\[2mm] \dfrac{\partial F}{\partial b} = 2a(H_{I\text{-}II} - \lambda\Delta_{I\text{-}II}) + 2b H_{II} = 0 \end{array}\right\} \qquad (V-8)$$

这是未知数 $a$ 和 $b$ 的两个齐次线性方程;只有在其系数形成的行列式等于零时它们的解才有意义:

$$\begin{vmatrix} H_I - \lambda & H_{I\text{-}II} - \lambda\Delta_{I-II} \\ H_{I\text{-}II} - \lambda\Delta_{I\text{-}II} & H_{II} - \lambda \end{vmatrix} = 0 \qquad (V-9)$$

从这个方程可以解出满足它的两个 $\lambda$ 值。把每一个 $\lambda$ 代入方程(V-8)和(V-4)后即可找出 $a$ 和 $b$。这样做以后将会发现 $\lambda$ 就等于能量 $E$。

我们经常采用近似解法,那就是略去重叠积分 $\Delta_{I\text{-}II}$ 不计;这样,称为久期方程式的(V-9)式便变为

$$\begin{vmatrix} H_I - E & H_{I\text{-}II} \\ H_{I\text{-}II} & H_{II} - E \end{vmatrix} = 0 \qquad (V-10)$$

这个方程的根是

$$E = (H_I + H_{II})/2 \pm \{H_{I\text{-}II}^2 + (H_{II} - H_I)^2/4\}^{1/2}$$

其中较小的一个根(即右式取负号)低于那个较稳定结构的能量 $H_I$,低出的数量就是有效共振能:

有效共振能

$$= -(H_{\text{II}} - H_{\text{I}})/2 + \{H_{\text{I-II}}^2 + (H_{\text{II}} - H_{\text{I}})^2/4\}^{1/2} \quad\quad (\text{V-11})$$

按照此式给出的有效共振能是相对于那个较稳定的结构 I 而言时体系基态所获得的稳定性。图 1-6 曾经示出这个有效共振能和两个结构的能量差 $H_{\text{II}} - H_{\text{I}}$ 的关系。

对于更为一般的波函数,用来求解能量极小值的久期方程式可按同样方法简便地建立起来。设波函数是

$$\psi = c_1\psi_1 + c_2\psi_2 + \cdots + c_m\psi_m \quad\quad (\text{V-12})$$

应用前述的拉格朗日乘数法便可导出下列齐次联立线性方程组作为实现能量极小值的条件:

$$\sum_{k=1}^{m} c_k(H_{nk} - \Delta_{nk}E) = 0, \quad n = 1, 2, \cdots, m \quad\quad (\text{V-13})$$

从这个方程组得到有意义的解的条件如下:

$$\begin{vmatrix} H_{11} - \Delta_{11}E & H_{12} - \Delta_{12}E & \cdots & H_{1m} - \Delta_{1m}E \\ H_{21} - \Delta_{21}E & H_{22} - \Delta_{22}E & \cdots & H_{2m} - \Delta_{2m}E \\ \cdots & \cdots & \cdots & \cdots \\ H_{m1} - \Delta_{m1}E & H_{m2} - \Delta_{m2}E & \cdots & H_{mm} - \Delta_{mm}E \end{vmatrix} = 0 \quad\quad (\text{V-14})$$

其中最小的根给出了由所设波函数(V-12)提供的最优近似能值。将这个 $E$ 值代入方程(V-13)就能定出系数 $c_k$ 的比值。

# 附录 Ⅵ

# 价键结构的波函数

## • *Wave Functions for Valence-Bond Structures* •

斯莱特在他的一篇有价值的论文《分子的能级和价键》中,发展了一种建立分子的近似波函数和作出相应的久期方程式的方法。[1] 设 $a,b,\cdots$ 表示各为一个电子占有的原子轨道,$\alpha$ 和 $\beta$ 分别表示自旋取向为 $+\dfrac{1}{2}$ 和 $-\dfrac{1}{2}$ 的电子自旋函数。斯莱特证明下述函数相当于具有键 $a$—$b$、$c$—$d$ 等的价键结构:

$$\frac{1}{2^{n/2}} \sum_R (-1)^R R \left\{ \frac{1}{((2n)!)^{1/2}} \times \sum_R (-1)^P a(1)\beta(1)b(2)\alpha(2)c(3)\beta(3)d(4)\alpha(4)\cdots \right\}$$

$$(\text{Ⅵ-1})$$

这里 1、2…表示电子,$P$ 是在各自旋-轨道函数间置换电子的操作,例如在 $a\beta$ 和 $b\alpha$ 之间交换电子 1 和 2。在置换群中一共有 $(2n)!$ 个这样的操作,其中 $2n$ 是 $n$ 个键上的电子个数。假如 $P$ 是一个包含置换电子对偶数次的操作,则 $(-1)^P$ 为 1;如果是奇数次,则为 $-1$。括弧内的函数是满足了泡利不相容原理的。$R$ 表示在被键合的轨道(例如 $a$ 和 $b$)间交换自旋函数 $\alpha$ 和 $\beta$ 的 $2^n$ 次交换操作。

从这样斯莱特函数所导出的能量式中,键合轨道(例如轨道 $a$ 和 $b$)间的单交换积分的系数等于 $+1$。这类积分常为负值,因而在系数为 $+1$ 时积分能把体系稳定下来,这就相当于原子间的相互吸引和键的形成。在非键合轨道(例如 $a$ 和 $c$)间的单交换积分的系数为 $-\dfrac{1}{2}$,因而相当于排斥作用。

鲁默(Rumer)[2] 曾经发现一种画出分子的独立价键结构的简便图解法,而且这个方法已经得到进一步的推广,因而能够毫无困难地把相应于整组价键结构的久期方程式写下来。[3]对芳香族分子和共轭分子,已经有许多研究者进行过量子力学处理。分子的量子力学现在已经是一个内容极其丰富和广泛的课题,显然是远远超越本书的范围的。

## 参考文献和注

[1]　J. C. Slater, *Phys. Rev*, **38**, 1190(1931).

[2]　G. Rumer, *Nachr. Ges. Wiss. Göttingen.* **1932**, 337.

[3]　L. Pauling, *J. Chem. Phys.* **1**, 280(1933).

# 附录Ⅶ

# 分子光谱

### • *Molecular Spectroscopy* •

从分子光谱或带光谱的分析已经获得大量的有关分子结构的情况。和本书第二章里所讲的原子光谱的情形相类似,分子光谱也可以用能级图来解释。伴随着从一个能级向另一能级的跃迁,出现了光量子的发射或吸收,光量子的频率和两个能级的能量差的关系符合玻尔频率法则,即被吸收或发射的光量子能量 $h\nu$ 等于两态的能量差。

曾经发现,分子在其各种量子态的总能量可以近似地表示为电子能、振动能和转动能三项之和:

$$W_{总} = W_{电子} + W_{振动} + W_{转动} \tag{Ⅶ-1}$$

其中每一项能值取决于量子数,分别称为电子量子数、振动量子数和转动量子数。分子的不同电子态之间的能量差通常很大,所以从一个电子态向另一个电子态的跃迁常要引起频率在可见或紫外区域的光量子的发射或吸收;有些时候电子跃迁也具有低得多的频率,它相应于红外或微波区域。振动能级通常相当密集,所以在它们之间的跃迁相应于近红外区域辐射的发射或吸收。在同一电子态和振动态之内的各个转动能级通常彼此间非常靠近。对于包含较轻原子的分子,它的转动跃迁相应于远红外区的辐射;对包含较重原子的分子,则相应于微波区域的辐射。

**电子能量曲线;莫尔斯函数** 玻恩和奥本海默(Oppenheimer)[1]利用了分子中核比电子重几千倍这一事实进行了分子的量子力学处理,从而证明:为获得分子的波动方程的近似解,可以把这些核保持在固定的构型中而只解各个电子的波动方程。按照这种方法所得的能值作为核的构型的函数,就可用来作为决定核振动方式的势能函数。例如就双原子分子来说,从波动方程的近似解发现分子的电子能量(包括两核间的排斥能)曲线的一般形状有如图Ⅶ-1。在两个核相距很远时,分子的能量等于各个原子能量之和。随着两个原子的相互接近,就产生了吸引,能量曲线就从零值(相应于被分离的两原子)逐渐下降。到某一个核间距离(通常记为$r_e$)时,曲线出现极小点,即在$r=r_0$处分子的电子能量为极小。此后,随$r$值的进一步减小,能量又迅速上升。

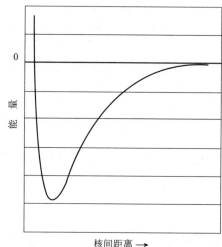

**图Ⅶ-1    表示双原子分子的电子能量作为核间距离的函数的曲线**

零值相当于被分离的两原子的能量。曲线的极小点相当于核间距离的平衡值。示出的曲

线相当于莫尔斯函数,它极其接近于实际观测到的双原子分子在许多状态下的电子能量曲线

莫尔斯函数[2]是可以极为近似地表出双原子分子在许多状态下的电子能量曲线的简单函数。它的形式是

$$U(r)=D_\theta\{1-e^{-a(r-r_e)}\}^2 \qquad (Ⅶ-2)$$

其中$U(r)$是分子的电子能量(除振动能和转动能以外的总能量),$D_\theta$是曲线极小点的能值和被分离的原子的能值之差,$a$是常数,它决定函数在其极小点附近的曲率。下面将给出莫尔斯函数中的常数和分子振动频率间的关系。

在分子光谱的解释和分子结构的讨论中,莫尔斯函数以及和它有些相类似的其他函数是很有用处的。这在第三章中已提到一些例子。

**分子的振动和转动**    分子振动运动的性质以及振动能级的数值都取决于如图Ⅶ-1中所示的电子能量函数。双原子分子振动运动可以在假定能量曲线在其极小点附近近似为抛物线的基础上进行非常简单的讨论。也就是说,假定分子内原子间的力正比于核间距离的离开平衡值$r_e$的偏移,这相当于如下的近似势能函数:

$$U(r)=\frac{1}{2}k(r-r_e)^2 \qquad (Ⅶ-3)$$

这种类型的势能函数称为胡克(Hooke)定律势能函数。

对这个势能函数的核运动的薛定谔方程进行求解,可得出分子振动能的如下表达式:

$$W_{振动} = \left(v + \frac{1}{2}\right)h\nu_e \qquad (\text{Ⅶ-4})$$

其中 $v$ 是振动量子数,可取整数值 $0,1,2,\cdots$;频率 $\nu_e$ 是相应于这个势能函数的经典运动频率,它和胡克定律常数 $k$ 是通过下式相联系的:

$$\nu_e = \frac{1}{2}\pi\sqrt{k/\mu} \qquad (\text{Ⅶ-5})$$

其中 $\mu$ 是两个核的折合质量,它与两核的质量 $\mu_1$ 和 $\mu_2$ 的关系式如下:

$$\frac{1}{\mu} = \frac{1}{\mu_1} + \frac{1}{\mu_2} \qquad (\text{Ⅶ-6})$$

可以看出,振动能级是等间隔的,间距为 $h\nu_e$。最低振动状态(即 $v=0$)的振动能是 $\frac{1}{2}h\nu_e$。即使在最低状态,分子也仍有这个数量的振动能,这个量称为分子的零点振动能(图Ⅶ-2)。

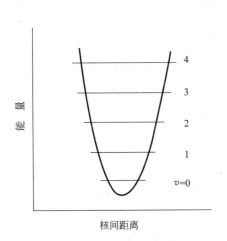

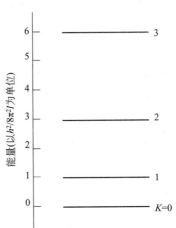

**图Ⅶ-2　理想化双原子分子的一些振动能级**

电子能量曲线采用抛物线近似表示,也就是假定两原子间的相互作用遵循胡克定律。图中示出头五个振动能级,它们之间的能量间距是 $h\nu_e$。最低振动态(即 $v=0$)具有零点振动能 $\frac{1}{2}h\nu_e$

**图Ⅶ-3　双原子分子的转动能级**

图中示出前四个转动态。$K=0$ 的最低转动态无转动能

实验表明随着量子数 $v$ 的增大,许多分子的振动能级逐渐密集;这个性质可用莫尔斯函数[方程式(Ⅶ-2)]表示出来。

相应于莫尔斯函数的振动能可用下式给出:

$$W_{振动} = \left(v + \frac{1}{2}\right)h\nu_e - \left(v + \frac{1}{2}\right)^2 \frac{h^2\nu_e^2}{4D_e} \qquad (\text{Ⅶ-7})$$

$$\nu_e = \frac{a}{2\pi}\sqrt{2D_e/v} \qquad (\text{Ⅶ-8})$$

解刚性双原子分子转动的波方程,得出转动能的如下表示式:

$$W_{转动} = K(K+1)\frac{h^2}{8\pi^2 I_e} \qquad (\text{Ⅶ-9})$$

这里 $K$ 是转动量子数,可取 $0,1,2,\cdots$ 等整数值。$I_e$ 是分子的转动惯量,等于 $\mu r_e^2$。

图Ⅶ-3 示出在电子量子数和振动量子数均为最低值时分子转动状态的能级图。可以看出,转动能级不是等间隔的,间距是逐步增加的。应用方程式(Ⅶ-9)可以从能级的实验值算出分子的转动惯量。分子不是刚性的,因而转动惯量值以及核间距离的平均值在某种程度上和振动量子数 $v$ 以及由转动量子数 $K$ 给定的转动态有关,当然它也和电子态有关。通常用 $r_e$ 来标记分子在最低状态(即 $v=0$ 和 $K=0$)时的平均核间距离。$r_0$ 和 $r_e$(电子能为极小时的核间距离)相差一般不超过 0.001 埃。

同样,用 $D_0$ 来标记分子在最低态(即 $u=0$ 和 $K=0$)与分离的原子的能量差,称为分子的离解能。它的数值要比 $D_e$ 小 $\frac{1}{2}h\nu_0$(零点振动能)。

**微波谱** 从 1945 年开始,应用微波谱方法获得了大量有关分子结构的资料。现在已经做出各种用来方便地产生和研究波长在 1 毫米～3 厘米范围内的微波的仪器。红外光谱方法只能用来研究一些转动惯量足够小的最简单分子(即两个原子中有一个是氢原子的分子)的转动光谱。许多其他分子的纯转动跃迁相应的频率都在微波区域内。例如许多像 NaCl 那样的碱金属卤化物气态分子的核间距离值曾用微波谱加以测定,其精密度达到 0.0001 埃。应用微波谱技术还能获得分子的电偶极矩以及其他性质的数据。[3]

可以用氯代乙炔的研究作为应用微波谱方法测定核间距离的例子。[4]这个分子是直线型的,H—C≡C—Cl,它的转动惯量有赖于 3 个参数,可以把它们取为 H—C、C≡C 和 C—Cl 的原子间距离。它的气体能强烈吸收波长约为 0.76 厘米的微波。这种吸收相应于 $K=1$ 的转动态到 $K=2$ 的转动态的跃迁。谱线的频率是 22736.97 兆周,即为 2.273697 秒$^{-1}$。应用刚性转子的能级表示式(Ⅶ-9)可以获得分子的转动惯量值。单是这个数值仍不能算出 3 个核间距离。不过上面所给出的是同位素分子 HCCCl$^{35}$ 的频率;HCCCl$^{37}$ 的吸收频率为 22289.51 兆周,DCCCl$^{35}$ 的吸收频率为 20748.05 兆周,DCCCl$^{37}$ 的吸收频率则为 20336.94 兆周。在这样的分子中 3 个原子间距离为常数的假定下,利用上述数值中任何 3 个都能算出 3 个核间距离。根据这个假定所算得的四组数值相互符合,其数值是 H—C=(1.052±0.001)埃,C≡C=(1.211±0.001)埃和 C—Cl=

(1.632±0.001)埃。

**电子分子光谱** 一般说来,分子的吸收或发射光谱要包括振动和转动量子数的改变,也包括电子量子数的改变。这种分子光谱是复杂的,难于解释。通过分子光谱的分析已经积累了许多有关双原子分子和简单多原子分子性质的资料。详细方法见于一些讨论分子光谱的书中。[5]

图Ⅶ-4 示出一氧化碳能级图的一部分。这些能级是通过分子发射吸收谱线中谱线频率的分析得到的。

图中取最低电子态时电子能量曲线的极小点为能量标度的参考点。

图中左下角的 13 个能级表示最低电子态时的头 13 个振动态($v=0 \sim v=12$);右方示出了 10 个转动态(从 $K=0 \sim K=9$)(注意能量标度的改变)。

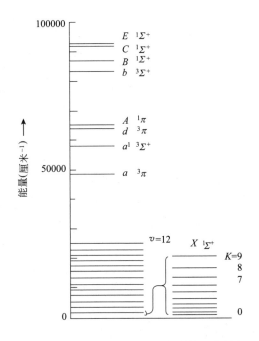

**图Ⅶ-4　得自光谱分析的一氧化碳的一些能级**

图中示出在最低电子态时的前 13 个振动能级以及在最低振动态时的 10 个转动能极

从 50000 厘米$^{-1}$ 左右以上的其他能级表示分子的一些激发电子态。其中每一个电子态都只显示出 $v=0$ 和 $K=0$ 的能级。

最低电子态的符号是 $X^1\Sigma^+$。通常都用 $X$ 来标志电子基态,用另一些字母来标志其他状态。左上标 1 表示分子是在单重态,它没有未配对电子($S=0$);上标 3 则表示有两个未配对电子(电子自旋量子数 $S=1$)。这一部分符号和原子中的罗素-桑德斯符号相同。符号 $\Sigma$, $\pi$, $\Delta$ 等被用来标志电子的总轨道角动量在两核中心连线方向上的分量,它们分别相应于如下数值:0,1,2,…。所以在 $^1\sum$ 状态下的分子既无电子的自旋角动量,也无轨道角动量。

**联合散射光谱**　拉曼(Raman)和克里希南(Krishnan)、兰茨贝格(Landsberg)和曼德尔施塔姆(Mandelstam)曾经彼此独立地发现了一种有价值的光谱研究方法。这个方法应用了所谓拉曼效应,即当光被气体、液体或固体散射时出现了这种效应。这些研究者发现,当一定波长的单色光被物质所散射时,一部分散射光有和入射光相同的频率,但也有一部分散射光的频率发生了改变,或者比入射光的频率大些,或者小些。由这种效应所产生的谱线分布称为这个物质的联合散射光谱(拉曼光谱)。已经看出,入射光量子和散射光量子的能量差等于散射分子的两个量子态的能量差。例如曾经测得被氯化氢所散射的谱线要比入射光的推移 2886.0 厘米 $^{-1}$;这个推移和红外区内位于 2885.9 厘米 $^{-1}$ 的基本振动光带中心极其符合。从联合散射光谱的研究已经获得大量的有关分子振动能级和分子对称性的知识。[6]

## 参考文献和注

〔1〕　M. Born and J. R. Oppenheimer,*Ann. Physik* **84**,457(1927).

〔2〕　P. M. Morse,*Phys. Rev.* **34**,57(1929).

〔3〕　关于微波谱方法的讨论以及前几年中所得结果的综述见 C. H. Townes and A. L. Schawlow,*Microwave Spectroscopy*(《微波波谱学》)(McGraw-Hill Book Co. ,New York,1955).

〔4〕　A. A. Westenberg,J. H. Goldstein,and E. B. Wilson,Jr. ,*J. Chem. Phys.* **17**,1319(1949).

〔5〕　G. Herzberg,*Molecular Spectra and Molecular Structure.* **I**.*Diatomic Molecules*(《分子光谱与分子结构》,I. 双原子分子)(Prentice-Hall,New York,1939);*Infrared and Raman Spectra of Polyatomic Molecules*(《多原子分子的红外与联合散射光谱》)(D. Van Nostrand Co. ,New York,1945);E. B. Wilson,Jr. ,C. Decius,and P. C. Croes,*Molecular Vibrations*;*The Theory of Infrared and Raman Vibrational Spectra*(《分子振动:红外和联合散射光谱的理论》)(McGraw-Hill Book Co. ,New York,1955).

〔6〕　见前一脚注所列各书。

# 附录 Ⅷ

# 玻尔兹曼分配定律

*• The Boltzmann Distribution Law •*

在讨论物质的性质时,常需要知道原子或分子在其各量子态上的分布。附录 Ⅸ 中讨论的具有永久偶极矩的气体分子的介电常量理论就是一个例子。这种分配理论是统计力学的课题,在许多有价值的参考书中都已加以阐述。[1] 下面将对作为统计力学的基本定理的玻尔兹曼分配定律作一简要的陈述。

把玻尔兹曼分配定律表述为量子形式和经典形式都是很方便和有用的。在有关原子和分子问题的应用中,其量子形式可表述如下:如果体系在绝对温度 $T$ 下与环境建立了平衡而且其每一状态是由一整套量子数所表征,则这个体系的各种量子态的相对概率是与玻尔兹曼因子 $e^{-W_n/kT}$ 成比例。其中 $n$ 表示那组量子数的值,$W_n$ 是这个量子态的能量,$k$ 是玻尔兹曼常量,其值为 $1.3804 \times 10^{-16}$ 尔格·度$^{-1}$。玻尔兹曼常量 $k$ 等于气体常量 $R$ 除以阿伏伽德罗常量,它就是单一个分子的气体常量。

我们看到,当 $W_n$ 等于 $kT$ 时,玻尔兹曼因子等于 $e^{-1}$,也就是 $0.368$。所以当两个状态的能量差为 $kT$ 时,则高能状态的概率较低能状态的概率小,差了一个 $0.368$ 的因子。

作为一个例子,我们可以计算氯化氢在 25℃ 热平衡成立时的具有转动量子数 $K=0$ 和 $K=1$ 的分子个数比值。我们可取具有 $K=0$ 的基态($v$ 也为零,下面所考虑的其他状态也是如此)的能量为零;这是因为玻尔兹曼因子的性质允许我们对能量的零点作任意选择。应用分子转动能的表(Ⅶ-9 式),并取核间距离 1.275 埃,可以算得 $K=1$ 时的能量为 $4.20 \times 10^{-15}$ 尔格。25℃ 时 $kT$ 值是 $4.12 \times 10^{-14}$ 尔格。这两个数值之比是 $0.102$,因而 $K=1$ 时的玻尔兹曼因子为 $e^{-0.102}=0.905$;而 $K=0$ 时的玻尔兹曼因子为 $1.000$。不过我们必须记得 $K=1$ 的转动能级包括三个状态,它们对应于角动量在空间的三种取向,其量子数 $M_K$ 分别是 $-1$、$0$ 和 $+1$。因此 $K=1$ 的三个状态;其相对总权重是 $3 \times 0.905 = 2.72$;对于 $K=0$ 的状态,由于它是非简并的($M_K$ 只有一个数值 $0$),所以权重为 $1$。

氯化氢的第一振动-转动带的中心位于 3.467 微米(34670 埃),相应的波数是 2886 厘米$^{-1}$。所以 $v=1$ 和 $K=0$ 的第一激发振动能级要比 $v=0$ 和 $K=0$ 的基态高 2886 厘米$^{-1}$。这两个状态都是非简并的。在室温 25℃时,用玻尔兹曼因子计算氯化氢分子在其第一激发振动态和在基态的分子数之比仅为 $1 \times 10^{-6}$。必须注意,因为假定总的振动-转动能高度近似地等于振动能与转动能之和,而且在同一 $K$ 值的情况下,在最低振动态时的转动能基本上等于在第一激发振动态时的转动能,所以上述的玻尔兹曼因子给出 $v=1$ 和 $v=0$ 的两个振动能级间在 $K$ 取任何数值时的分子个数比值。

和在量子力学中一样,经典力学中的玻尔兹曼分配定律也同样地含有玻尔兹曼因子 $e^{-W/kT}$。在经典力学中,体系的状态要通过坐标和动量来描述,例如对于单一质点,可用 3 个坐标 $x, y, z$ 和 3 个动量 $p_x, p_y, p_z$;后者分别等于质点的质量乘以沿 $x, y, z$ 3 个方向的分速度。质点的坐标在 $x$ 到 $x+dx$,$y$ 到 $y+dy$,$z$ 到 $z+dz$ 的范围内,同时动量在 $p_x$ 到 $p_x+dp_x$,$p_2$ 到 $p_y+dp_y$,$p_z$ 到 $p_z+dp_z$ 的范围内的概率正比于

$$e^{-W/kT} dx\,dy\,dz\,dp_x\,dp_y\,dp_z:$$

假如能量可表示为两项之和,其中一项仅与坐标有关(势能),另一项与动量有关(动能),则玻尔兹曼因子可分裂为两个指数项的乘积,其中一项只与坐标有关,另一项只与动量有关,此时玻尔兹曼分配定律就可分成坐标部分和动量部分来分别加以讨论。

例如就势能 $V(x, y, z)$ 所描述的力场中的一个质点来说,它的总能量等于势能及其动能 $(p_x^2 + p_y^2 + p_z^2)/2m$ 之和,其中 $m$ 是质点的质量。这个质点的动量在 $p_x$ 到 $p_x + dp_x$,$p_y$ 到 $p_y + dp_y$,$p_z$ 到 $p_z + dp_z$ 的范围内的概率正比于 $e^{-mv^2/2kT} dp_x\,dp_y\,dp_z$。这里动能 $(p_x^2 + p_y^2 + p_z^2)/2m$ 被代之以数值相等的 $mv^2/2$($v$ 是质点的速度)。在动量空间内对整个球壳进行积分即得出速度介于 $v$ 到 $v+dv$ 之间的概率正比于 $e^{-mv^2/2kT} v^2\,dv$。

这个表达式就是麦克斯韦速度分配定律。

## 参考文献和注

[1]　J. Mayer and M. Mayer, *Statistical Mechanics*(《统计力学》)(John Wiley, and Sons, New York, 1944); R. C. Tolman, *Principles of Statistical Mechanics*(《统计力学原理》)(Oxford University Press, 1938); R. H. Fowler, *Statistical Mechanics*(《统计力学》)(Cambridge University Press, 1936); T. L. Hill, *Statistical Mechanics*(《统计力学》)(McGraw-Hill Book Co., New Yrok, 1956).

# 附录 Ⅸ

# 原子、离子和分子的电极化率和偶极矩

• *Electric Polarizabilities and Electric Dipole Moments of Atoms, Ions, and Molecules* •

　　研究物质的电性已经得到大量有关分子结构的知识。物质在电场中,发生结构变化的现象称为电极化。一般说来,这种结构的变化包括电子相对于邻近原子核的运动以及核与核彼此之间的相对运动。理论处理已经发展到能把观测到的电极化和组成物质的原子、离子或分子的性质联系起来。

　　**电极化和介电常量**　气体、液体或立方晶体(这里仅限于立方晶体,是因为属于其他晶系的晶体将因各向异性而使讨论复杂化)在外加电场 $E$ 的影响之下,组成这个物质的带正电荷和带负电荷的质点将发生某些相对运动,因而产生诱导平均电矩。设单位体积内诱导平均电矩为 $P$。电矩的定义是电荷和正负电荷间距离的乘积,例如,电荷为 $+e$ 和 $-e$、相距为 $d$ 的一对离子的电矩是 $de$。在电磁理论中,电感应 $D$ 被定义为

$$D = E + 4\pi P \tag{Ⅸ-1}$$

介电常量 $\varepsilon$ 则被定义为

$$\varepsilon = \frac{D}{E} = 1 + \frac{4\pi P}{E} \tag{Ⅸ-2}$$

　　取填满物质的电容器和空电容器,测定这两个电容器的比值,即可定出这个物质的介电常量。测量用的电学装置包括把待测电容和已校正过的可变电容并联入调谐共振电路中,测量时调整可变电容使保持共振频率为常数,这要求两个电容之和为常数[1]。

　　让我们先来考虑气体的介电常量。我们假定分子间相距极远,因而它们能对极化各

自独立地做出贡献,再假定电场 $E$ 在每一个分子中所诱导的偶极矩为 $\alpha E$。$\alpha$ 称为分子的电极化率。单位体积内气体的摩尔(物质的量)数是密度 $\rho$ 除以分子质量 $M$,把它乘以阿伏伽德罗常量 $N$ 就得单位体积内的分子个数。所以气体的极化(即单位体积内的诱导偶极矩)是由下式给出:

$$P = N\frac{\rho}{M}\alpha E \qquad (\text{IX-3})$$

把它和方程(IX-2)相结合,得出:

$$(\varepsilon - 1)\frac{M}{\rho} = 4\pi N\alpha \qquad (\text{IX-4})$$

此式不适用于液体和固体,仅能适用于介电常量极为接近于 1 的物质(例如气体)。对于其他物质,必须用另一方程,这里要考虑邻近分子的诱导偶极对被极化分子的影响。在极化了的介质中,每一分子都受到它所在区域内的电场即所谓局部电场的作用。对于许多物质,局部电场可以满意地用 1850 年克劳修斯-莫索提(Clausius-Mossotti)所导出的公式来表示。每一分子被认为占有一球形空腔,空腔外的物质在外加电场中发生极化。简单计算表明,正负电荷的位移(相应于极化 $P$)在空腔内所产生的电场为 $(4\pi/3)P$,把它加到外加电场 $E$ 上,即得如下的局部电场:

$$E_{局部} = E + \frac{4\pi}{3}P \qquad (\text{IX-5})$$

因此,单位体积内的极化可由下式表示:

$$P = N\frac{\rho}{M}\alpha E_{局部} = N\rho\frac{\alpha}{M}\left(E + \frac{4\pi}{3}P\right) \qquad (\text{IX-6})$$

将此式和介电常量的定义(IX-2 式)相结合,即得:

$$\frac{\varepsilon - 1}{\varepsilon + 2}\frac{M}{\rho} = \frac{4\pi}{3}N\alpha \qquad (\text{IX-7})$$

这个方程称为洛伦兹-洛伦茨(Lorenz-Lorentz)方程,它是这两位学者在 1880 年把克劳修斯-莫索提的局部电场公式和分子极化的概念结合起来而导出的。

电磁波(例如可见光)和物质间的主要相互作用是波的电场和物质的电荷之间的相互作用。物质的介电常量决定这种相互作用的大小;事实上,它是等于折射率[*]的平方:

$$\varepsilon = n^2 \qquad (\text{IX-8})$$

在电磁波的电场中,介质极化的大小与频率有关;例如当频率极低或等于零(即静电场)时,水的介电常量是 81,但对可见光则降为 1.78。这种相差的理由是:在静电场或频率极低的电磁波场中,具有永久偶极矩的水分子将能对电场取向,从而大大地加强了液

---

[*] 原书误为"介电常量",已改正。——译者注

体的极化；但在可见光的高频率电场中分子的取向不可能实现，因而对介电常量有贡献的只是电子极化。下节要详细讨论分子永久偶极的取向对介电常量的贡献。

用折射率所表示的洛伦兹-洛伦茨方程是：

$$R=\frac{n^2-1}{n^2+2}\quad\frac{M^*}{\rho}=\frac{4\pi}{3}N\alpha \tag{Ⅸ-9}$$

这里 $R$ 称为摩尔折射度。

**电子极化率** 置一个原子于电场中，电场的静电力对核的作用和对电子的作用在方向上是相反的，因而原子的电荷分布将有某种程度的改变。原子内诱导出来的偶极矩如下：

$$\mu=\alpha E \tag{Ⅸ-10}$$

极化率 $\alpha$ 的量纲是体积。金属球体的极化率等于球的体积，因而我们可以预测原子和离子的极化率大致等于它们的体积。精密的量子力学计算导出，基态氢原子的极化率是 $4.5a_0^3$，这与半径等于玻尔轨道半径 $a_0$ 的球的体积（$4.19a_0^3$）十分接近。

**介电常量的德拜(Debye)方程** 具有永久电矩 $\mu_0$ 的气体分子，其介电常量的德拜方程是

$$P=\frac{\varepsilon-1}{\varepsilon+2}\quad\frac{M}{\rho}\quad\frac{4\pi N}{3}\left(\frac{\mu_0^2}{3kT}+\alpha\right) \tag{Ⅸ-11}$$

此式可由(Ⅸ-4)式导出，即在这极化表示式中列入由永久偶极矩 $\mu_0$ 在场向上择优取向的贡献。设偶极矩向量和场向间的极角为 $\theta$，则偶极矩在场向上的分量为 $\mu_0\cos\theta$，其相互作用能为 $-\mu_0 E\cos\theta$。按玻尔兹曼原理，在体积元 $\sin\theta\mathrm{d}\theta\mathrm{d}\phi$（用极坐标）内取向的相对概率是 $\mathrm{e}^{\mu_0 E\cos\theta/kT}\sin\theta\mathrm{d}\theta\mathrm{d}\phi$。由此得偶极矩分量的平均值如下：

$$\bar{\mu}=\frac{\displaystyle\int_0^{2\pi}\int_0^{\pi}\mu_0\cos\theta\mathrm{e}^{\mu_0 E\cos\theta/kT}\sin\theta\mathrm{d}\theta\mathrm{d}\phi}{\displaystyle\int_0^{2\pi}\int_0^{\pi}\mathrm{e}^{\mu_0 E\cos\theta/kT}\sin\theta\mathrm{d}\theta\mathrm{d}\phi} \tag{Ⅸ-12}$$

（分母上的积分将使概率归一化）。如果将指数函数展开，并保留不等于零的第一项，则上式积分就很容易计算出来：

$$\bar{\mu}=\frac{\mu_0^2 E}{kT}\frac{\displaystyle\int_0^{2\pi}\int_0^{\pi}\cos^2\theta\sin\theta\mathrm{d}\theta\mathrm{d}\phi}{4\pi} \tag{Ⅸ-13}$$

这里的积分（连同除数 $4\pi$）恰好是 $\cos^2\theta$ 在整个球面上的平均值，其数值为 $1/3$。（在量子力学中，$M_J^2/J(J+1)$ 的平均值也是 $1/3$，其中 $M_J=J, J-1,\cdots,-J, J$ 是整数或半整数），所以我们得到 $\bar{\mu}=\mu_0^2 E/3kT$。这个表示了分子永久偶极矩的贡献的方程就是(Ⅸ-

---

\* 原书式中多 一个 $W$，已删去。——译者注

11)式中右端的第一项。它的第二项,$\alpha$,包括了分子中的电子极化率以及所谓原子极化,后者是由电场所引起的核的微小的相对位移。第二项与温度无关。

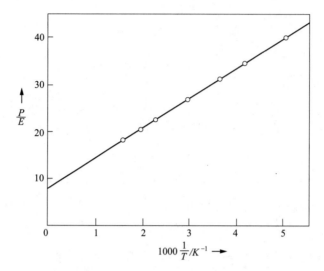

**图IX-1　氯化氢气体的极化度 $P$ 和场强 $E$ 的比值与绝对温度的倒数之间的函数关系**

这条线的斜率可以用来计算分子的永久电偶极矩,

它的截距则等于分子的与温度无关的电极化率

例如当密度保持与 0℃和 1 大气压条件下的密度同值时,氯化氢的介电常量将从 200K 时的 1.0055 降到 500K 时的 1.0025。取其极化值 $P$(正比于 $\varepsilon-1$)对 $1/T$ 作图,得图IX-1。从斜率得出 $\mu_0$ 为 1.03D,正如第三章中所给出的那样(单位 D 称为德拜,等于 $1\times10^{-18}$ 静电库仑·厘米)。把这条直线外推到 $P$ 轴上,截距就等于与温度无关的极化率值。

已经出版了气体和溶质分子的详尽的偶极数值表[2]。近年来,曾用微波光谱和分子射线技术测定了一些偶极矩的精确值。

**参考文献和注**

[1]　关于实验方法的讨论以及更为详尽的理论探讨见 C. P. Smyth,*Dieletric Constant and Molecular Structure*(《介电常量与分子结构》)(McGraw-Hill Book Co. ,New York,1955);or J. W. Smith ,*Electric Dipole Moments*(《电偶极矩》)(Butterworths,London,1955). 详尽的理论处理参阅 J. H. Van Vleck,*The Theory of Electric and Magnetic Susceptibilities*(《电极化率与磁极化率的理论》)(Oxford University Press,1932).

[2]　L. G. Wesson,*Tables of Electric Dipole Moments*(《电偶极矩数值表》)(The Technology Press,Mass. Inst. Tech. 1948).

# 附录 X

# 物质的磁性

• *The Magnetic Properties of Substances* •

---

物质和磁场间相互作用的主要类型分别称为抗磁性、顺磁性、铁磁性、反铁磁性和铁酸盐磁性。它们在提供物质电子结构的知识方面起过一定的作用，在第五章和十一章的讨论中更是这样。

**抗磁性** 法拉第发现，大多数物质置于磁场中时会产生与磁场方向相反的磁矩。这类物质称为抗磁性的（如果产生的磁矩和磁场同向，则称为顺磁性的）。[1]

抗磁性物质的样品在不均匀磁场中所受的作用力是倾向于把它从强磁场区域推开的。这个力与物质的抗磁磁化率成正比，后者被定义为诱导磁矩 $\mu$ 和场强 $H$ 的比值：

$$\mu = \chi H \qquad (\text{X-1})$$

测定磁化率的常用方法就是把这个作用力[2]测定出来。

让我们考虑一个金属丝的圆环。如果在垂直于环的平面的方向加上磁场，则金属丝内将感应出电流。相应于这个电流就有一磁场，正像取向与原来磁场相反的磁偶极的磁场一样[楞次（Lenz）定律]。

外加磁场对原子或单原子离子的影响是造成电子获得附加的转动，转动轴平行于磁场方向而且通过原子核。这种转动称为拉莫尔进动，其角速度为 $eH/2mc$。对于以圆柱体半径 $\rho$ 绕场轴转动而角速度 $eH/2mc$ 的电子，其角动量为 $eH\rho^2/2c$，磁矩和角动量的比值是 $-e/2mc$，因而这个电子的磁矩等于 $-e^2\rho^2 H/4mc^2$。所以摩尔抗磁磁化率是

$$\chi_{\text{摩尔}} = -\frac{Ne^2}{4mc^2} \sum_i \overline{\rho_i^2} \qquad (\text{X-2})$$

其中 $\overline{\rho_i^2}$ 是第 $i$ 个电子的 $\rho^2$ 的平均值，$\sum\limits_i$ 表示对原子内所有电子求和。对于球形对称的

原子，$\rho^2 = x^2 + y^2$ 和 $r^2 = x^2 + y^2 + z^2$（其中 $r$ 是电子离核的距离），因而 $\overline{\rho^2} = \dfrac{2}{3}\overline{r^2}$，上式

就可改写成

$$\chi_{摩尔} = -\frac{Ne^2}{6mc^2} \sum_i \overline{r_i^2} \qquad (\text{X-3})$$

惰性气体抗磁磁化率的观测值相应于合理的 $\sum \overline{r^2}$ 值。对多原子分子来说，要想用结构特征来解释其抗磁磁化率，一般是不够确切的，因而它们的磁性在结构化学中似乎没有什么价值。

某些抗磁性晶体（例如石墨、铋、萘和其他芳香族物质）的抗磁磁化率表现明显的各向异性。苯衍生物的晶体的摩尔抗磁磁化率当磁场垂直于苯环平面时，观测值为 $-54 \times 10^{-6}$；而当磁场平行于平面时则为 $-37 \times 10^{-6}$。这种分子的各向异性对决定芳香分子的平面在晶体中的取向有一些用处。[3]

抗磁磁化率（以每克或每摩尔为准的）一般与温度无关。

**顺磁性** 所谓顺磁性习惯上限于这样一类物质，它在通常强度的磁场中沿场的方向所产生的磁矩是与场强成正比的（这样就把铁磁性物质排除在外）。大多数顺磁性物质的磁化率比常见的抗磁磁化率大到百倍或千倍，而且符号相反（以每克磁化率比较，前者数量级在 $+10^{-4}$ 或 $+10^{-3}$，后者约为 $-1 \times 10^{-6}$）。当然，顺磁质的总磁化率中也包含着抗磁磁化率的贡献。

1895 年皮埃尔·居里（Pierre Curie）证明了顺磁磁化率强烈地与温度有关，对于许多物质来说，顺磁磁化率是和绝对温度成反比。下列方程：

$$\chi_{摩尔} = \frac{C_{摩尔}}{T} + D \qquad (\text{X-4})$$

称为居里定律，常数 $C_{摩尔}$ 称为摩尔居里常数。$D$ 表示抗磁性的贡献（注意：$D$ 为负值）。

1854 年韦伯（Weber）把顺磁性归因于由物质内部的微型永久磁子在磁场中的取向（抗磁性则如上节所述的归因于感应电流）。1895 年保罗·朗之万（Paul Langevin）应用玻尔兹曼原理给出了它的定量处理。这个理论和电偶极取向的理论相同，从这个理论导出

$$C_{摩尔} = \frac{N\mu^2}{3k} \qquad (\text{X-5})$$

其中 $\mu$ 是每个原子或分子的磁偶极矩。

玻尔磁子等于 $0.927 \times 10^{-20}$ 尔格·高斯$^{-1}$。所以磁矩 $\mu$ 和摩尔居里常数间的关系是

$$\mu（以玻尔磁子为单位）= 2.824 C_{摩尔}^{1/2} \qquad （X\text{-}6）$$

居里方程适用于气体、溶液以及某些晶体。对于其他晶体，要用更一般的所谓外斯 (Weiss)方程（1907年由外斯导出的）。外斯假定使偶极取向的局部磁场等于外加磁场加上与磁体积极化 $M$ 成正比的附加磁场：

$$H_{局部} = H + \alpha M \qquad （X\text{-}7）$$

应用玻尔兹曼分配定律可导出方程式

$$M = \frac{N\rho\mu^2}{3kTW}(H + \alpha M) \qquad （X\text{-}8）$$

其中 $\rho$ 是密度，$W$ 是分子量。摩尔磁化率定义为

$$\chi_{摩尔} = WM/\rho H \qquad （X\text{-}9）$$

由这些式子可导出外斯方程：

$$\chi_{摩尔} = C_{摩尔}/(T - \Theta) \qquad （X\text{-}10）$$

其中 $\Theta$ 称居里温度，它由下式给出：

$$\Theta = N\rho\mu^2 a/3kW \qquad （X\text{-}11）$$

$C_{摩尔}$ 则由（X-5）式给出。

如果外斯方程是正确的，则在 $1/\chi_{摩尔}$ 对 $T$ 的图中，各点应该落在一条直线上。图 X-1 示出三种钴（Ⅱ）盐的测量结果。可以看出除了极低温度以外，都是直的。它们的斜率是居里常数的倒数，因而在这三种物质中钴（Ⅱ）原子具有相同的磁矩。

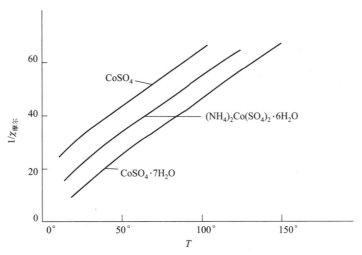

**图 X-1 曲线表明钴（Ⅱ）化合物的摩尔磁化率的倒数与绝对温度的函数关系**

**铁磁性** 铁磁性物质在弱磁场中就可取得巨大的磁性极化，随着场强的增加，磁性极化将趋向一个常数（饱和值）。它们中有很多（其中包括钢和磁铁矿 $Fe_3O_4$）能在磁场

移开以后把磁性保留下来。这些物质含有一些直径约为 0.01 毫米而原子矩相互平行的磁畴。在无外场的情况下,各个磁畴的磁矩有不同的取向(在铁中是沿立方体棱边取向,在镍中则是沿立方体对角线取向)。当加上外磁场时,磁畴的原子矩另行取向。对纯铁的单晶体来说,如果沿立方体棱边加上场强为 20 奥斯特左右的磁场,则饱达饱和值(每个原子的磁矩为 2.2 磁子)。如果沿立方体面对角线加上场强为 20 奥斯特的磁场,则饱和矩只有 $2.2/\sqrt{2}$;到场强增加到 400 奥斯特左右时,它才增到 2.2(这个时候磁畴朝面对角线方向取向)。

铁磁性物质的低温饱和磁矩代表原子磁矩在场的方向上的最大分量;例如仅对自旋而言,磁矩是 $2S$ 个玻尔磁子,而从顺磁磁化率所获得的磁矩是 $2\sqrt{S(S+1)}$。

在高温时,热振动使原子矩的取向受到一些破坏,因而到铁磁性居里温度时物质变为顺磁性。镍、钯和铂的顺磁磁化率示于图 X-2 中。像由图上直线斜率所给出的那样,这三种物质的磁矩接近于在镍的铁磁性范围内(680K 以下)从镍的饱和矩所作的预测值(第十一章)。钯和铂不是铁磁质。

在铁磁性金属内局部场的性质可能是如齐纳(Zener)[4]所提出的那样,也就是可看成是包括了原子内电子的未配对自旋和在金属原子间形成单电子键的一些电子未配对自旋之间的相互作用。

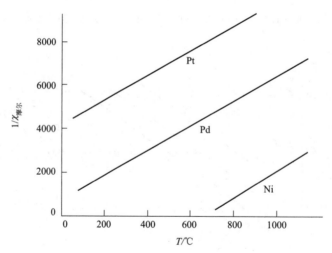

图 X-2　曲线表示镍、钯和铂的摩尔顺磁磁化率的
倒数和绝对温度的函数关系

**反铁磁性**　反铁磁性物质是具有一种特性温度的顺磁性物质,在这个温度上磁化率表现出明显的极大。这个温度称为反铁磁性的转换温度或奈尔(Néel)温度(因为奈尔首先对这个现象加以讨论[5])。高于奈尔温度时,磁化率和温度的关系符合外斯方程[方程(X-10)],不过,居里温度 $\Theta$ 的数值是负的。低于奈尔温度时,磁化率随温度的降低逐渐

下降到零。

所有这些性质都可用以下的假定(由奈尔首先提出)来解释,即相邻原子的磁矩通过共振作用相互联系,使得最大稳定性相当于磁矩的交替取向 ↑↓↑↓↑…,而不像在铁磁物质中那样的平行取向 ↑↑↑↑↑…。这种相互作用能使居里温度取得负值而非正值;而且在低温时,这种相互作用能变得协调起来,使几乎所有的原子磁矩保持有规则的反平行排列,而磁化率迅速降低到零。

应用中子衍射法可能测定反铁磁性晶体中正自旋和负自旋的排列;它们和中子磁矩的相互作用使它们对中子表现出不同的散射能力。例如在具有金红石结构(图 3-2)的 $MnF_2$ 中,在共有棱边的一串八面体上的锰原子有某一种的取向,在相邻串上的锰原子则有相反的取向。它的 Néel 转换温度是 72K,居里温度 $\Theta$ 是 $-113K$。

**铁酸盐磁性** 铁酸盐磁性物质[6]是这样一类物质,其中各原子磁矩间的相互作用使它们取得像在反铁磁性物质中那样的反平行取向的排列,但是在两个方向上的总矩并不相等,所以总矩不等于零。铁酸盐磁性物质的一些性质和铁磁性的定性地相类似:它们具有居里转换温度,高于这个温度时物质是顺磁性的,低于这个温度时则呈铁磁性。不过它在顺磁区域内所表现的总磁矩是远远大于在铁磁区域内所表现的饱和矩。

例如磁铁矿这个第一个被发现的铁磁性物质,实际上是铁酸盐磁性物质。这个晶体的组成是 $Fe_3O_4$,其中 8 个铁原子占据单位立方体的一组等价位置,其他 16 个铁原子占据另一组位置。温度在居里温度以上时其顺磁磁化率的观测值适合于从弱配位络合物中所找出的磁矩值,即铁(II)为 5.2,铁(III)为 5.9(表 5-2 和表 5-3)。一个铁(II)矩和两个铁(III)矩的最大分量之和是 14 个玻尔磁子(仅计及自旋矩)。但是观测到的铁磁性的饱和矩仅为每 $Fe_3O_4$* 4.2 个玻尔磁子。奈尔把这个事实解释成是 8 个 Fe(II)矩和 8 个 Fe(III)矩作平行的排列,其他 8 个 Fe(III)则有反平行的取向。铁(II)被锰(II)所置换后的 $MnFe_2O_4$ 的饱和矩为每 $MnFe_2O_4$ 5.0 个玻尔磁子;$NiFe_2O_4$ 的饱和矩为每 $NiFe_2O_4$ 2.2 个玻尔磁子;这些都是铁酸盐磁体中铁(II)矩和铁(III)矩相抵消时的预测值。这类取代的磁铁矿(尖晶石),特别是铁(II)被一些锌、锰或镍所取代后的磁铁矿,在磁带和其他应用中有重大的实用价值。它们被称为铁氧体。[7]

### 参考文献和注

[1] 通常存在这样一种误解,那就是顺磁质的棒在均匀磁场中将取平行于场的力线的方向,而抗

---

\* 原书为 $Fe_2O_3$,疑为 $Fe_3O_4$,已改正。——译者注

磁质的棒则取垂直于力线的方向。事实上不管棒是顺磁质还是抗磁质,在均匀磁场中总是取平行于力线方向的。

〔2〕 这些方法的叙述见下一脚注中所列的参考书。

〔3〕 芳香分子的抗磁性曾由下列作者讨论过,见 L. Pauling,*J. Chem. Phys.* **4**,673(1936);K. Lonsdale, *Proc. Roy. Soc. London* **A159**, 149 ( 1937 ); *J. Chem. Soc.* **1938**, 364; F. London,*Compt. Rend*,**205**,28(1937);*J. Phys. Radium* **8**,397(1937).

〔4〕 C. Zener,*Phys. Rev.* **81**,440(1951);L. Pauling,*Proc,Nat,Acad. Sci. U. S.* **39**,551(1953).

〔5〕 L. Néel,*Ann. Phys.* **18**,5(1932);**5**,232(1936).

〔6〕 L. Néel,*Ann. Phys.* **3**,137(1948).

〔7〕 关于物质磁性的参考书有 C. Kittel,*Soild State Physics*(《固体物理》)(John Wiley and Sons,New York,1956);P. W. Selwood,*Magnetochemistry*(《磁化学》)(Interscience Publishers,New York,1956).

# 附录 XI

# 氢卤酸的强度

• *The Strengths of the Hydrohalogenic Acids* •

氢氟酸中含有电负性最强的元素,因而可能认为它应该是氢卤酸中最强的酸。但事实上氢氟酸的电离常数仅为 $6.7 \times 10^{-4}$,而其他氢卤酸的电离常数都大于 1。

在水溶液中,酸的强度决定于水合离子和未解离分子的自由能之差。这里每一项自由能都受卤素原子的电负性的影响;问题的分析表明,氢氟酸较其他氢卤酸为弱是不无理由的。[1]

表 XI-1 的第二列给出在单位活度的水溶液中从 $H_2(g)$ 和 $X_2(g)$ 生成氢离子 $H^+$ 和卤素离子 $X^-$ 的生成自由能,这些数值是拉蒂默的数据[2]加上从卤素单质的标准态到气态的校正而得的。

表 XI-1　25℃水溶液中氢离子加卤素离子和
卤化氢分子的标准生成自由能

|  | $\Delta F^{\ominus}(H^+ + X^-)$千卡/摩尔$^{-1}$ | $\Delta F^{\ominus}(HX)$千卡/摩尔$^{-1}$ |
|---|---|---|
| 氟化氢 | −66.08 | −70.41 |
| 氯化氢 | −31.35 | −22.8 |
| 溴化氢 | −24.95 | −13.1 |
| 碘化氢 | −14.67 | −2.0 |

可以预期,水溶液中卤素负离子(加上氢离子)的生成自由能和原子的电负性之间有简单的相依关系。这种关系是直线型的(图 XI-1),可表示成如下式:

$$\Delta F^{\ominus} = -34.7(x - 2.1)千卡/摩尔 \qquad (XI-1)$$

表的第三列给出水溶液中 HF、HCl、HBr 和 HI 等卤化氢分子的生成自由能。其中

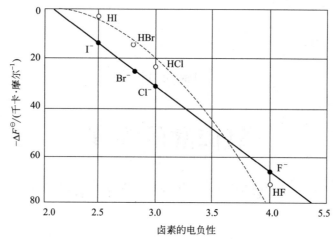

**图 XI-1　从气态氢和卤素分子生产水溶液中的卤化氢分子(空心圈)和氢离子加卤素离子(实心圈)时的标准自由能变化**

只有氟化氢的是实验值；[2]其他三个卤化氢的数据是引用气态分子的生成自由能再加上气体分子的溶解自由能的校正估计值。这些校正项——氯化氢、溴化氢和碘化氢溶解于水形成未电离分子的溶解自由能似乎都非常接近于零。磷化氢的标准溶解自由能是 2.6 千卡/摩尔，硫化氢的是 1.4 千卡/摩尔；从这些数值外推到氯化氢，只能得出接近于零的数值。同样，砷化氢和硒化氢的溶解自由能分别是 2.8 和 1.4 千卡/摩尔，这也指出溴化氢的外推值是零。锑化氢的数值和砷化氢的相同(2.8)，因而我们预测碘化氢的也是零。

可以看出，碘化氢、溴化氢和氯化氢的数值均位于相应离子的数值之上，但氟化氢的却位于其离子值之下。这表示水溶液中较重的卤化物是离子比未解离的分子稳定，但氟化氢却是离子较不稳定。

未解离分子的自由能数据可用下述的二次方程来近似地概括起来：

$$\Delta F^{\ominus} = -23(x-2.1)^2 \text{ 千卡/摩尔} \tag{XI-2}$$

从电负性 $x$ 中所减去的那个 2.1 是氢的电负性值。这个式子与第三章中的(3-12)式相同，它表示所预期的卤化氢的生成自由能和卤素原子的电负性间的相互关系。

这样就可能理解为什么氢氟酸较其他氢卤酸弱。卤化物离子的稳定能是卤素和氢的电负性之差的线性函数；随着这个差值的增加，离子变得愈为稳定。所以水溶液中的氢离子和氟离子的生成自由能几乎是氢离子和氯离子的两倍。另一方面，卤化氢分子的生成自由能却近似地是卤素和氢的电负性之差的二次函数，当这个差值较小时，分子的生成自由能很小，但随着差值的增加，生成自由能将迅速增大。我们可以预料到未解离氟化氢的标准生成自由能应该是氯化氢的四倍，事实上是大于三倍。因此，在氯化氢和氟化氢之间，离子和未解离分子的相对稳定性恰好相反。在氯化氢中由部分离子性给予未解离分子的稳定性小于由卤素离子的电子亲和力、水化热等赋予这个离子的稳定性；在氟化氢中，情形正好相反，未解离的氟化氢分子受到部分离子性所给予的稳定作用远大于氟离子因电子亲和力等等所获得的稳定性。

利用方程 $\Delta F^{\ominus} = -RT \ln K$ 可以从表 XI-1 中的数据算出卤化氢的平衡常数。已解离分子的标准溶解自由能只是估计值，所以计算值有些不确定。按照这个方法算出来的平衡常数值是 HCl 为 $2 \times 10^{6}$，HBr 为 $5 \times 10^{8}$ 和 HI 为 $2 \times 10^{9}$。所以这些酸都是很强的酸。

HF、HCl、HBr 和 HI 的酸度依次迅速增加，并不值得惊奇；在 $H_2O$、$H_2S$、$H_2Se$、和 $H_2Te$ 的序列中也观察到同样的情形。如果把水的活度当作等于它的质量摩尔浓度，则其第一解离常数为 $2 \times 10^{-16}$。$H_2S$、$H_2Se$ 和 $H_2Te$ 的第一解离常量分别是 $1.1 \times 10^{-7}$、$1.7 \times 10^{-4}$ 和 $2.3 \times 10^{-3}$。这四个非常弱的酸的第一解离常量前后相差 $10^{13}$ 倍。同样，4 个卤化氢也会有 $10^{13}$ 倍的差距，也就是碘化氢的强度约为氟化氢的 $10^{13}$ 倍。在每一序列中的其他各酸，情况也应该是相类似的。

因此，对于氢原子和电负性最强的氟和氧原子之间的键来说，由键的部分离子性所给出的共价键的稳定能非常之大，因而能够克服这些原子形成阴离子的倾向，而使氟化氢和水成为同族氢化物中最弱的酸。

## 参考文献和注

[1]　L. Pauling，*J. Chem. Ed.* **33**，16(1956)，McCoubrey 也对这个问题进行过相似的讨论，见 J. C. McCoubrey，*Trans. Faraday Soc.* **51**，743(1955).

[2]　W. M. Latimer，*Oxidation Potentials*（《氧化电位》），第二版［Prentice Hall，Inc.，New York，(1952)］.

# 附录 XII

# 键能和键离解能

## · *Bond Energy and Bond-Dissociation Energy* ·

在本书的第三章及其他各章中曾多次用到键能值。这些数值是用如下的方法确定的，在能够用单一价键结构来满意地描述的分子中，所有各键的键能之和等于从其基态原子形成这样一个分子时的生成焓。例如，O—H 键的键能 110 千卡/摩尔等于从 2H(g) 和 O(g) 形成 $H_2O$(g) 的生成焓的一半。

另一个很值得重视的物理量是键离解能。[1]分子中某一个键的键离解能是指仅仅破裂这个键（即把分子分裂为原来为这个键所连接的两个部分）时所需的能量。

双原子分子的键能和键离解能是一致的，但对多原子分子来说，两者间就有差异。例如水分子中 O—H 键的键离解能（把 $H_2O$ 分裂成 H+OH 所需的能量）是 119.9 千卡/摩尔，而 OH 基中 O—H 键的键解离能是 101.2 千卡/摩尔。它们的平均值 110.6 千卡/摩尔就是 O—H 的键能。

$H_2O$ 中和 OH 中 O—H 键的键离解能之差可认为是氧原子的基态 $^3P$ 的稳定能。当水分子中一个 O—H 键被断裂时，除了产生一个氢原子外，还有一个结构为 :Ö—H 的 OH 基。这个自由基的氧原子上有一个未配对的电子，它仅与电子对相互作用。但当破裂第二个 O—H 键时，则产生具有两个未配对电子而构型为 $1s^2 2s^2 2p^4$ 的氧原子。相应于这个构型有 3 个罗素-桑德斯状态：$^1S，^1D_1$ 和 $^3P$。由于两个奇电子的共振能（洪德定则第一条），基态 $^3P$ 具有显著的稳定性；稳定能曾经估计为 17.1 千卡/摩尔。[2]所以 OH 离解后所给出的氧原子不是在最稳定的 $^3P$ 态而在它的价键态，因而它的键离解能应当是 118.3 千卡/摩尔，这基本上等于 $H_2O$ 中第一个 O—H 键的键离解能。

键离解能和键能之差在许多情况下都归因于这种效应,那就是具有较高多重度的罗素-桑德斯原子态的共振稳定作用。此外,在许多情况下,介于两个或更多个结构之间的共振能也会有重要贡献。例如,甲烷、乙烷和其他烷烃的 C—H 键离解能约为 101 千卡/摩尔,但兹瓦克(Szwarc)从热裂解反应速度[3]和希斯勒(Schissler)与史蒂文森(Stevenson)从电子碰撞[4]所测得的甲苯的 C—H 键解离能仅有 77 千卡/摩尔。这个 24 千卡/摩尔的差值可归因于苄基的共振稳定作用。苄基是从甲苯的甲基上取走一个氢原子后生成的,它共振于下列几个结构之间:

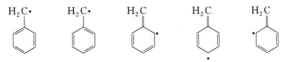

烯丙基也具有近于相同的共振能(25 千卡/摩尔);[5]稳定它的共振能则是由于在结构 $H_2C \!=\! CH \!-\! \dot{C}H_2$ 和 $H_2\dot{C} \!-\! CH \!=\! CH_2$ 间的共振。

## 参考文献和注

[1] 见 M. Szwarc and M. G. Evans, *J. Chem. Phys.* **18**,618(1950)一文中的讨论。

[2] L. Pauling, *Proc. Nat. Acad. Sci. U. S.* **35**,229(1949).

[3] M. Szwarc, *J. Chem. Phys.* **16**,128(1948).

[4] D. O. Schissler and D. P. Stevenson, *J. Chem. Phys.* **22**,151(1954).

[5] A. H Sehon and M. Szwarc, *Proc. Roy. Soc. London* **A202**,263(1950).

[附录 Ⅰ～Ⅻ　由朱平仇　译]

# 译名对照表

## • *Glossary* •

resonance in 芳香族分子中的共振

Atomic arrangement 原子排列

Atomic orbitals 原子轨道（函数）

    overlapping of 原子轨道（函数）的重迭

Azide ion 叠氮离子

Azimuthal quantum number 角量子数

Azobenzene 偶氮苯

Balmer serise of spectral lines

Balmer 谱线系

Base strengths 碱强度

Benitoite 蓝锥矿

Bent single bonds 弯曲单键

Benzaldehyde 苯甲醛

    1,14-Benzbisanthrene 1,14-苯嵌双蒽

Benzene 苯

Benzoic acid 苯甲酸

    *p*-Benzoquinone 对苯醌

Benzyl chloride 苄基氯

Benzylmethylglyoxime 苯基丁二酮二肟

Benzyl radical 苄基

Beryl 绿柱石

Beryllium atom 铍原子

Beryllium borohydride 氢硼化铍

Bicovalent complexes 双共价络合物

Binnite 淡黝铜矿

Biotite 黑云母

Biphenyl 联苯

Bismuth 铋

Bohr atom 玻尔原子

Bohr frequency principle 玻尔频率原理

Bohr magneton 玻尔磁子

Bohr orbit 玻尔轨道

Bohr theory 玻尔理论

Boltzmann distribution law 玻尔兹曼分配定律

Bond, electron-pair 电子对键

Bond angles 键角

Bond character 价键性质

Bond-dissociation energy 键离解能

Bond energy 键能

    values 键能值

Bond involving *d* orbitals

    包含 *d* 轨道的键

Bond number 键数

Bond orbitals 键轨道（函数）

Bond order 键级

Bond strengths 键强度

Bond type 键型

Boranes 硼烷

Borates, complex 复杂硼酸盐

Borax 硼砂

Borazole 间硼氮六环

Boric acid 硼酸

Born equation 玻恩方程

Born exponent 玻恩指数

Born-Haber thermochemical cycle Born-Haber

    热化学循环

Boron 硼

    halogenides 硼卤化物

    trimethyl 三甲硼

Boron-metal compounds 硼-金属化合物

Bragg equation Bragg 方程

Braggite 硫镍钯铂矿

Brillouin polyhedra Brillouin 多面体

Bromine 溴

    pentafluoride 五氟化溴

    trifluoride 三氟化溴

    5-Bromo-4,6-diaminopyrimidine

    5-溴-4,6-二氨基嘧啶

Bromodiborane 溴乙硼烷

Brookite 板钛矿

"Brown-ring" test "棕色环"试验

Brucite 水镁石

    1,3-Butadiene 1,3-丁二烯

Butatriene 丁三烯

Cadmium 镉

    chloride 氯化镉

    iodide 碘化镉

Calcite 方解石

Calcium carbonate 碳酸钙

    hexaboride 六硼化钙

    metaborate 偏硼酸钙

Carbazole 咔唑

Carbides 碳化物

Carbonate ion 碳酸离子

Carbon atom 碳原子

    quadrivalent 四价碳原子

    tetrahedral 四面体构型碳原子

Carbon dioxide 二氧化碳

Crystal radii　晶体中的离子半径

Cubanite　方黄铜矿

Cubic body-centered arrangement　立方体心排列

Cubic closest packing　立方最紧密堆积

Cupric acetate hydrate　水合醋酸铜

Cupric chloride　氯化铜

　　dihydrate　二水合氯化铜

Cupric ion　铜离子

Cuprite　赤铜矿

Curie's constant　居里常数

Curie's equation　居里方程

Cyamelurate ion　氰白尿酸离子

Cyameluric tricyanamide ion

　　三氨基氰缩氰白尿酸离子

Cyanates　氰酸盐

Cyanide complexes　氰基络合物

Cyanite　蓝晶石

Cyanoacetylene　丙炔腈

Cyanogen　氰

Cyanuric triazide　三叠氮化氰尿酰

　　tricyanamide ion　三氨基氰缩氰尿酸离子

Cyclobutane　环丁烷

Cyclohexene　环己烯

Cyclopentadiene　环戊二烯

Cyclopentadienyl manganese tricarbonyl

　　三羰基环戊二烯锰

　　nickel nitrosyl　亚硝酰环戊二烯镍

　　thallium　环戊二烯铊

Cytosine　胞嘧啶

Danburite　赛黄晶

Decaborane　癸硼烷

Deformation　变形

Diacetylene　丁二炔

　　dicarboxylic acid　丁二炔二羧酸

Diamagnetic anisotropy　抗磁的各向异性现象

Diamagnetism　抗磁性

Diaminodurene　二氨基-1,2,4,5-四甲苯

Diamond　金刚石

Di-$p$-anisy lnitric oxide

　　二对甲氧苯基氧化氮

Diaspore 水铝石

Dibenzenechromium　二苯铬

　　3,4-5,6-Dibenzophenanthrene

　　3,4-5,6-二苯并菲

Dibenzyl　1,2-二苯乙烷

Dibenzylphosphoric acid　二苄基磷酸

Diborane　乙硼烷

Dibromacetylene　二溴乙炔

　　2,3-Dibromobutane　2,3-二溴丁烷

　　3,6-Dibromo-2,5-dihydroxy-terephthalate

　　3,6-二溴-2,5-二羟基-对-苯二甲酸二乙酯

　　1,2-Dibromoethane　1,2-二溴乙烷

Dichloroacetylene　二氯乙炔

　　1,2-Dichloroethane

　　1,2-二氯乙烷

Dickite　地开石

Dicyclopentadienyl iron 二环戊二烯铁(二茂铁)

Dielectric constants　介电常量

　　Debye equation for　介电常量的迪拜方程

Diethylmonobromogold　溴化二乙基金

Dihydropentaborane　戊硼氢十一烷

　　1,8-Dihydroxyanthraquinone

　　1,8-二羟基蒽醌

　　$n$-Dihydroxybenzene　间-苯二酚

　　$p$-Dihydroxybenzene　对-苯二酚

　　2,6-Dihydroxybenzoic acid

　　2,6-二羟基苯甲酸

Diiodacetylene　二碘乙炔

Diiododiethyltrisulfide　二碘二乙三硫

Di-iron enneacarbonyl　九羰基二铁

Diketopiperazine　二酮哌嗪

Dimethyl beryllium　二甲铍

1,1-Dimethyldiborane

　　1,1-二甲基乙硼烷

Dimethylether-boron trifluoride

　　二甲醚-三氟化硼

Dimethyloxalate　草酸二甲酯

　　2,6-Dimethylphenol

　　2,6-二甲酚

Dimethyl trisulfide　二甲三硫

　　$p$-Dinitrobenzene　对-二硝基苯

Dinitrogen dioxide　二氧化二氮

　　tetroxide　四氧化二氮

Diopside　透辉石

Diphenylacetylene dicobalt hexacarbonyl

　　六羰基化二苯乙炔合二钴

　　1,2-Diphenylethane　1,2-二苯乙烷

Diphosphateion　焦磷酸离子

Guanine　鸟嘌呤

hydrochloride monohydrate

　　一水合鸟嘌呤盐酸盐

Halloysite　多水高岭土

Halogen halogenides　卤化卤素

Halogenide molecules，diatomic

　　双原子卤化物分子

Hambergite　硼铍石

Hartree-Fock method 哈特里-福克方法

Hauerite　褐硫锰矿

Heats of combustion　燃烧热

Heats of formation of compounds

　　化合物的生成热

Heisenberg uncertainty principle

Heisenberg　不确定原理

Heitler-London treatment of the

　　hydrogen molecule

　　氢分子的海特勒-伦敦处理法

Helium atom　氦原子

Helium molecule-ion　氦分子离子

*a*-Helix　*a*-螺旋体

Hellmann-Feynman theorem

　　赫尔曼-费曼定理

Hematite　赤铁矿

Hemimorphite　异极矿

Hemoglobin　血红朊

Heterocyclic molecules　杂环分子

Hexa-*p*-alkylphenylethanes

　　六(对-烷基苯基)乙烷

Hexaborane　己硼烷

Hexachlorobenzene　六氯代苯

Hexachloropalladate ion

　　六氯化钯离子

Hexafluophosphate ion

　　六氟化磷离子

Hexagonal closest packing

　　六方最紧密堆积

HexamethyIbenzene　六甲基苯

Hexamethyl dilead　六甲基二铅

Hexamethyldiplatinum

　　六甲基二铂

Hexamethylisocyanide-ion(Ⅱ)

chloride trihydrate　氯化三水合

　　六甲异氰基合铁(Ⅱ)

Hexamminocobaltic ion

　　六氨合钴离子

Hoffman rearrangement 霍夫曼重排

Hund's rules　洪德定则

Hybrid atomic states　杂化的原子状态

Hybrid bond orbitals　杂化键轨道(函数)

Hybridization　杂化作用

Hydrargillite　水铝矿

Hydrates　水合物

Hydrazine　肼

Hydrazinium difluoride　二氟化肼

Hydrazoic acid　迭氮酸

Hydride molecules diatomic

　　双原子氢化物分子

Hydrocarbon free radicals

　　烃自由基

Hydrofluoric acid　氢氟酸

Hydrogen atom　氢原子

Hydrogen bond　氢键

　　in proteins　蛋白质中的氢键

　　intramolecular　分子内氢键

　　spectroscopic study of

　　　　氢键的光谱研究

　　symmetrical　对称氢键

Hydrogen bromide　溴化氢

　　chloride　氯化氢

　　cyanate　氰酸

　　cyanide　氰化氢

　　diacetamide cation

　　　　二乙酰胺氢正离子

　　difluoride ion

　　　　二氟化氢离子

　　disulfide　二硫化氢

　　fluoride　氟化氢

　　halogenide molecules　卤化氢分子

　　halogenides　卤化氢类

　　iodide　碘化氢

　　peroxide　过氧化氢

　　sulfide　硫化氢

　　thiocyanate　硫氰酸

Hydrogenlike orbitals　类氢轨道(函数)

Hydrogen molecule　氢分子

　　Condon's treatment of

　　　　氢分子的康登处理法

Hydrogen molecule-ion　氢分子离子

Hydrohalogenic acids　氢卤酸

　　strengths of　氢卤酸的强度

Hydromelonate ion

　　三氨基氰缩氰白尿酸离子

Hydroquinone　氢醌(对苯二酚)

　　*o*-Hydroxybenzonitrile　邻-羟基苯甲腈

Hydroxylamine　羟胺

Hyperconjugation　超共轭作用

Hyperligated complexes　强配位络合物

Hypoelectronic atoms　缺电子原子

Hypoligated complexes　弱配位络合物

Hyponitrous acid　次亚硝酸

Hypophosphorus acid　次磷酸

Ice　冰

　　conductivity of　冰的导电性

　　entropy of　冰的熵值

Icosahedral structures　廿面体型结构

Ilvaite　黑柱石

Indium　铟

Indole　吲哚

Infrared absorption spectra　红外吸收光谱

Interatomic distances　原子间距离

　　for fractional bonds　分数键的原子间距离

Interionic forces　离子间力

Intermetallic compound:金属互化物

　　electron transfer in

　　金属互化物中的电子迁移

Inyoite　板硼石

Iodine　碘

Ion-dipole bonds　离子-偶极键

Ionic bond　离子键

Ionic character　离子性

Ionic crystals　离子晶体

　　complex　复杂的离子晶体

Ionic energy of bonds　键的离子能

Ionic resonance energy　离子共振能

Ionization energy　电离能

Iron　铁

　　atom　铁原子

　　enneacarbonyl　九羰基化二铁

　　pentacarbonyl　五羰铁

Iron(Ⅱ)phthalocyanine　亚铁酞花青

Iron(Ⅲ) protoporphyrin chloride

　　氯化正铁血红素

Kaliophilite　钾霞石

Kaolin　陶土

Kaolinite　高岭土

　　$\alpha$-Keratin　$\alpha$-角朊

　　$\beta$-Keratin　$\beta$-角朊

Krypton　氪

Landé $g$-factor 朗德 $g$-因子

Lanthanum　镧

Larmor precession　拉莫尔进动

Larmor's theorem　拉莫尔定理

Lepidocrocite　纤铁矿

Lepidolite　红云母

Leucite　白榴石

Lewis electronic formulas Lewis

　　电子结构式

Ligancy　配位数

　　and interionic distance　配位数与离子间距

Ligand field theory　配位场理论

Light quantum　光量子

Limonite　褐铁矿

Line spectrum　线光谱

　　interpretation of　线光谱的解释

Lithium　锂

Lorenz-Lorentz equation　洛伦兹-洛伦茨方程

Lyman series　赖曼系

Madelung constant　马德隆常数

Magnetic moments　磁矩

　　of iron-group ions　铁族离子的磁矩

　　of octahedral complexes

　　八面体型络合物的磁矩

Magnetic quantum number　磁量子数

Magnetite　磁铁矿

Magneton　磁子

Malononitrile　丙二腈

Manganese　锰

　　radius　锰的半径

Manganous fluoride　氟化锰

Marcasite　白铁矿

Margarites　珍珠云母

Marialite　钠柱石

Maxwell distribution law　麦克斯韦分配定律

Meionite　钙柱石

Memory　记忆

Mercuric bromide　溴化汞

Mercuric chloride　氯化汞

Mercurous chloride　氯化亚汞

Mercurous ion　亚汞离子

Mercury dimethyl　二甲基汞

Mercury-mercury bond　汞-汞键

Mesomerism　中介作用

Metaborate chain　偏硼酸根链

Metaborate ring　偏硼酸环

Metaboric acid　偏硼酸

Metaldehyde　聚乙醛

Metallic bond　金属键

Metallic elements　金属元素

Metallic orbital　金属轨道(函数)

Metallic radii　金属原子半径

Metallic valence　金属价

Metal-metal bonds　金属-金属键

Metals　金属

work function of　金属的功函数

Metaphosphates　偏磷酸盐

Metasilicates　硅酸盐

Methane hydrate　甲烷水合物

Methanol　甲醇

Methyl acetylene　丙炔

9-Methyladenine　9-甲基腺嘌呤

Methylamine　甲胺

Methyl chloride　氯甲烷

Methyl chloroacetylene　甲基氯乙炔

Methyl chloroform　三氯乙烷

Methyl cyanide　乙腈

Methyl cyanoacetylene　甲基氰基乙炔

Methyl diacetylene　甲基丁二炔

Methyl difluoroborane　甲基二氟甲硼烷

Methyl fluoride　氟甲烷

1-Methyl-2-fluoroethylene　1-甲基-2-氟乙烯

Methyl isocyanide　异乙腈

Methyl nitrate　硝酸甲酯

5-Methylpyrazole　5-甲基吡唑

Methyl salicylate　水杨酸甲酯

Methyl thiocyanate　硫氰酸甲酯

1-Methyl thymine　1-甲基胸腺嘧啶

Meyerhofferite　三斜硼酸钙石

Mica　云母

Microwave spectroscopy　微波谱

Molecular-orbital method　分子轨道(函数)法

Molecular spectra　分子光谱

Molecular spectroscopy　分子光谱学

electronic　电子分子光谱学

Molecules，overcrowded　过挤分子

vibration and rotation of
分子的转动和振动

Molybdenite　辉钼矿

Molybdenum blue　钼蓝

Molybdenum complexes　钼的络合物

Molybdenum dichloride　二氯化钼

dioxide　二氧化钼

pentachloride　五氯化钼

Morse curves Morse　曲线

Morse function Morse　函数

Multiple bonds　重键

bond energies for　重键的键能

partial ionic character of
有部分离子性的重键

Multiplets　多重态

inverted　反常多重态

normal　正常多重态

Multiplicity　多重性

Muscovite　白云母

Nacrite　珍珠陶土

Naphthalene　萘

p-Naphthophenazine　对-并萘吩嗪

Natrolite　钠沸石

Néel temperature　Néel 温度

Neodymium　钕

Neon　氖

Nepheline　霞石

Neutron diffraction　中子衍射

Niccolite　红砷镍矿

Nickel　镍

acetylacetone　乙酰丙酮合镍

arsenide　砷化镍

cyanide　氰化镍

cyanide ion　氰化镍离子

diacetyldioxime　丁二酮肟合镍

dimethylglyoxime　丁二酮肟合镍

ethyldithiocarbamate
二硫代氨基甲酸乙酯合镍

ethylxanthogenate　黄原酸乙酯合镍

Phenanthrene　菲

Phenol　（苯）酚

Phenylallylether　苯烯丙醚

Phenylammonium ion　苯胺离子

　　　$N$-Phenylhydroxylamine　$N$-苯基羟胺

Phenylmethyl radical　苄自由基

Phlogopite　金云母

Phosphate ion　磷酸离子

Phosphine　磷化氢

Phosphoric acid　磷酸

Phosphorous acid　亚磷酸

Phosphorus pentachloride　五氯化磷

Photon　光子

Physical constants　物理常数

Pi($\pi$) bond　$\pi$-键

Platinum　铂

paramagnetic susceptiblity of

　　铂的顺磁磁化率

tetramethyl　四甲基铂

Pleated sheet　辫编页

Polynucleotide chain　多核苷酸链

Polypeptide chains　多肽链

Potassium chlorostannate　氯锡酸钾

　　dihydrogen phosphate　磷酸二氢钾

　　fluosilicate　氟硅酸钾

　　hexatluogermanate　六氟锗酸钾

　　metaborate　偏硼酸钾

　　molybdocyanide dihydrate　二水合氰化钼钾

　　nickel dithio-oxalate

二硫代草酸合镍的钾盐

perchromate　高铬酸钾

Potential barrier　势垒

Praseodymium　镨

Probability distribution function

　　概率分布函数

Promotion energy　升级能

Propane　丙烷

Propylene　丙烯

　　epoxide　氧化丙烯

Proteins　蛋白质

Prussian blue　普鲁士蓝

Pseudobrookite　准板钛矿

Purines　嘌呤

Pyocyanine　脓青素

Pyrazine　吡嗪

Pyridine　吡啶

Pyrimidines　嘧啶

Pyrite　黄铁矿

Pyrogallol　连苯三酚

Pyrophyllite　叶蜡石

Pyrrole　吡咯

Quantum number　量子数

　　$\beta$-Quartz　$\beta$-石英

Quinoline　喹啉

Radius ratio　半径比

Raman effect Raman　效应

Raman spectra　联合散射光谱

Rare-earth sesquioxides

　　稀土金属的倍半氧化物

Resonance　共振

　　among several valence-bond structures

几个价键结构间的共振

and interatomic distances

共振和原子间距离

　　energy　共振能

　　frequency　共振频率

　　hybrid　共振杂成物

　　nature of the theory of　共振论的本质

　　phenomenon　共振现象

　　single-bond-double-bond

　　单键-双键间的共振

　　single-bond-triple-bond

　　单键-叁键间的共振

Resorcinol　间-苯二酚

Restricted rotation about single bonds

绕着单键的受阻旋转

Rubidium nitrate　硝酸铷

Russell-Saunders coupling

罗素-桑德斯耦合方式

　　Russell-Saunders states

　　罗素-桑德斯态

Russell-Saunders symbols

罗素-桑德斯符号

Russell-Saunders vector model

　　罗素-桑德斯矢量模型

Ruthenicinium ion　二茂钌正离子

Ruthenocene　二茂钌

Rutile　金红石

N，N，N′，N′-四甲基-对-苯二胺离子

Tetramethyl platinum　四甲基铂

Tetra-*p*-tolylhydrazinium ion

四对-甲苯基肼锇正离子

*s*-Tetrazine　均四嗪

Thiocyanates　硫氰酸盐或酯

Thiophene　噻吩

Thomas-Fermi-Dirac method　托马斯-费米法

Thomsonite　杆沸石

Thorium(Ⅳ) acetylacetonate

乙酰丙酮合钍(Ⅳ)

Three-electron bond　三电子键

Thymine　胸腺嘧啶

Tin　锡

Titanium dioxide　二氧化钛

Toluene　甲苯

Topaz　黄玉

Tourmaline　电气石

Trans-azobenzene　反式偶氮苯

Transition from one bond type to another

从一种键型到另一种键型的过渡

Transition metals　过渡金属(元素)

*s*-Triazine　均三嗪

Trichloroborazole　三氯-间-硼氮六环

1，1，2-Trichloroethane

1,1,2-三氯乙烷

2，4，6-Trichlorophenol

2,4,6-三氯酚

Tricovalent nitrogen atom

三价氮原子

Triethylamine　三乙胺

Trifluoroacetyl chloride

三氟乙酰氯

Trifluoromethyl cyanide

三氟乙腈

Trihalogenomethanes　三卤甲烷

Trimethylaluminum dimer

三甲基铝二聚物

Trimethylamine　三甲胺

oxide　氧化三甲胺

Trimethylamine-boron trifluoride

三甲胺-三氟化硼

Trimethylammonium hydroxide

氢氧化三甲胺

Trimethylarsine　三甲胂

Trimethylboron　三甲硼

Trimethylstibine dihalides

二卤化三甲脒

1，3，5-Triphenylbenzene

1,3,5-三苯基苯

Triphenylcarbinol　三苯甲醇

Triphenylmethane dyes　三苯甲烷染料

Triphenylmethyl radical　三苯甲基自由基

Triphosphate ion　三磷酸离子

Triple-bond radii　叁键半径

Tungsten blue　钨蓝

Tungsten dioxide　二氧化钨

Tungstenite　辉钨矿

Univalent radii　一价原子半径

Unshared electron pairs　未共享电子对

Uracil　尿嘧啶

Uranium boride　硼化铀

Urea　脲

Valence　价键

Valence-bond method　价键法

Valence-bond structures, wave function for

价键结构的波函数

Vanadium dioxide　二氧化钒

Van der Waals radii　范德华半径

Vector model　向量模型

Vinylacetylene　乙烯基乙炔

Vinyl chloride　氯乙烯

iodide　碘乙烯

Virial theorem　位力定理

Water　水

Weiss equation　外斯方程

Wurtzite　纤维锌矿

Xanthosiderite　黄针铁矿

Xenon　氙

hydrate　氙的水合物

Zeeman effect　塞曼效应

Zinc　锌

Zinnwaldite　铁云母

Zircon　锆石

Zunyite　氯黄晶

# 致 谢

  本次改版工作得到了多位老师和同学的热情帮助，让本书更丰富更美好，特在此致以诚挚感谢！

  感谢北京大学物理学院卢咸池教授、化学与分子工程学院阎云教授，他们提供了珍贵的照片和手稿资料，生动展现了鲍林与他的两位杰出中国学生卢嘉锡、唐有祺之间的交往，以及鲍林两次访华的过程。

  感谢广西民族大学科技史与科技文化研究院陈功东老师，他热心帮助我们联系了位于美国俄勒冈州立大学的鲍林档案馆，获得更多鲍林的资料与图片。

  感谢北京大学化学与分子工程学院杨智纲同学、兰州石化职业技术大学毛著波老师、清华大学物理系杨晓旸同学、西安高新国际学校单晓海老师，他们细心阅读书稿，帮助编辑发现问题并给出相应的修改建议，使得图书的编校质量进一步提升。

  感谢广大读者的厚爱与支持！

科学元典丛书（红皮经典版）